TIDYVERSE
활용

제4판

R과 통계분석

박동련 지음

자유아카데미

제4판 머리말

R은 통계분석과 그래프 작성 및 통계적 프로그래밍에 적합한 매우 효과적인 분석 도구입니다. R은 잠시도 정체되어 있지 않고 끊임없이 진화하고 있으며, 놀라운 발전 속도를 항상 보여주고 있는데, 특히 패키지 `tidyverse`의 출현은 매우 주목할 사항입니다. 그것은 R의 모습이 `tidyverse` 이전과 이후로 완전히 구분된다고 할 수 있기 때문입니다. 데이터 다루기와 그래프 성능이 비교할 수 없을 만큼 향상되었고, 복잡한 분석 과정이 대폭 단순화되어 매우 효율적인 분석이 가능해졌습니다. 이러한 발전으로 인하여 R은 이제 data science를 위한 최적의 프로그래밍 언어로 자리매김을 확고하게 했다고 할 수 있습니다.

이 책은 R을 처음 접하는 초급 사용자나, R을 많이 사용하고 있지만 아직 `tidyverse`의 활용에 익숙하지 않은 사용자에게 실질적인 도움이 될 수 있도록 구성하였습니다. 1장에서 5장까지로 구성된 '1부 `tidyverse`의 활용'에서는 초급 사용자를 위한 R의 기본 개념에 대한 설명을 시작으로 해서, `dplyr`에 의한 데이터 프레임 다루기 및 `ggplot2`에 의한 자료 시각화를 소개하고 있으며, 다양한 유형의 외부 자료 입력 방법 및 tidy 데이터 만들기와 데이터의 통합 등을 다루고 있습니다. 1부의 내용만으로도 사용자들이 `tidyverse` 생태계에서 자료분석을 충분히 진행할 수 있다고 생각합니다.

'2부 데이터 객체'에서는 다양한 구조의 R 데이터 객체에 대하여 6장부터 9장에 걸쳐 자세하게 살펴보고 있습니다. 통계 데이터는 매우 다양한 유형과 구조를 갖고 있는데, 각 자료의 유형에 맞는 분석 방식들이 있습니다. 2부의 내용이 자료의 유형별 적절한 분석 방식을 선택하는 데 도움이 될 것으로 생각합니다.

'3부 프로그래밍'에서 다루고 있는 효율적인 프로그래밍 기법은 통계자료분석을 효과적으로 수행하기 위한 필수불가결의 요소라고 할 수 있습니다. 10장에서 다루는 함수는 분석 과정에서 필수적인 요소이며, 11장에서 다루는 반복 실행은 분석 과정에서 필연적으로 이루어지는 반복 작업을 효과적으로 수행할 수 있는 몇 가지 방법을 다루고 있습니다.

'4부 R에 의한 통계분석'은 R에서 구현되는 다양한 통계분석을 소개하고 있습니다. 12장에서 14장까지 통계분포와 자료탐색 및 통계적 추론과 관련된 다양한 분석 방법을 소개하고 있습니다. 다만 3판에서 다루었던 선형회귀모형과 로지스틱 회귀모형을 4판에서는 제외했습니다. 최근 들어 패키지 `tidymodels`의 출현으로 회귀모형을 포함한 다양한 예측모형의 분석을 온전히 `tidyverse` 생태계 안에서 진행하는 것이 가능해졌습니다. 따라서 base R 함수에 의한 회귀분석 과정을 다루는 것은 적절하지 않다고 판단했습니다.

R은 data science 분야에서 사용되는 여러 프로그래밍 언어 중에서 가장 뛰어난 통계분석 기능이 있는 언어이며, 끊임없이 진화하고 있습니다. 이러한 R의 변화를 반영하기 위해

Github에 사이트(https://yjyjpark.github.io/RnStat_4e/)를 운영하고 있습니다. 출간 후 수정이 필요한 내용이나 새롭게 추가되는 자료, 연습문제 풀이 등은 Github 사이트와 자유아카데미 자료실(http://www.freeaca.com)에 순차적으로 업로드될 예정입니다. 이 책을 집필할 때의 R 세션 정보는 다음과 같습니다.

```
> sessionInfo()
R version 4.4.3 (2025-02-28 ucrt)
Platform: x86_64-w64-mingw32/x64
Running under: Windows 11 x64 (build 26100)

Matrix products: default


locale:
[1] LC_COLLATE=Korean_Korea.utf8  LC_CTYPE=Korean_Korea.utf8
[3] LC_MONETARY=Korean_Korea.utf8 LC_NUMERIC=C
[5] LC_TIME=Korean_Korea.utf8

time zone: Asia/Seoul
tzcode source: internal

attached base packages:
[1] stats     graphics  grDevices utils     datasets  methods
[7] base

other attached packages:
 [1] lubridate_1.9.4   forcats_1.0.0     stringr_1.5.1     dplyr_1.1.4
 [5] purrr_1.0.4       readr_2.1.5       tidyr_1.3.1       tibble_3.2.1
 [9] ggplot2_3.5.1     tidyverse_2.0.0

loaded via a namespace (and not attached):
 [1] gtable_0.3.6       jsonlite_1.9.1      compiler_4.4.3
 [4] tidyselect_1.2.1   scales_1.3.0        yaml_2.3.10
 [7] fastmap_1.2.0      R6_2.6.1            generics_0.1.3
[10] knitr_1.50         munsell_0.5.1       pillar_1.10.1
[13] tzdb_0.5.0         rlang_1.1.5         stringi_1.8.4
[16] xfun_0.51          timechange_0.3.0    cli_3.6.4
[19] withr_3.0.2        magrittr_2.0.3      digest_0.6.37
[22] grid_4.4.3         rstudioapi_0.17.1   hms_1.1.3
[25] lifecycle_1.0.4    vctrs_0.6.5         evaluate_1.0.3
[28] glue_1.8.0         colorspace_2.1-1    rmarkdown_2.29
[31] tools_4.4.3        pkgconfig_2.0.3     htmltools_0.5.8.1
```

끝으로, 이 책이 R을 활용한 데이터 분석을 공부하는 독자들에게 실질적인 도움이 되기를 바라며, 빠르게 변화하는 데이터 과학의 흐름 속에서 R의 유용성과 가능성을 함께 탐구하는 계기가 되기를 기대합니다.

2025년 12월

박동련

초판 머리말

R은 통계분석과 그래프 작성 및 통계적 프로그래밍에 적합한 매우 효과적인 분석 도구입니다. 현재 학교 및 기업체의 수많은 사용자들이 R을 이용하여 한 차원 높은 통계분석을 실시하고 있으며, 그 결과 SAS와 같은 기존 분석도구의 강력한 경쟁자 급부상하고 있습니다.

R은 무료로 사용할 수 있는 오픈 소스 소프트웨어로서 수많은 R 사용자들이 활발하게 추가한 다양한 분석기법을 보유하고 있습니다. 이것은 최첨단 분석기법을 손쉽게 사용할 수 있다는 것을 의미하는 것으로 통계분석에 관한 기존의 패러다임을 바꾸어 놓을 R의 큰 장점이라고 할 수 있습니다.

R이 다른 통계 소프트웨어와 차별화되는 다양한 장점을 갖고 있는 것은 사실이나 단점이 있는 것 또한 사실입니다. R에서 사용할 수 있는 대부분의 분석기법들은 여러 분야의 수많은 사용자들에 의해서 작성되어 올려집니다. 다양한 분석기법이 있다는 것은 더할 나위 없이 반가운 일이지만 현재 R에 어떤 분석기법이 있고 그 사용법이 무엇인지 알아내는 것은 상당히 번거로운 작업이 되며 R을 처음 접하는 초보 사용자들을 좌절하게 만드는 주된 요인이라고 할 수 있습니다.

이 책은 R을 처음 접하는 초급 사용자에게 R의 특징을 소개하는 것뿐만이 아니라 이미 R을 사용하고 있는 중급 사용자에게 실질적인 도움이 될 수 있도록 구성되어 있습니다. R의 기본 개념에 대한 소개를 시작으로 통계분석의 단계별로 R에서 사용 가능한 다양한 분석기법을 예제와 더불어 소개하고 있습니다. 따라서 이 책에서 다루고 있는 많은 분석기법에 익숙해진다면 R의 단점으로 지적된 부분이 더 이상 문젯거리가 되지 않을뿐더러 오히려 한 단계 진일보한 통계분석가로 이끄는 디딤돌이 될 것입니다. 이 책에서 다루고 있는 통계분석의 단계는 다음과 같습니다.

- 데이터 준비하기: 다양한 형태의 데이터를 R로 불러오기
- 데이터 다루기: 입력된 데이터를 통계분석이 가능하도록 다듬고 변형하기
- 데이터의 정리 및 요약: 데이터가 갖고 있는 정보를 효과적으로 정리하기
- 데이터의 시각화: 통계분석의 필수 단계인 그래프 작성하기
- 통계적 추론: 단일 모집단과 두 모집단에 대한 추론 및 회귀분석 실시하기

이 책은 1부와 2부로 구성되어 있습니다. 1부 R 시작하기는 1장에서 5장까지이며 여기에서는 R의 기본 개념, 데이터의 준비 및 다루기, 그래프의 기본 개념, 그리고 기본적인 프로그래밍 기법을 소개하고 있습니다. 2부 R에 의한 통계분석은 6장에서 11장까지이며 여기에서는 다양한 통계분석이 R에서 어떻게 구현될 수 있는지를 다루고 있습니다. 1부의 내용을 이

해하기 위한 별다른 사전 지식은 요구되지 않으나 2부의 내용을 이해하기 위해 서는 통계학 개론에서 다뤄지고 있는 여러 통계적 방법론에 대한 이해가 필수적입니다.

이 책은 초급 및 중급 사용자들을 대상으로 통계분석 도구로서의 R을 설명하고 있습니다. 최근 들어 R이 통계학 이외의 분야에서도 다양한 프로그래밍 도구로 사용되고 있는데, R을 본격적인 프로그래밍 도구로 사용하고 있는 전문 프로그래머들에게 이 책의 설명방식은 여러 면에서 미흡할 것입니다. 또한 빅데이터 시대를 맞이하여 최근 주목받고 있는 비정형 대용량 데이터의 처리방식에 대한 소개가 포함되지 않았으며, lattice와 ggplot2 등을 활용한 고급 그래픽 기법에 대한 소개도 포함되지 않았습니다.

R에 관심은 있으나 어려워하는 분들에게 도움이 되고자 시작한 일이 자그마한 결실을 맺은 것으로 생각합니다. 부끄럽고 부족한 내용과 구성에 대한 아낌없는 충고의 말씀을 기대해 봅니다.

2013년 4월

박동련

차례

1부 Tidyverse의 활용

1 R 시작하기

1.1 R의 소개 — 4
1.2 R의 설치 — 5
1.3 RStudio의 설치 및 R의 실행 — 5
1.4 예제 프로그램 실행 — 6
1.4.1 숫자형 벡터의 생성 및 연산 • 6
1.4.2 일정한 구조를 갖는 숫자형 벡터의 생성 • 8
1.4.3 문자형 벡터의 생성 • 11
1.5 작업공간 — 13
1.6 스크립트 파일의 활용 — 15
1.7 R의 확장: 패키지 — 16
1.7.1 패키지의 종류 • 17
1.7.2 패키지의 설치 및 사용 • 17
1.7.3 패키지 tidyverse의 소개 • 19
1.8 연습문제 — 21

2 데이터 프레임 다루기

2.1 데이터 프레임 — 24
2.1.1 전통적 데이터 프레임 • 24
2.1.2 티블 • 26
2.2 패키지 dplyr에 의한 데이터 프레임 다루기 — 28
2.2.1 조건에 의한 행 선택: filter() • 33
2.2.2 위치에 의한 행 선택: slice() 및 그와 관련된 함수 • 37
2.2.3 행의 정렬: arrange() • 40
2.2.4 중복된 행의 제거: distinct() • 43
2.2.5 열의 선택: select() • 45

2.2.6 열의 선택: pull() • 52
2.2.7 열 이름 변경: rename() • 53
2.2.8 열의 위치 변경: relocate() • 54
2.2.9 새로운 열의 추가: mutate() • 55
2.2.10 열들의 요약 통계량 계산: summarise() • 57
2.2.11 그룹 데이터 프레임의 생성: group_by() • 59
2.2.12 그룹 데이터 프레임에서 기본 dplyr 함수들의 작동 방식 • 62
2.2.13 행 단위 작업: rowwise() • 70
2.3 연습문제 — 72

3 자료 시각화

3.1 ggplot2 시작하기 — 79
3.2 시각적 요소와 데이터의 연결: Mapping — 81
3.3 그룹별 그래프 작성: Facet — 88
3.4 기하 객체: Geometric object — 96
3.5 통계적 변환: Statistical transformation — 108
3.6 위치 조정: Position adjustment — 115
3.7 좌표계: Coordinate system — 120
3.8 연습문제 — 127

4 데이터 입력

4.1 텍스트 파일 불러오기: 패키지 readr 함수의 활용 — 142
4.1.1 함수 read_table()로 데이터 파일 불러오기 • 142
4.1.2 함수 read_csv()로 CSV 데이터 파일 불러오기 • 148
4.1.3 함수 read_fwf()로 고정 포맷 구조를 갖는 데이터 파일 불러오기 • 150
4.1.4 데이터 프레임을 외부 텍스트 파일로 저장하기 • 152
4.2 Excel 파일 불러오기 — 153
4.3 SAS 데이터 파일 불러오기 — 155
4.4 HTML 테이블 불러오기 — 157
4.5 연습문제 — 164

5 Tidy 데이터 만들기 및 데이터 통합

5.1 tidyr로 tidy 데이터 만들기 — 174
5.1.1 데이터 피벗 • 175
5.1.2 문자형 열의 결합과 분리 • 187
5.2 dplyr에 의한 데이터 통합 — 194
5.3 연습문제 — 201

2부 데이터 객체

6 벡터

6.1 벡터의 기본 특성 — 210
6.2 숫자형 벡터의 연산 — 213
6.3 논리형 벡터의 활용 — 218
6.3.1 숫자형 벡터의 비교 • 218
6.3.2 조건 연산: if_else()와 case_when() • 219
6.4 벡터의 일부분 선택 — 222
6.5 연습문제 — 223

7 문자 데이터 다루기

7.1 Base R 함수 — 226
7.2 패키지 stringr 함수 — 233
7.3 정규 표현식과 stringr 함수 — 244
7.4 연습문제 — 254

8 요인

8.1 요인 생성 — 258
8.1.1 함수 factor()에 의한 요인 생성 • 258
8.1.2 패키지 forcats의 함수 fct()에 의한 요인 생성 • 260
8.2 요인 다루기 — 261
8.2.1 요인 수준의 순서 변경 • 261
8.2.2 요인 수준 병합 • 267

8.3 연속형 변수를 범주형 변수로 변환 — 269
8.4 연습문제 — 270

9 리스트

9.1 리스트의 생성 및 하부 요소 선택 — 276
9.2 리스트 열 — 282
9.3 연습문제 — 283

3부 프로그래밍

10 함수

10.1 벡터 함수 — 290
- 10.1.1 함수의 정의 • 290
- 10.1.2 변수 • 291
- 10.1.3 변수 지정 • 293
- 10.1.4 결과의 출력 • 294
- 10.1.5 유효 범위 • 295

10.2 데이터 프레임 함수 — 297
- 10.2.1 데이터 마스킹 • 297
- 10.2.2 데이터 프레임 함수의 정의 • 298

10.3 조건 연산과 함수 — 302
10.4 연습문제 — 309

11 반복 실행

11.1 데이터 프레임의 여러 변수에 대한 반복 실행 — 312
- 11.1.1 여러 변수에 함수 적용: across() • 312
- 11.1.2 여러 변수의 이름 변경: rename_with() • 319

11.2 패키지 purrr의 반복 실행 함수 — 320
- 11.2.1 함수 map()에 의한 반복 실행 • 320
- 11.2.2 함수 map()에 의한 리스트 일부분 선택 • 327

11.2.3 함수 map2()에 의한 반복 실행 • 328
11.2.4 함수 modify()에 의한 반복 실행 • 329
11.3 함수 apply() 계열 함수에 의한 반복 실행 ―――― 333
11.4 루프 연산 ―――― 338
11.4.1 for 루프 • 338
11.4.2 while 루프 • 341
11.5 연습문제 ―――― 343

4부 R에 의한 통계분석

12 확률 분포

12.1 R에서의 확률 분포 이름 ―――― 352
12.2 연속형 확률 분포 ―――― 353
12.2.1 정규 분포 • 353
12.2.2 지수 분포 • 358
12.2.3 균등 분포 • 359
12.2.4 t-분포 • 360
12.3 이산형 분포 ―――― 362
12.3.1 베르누이 분포와 이항 분포 • 362
12.3.2 포아송 분포 • 367
12.3.3 초기하 분포 • 369
12.4 모의 실험 ―――― 371
12.5 연습문제 ―――― 377

13 자료 탐색

13.1 일변량 범주형 자료 탐색 ―――― 380
13.1.1 막대그래프 • 380
13.1.2 파이그래프 • 383
13.1.3 Cleveland의 점그래프 • 387
13.2 이변량 및 다변량 범주형 자료 탐색 ―――― 388
13.2.1 이변량 및 다변량 범주형 자료를 위한 그래프 • 396

13.3 일변량 연속형 자료 탐색 — 405
13.3.1 줄기-잎 그림 • 405
13.3.2 상자그림 • 407
13.3.3 바이올린 그래프 • 412
13.3.4 히스토그램 • 415
13.3.5 확률밀도함수 그래프 • 416
13.3.6 기타 유용한 그래프 • 419
13.3.7 일변량 연속형 자료의 요약 통계 • 421
13.4 이변량 연속형 자료 탐색 — 427
13.4.1 연속형 변수의 분포를 비교하기 위한 그래프 • 427
13.4.2 연속형 변수의 관계 탐색을 위한 그래프 • 441
13.5 연습문제 — 461

14 통계적 추론

14.1 단일 모집단의 모평균에 대한 검정 및 신뢰구간 추정 — 482
14.2 두 모집단의 모평균 차이에 대한 검정 및 신뢰구간 추정 — 485
14.2.1 독립된 두 표본에 대한 추론 • 485
14.2.2 짝을 이룬 표본에 대한 추론 • 490
14.3 단일 모집단의 모비율에 대한 검정 및 신뢰구간 추정 — 491
14.4 두 모집단의 모비율 차이에 대한 검정 및 신뢰구간 추정 — 494
14.5 두 범주형 변수의 독립성 검정 — 496
14.5.1 카이제곱 독립성 검정 • 496
14.5.2 Fisher의 정확검정 • 499
14.6 정규성 검정 — 504
14.6.1 검정에 의한 정규성 확인 • 504
14.6.2 그래프에 의한 정규성 확인 • 505
14.7 단일 모집단의 분포 중심에 대한 비모수 검정 — 507
14.8 두 모집단의 분포 중심 차이에 대한 비모수 검정 — 509
14.9 연습문제 — 512

찾아보기 — 515

1부

Tidyverse의 활용

1. R 시작하기
2. 데이터 프레임 다루기
3. 자료 시각화
4. 데이터 입력
5. Tidy 데이터 만들기 및 데이터 통합

1부에서는 R을 처음 접하는 초급 사용자나, R을 많이 사용하고 있지만 아직 `Tidyverse`의 활용에 익숙하지 않은 사용자를 위한 내용을 다루고 있다. `Tidyverse`와 함께 하는 R은 data science를 위한 최적의 언어라고 할 수 있으며, 많은 사용자들이 R을 배우려는 이유가 바로 data science에서 가장 효율적인 분석 도구를 효과적으로 사용하고 싶기 때문일 것이다.

1부는 다섯 개의 장으로 구성되어 있다.

- R 시작하기: R을 처음 접하는 사용자를 대상으로 R과 RStudio의 설치를 시작으로, RStudio에서 R 작업 수행 방식에 대해 소개하고 있다. 패키지의 기본 개념 및 `Tidyverse`의 소개도 하고 있다.
- 데이터 프레임 다루기: 통계 데이터 세트의 분석은 일반적으로 변수의 선택, 조건을 만족하는 관찰값의 선택, 새로운 변수를 만드는 작업 등이 포함된다. 2장에서는 이러한 작업과 관련된 패키지 `dplyr` 함수들의 사용법에 대한 소개를 다루고 있다.
- 자료 시각화: 자료 시각화는 모든 통계분석에서 반드시 수행해야 할 필수적인 요소라 할 수 있다. 3장에서는 자료 시각화와 관련된 패키지 `ggplot2` 함수들의 사용법에 대한 소개를 다루고 있다.
- 데이터 입력: 모든 통계분석의 시작은 외부 자료를 R로 불러오는 것이다. 4장에서는 다양한 유형의 외부 자료를 R로 불러오기 위한 함수들의 사용법에 대한 소개를 다루고 있다.
- Tidy 데이터 만들기 및 데이터 통합: Tidy 데이터 세트란 통계분석이 가능한 형태의 데이터 세트를 의미하는데, R로 불러온 자료가 항상 tidy 데이터 세트라는 보장은 없다. 5장에서는 tidy 데이터 세트를 만들기 위한 변형 방식을 살펴볼 것이다. 또한 여러 개의 데이터 세트로 나누어진 경우 이것을 하나의 데이터 세트로 통합하는 방식도 살펴볼 것이다.

1

R 시작하기

1.1 R의 소개
1.2 R의 설치
1.3 RStudio의 설치 및 R의 실행
1.4 예제 프로그램 실행
1.5 작업공간
1.6 스크립트 파일의 활용
1.7 R의 확장: 패키지
1.8 연습문제

1.1 R의 소개

R은 다양한 통계분석과 그래프 작성 등을 위한 프로그래밍 언어이자 개발 환경이다. 뉴질랜드 오클랜드 대학의 Ross Ihaka와 Robert Gentleman에 의해 개발된 오픈 소스 소프트웨어로서 현재는 통계학 및 컴퓨터 분야 등의 쟁쟁한 학자들로 이루어진 R Development Core Team에 의하여 유지 관리되고 있으며 세계 곳곳의 다양한 R 사용자들의 활발한 활동으로 꾸준히 발전되고 있다. 최근 들어 R은 기존 분석 시장의 강자였던 SAS를 능가하며 분석시장의 판도를 이끌고 있다. 빅데이터 시대를 맞이하여 이미 구글과 같은 인터넷 기업에서 통계자료분석 엔진으로 R이 사용되고 있다는 사실 등은 우리에게 시사하는 바가 크다고 할 것이다. 그럼 무엇 때문에 R이 이와 같이 큰 주목을 받는 것일까? 그것은 다른 통계 소프트웨어에서는 볼 수 없는 차별화된 장점이 있기 때문일 것이다.

우선 R은 무료로 사용할 수 있다. 이것은 대학뿐 아니라 일반 기업에서도 대단히 매력적인 측면이라 할 수 있다. 또한 다양한 형태의 데이터를 이용하여 거의 모든 분야의 통계분석이 가능한 매우 포괄적인 통계 소프트웨어이며, 기존의 어떤 통계 소프트웨어에서도 볼 수 없었던 완벽한 그래프를 간편하게 작성할 수 있다. 더욱이 오픈 소스 소프트웨어이기 때문에 수많은 R 사용자들이 활발하게 분석기법 등을 추가하고 있는데, 이것은 다른 통계 소프트웨어에서는 사용할 수 없는 최첨단 분석기법들을 R에서는 사용할 수 있다는 것을 의미한다. 이외에도 다양한 장점을 지니고 있는 R은 앞으로 계속 발전할 것이며 통계분석에 관한 기존의 패러다임을 바꾸어 놓을 것이다.

R이 다른 통계 소프트웨어와 차별화되는 다양한 장점을 갖고 있는 것은 사실이나 몇 가지 아쉬운 점이 있는 것 또한 사실이다. 오픈 소스 소프트웨어라는 것은 동전의 양면과 같아서 누릴 수 있는 많은 장점들이 있는 동시에 감내해야 될 어려움 또한 존재하는데, R에서 사용할 수 있는 대부분의 분석기법들이 여러 분야의 수많은 사용자들에 의해서 각각 작성되어 올려진다는 것이 바로 그것이다. 다양한 분석기법이 있다는 것은 더할 나위 없이 좋은 점이나, 현재 R에서 어떤 분석기법이 사용 가능하며 그 사용법이 무엇인지를 알아내는 것이 상당히 번거로운 일이 된다. 이 문제에 대한 이해는 R 패키지에 대한 소개가 이루어지면 명확하게 될 것이다.

이 책에서 우리는 R의 다양한 특징에 대하여 알아보고자 한다. 여러 형태의 데이터 입력과 변환 방법, 다양한 분석기법, 그리고 뛰어난 그래프 작성 방법 등을 살펴볼 것이다. R은 Windows와 Linux 그리고 Mac OS X에서 설치가 가능한데 이 책에서는 Windows를 기반으로 하는 PC에서 운영하는 방법만을 다루고자 한다.

1.2 R의 설치

R은 크게 base 시스템과 패키지로 구분되며 R의 설치는 base 시스템의 설치를 의미한다. 설치 파일은 CRAN(https://cran.r-project.org)에 방문하면 얻을 수 있으며, 원활한 다운로드를 위해서는 미러(mirror) 사이트 중 한 곳을 선택하여 방문하는 것이 좋다. 사이트에 설명된 방법에 따라 Windows용 설치 파일을 다운로드하고 설치하면 기본적인 R 사용 준비는 끝나게 된다. R의 업데이트 주기는 매우 짧아서 일 년에도 여러 번 업데이트 버전이 출시된다. 이 책은 버전 4.4.3을 기반으로 하여 작성되었다.

다양한 분석기법들을 사용하기 위해서는 해당 패키지를 설치해야 하는데, 패키지의 설치도 CRAN 사이트에서 할 수 있다. 자세한 내용은 1.7절에서 찾아볼 수 있다.

1.3 RStudio의 설치 및 R의 실행

모든 R 작업은 RStudio에서 진행하는 것이 바람직하다. RStudio는 R을 위한 통합 개발 환경으로서 프로그램의 작성과 실행, 디버깅, 그래프 작성 및 작업공간의 관리, 보고서 작성 등 R과 관련된 모든 작업을 편리하게 수행할 수 있게 한다.

R을 설치한 후에는 Posit(https://posit.co/products/open-source/rstudio/)에 방문하여 오픈 소스 버전의 설치파일을 다운로드 받아 RStudio를 설치한다. RStudio도 일년에 몇 차례 업데이트 버전이 출시되는데, 이 책에서는 버전 2024.12.1을 사용하고 있다.

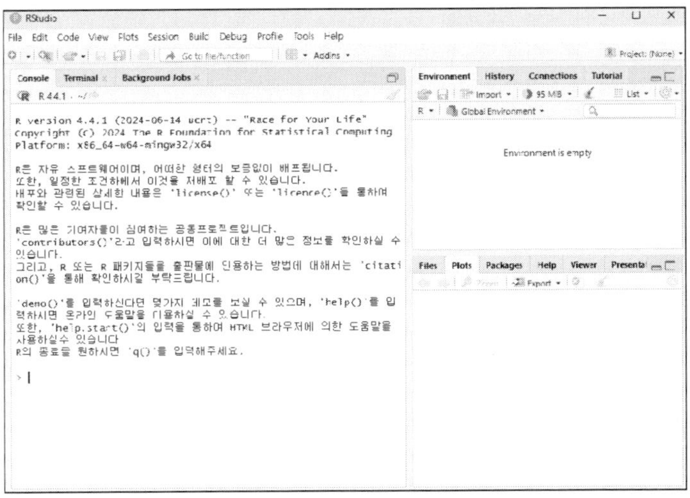

그림 1.1 RStudio의 초기화면

RStudio를 설치하고 바탕화면에 생성된 아이콘을 더블 클릭하면 그림 1.1과 같은 초기화면이 나타난다. 열린 세 개의 창 중 왼쪽에 있는 Console이라는 이름의 창을 보면 '>' 기호가 나타나는데 이것이 R의 프롬프트이다. 프롬프트 다음에 명령문을 입력하고 Enter 키를 치면 입력된 명령문이 실행되고, 그 실행 결과가 바로 다음 줄에 나오게 된다. 즉 R은 기본적으로 대화형 처리방식으로 작업을 수행한다. SAS 등에서 사용되는 일괄처리방식에 익숙한 사용자들에게는 무척 생소하고 불편한 방식으로 느껴지겠지만 최근에 우리가 접하는 데이터가 대부분 매우 복잡한 구조를 갖고 있으며 이러한 데이터는 반드시 여러 단계의 중간분석을 거쳐야 한다는 점을 고려할 때 매우 효율적인 작업방식이라고 하겠다. 물론 동일한 작업이 계속 반복되는 경우라면 일괄처리방식이 훨씬 더 편리하다고 할 수 있을 것이다. 따라서 두 가지 처리방식이 모두 가능하다면 상당히 융통성이 있는 작업수행을 할 수 있게 되는데, R에서는 이 두 가지 처리방식이 모두 가능하다.

1.4 예제 프로그램 실행

R의 작업환경을 이해하기 위해 간단한 예제 프로그램을 실행해 보자. 첫 번째 예제는 숫자 데이터를 R에 입력해서 요약 통계량 값 등을 계산하는 것이고, 두 번째 예제는 일정한 구조를 갖는 숫자 데이터를 만드는 작업이며, 세 번째 예제는 문자 데이터의 작업에 대한 것이다.

1.4.1 숫자형 벡터의 생성 및 연산

표 1.1의 데이터는 자동차의 주행속도인 `speed`와 그 속도에서 차를 완전히 멈추는 데 필요한 거리인 `stop_dist` 사이의 관계를 알아보는 실험 데이터의 일부분이다.

표 1.1 예제 데이터

speed	stop_dist
4	2
7	4
8	16
9	10
10	18

우선 두 변수의 데이터를 입력해 보자. R에서 데이터의 입력은 '특정 구조의 객체에 데이터를 할당하는 것'을 의미하는데, 여기에서는 '벡터'라는 객체에 예제 데이터를 할당하도록 하겠다. 벡터는 하나의 특성에 대해 관측된 데이터로 이루어진 객체를 의미한다. 따라서 벡터를 구성하는 데이터의 유형은 모두 동일해야 하며, 숫자형 벡터 또는 문자형 벡터 등으로

구분된다. 표 1.1의 데이터는 모두 숫자이므로, 숫자형 벡터를 만들어 보자.

R에서의 작업은 대부분 함수를 사용해서 이루어지는데, 여러 자료를 하나로 묶어 벡터를 구성하는 작업은 함수 `c()`를 이용할 수 있다. 함수 `c()`에 입력하려는 자료를 콤마로 구분해서 나열하면 벡터가 구성된다. 구성된 벡터를 객체에 할당하는 작업은 할당 기호 '`<-`'로 이루어진다. RStudio에서 할당 기호는 Alt 키와 마이너스(-) 키를 함께 치면 나타난다.

콘솔 창에 다음 프로그램을 실행시켜 보자.

```
> speed <- c(4, 7, 8, 9, 10)
> stop_dist <- c(2, 4, 16, 10, 18)
```

위 명령문의 실행으로 두 숫자형 벡터 `speed`와 `stop_dist`가 만들어졌는데, 입력된 내용을 확인하기 위해서는 벡터 이름만 콘솔 창에 치면 결과가 출력된다.

```
> speed
[1]  4  7  8  9 10
> stop_dist
[1]  2  4 16 10 18
```

실행 결과는 콘솔 창에 바로 나타나며, 생성된 객체에 대한 정보가 Environment 창에 나타나는 것을 알 수 있을 것이다.

숫자형 벡터에 대한 연산은 벡터의 모든 구성 요소에 적용된다. 벡터 `speed`는 차량의 시간당 운행거리를 마일로 측정한 속도이다. 이것을 km 단위로 환산하기 위해서는 벡터 `speed`에 1.6을 곱하면 된다.

```
> # 속도 환산 : mph to kph
> speed * 1.6
[1]  6.4 11.2 12.8 14.4 16.0
```

`speed`의 모든 구성 요소에 1.6를 곱한 결과가 출력됨을 알 수 있다. 기호 '#' 이후에 입력된 내용은 R 실행에서 무시되는 것을 알 수 있는데, 이 기능을 활용해서 프로그램에 대한 주석을 입력할 수 있다.

두 숫자형 벡터를 대상으로 하는 연산에서는 두 벡터의 순서별 대응 요소끼리 연산이 이루어진다. `stop_dist`를 `speed`로 나누어 보자.

```
> stop_dist / speed
[1] 0.5000000 0.5714286 2.0000000 1.1111111 1.8000000
```

이제 두 숫자형 벡터의 요약 통계량을 계산해 보자. 함수 mean()은 평균을 계산하고, 함수 summary()는 숫자형 벡터가 입력되면 최소, 최대, 사분위수 및 평균을 계산한다. 함수에 숫자형 벡터를 입력하면, 결과가 출력된다.

```
> mean(speed)
[1] 7.6
> summary(stop_dist)
   Min. 1st Qu.  Median    Mean 3rd Qu.    Max. 
      2       4      10      10      16      18 
```

두 변수의 상관계수는 함수 cor()로 계산할 수 있다. 함수에 두 숫자형 벡터를 콤마로 구분해서 입력하면 된다.

```
> cor(speed, stop_dist)
[1] 0.8292984
```

1.4.2 일정한 구조를 갖는 숫자형 벡터의 생성

일정한 구조를 갖고 있는 숫자형 벡터가 필요한 경우가 있다. 예를 들어 1부터 100까지의 정수로 이루어진 벡터를 만들어야 한다고 하자. 이러한 경우 함수 c()에 숫자를 하나하나 입력해야 한다면 무척 한심스러운 일이 될 것이다. 이런 경우에는 콜론(:) 연산자 또는 함수 seq()를 사용하면 일정한 간격이 있는 숫자를 쉽게 만들 수 있다. 또한 반복되는 패턴이 있는 숫자는 함수 rep()로 편하게 만들 수 있다.

1) 콜론 연산자

콜론 연산자는 연산자의 왼쪽 숫자에서 시작하여 오른쪽 숫자를 초과하지 않을 때까지 1씩 증가하는 수열을 만든다. 왼쪽의 숫자가 오른쪽의 숫자보다 크면 1씩 감소를 시킨다.

```
> 1:5
[1] 1 2 3 4 5

> -3:3
[1] -3 -2 -1  0  1  2  3

> 1.5:5.4
[1] 1.5 2.5 3.5 4.5

> 5:0
[1] 5 4 3 2 1 0
```

2) 함수 seq()에 의한 수열 생성

콜론 연산자는 만들고자 하는 수열의 증가 폭이 1인 경우에만 사용할 수 있다는 한계가 있다. 조금 더 일반적인 형태의 수열을 만드는 작업은 함수 seq()를 사용해야 한다. 함수 seq()는 여러 개의 입력 인자를 가지고 있는 함수로서, R에서 사용되는 함수의 일반적인 형태는 다음과 같다.

function_name(arg_1 = value_1, arg_2 = value_2, …)

function_name은 함수 이름이고, arg_1는 함수의 첫 번째 인자, arg_2는 함수의 두 번째 인자이며, value_1과 value_2는 각 함수인자에 지정된 값을 의미한다.

함수 seq()의 첫 번째 인자는 수열의 시작점을 지정하는 from이고, 두 번째 인자는 수열의 끝점을 지정하는 to이다. 인자 from과 to만 지정하면 콜론 연산자와 동일하게 간격은 1이 된다.

```
> seq(from = 0, to = 5)
[1] 0 1 2 3 4 5
```

함수의 인자를 표시하는 경우에는 인자 순서에 관계없이 동일한 결과가 나온다.

```
> seq(to = 5, from = 0)
[1] 0 1 2 3 4 5
```

하지만, 함수인자를 표시하지 않고 지정된 값만 나열하는 경우에는 순서가 중요한 요소가 된다.

```
> seq(0, 5)
[1] 0 1 2 3 4 5

> seq(5, 0)
[1] 5 4 3 2 1 0
```

간격이 1이 아닌 수열을 만드는 경우에는 인자 by에 간격을 지정하면 된다. from에서 시작해서, by만큼 증가를 시키되 to를 넘지 않는 수열을 만든다.

```
> seq(from = 0, to = 5, by = 2)
[1] 0 2 4
```

감소하는 수열을 만드는 경우에는 to에 from보다 작은 값을 지정하고, by에 간격을 음수로 지정하면 된다.

```
> seq(from = 0, to = -5, by = -2)
[1]  0 -2 -4
```

3) 함수 rep()로 반복되는 패턴이 있는 숫자 생성

함수 rep()는 인자 times와 each를 이용하여 다양한 형태의 반복된 패턴이 있는 자료를 만들 수 있다. 함수 rep()는 숫자 및 문자에 모두 적용할 수 있는 함수이다.

인자 times는 반복 대상이 되는 벡터 전체를 반복하는 경우에 사용된다. 반복 대상이 되는 숫자형 벡터를 먼저 입력하고, 이어서 times에 반복 횟수를 지정하면 된다.

```
> rep(1, times = 3)
[1] 1 1 1

> rep(1:3, times = 2)
[1] 1 2 3 1 2 3
```

인자 times에 벡터를 지정할 수 있는데, 이 경우에는 반복 대상이 되는 벡터와 구성 요소의 개수가 같아야 한다.

```
> rep(c(2, 3), times = c(4, 5))
[1] 2 2 2 2 3 3 3 3 3
```

반복 대상이 되는 벡터 c(2, 3)에 대해 반복 횟수를 c(4, 5)를 지정한 것인데, 이렇게 되면 반복 대상 벡터의 첫 번째 요소인 2를 반복 횟수 벡터의 첫 번째 요소인 4회 반복시키고, 반복 대상 벡터의 두 번째 요소인 3을 반복 횟수 벡터의 두 번째 요소인 5회 반복시키게 된다.

인자 each에 반복 횟수를 지정하면 반복 대상 벡터의 각 요소들이 each번 반복된다.

```
> rep(1:3, each = 2)
[1] 1 1 2 2 3 3
```

R에서 프로그램을 실행하면서 주의할 점이 있는데, 우선 R에서는 영문자의 대문자와 소문자를 서로 다른 문자로 인식한다.

```
> mean(speed)
[1] 7.6

> Mean(speed)
Error in Mean(speed): could not find function "Mean"
```

또한 명령문이 완성되지 않은 상태에서 Enter 키를 치면 프롬프트가 '>' 기호에서 '+' 기호로 바뀐다. 이 연결 프롬프트는 명령문이 완성될 때까지 계속해서 나오는데, 만일 무엇이 문제인지 알 수 없는 경우에는 'Esc' 키로 명령문 실행을 취소시켜야 프롬프트가 '>' 기호로 다시 바뀌게 된다.

```
> cor(stop_dist,
+     speed)
[1] 0.8292984
```

R에서는 '#' 기호 이후의 명령문은 무시되어 처리되지 않는다. 따라서 명령문에 대한 부가 설명을 붙이고자 한다면 '#' 기호 후에 입력하면 된다.

```
> sd(stop_dist)  # stop_dist의 표준편차
[1] 7.071068
```

1.4.3 문자형 벡터의 생성

입력된 자료의 유형이 문자 혹은 문자열인 벡터를 문자형 벡터라고 한다. 문자열은 여러 개의 문자로 이루어진 것을 의미하는데, 예를 들어 "P", "A", "R", "K"라는 4개의 문자를 연결한 "PARK"를 문자열이라고 한다.

문자형 벡터의 구성은 함수 c()에 문자 혹은 문자열을 인용부호로 감싸서 입력하면 된다.

```
> last_name <- c("Park", "Lee", "Kwon")
> first_name <- c("Young", "Sujin", "Eunjae")
```

만들어진 두 문자형 벡터를 출력해 보자.

```
> last_name
[1] "Park" "Lee"  "Kwon"
> first_name
[1] "Young"  "Sujin"  "Eunjae"
```

두 문자형 벡터를 결합해서 새로운 문자형 벡터를 만들어야 하는 경우가 자주 있다. 두 문자형 벡터 `last_name`과 `first_name`을 결합하면, 세 사람의 성과 이름을 함께 나타낼 수 있다. 이런 경우에 사용할 수 있는 함수가 `paste()`이다. 함수 `paste()`에 두 벡터를 입력하면, 두 벡터의 순서별 대응 요소끼리 결합이 이루어진다.

```
> full_name <- paste(last_name, first_name)
> full_name
[1] "Park Young"  "Lee Sujin"   "Kwon Eunjae"
```

함수 `paste()`에 입력한 두 벡터는 순서별 대응되는 요소끼리 결합이 이루어지는데, 만일 두 벡터의 구성 요소 개수가 서로 다르면 어떻게 결합이 이루어지는지 살펴보자. 벡터를 구성하고 있는 요소의 개수를 벡터의 '길이'라 하며, 주어진 벡터의 길이는 함수 `length()`로 확인할 수 있다.

```
> length(last_name)
[1] 3
> length(full_name)
[1] 3
```

길이가 다른 두 벡터를 함수 `paste()`에 입력해 보자.

```
> dept <- "Stat"
> num <- 1:3
> paste(dept, num)
[1] "Stat 1" "Stat 2" "Stat 3"
```

벡터 `dept`는 구성 요소가 하나인 문자형 벡터, 즉 길이가 1인 문자형 벡터이고, 벡터 `num`은 길이가 3인 숫자형 벡터이다. 위 예제에서는 세 가지 사항을 확인할 수 있다. 첫 번째, 길이가 1인 벡터를 구성하는 경우에는 함수 `c()`를 사용하지 않아도 된다는 것이다. 또한 길이가 다른 벡터를 결합시킬 경우에는 길이가 짧은 벡터가 반복되어서 길이가 동일하게 된 후에 결합이 이루어진다는 것이다. 즉, 길이가 1인 `"Stat"`과 길이가 3인 `1:3`을 함께 입력하면, 실제로는 `c("Stat", "Stat", "Stat")`과 `c(1, 2, 3)`이 결합된다는 것이다. 마지막으로 숫자형 벡터를 함수 `paste()`에 입력하면, 함수는 이것을 문자형 벡터로 전환을 해서 다른 문자형 벡터와 결합을 실시한다는 것이다.

함수 `paste()`는 두 벡터를 결합시킬 때 빈칸을 하나 사이에 두게 되어 있는데, 빈칸 없이 두 벡터를 결합하고자 하는 경우에는 함수 `paste0()`를 사용하면 된다.

```
> paste0(dept, num)
[1] "Stat1" "Stat2" "Stat3"
```

1.5 작업공간

작업공간이란 R의 실행 과정에서 생성되는 모든 객체 및 입력된 명령문 등이 보관되어 있는 공간을 의미하는 것이며, 현재의 작업 디렉터리에 임시로 보관되어 있다. 현재의 작업 디렉터리는 함수 `getwd()`를 실행하면 알 수 있다.

작업공간에 임시 보관되어 있는 객체들은 그림 1.2에서와 같이 환경(Environment) 창에서 상세하게 그 내용을 확인할 수 있다.

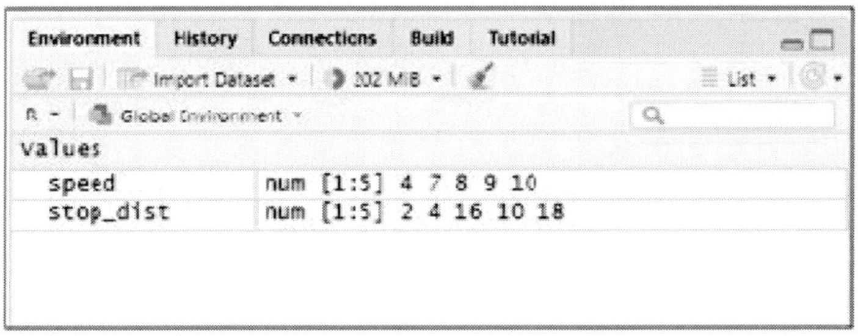

그림 1.2 RStudio의 환경 창

현재 작업 디렉터리에 임시로 보관되어 있는 객체들을 저장하면 .RData라는 이름의 파일로 저장된다. 저장 방법은 함수 `save.image()`를 실행하거나, R을 종료할 때 저장하는 방법이 있다. R의 종료는 함수 `q()`를 실행하거나, RStudio를 종료하면 R도 함께 종료가 되는데, 종료 직전에 현재 작업공간을 저장할 것인지를 묻게 된다. 실행시킨 명령문들은 .Rhistory라는 이름의 파일로 작업 디렉터리에 저장되는 것이 디폴트이다.

디폴트 작업 디렉터리에 저장된 작업공간은 R을 다시 시작되면 자동으로 올라온다. 이러한 특성은 편리함을 위한 것이지만, 세션마다 생성되는 객체를 저장하는 것은 다른 분석에서 사용되는 자료와 혼동을 일으킬 가능성이 있기 때문에, 실제 분석 과정에서는 반드시 금해야 할 사항이라고 하겠다.

R 종료 시에 작업공간의 저장 여부를 묻는 과정을 생략하려면, RStudio의 메인 메뉴 바에서 "`Tools > Global options...`"를 선택하고 나타나는 대화창에서 "`Save workspace to .RData on exit`"을 "`[Never]`"로 선택하면 된다. 또한 같은 대화창에서 "`Restore .RData` into workspace at startup:"을 그림 1.3에서와 같이 선택을 취소하면, 저장된 작업공간을 R 시작 때 불러오지 않게 된다.

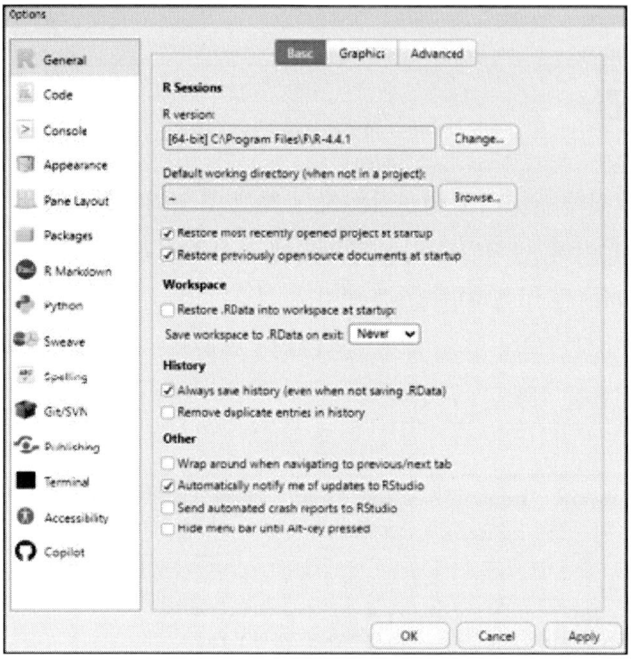

그림 1.3 작업공간 저장 방식 변경

작업별로 자료, 프로그램, 결과물 등을 분리해서 저장하는 것이 필요한데, 이러한 작업별 공간의 분리는 RStudio의 프로젝트를 이용하는 것이 매우 효과적이다. 작업별 프로젝트를 설정한다는 것은 해당 작업을 위한 일종의 '작업 폴더' 지정을 의미하는 것이다. 따라서 해당 작업의 모든 자료와 프로그램 및 결과물 등을 특정 폴더에 분리 저장할 수 있게 한다.

프로젝트를 사용하기 위한 설정 방법은 다음과 같다. RStudio의 메뉴에서 `File > New Project`를 선택해서 나타나는 대화 창에서 `New Directory`를 선택한다. 이어서 나타난 창에서 `New Project`를 선택하고, 다음에 나타난 창에서 프로젝트를 위한 폴더의 위치와 이름을 지정한다. 예를 들어 프로젝트의 이름을 `R programming`으로 입력해 보자. 그리고 `Create Project`를 선택하면 RStudio 창이 그림 1.4와 같이 다시 나타난다. RStudio 창의 오른쪽 위에 입력한 프로젝트의 이름이 있는 것을 볼 수 있다.

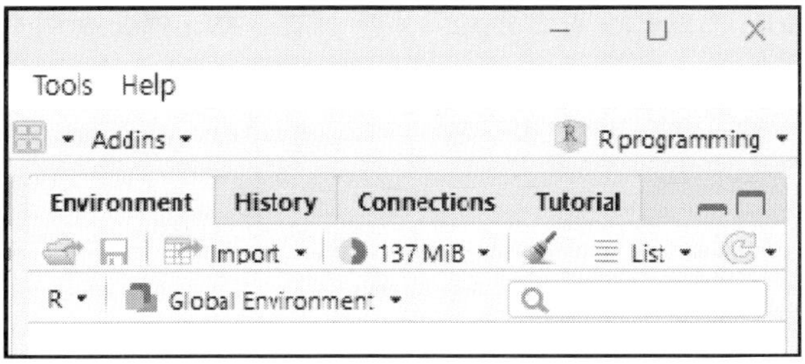

그림 1.4 프로젝트가 열린 RStudio 창

1.6 스크립트 파일의 활용

지금까지의 R 작업은 콘솔 창에 명령문을 하나하나 입력하고 실행하여 이루어졌다. 하지만 일일이 명령문을 콘솔 창에 입력하는 것은 상당히 번거로운 작업이고 오류를 범할 가능성이 많은 방법이다. 비록 이미 실행된 명령문을 자판의 화살표 키를 이용하여 다시 불러내어 수정하는 것이 가능하지만 여전히 불편한 점이 많은 것은 사실이다.

RStudio의 스크립트 편집기는 프로그램 작성 및 실행 등에 매우 이상적인 환경을 제공해 주고 있다. 따라서 R 작업을 효과적으로 수행하기 위해서는 반드시 스크립트 편집기를 이용해야 한다.

새로운 스크립트 편집기 창을 여는 방법은 메인 메뉴 바에서 "`File > New File > R Script`"를 선택하거나, 단축키 `Ctrl+Shift+N` 키를 누르는 것이다. 스크립트 편집기 창은 일반적인 문서 편집기와 동일하게 복사 및 붙여 넣기 등의 편집기능을 갖고 있어서 일련의 명령문 입력 및 수정 등을 훨씬 간편하게 할 수 있다. 또한 구문오류가 있으면 알려주는 기능과 프로그램의 문제점을 확인해 주는 기능이 있다.

1) 한 명령문씩 차례로 실행해야 하는 경우: 커서를 실행하고자 하는 명령문에 옮겨놓고 `Ctrl+Enter` 키를 누른다. 해당 명령문이 실행되고 커서는 자동으로 다음 명령문으로 옮겨간다.
2) 몇 개의 명령문을 한꺼번에 실행해야 하는 경우: 마우스를 이용하여 해당되는 명령문들을 선택해서 하이라이트를 시킨 후 `Ctrl+Enter` 키를 누른다. 선택된 명령문들이 모두 실행된다.
3) 스크립트 창의 모든 명령문들을 한꺼번에 실행해야 하는 경우: 해당 스크립트 창을 선택하고 `Ctrl+Alt+R` 키를 누른다.

그림 1.5는 RStudio 스크립트 편집창을 이용한 작업수행의 예를 보여주고 있다.

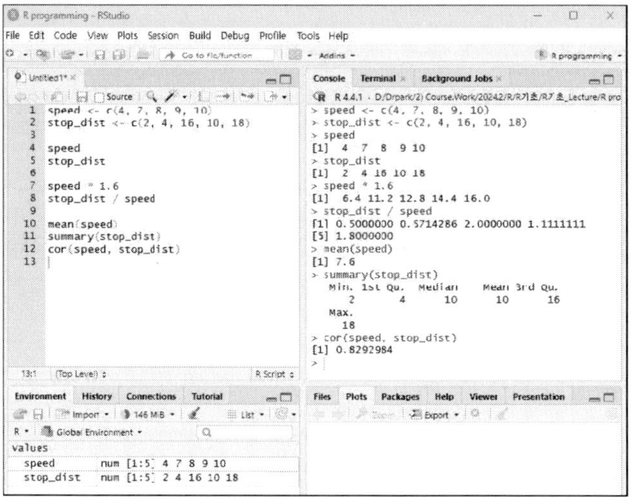

그림 1.5 스크립트 편집창을 활용한 작업 수행 예

스크립트 편집창을 이용하여 작성된 스크립트 파일의 저장은 `Ctrl+S` 키를 누르거나, 메뉴 바에서 "`File > Save`" 혹은 "`File > Save As...`"을 선택하여 폴더와 파일이름을 지정하면 된다.

저장된 스크립트 파일은 다음 작업 때 불러올 수 있는데 `Ctrl+O` 키를 누르거나, 메뉴 바에서 "`File > Open File...`"를 선택한 후 파일이 저장된 폴더로 이동하여 파일 열기를 선택하면 된다.

1.7 R의 확장: 패키지

R의 막강한 파워는 다양한 패키지에서 온다고 할 수 있다. 패키지란 사용자가 작성한 R 함수, 데이터 및 컴파일된 코드 등을 모아 놓은 것으로서, 다양한 분야의 분석도구를 제공하고 있다. 2025년 3월 현재 22,000개가 넘는 패키지가 CRAN 사이트에 올라와 있으며, 그 수는 꾸준히 증가하고 있다. 다양한 패키지를 사용할 수 있다는 것은 분석자의 입장에서는 큰 축복이라고 할 수 있으나, 너무 많은 수의 패키지가 있기 때문에 각 패키지의 특성을 모두 파악하는 것이 실질적으로 거의 불가능하며, 따라서 사용자가 필요한 특정 분석기법이 어떤 패키지에 있는지를 알아내는 것이 어렵다는 측면도 있다. 또한 개별 사용자들이 직접 작성해서 올린 것이기 때문에 간혹 문제가 있는 패키지가 있을 수도 있다는 점을 항상 유의해야 한다.

1.7.1 패키지의 종류

몇몇 패키지들은 R을 설치할 때(즉, R의 base 시스템을 PC에 설치할 때) 자동으로 설치된다. 이것들 중 실질적으로 base 시스템의 일부분으로 작동되는 것이 있는데 여기에는 `base`, `datasets`, `graphics`, `grid`, `methods`, `stats`, `utils` 등이 포함되며, 이것을 base 패키지라 한다. 또한 자동적으로 설치는 되지만 사용하기 위해서는 R 세션으로 따로 불러들여야 하는 패키지들도 있는데 여기에는 `KernSmooth`, `MASS`, `foreign`, `lattice` 등이 포함되며, 이것을 recommended 패키지라 한다. 이 두 부류에 포함되지 않는 다른 패키지들은 사용자가 개별적으로 설치하고 R 세션으로 불러들여야 사용할 수 있다.

사용자가 설치해야 되는 패키지 중에는 C/C++ 또는 Fortran 코드를 컴파일해야 설치가 완료되는 패키지가 있다. 이러한 패키지를 윈도우에 설치하기 위해서는 Rtools를 먼저 설치해야 한다. Rtools의 설치 파일도 CRAN(https://cran.r-project.org)에 방문하면 얻을 수 있는데, R 버전 4.4.0부터 4.4.3은 Rtools 4.4를 설치해야 한다.

이후 R 버전이 4.5.1로 업데이트가 되면, Rtools 4.5를 설치해야 할 것이다.

1.7.2 패키지의 설치 및 사용

패키지를 설치하기 위해서는 함수 `install.packages()`를 이용하거나, RStudio의 Packages 창에 있는 `[Install]` 버튼을 클릭하면 된다. 사용자가 개별적으로 설치하는 패키지가 저장되는 위치는 함수 `.libPaths()`를 실행하면 나타나는 첫 번째 경로에 설치되는 것이 디폴트이다. 두 번째 경로는 `base` 패키지와 `recommended` 패키지가 저장되는 위치이다. 설치된 패키지의 목록은 RStudio의 Packages 창에서 확인할 수 있다.

```
> .libPaths()
[1] "C:/Users/Park/AppData/Local/R/win-library/4.4"
[2] "C:/Program Files/R/R-4.4.3/library"
```

예를 들어 John Verzani의 "Using R for Introductory Statistics"라는 책에 있는 여러 가지 함수 및 데이터가 들어 있는 패키지 `UsingR`을 설치해 보자. Packages 창의 `[Install]` 버튼을 클릭하면 나타나는 창에 그림 1.6와 같이 `UsingR`을 입력하고, `[Install]`을 클릭하자. Console 창에 `install.packages("UsingR")`이 실행되는 것을 확인할 수 있다.

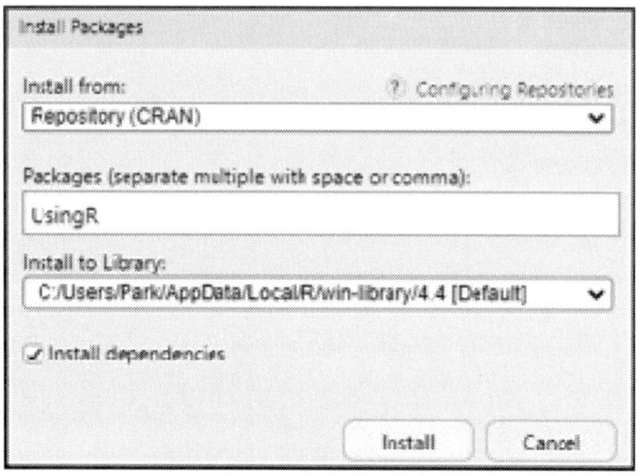

그림 1.6 패키지 UsingR 설치 과정

설치된 패키지는 R 세션으로 불러와야 사용할 수 있는데 이 작업은 함수 `require()` 또는 `library()`로 하게 된다. 예를 들어 설치된 패키지 `UsingR`를 R 세션으로 불러오기 위해서는 `require(UsingR)` 혹은 `library(UsingR)`를 실행시키면 된다. 이때에는 패키지의 이름에 인용부호를 붙이지 않아야 한다. 두 함수 `require()`와 `library()`의 기능에는 약간의 차이가 있는데, 설치되어 있지 않은 패키지를 불러오면 함수 `library()`는 오류가 발생되지만, 함수 `require()`는 단순 경고 메시지를 보여준다. 또한 함수 `require()`는 패키지를 불러오는데 성공하면 `TRUE` 값을, 실패하면 `FALSE` 값을 발생시킨다.

이미 설치된 패키지들의 버전 등을 포함한 대략적인 정보는 Packages 창에서 확인할 수 있다. 또한 패키지들은 자주 업데이트가 되기 때문에, 설치된 패키지들을 대상으로 주기적으로 업데이트 시키는 것이 필요하다. 설치된 패키지를 업데이트 시키기 위해서는 Packages 창의 `Update` 버튼을 클릭하면 된다.

특정 패키지에 대한 자세한 도움이 필요한 경우에 `help(package="패키지 이름")`을 실행시키면 해당 패키지에 있는 함수와 데이터 등에 대한 설명을 볼 수 있다. 예컨대 `help(package="MASS")`을 실행시키면, 패키지 `MASS`에 대한 도움 문서들을 Help 창에서 볼 수 있다.

또한 현재 R 세션에 불러들여져 있는 패키지에 있는 함수나 데이터에 대한 도움은 `help(함수 혹은 데이터 이름)`로 얻을 수 있다. 예를 들어, 함수 `mean()`에 대한 도움은 `help(mean)`로 얻을 수 있고, 데이터 `mtcars`에 대한 도움은 `help(mtcars)`로 얻을 수 있다. 함수 `help()` 대신 물음표 기호를 사용하여 `?mean` 혹은 `?mtcars`를 실행시켜도 된다.

조금 더 포괄적인 도움이 필요한 경우에 함수 `help.search()`를 이용하면 매우 유용한 정보를 얻을 수 있다. 예를 들어 문자열 `mean`이 포함된 여러 다른 패키지에 있는 다양한 함수들에 대한 도움이 필요한 경우 `help.search("mean")` 혹은 물음표 기호를 중복시켜 `??mean`을 실행시키면 매우 유용한 도움을 받을 수 있다.

R은 일 년에도 여러 번 업데이트 버전이 출시된다. 새로운 버전의 R을 다시 설치하기 위해 CRAN 사이트를 방문할 수도 있겠지만, 패키지 installr의 함수 updateR()을 사용하는 것도 좋은 방법이 된다. 함수 updateR()을 실행하면, 새로운 버전의 R 출시 여부를 먼저 확인한다. 이어서 나타나는 대화상자에서 설치를 선택하면 새로운 버전의 R이 설치된다.

새로운 버전의 R이 설치되면 이전 버전에서 설치했던 패키지를 다시 설치해야 하는 경우가 있다. 함수 updateR()에서 패키지 이전 작업이 잘 수행되지 않는 경우에는 다음과 같이 실행해 보자. 버전 4.3.3에서 버전 4.4.1로 업데이트한 후, 이전에 설치했던 모든 패키지를 다시 설치하는 작업 내용이다. 객체 old.lib는 버전 4.3.3에서 사용자가 설치한 패키지의 저장 위치로서, 함수 .libPaths()를 실행하면 나타나는 첫 번째 경로이다. 버전 4.4.1에서는 마지막 폴더가 '4.4'로 변경된다는 점에 유의하자.

```
> old.lib <- "C:/Users/Park/AppData/Local/R/win-library/4.3"
> install.packages(pkgs = as.data.frame(installed.packages(old.lib))$Package)
```

R은 잠시도 정체되어 있지 않고 끊임없이 진화하고 있다. 이것은 수많은 패키지들이 새로이 나타나고 업데이트되고 있기 때문에 가능한 일이다. 이렇듯 지속적으로 변화하고 있는 R을 제대로 따라가며 이해하는 것은 말 그대로 큰 도전이라고 하겠다. 하지만 다행스러운 일은 세계 곳곳에 활발하게 활동하고 있는 수많은 R 사용자 모임이 있고 그들이 운영하는 많은 웹사이트가 있다는 것이다. 이들 웹사이트를 잘 활용하면 내가 필요한 분석절차가 어떤 패키지에 있는지를 알 수 있으며, 새로운 분석기법에 대한 소개 및 적절한 도움도 받을 수 있을 것이다.

1.7.3 패키지 tidyverse의 소개

tidyverse는 data science를 위해 개발된 패키지들의 묶음이라고 할 수 있다. 여기에 속한 패키지들은 모두 공통된 분석 방식을 공유하고 있으며, 자료분석에 필요한 모든 과정을 망라하고 있다.

패키지 tidyverse에 속한 많은 패키지들은 개별적으로 하나하나 설치할 필요 없이 install.packages("tidyverse")를 실행하면 모든 패키지들이 설치된다. 하지만 이 패키지들을 사용하기 위하여 library(tidyverse)를 실행하면 설치 때와는 다르게 몇몇 패키지들만 R 세션에 올라오는데, 이 몇몇 패키지들을 core tidyverse라고 부른다. 여기에 속하지 않는 다른 많은 패키지는 모두 개별적으로 함수 library()로 불러와야 한다.

현재 설치된 tidyverse 패키지들의 리스트와 버전 정보 등은 함수 tidyverse_sitrep()으로 다음과 같이 확인할 수 있다.

```
> tidyverse_sitrep()
── R & RStudio ─────────────────────────────────────
• R: 4.4.3
── Core packages ───────────────────────────────────
• dplyr         (1.1.4)
• forcats       (1.0.0)
• ggplot2       (3.5.1)
• lubridate     (1.9.4)
• purrr         (1.0.4)
• readr         (2.1.5)
• stringr       (1.5.1)
• tibble        (3.2.1)
• tidyr         (1.3.1)
── Non-core packages ───────────────────────────────
• broom         (1.0.7 < 1.0.8)
• conflicted    (1.2.0)
• dbplyr        (2.5.0)
• dtplyr        (1.3.1)
• googledrive   (2.1.1)
• googlesheets4 (1.1.1)
• haven         (2.5.4)
• hms           (1.1.3)
• httr          (1.4.7)
• jsonlite      (1.9.1 < 2.0.0)
• magrittr      (2.0.3)
• modelr        (0.1.11)
• pillar        (1.10.1 < 1.10.2)
• ragg          (1.3.3)
• readxl        (1.4.5)
• reprex        (2.1.1)
• rlang         (1.1.5)
• rvest         (1.0.4)
• xml2          (1.3.8)
```

Core tidyverse에 속하는 패키지의 대략적 기능은 다음과 같다.

- `readr`: 자료 불러오기
- `tibble`: 개선된 형태의 데이터 프레임
- `tidyr`: 분석이 편리한 형태인 tidy 자료 생성
- `dplyr`: 데이터 프레임 다루기
- `stringr`: 문자열 다루기
- `forcats`: 요인 다루기
- `ggplot2`: 자료의 시각화

- purrr: 함수형 프로그래밍
- lubridate: 날짜 다루기

자료분석 내용을 과정별로 나누어 살펴보면, 먼저 분석 대상이 되는 외부 자료를 R로 불러와야 한다. R로 불러온 자료는 대부분의 경우 바로 분석이 가능한 형태를 띠고 있지 않다. 따라서 불러온 자료를 분석이 가능한 형태로 다듬어야 하며, 이어서 분석에 필요한 자료를 생성하는 등의 변형 과정을 거쳐서 자료의 시각화와 모형화 과정을 통해 자료를 분석하게 된다. 이러한 각각의 분석 과정을 담당할 수 있는 패키지가 tidyverse에는 모두 포함되어 있다. 사실 tidyverse로 인하여 R은 완전히 새로 태어났다고 할 수 있는데, 상당히 효율적인 작업이 가능해졌으며, 사용 방식에 일관성이 확립되었고 어렵지 않게 확장할 수 있는 체계가 구성되었기 때문이다. 따라서 데이터를 다듬고 그래프를 작성하는 작업은 이제 base 패키지를 이용하는 것보다 tidyverse의 일원인 dplyr이나 ggplot2 등을 이용하는 것이 훨씬 더 바람직하다고 할 수 있다.

1.8 연습문제

01 숫자형 벡터를 만들고, 벡터 연산을 실행해 보자.

1) 다음의 자료를 벡터 x에 입력하라.

17 16 20 24 22 15 21

2) 다음의 자료를 벡터 y에 입력하라.

10.4 5.6 3.1 6.4 9.6 7.8 12.1

3) 두 벡터의 평균과 표준편차를 함수 mean()과 sd()를 사용해서 계산하라.
4) 두 벡터 x와 y의 더하기(x+y), 빼기(x-y), 곱하기(x*y), 나누기(x/y)를 실시하고, 그 결과 만들어진 벡터의 평균과 표준편차를 계산하라.

02 다음의 숫자형 벡터를 만들어 보자.

1) -5 -4 -3 -2 -1 0 1 2 3 4 5
2) 5 4 3 2 1 0 -1 -2 -3 -4 -5
3) 1 3 5 7 9 2 4 6 8
4) 1 2 2 3 3 3 4 4 4 4
5) 1 2 3 1 2 3 1 2 3

03 다음의 문자형 벡터를 만들어 보자.

1) `"a" "a" "b" "b" "b"`

2) `"a1" "a2" "a3" "a4" "a5"`

3) `"aa" "ba" "ca" "ab" "bb" "cb" "ac" "bc" "cc"`

04 벡터 `letters`는 영문 소문자로 이루어져 있는 문자형 벡터이다. 벡터 `letters`를 이용해서 다음의 벡터 `a1`을 만들어 보자.

```
> a1
 [1] "a 1"  "b 2"  "c 3"  "d 4"  "e 5"  "f 6"  "g 7"  "h 8"  "i 9"
[10] "j 10" "k 11" "l 12" "m 13" "n 14" "o 15" "p 16" "q 17" "r 18"
[19] "s 19" "t 20" "u 21" "v 22" "w 23" "x 24" "y 25" "z 26"
```

05 벡터 a1은 영문자와 숫자 사이에 빈칸이 있다. 다음과 같이 영문자와 숫자 사이에 빈칸이 없는 벡터 a2를 벡터 `letters`를 이용해서 만들어 보자.

```
> a2
 [1] "a1"  "b2"  "c3"  "d4"  "e5"  "f6"  "g7"  "h8"  "i9"  "j10" "k11"
[12] "l12" "m13" "n14" "o15" "p16" "q17" "r18" "s19" "t20" "u21" "v22"
[23] "w23" "x24" "y25" "z26"
```

06 R을 실행하게 되면 많은 수의 객체들이 만들어진다.

1) 작업공간이란 무엇을 의미하는 것이며, 세션이 진행 중에는 어디에 임시로 저장되어 있는가?

2) 작업공간을 저장하면 만들어지는 파일은 무엇이며, 어디에 저장되는가?

3) 작업공간을 저장하는 것이 좋지 않다고 하는 이유는 무엇인가?

4) 작업 종류별로 자료 및 프로그램 등을 분리해서 저장하고자 할 때 가장 좋은 방식은 무엇인지 구체적으로 설명하라.

07 패키지는 사용자가 작성한 함수 및 자료들을 모아 놓은 것을 말한다.

1) 패키지는 세 가지 종류로 구분해서 볼 수 있는데, 이것들의 특성 및 차이점을 설명하라.

2) 패키지 `tidyverse`를 설치해 보자. 패키지 `tidyverse`는 1)번에서 구분한 세 가지 패키지의 종류 중 어떤 것에 해당하는가?

3) 특정 패키지로 R로 불러올 때 사용하는 함수는 무엇이며, 그 함수를 `tidyverse`에 적용하면 어떤 패키지를 불러올 수 있는가?

2

데이터 프레임 다루기

2.1 데이터 프레임
2.2 패키지 dplyr에 의한 데이터 프레임 다루기
2.3 연습문제

통계 데이터 세트는 변수와 관찰값이 행과 열의 2차원 형태로 배열된 자료를 의미한다. 변수(variable)란 양적 혹은 질적 특성을 측정할 수 있는 대상을 의미하는데, 예를 들어 양적 변수는 나이, 키, 몸무게와 같이 숫자로 측정되는 대상을 의미하고, 질적 변수는 성별, 지역 등 범주를 나타내는 대상을 의미한다. 이러한 변수가 측정된 값을 자료(value)라고 하며, 동일 대상에 대해서 측정된 여러 변수들의 자료를 관찰값(observation)이라고 한다.

다음 표의 자료는 통계 데이터 세트의 예제로서, 자동차의 몇 가지 특성을 측정한 자료이다. 8개의 행과 5개의 열로 이루어져 있다. 열은 변수를 나타내며, 하나의 열에는 같은 유형의 자료만 올 수 있다. 5개의 변수 중 `mpg`와 `disp`, `wt`는 양적 변수이고, `model`과 `am`은 질적 변수이다. 행은 동일한 대상, 즉 동일 자동차를 대상으로 측정된 여러 변수들의 자료로 구성된 관찰값을 나타내고 있다.

model	mpg	disp	wt	am
Mazda RX4 Wag	21.0	160.0	2.875	1
Fiat X1-9	27.3	79.0	1.935	1
Lincoln Continental	10.4	460.0	5.424	0
AMC Javelin	15.2	304.0	3.435	0
Porsche 914-2	26.0	120.3	2.140	1
Merc 450SLC	15.2	275.8	3.780	0
Hornet Sportabout	18.7	360.0	3.440	0
Maserati Bora	15.0	301.0	3.570	1

2.1 데이터 프레임

데이터 프레임이란 통계 데이터 세트를 위한 R 객체이다. 따라서 행과 열이 있는 2차원 구조로서, 열은 변수를 나타내고 행은 관찰값을 나타내고 있다. 또한 하나의 열에는 같은 유형의 자료만이 올 수 있으나, 각각의 열은 서로 다른 유형의 자료가 올 수 있는 구조이다.

2.1.1 전통적 데이터 프레임

전통적 데이터 프레임은 base R에서 사용되고 있는 형식의 데이터 프레임이다. R을 설치할 때 함께 설치되고, R을 시작하면 자동으로 불러지는 `base` 패키지 중 하나인 패키지 `datasets`에 있는 데이터 프레임 `women`은 전통적 데이터 프레임으로서, 나이가 30대인 미국 여성 15명의 체중과 키를 측정한 자료가 입력되어 있다. 전통적 데이터 프레임을 출력하면, 첫 줄에는 변수 이름이 출력되며, 각 행에는 행 번호가 먼저 나타나는 것을 알 수 있다.

```
> women
   height weight
1      58    115
2      59    117
3      60    120
4      61    123
5      62    126
6      63    129
7      64    132
8      65    135
9      66    139
10     67    142
11     68    146
12     69    150
13     70    154
14     71    159
15     72    164
```

함수 str()은 데이터 객체의 특성을 살펴볼 수 있는 함수이다. 함수 str()을 이용하여 데이터 프레임 women의 특성을 살펴보자. 관찰값(행)과 변수(열)의 개수가 표시되고 각 변수의 이름과 유형 및 자료의 처음 몇 개의 값이 출력된다.

```
> str(women)
'data.frame':	15 obs. of  2 variables:
 $ height: num  58 59 60 61 62 63 64 65 66 67 ...
 $ weight: num  115 117 120 123 126 129 132 135 139 142 ...
```

전통적 데이터 프레임을 직접 만들어야 하는 경우에는 함수 data.frame()을 사용하면 된다. 함수 data.frame()에 이름을 붙인 벡터를 차례로 입력하면, 전통적 데이터 프레임을 만들 수 있다. 벡터 x와 y가 데이터 프레임 df1의 열(변수)이 되었고, 행 번호가 자동으로 붙은 것을 알 수 있다.

```
> df1 <- data.frame(x = c(2, 4, 6), y = c("a", "b", "c"))
> df1
  x y
1 2 a
2 4 b
3 6 c
```

이때 입력하는 벡터의 길이는 반드시 같아야 한다.

```
> data.frame(x = c(2, 4), y = c("a", "b", "c"))
Error in data.frame(x = c(2, 4), y = c("a", "b", "c")): arguments
imply differing number of rows: 2, 3
```

길이가 1인 벡터의 경우에는 긴 벡터의 길이만큼 반복되어 입력된다.

```
> data.frame(x = 1, y = c("a", "b", "c"))
  x y
1 1 a
2 1 b
3 1 c
```

2.1.2 티블(tibble)

티블(tibble)은 `tidyverse`에 속한 패키지들이 공통적으로 사용하는 개선된 형태의 데이터 프레임이다. 전통적 데이터 프레임에 몇 가지 기능을 추가함으로써 조금 더 사용하기 편리한 형태를 취하고 있다. `Tibble`과 관련된 작업을 하기 위해서는 패키지 `tibble`을 불러와야 하는데, `core tidyverse`에 속한 패키지이므로 `library(tidyverse)`를 실행하면 다른 `core tidyverse` 패키지들과 함께 세션에 올라오게 된다.

```
> library(tidyverse)
```

패키지 `tidyverse`의 core 패키지인 `ggplot2`에 있는 데이터 프레임 `txhousing`는 `tibble`로서, 미국 텍사스주 주택 가격과 관련된 자료가 입력되어 있다.

```
> txhousing
# A tibble: 8,602 × 9
   city     year month sales   volume median listings inventory  date
   <chr>   <int> <int> <dbl>    <dbl>  <dbl>    <dbl>     <dbl> <dbl>
 1 Abilene  2000     1    72  5380000  71400      701       6.3 2000 
 2 Abilene  2000     2    98  6505000  58700      746       6.6 2000.
 3 Abilene  2000     3   130  9285000  58100      784       6.8 2000.
 4 Abilene  2000     4    98  9730000  68600      785       6.9 2000.
 5 Abilene  2000     5   141 10590000  67300      794       6.8 2000.
 6 Abilene  2000     6   156 13910000  66900      780       6.6 2000.
 7 Abilene  2000     7   152 12635000  73500      742       6.2 2000.
 8 Abilene  2000     8   131 10710000  75000      765       6.4 2001.
 9 Abilene  2000     9   104  7615000  64500      771       6.5 2001.
10 Abilene  2000    10   101  7040000  59300      764       6.6 2001.
# i 8,592 more rows
```

전통적 데이터 프레임과는 다른 방식으로 출력되는 것을 알 수 있다. 먼저 행과 열의 개수를 알려주고 있다. 즉, 데이터 프레임 `txhousing`는 8602개의 행과 9개 열로 구성된 것을 알 수 있다. 이어서 처음 10개 관찰값만 출력되고, 변수의 유형이 변수 이름 바로 밑에 표시되는데, 이것은 함수 `str()`에서 볼 수 있었던 기능이 사용된 것이다. 변수의 유형에서 `<chr>`은 문자형을 나타내고, `<int>`는 숫자형 중 정수형을 나타내며, `<dbl>`은 일반적인 숫자형을 나타낸다.

개별 벡터를 기반으로 사용자가 직접 `tibble`을 만들어야 하는 경우에는 함수 `tibble()`을 사용하면 된다. 길이가 1인 벡터는 길이가 긴 벡터만큼 반복되어 입력되며, 함께 입력된 변수를 이용하여 다른 변수를 만들 수 있다.

```
> tibble(x = 1:3, y = x + 1, z = 1)
# A tibble: 3 × 3
      x     y     z
  <int> <dbl> <dbl>
1     1     2     1
2     2     3     1
3     3     4     1
```

함께 입력되는 변수를 이용하여 다른 변수를 만들 수 있는 기능은 매우 유용하게 사용될 수 있는데, 함수 `data.frame()`에서는 가능하지 않은 기능이다.

```
> data.frame(x = 1:3, y = x + 1)
Error: object 'x' not found
```

기존의 전통적인 데이터 프레임을 `tibble`로 전환하기 위해서는 함수 `as_tibble()`을 사용하면 된다. 또한 `tibble`의 경우, 출력되는 관찰값의 개수는 함수 `print()`에서 변수 `n`으로 지정할 수 있다. 전통적 데이터 프레임 `women`을 `tibble`로 전환하고, 처음 3 관찰값만을 출력해 보자.

```
> women_t <- as_tibble(women)
> print(women_t, n = 3)
# A tibble: 15 × 2
  height weight
   <dbl>  <dbl>
1     58    115
2     59    117
3     60    120
# i 12 more rows
```

데이터 프레임의 첫 부분 혹은 마지막 부분만 출력하는 것은 함수 `head()`와 `tail()`로 할 수 있으며, 전통적 데이터 프레임이나 `tibble`에 모두 적용 가능한 함수이다. 출력되는 관찰값의 개수는 변수 `n`으로 지정할 수 있는데, 생략하면 6개 관찰값이 출력된다. 즉, `n = 6`가 디폴트 값이다.

```
> head(women, n = 2)
  height weight
1     58    115
2     59    117

> tail(women, n = 2)
   height weight
14     71    159
15     72    164

> head(women_t, n = 2)
# A tibble: 2 × 2
  height weight
   <dbl>  <dbl>
1     58    115
2     59    117

> tail(women_t, n = 2)
# A tibble: 2 × 2
  height weight
   <dbl>  <dbl>
1     71    159
2     72    164
```

2.2 패키지 dplyr에 의한 데이터 프레임 다루기

R에 입력된 데이터 세트는 대부분의 경우 바로 통계분석이 가능한 상태가 아니다. 분석에 필요한 적절한 변수가 없거나, 특정 조건을 만족하는 자료만을 선택해야 하거나, 자료의 순서를 바꿔야 하거나, 그룹별로 자료를 합치거나 또는 나눠야 하는 등등의 작업이 필요한 경우가 대부분이다. 이러한 데이터 다듬기는 최적의 통계 예측모형 적합 등을 위해 반드시 필요한 절차이지만, 시간이 매우 많이 소요되는 힘든 작업이다. 따라서 일관된 법칙에 따라 편리하고 효율적으로 적용할 수 있는 데이터 다듬기 기법이 절실하게 필요한 상황이라고 하겠다.

통계 데이터 세트는 변수가 열, 관찰값이 행을 이루고 있는 2차원 구조를 가지고 있으며 데이터 프레임으로 입력된다. 이 절에서 살펴볼 내용은 패키지 dplyr에서 수행할 수 있는 다양한 데이터 프레임 다듬기 기법이다. 패키지 dplyr을 사용하기 위해서는 library(dplyr)을 실행하면 되지만, core tidyverse에 속한 패키지이고, ggplot2와 같은 다른 core tidyverse 패키지와 연결된 작업을 많이 수행하기 때문에, library(tidyverse)로 core tidyverse 패키지를 모두 불러오는 것이 더 편할 수 있다.

이 절에서는 먼저 데이터 프레임 다듬기 작업에 사용되는 매우 중요하면서도 기본적인 dplyr 함수들을 살펴볼 것이고, 이어서 기본 dplyr 함수들이 그룹으로 구분된 데이터 프레임에 대해서는 어떻게 작동을 하는지 살펴볼 것이다.

기본 dplyr 함수들은 세 가지 그룹으로 나누어 볼 수 있다. 함수 filter(), slice(), arrange(), distinct()와 같이 데이터 프레임의 행을 작업 대상으로 하는 함수가 있고, 함수 select(), rename(), mutate(), relocate()와 같이 열을 대상으로 작업을 하는 함수가 있으며, 요약 통계량을 계산하는 함수 summarise()가 있다.

기본 dplyr 함수들이 공통으로 갖고 있는 특징은 데이터 프레임이 함수들의 첫 번째 인자이고, 이 함수들이 생성하는 결과가 데이터 프레임이라는 것이다. 기본 함수들이 갖고 있는 이러한 특징을 이용해서 조금 더 효율적인 프로그램이 가능하도록 dplyr에서는 파이프 연산자를 사용하는 것이 좋다.

- **파이프 연산자**

파이프 연산자는 한 명령문의 결과물을 바로 다음 명령문의 입력 요소로 직접 사용할 수 있도록 명령문들을 서로 연결하는 기능을 갖고 있다. 이것이 가능하다면, 분석 중간 단계로 생성되는 많은 객체들을 따로 저장할 필요가 없기 때문에 프로그램 자체가 매우 깔끔하게 정리되며, 분석 흐름을 쉽게 이해할 수 있게 된다. 파이프 연산자 %>%는 tidyverse에 속한 패키지인 magrittr에서 정의된 것으로 tidyverse에 속한 다른 패키지에서도 사용이 가능하다. RStudio에서 파이프 연산자 %>%의 입력은 Shift+Ctrl+M 키를 함께 누르면 된다.

Base R에도 R 버전 4.1.0부터 파이프 연산자 |>가 도입되었다. 패키지 tidyverse를 불러오지 않아도 사용할 수 있다는 것이 장점으로 볼 수 있는 연산자이다. 단축키를 사용하기 위해서는 RStudio 옵션을 지정해야 하는데, 그림 2.1와 같이 RStudio의 메뉴 "Tools > Global Options... > Code"에서 "Use native pipe operator, |>"를 선택하면, Shift+Ctrl+M이 |>의 단축키가 된다.

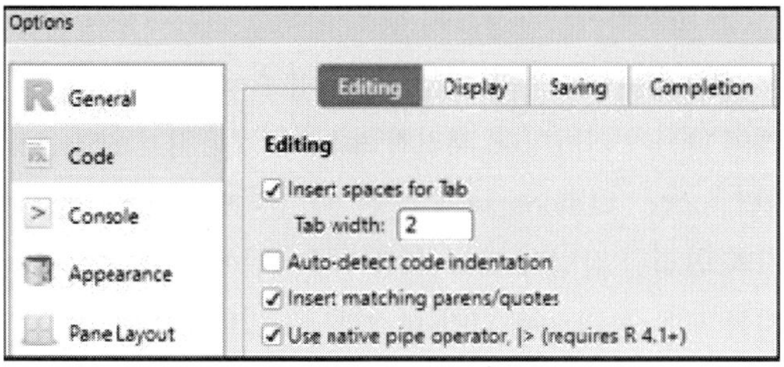

그림 2.1 Base R 파이프 연산자 사용

파이프 연산자의 기본적인 사용 형태는 `lhs |> rhs`인데, `lhs`는 데이터 객체이거나 데이터 객체를 생성하는 함수가 되고, `rhs`는 `lhs`를 입력 요소로 하는 함수가 된다. 구체적인 사용 방식으로서, 데이터 프레임 `x`와 함수 `f()`에 대해서 `x |> f()`의 구조로 작성되면, 실행되는 내용은 함수 `f()`에 데이터 프레임 `x`를 입력하는 `f(x)`가 된다. 예를 들어, 데이터 프레임 `mtcars`를 함수 `head()`와 파이프 연산자로 연결해 보자.

```
> mtcars |> head()  # head(mtcars)와 동일
                   mpg cyl disp  hp drat    wt  qsec vs am gear carb
Mazda RX4         21.0   6  160 110 3.90 2.620 16.46  0  1    4    4
Mazda RX4 Wag     21.0   6  160 110 3.90 2.875 17.02  0  1    4    4
Datsun 710        22.8   4  108  93 3.85 2.320 18.61  1  1    4    1
Hornet 4 Drive    21.4   6  258 110 3.08 3.215 19.44  1  0    3    1
Hornet Sportabout 18.7   8  360 175 3.15 3.440 17.02  0  0    3    2
Valiant           18.1   6  225 105 2.76 3.460 20.22  1  0    3    1
```

두 번째 사용 방식은 함수 `f()`에 다른 인자가 있는 경우인데, 이 경우에는 파이프 연산자로 연결되는 데이터 객체가 함수 `f()`의 첫 번째 인자가 되는 것이다. 즉, `x |> f(y)`의 구조로 작성되면, 실행되는 내용은 `x`가 첫 번째 인자, `y`가 두 번째 인자로 인식되어 `f(x, y)`가 되는 것이다. 예를 들어, 데이터 프레임 `mtcars`를 함수 `head()`에 연결해서 처음 3줄만 다음과 같이 출력해 보자.

```
> mtcars |> head(3) # head(mtcars, 3)와 동일
               mpg cyl disp  hp drat    wt  qsec vs am gear carb
Mazda RX4     21.0   6  160 110 3.90 2.620 16.46  0  1    4    4
Mazda RX4 Wag 21.0   6  160 110 3.90 2.875 17.02  0  1    4    4
Datsun 710    22.8   4  108  93 3.85 2.320 18.61  1  1    4    1
```

기본 `dplyr` 함수들 중에는 조건을 구성해서 작업하는 함수들이 있다. 조건을 구성하기 위해서는 비교 연산자와 논리 연산자, 그리고 `%in%` 연산자를 적절하게 사용해야 하기 때문

에, 이들 연산자에 대해 먼저 살펴보도록 하자.

• 비교 연산자와 논리 연산자

두 벡터의 크기를 비교하는데 사용되는 비교 연산자의 종류 및 기능은 표 2.1에서 볼 수 있다.

표 2.1 비교 연산자

연산자	기능
〈	작다
〈=	작거나 같다
〉	크다
〉=	크거나 같다
==	같다
!=	같지 않다

비교 연산자를 사용해서 두 벡터의 비교를 실시해 보자. 두 벡터의 비교는 벡터의 순서별로 대응되는 요소끼리 비교를 의미하는 것이며, 비교 결과는 TRUE 혹은 FALSE로 구성된 논리형 벡터로 출력된다.

```
> x <- c(3, 8, 2)
> y <- c(5, 4, 2)
> x > y
[1] FALSE  TRUE FALSE
> x >= y
[1] FALSE  TRUE  TRUE
> x < y
[1]  TRUE FALSE FALSE
> x <= y
[1]  TRUE FALSE  TRUE
> x == y
[1] FALSE FALSE  TRUE
> x != y
[1]  TRUE  TRUE FALSE
```

위의 예에서 벡터 x와 y는 모두 길이가 3인 벡터이다. 이와 같이 비교되는 두 벡터는 길이가 동일해야 하는데, 만일 길이가 같지 않은 두 벡터를 비교한다면 길이가 짧은 벡터의 구성요소를 순환 반복시켜 두 벡터의 길이를 동일하게 만든 후 비교가 이루어진다. 하지만 이와 같이 길이가 다른 두 벡터를 비교하는 것은 정상적인 작업 방식이 아니기 때문에 가능한 피하는 것이 바람직하다. 다만, 길이가 1인 벡터의 경우에는 정상적인 작업 방식으로 간주한다.

```
> x > 2
[1]  TRUE  TRUE FALSE
> y <= 3
[1] FALSE FALSE  TRUE
```

두 벡터의 단순 비교보다 조금 더 복잡한 조건을 구성하기 위해서는 논리 연산자가 필요한데, 종류와 기능은 표 2.2에서 볼 수 있다.

표 2.2 논리 연산자

연산자	기능
!	부정 연산자
|	OR 연산자
&	AND 연산자

논리 연산자의 사용 결과를 살펴보자.

```
> x > 2
[1]  TRUE  TRUE FALSE
> !(x > 2)
[1] FALSE FALSE  TRUE
> x <= 2 | y >= 5
[1]  TRUE FALSE  TRUE
> x <= 2 & y >= 5
[1] FALSE FALSE FALSE
```

• **`%in%` 연산자**

주어진 벡터의 구성 요소 중 특정한 값이 포함되어 있는지를 확인해야 하는 경우에 유용하게 사용되는 연산자이다. 예를 들어 벡터 `x`에 2 또는 8이 포함되어 있는지를 확인해 보자.

```
> x <- c(8, 3, 4, 2)
> x %in% c(2, 8)
[1]  TRUE FALSE FALSE  TRUE
```

벡터 `x`의 첫 번째 요소가 8이고 마지막 요소가 2이며, 연산 결과로 생성된 논리형 벡터의 첫 번째 요소와 마지막 요소가 `TRUE`인 것을 볼 수 있다. 연산자 `%in%`의 작업 방식은 `%in%` 연산자 왼쪽에 있는 벡터의 구성요소가 `%in%` 연산자 오른쪽에 주어진 벡터에 포함되어 있으면 `TRUE`가 출력되고, 없으면 `FALSE`가 출력된다.

2.2.1 조건에 의한 행 선택: filter()

함수 filter()를 이용하면 주어진 데이터 프레임에서 특정한 조건을 만족하는 행을 선택할 수 있다. 함수 filter()의 첫 번째 인자는 데이터 프레임이고 두 번째 인자는 행 선택을 위한 조건이다. 조건을 설정할 때는 비교 연산자(>, >=, <, <=, !=, ==)와 논리 연산자(&, |, !)가 사용되며, 연산자 %in%이 매우 유용하게 사용된다.

- **예제 :** mtcars

데이터 프레임 mtcars는 1974년 "Motor Trend"라는 잡지에 실린 32 종류 자동차의 연비와 관련된 자료가 입력된 자료로서 전통적 데이터 프레임이다. 함수 head()를 사용해서 처음 3개 관찰값을 출력해 보자.

```
> mtcars |>
+   head(n = 3)
                mpg cyl disp  hp drat    wt  qsec vs am gear carb
Mazda RX4      21.0   6  160 110 3.90 2.620 16.46  0  1    4    4
Mazda RX4 Wag  21.0   6  160 110 3.90 2.875 17.02  0  1    4    4
Datsun 710     22.8   4  108  93 3.85 2.320 18.61  1  1    4    1
```

전통적 데이터 프레임의 경우에는 행 이름이 표시되는데, tibble의 경우에는 행 이름이 제거된다. mtcars를 함수 as_tibble()을 사용해서 tibble로 전환하고, 함수 print()를 사용해서 처음 3개 관찰값을 출력해 보자. 행 이름이 없어진 것을 알 수 있다.

```
> mtcars |>
+   as_tibble() |>
+   print(n = 3)
# A tibble: 32 × 11
    mpg   cyl  disp    hp  drat    wt  qsec    vs    am  gear  carb
  <dbl> <dbl> <dbl> <dbl> <dbl> <dbl> <dbl> <dbl> <dbl> <dbl> <dbl>
1  21       6   160   110  3.9   2.62  16.5     0     1     4     4
2  21       6   160   110  3.9   2.88  17.0     0     1     4     4
3  22.8     4   108    93  3.85  2.32  18.6     1     1     4     1
# i 29 more rows
```

만일 행 이름을 tibble에서도 자료로 사용하고 싶다면, 변수로 전환해서 데이터 프레임에 추가해야 한다. 행 이름을 변수로 전환하는 작업은 패키지 tibble의 함수 rownames_to_column()으로 할 수 있다. 변수로 전환된 행 이름을 위한 변수 이름은 인자 var에 지정하면 된다. mtcars의 행 이름을 변수 model로 데이터 프레임에 추가하고, 이어서 tibble로 전환한 것을 mtcars_t에 할당해 보자.

```
> mtcars_t <- mtcars |>
+   rownames_to_column(var = "model") |>
+   as_tibble()
```

mtcars_t의 처음 3개 관찰값을 출력해 보자.

```
> mtcars_t |>
+   print(n = 3)
# A tibble: 32 × 12
  model      mpg   cyl  disp    hp  drat    wt  qsec    vs    am  gear
  <chr>    <dbl> <dbl> <dbl> <dbl> <dbl> <dbl> <dbl> <dbl> <dbl> <dbl>
1 Mazda R…  21       6   160   110  3.9   2.62  16.5     0     1     4
2 Mazda R…  21       6   160   110  3.9   2.88  17.0     0     1     4
3 Datsun …  22.8     4   108    93  3.85  2.32  18.6     1     1     4
# ℹ 29 more rows
# ℹ 1 more variable: carb <dbl>
```

이제 데이터 프레임 mtcars_t를 대상으로 변수 mpg의 값이 30 이상인 자동차의 관찰값을 선택해 보자.

```
> mtcars_t |>
+   filter(mpg >= 30)
# A tibble: 4 × 12
  model      mpg   cyl  disp    hp  drat    wt  qsec    vs    am  gear
  <chr>    <dbl> <dbl> <dbl> <dbl> <dbl> <dbl> <dbl> <dbl> <dbl> <dbl>
1 Fiat 128 32.4      4  78.7    66  4.08  2.2   19.5     1     1     4
2 Honda C… 30.4      4  75.7    52  4.93  1.62  18.5     1     1     4
3 Toyota … 33.9      4  71.1    65  4.22  1.84  19.9     1     1     4
4 Lotus E… 30.4      4  95.1   113  3.77  1.51  16.9     1     1     5
# ℹ 1 more variable: carb <dbl>
```

변수 mpg의 값이 30 이상이고 변수 wt의 값이 1.8 미만인 자동차를 선택해 보자. 두 조건이 모두 만족되어야 하기 때문에 논리 연산자 "&"가 필요한 상황이다.

```
> mtcars_t |>
+   filter(mpg >= 30 & wt < 1.8)
# A tibble: 2 × 12
  model      mpg   cyl  disp    hp  drat    wt  qsec    vs    am  gear
  <chr>    <dbl> <dbl> <dbl> <dbl> <dbl> <dbl> <dbl> <dbl> <dbl> <dbl>
1 Honda C… 30.4      4  75.7    52  4.93  1.62  18.5     1     1     4
2 Lotus E… 30.4      4  95.1   113  3.77  1.51  16.9     1     1     5
# ℹ 1 more variable: carb <dbl>
```

변수 mpg의 값이 30 이하이고, 변수 cyl의 값이 6 또는 8이며, 변수 am의 값이 1인 자동차를 선택해 보자. 이 경우에, 변수 cyl의 값이 6 또는 8인 사건에 대하여 논리 연산자를 사용해서 "cyl == 6|cyl == 8"으로 조건을 설정하는 것보다는, "cyl %in% c(6, 8)"로 쓰는 것이 훨씬 간단한 방법이 된다.

```
> mtcars_t |>
+   filter(mpg <= 30 & cyl %in% c(6, 8) & am == 1)
# A tibble: 5 × 12
  model      mpg   cyl  disp    hp  drat    wt  qsec    vs    am  gear
  <chr>    <dbl> <dbl> <dbl> <dbl> <dbl> <dbl> <dbl> <dbl> <dbl> <dbl>
1 Mazda R…  21       6   160   110  3.9   2.62  16.5     0     1     4
2 Mazda R…  21       6   160   110  3.9   2.88  17.0     0     1     4
3 Ford Pa…  15.8     8   351   264  4.22  3.17  14.5     0     1     5
4 Ferrari…  19.7     6   145   175  3.62  2.77  15.5     0     1     5
5 Maserat…  15       8   301   335  3.54  3.57  14.6     0     1     5
# ℹ 1 more variable: carb <dbl>
```

• **예제** : airquality

데이터 프레임 airquality는 1973년 5월부터 9월까지 미국 뉴욕시의 공기의 질과 관련된 조사 결과를 담은 데이터 세트이다. airs라는 이름의 tibble로 전환하고, 처음 5개 관찰값을 출력해 보자.

```
> airs <- as_tibble(airquality) |>
+   print(n = 5)
# A tibble: 153 × 6
  Ozone Solar.R  Wind  Temp Month   Day
  <int>   <int> <dbl> <int> <int> <int>
1    41     190   7.4    67     5     1
2    36     118   8      72     5     2
3    12     149  12.6    74     5     3
4    18     313  11.5    62     5     4
5    NA      NA  14.3    56     5     5
# ℹ 148 more rows
```

변수 Ozone과 Solar.R에는 많은 수의 결측값이 있는데, R에서는 결측값을 NA로 표시한다. 주어진 데이터 프레임에 결측값의 포함 여부를 확인하는 것은 매우 중요한 작업이 된다. 함수 is.na()는 벡터의 각 구성요소에 결측값이 있는지를 확인하는 기능이 있다.

```
> x <- c(1, 0, 3, 5, NA)
> is.na(x)
[1] FALSE FALSE FALSE FALSE  TRUE
```

함수 is.na()의 결과는 입력된 벡터의 길이만큼의 논리형 벡터이며, 결측값이 있는 자리에 TRUE가 위치하고 있음을 알 수 있다.

데이터 프레임 airs를 대상으로 변수 Ozone에 결측값이 있는 관찰값을 선택해 보자. 37개 관찰값이 선택된 것을 알 수 있다.

```
> airs |>
+   filter(is.na(Ozone)) |>
+   print(n = 5)
# A tibble: 37 × 6
  Ozone Solar.R  Wind  Temp Month   Day
  <int>   <int> <dbl> <int> <int> <int>
1    NA      NA  14.3    56     5     5
2    NA     194   8.6    69     5    10
3    NA      66  16.6    57     5    25
4    NA     266  14.9    58     5    26
5    NA      NA   8      57     5    27
# i 32 more rows
```

이번에는 Ozone과 Soloar.R에 모두 결측값이 있는 관찰값을 선택해 보자. 오직 2개의 관찰값만 선택되었다.

```
> airs |>
+   filter(is.na(Ozone) & is.na(Solar.R))
# A tibble: 2 × 6
  Ozone Solar.R  Wind  Temp Month   Day
  <int>   <int> <dbl> <int> <int> <int>
1    NA      NA  14.3    56     5     5
2    NA      NA   8      57     5    27
```

이번에는 Ozone 또는 Solar.R에 결측값이 있는 관찰값을 선택해 보자. 42개의 관찰값이 선택된 것을 알 수 있다.

```
> airs |>
+   filter(is.na(Ozone) | is.na(Solar.R)) |>
+   print(n = 5)
# A tibble: 42 × 6
  Ozone Solar.R  Wind  Temp Month   Day
  <int>   <int> <dbl> <int> <int> <int>
1    NA      NA  14.3    56     5     5
2    28      NA  14.9    66     5     6
3    NA     194   8.6    69     5    10
```

```
4     7       NA   6.9    74     5      11
5    NA       66  16.6    57     5      25
# i 37 more rows
```

2.2.2 위치에 의한 행 선택: slice() 및 그와 관련된 함수

위치에 의한 행 선택이란 데이터 프레임에서 선택하고자 하는 행을 행 번호를 직접적 혹은 간접적으로 지정해서 선택하는 방식을 의미한다. 이 방식과 관련된 함수에는 행 번호를 직접 지정하는 함수 `slice()`가 있고, 데이터 프레임의 처음 몇 개 행 또는 마지막 몇 개 행을 선택하는 함수 `slice_head()`와 `slice_tail()`이 있으며, 데이터 프레임의 몇 개 행을 임의로 선택하는 함수 `slice_sample()`이 있다. 또한 특정 변수의 값이 가장 크거나 또는 가장 작은 값을 갖는 행을 선택하는 함수 `slice_max()`와 `slice_min()`이 있다.

예제로는 데이터 프레임 `iris`를 사용하도록 하겠다. `iris`는 3종류 붓꽃의 꽃잎의 길이와 폭, 꽃받침의 길이와 폭을 각각 측정한 자료가 입력되어 있다. 전통적 데이터 프레임 `iris`를 `tibble`로 전환해서 `iris_t`에 할당하자.

```
> iris_t <- as_tibble(iris)
```

- **함수 `slice()`에 의한 행 선택**

함수 `slice()`에는 행의 번호를 직접 지정해서 특정 행을 선택하거나 제거할 수 있다. 양의 정수를 입력하면 해당 위치의 행이 선택되고, 음의 정수를 입력하면 해당 위치의 행이 제거된다. 입력되는 정수는 모두 양수이거나 모두 음수이어야 한다.

`iris_t`의 첫 번째에서 다섯 번째 행을 선택해 보자.

```
> iris_t |>
+   slice(1:5)
# A tibble: 5 × 5
  Sepal.Length Sepal.Width Petal.Length Petal.Width Species
         <dbl>       <dbl>        <dbl>       <dbl> <fct>
1          5.1         3.5          1.4         0.2 setosa
2          4.9         3            1.4         0.2 setosa
3          4.7         3.2          1.3         0.2 setosa
4          4.6         3.1          1.5         0.2 setosa
5          5           3.6          1.4         0.2 setosa
```

이번에는 첫 번째 행부터 다섯 번째 행을 제거한 데이터 프레임의 처음 3개 행을 출력해 보자.

```
> iris_t |>
+   slice(-(1:5)) |>
+   print(n = 3)
# A tibble: 145 × 5
  Sepal.Length Sepal.Width Petal.Length Petal.Width Species
         <dbl>       <dbl>        <dbl>       <dbl> <fct>
1          5.4         3.9          1.7         0.4  setosa
2          4.6         3.4          1.4         0.3  setosa
3          5           3.4          1.5         0.2  setosa
# ℹ 142 more rows
```

이번에는 iris_t의 마지막 행을 선택해 보자. 이 경우 유용하게 사용될 함수가 n()이다. 이 함수는 데이터 프레임의 행의 개수를 세는 함수로서 단독으로는 사용될 수 없고 dplyr 기본 함수들과 함께 사용되어야 한다.

```
> iris_t |>
+   slice(n())
# A tibble: 1 × 5
  Sepal.Length Sepal.Width Petal.Length Petal.Width Species
         <dbl>       <dbl>        <dbl>       <dbl> <fct>
1          5.9           3          5.1         1.8 virginica
```

• **함수 slice_head()와 slice_tail()에 의한 행 선택**

데이터 프레임의 처음 몇 개 행을 선택하거나 마지막 몇 개 행을 선택하고자 할 때 사용되는 함수이다. 행의 개수를 지정하는 경우에는 인자 n을 사용하고 행의 비율을 지정하는 경우에는 인자 prop를 사용하면 된다. 데이터 프레임 iris_t의 처음 3개 행을 선택해 보자.

```
> iris_t |>
+   slice_head(n = 3)
# A tibble: 3 × 5
  Sepal.Length Sepal.Width Petal.Length Petal.Width Species
         <dbl>       <dbl>        <dbl>       <dbl> <fct>
1          5.1         3.5          1.4         0.2 setosa
2          4.9         3            1.4         0.2 setosa
3          4.7         3.2          1.3         0.2 setosa
```

이번에는 마지막 3개 행을 선택해 보자.

```
> iris_t |>
+   slice_tail(n = 3)
# A tibble: 3 × 5
  Sepal.Length Sepal.Width Petal.Length Petal.Width Species
         <dbl>       <dbl>        <dbl>       <dbl> <fct>
1          6.5         3            5.2         2   virginica
2          6.2         3.4          5.4         2.3 virginica
3          5.9         3            5.1         1.8 virginica
```

• **함수 slice_sample()에 의한 행 선택**

데이터 프레임의 일부 행을 단순임의추출방법으로 선택할 때 사용되는 함수이다. 행의 개수를 지정해서 추출하는 경우에는 인자 n을 사용하고, 행의 비율을 지정해서 추출하는 경우에는 인자 prop를 사용하면 된다. 두 함수 모두 비복원추출이 디폴트로 적용되며, 만일 복원추출을 원한다면, replace = TRUE를 입력하면 된다. 데이터 프레임 iris_t에서 3개 행을 임의추출해 보자.

```
> iris_t |>
+   slice_sample(n = 3)
# A tibble: 3 × 5
  Sepal.Length Sepal.Width Petal.Length Petal.Width Species
         <dbl>       <dbl>        <dbl>       <dbl> <fct>
1          5.5         4.2          1.4         0.2 setosa
2          7.7         3            6.1         2.3 virginica
3          5.5         2.6          4.4         1.2 versicolor
```

전체 행 중 2%의 행을 비복원추출로 선택해 보자.

```
> iris_t |>
+   slice_sample(prop = 0.02)
# A tibble: 3 × 5
  Sepal.Length Sepal.Width Petal.Length Petal.Width Species
         <dbl>       <dbl>        <dbl>       <dbl> <fct>
1          5.5         2.4          3.7         1   versicolor
2          6.7         3.3          5.7         2.1 virginica
3          6.9         3.2          5.7         2.3 virginica
```

이번에는 전체 행 중 2%의 행을 복원추출로 선택해 보자.

```
> iris_t |>
+   slice_sample(prop = 0.02, replace = TRUE)
# A tibble: 3 × 5
  Sepal.Length Sepal.Width Petal.Length Petal.Width Species
         <dbl>       <dbl>        <dbl>       <dbl> <fct>
1          4.9         3.6          1.4         0.1 setosa
2          7.3         2.9          6.3         1.8 virginica
3          7.6         3            6.6         2.1 virginica
```

• **함수 slice_max()와 slice_min()에 의한 행 선택**

특정 변수가 가장 큰 값을 갖거나 혹은 가장 작은 값을 갖는 행을 선택할 때 사용되는 함수이다. 기준으로 사용할 변수를 입력하고 이어서 행의 개수를 지정하는 경우에는 n을, 행의 비율을 지정하는 경우에는 prop를 입력하면 된다. 데이터 프레임 iris_t에서 변수 Sepal.Width의 값이 가장 큰 두 개 행을 선택해 보자.

```
> iris_t |>
+   slice_max(Sepal.Width, n = 2)
# A tibble: 2 × 5
  Sepal.Length Sepal.Width Petal.Length Petal.Width Species
         <dbl>       <dbl>        <dbl>       <dbl> <fct>
1          5.7         4.4          1.5         0.4 setosa
2          5.5         4.2          1.4         0.2 setosa
```

이번에는 Petal.Length의 값이 가장 작은 두 개 행을 선택해 보자.

```
> iris_t |>
+   slice_min(Petal.Length, n = 2)
# A tibble: 2 × 5
  Sepal.Length Sepal.Width Petal.Length Petal.Width Species
         <dbl>       <dbl>        <dbl>       <dbl> <fct>
1          4.6         3.6          1           0.2 setosa
2          4.3         3            1.1         0.1 setosa
```

2.2.3 행의 정렬: arrange()

함수 arrange()는 특정 변수를 기준으로 데이터 프레임의 행을 재배열할 때 사용된다. 함수에는 정렬의 기준이 되는 변수를 입력하면 되는데, 2개 이상의 정렬 기준 변수를 입력하게 되면 추가된 변수는 앞선 변수가 같은 값을 갖는 행들의 정렬 기준으로 사용된다. 정렬은 오름차순이 디폴트이며, 내림차순으로 배열하고자 할 때에는 기준 변수를 함수 desc()와 함께 사용해야 한다.

• **예제:** `mtcars`

2.2.1절의 예제처럼 행 이름을 변수로 추가하고 `tibble`로 전환하여 할당한 `mtcars_t`를 대상으로 작업을 진행하자. 변수 `mpg`의 값이 가장 좋지 않은 자동차부터 시작해서 더 좋아지는 방향으로 다시 배열해 보자. 연비가 좋지 않다는 것은 연비가 낮다는 것을 의미하는 것이므로 변수 `mpg`를 오름차순 정렬 변수로 사용하면 된다.

```
> mtcars_t |>
+   arrange(mpg) |>
+   print(n = 5)
# A tibble: 32 × 12
  model       mpg   cyl  disp    hp  drat    wt  qsec    vs    am  gear
  <chr>     <dbl> <dbl> <dbl> <dbl> <dbl> <dbl> <dbl> <dbl> <dbl> <dbl>
1 Cadilla…   10.4     8   472   205  2.93  5.25  18.0     0     0     3
2 Lincoln…   10.4     8   460   215  3     5.42  17.8     0     0     3
3 Camaro …   13.3     8   350   245  3.73  3.84  15.4     0     0     3
4 Duster …   14.3     8   360   245  3.21  3.57  15.8     0     0     3
5 Chrysle…   14.7     8   440   230  3.23  5.34  17.4     0     0     3
# ℹ 27 more rows
# ℹ 1 more variable: carb <dbl>
```

데이터 프레임 `mtcars_t`를 변수 `mpg`의 값이 가장 좋지 않은 자동차부터 시작해서 더 좋아지는 방향으로 다시 배열을 하되, `mpg` 값이 같은 자동차의 경우에는 변수 `wt`의 값이 높은 자동차부터 배열해 보자. 변수 `wt`를 두 번째 정렬 기준 변수로 입력하는데, 내림차순 정렬이 필요하므로 함수 `desc()`를 이용한다.

```
> mtcars_t |>
+   arrange(mpg, desc(wt)) |>
+   print(n = 5)
# A tibble: 32 × 12
  model       mpg   cyl  disp    hp  drat    wt  qsec    vs    am  gear
  <chr>     <dbl> <dbl> <dbl> <dbl> <dbl> <dbl> <dbl> <dbl> <dbl> <dbl>
1 Lincoln…   10.4     8   460   215  3     5.42  17.8     0     0     3
2 Cadilla…   10.4     8   472   205  2.93  5.25  18.0     0     0     3
3 Camaro …   13.3     8   350   245  3.73  3.84  15.4     0     0     3
4 Duster …   14.3     8   360   245  3.21  3.57  15.8     0     0     3
5 Chrysle…   14.7     8   440   230  3.23  5.34  17.4     0     0     3
# ℹ 27 more rows
# ℹ 1 more variable: carb <dbl>
```

• **예제** : `airquality`

데이터 프레임 `airquality`를 `tibble`로 전환하고, 5월 1일부터 5월 10일까지의 자료만을 선택해서 `airs_1`에 할당하자.

```
> airs_1 <- as_tibble(airquality) |>
+   filter(Month == 5 & Day <= 10)
```

`airs_1`을 대상으로 변수 `Ozone`의 값이 가장 낮았던 날부터 다시 배열해 보자.

```
> airs_1 |>
+   arrange(Ozone)
# A tibble: 10 × 6
   Ozone Solar.R  Wind  Temp Month   Day
   <int>   <int> <dbl> <int> <int> <int>
 1     8      19  20.1    61     5     9
 2    12     149  12.6    74     5     3
 3    18     313  11.5    62     5     4
 4    19      99  13.8    59     5     8
 5    23     299   8.6    65     5     7
 6    28      NA  14.9    66     5     6
 7    36     118   8      72     5     2
 8    41     190   7.4    67     5     1
 9    NA      NA  14.3    56     5     5
10    NA     194   8.6    69     5    10
```

위의 정렬 결과를 보면 변수 `Ozone`이 결측값인 행이 가장 뒤로 배열되어 있다. 이것이 문제는 아니지만, 어떤 경우에는 결측값인 행을 가장 앞으로 배열하는 것이 필요할 때도 있다. 데이터 프레임 `airs_1`을 변수 `Ozone`이 결측값인 행부터 다시 배열해 보자. 이것은 배열 기준으로 논리형 벡터를 사용해야 되는 문제인데, `TRUE`와 `FALSE`의 배열에서 `FALSE`가 우선 순위에 있기 때문에 "`!is.na(Ozone)`"을 배열 기준으로 사용하면 된다.

```
> airs_1 |>
+   arrange(!is.na(Ozone)) |>
+   print(n = 5)
# A tibble: 10 × 6
  Ozone Solar.R  Wind  Temp Month   Day
  <int>   <int> <dbl> <int> <int> <int>
1    NA      NA  14.3    56     5     5
2    NA     194   8.6    69     5    10
3    41     190   7.4    67     5     1
```

```
4    36      118   8       72     5     2
5    12      149  12.6     74     5     3
# i 5 more rows
```

이번에는 데이터 프레임 airs_1을 변수 Ozone의 값이 가장 높은 날부터 다시 배열하되 결측값이 있는 행을 가장 앞으로 배열해 보자. 이때는 !is.na(Ozone)을 첫 번째 배열 기준으로 하여 결측값이 있는 행을 가장 앞으로 배치하고, desc(Ozone)을 두 번째 배열 기준으로 입력해서 결측값이 아닌 행들을 변수 Ozone의 내림차순으로 다시 배열해야 된다.

```
> airs_1 |>
+   arrange(!is.na(Ozone), desc(Ozone)) |>
+   print(n = 5)
# A tibble: 10 × 6
  Ozone Solar.R  Wind  Temp Month   Day
  <int>   <int> <dbl> <int> <int> <int>
1    NA      NA  14.3    56     5     5
2    NA     194   8.6    69     5    10
3    41     190   7.4    67     5     1
4    36     118   8      72     5     2
5    28      NA  14.9    66     5     6
# i 5 more rows
```

2.2.4 중복된 행의 제거: distinct()

함수 distinct()는 중복 입력된 행을 제거해서, 서로 다른 값을 갖고 있는 행만 선택할 때 사용되는 함수이다. 따라서 함수에는 중복 여부를 결정할 변수를 입력해야 되는데, 입력한 변수가 없다면 모든 변수들을 대상으로 중복 여부를 결정한다. 함수 distinct()로 생성되는 데이터 프레임은 중복 여부를 확인하기 위해서 입력한 변수만 유지되는데, 옵션 .keep_all = TRUE가 지정되면 다른 모든 변수도 유지된다. 다만, 이 경우에는 중복된 행 중 첫 번째 행이 선택된다.

- **예제:** mtcars

2.2.1절의 예제처럼 행 이름을 변수로 추가하고 tibble로 전환하여 할당한 mtcars_t를 대상으로 작업을 진행하자. 먼저 함수 distinct()에 변수를 입력하지 않으면, 모든 변수의 값이 중복된 행을 제거하게 되는데, mtcars_t에는 그런 행이 없기 때문에 제거된 행이 없다.

```
> mtcars_t |>
+   distinct() |>
+   print(n = 3)
# A tibble: 32 × 12
  model       mpg   cyl  disp    hp  drat    wt  qsec    vs    am  gear
  <chr>     <dbl> <dbl> <dbl> <dbl> <dbl> <dbl> <dbl> <dbl> <dbl> <dbl>
1 Mazda R…   21       6   160   110  3.9   2.62  16.5     0     1     4
2 Mazda R…   21       6   160   110  3.9   2.88  17.0     0     1     4
3 Datsun …   22.8     4   108    93  3.85  2.32  18.6     1     1     4
# ℹ 29 more rows
# ℹ 1 more variable: carb <dbl>
```

변수 mpg의 값이 중복된 행을 제거해 보자. 7개 행이 제거됐으며, 함수 distinct()에 입력한 중복 확인 변수인 mpg만 남아 있는 것을 알 수 있다.

```
> mtcars_t |>
+   distinct(mpg) |>
+   print(n = 3)
# A tibble: 25 × 1
    mpg
  <dbl>
1  21
2  22.8
3  21.4
# ℹ 22 more rows
```

변수 cyl의 값이 중복된 행을 제거해 보자. 결과로 출력된 데이터 프레임에 3개 행만이 남았는데, 이것으로 cyl이 3 종류의 값을 갖고 있음을 알 수 있다.

```
> mtcars_t |>
+   distinct(cyl)
# A tibble: 3 × 1
    cyl
  <dbl>
1     6
2     4
3     8
```

이번에는 변수 cyl의 값이 중복된 행을 제거하되, 다른 변수도 모두 유지해 보자. 인자 .keep_all에 TRUE를 지정하면 된다.

```
> mtcars_t |>
+   distinct(cyl, .keep_all = TRUE)
# A tibble: 3 × 12
  model       mpg   cyl  disp    hp  drat    wt  qsec    vs    am  gear
  <chr>     <dbl> <dbl> <dbl> <dbl> <dbl> <dbl> <dbl> <dbl> <dbl> <dbl>
1 Mazda R…   21       6   160   110  3.9   2.62  16.5     0     1     4
2 Datsun …   22.8     4   108    93  3.85  2.32  18.6     1     1     4
3 Hornet …   18.7     8   360   175  3.15  3.44  17.0     0     0     3
# ℹ 1 more variable: carb <dbl>
```

결과로 출력된 데이터 프레임에는 변수 `cyl`이 중복된 행 중에 처음 나타난 행이 유지된다. 만일 변수 `cyl`이 중복된 행 중 변수 `mpg`의 값이 가장 큰 행을 선택하고자 한다면, 함수 `arrange()`를 사용해서 `mpg`의 내림차순으로 정렬을 하고, 이어서 중복된 행을 제거하면 된다.

```
> mtcars_t |>
+   arrange(desc(mpg)) |>
+   distinct(cyl, .keep_all = TRUE)
# A tibble: 3 × 12
  model       mpg   cyl  disp    hp  drat    wt  qsec    vs    am  gear
  <chr>     <dbl> <dbl> <dbl> <dbl> <dbl> <dbl> <dbl> <dbl> <dbl> <dbl>
1 Toyota …   33.9     4  71.1    65  4.22  1.84  19.9     1     1     4
2 Hornet …   21.4     6 258     110  3.08  3.22  19.4     1     0     3
3 Pontiac…   19.2     8 400     175  3.08  3.84  17.0     0     0     3
# ℹ 1 more variable: carb <dbl>
```

2.2.5 열의 선택: select()

데이터 세트의 크기가 커짐에 따라 변수의 개수가 수백 또는 수천이 되는 경우를 접하는 것이 더 이상 드문 상황은 아니다. 이러한 경우, 분석에 필요한 변수를 선택하여 데이터 세트의 크기를 줄이는 것은 매우 중요한 작업이 된다. 함수 `select()`에서는 패키지 `tidyselect`에 의해 구현되는 효과적인 변수 선택 방법을 이용할 수 있다. 여기에서 작동되는 <tidy-select> 방식은 기본적으로 변수들의 집합을 구성하는 것으로 생각하면 된다. 구체적인 선택 방법은 세 가지 방법으로 구분되는데, 첫 번째는 열 번호 또는 열 이름에 의한 선택 방법이고, 두 번째는 변수의 유형에 의한 선택 방법이다. 세 번째는 변수 선택과 관련된 함수를 이용하는 선택 방법이다.

1) 열 번호(또는 열 이름)에 의한 선택

가장 기본적인 방법은 열 번호를 콤마로 구분하여 나열하는 것이다. 이렇게 나열된 열들은 차례로 합집합을 구성하며, 포함된 모든 열을 선택하게 된다. 연속된 열 번호는 콜론(:) 연산자를 이용해서 나타낼 수 있다.

예제 데이터로 패키지 `ggplot2`의 데이터 프레임 `mpg`를 이용하자. 데이터 프레임 `mpg`에는 234대 자동차의 연비에 대한 자료가 입력되어 있다.

```
> mpg |> print(n = 3)
# A tibble: 234 × 11
  manufacturer model displ  year   cyl trans   drv     cty   hwy fl
  <chr>        <chr> <dbl> <int> <int> <chr>   <chr> <int> <int> <chr>
1 audi         a4      1.8  1999     4 auto(l… f        18    29 p
2 audi         a4      1.8  1999     4 manual… f        21    29 p
3 audi         a4      2    2008     4 manual… f        20    31 p
# ℹ 231 more rows
# ℹ 1 more variable: class <chr>
```

11개 변수 중 첫 번째에서 세 번째, 그리고 여덟 번째와 아홉 번째 변수를 선택해 보자. 열 번호를 함수 `c()`를 사용하지 않고 그냥 나열하는 것이 가능하다.

```
> mpg |>
+   select(1:3, 8:9) |>
+   print(n = 3)
# A tibble: 234 × 5
  manufacturer model displ   cty   hwy
  <chr>        <chr> <dbl> <int> <int>
1 audi         a4      1.8    18    29
2 audi         a4      1.8    21    29
3 audi         a4      2      20    31
# ℹ 231 more rows
```

열(변수) 이름은 열 번호와 같은 취급을 받는다. 따라서 다음 방법도 같은 결과를 생성한다.

```
> mpg |>
+   select(manufacturer:displ, cty:hwy) |>
+   print(n = 3)
# A tibble: 234 × 5
```

```
  manufacturer model displ   cty   hwy
  <chr>        <chr> <dbl> <int> <int>
1 audi         a4      1.8    18    29
2 audi         a4      1.8    21    29
3 audi         a4      2      20    31
# ℹ 231 more rows
```

열을 제거하고자 하는 경우에는 논리 부정 연산자(!) 또는 마이너스(-) 연산자를 사용해야 한다. 함수 `c()` 안에 제거하고자 하는 열 번호를 나열하고 논리 부정 연산자를 그 앞에 붙이면 나열된 열로 이루어진 집합의 여집합이 구성되어, 해당되는 열들이 제거된다. 첫 번째에서 세 번째 변수, 그리고 여덟 번째와 아홉 번째 변수를 제거해 보자.

```
> mpg |>
+   select(!c(1:3, 8:9)) |>
+   print(n = 3)
# A tibble: 234 × 6
   year   cyl trans      drv   fl    class
  <int> <int> <chr>      <chr> <chr> <chr>
1  1999     4 auto(l5)   f     p     compact
2  1999     4 manual(m5) f     p     compact
3  2008     4 manual(m6) f     p     compact
# ℹ 231 more rows
```

마이너스 연산자는 차집합을 구성하게 된다. 예컨대 `select(1:4, -1)`은 처음 네 변수 중 첫 번째 변수를 제거하라는 의미가 된다. 그러나 만일 `select(1:4, !1)`과 같이 논리 부정 연산자를 사용하면 처음 네 변수와 첫 번째 변수를 제외한 나머지 변수와의 합집합을 구성하는 것이 되어서 결국 모든 변수를 다 선택하게 된다.

비록 두 연산자의 의미는 다르지만, 마이너스 연산자가 첫 번째로 입력되면 같은 효과를 볼 수 있다. 따라서 첫 번째에서 세 번째 변수, 그리고 여덟 번째와 아홉 번째 변수의 제거는 다음과 같이 할 수도 있다.

```
> mpg |>
+   select(-c(1:3, 8:9)) |>
+   print(n = 3)
# A tibble: 234 × 6
   year   cyl trans      drv   fl    class
  <int> <int> <chr>      <chr> <chr> <chr>
1  1999     4 auto(l5)   f     p     compact
2  1999     4 manual(m5) f     p     compact
3  2008     4 manual(m6) f     p     compact
# ℹ 231 more rows
```

2) 조건에 의한 선택

변수의 유형과 같은 특정 조건을 만족하는 변수 선택에 유용하게 사용되는 방법이다. 사용 방법은 함수 `where()`에 실행 결과가 `TRUE` 또는 `FALSE` 중 하나가 되는 일명 predicate 함수를 입력해서 그 결과가 `TRUE`가 되는 변수를 선택하는 것이다.

이 때 조심해야 하는 것은 함수 `where()`에는 함수 이름만을 입력해야 한다는 점이다. 변수의 유형을 파악하는 함수는 `is.numeric()` 또는 `is.character()`와 같이 `is.*()` 형태의 함수인데, 숫자형 변수를 선택한다면 `where(is.numeric)`, 문자형 변수를 선택한다면 `where(is.character)`와 같이 함수 이름만 입력해야 한다.

변수 선택에 필요한 조건을 구성할 때 여러 함수를 결합하거나, 함수에 추가적인 입력 요소를 지정해야 하는 경우가 있다. 예를 들어 평균값이 0 이상인 숫자형 변수만을 선택해야 하는 경우가 여기에 해당된다. 이런 경우에는 익명 함수를 함수 `where()`에 정의하는 방식을 사용해야 한다. 함수의 정의에 대해서는 10장에서 살펴볼 수 있으며, 익명 함수에 대한 설명은 11.1절에서 살펴볼 수 있다.

데이터 프레임 `mpg`에서 숫자형 변수만 선택해 보자.

```
> mpg |>
+   select(where(is.numeric)) |>
+   print(n = 3)
# A tibble: 234 × 5
  displ  year   cyl   cty   hwy
  <dbl> <int> <int> <int> <int>
1   1.8  1999     4    18    29
2   1.8  1999     4    21    29
3   2    2008     4    20    31
# ℹ 231 more rows
```

데이터 프레임의 변수 이름 바로 밑에 표시된 "`<int>`"는 정수형 변수를 의미하며, "`<dbl>`"은 실수형 변수를 의미한다. 이번에는 문자형 변수를 선택해 보자.

```
> mpg |>
+   select(where(is.character)) |>
+   print(n = 3)
# A tibble: 234 × 6
  manufacturer model trans      drv   fl    class
  <chr>        <chr> <chr>      <chr> <chr> <chr>
1 audi         a4    auto(l5)   f     p     compact
2 audi         a4    manual(m5) f     p     compact
3 audi         a4    manual(m6) f     p     compact
# ℹ 231 more rows
```

몇 가지 변수 유형을 함께 고려해야 하는 경우에는 논리 연산자 &와 |을 사용하면 된다. 예를 들어 숫자형 변수이거나 문자형 변수를 선택해 보자.

```
> mpg |>
+   select(where(is.numeric) | where(is.character)) |>
+   print(n = 3)
# A tibble: 234 × 11
  displ  year   cyl   cty   hwy manufacturer model trans   drv   fl
  <dbl> <int> <int> <int> <int> <chr>        <chr> <chr>   <chr> <chr>
1   1.8  1999     4    18    29 audi         a4    auto(l… f     p
2   1.8  1999     4    21    29 audi         a4    manual… f     p
3   2    2008     4    20    31 audi         a4    manual… f     p
# i 231 more rows
# i 1 more variable: class <chr>
```

3) 변수 선택과 관련된 함수에 의한 선택

변수 선택에 매우 유용하게 사용되는 함수들이 있다. 먼저 특정 위치의 열을 선택할 때 사용할 수 있는 함수들이다.

- `everything()`: 모든 변수 선택
- `last_col()`: 마지막 변수 선택

변수 이름을 구성하고 있는 문자열에 대한 매칭 작업으로 변수를 선택할 때 사용할 수 있는 함수들이다.

- `starts_with("x")`: 이름이 x로 시작하는 변수 선택
- `ends_with("x")`: 이름이 x로 끝나는 변수 선택
- `contains("x")`: 이름에 x가 있는 변수 선택
- `num_range("x", 1:10)`: x1, x2, … , x10과 동일

변수 이름이 입력된 문자형 벡터를 이용하여 변수를 선택할 때 사용할 수 있는 함수들이다.

- `all_of(vec)`: 문자형 벡터 vec에 이름이 입력된 변수 선택. 해당 데이터 프레임에 없는 변수 이름이 vec에 입력되어 있으면 오류 발생.
- `any_of(vec)`: 함수 `all_of()`와 동일함. 단, 데이터 프레임에 없는 변수 이름이 입력되어도 오류가 발생하지 않음.

예제로 데이터 프레임 mpg에서 첫 번째 변수와 마지막 변수를 선택해 보자.

```
> mpg |>
+   select(1, last_col()) |>
+   print(n = 3)
# A tibble: 234 × 2
  manufacturer class
  <chr>        <chr>
1 audi         compact
2 audi         compact
3 audi         compact
# ℹ 231 more rows
```

변수 이름이 "m"으로 시작하는 변수를 선택해 보자.

```
> mpg |>
+   select(starts_with("m")) |>
+   print(n = 3)
# A tibble: 234 × 2
  manufacturer model
  <chr>        <chr>
1 audi         a4
2 audi         a4
3 audi         a4
# ℹ 231 more rows
```

변수 이름이 "y"로 끝나는 변수를 선택해 보자.

```
> mpg |>
+   select(ends_with("y")) |>
+   print(n = 3)
# A tibble: 234 × 2
    cty   hwy
  <int> <int>
1    18    29
2    21    29
3    20    31
# ℹ 231 more rows
```

변수 이름에 "A"가 있는 변수를 선택해 보자.

```
> mpg |>
+   select(contains("A")) |>
+   print(n = 3)
```

```
# A tibble: 234 × 4
  manufacturer  year trans      class
  <chr>        <int> <chr>      <chr>
1 audi          1999 auto(l5)   compact
2 audi          1999 manual(m5) compact
3 audi          2008 manual(m6) compact
# ℹ 231 more rows
```

대문자 A가 이름에 있는 변수 선택을 요구했지만, 결과는 모두 소문자 a가 이름에 있는 변수가 선택되었다. 이런 결과가 나온 이유는 인자 ignore.case = TRUE가 디폴트로 설정되어서 대문자와 소문자를 구분하지 않기 때문이다. 이 옵션은 함수 starts_with()와 ends_with()에서도 TRUE가 디폴트이다. 만일 대문자를 구분해서 문자열 매칭 작업을 하면 다음과 같이 해당되는 변수가 없다는 결과가 나온다.

```
> mpg |>
+   select(contains("A", ignore.case = FALSE)) |>
+   print(n = 3)
# A tibble: 234 × 0
```

문자형 벡터 vars에 다음과 같이 변수 이름을 입력해 보자. 데이터 프레임 mpg에는 변수 model과 hwy는 있지만, 변수 wt은 없다.

```
> vars <- c("model", "hwy", "wt")
```

함수 any_of()를 사용하면 mpg에 있는 두 변수가 선택된다.

```
> mpg |>
+   select(any_of(vars)) |>
+   print(n = 3)
# A tibble: 234 × 2
  model   hwy
  <chr> <int>
1 a4       29
2 a4       29
3 a4       31
# ℹ 231 more rows
```

함수 all_of()를 사용하게 되면 wt가 mpg에 없는 변수이기 때문에 오류가 발생하게 된다.

```
> mpg |>
+   select(all_of(vars))
Error in `select()`:
i In argument: `all_of(vars)`.
Caused by error in `all_of()`:
! Can't subset elements that don't exist.
✖ Element `wt` doesn't exist.
```

당연한 것이지만, 지금까지 살펴본 세 가지 변수 선택 방법은 서로 혼합해서 사용할 수 있다. 예를 들어 숫자형 변수 중에 이름에 "a"가 있는 변수는 다음과 같이 선택할 수 있다.

```
> mpg |>
+   select(where(is.numeric) & contains("a")) |>
+   print(n = 3)
# A tibble: 234 × 1
   year
  <int>
1  1999
2  1999
3  2008
# i 231 more rows
```

2.2.6 열의 선택: pull()

함수 `select()`는 하나의 변수를 선택하더라도 결과는 언제나 데이터 프레임의 형태가 된다. 그러나 분석 과정에서 하나의 변수를 벡터 형태로 선택해야 하는 경우도 있다. 데이터 프레임의 한 변수를 선택해서 벡터 형태로 추출하고자 한다면 함수 `pull()`을 사용하면 된다. 변수 선택 방법은 인자 `var`에 변수 이름을 지정하거나, 위치를 나타내는 정수를 지정하는 것이다. 양의 정수는 첫 번째 변수를 시작점으로 하는 위치이고, 음의 정수는 마지막 변수를 시작점으로 하는 위치이다. 디폴트는 `var = -1`로 설정되어 있어서, 마지막 변수가 선택된다.

예제로 데이터 프레임 `mtcars`를 사용해 보자.

```
> mtcars |>
+   head(n = 3)
               mpg cyl disp  hp drat    wt  qsec vs am gear carb
Mazda RX4     21.0   6  160 110 3.90 2.620 16.46  0  1    4    4
Mazda RX4 Wag 21.0   6  160 110 3.90 2.875 17.02  0  1    4    4
Datsun 710    22.8   4  108  93 3.85 2.320 18.61  1  1    4    1
```

마지막 변수인 변수 carb를 벡터로 추출해 보자.

```
> mtcars |>
+   pull()
 [1] 4 4 1 1 2 1 4 2 2 4 4 3 3 3 4 4 4 1 2 1 1 2 2 4 2 1 2 2 4 6 8 2
```

첫 번째 변수 mpg를 벡터로 추출해 보자.

```
> mtcars |>
+   pull(var = 1)
 [1] 21.0 21.0 22.8 21.4 18.7 18.1 14.3 24.4 22.8 19.2 17.8 16.4 17.3
[14] 15.2 10.4 10.4 14.7 32.4 30.4 33.9 21.5 15.5 15.2 13.3 19.2 27.3
[27] 26.0 30.4 15.8 19.7 15.0 21.4
```

변수 am을 벡터로 추출해 보자.

```
> mtcars |>
+   pull(var = am)
 [1] 1 1 1 0 0 0 0 0 0 0 0 0 0 0 0 0 0 1 1 1 0 0 0 0 0 1 1 1 1 1 1 1
```

2.2.7 열 이름 변경: rename()

변수 이름이 매우 복잡하거나 사용하기 불편해서 이름을 변경해야 하는 경우가 많다. 함수 select()로도 변수 이름을 변경할 수 있으나, 함수 내에서 이름이 명시되지 않은 변수는 선택되지 않은 변수가 되어 제거되고, 이름이 변경된 변수만 남게 된다. 변수에 새로운 이름을 주는 방식은 new_name = old_name이 되는데, old_name 자리에는 변수 이름 또는 변수의 열 번호가 올 수 있다.

예제로 mpg의 첫 번째 변수인 manufacturer를 maker로 이름을 변경해 보자.

```
> mpg |>
+   select(maker = manufacturer) |>
+   print(n = 2)
# A tibble: 234 × 1
  maker
  <chr>
1 audi
2 audi
# ℹ 232 more rows
```

변수의 열 번호를 사용해 변경해 보자.

```
> mpg |>
+   select(maker = 1) |>
+   print(n = 2)
# A tibble: 234 × 1
  maker
  <chr>
1 audi
2 audi
# ℹ 232 more rows
```

함수 select()에서 이름이 변경되지 않은 변수도 모두 그대로 유지하려면 함수 everything()을 함께 사용하면 된다.

```
> mpg |>
+   select(maker = 1, everything()) |>
+   print(n = 2)
# A tibble: 234 × 11
  maker model displ  year   cyl trans      drv     cty   hwy fl    class
  <chr> <chr> <dbl> <int> <int> <chr>      <chr> <int> <int> <chr> <chr>
1 audi  a4      1.8  1999     4 auto(l5)   f        18    29 p     comp…
2 audi  a4      1.8  1999     4 manual(…   f        21    29 p     comp…
# ℹ 232 more rows
```

함수 rename()을 사용하면 이름이 변경되지 않은 변수도 모두 그대로 유지가 된다. 변수에 새로운 이름을 주는 방식은 함수 select()와 동일하게 new_name = old_name이다.

```
> mpg |>
+   rename(maker = 1) |>
+   print(n = 2)
# A tibble: 234 × 11
  maker model displ  year   cyl trans      drv     cty   hwy fl    class
  <chr> <chr> <dbl> <int> <int> <chr>      <chr> <int> <int> <chr> <chr>
1 audi  a4      1.8  1999     4 auto(l5)   f        18    29 p     comp…
2 audi  a4      1.8  1999     4 manual(…   f        21    29 p     comp…
# ℹ 232 more rows
```

2.2.8 열의 위치 변경: relocate()

열의 위치를 변경해야 하는 경우에 사용할 수 있는 함수이다. 위치를 바꿀 열은 <tidy-select> 방식을 사용하여 선택할 수 있어서, 여러 열의 위치를 한꺼번에 옮길 수 있다. 제일 앞으로 이동되는 것이 디폴트 위치이며, 인자 .after 혹은 .before에서 위치를 지정할 수 있다.

데이터 프레임 iris의 마지막 변수 Species를 첫 번째 위치로 이동해 보자.

```
> iris |>
+   relocate(Species) |>
+   head(n = 2)
  Species Sepal.Length Sepal.Width Petal.Length Petal.Width
1  setosa          5.1         3.5          1.4         0.2
2  setosa          4.9         3.0          1.4         0.2
```

다른 방법으로 이름이 th로 끝나는 변수를 모두 Species 다음으로 이동하면 변수 Species를 첫 번째 위치로 이동하는 것이 된다.

```
> iris |>
+   relocate(ends_with("th"), .after = Species) |>
+   head(n = 2)
  Species Sepal.Length Sepal.Width Petal.Length Petal.Width
1  setosa          5.1         3.5          1.4         0.2
2  setosa          4.9         3.0          1.4         0.2
```

또 다른 방법으로 이름이 th로 끝나는 변수를 마지막 변수 다음으로 이동하면 변수 Species를 첫 번째 위치로 이동하는 것이 된다.

```
> iris |>
+   relocate(ends_with("th"), .after = last_col()) |>
+   head(n = 2)
  Species Sepal.Length Sepal.Width Petal.Length Petal.Width
1  setosa          5.1         3.5          1.4         0.2
2  setosa          4.9         3.0          1.4         0.2
```

2.2.9 새로운 열의 추가: mutate()

데이터 프레임을 구성하고 있는 기존의 변수들을 이용하여 새로운 변수를 만들어 데이터 프레임에 추가해야 할 경우가 종종 있다. 이러한 작업을 수행하는 함수가 mutate()이다. 데이터 프레임이 함수 mutate()의 첫 번째 입력 요소가 되고, 이어서 새로운 변수를 만드는 표현식이 차례로 입력된다. 새롭게 만들어진 변수는 데이터 프레임의 제일 마지막 변수로 추가되는 것이 디폴트이다. 만일 추가된 변수의 위치를 변경하고자 한다면, 인자 .after 또는 .before에서 지정하면 된다.

예제로 mtcars를 사용해 보자. 다만 2.2.1절의 예제처럼 행 이름을 변수로 추가하고 tibble로 전환하여 할당한 mtcars_t를 대상으로 작업을 진행하자. mtcars_t의 변수 mpg는 1갤런당 주행 마일로 측정된 연비이다. 이 변수의 값을 1리터당 주행 킬로미터로 단위를 변경해서, 새로운 변수 kml을 만들어 보자. 단위 환산은 1 mpg가 0.43 kml이기 때문에 다음과 같이 새로운 변수를 만들 수 있다.

```
> mtcars_t |>
+   mutate(kml = 0.43 * mpg) |>
+   print(n = 2)
# A tibble: 32 × 13
  model       mpg   cyl  disp    hp  drat    wt  qsec    vs    am  gear
  <chr>     <dbl> <dbl> <dbl> <dbl> <dbl> <dbl> <dbl> <dbl> <dbl> <dbl>
1 Mazda R…     21     6   160   110   3.9  2.62  16.5     0     1     4
2 Mazda R…     21     6   160   110   3.9  2.88  17.0     0     1     4
# ℹ 30 more rows
# ℹ 2 more variables: carb <dbl>, kml <dbl>
```

Tibble을 화면에 출력시키면 화면의 크기에 따라 자료가 출력되는 변수의 개수가 조절된다. 자료가 출력되지 않는 변수는 이름과 유형만 밑에 나열되고 있는데, 모든 변수의 자료를 다 출력하고자 한다면, 함수 print()에 인자 width = Inf를 추가하면 된다.

```
> mtcars_t |>
+   mutate(kml = 0.43 * mpg) |>
+   print(n = 2, width = Inf)
# A tibble: 32 × 13
  model           mpg   cyl  disp    hp  drat    wt  qsec    vs    am
  <chr>         <dbl> <dbl> <dbl> <dbl> <dbl> <dbl> <dbl> <dbl> <dbl>
1 Mazda RX4        21     6   160   110   3.9  2.62  16.5     0     1
2 Mazda RX4 Wag    21     6   160   110   3.9  2.88  17.0     0     1
   gear  carb   kml
  <dbl> <dbl> <dbl>
1     4     4  9.03
2     4     4  9.03
# ℹ 30 more rows
```

새로 만들어진 변수 kml이 마지막 변수로 추가된 것을 볼 수 있는데, 인자 .before 또는 .after을 사용해서 위치를 변경해 보자. 변수 mpg 다음에 새로운 변수 kml이 위치하도록 해 보자.

```
> mtcars_t |>
+   mutate(kml = 0.43 * mpg, .after = mpg) |>
+   print(n = 2)
# A tibble: 32 × 13
  model       mpg   kml   cyl  disp    hp  drat    wt  qsec    vs    am
  <chr>     <dbl> <dbl> <dbl> <dbl> <dbl> <dbl> <dbl> <dbl> <dbl> <dbl>
1 Mazda R…     21  9.03     6   160   110   3.9  2.62  16.5     0     1
2 Mazda R…     21  9.03     6   160   110   3.9  2.88  17.0     0     1
# ℹ 30 more rows
# ℹ 2 more variables: gear <dbl>, carb <dbl>
```

두 번째 변수 앞에 위치하도록 해 보자.

```
> mtcars_t |>
+   mutate(kml = 0.43 * mpg, .before = 2) |>
+   print(n = 2)
# A tibble: 32 × 13
  model       kml   mpg   cyl  disp    hp  drat    wt  qsec    vs    am
  <chr>     <dbl> <dbl> <dbl> <dbl> <dbl> <dbl> <dbl> <dbl> <dbl> <dbl>
1 Mazda R…   9.03    21     6   160   110   3.9  2.62  16.5     0     1
2 Mazda R…   9.03    21     6   160   110   3.9  2.88  17.0     0     1
# ℹ 30 more rows
# ℹ 2 more variables: gear <dbl>, carb <dbl>
```

2.2.10 열들의 요약 통계량 계산: summarise()

변수들의 요약 통계량을 계산할 때 유용하게 사용되는 함수가 `summarise()`이다. 첫 번째 입력 요소는 데이터 프레임이고, 이어서 `name = fun`의 형태로 원하는 요약 통계량 값을 계산할 함수와 열의 이름을 입력한다.

예를 들어 데이터 프레임 `mpg`의 변수 `hwy`의 평균값과 변수 `hwy`가 서로 다른 값을 갖고 있는 행의 개수, 그리고 전체 행의 개수를 계산해 보자. 전체 케이스는 함수 `n()`으로, 서로 다른 값을 갖는 케이스의 개수는 `n_distinct()`로 계산한다.

```
> mpg |>
+   summarise(n = n(), n_hwy = n_distinct(hwy),
+             avg_hwy = mean(hwy))
# A tibble: 1 × 3
      n n_hwy avg_hwy
  <int> <int>   <dbl>
1   234    27    23.4
```

dplyr 1.0.0 버전부터 길이가 2 이상이 되는 벡터를 결과로 출력하는 함수도 사용할 수 있는데, 이 경우 길이가 1인 요약 통계량의 값이 함께 있다면 반복이 되어서 길이를 맞춘다. 이 기능이 편리함도 있지만 예상하지 못한 오류의 발생 가능성이 있어서, dplyr 1.1.0 버전부터는 경고 문구가 출력되며 함수 reframe()을 대신 사용할 것을 권유하고 있다.

```
> mpg |>
+   summarise(avg_hwy = mean(hwy),
+             rng_hwy = range(hwy))
Warning: Returning more (or less) than 1 row per `summarise()` group
was
deprecated in dplyr 1.1.0.
 i Please use `reframe()` instead.
 i When switching from `summarise()` to `reframe()`, remember that
  `reframe()` always returns an ungrouped data frame and adjust
  accordingly.
# A tibble: 2 × 2
  avg_hwy rng_hwy
    <dbl>   <int>
1    23.4      12
2    23.4      44
```

함수 reframe()을 사용해서 작업해 보자.

```
> mpg |>
+   reframe(avg_hwy = mean(hwy),
+           rng_hwy = range(hwy))
# A tibble: 2 × 2
  avg_hwy rng_hwy
    <dbl>   <int>
1    23.4      12
2    23.4      44
```

이번에는 데이터 프레임 airquality의 변수 Ozone과 Solar.R의 평균값을 계산해 보자.

```
> airquality |>
+   summarise(m_oz = mean(Ozone), m_solar = mean(Solar.R))
  m_oz m_solar
1   NA      NA
```

두 변수의 평균값이 NA로 계산된 이유는 두 변수의 자료에 NA가 포함되어 있기 때문이다. 이 문제를 해결하는 한 가지 방법은 평균 계산 과정에서 NA를 제외하는 것인데, 요약 통계량 계산 함수에 인자 na.rm = TRUE를 추가하면 적용된다. 이 방법은 mean(), sd(), sum(), min(), max()와 같은 모든 요약 통계량 계산 함수들에게 공통적으로 적용되는 방법이다.

```
> airquality |>
+   summarise(m_oz = mean(Ozone, na.rm = TRUE),
+             m_solar = mean(Solar.R, na.rm = TRUE))
     m_oz  m_solar
1 42.12931 185.9315
```

2.2.11 그룹 데이터 프레임의 생성: group_by()

dplyr 기본 함수들은 그룹으로 구분된 데이터 프레임을 대상으로 작업할 때 더욱 강력한 위력을 발휘할 수 있다. 이 절에서는 함수 group_by()를 사용하여 그룹 데이터 프레임을 생성하는 방법을 살펴보고, 다음 절에서는 dplyr 기본 함수들이 그룹 데이터 프레임에서는 어떤 방식으로 작동되는지에 대해 살펴보겠다.

함수 group_by()는 한 개 이상의 변수를 이용하여 전체 데이터를 그룹으로 구분하는 기능을 갖고 있다. 첫 번째 입력요소는 데이터 프레임이고, 이어서 그룹을 구분하는 데 사용될 변수를 나열하면 된다. 실행결과는 tibble이며, 실행 전의 형태와 출력된 형태에서는 큰 차이를 볼 수 없으나 grouped_df라는 속성이 추가된 tibble이 된다.

전통적 데이터 프레임 mtcars를 변수 cyl을 이용해서 그룹 데이터 프레임을 구성해 보자.

```
> mtcars |>
+   group_by(cyl) |>
+   print(n = 3)
# A tibble: 32 × 11
# Groups:   cyl [3]
    mpg   cyl  disp    hp  drat    wt  qsec    vs    am  gear  carb
  <dbl> <dbl> <dbl> <dbl> <dbl> <dbl> <dbl> <dbl> <dbl> <dbl> <dbl>
1  21       6   160   110  3.9   2.62  16.5     0     1     4     4
2  21       6   160   110  3.9   2.88  17.0     0     1     4     4
3  22.8     4   108    93  3.85  2.32  18.6     1     1     4     1
# i 29 more rows
```

그룹 데이터 프레임을 출력해 보면 Groups: cyl [3]라는 결과가 나타나는데, 이것은 변수 cyl에 의해 3개 그룹이 구성되었다는 것을 의미한다.

이번에는 변수 cyl과 am의 2가지 그룹 변수를 사용해서 그룹 데이터 프레임을 구성해 보자.

```
> mtcars |>
+   group_by(cyl, am) |>
+   print(n = 3)
# A tibble: 32 × 11
# Groups:   cyl, am [6]
    mpg   cyl  disp    hp  drat    wt  qsec    vs    am  gear  carb
  <dbl> <dbl> <dbl> <dbl> <dbl> <dbl> <dbl> <dbl> <dbl> <dbl> <dbl>
1  21       6   160   110  3.9   2.62  16.5     0     1     4     4
2  21       6   160   110  3.9   2.88  17.0     0     1     4     4
3  22.8     4   108    93  3.85  2.32  18.6     1     1     4     1
# ℹ 29 more rows
```

출력된 그룹 데이터 프레임에 `Groups: cyl, am [6]`이라는 속성이 출력된 것은 두 변수로 6개 그룹이 구성되었다는 것을 의미한다.

- **그룹별 자료 개수 확인**

그룹 데이터 프레임의 각 그룹에 속한 자료의 개수는 함수 `count()`를 사용하면 알 수 있다.

```
> mtcars |>
+   group_by(cyl) |>
+   count()
# A tibble: 3 × 2
# Groups:   cyl [3]
    cyl     n
  <dbl> <int>
1     4    11
2     6     7
3     8    14
```

함수 `count()`는 일반 데이터 프레임을 대상으로 그룹 변수를 지정해서 각 그룹별 자료의 개수를 확인하는 기능도 갖고 있다.

```
> mtcars |>
+   count(cyl)
  cyl  n
1   4 11
2   6  7
3   8 14
```

- **그룹 변수의 추가, 변경 및 그룹 해제**

기존의 그룹 데이터 프레임에 그룹을 구성하는 변수를 추가해서 더 세분화된 그룹을 구성할 수 있다. 변수 `cyl`로 구성된 그룹 데이터 프레임에 `am`로 생성되는 그룹을 추가하기 위해서는 옵션 `.add = TRUE`를 지정해야 한다.

```
> mtcars |>
+   group_by(cyl) |>
+   group_by(am, .add = TRUE) |>
+   count()
# A tibble: 6 × 3
# Groups:   cyl, am [6]
    cyl    am     n
  <dbl> <dbl> <int>
1     4     0     3
2     4     1     8
3     6     0     4
4     6     1     3
5     8     0    12
6     8     1     2
```

옵션 `.add = TRUE`를 추가하지 않으면 기존의 그룹 변수가 새로운 그룹 변수로 대체된다.

```
> mtcars |>
+   group_by(cyl) |>
+   group_by(am) |>
+   count()
# A tibble: 2 × 2
# Groups:   am [2]
     am     n
  <dbl> <int>
1     0    19
2     1    13
```

함수 `group_by()`로 구성된 그룹은 함수 `ungroup()`으로 해제할 수 있다.

```
> mtcars |>
+   group_by(cyl) |>
+   ungroup() |>
+   count()
# A tibble: 1 × 1
      n
  <int>
1    32
```

2.2.12 그룹 데이터 프레임에서 기본 dplyr 함수들의 작동 방식

그룹 데이터 프레임에서 기본 dplyr 함수들이 작동되는 방식을 잘 이용하면 분석에 큰 도움이 될 수 있다. 기본 함수 중 summarise()와 mutate(), 그리고 filter()와 arrange()에 대해 살펴보겠다.

- **함수** summarise()

함수 summarise()가 그룹 데이터 프레임에서 특히 위력을 발휘할 수 있는 이유는 각 그룹별 요약 통계량을 계산할 수 있기 때문이다. 예제로 데이터 프레임 airquality를 대상으로 다음의 문제를 해결해 보자.

1) 변수 Ozone의 월별 평균값
2) 월별로 변수 Ozone의 결측값이 있는 날수와 실제 관측된 날수
3) 월별로 첫날과 마지막 날의 변수 Ozone의 값
4) 월별로 변수 Ozone의 가장 작은 값과 가장 큰 값
5) 월별로 변수 Ozone의 개별 값이 전체 기간 동안의 평균값보다 작은 날수

다섯 문제 모두 월별로 구분된 데이터 프레임이 필요하기 때문에 변수 Month로 그룹을 구성한 데이터 프레임 airs_M을 만들어서 사용하자.

```
> airs_M <- airquality |>
+   group_by(Month)
```

변수 Ozone에는 많은 수의 결측값이 있다. 따라서 함수 mean()에는 반드시 옵션 na.rm = TRUE를 함께 입력해야 결측값을 제외한 평균값이 계산된다.

```
> # 1)
> airs_M |>
+   summarise(avg_OZ = mean(Ozone, na.rm = TRUE))
# A tibble: 5 × 2
  Month avg_OZ
  <int>  <dbl>
1     5   23.6
2     6   29.4
3     7   59.1
4     8   60.0
5     9   31.4
```

결측값이 있는 날수를 측정하기 위해서는 함수 is.na()를 사용해야 한다. 함수 is.na()는 2.2.1절에서 다뤄본 airquality 예제에서 살펴보았는데, 벡터의 결측값 개수를 세기 위해서는 함수 is.na()로 생성된 논리형 벡터를 함수 sum()에 입력하면 된다. 논리형 벡터를 숫자형 함수에 입력하면, TRUE는 1로, FALSE는 0으로 각각 변환되기 때문에, TRUE의 개수, 즉 결측값의 개수를 알 수 있게 된다.

예를 들어 결측값이 2개인 벡터 x를 대상으로 함수 is.na()를 실행시키면 다음과 같이 TURE가 두 개인 논리형 벡터가 만들어진다.

```
> x <- c(2, 4, NA, 8, NA)
> is.na(x)
[1] FALSE FALSE  TRUE FALSE  TRUE
```

논리형 벡터를 함수 sum()에 입력하면 결측값의 개수를 알 수 있다.

```
> is.na(x) |>
+   sum()
[1] 2
```

이제 두 번째 예제 문제를 해결해 보자. 실제 관측이 있던 날수는 결측값이 아닌 날수이므로 함수 is.na()의 결과를 반대로 바꿔주고 함수 sum()에 입력하면 된다.

```
> # 2)
> airs_M |>
+   summarise(n_miss = sum(is.na(Ozone)),
+             n_obs = sum(!is.na(Ozone)))
# A tibble: 5 × 3
  Month n_miss n_obs
  <int>  <int> <int>
1     5      5    26
2     6     21     9
3     7      5    26
4     8      5    26
5     9      1    29
```

월별 첫날과 마지막날의 변수 Ozone 값을 출력하는 문제를 해결하기 위해서는 함수 first()와 last()를 이용해야 한다. 함수 first()는 벡터의 첫 번째 요소를 추출하고, last()는 벡터의 마지막 요소를 추출하는 기능이 있다. 따라서 세 번째 예제는 다음과 같이 해결할 수 있다.

```
> # 3)
> airs_M |>
+   summarise(first_Oz = first(Ozone),
+             last_Oz = last(Ozone))
# A tibble: 5 × 3
  Month first_Oz last_Oz
  <int>    <int>   <int>
1     5       41      37
2     6       NA      NA
3     7      135      59
4     8       39      85
5     9       96      20
```

함수 max()와 min()도 옵션 na.rm = TRUE을 입력해야 결측값을 제외하고 가장 큰 값과 가장 작은 값을 구한다. 따라서 네 번째 예제는 다음과 같이 해결할 수 있다.

```
> # 4
> airs_M |>
+   summarise(max_Oz = max(Ozone, na.rm = TRUE),
+             min_Oz = min(Ozone, na.rm = TRUE))
# A tibble: 5 × 3
  Month max_Oz min_Oz
  <int>  <int>  <int>
1     5    115      1
2     6     71     12
3     7    135      7
4     8    168      9
5     9     96      7
```

월별로 변수 Ozone의 개별 값이 전체 기간 동안의 평균값보다 작은 날수를 세어보자. 전체 기간 동안의 평균값은 따로 계산해서 사용하는 것이 더 편리하다. 함수 pull()을 사용해서 Ozone을 벡터로 추출하고, 그것을 함수 mean()에 파이프 연산자로 연결해서 평균값을 계산해 보자.

```
> # 5
> m_oz <- airquality |>
+   pull(Ozone) |>
+   mean(na.rm = TRUE)
> m_oz
[1] 42.12931
```

변수 Ozone의 개별 값과 평균값 m_oz의 크기를 비교해서 TRUE가 된 자료의 개수를 sum()으로 세는 작업은 다음과 같이 할 수 있다.

```
> airs_M |>
+   summarise(low_oz = sum(Ozone < m_oz, na.rm = TRUE))
# A tibble: 5 × 2
  Month low_oz
  <int>  <int>
1     5     24
2     6      8
3     7      8
4     8     10
5     9     22
```

• **함수** mutate()

함수 mean()과 같은 요약 통계량이나 min_rank() 같은 순위 계산 함수를 사용해서 새로운 변수를 만드는 경우가 있는데, 그룹 데이터 프레임에서는 요약 통계량이나 순위가 각 그룹별로 계산이 되기 때문에 조심해서 사용해야 한다.

우선 함수 min_rank()에 대해 살펴보면, 이 함수는 입력된 벡터의 순위를 계산하는 함수로서 오름차순으로 순위가 계산되며, 크기가 같은 자료들에 대해서는 해당되는 순위 중 가장 작은 순위가 모두에게 부여된다. 내림차순에 의한 순위계산을 하려면 desc()를 함께 사용해야 한다.

```
> x <- c(10, 20, 20, 30)

> min_rank(x)
[1] 1 2 2 4

> min_rank(desc(x))
[1] 4 2 2 1
```

이제 데이터 프레임 mpg를 예제로 해서, 일반 데이터 프레임과 그룹 데이터 프레임에서 어떤 차이가 발생하는지 살펴보자. 먼저 일반 데이터 프레임을 대상으로 함수 mean()과 min_rank()를 사용해서 새로운 변수를 만들어 보자.

```
> mpg |>
+   select(cyl, hwy) |>
+   mutate(std_hwy = hwy - mean(hwy), rank = min_rank(hwy)) |>
+   print(n=3)
# A tibble: 234 × 4
```

```
    cyl   hwy std_hwy  rank
  <int> <int>   <dbl> <int>
1     4    29    5.56   187
2     4    29    5.56   187
3     4    31    7.56   213
# ℹ 231 more rows
```

이번에는 변수 cyl을 이용해서 구성된 그룹 데이터 프레임을 대상으로 동일한 작업을 실행해 보자.

```
> mpg |>
+   select(cyl, hwy) |>
+   group_by(cyl) |>
+   mutate(std_hwy = hwy - mean(hwy), rank = min_rank(hwy)) |>
+   print(n=3)
# A tibble: 234 × 4
# Groups:   cyl [4]
    cyl   hwy std_hwy  rank
  <int> <int>   <dbl> <int>
1     4    29   0.198    38
2     4    29   0.198    38
3     4    31   2.20     60
# ℹ 231 more rows
```

어떤 차이가 발생했는지 확인할 수 있을 것이다.

- **함수** arrange()

그룹을 구분한 변수를 정렬 변수로 사용할 수 있다. 함수 arrange()에 .by_group = TRUE를 추가하면, 그룹 변수가 첫 번째 정렬 변수로 사용된다.

데이터 프레임 mpg을 대상으로 변수 cyl로 구성된 그룹 데이터 프레임을 .by_group = TRUE를 추가해서 그룹 변수 cyl로 먼저 정렬을 하고 이어서 각 그룹 내에서 hwy에 의해 정렬을 해 보자.

```
> mpg |>
+   group_by(cyl) |>
+   arrange(hwy, .by_group = TRUE) |>
+   select(model, hwy)
# A tibble: 234 × 3
# Groups:   cyl [4]
```

```
    cyl model               hwy
  <int> <chr>             <int>
 1     4 4runner 4wd         20
 2     4 4runner 4wd         20
 3     4 toyota tacoma 4wd   20
 4     4 toyota tacoma 4wd   20
 5     4 toyota tacoma 4wd   22
 6     4 forester awd        23
 7     4 caravan 2wd         24
 8     4 forester awd        24
 9     4 a4 quattro          25
10     4 forester awd        25
# i 224 more rows
```

위 실행 결과에서 그룹 변수는 함수 select()에서 선택되지 않아도 결과에 항상 포함되는 것을 알 수 있다.

만일 .by_group = TRUE를 추가하지 않으면 hwy에 의한 정렬이 이루어진다.

```
> mpg |>
+   group_by(cyl) |>
+   arrange(hwy) |>
+   select(model, hwy)
# A tibble: 234 × 3
# Groups:   cyl [4]
    cyl model                 hwy
  <int> <chr>               <int>
 1     8 dakota pickup 4wd     12
 2     8 durango 4wd           12
 3     8 ram 1500 pickup 4wd   12
 4     8 ram 1500 pickup 4wd   12
 5     8 grand cherokee 4wd    12
 6     8 k1500 tahoe 4wd       14
 7     8 grand cherokee 4wd    14
 8     8 c1500 suburban 2wd    15
 9     8 k1500 tahoe 4wd       15
10     8 dakota pickup 4wd     15
# i 224 more rows
```

- **함수** filter()

요약통계량 함수를 사용해서 조건을 설정한다면 각 그룹별로 다른 조건에 의한 행 선택이 이루어진다. 데이터 프레임 mpg에서 cyl의 그룹별로 hwy가 가장 큰 값을 갖는 행을 찾아보자.

```
> mpg |>
+   group_by(cyl) |>
+   filter(hwy == max(hwy)) |>
+   arrange(hwy, .by_group = TRUE) |>
+   select(1:2, hwy)
# A tibble: 8 × 4
# Groups:   cyl [4]
    cyl manufacturer model         hwy
  <int> <chr>        <chr>       <int>
1     4 volkswagen   jetta          44
2     4 volkswagen   new beetle     44
3     5 volkswagen   jetta          29
4     5 volkswagen   jetta          29
5     5 volkswagen   new beetle     29
6     6 chevrolet    malibu         29
7     8 chevrolet    corvette       26
8     8 chevrolet    corvette       26
```

- **함수** slice()

그룹별로 각각 행을 선택할 수 있게 된다. 예제로 데이터 프레임 airquality에서 변수 Ozone의 매달 첫날과 마지막날, 그리고 가장 큰 값과 가장 작은 값을 갖는 행을 선택해 보자.

```
> airs_M <- airquality |>
+   group_by(Month) |>
+   select(Ozone, Month, Day)
```

airs_M을 대상으로 변수 Ozone의 매달 첫날 값을 출력해 보자.

```
> airs_M |>
+   slice_head(n = 1)
# A tibble: 5 × 3
# Groups:   Month [5]
  Ozone Month   Day
  <int> <int> <int>
1    41     5     1
2    NA     6     1
3   135     7     1
4    39     8     1
5    96     9     1
```

변수 Ozone의 매달 마지막날 값을 출력해 보자.

```
> airs_M |>
+   slice_tail(n = 1)
# A tibble: 5 × 3
# Groups:   Month [5]
  Ozone Month   Day
  <int> <int> <int>
1    37     5    31
2    NA     6    30
3    59     7    31
4    85     8    31
5    20     9    30
```

매달 변수 Ozone이 가장 작은 값을 갖는 행을 출력해 보자.

```
> airs_M |>
+   slice_min(Ozone, n = 1)
# A tibble: 6 × 3
# Groups:   Month [5]
  Ozone Month   Day
  <int> <int> <int>
1     1     5    21
2    12     6    19
3     7     7    15
4     9     8     2
5     9     8    22
6     7     9    24
```

매달 변수 Ozone이 가장 큰 값을 갖는 행을 출력해 보자.

```
> airs_M |>
+   slice_max(Ozone, n = 1)
# A tibble: 5 × 3
# Groups:   Month [5]
  Ozone Month   Day
  <int> <int> <int>
1   115     5    30
2    71     6     9
3   135     7     1
4   168     8    25
5    96     9     1
```

2.2.13 행 단위 작업: rowwise()

`dplyr`은 열 단위 작업에 특화되어 있다고 할 수 있다. 이것은 관찰값이 행이고, 변수가 열을 구성하고 있는 데이터 프레임에서 주된 분석 대상이 되는 것은 행이 아닌 열이기 때문이다. 이러한 측면에서 R의 큰 장점 중에 하나인 벡터 연산이 주로 열 단위로 이루어지는 것은 당연한 현상이다. 하지만 경우에 따라서는 행 단위의 연산을 해야 하는데, 이것은 매우 번거로울 수 있다. 예컨대, 각 행마다 여러 열 자료들의 합계 등의 요약 통계량을 구해야 한다면 루프 연산을 사용해야 한다.

함수 `rowwise()`는 행 단위 연산이 필요한 경우에 유용하게 사용할 수 있는 함수이다. 작동 방식은 각각의 행을 개별 그룹으로 구분하는 것이다. 간단한 예를 가지고 작동 방식을 살펴보자.

```
> df1 <- tibble(x = 1:2, y = 3:4, z = 5:6)

> df1 |>  rowwise()
# A tibble: 2 × 3
# Rowwise:
      x     y     z
  <int> <int> <int>
1     1     3     5
2     2     4     6
```

함수 `rowwise()`로 생성된 데이터 프레임은 입력된 데이터 프레임 `df1`과 차이가 없어 보인다. 다만 `rowwise_df`라는 class 속성이 추가되는 것인데, 이것으로 인하여 함수 `summarise()`나 `mutate()`의 작동 방식이 달라진다. 함수 `rowwise()`로 구성된 행 단위의 그룹은 `ungroup()`으로 해체할 수 있다.

`df1`의 세 변수 x, y, z의 행 단위 합을 구해서, 그 결과를 나타내는 변수 `total`을 생성해 보자.

```
> df1 |>
+   rowwise() |>
+   mutate(total = sum(x, y, z))
# A tibble: 2 × 4
# Rowwise:
      x     y     z total
  <int> <int> <int> <int>
1     1     3     5     9
2     2     4     6    12
```

위 연산을 함수 `rowwise()` 없이 실행하면, 다음과 같이 모든 행을 대상으로 세 변수의 합을 계산하게 된다.

```
> df1 |>
+   mutate(total = sum(x, y, z))
# A tibble: 2 × 4
      x     y     z total
  <int> <int> <int> <int>
1     1     3     5    21
2     2     4     6    21
```

행 단위 연산을 수행할 때에도 대부분의 경우에는 많은 열을 대상으로 작업을 하게 된다. 함수 rowwise()로 생성된 데이터 프레임을 대상으로 summarise()나 mutate()로 작업을 할 때, <tidy-select> 방식으로 열을 선택하기 위해서는 함수 c_across()를 함께 사용해야 한다. 사용법은 c_across(cols)이며 cols에 <tidy-select> 방식으로 선택할 열을 지정하면 된다.

다음에 주어진 데이터 프레임 df2의 모든 숫자형 변수의 행 단위 합을 계산해 보자.

```
> df2 <- tibble(id = 1:3, w = 10:12, x = 20:22, y = 30:32)

> df2 |>
+   rowwise() |>
+   mutate(total = sum(c_across(where(is.numeric))))
# A tibble: 3 × 5
# Rowwise:
     id     w     x     y total
  <int> <int> <int> <int> <int>
1     1    10    20    30    61
2     2    11    21    31    65
3     3    12    22    32    69
```

함수 rowwise() 안에서도 <tidy-select> 방식으로 열을 선택해서 지정할 수 있는데, 이렇게 지정된 열은 각 행의 ID 변수 역할을 하게 되어서 연산 과정에 포함되지 않는다.

```
> df2 |>
+   rowwise(id) |>
+   mutate(total = sum(c_across(where(is.numeric))))
# A tibble: 3 × 5
# Rowwise:  id
     id     w     x     y total
  <int> <int> <int> <int> <int>
1     1    10    20    30    60
2     2    11    21    31    63
3     3    12    22    32    66
```

2.3 연습문제

01 패키지 UsingR의 batting은 전통적 데이터 프레임이다. batting의 자료를 화면에 출력해 보자.

1) 모든 변수의 처음 5개 행과 마지막 5개 행을 출력해 보자.
2) tibble로 전환해서 모든 변수의 처음 3개 행을 출력해 보자.
3) 변수와 관찰값의 개수는 몇 개인가? 각 변수의 유형을 확인하라.

02 mtcars는 전통적 데이터 프레임이다. mtcars의 자료를 화면에 출력해 보자.

1) 모든 변수의 처음 6개 행과 마지막 6개 행을 출력해 보자.
2) tibble로 전환해서 모든 변수의 처음 4개 행을 출력해 보자.
3) 변수와 관찰값의 개수는 몇 개인가? 각 변수의 유형을 확인하라.

03 데이터 프레임 iris는 세 가지 붓꽃 setosa, versicolor, virginica의 꽃잎과 꽃받침의 길이와 폭을 측정한 자료이다.

1) 변수 Species가 setosa인 붓꽃만 선택해서 변수 Petal.Length의 오름차순으로 재배열하라. 변수 Petal.Length의 값이 같은 경우에는 변수 Petal.Width의 값이 큰 자료부터 배열하라.
2) 붓꽃 setosa 중에 변수 Petal.Length가 1 이하고, Petal.Width가 0.5 이하인 붓꽃이 몇 송이가 되는지 확인해 보자.
3) 변수 Species가 setosa인 붓꽃 중에 변수 Petal.Length의 값이 가장 큰 붓꽃 자료를 출력해 보자.
4) 붓꽃 versicolor와 virginica 중에 Petal.Length와 Petal.Width의 합이 가장 큰 붓꽃 자료를 출력해 보자.
5) 붓꽃 setosa 중에 Petal.Length와 Petal.Width의 합이 가장 작은 붓꽃 자료를 출력해 보자.

04 데이터 프레임 mtcars는 1974년에 발행된 자동차 잡지에 실린 32종류 자동차의 성능에 관한 자료로서, 11개 변수로 이루어졌다.

1) 변수 mpg, cyl, disp, hp, wt, am만으로 이루어진 데이터 프레임 cars를 만들어라.
2) 변수 disp는 세제곱인치 단위의 배기량이다. 이것을 cc 단위의 배기량으로 변환한 변수 disp_cc를 만들어 데이터 프레임 cars에 추가하고, 변수 disp는 제거한다. 변수 disp_cc의 위치는 cyl 다음에 위치한다. 단, 1세제곱인치는 16.44cc이다.
3) 변수 am이 1이고, cyl이 8인 자동차의 mpg, disp_cc의 값을 출력하라.

4) 변수 am이 1이고, cyl이 4인 자동차 중에 hp의 값이 가장 큰 자동차의 mpg와 disp_cc의 값을 출력하라.
5) 변수 cyl로 구분되는 각 그룹에 속하는 자동차의 대수 및 mpg, disp_cc, hp와 wt의 평균값을 출력하라.

05 패키지 MASS의 데이터 프레임 Cars93는 1993년 미국에서 판매된 93종류 자동차에 대한 자료가 입력되어 있는 전통적 데이터 프레임이다.

1) Cars93의 모든 변수의 처음 3행 자료를 tibble의 형식으로 출력하라.
2) 변수 Manufacturer, Model, Cylinders, Man.trans.avail, MPG.highway, EngineSize를 선택해서 데이터 프레임 cars_93에 입력하라.
3) 데이터 프레임 cars_93에서 변수 Manufacturer과 Model을 결합해서 maker를 생성하고, 첫 번째 변수로 위치를 이동하라. 변수 Manufacturer과 Model은 cars_93에서 삭제한다.
4) cars_93의 변수 중 Cylinders는 cyl로, Man.trans.avail은 trans로, MPG.highway는 hwy로, EngineSize는 displ로 각각 이름을 변경하라.
5) cars_93에서 숫자형 변수만을 선택해서 처음 5개 행을 출력하라.
6) cars_93에서 변수 cyl로 구분되는 그룹별로 해당되는 자동차의 대수를 구하라.
7) 변수 cyl이 3, 5, rotary가 되는 빈도가 높지 않다. cars_93에서 해당되는 자동차의 자료를 삭제하라.
8) cars_93에서 hwy의 값이 가장 큰 자동차의 자료를 출력하라.
9) cars_93에서 변수 cyl로 구분되는 그룹별로 hwy의 값이 가장 큰 자동차의 자료를 출력하라.

06 패키지 ggplot2의 데이터 프레임 mpg에는 234대 자동차의 연비와 관련된 자료가 입력되어 있다.

1) 변수 manufacturer에는 몇 종류의 회사가 입력되어 있는지 확인해 보자.
2) 변수 manufacturer의 값이 같은 자동차가 많이 있는데, 각 manufacturer별로 변수 cty의 값이 가장 큰 자동차의 자료를 출력해 보자.
3) 변수 year는 차량의 생산 연도를 나타내고 있다. 2008년에 생산된 차량 대수를 확인해서 출력하라.
4) 변수 displ은 차량 엔진의 배기량을 나타내는 변수이다. 2008년에 생산된 차량 중 배기량이 4 이상인 차량을 선택해서 출력하라.
5) 각 연도별 displ의 값이 최대인 차량의 자료 및 최소인 차량의 자료를 각각 출력하라.
6) 각 연도별 displ의 평균과 표준편차를 계산하라.
7) 각 연도별로 displ의 값이 5 이상인 차량을 대상으로 차량의 대수 및 displ의 평균값을 계산하라.

8) 변수 hwy는 고속도로 주행 연비를 나타내는 변수이다. 2008년에 생산됐고 displ의 값이 4 이상인 차량 중 고속도로 연비가 가장 높은 4대 차량을 선택해서 출력하라.

9) 변수 hwy에는 반올림된 값이 입력되어 있기 때문에, 같은 값을 갖고 있는 차량이 많이 있다. 중복된 값을 삭제하고, 연비가 가장 높은 차량부터 출력하라.

10) 변수 cty는 시내주행 연비를 나타내는 변수이며, hwy의 경우처럼 반올림된 값이 입력되어 있다. 변수 cty와 hwy 각각에 중복된 값을 갖는 자료를 제외하고 출력하라.

11) 데이터 프레임 mpg의 11개 변수에는 문자형과 실수형, 그리고 정수형 변수가 있다. 문자형 변수만을 선택해서 출력하라.

12) 변수 class는 차량의 유형을 나타내는 변수이다. 차량 유형별 hwy의 평균과 각 유형에 속하는 차량 대수를 계산해서, 평균 연비가 가장 낮은 차량 유형부터 나타나도록 출력하라.

07 데이터 프레임 airquality는 뉴욕의 오존 농도에 관한 자료로서 6개 열, 153개 행으로 구성되어 있다.

1) 변수 Ozone에는 많은 수의 결측값이 있다. 월별 결측값의 수와 비율을 다음과 같이 출력하라.

```
# A tibble: 5 × 3
  Month oz_na oz_na_prop
  <int> <int>      <dbl>
1     5     5     0.161
2     6    21     0.7
3     7     5     0.161
4     8     5     0.161
5     9     1     0.0333
```

2) 변수 Solar.R에도 많은 수의 결측값이 있다. 변수 Ozone과 Solar.R 중 적어도 한 변수가 결측값을 갖는 날수를 월별로 계산하라.

```
# A tibble: 5 × 2
  Month  n_na
  <int> <int>
1     5     7
2     6    21
3     7     5
4     8     8
5     9     1
```

3) 변수 Wind의 값이 mean(Wind) 이상이고, 변수 Temp의 값이 mean(Temp) 미만이 되는 행을 선택해서, 데이터 프레임 air_sub1에 할당하라.

4) 변수 Wind의 값이 mean(Wind) 미만이고, 변수 Temp의 값이 mean(Temp) 이상이 되는 행을 선택해서, 데이터 프레임 air_sub2에 할당하라.

5) air_sub1과 air_sub2의 변수 Ozone과 Solar.R의 평균값 및 중앙값을 계산해서 비교하라.

6) air_sub1과 air_sub2의 변수 Ozone과 Solar.R의 월별 평균값 및 해당 날짜 수를 계산해서 비교하라.

08 다음의 표는 세 명의 영업사원이 한 달간 판매한 세 가지 품목의 판매량 자료라고 한다.

	Item		
Name	A	B	C
Park	14	12	4
Lee	21	16	8
Kim	15	5	10

각 영업사원별 총 판매량을 구해서 다음과 같이 출력하라.

```
# A tibble: 3 × 5
  name      A     B     C total
  <chr> <dbl> <dbl> <dbl> <dbl>
1 Park     14    12     4    30
2 Lee      21    16     8    45
3 Kim      15     5    10    30
```

09 데이터 프레임 airquality에서 두 세트의 임의표본을 각각 비복원추출로 만들어 보자. 두 세트의 임의표본에는 서로 겹치는 행이 있어서는 안 되며, 표본의 크기는 10개와 5개로 한다.

3

자료 시각화

3.1 ggplot2 시작하기
3.2 시각적 요소와 데이터의 연결: Mapping
3.3 그룹별 그래프 작성: Facet
3.4 기하 객체: Geometric object
3.5 통계적 변환: Statistical transformation
3.6 위치 조정: Position adjustment
3.7 좌표계: Coordinate system
3.8 연습문제

자료의 시각화(Visualization)란 자료의 구조를 꿰뚫어 볼 수 있는 명쾌한 그래프를 이용하는 자료분석 방법을 의미한다. 잘 그려진 그래프는 자료의 모습을 있는 그대로 보여 주는 유일한 분석 방법이며, 다른 어떠한 분석기법에 의한 결과보다도 더 많은 정보를 전달해 줄 수 있는 방법이기도 하다.

그림 3.1은 자료 시각화의 위력을 잘 보여주는 예로서, Cleveland가 그의 책 "*Visualizing Data*"에서 밝힌 놀라운 내용이다. 1930년대 초 미네소타 주의 농경학자들이 보리 종류에 따른 수확량의 차이를 알아보기 위한 경작 실험을 실시하였다. 6군데 경작지에 10종류 보리를 2년간 경작하였는데, Morris 지역만이 1932년의 수확량이 1931년의 수확량 보다 많다는 것을 알 수 있다. 6군데 경작지가 모두 근처에 있다는 점을 고려해 보면 유독 Morris 지역에서만 다른 결과가 나왔다는 것이 상당히 의심스럽다고 할 수 있으며, 데이터가 바뀌었을 가능성을 생각해 볼 수 있는 상황이다.

그림 3.1 보리 자료에 대한 다중 패널 점그림

자료 시각화에 특히 강점이 있는 R에는 몇 가지의 그래프 작성 시스템이 있다. 함수 `plot()` 등이 속해 있는 `base graphics`도 그 중 하나인데, 이들 그래프 작성 시스템 중 가장 효과적이고 여러 면에서 우수한 시스템이 바로 `ggplot2`라고 할 수 있다. 그래프 작성에 일관된 규칙이 있어서 복잡한 상황에서도 쉽게 확장이 가능하다는 것이 큰 장점 중 하나이다.

이번 장에서는 `ggplot2`에 의한 자료 시각화에 대해 살펴보겠다. 패키지 `ggplot2`도 `core tidyverse`에 속해 있기 때문에 `library(tidyverse)`를 먼저 실행해 주면, `ggplot2`의 다양한 함수 및 데이터를 사용할 수 있다.

3.1 ggplot2 시작하기

ggplot2 그래프를 작성하기 위해 필요한 최소 요소는 함수 ggplot()과 geom 함수이다. 함수 ggplot()의 역할은 그래프 작성에 사용될 데이터의 지정과 시각적 요소와 변수의 연결이고, geom 함수의 역할은 실질적인 그래프의 작성이다.

그래프의 시각적 요소(aesthetics)란 그래프를 시각적으로 인식할 때 필요한 요소를 의미하는데, 예를 들어 점, 선 등의 위치, 색깔, 모양, 크기 등이 해당된다. ggplot2에서는 각 시각적 요소에 대한 키워드를 지정해서 사용하고 있는데, x와 y는 XY축에서의 위치, color와 fill은 색깔, shape는 점의 모양, size는 도형의 크기, linetype과 linewidth는 선의 형태와 굵기를 나타내는 키워드이다.

그래프 작성의 최소 필수 요소인 함수 ggplot()과 geom 함수에 대해 조금 더 살펴보자. 모든 ggplot2의 그래프 작성은 함수 ggplot()으로 시작한다. 함수 ggplot()의 첫 번째 요소는 data로서, 그래프 작성에 사용되는 데이터를 지정하는데, 데이터 유형은 반드시 데이터 프레임이어야 한다. 두 번째 요소는 mapping으로서 시각적 요소와 변수를 연결하는 매핑을 지정하는데, 함수 aes() 안에서 이루어져야 한다.

예제로 패키지 ggplot2에 있는 데이터 프레임 mpg의 변수 displ과 hwy의 산점도를 작성해 보자. 변수 displ을 X축 변수, hwy를 Y축 변수로 지정해서 함수 ggplot()을 실행해 보자.

```
> ggplot(data = mpg, mapping = aes(x = displ, y = hwy))
```

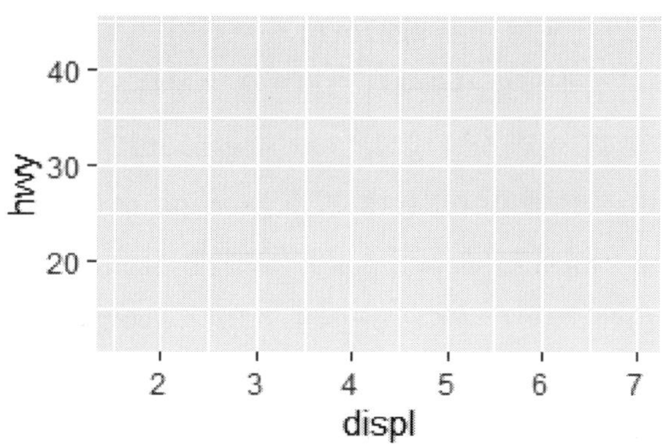

그림 3.2 함수 ggplot()의 실행 결과

그림 3.2에서 알 수 있는 것은 함수 ggplot()만으로는 실질적인 그래프가 작성되지 않으며, 단지 그래프가 작성될 영역만이 확보된다는 것이다. 매핑의 결과는 X축과 Y축의 범위

및 라벨에서 확인할 수 있다.

그래프 작성 최소 필수 요소의 두 번째 함수인 geom 함수는 특정 유형의 기하 요소(점, 선 등)를 사용해서 실질적인 그래프를 작성을 한다. geom 함수란 geom_point(), geom_line(), geom_bar()와 같이 이름이 "geom_"으로 시작하는 함수를 지칭하는데, 작성하고자 하는 그래프의 유형에 해당하는 geom 함수를 선택해야 한다. 산점도를 작성하기 위한 geom 함수는 geom_point()이다.

데이터 프레임 mpg의 변수 displ과 hwy의 산점도를 작성하기 위해 함수 geom_point()를 실행시켜 보자.

```
> ggplot(data = mpg, mapping = aes(x = displ, y = hwy)) +
+   geom_point()
```

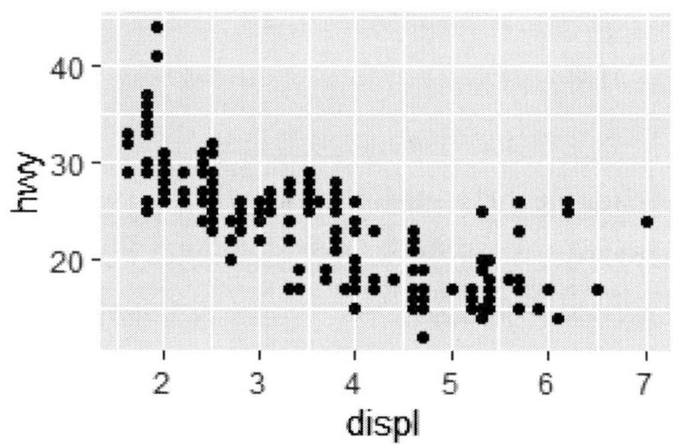

그림 3.3 함수 ggplot()과 geom_point()를 연결해서 작성한 그래프

geom 함수를 실행시키기 위해 함수 ggplot()과 더하기 기호로 연결한 것을 볼 수 있다. 패키지 ggplot2의 여러 함수들을 사용해서 그래프를 작성하는 경우에 이 함수들을 더하기 기호로 연결을 하게 되는데, 이런 작업 방식은 패키지 ggplot2만의 독특한 특색이라 하겠다.

각 geom 함수는 필수적인 매핑이 있는데, 함수 geom_point()의 경우에는 점의 위치를 나타내는 x와 y가 필수 매핑이 된다. 그림 3.3의 경우에는 함수 ggplot()에서 지정한 매핑이 함수 geom_point()에 그대로 적용된 것을 알 수 있다. geom 함수가 실행되면, 해당되는 유형의 기하 객체 그래프가 작성된 레이어가 만들어진다. 만일 여러 개의 geom 함수가 실행되어 여러 개의 레이어가 작성되면, 첫 번째 geom 함수의 레이어가 가장 밑에 놓이고, 다음 geom 함수가 작성한 레이어가 그 위에 차례로 겹쳐지게 된다. geom 함수가 작성하는 레이어는 일종의 투명한 종이에 그래프가 작성된 상태를 생각하면 되는데, 여러 개의 레이어가 쌓이면서 원하는 그래프를 작성하는 것이다. geom 함수는 3.4절에서 자세하게 살펴보겠다.

3.2 시각적 요소와 데이터의 연결: Mapping

그림 3.3와 같은 산점도를 작성하기 위해서는 점들의 위치와 더불어 점의 크기, 모양 및 색깔 등을 결정해야 하는데, 이러한 특성들은 우리가 그래프를 시각적으로 인식할 때 필요한 요소(aesthetic)라고 할 수 있다. 시각적 요소들은 데이터와 연동되어 결정되기도 하지만, 어떤 경우에는 데이터와 관계없이 일정한 값을 가지기도 한다. 시각적 요소들을 데이터와 연동하여 결정하는 것을 매핑(mapping)이라고 하는데, 함수 `aes()` 안에서 연결하게 된다. 그림 3.3에서는 점의 위치인 `x`와 `y`가 변수 `displ`과 `hwy`에 매핑이 되었다.

점의 크기, 모양 또는 색깔과 같은 시각적 요소들을 변수와 연결하여 표현을 한다면, 기존의 그래프에 다른 변수의 정보를 추가할 수 있다. 시각적 요소 `color`와 `shape`, `size`에 대한 매핑을 통해 이러한 효과를 살펴보자.

`mpg`에 있는 변수 `displ`과 `hwy`의 산점도에 시각적 요소 `color`의 매핑으로 다른 변수의 정보를 추가해 보자. 우선 `color`에 문자형 변수인 `drv`를 매핑해 보자. 변수 `drv`의 값에 따라 다른 색이 사용되었고, 따라서 각 점이 어떤 `drv`에 속하는지 바로 알 수 있게 되었다. 사용된 색깔에 대한 범례는 자동으로 추가된다.

```
> ggplot(data = mpg,
+        mapping = aes(x = displ, y = hwy, color = drv)) +
+   geom_point()
```

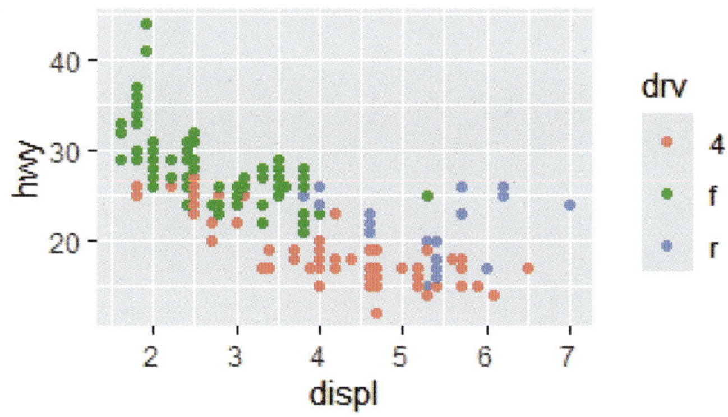

그림 3.4 시각적 요소 color에 문자형 변수 매핑

이번에는 `color`에 숫자형 변수인 `cyl`을 매핑해 보자. 숫자형 변수를 `color`에 매핑하면, 범주형 변수와는 다른 방식으로 범례가 작성되는 것을 볼 수 있다.

```
> ggplot(data = mpg,
+        mapping = aes(x = displ, y = hwy, color = cyl)) +
+   geom_point()
```

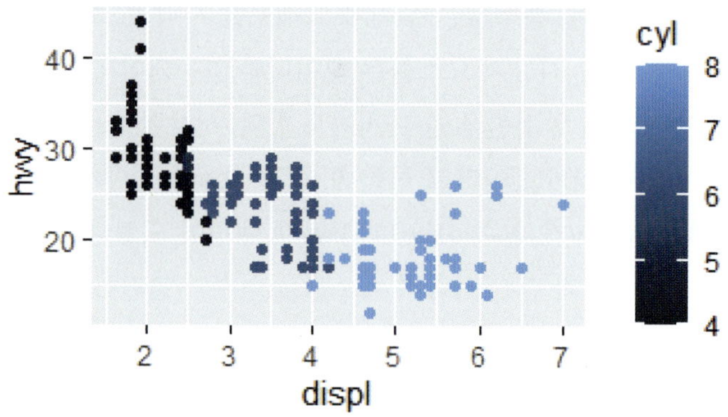

그림 3.5 시각적 요소 color에 숫자형 변수 매핑

시각적 요소에 범주의 개수가 너무 많은 변수를 매핑하게 되면, 대부분 좋지 않은 그래프를 작성하게 된다. color에 변수 class를 매핑해 보자. 변수 class는 7개 범주를 갖고 있는 문자형 변수이다. 그림 3.6에서 볼 수 있듯이, class의 범주 개수가 지나치게 많아서 정보 파악이 어려운 그래프가 작성되었다.

```
> ggplot(data = mpg,
+        mapping = aes(x = displ, y = hwy, color = class)) +
+   geom_point()
```

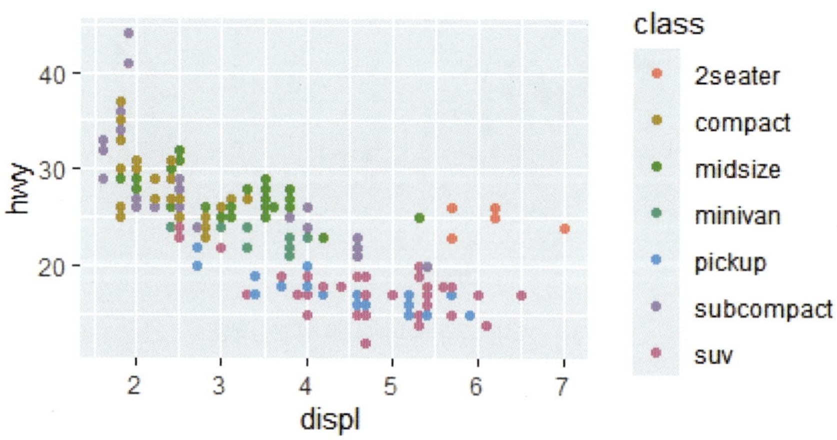

그림 3.6 시각적 요소 color에 지나치게 많은 범주를 갖는 변수의 매핑 결과

시각적 요소 shape는 점의 모양에 대한 것이며, 문자형이나 요인이 매핑 가능한 변수 유형이 된다. 요인은 범주형 변수를 위한 객체이며, 자세한 설명은 8장에서 살펴볼 수 있다. 변수 displ과 hwy의 산점도에 점의 모양을 변수 drv와 연결하여 표현해 보자.

```
> ggplot(data = mpg,
+        mapping = aes(x = displ, y = hwy, shape = drv)) +
+   geom_point()
```

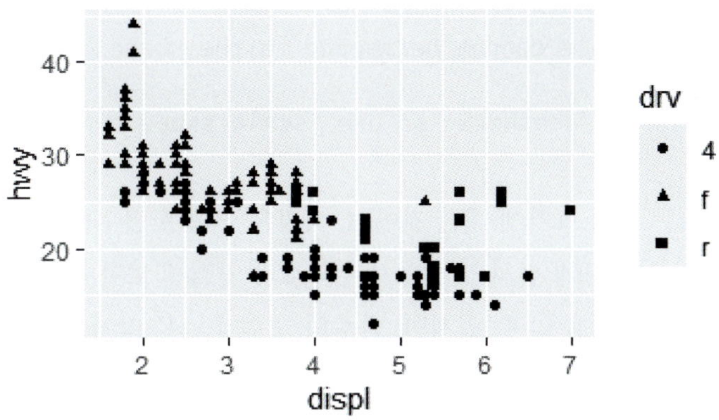

그림 3.7 시각적 요소 shape에 문자형 변수 매핑

그림 3.7에는 세 가지 모양의 점이 사용되었으나, 모양 차이가 쉽게 느껴지지 않고 있다. 이런 경우에는 다른 시각적 요소를 drv에 함께 매핑하여 작성한 그림 3.8이 좋은 대안이 될 수 있다.

```
> ggplot(data = mpg,
+        mapping = aes(x = displ, y = hwy,
+                      shape = drv, color = drv)) +
+   geom_point()
```

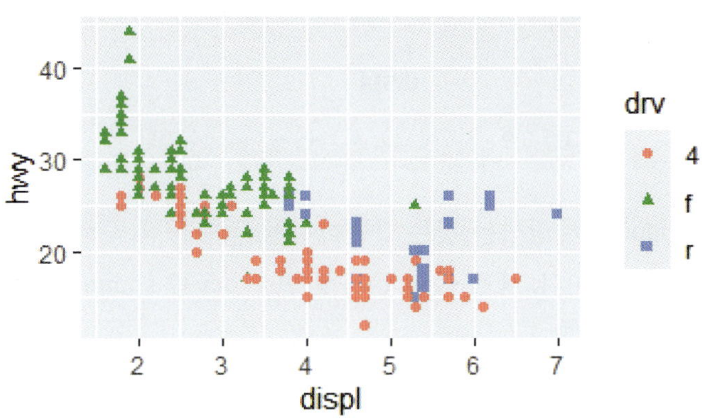

그림 3.8 시각적 요소 shape와 color에 문자형 변수 매핑

shape에 숫자형 변수를 매핑하면 다음과 같이 오류가 발생하게 되는데, 점의 모양이라는 범주에 연속형 자료를 매핑할 수 없기 때문이다.

```
> ggplot(data = mpg,
+        mapping = aes(x = displ, y = hwy, shape = cyl)) +
+   geom_point()
Error in `geom_point()`:
! Problem while computing aesthetics.
i Error occurred in the 1st layer.
Caused by error in `scale_f()`:
! A continuous variable cannot be mapped to the shape
  aesthetic.
i Choose a different aesthetic or use `scale_shape_binned()`.
```

시각적 요소 size는 점의 크기에 대한 것이며, 매핑은 연속형 변수를 사용하는 것이 좋다. 변수 displ과 hwy의 산점도에 점의 크기를 변수 cyl과 연결해 보자. 변수 cyl의 값에 따라 점의 크기가 조절이 되는 것을 알 수 있지만, 범주의 개수가 너무 많아서 점의 크기를 구분하는 것이 거의 불가능한 그래프가 작성되었다.

```
> ggplot(data = mpg,
+        mapping = aes(x = displ, y = hwy, size = cyl)) +
+   geom_point()
```

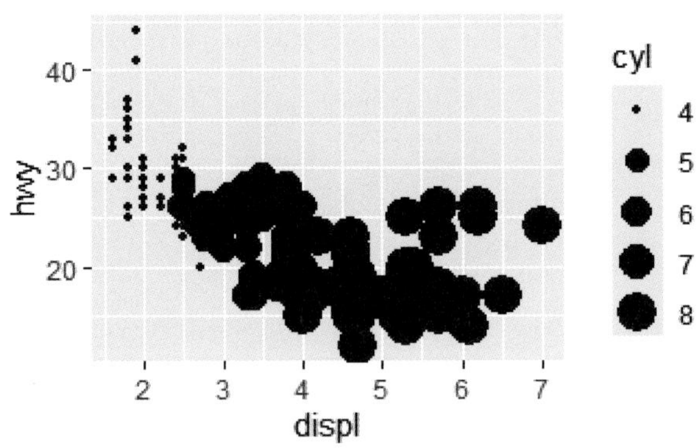

그림 3.9 시각적 요소 size에 숫자형 변수 매핑

범주형 변수도 shape에 매핑하는 것은 가능하지만, 정보를 왜곡시킬 수 있기 때문에 사용하지 않는 것이 좋을 것이다. 예를 들어 문자형 변수 drv를 shape에 매핑해 보자.

```
> ggplot(data = mpg,
+         mapping = aes(x = displ, y = hwy, size = drv)) +
+   geom_point()
Warning: Using size for a discrete variable is not advised.
```

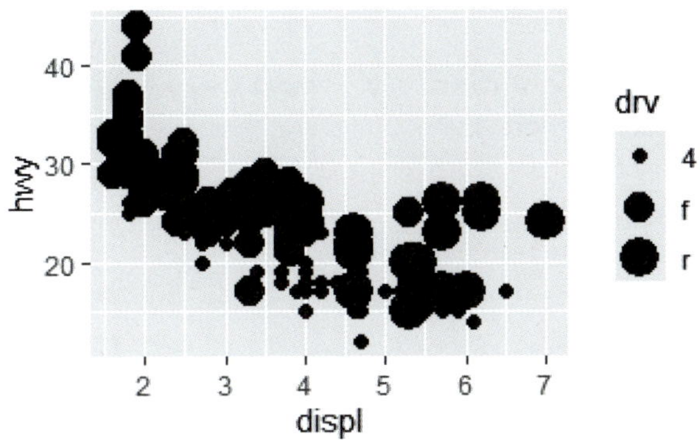

그림 3.10 시각적 요소 size에 문자형 변수 매핑

여러 시각적 요소를 동시에 사용해야 하는 경우가 많이 있다. 이런 경우에, 여러 시각적 요소들을 모두 다른 변수들과 매핑을 하게 되면 그래프에 너무 많은 정보를 표현하게 될 가능성이 있으며, 오히려 그래프의 의미가 모호해질 수 있다는 점에 유의해야 할 것이다. 그림 3.11은 세 가지 시각적 요소를 모두 다른 변수와 연결하여 작성한 것이다. 좋지 않은 그래프의 작성 예가 된다.

```
> ggplot(data = mpg,
+         mapping = aes(x = displ, y = hwy, color = class,
+                        shape = drv, size = cyl)) +
+   geom_point()
```

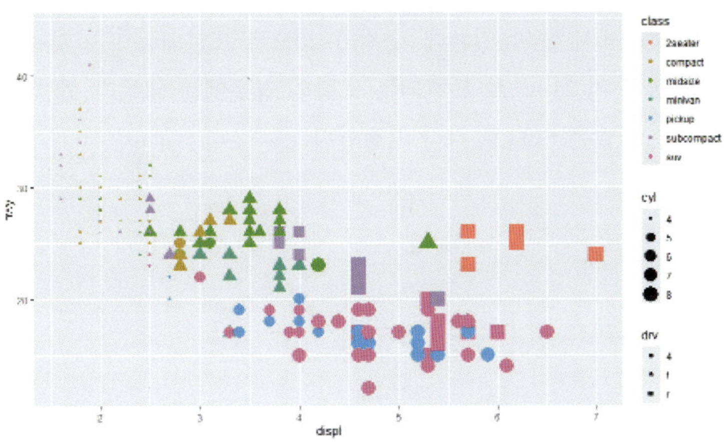

그림 3.11 여러 시각적 요소를 동시에 매핑을 실시한 그래프

시각적 요소들을 사용자가 일정한 값으로 지정할 수 있는데, 이 경우에는 geom 함수에서 함수 aes()를 사용하지 않고 지정해야 한다. 예를 들어, 변수 displ과 hwy의 산점도를 작성하되 점을 모두 빨간색으로 나타낸다고 하면, 함수 geom_point()에서 color = "red"라고 지정하면 된다.

```
> ggplot(data = mpg,
+         mapping = aes(x = displ, y = hwy)) +
+   geom_point(color = "red")
```

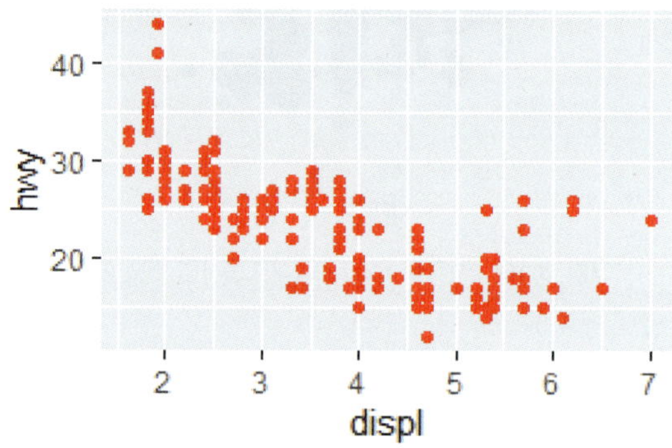

그림 3.12 시각적 요소 color의 사용자 지정

시각적 요소인 color와 size, 그리고 shape에 지정되는 값은 다음의 규칙에 따른다.

1) color: 색 이름 문자열을 지정한다. 657개의 색 이름은 base R 함수인 colors()를 실행하면 확인할 수 있으며, 패키지 ggplot2에서 다룰 수 있는 색에 대한 자세한 정보는 https://r-graph-gallery.com/ggplot2-color.html에서 확인할 수 있다.
2) size: 점 크기를 mm 단위로 지정한다.
3) shape: 점의 형태를 나타내는 0~25 사이의 숫자를 지정한다. 각 숫자에 대응되는 점의 형태는 그림 3.13에서 볼 수 있는데, 숫자 0~20으로 표현되는 도형의 색깔은 color로 지정한다. 또한 숫자 21~25로 표현되는 도형의 경우에는 테두리 선 색깔은 color로, 내부를 채우는 색깔은 fill로 각각 지정한다.

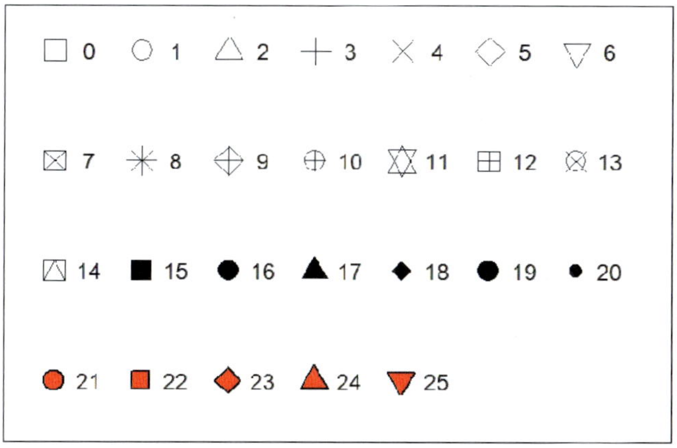

그림 3.13 시각적 요소 shape의 지정에 사용 가능한 숫자와 대응되는 점 형태

여러 시각적 요소의 값을 사용자가 동시에 지정하여 사용해야 하는 경우도 많이 있다. 그림 3.14는 점의 크기와 모양, 색깔을 모두 사용자가 지정한 그래프이다. 시각적 요소 `stroke`는 `shape`가 21~25의 값으로 표현되는 점들의 테두리 선 두께를 조절하는 요소이다.

```
> ggplot(data = mpg, mapping = aes(x = displ, y = hwy)) +
+   geom_point(shape = 21, size = 2,
+              color = "blue", fill = "red", stroke = 1)
```

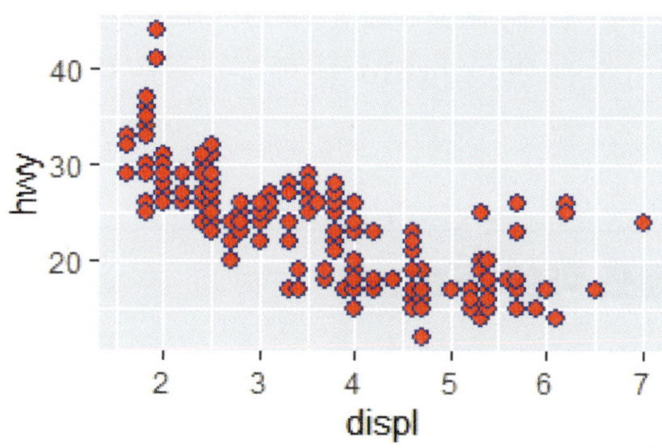

그림 3.14 여러 시각적 요소를 동시에 지정한 그래프

지금까지 살펴본 바에 의하면 시각적 요소를 변수와 매핑을 하고자 한다면 함수 `aes()` 안에서 변수와 연결해야 하고, 사용자가 값을 직접 지정하고자 한다면, `geom` 함수에서 `aes()`를 사용하지 않고 원하는 값을 지정해야 한다. 그런데 만일 함수 `aes()` 안에서 시각적 요소의 특정 값을 사용자가 직접 지정하면 어떤 결과가 나올 것인가? 그림 3.15은 함수 `aes()` 안에서 시각적 요소 `color`에 `"blue"`를 지정했을 때의 결과이다. 함수 `aes()` 안에 `color`가 입력되면 그것은 매핑으로 인식되는데, 매핑은 변수와 연결되는 것이므로 특정 하나의 값과는

매핑이 성립되지 않는다. 따라서 "blue"라는 하나의 값을 갖는 새로운 변수를 스스로 만들고, 그 변수와 color를 매핑하게 된다.

```
> ggplot(data = mpg,
+        mapping = aes(x = displ, y = hwy, color = "blue")) +
+   geom_point()
```

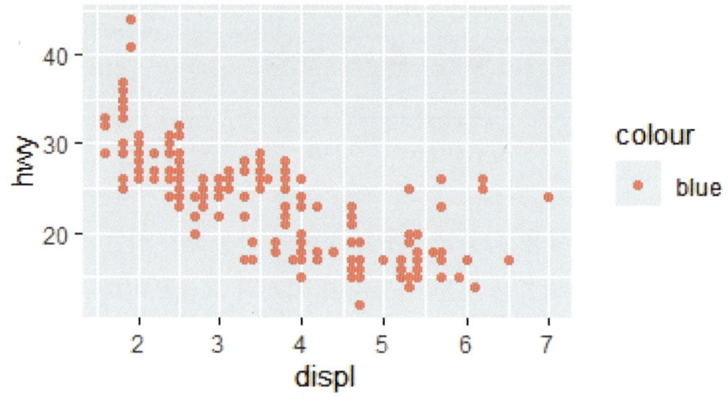

그림 3.15 함수 aes() 안에서 color를 사용자가 지정한 경우의 그래프

그림 3.15는 사용자가 직접 그래프의 범례를 추가해야 하는 경우에 유용하게 사용되는 작업 방식을 보여준 예가 된다. 구체적인 설명은 3.4절에서 볼 수 있다. 그림 3.15에서 사용된 점 색깔은 하나의 값만이 있는 변수에 color를 매핑할 경우 디폴트로 사용되는 색깔이다.

3.3 그룹별 그래프 작성: Facet

범주형 변수가 다른 변수에 미치는 영향력을 그래프로써 확인하는 방법으로 범주형 변수에 의해 구분되는 그룹별로 그래프를 작성하여 비교하는 것을 생각해 볼 수 있다. 만일 그룹별로 작성된 그래프에 큰 차이가 없다면 범주형 변수의 영향력은 미미한 것으로 볼 수 있을 것이다. 이와 같이 그룹별로 데이터를 구분하여 그래프를 작성하는 것을 faceting이라고 하며, 함수 facet_wrap()과 facet_grid()로 작성할 수 있다.

1) 함수 facet_wrap()에 의한 그룹별 그래프 작성

함수 facet_wrap()은 데이터를 구분하려는 변수가 하나인 경우에 주로 사용되며, 사용법은 다음과 같다.

```
facet_wrap(facets, nrow, ncol, scales, dir)
```

여기에서 facets에는 그룹을 구성하는 변수를 지정하는데, 함수 vars()에 나열하면 된다. nrow와 ncol에는 패널의 행과 열의 개수를 지정하며, scales는 각 패널의 XY축 범위를 설정하는 방식을 지정한다. 디폴트 "fixed"는 모든 패널의 XY축 범위를 동일하게 설정하고, "free_x"는 X축의 범위를 각 패널에 따라 다르게 설정하며, "free_y"는 Y축의 범위를 다르게 설정하고, "free"는 XY축의 범위를 다르게 설정하는 것이다. dir은 그래프의 배치 순서를 지정하는 것인데 디폴트 "h"는 행 방향으로 배치하고, "v"는 열 방향으로 배치하게 된다.

예를 들어 데이터 프레임 mpg의 변수 displ과 hwy의 산점도를 변수 class의 범주별로 구분하여 작성해 보자.

```
> ggplot(data = mpg,
+        mapping = aes(x = displ, y = hwy)) +
+   geom_point() +
+   facet_wrap(vars(class))
```

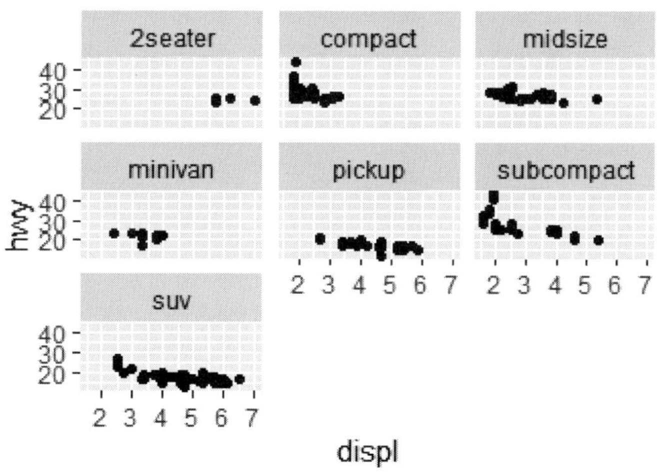

그림 3.16 함수 facet_wrap()으로 작성된 그래프

그림 3.16을 구성하는 7개의 패널 중 2seater라는 제목의 패널에는 적은 개수의 데이터만 해당되는 것을 알 수 있다. 변수 class가 "2seater"인 관찰값을 제거한 후 패널을 2열로

배치하여 작성해 보자.

```
> mpg |>
+   filter(class != "2seater") |>
+   ggplot(aes(x = displ, y = hwy)) +
+   geom_point() +
+   facet_wrap(vars(class), ncol = 2)
```

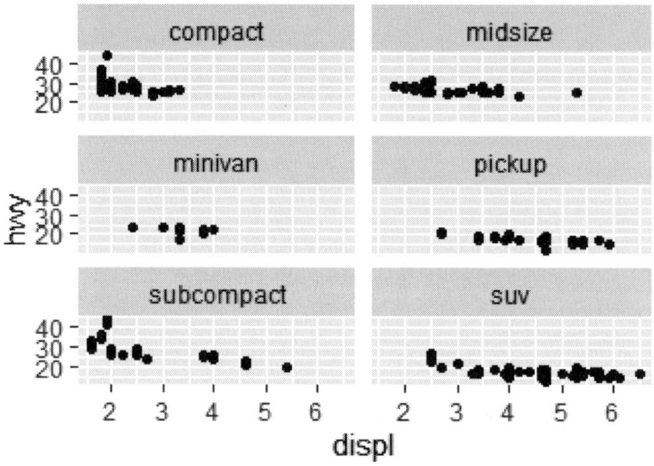

그림 3.17 ncol로 패널 배치 조절

함수 `ggplot()`의 첫 번째 인자는 `data`이고, 두 번째 인자는 `mapping`이다. 1.4.2절에서 함수 `seq()`를 대상으로 살펴본 대로 함수에 인자들을 순서대로 입력한다면, 인자의 이름은 생략할 수 있다. 그림 3.17를 작성하는 코드에서 데이터 프레임 `mpg`는 pipe 연산자를 통해 `filter()`를 거쳐 `ggplot()`의 첫 번째 변수로 입력되는데, 따라서 인자 이름인 "`data=`"은 생략이 가능하다. 또한 매핑 내용이 지정되는 함수 `aes()`가 `ggplot()`의 두 번째 인자로 입력되기 때문에 인자 이름인 "`mapping=`"도 생략이 가능하다. 앞으로 소개할 코드에서 생략이 가능한 함수의 인자 이름은 생략하도록 하겠다.

패널의 그래프 배치 순서를 `dir`의 값 변경해서 다르게 해 보자.

```
> mpg |>
+   filter(class != "2seater") |>
+   ggplot(aes(x = displ, y = hwy)) +
+   geom_point() +
+   facet_wrap(vars(class), ncol = 2, dir = "v")
```

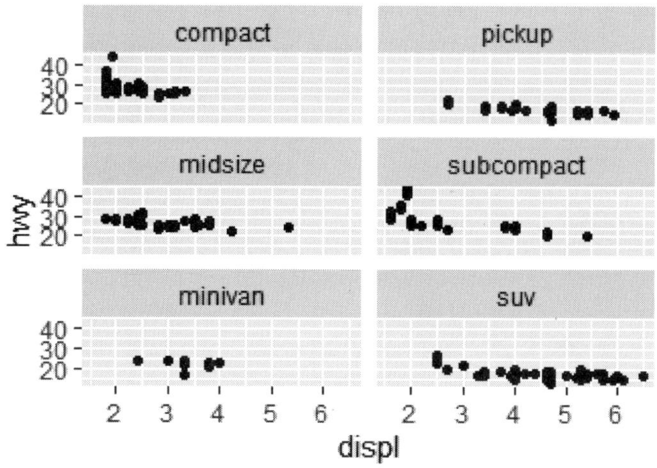

그림 3.18 ncol과 dir로 패널 배치 조절

2) 함수 facet_grid()에 의한 그룹별 그래프 작성

함수 facet_grid()은 데이터를 구분하려는 변수가 두 개인 경우에 주로 사용되는 함수이지만, 구분하려는 변수가 하나인 경우에도 사용할 수 있다. 사용법은 다음과 같다.

```
facet_grid(rows, cols, scales)
```

rows와 cols에는 패널의 행과 열을 구성하는 변수를 함수 vars()을 이용하여 지정한다.

데이터 프레임 mpg에서 데이터를 변수 drv와 cyl로 구분하여 displ과 hwy의 산점도를 각각 작성해 보자. 단, 변수 drv가 "r"인 관찰값과 cyl이 5인 관찰값은 제외하자.

함수 ggplot()으로 작성된 그래프를 지금까지는 Plots 창에 바로 나타나게 했지만, 이것을 객체에 할당할 수도 있다. 할당된 ggplot2 객체는 이후에 저장 및 출력 목적으로 사용할 수 있다. 하지만 그래프를 객체에 할당하는 주된 이유는 동일한 내용의 프로그램을 반복해서 입력하지 않으려는 것이다. 즉, 기본적인 형태의 그래프를 작성해서 객체에 할당하면, 동일한 작업을 반복할 필요 없이 거기에 몇 가지 요소만을 따로 추가하면 수정된 그래프를 작성할 수 있는 것이다.

이제 변수 drv가 "r"인 자료와 cyl이 5인 자료를 제외하고 작성한 displ과 hwy의 산점도를 객체에 할당하자.

```
> my_plot <- mpg |>
+   filter(cyl != 5 & drv != "r") |>
+   ggplot(aes(x = displ, y = hwy)) +
+   geom_point()
```

객체 my_plot에 함수 facet_grid()를 추가하면 우리가 원하는 그래프를 작성할 수 있다. 우선 한 변수만을 사용하여 데이터를 구분하고 그래프를 작성해 보자. 먼저 변수 drv를 행을 구성하는 변수로 사용해 보자.

```
> my_plot +
+   facet_grid(rows = vars(drv))
```

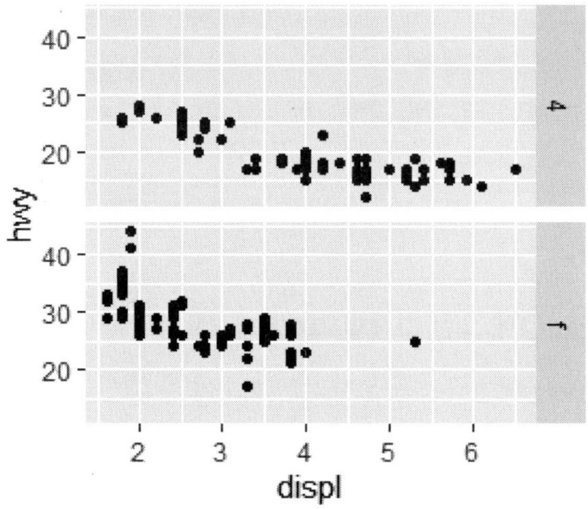

그림 3.19 함수 facet_grid()에 의한 한 변수의 faceting

이번에는 변수 cyl을 열을 구성하는 변수로 사용해 보자.

```
> my_plot +
+   facet_grid(cols = vars(cyl))
```

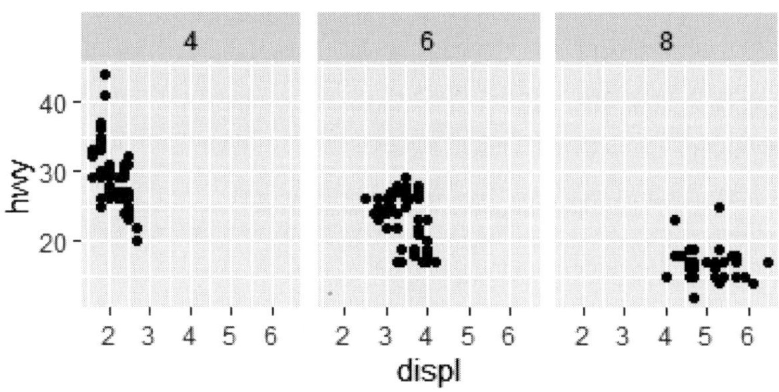

그림 3.20 함수 facet_grid()에 의한 한 변수의 faceting

이제는 두 개 변수를 함께 사용하여 데이터를 구분하고 그래프를 작성해 보자.

```
> my_plot +
+   facet_grid(rows = vars(drv), cols = vars(cyl))
```

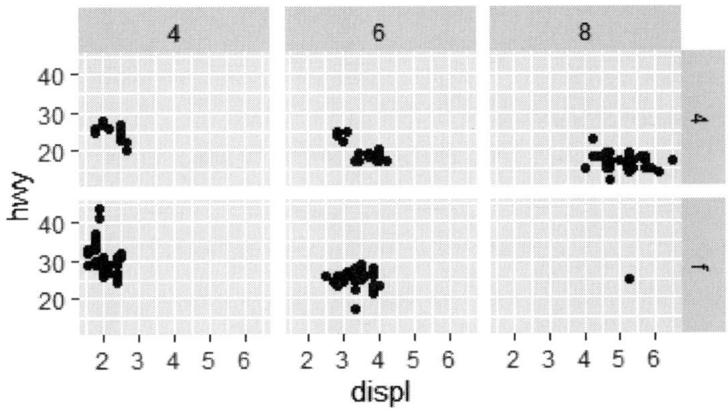

그림 3.21 함수 `facet_grid()`에 의한 두 변수의 faceting

변수 `drv`의 두 범주와 `cyl`의 세 범주의 조합으로 구성되는 6개 그룹으로 데이터를 구분하여 각각 작성된 산점도가 그림 3.21이다. 변수 `drv`가 행을 구성하고 있고, 변수 `cyl`이 열을 구성하고 있다. 예를 들어 왼쪽 위 패널은 변수 `drv`가 "4"이고, 변수 `cyl`이 4인 자동차들의 `displ`과 `hwy`의 산점도이다.

옵션 `scales`의 값을 변경해서 패널의 XY축 범위를 다르게 설정해 보자.

```
> my_plot +
+   facet_grid(rows = vars(drv), cols = vars(cyl),
+              scales = "free")
```

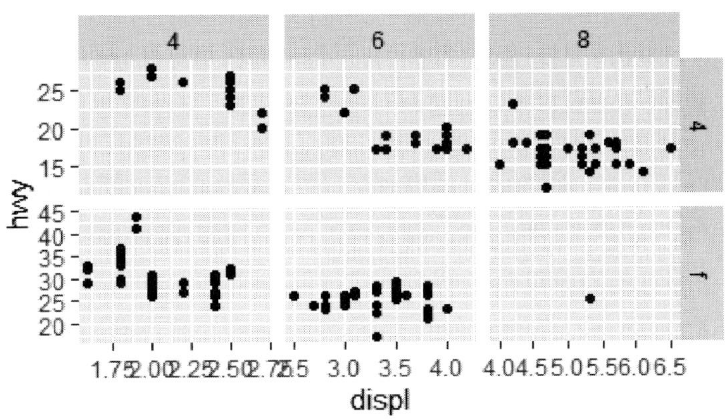

그림 3.22 함수 `facet_grid()`에 의한 두 변수의 faceting

두 범주형 변수에 의한 그룹별 그래프 작성은 함수 `facet_wrap()`으로도 작성할 수 있다. 이 경우에 자료의 구분은 두 범주형 변수의 조합으로 이루어지기 때문에, 각 패널의 라벨에 범주 값 두 개가 표시된다. 따라서 변수의 이름도 함께 표시하는 것이 변수 조합을 확인하는 데 더 편할 것이다. 각 패널의 strip에 표시되는 라벨에 변수 이름도 함께 표시하기 위해서는 옵션 `labeller`에 `label_both`를 지정하면 된다.

```
> my_plot +
+   facet_wrap(vars(drv, cyl),
+              scales = "free", labeller = "label_both")
```

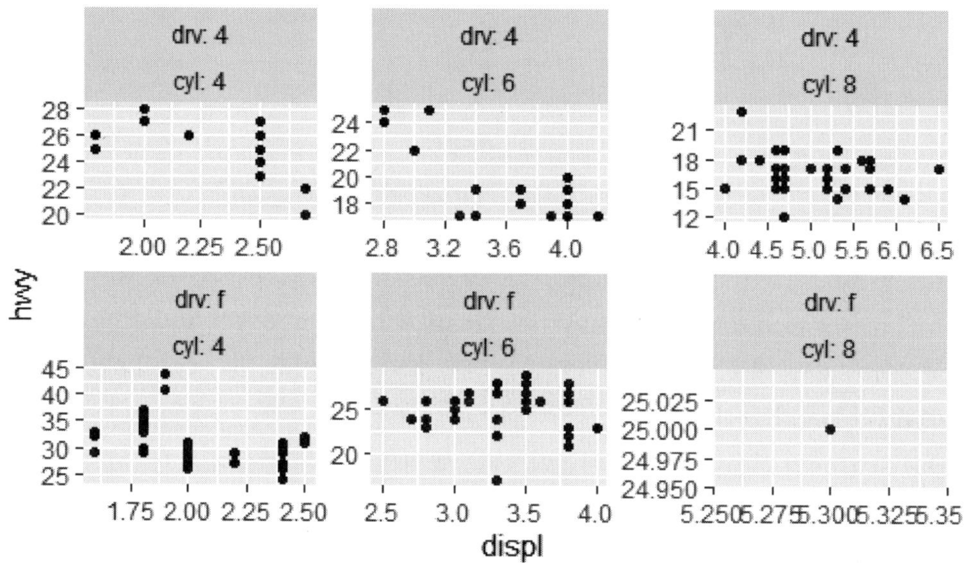

그림 3.23 함수 `facet_wrap()`에 의한 두 변수의 faceting

3) 연속형 변수에 의한 faceting

연속형 변수를 이용하여 faceting을 하기 위해서는 우선 연속형 변수를 범주형 변수로 변환시켜야 하는데, 아래의 함수를 이용하면 비교적 쉽게 변환을 할 수 있다.

- `cut_interval(x, n, length)`: 벡터 `x`를 길이가 `length`인 `n`개의 구간으로 구분
- `cut_width(x, width, boundary)`: 벡터 `x`를 길이가 `width`인 구간으로 구분. `boundary`는 구간의 시작점을 지정.
- `cut_number(x, n)`: 벡터 `x`를 `n`개의 구간으로 구분하되 각 구간에 속한 데이터 개수가 비슷하도록 구분

예를 들어 데이터 프레임 `airquality`에서 반응변수 `Ozone`과 설명변수 `Solar.R`과 `Wind`

의 관계를 알아보자. 이와 같이 세 연속형 변수의 관계를 알아보는데 적합한 그래프 중 하나는 설명변수 중 하나를 범주형으로 변환하여 그룹별 그래프를 작성하는 것이다. 함수 `cut_number()`를 사용해서 변수 `Wind`에서 범주형 변수 `Wind_d`를 만들어 보자. 변수 `Wind_d`는 4개의 범주를 갖게 하는데, 각 범주에 속한 데이터의 개수가 비슷하게 구분이 되는 것이 바람직하다.

```
> air_1 <- airquality |>
+   mutate(Wind_d = cut_number(Wind, n = 4))
```

변수 `Wind_d`로 구분되는 그룹별 자료의 개수를 확인해 보자.

```
> air_1 |> count(Wind_d)
       Wind_d  n
1   [1.7,7.4] 43
2   (7.4,9.7] 38
3  (9.7,11.5] 34
4 (11.5,20.7] 38
```

이제 변수 `Wind_d`로 구분되는 그룹별로 `Ozone`과 `Solar.R`의 산점도를 작성하자. 그림 3.24에서 변수 `Wind`가 큰 값을 가질수록 `Ozone`과 `Solar.R`의 관계가 점점 미약해지고 있음을 알 수 있다. 세 연속형 변수의 관계를 탐색하는 방법 중 하나가 된다.

```
> air_1 |>
+   ggplot(aes(x = Solar.R, y = Ozone)) +
+   geom_point() +
+   facet_wrap(vars(Wind_d))
```

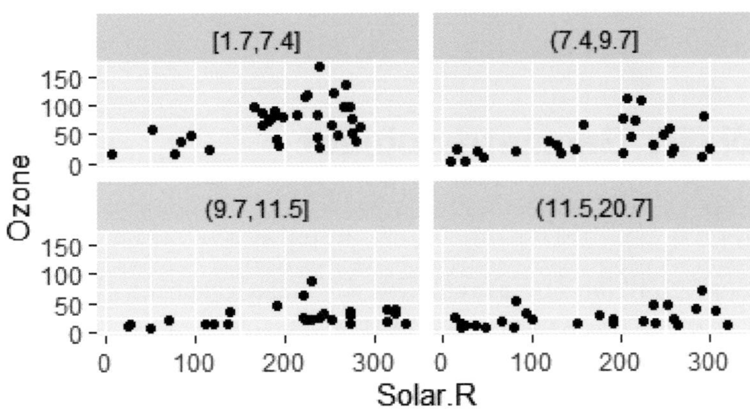

그림 3.24 연속형 변수의 faceting

Faceting은 기존의 그래프에 다른 변수의 정보를 추가하고자 할 때 매우 유용하게 사용되는 기법인데, 이러한 기능은 색깔 또는 점의 크기 등을 변수와 연결하는 매핑도 갖고 있는 기능이다. 두 기법은 서로 약간 다른 장단점이 있는데, faceting은 점들이 많이 겹쳐지는 경우에 더 명확하게 다른 변수의 정보를 확인할 수 있지만, 각 패널마다 작성된 그래프에 미세한 차이가 있는 경우에는 확인이 어려울 수 있다는 문제가 있다.

그림 3.24을 작성한 상황에서 변수 `Wind_d`를 색깔과 점의 크기와 연결시켜 나머지 두 변수의 산점도를 작성해 보자.

```
> air_1 |>
+   ggplot(aes(x = Solar.R, y = Ozone, color = Wind_d)) +
+   geom_point()
```

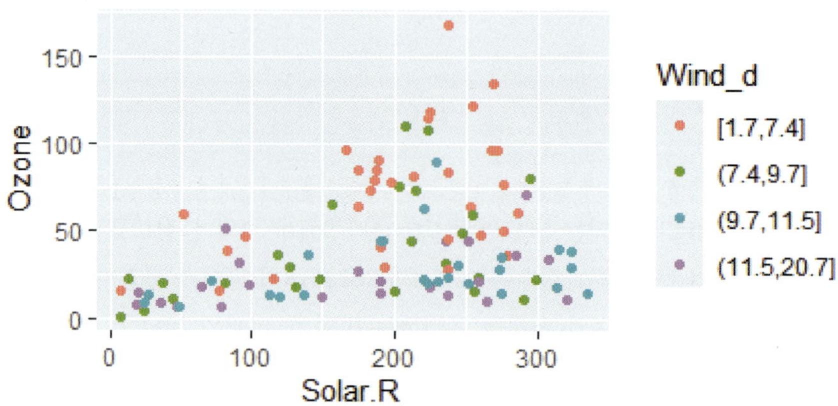

그림 3.25 매핑과 faceting의 비교

그림 3.25은 너무 많은 점이 서로 겹쳐 있어서 관계를 확인하는 데 약간의 어려움이 있으며, 따라서 좋지 않은 그래프라고 하겠다.

3.4 기하 객체: Geometric object

우리가 작성하고자 하는 그래프는 일반적으로 점이나 선 또는 문자와 같은 몇 가지 유형의 기하 객체로 이루어져 있다. 함수 `plot()` 등이 속한 `base graphics` 시스템에서는 높은-수준의 그래프 함수로 좌표축을 포함한 주된 유형의 그래프를 먼저 작성하고, 이어서 낮은-수준의 그래프 함수를 연속 사용하여 다른 유형의 '기하 객체'를 추가하는 방식으로 그래프를 작성한다.

패키지 ggplot2에서는 각 유형 별 그래프를 따로 작성하고, 그것을 겹쳐 놓는 방식으로 그래프를 작성한다. 각 유형의 '기하 객체'를 사용한 그래프를 작성하기 위해서는 해당되는 geom 함수를 실행해야 하는데, geom 함수가 실행되면 해당 유형의 그래프가 작성된 레이어가 생성된다. 만일 여러 개의 geom 함수가 실행되어 여러 개의 레이어가 작성되면, 첫 번째 geom 함수의 레이어가 가장 밑에 놓이고, 다음 geom 함수가 작성한 레이어가 그 위에 차례로 겹쳐짐으로써 최종적으로 원하는 그래프를 얻게 된다.

그림 3.26과 그림 3.27는 데이터 프레임 mpg의 변수 displ과 hwy를 대상으로 geom_point()와 geom_smooth()를 각각 적용한 결과를 보여주고 있다. 동일한 자료를 사용하더라도 다른 geom 함수를 사용하면 다른 그래프가 작성되는 것을 알 수 있다.

```
> ggplot(mpg, aes(x = displ, y = hwy)) +
+   geom_point()
```

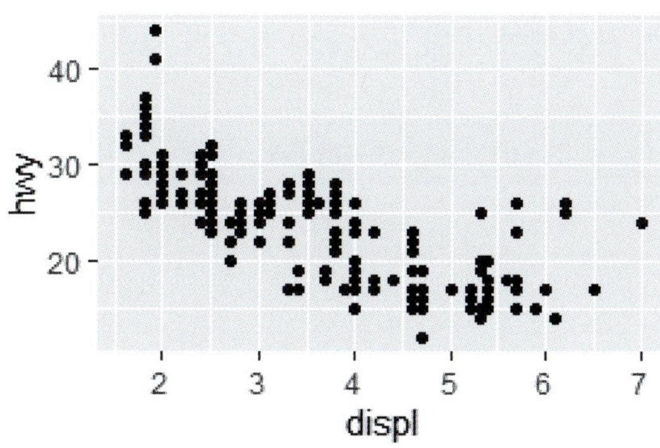

그림 3.26 mpg에 geom_point() 함수를 실행한 결과

```
> ggplot(mpg, aes(x = displ, y = hwy)) +
+   geom_smooth()
```

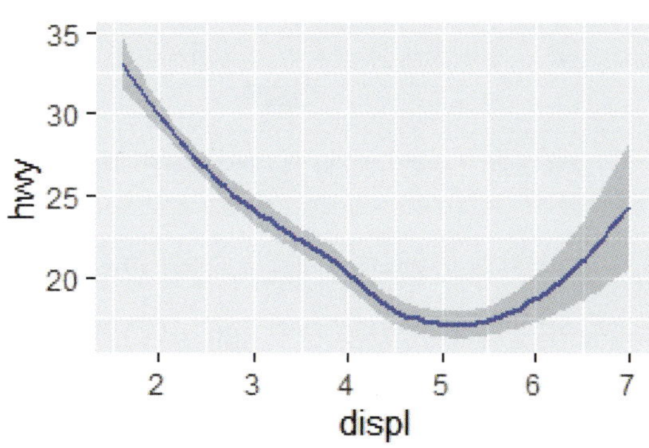

그림 3.27 mpg에 geom_smooth() 함수를 실행한 결과

현재 ggplot2에는 대략 30개 이상의 geom 함수가 있다. 예를 들어 한 변수를 대상으로 하는 geom 함수로는 geom_bar(), geom_histogram(), geom_density() 등이 있고, 두 변수를 대상으로 하는 함수로는 geom_point(), geom_smooth(), geom_text(), geom_line(), geom_boxplot() 등이 있으며, 세 변수에 대한 함수로는 geom_contour(), geom_tile() 등이 있다.

사용할 수 있는 geom 함수들의 리스트는 RStudio의 메뉴에서 "Help > Cheatsheets > Data Visualization with ggplot2"를 선택하면 볼 수 있다.

1) 글로벌 매핑과 로컬 매핑

mpg의 변수 displ과 hwy의 산점도에 두 변수의 비모수 회귀곡선을 겹쳐서 작성해 보자.

비모수 회귀곡선이란 일반적으로 두 변수의 관계를 가장 잘 설명해주는 매끄러운 (smooth) 곡선(line)을 의미하는 것이며, 함수 geom_smooth()가 그래프로 표현하는 기능을 갖고 있다. 따라서 원하는 작업을 수행하기 위해서는 함수 geom_point()와 함수 geom_smooth()를 함께 사용해야 하며, 두 geom 함수의 필수 매핑은 x와 y이다.

```
> ggplot(mpg, aes(x = displ, y = hwy)) +
+   geom_point() +
+   geom_smooth()
```

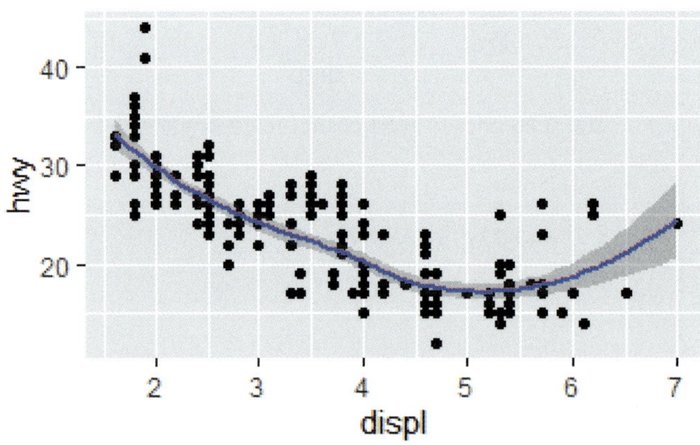

그림 3.28 글로벌 매핑을 적용해서 작성한 그래프

함수 ggplot()에 있는 매핑 기능은 해당 그래프 작성에 참여한 모든 geom 함수에 공통적으로 적용되는 글로벌 매핑이다. 그림 3.28은 함수 ggplot()에서 지정한 글로벌 매핑이 함수 geom_point()와 geom_smooth()에 모두 적용되어 작성된 그래프이다.

매핑은 geom 함수에서도 할 수 있는데, 함수 geom에 있는 매핑은 해당 geom으로 작성되는 레이어에만 적용되는 로컬 매핑이다. 글로벌 매핑이 모든 geom 함수에 공통적으로 적용되기는 하지만, 실질적으로 레이어를 작성하는 geom 함수에서 이루어지는 로컬 매핑이 글로벌 매핑보다 우선해서 적용된다. 따라서 각 레이어에서 글로벌 매핑과 다른 내용으로 매핑을 할 수 있는데, 이러한 특성으로 인하여 훨씬 다양한 형태의 그래프를 작성할 수 있다.

예제로 데이터 프레임 mpg의 변수 displ과 hwy의 비모수 회귀곡선과 산점도를 작성하되, 변수 drv의 값에 따라 점의 색을 다르게 표시해 보자. 이와 같이 두 개 이상의 geom 함수를 사용해야 하는 경우, 글로벌 매핑과 로컬 매핑을 명확하게 구분해서 지정해야 한다. 여기에서 사용되는 매핑은 변수 displ과 hwy를 x와 y에 연결하는 것과 변수 drv에 color를 연결하는 세 가지가 있다.

세 가지를 모두 글로벌 매핑으로 지정한 그래프는 그림 3.29에 있다. 함수 geom_smooth()에 옵션 se = FALSE를 사용하면 그래프에 비모수 회귀곡선의 신뢰구간이 표시되지 않는다.

```
> ggplot(mpg, aes(x = displ, y = hwy, color = drv)) +
+   geom_point() +
+   geom_smooth(se = FALSE)
```

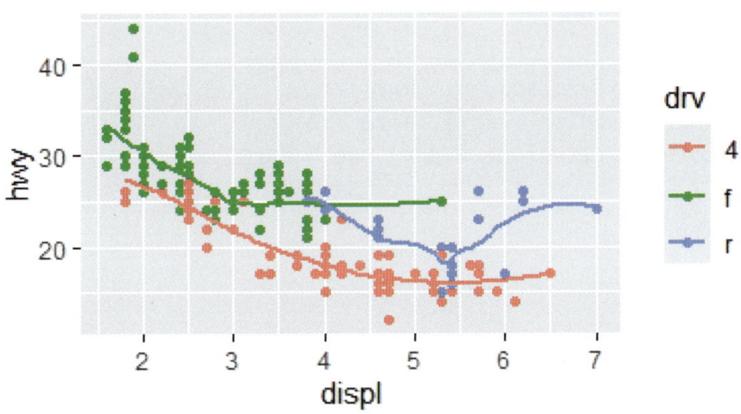

그림 3.29 글로벌 매핑만 적용한 그래프

color를 함수 geom_point()에서 로컬 매핑으로 지정한 그래프는 그림 3.30에 있다.

```
> ggplot(mpg, aes(x = displ, y = hwy)) +
+   geom_point(aes(color = drv)) +
+   geom_smooth(se = FALSE)
```

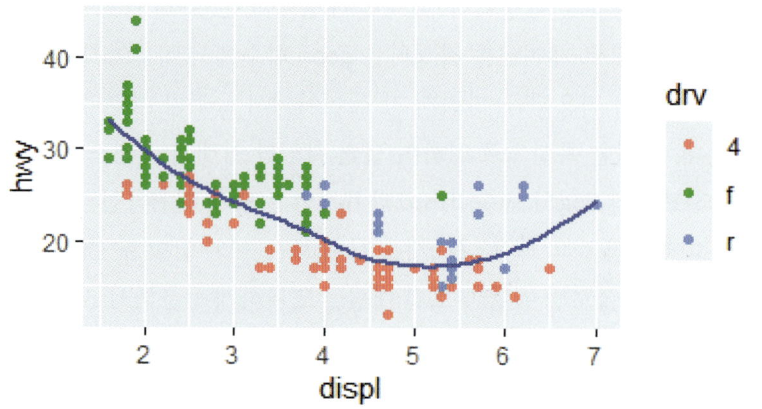

그림 3.30 color는 로컬 매핑을 적용한 그래프

이번에는 데이터 프레임 mpg의 변수 displ과 hwy의 비모수 회귀곡선을 변수 drv에 의해 구분되는 그룹별로 각각 추정하여 선의 종류를 다르게 표시하고, 그 위에 변수 drv의 값에 따라 점의 색을 다르게 하여 산점도를 추가해 보자. 여기에서 글로벌 매핑은 x와 y 뿐이고, 선의 종류인 linetype은 함수 geom_smooth()의 로컬 매핑 대상이고, 점의 색은 함수 geom_point()의 로컬 매핑 대상이 된다.

```
> ggplot(mpg, aes(x = displ, y = hwy)) +
+   geom_point(aes(color = drv), size = 2) +
+   geom_smooth(aes(linetype = drv), se = FALSE)
```

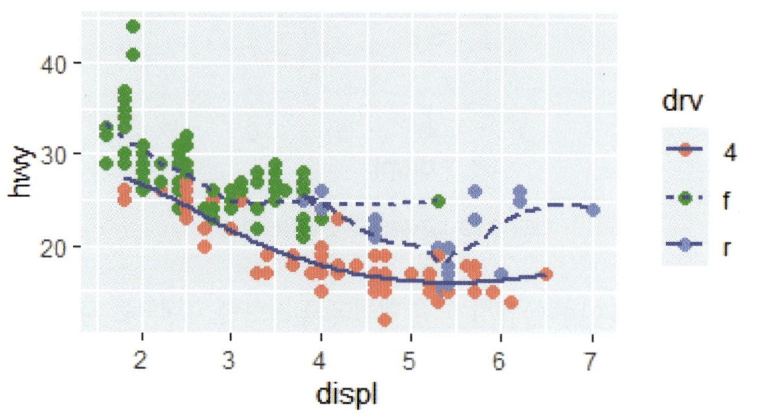

그림 3.31 두 geom 함수에서 color와 linetype을 각각 로컬 매핑한 그래프

2) 글로벌 데이터와 로컬 데이터

매핑에서와 같이 데이터도 함수 ggplot()에서 지정하는 글로벌 데이터와 개별 geom 함

수에서 지정하는 로컬 데이터로 구분된다. 즉, 함수 ggplot()에 지정되는 data는 모든 geom 함수에 기본적으로 적용되고, 각 geom 함수에서 지정되는 data는 해당 레이어 작성에만 적용된다.

예를 들어 데이터 프레임 mpg의 변수 displ과 hwy의 산점도를 작성하되, 변수 drv의 값에 따라 점의 색을 다르게 하고, 그 위에 두 변수의 비모수 회귀곡선을 추가하되 변수 drv의 값이 4인 데이터만을 대상으로 추정해 보자. 이 경우에는 함수 geom_smooth()에 데이터 프레임 mpg 중 변수 drv의 값이 4인 관찰값만 선택한 로컬 데이터를 지정해야 한다.

각 geom 함수에서 로컬 데이터를 지정할 때 주의할 점이 하나 있는데, 그것은 로컬 데이터를 지정하는 인자 data가 모든 geom함수에서는 두 번째 인자라는 것이다. 따라서 다음과 같이 geom 함수 내에서 첫 번째에 위치하게 된다면 반드시 "data="이라는 인자 이름과 함께 로컬 데이터를 지정해야 한다.

```
> ggplot(mpg, aes(x = displ, y = hwy)) +
+   geom_point(aes(color = drv), size = 2) +
+   geom_smooth(data = filter(mpg, drv == "4"),
+               se = FALSE, color = "red")
```

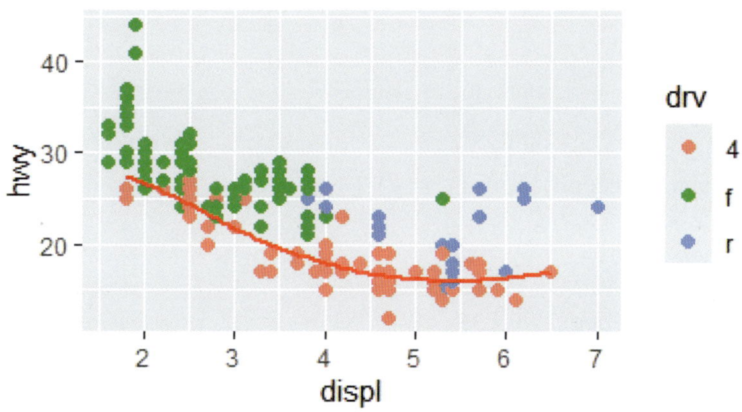

그림 3.32 로컬 데이터를 사용하여 작성한 레이어

함수 geom_text()는 그래프에 문자 라벨을 추가할 때 사용되는 geom 함수로서, 로컬 데이터를 사용해야 하는 중요한 경우가 된다. 예를 들어, 두 연속형 변수의 산점도에 다른 점들과 조금 다른 특성을 보이는 점이 있다면, 해당 자료의 부가 정보를 표시할 수 있는 라벨을 점 주변에 추가하는 것이 좋을 것이다.

데이터 프레임 mpg의 변수 displ과 cty의 산점도를 작성해 보자.

```
> p1 <- ggplot(mpg, aes(x = displ, y = cty)) +
+   geom_point()
> p1
```

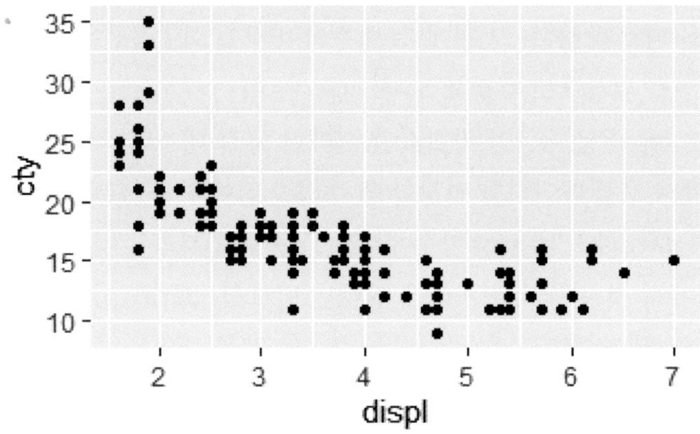

그림 3.33 변수 displ과 cty의 산점도

변수 displ이 증가하면 cty가 감소하는 관계를 보여주는 산점도가 작성되었는데, 변수 cty의 값이 유독 큰 두 점을 볼 수 있다. 두 점이 어떤 자동차에 해당되는 자료인지 확인해 보자.

```
> mpg |>
+   slice_max(cty, n = 2) |>
+   select(manufacturer, model, cty)
# A tibble: 2 × 3
  manufacturer model         cty
  <chr>        <chr>       <int>
1 volkswagen   new beetle     35
2 volkswagen   jetta          33
```

그림 3.33의 산점도에 변수 cty의 값이 큰 두 점 주변에 라벨을 추가해 보자. 함수 geom_text()에서 라벨의 위치는 시각적 요소 x와 y에, 라벨 내용은 label에 매핑을 한다. 변수 manufacturer와 model의 값을 함수 paste()로 서로 붙여 라벨로 표시해 보자.

```
> p1 + geom_text(data = slice_max(mpg, cty, n = 2),
+                aes(label = paste(manufacturer, model)))
```

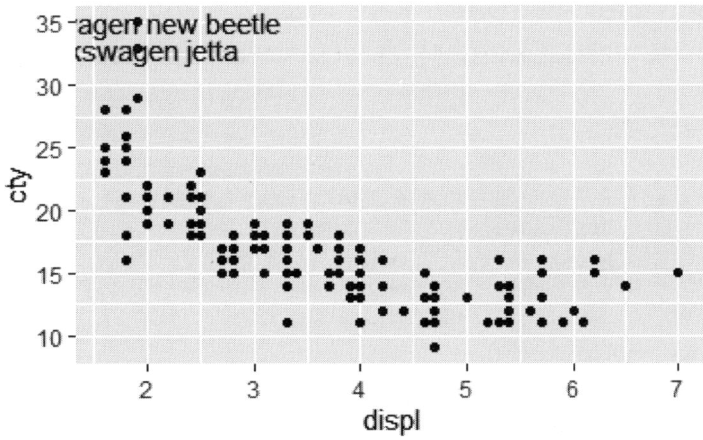

그림 3.34 변수 displ과 cty의 산점도에 라벨 추가

라벨 내용이 점과 겹쳐졌고, 왼쪽 부분이 잘려서 보이지 않게 되었다. 이런 경우에는 라벨의 위치를 조정할 필요가 있는데, 라벨의 위치 조정은 vjust, hjust와 nudge_x, nudge_y로 할 수 있다.

먼저 nudge_x와 nudge_y를 이용해서 라벨의 위치를 조정해 보자. nudge_x에 양의 값을 지정하면 우측으로 이동하고, 음의 값을 지정하면 좌측으로 이동한다. 또한 nudge_y에는 양의 값을 지정하면 위로 이동하고, 음의 값을 지정하면 아래로 이동한다. 지정하는 값은 XY축의 scale에 맞추어 사용자가 결정해야 한다.

```
> p1 + geom_text(data = slice_max(mpg, cty, n = 2),
+                aes(label = paste(manufacturer, model)),
+                nudge_x = 1.2, nudge_y = 1)
```

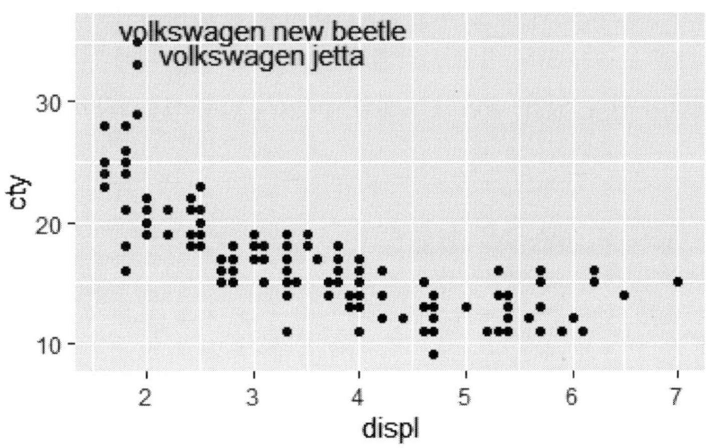

그림 3.35 변수 displ과 cty의 산점도에 추가된 라벨의 위치 조정

이번에는 vjust와 hjust를 이용해서 위치를 조정해 보자. hjust에는 "left", "middle", "right" 중 하나를 지정하고, vjust에는 "bottom", "center", "top" 중 하나를 지정하면 된다.

```
> p1 + geom_text(data = slice_max(mpg, cty, n = 2),
+                aes(label = paste(manufacturer, model)),
+                hjust = "left", vjust = "top")
```

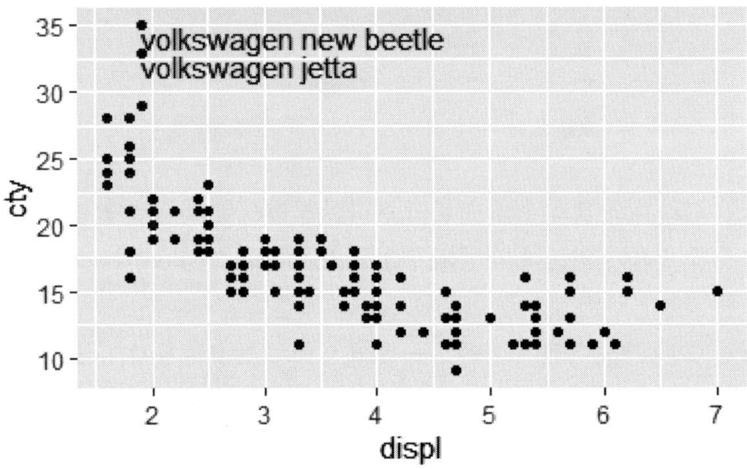

그림 3.36 변수 displ과 cty의 산점도에 추가된 라벨의 위치 조정

그림 3.36의 경우에는 hjust = "left"와 vjust = "top"을 지정한 것인데, hjust = "left"로써 점이 라벨의 왼쪽에, vjust = "top"로써 점이 라벨의 위쪽에 있도록 조정한 것이다.

라벨을 추가하려는 점의 위치가 너무 가까우면 라벨이 서로 겹쳐져서 내용을 알 수 없게 될 수 있다. 이런 경우에는 서로 겹치는 라벨 중 자료의 순서에 따라 먼저 작성되는 것만 표시하는 것이 대안이 될 수 있다. 데이터 프레임 mpg에서 변수 displ과 hwy의 산점도를 작성해 보자.

```
> p2 <- ggplot(mpg, aes(x = displ, y = hwy)) +
+   geom_point()
> p2
```

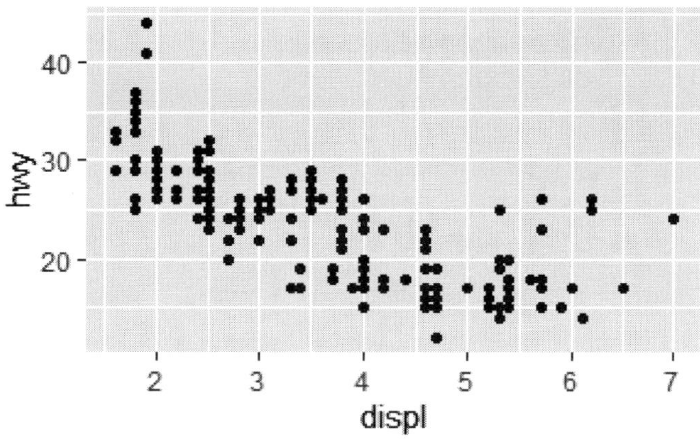

그림 3.37 변수 displ과 hwy의 산점도

변수 hwy의 값이 40이 넘는 자동차의 manufacturer와 model의 값을 출력해 보자.

```
> mpg |>
+   filter(hwy > 40) |>
+   select(manufacturer, model, hwy)
# A tibble: 3 × 3
  manufacturer model        hwy
  <chr>        <chr>      <int>
1 volkswagen   jetta         44
2 volkswagen   new beetle    44
3 volkswagen   new beetle    41
```

변수 hwy의 값이 40이 넘는 자료가 그림 3.37에는 2개로 표시되었지만, 사실은 3개의 자료가 있는 것을 알 수 있다. 이제 이 자료에 라벨을 추가하면, 당연히 두 개의 라벨이 겹쳐서 나타나게 된다.

```
> p2 + geom_text(data = slice_max(mpg, hwy, n = 3),
+                aes(label = paste(manufacturer, model)),
+                hjust = "left", vjust = "top")
```

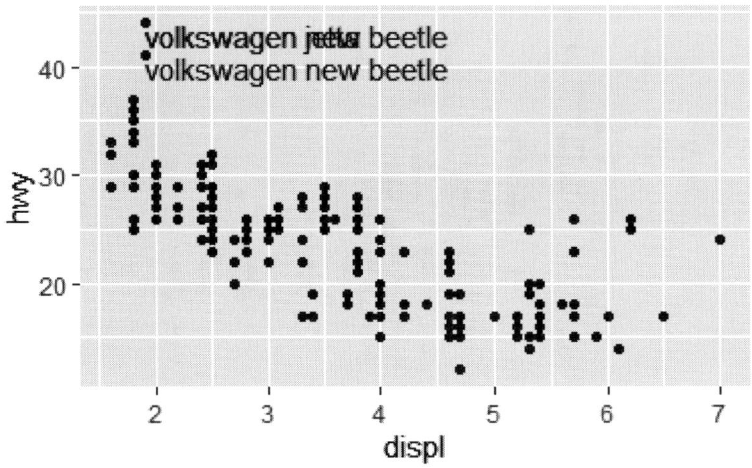

그림 3.38 변수 displ과 hwy의 산점도에 라벨 추가

이런 경우에는 함수 geom_text()에 옵션 check_overlap에 TRUE를 지정하면, 겹치는 라벨 중 자료의 순서에 따라 먼저 작성되는 것만 표시하게 된다.

```
> p2 + geom_text(data = slice_max(mpg, hwy, n = 3),
+                aes(label = paste(manufacturer, model)),
+                hjust = "left", vjust = "top",
+                check_overlap = TRUE)
```

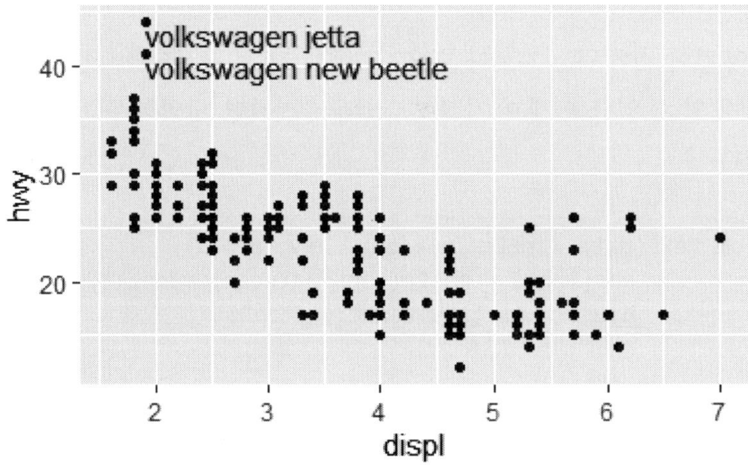

그림 3.39 변수 displ과 hwy의 산점도에 겹치지 않는 라벨만 추가

3) 그래프 범례(legend) 추가

여러 개의 geom 함수를 사용해서 그래프를 작성하다 보면, 다른 종류의 선이나 점들이 나타나게 된다. 이런 경우에 각각의 선이나 점들에 대한 범례를 추가하지 않으면 그래프의 정보를 정확하게 전달할 수 없게 된다. Base graphics에서는 함수 legend()를 사용해서 그래프에 범례를 직접 추가할 수 있다. ggplot2에는 이런 기능을 갖고 있는 함수는 없지만, geom 함수에서 문자열을 매핑하면 자동적으로 범례가 생성되는 기능을 이용해서 필요한 범례를 적절하게 추가할 수 있다.

데이터 프레임 mpg의 변수 displ과 hwy의 산점도에 두 변수의 비모수 회귀곡선과 선형회귀직선을 함께 표시해 보자. 비모수 회귀곡선과 선형회귀직선은 모두 함수 geom_smooth()로 작성할 수 있는데, method에 "lm"을 지정하면 선형회귀직선이 작성된다. 디폴트는 "loess"로써 비모수 회귀곡선이 작성된다.

두 가지 선을 색으로 구분하고 범례를 추가하려면, 함수 aes()에서 color에 범례에 표시하고자 하는 문자열을 매핑하면 된다. 또한 XY축의 라벨 등을 조정하는 기능이 있는 함수 labs()에서 color = NULL을 지정해서 범례의 제목을 제거했고, 그래프의 제목도 추가했다. 함수 labs()의 기능에 대해서는 3.7절에서 다시 살펴보겠다.

```
> ggplot(mpg, aes(x = displ, y = hwy)) +
+   geom_point() +
+   geom_smooth(aes(color = "linear regression"),
+               method = "lm", se = FALSE) +
+   geom_smooth(aes(color = "local regression"),
+               se = FALSE) +
+   labs(x = "Engine displacement", y = "Highway MPG", color = NULL,
+        title = "Scatter plot with regression lines")
```

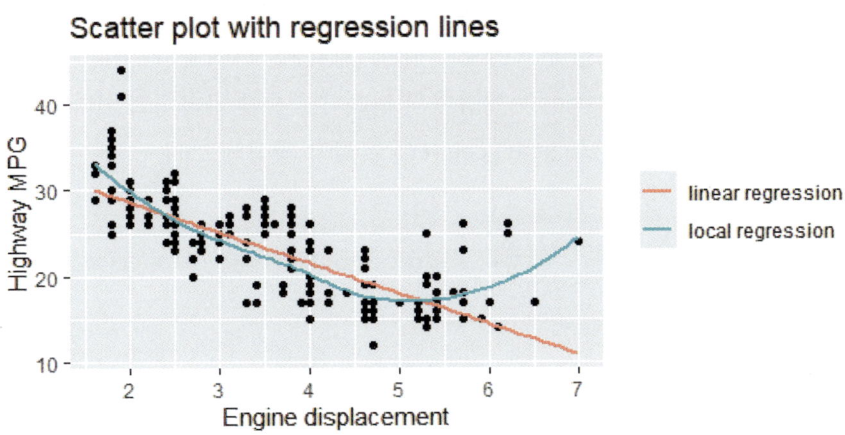

그림 3.40 그래프에 범례 추가

3.5 통계적 변환: Statistical transformation

그래프 작성 과정에서 함수 ggplot()에 입력된 데이터 프레임의 자료가 그대로 사용되는 경우도 있지만, 통계적 변환 과정을 거쳐 생성된 자료가 사용되는 경우도 많이 있다. 예를 들어 그림 3.40의 그래프에서 함수 geom_point()가 작성한 산점도는 입력된 자료를 그대로 사용해서 작성할 수 있는 그래프이지만, 함수 geom_smooth()로 작성한 회귀 직선의 경우에는 적절한 추정 과정을 통해 새롭게 생성된 자료를 사용해야 작성할 수 있는 그래프이다.

통계적 변환 혹은 stat이란 함수 ggplot()에 입력된 데이터 프레임 자료의 변환을 의미하는 것으로서, 각 그래프 유형별로 대응되는 stat이 존재한다. 예를 들어 산점도와 같이 입력된 자료 그대로가 사용되는 경우에 대한 stat은 "identity"이며, 회귀직선의 작성에 필요한 stat은 "smooth"가 된다.

그런데 우리는 지금까지 두 종류의 그래프를 작성할 때 geom 함수에 별도로 stat을 지정하지 않았다. 이것은 모든 geom 함수에는 미리 설정된 디폴트 stat이 존재하는 것을 의미한다. 예를 들어 geom_point()는 geom_point(stat = "identity")와 동일한 것이고, geom_smooth()는 geom_smooth(stat = "smooth")와 동일한 것이다.

그래프는 geom 함수를 사용하지 않고 stat 함수를 대신 사용해도 작성할 수 있다. 예를 들어 함수 stat_smooth()는 함수 geom_smooth()의 디폴트 stat인 "smooth"에 대응되는 함수인데, geom_smooth() 대신 사용해도 동일한 그래프를 작성할 수 있다. 이와 같이 모든 geom 함수는 그것을 대체할 수 있는 stat 함수가 존재한다. 또한 geom 함수의 경우처럼 모든 stat 함수에는 디폴트 geom이 설정되어 있다. 예를 들어 함수 stat_identity()는 stat_identity(geom = "point")를 의미한다.

stat 함수를 활용해서 막대 그래프를 작성해 보자. 막대 그래프는 범주형 변수의 분포를 나타내는 데 적합한 그래프로서, 함수 geom_bar()로 작성한다. 이때 사용되는 디폴트 stat은 "count"이며, 따라서 stat_count()로도 막대 그래프를 작성할 수 있다.

데이터 프레임 mpg의 변수 trans는 자동차의 변속기 종류를 나타내고 있다. 변수 trans의 막대 그래프를 geom_bar()와 stat_count()로 각각 작성해 보자.

```
> ggplot(mpg, aes(x = trans)) +
+   geom_bar()

> ggplot(mpg, aes(x = trans)) +
+   stat_count()
```

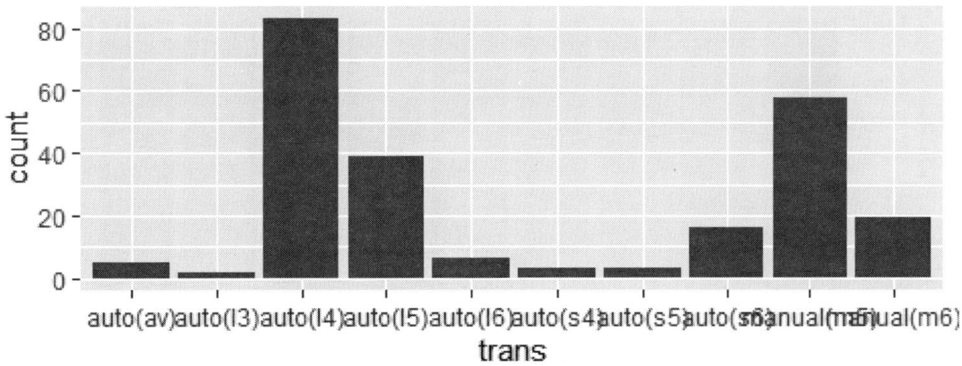

그림 3.41 변수 trans의 막대 그래프

그래프를 geom 함수를 사용하여 작성할 것인지 혹은 stat 함수를 사용하여 작성할 것인지는 사용자가 더 편한 방법을 선택하면 된다고 본다. 그러나 일반적으로 그래프 유형을 쉽게 확인할 수 있는 geom 함수를 사용하는 것이 직관적으로 더 명확하기 때문에 특별한 상황이 아니라면 geom 함수를 사용하여 그래프를 작성하는 것이 더 좋을 듯하다.

함수 ggplot()으로 그래프를 작성하는 과정에서 stat 함수는 데이터 프레임을 입력 자료로 받고 변환과정을 거쳐 그래프 작성에 필요한 변수들로 이루어진 데이터 프레임을 내부적으로 생성한다. 이런 과정을 통해 stat 함수가 생성한 변수들은 사용자가 직접 지정하여 사용할 수 있다. 예를 들어 함수 geom_bar() 또는 stat_count()는 count와 prop라는 두 변수를 생성하는데, 변수 count는 각 범주의 도수로서 막대 그래프의 디폴트 막대 높이로 사용된다. 변수 prop는 그룹별 비율을 의미하는 것으로서, 막대 그래프의 막대 높이를 상대도수로 작성하고자 한다면 사용해야 할 변수가 된다.

stat 함수에서 생성된 변수를 사용자가 직접 지정해서 사용할 때는 함수 after_stat()에 해당 변수를 입력하면 된다. 예를 들어 stat_count()에서 생성된 변수 prop를 사용자가 직접 사용하기 위해서는 after_stat(prop)라고 지정하면 된다. 이전에는 ..prop..나 stat(prop)가 사용되었으나, 이제는 함수 after_stat()의 사용이 권장되고 있다.

데이터 프레임 mpg의 변수 trans에 대한 막대 그래프를 상대도수를 이용하여 작성해 보자. 이 경우 변수 after_stat(prop)를 시각적 요소 y로 매핑하는 것이 필요한데, 문제는 y에 대한 매핑만으로는 원하는 형태의 그래프를 얻을 수 없다는 것이다.

```
> ggplot(mpg) +
+   geom_bar(aes(x = trans, y = after_stat(prop)))
```

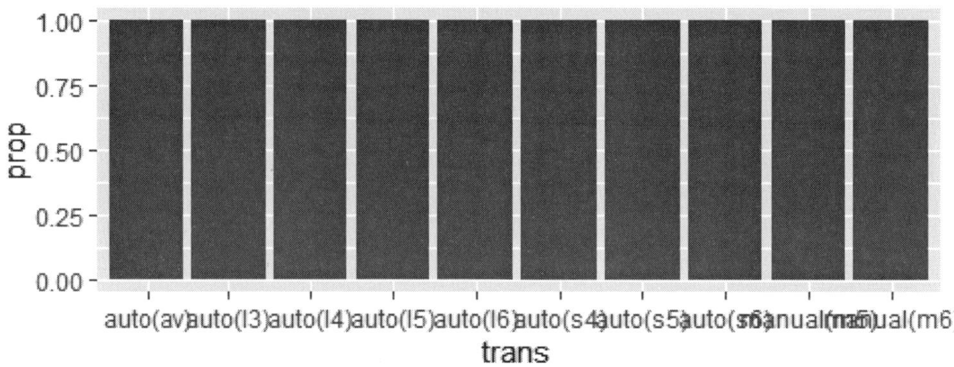

그림 3.42 디폴트 group에 의해 잘못 작성된 막대 그래프

잘못된 그래프가 작성된 이유는 변수 `after_stat(prop)`가 그룹별 비율을 나타내고 있는데, 변수 `trans`의 각 범주가 개별 그룹으로 설정되는 것이 디폴트이기 때문이다. 따라서 각 그룹에는 한 범주의 도수만이 존재하게 되어, 변수 `after_stat(prop)`는 항상 1이 된다. 이 문제는 개별 그룹으로 나눠져 있던 각 범주들을 하나의 그룹으로 묶어주면 해결이 된다. 자료들을 그룹으로 묶어주는 기능은 시각적 요소 `group`에 있는데, 모든 범주를 같은 그룹으로 묶어주는 것이므로, `group`에 하나의 값을 함수 `aes()` 안에서 지정해주면 된다. 프로그램에서는 `group = 1`으로 지정했지만, 어떤 값을 지정해도 상관없다.

```
> ggplot(mpg) +
+   geom_bar(aes(x = trans, y = after_stat(prop), group = 1))
>
```

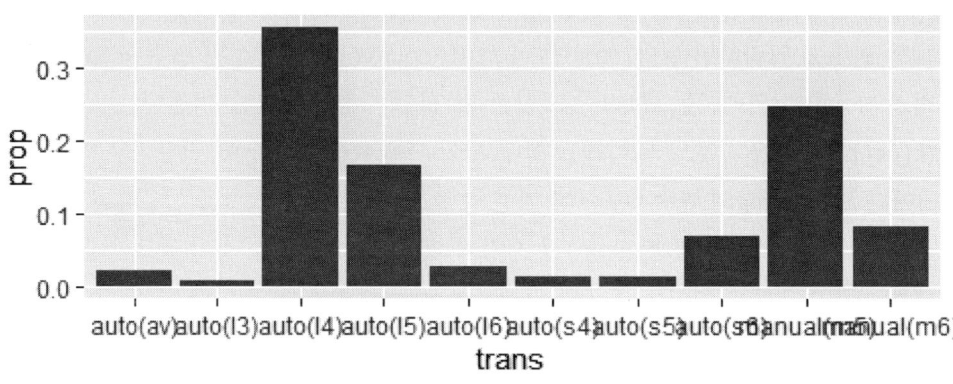

그림 3.43 group에 하나의 값을 지정하여 제대로 작성된 막대 그래프

변수 trans와 같이 범주의 이름이 비교적 긴 경우에 막대그래프를 그림 3.43와 같이 수직 방향으로 작성하면, 범주의 이름이 겹치는 현상이 발생하게 된다. 이런 경우에는 그림 3.44와 같이 수평 방향으로 작성하는 것이 더 바람직하다고 하겠다. 수평 방향으로 작성하기 위해서는 시각적 요소 x와 y에 매핑되는 변수를 바꿔주면 된다.

```
> ggplot(mpg) +
+   geom_bar(aes(y = trans, x = after_stat(prop), group = 1))
>
```

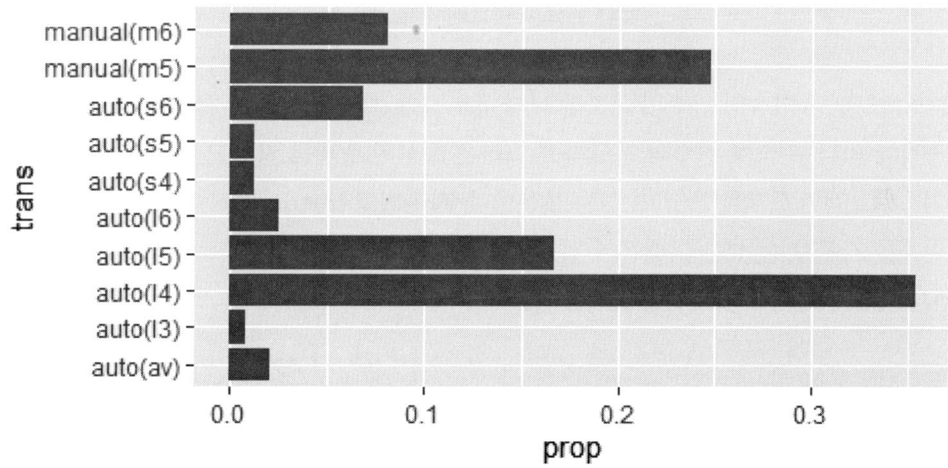

그림 3.44 수평 방향으로 작성된 막대 그래프

stat 함수에서 생성된 변수를 사용자가 직접 지정해서 사용해야 하는 다른 예로서 히스토그램과 확률밀도함수 그래프를 하나의 그래프에 함께 나타내야 하는 경우를 살펴보자. 히스토그램은 연속형 자료의 분포를 시각화하는데 많이 사용되는 그래프 중 하나이다. 작성방법은 자료의 전 범위를 서로 겹치지 않는 구간(bin)으로 구분하고, 각 구간에 속한 자료의 빈도를 구한다. 이어서 각각의 구간을 X축으로, 그 구간에 대한 빈도수를 나타내는 값을 Y축으로 하여 막대를 그리면 된다. 작성은 함수 geom_histogram()으로 할 수 있다. 구간 설정은 구간의 개수를 bins에 지정하거나, 구간의 폭을 binwidth에 지정하면 된다. 디폴트는 bins = 30으로 히스토그램을 작성한다.

데이터 프레임 mpg의 변수 cty의 히스토그램을 작성해 보자. 구간의 개수는 15로 지정한다.

```
> ggplot(mpg, aes(x = cty)) +
+   geom_histogram(bins = 15)
```

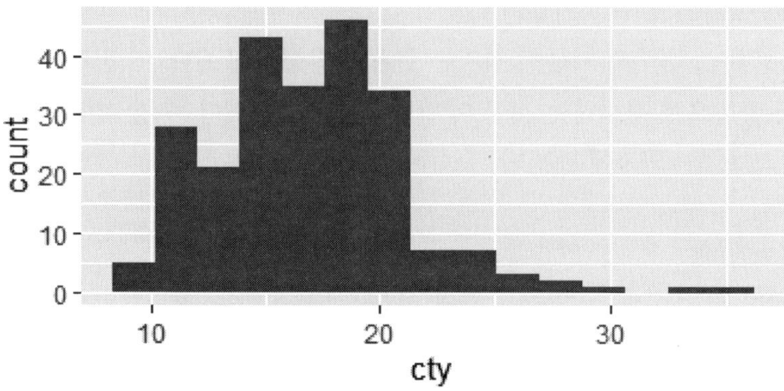

그림 3.45 변수 cty의 히스토그램

히스토그램은 연속형 변수의 분포를 나타내는 그래프이지만, 항상 계단함수의 형태를 보일 수밖에 없다. 연속형 변수의 분포가 매끄러운 곡선의 형태를 지니고 있다는 점을 생각하면 히스토그램의 한계를 느낄 수 있는 부분이다. 확률밀도함수 그래프는 히스토그램의 이러한 한계를 극복할 수 있는 그래프이다. 작성은 함수 `geom_density()`로 할 수 있다. 데이터 프레임 `mpg`의 변수 `cty`의 확률밀도함수 그래프를 작성해 보자.

```
> ggplot(mpg, aes(x = cty)) +
+   geom_density()
```

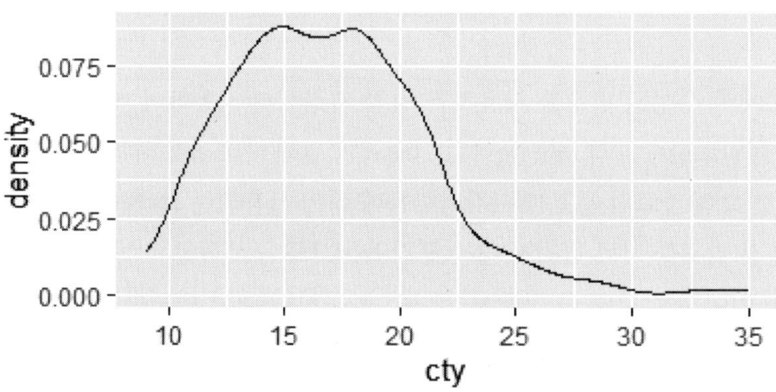

그림 3.46 변수 cty의 확률밀도함수 그래프

이제 히스토그램과 확률밀도함수 그래프를 겹쳐서 작성해 보자. 이 경우에 조심해야 되는 부분은 그림 3.45의 히스토그램과 그림 3.46의 확률밀도함수 그래프의 Y축 스케일이 다르다는 점이다. 히스토그램은 구간의 빈도수를 기반으로 작성되는 것이 디폴트인데, 확률밀도함수 그래프는 면적의 합이 1이 되도록 작성되기 때문에, 두 그래프를 겹쳐서 작성하려면 히스토그

램의 면적도 1이 될 수 있도록 조정해야 한다. 이러한 조정은 함수 `geom_histogram()`에서 생성한 변수 `after_stat(density)`를 `y`에 매핑하면 된다.

```
> ggplot(mpg, aes(x = cty)) +
+   geom_histogram(aes(y = after_stat(density)),
+                  bins = 15, fill = "steelblue") +
+   geom_density(color = "red", linewidth = 1)
```

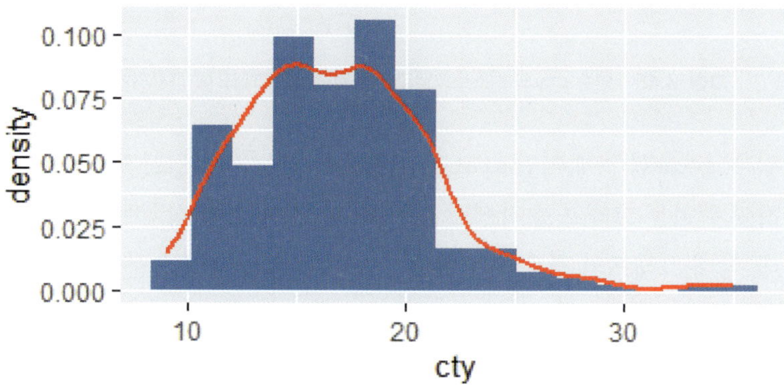

그림 3.47 변수 cty의 히스토그램과 확률밀도함수 그래프를 겹쳐지게 작성

그림 3.47은 히스토그램을 먼저 작성하고, 그 위에 확률밀도함수 그래프를 겹쳐 놓은 것이다. 그런데 만일 확률밀도함수 그래프의 먼저 적성하고, 그 위에 히스토그램을 겹쳐 놓게 되면, 선이 가려져 보이지 않게 될 것이다. 이와 같은 경우에는 히스토그램을 투명하게 만드는 것이 필요한데, 도형의 투명 정도는 시각적 요소 `alpha`로 지정할 수 있다. 시각적 요소 `alpha`는 0에서 1까지의 값을 갖게 되는데, 0에 가까울수록 해당 기하객체를 더 투명하게 만든다.

```
> ggplot(mpg, aes(x = cty)) +
+   geom_density(color = "red", linewidth = 1) +
+   geom_histogram(aes(y = after_stat(density)),
+                  bins = 15, fill = "steelblue",
+                  alpha = 0.6)
```

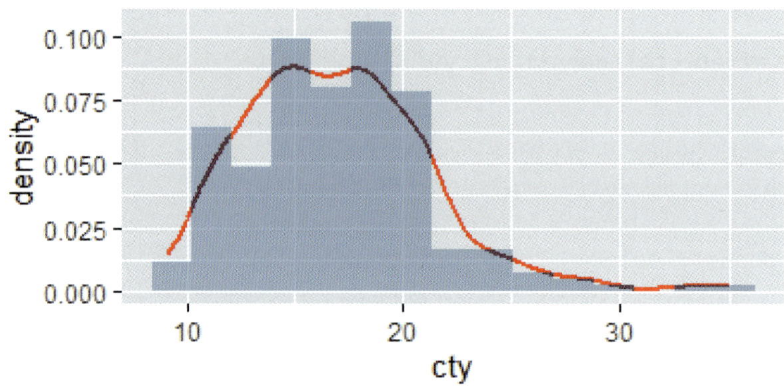

그림 3.48 변수 cty의 히스토그램과 확률밀도함수 그래프를 겹쳐지게 작성

대부분의 경우, geom 함수에 어떤 stat을 지정해야 하는지 걱정할 필요 없이 디폴트 값을 그대로 사용하면 원하는 그래프를 작성할 수 있다. 하지만 몇몇 상황에서는 stat을 따로 지정해야 하는데, 막대 그래프의 경우에는 범주별 도수가 계산된 도수분포표를 자료로 입력하는 경우가 여기에 해당된다.

예를 들어 패키지 MASS에 있는 데이터 프레임 Cars93의 변수 Cylinders의 막대그래프를 작성해 보자. 우선 변수 Cylinders의 범주별 도수를 확인해 보면, 빈도가 높지 않은 범주가 있음을 알 수 있다.

```
> data(Cars93, package = "MASS")
> Cars93 |> count(Cylinders)
  Cylinders  n
1         3  3
2         4 49
3         5  2
4         6 31
5         8  7
6    rotary  1
```

변수 Cylinders가 4, 6, 8인 자료만을 선택해서 막대그래프를 작성해 보자. 그래프 작성 방식은 변수 Cylinders가 4, 6, 8인 자료를 함수 filter()로 선택한 후, 함수 count()로 범주별 도수가 계산된 데이터 프레임을 만들고, 그것을 함수 ggplot()에 입력하는 방식을 사용해 보자. 이 경우에는 범주별로 계산된 도수를 변환 과정 없이 그대로 사용해서 막대그래프를 작성해야 하기 때문에, stat은 디폴트 값인 "count"가 아닌 "identity"를 지정해야 한다.

```
> Cars93 |>
+   filter(Cylinders %in% c(4, 6, 8) ) |>
+   count(Cylinders) |>
+   ggplot(aes(x = Cylinders, y = n)) +
+   geom_bar(stat = "identity")
```

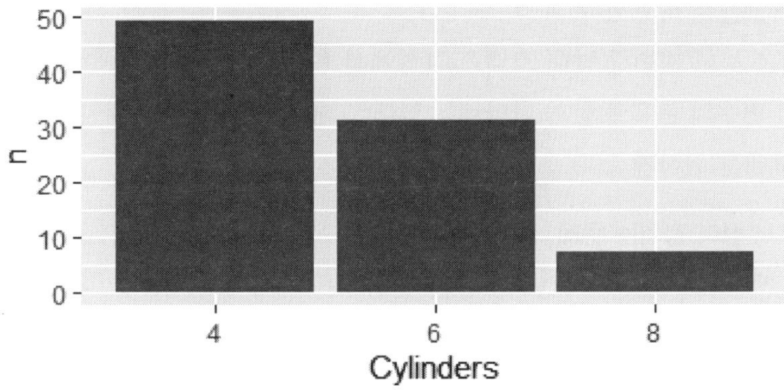

그림 3.49 함수 geom_bar()에 stat = "identity"를 지정해야 하는 경우

데이터에 주어진 값을 그대로 막대그래프의 높이로 사용하는 경우가 많이 있다. 이 경우 geom_bar()에 stat = "identity"를 포함시키는 대신 함수 geom_col()을 사용하면 된다. 함수 geom_col()도 막대그래프를 작성하는 geom 함수인데, 디폴트 stat이 "identity"인 함수이다. 따라서 그림 3.49는 다음의 코드로 작성할 수 있다.

```
> Cars93 |>
+   filter(Cylinders %in% c(4, 6, 8) ) |>
+   count(Cylinders) |>
+   ggplot(aes(x = Cylinders, y = n)) +
+   geom_col()
```

3.6 위치 조정: Position adjustment

그래프를 작성하다 보면 그래프의 요소들이 서로 겹치는 경우가 있다. 이런 경우에 그래프 요소들의 위치를 약간 조정하여 서로 겹치지 않게 할 수 있다면 그래프의 완성도를 더 높일 수 있을 것이다. 그래프 요소들의 위치 조정이 필요한 대표적인 경우로 연속형 자료의 산점도와 범주형 자료의 이변량 막대그래프를 생각할 수 있다.

연속형 변수의 특성상 원래의 자료가 서로 겹치는 경우는 거의 없지만, 반올림 처리 등으로 같은 값이 많은 자료가 있을 수 있다. 이런 경우에는 점의 위치에 약간의 난수를 추가하는 jittering으로 어느 정도 문제를 해결할 수 있다. 하지만, 대규모 자료들이 좁은 구역에 몰려서 하나의 큰 무리를 형성하는 경우, 점의 위치에 약간의 난수를 추가하는 위치 조정만으로는 문제 해결이 불가능하다. 이 문제는 이변량 연속형 변수의 자료탐색을 다루는 13.4절에서 적절한 대안을 살펴보겠다.

위치 조정은 특히 이변량 막대 그래프 작성에서 유용하게 사용된다. 이변량 막대 그래프는 두 범주형 변수의 분포를 함께 나타내는 막대 그래프로서, 쌓아 올리는 형태 혹은 옆으로 붙여 놓은 형태를 취하게 된다.

- **산점도에서 점이 겹치는 문제**

데이터 프레임 mpg의 변수 cty와 hwy의 산점도를 작성해 보자.

```
> ggplot(mpg, aes(x = cty, y = hwy)) +
+   geom_point()
```

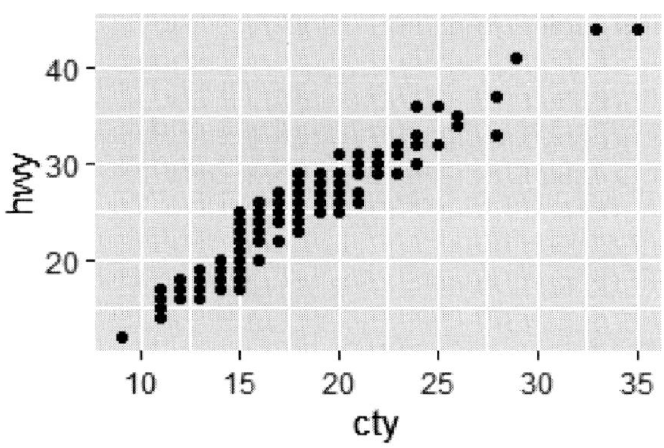

그림 3.50 점들이 서로 겹쳐진 산점도

그림 3.50에 나타난 점의 개수는 데이터의 전체 개수인 234개에 훨씬 못 미쳐 보인다. 이것은 시내 연비와 고속도로 연비인 두 변수의 값이 모두 반올림 처리가 되어 자연수로 입력되었기 때문에 값이 같은 자료가 많아져서 발생한 현상이다. 이와 같이 산점도의 점들이 서로 겹치게 되면 자료가 갖고 있는 정보를 정확하게 파악하기 어렵게 되는데, 이것은 사실 산점도가 갖고 있는 가장 큰 문제이기도 하다.

산점도의 점이 겹치는 문제의 해결 방안은 경우에 따라 달라질 수밖에 없는데, 변수 cty와 hwy의 산점도 경우에는 각 자료에 약간의 난수(random noise)를 더해주어 점의 위치를 수정해 주는 방법을 사용하면 문제를 해결할 수 있다. 이와 같이 산점도의 점에 약간의 난수를 더해 점의 위치를 조정하기 위해서는 함수 geom_point()에 position="jitter"를 추가하면 되는데, 그 결과는 그림 3.51와 같다.

```
> ggplot(mpg, aes(x = cty, y = hwy)) +
+   geom_point(position = "jitter")
```

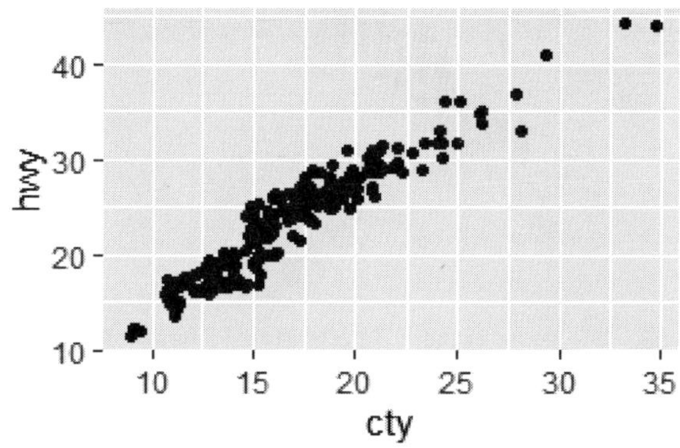

그림 3.51 옵션 position='jitter'의 효과

함수 geom_jitter()는 함수 geom_point(position="jitter")와 같은 기능을 갖고 있으며, 점의 위치를 조정하기 위해 사용되는 난수의 크기를 조절하는 옵션 width와 height를 간편하게 이용할 수 있다는 장점이 있다.

```
> ggplot(mpg,  aes(x = cty, y = hwy)) +
+   geom_jitter(width = 0.4, height = 0.05)
```

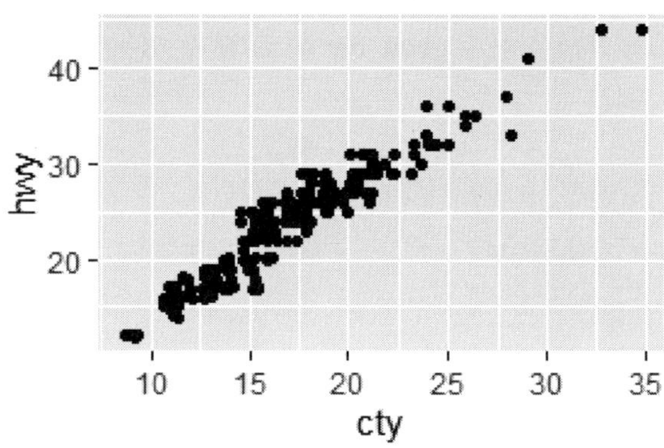

그림 3.52 함수 geom_jitter()에 옵션 width와 height를 사용한 그래프

```
> ggplot(mpg,  aes(x = cty, y = hwy)) +
+   geom_jitter(width = 0.05, height = 0.4)
```

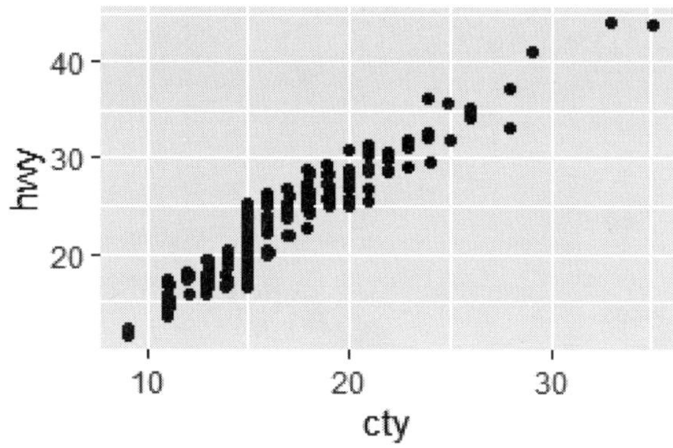

그림 3.53 함수 `geom_jitter()`에 옵션 `width`와 `height`를 사용한 그래프

- **이변량 막대그래프**

이변량 막대그래프는 두 범주형 변수의 관계를 탐색할 때 많이 사용되는 그래프이다. 패키지 `MASS`에 있는 데이터 프레임 `Cars93`의 두 범주형 변수 `Cylinders`와 `Origin`에 대한 관계를 나타내는 이변량 막대그래프를 작성해 보자. 단, `Cylinders`는 4, 6, 8인 자료만 선택한다.

```
> data(Cars93, package = "MASS")
> cars_93 <- Cars93 |>
+   filter(Cylinders %in% c(4, 6, 8))
```

이변량 막대그래프의 작성은 함수 `geom_bar()`로 할 수 있는데, 시각적 요소 `x`와 `fill`에 변수를 하나씩 대응시킨다.

```
> p_1 <- cars_93 |>
+   ggplot(aes(x = Cylinders, fill = Origin)) +
+   xlab("Number of Cylinders")
```

디폴트 형태는 시각적 요소 `fill`과 연결된 변수의 도수가 위로 쌓아 올려지는 `position = "stack"`이다.

```
> p_1 + geom_bar()
```

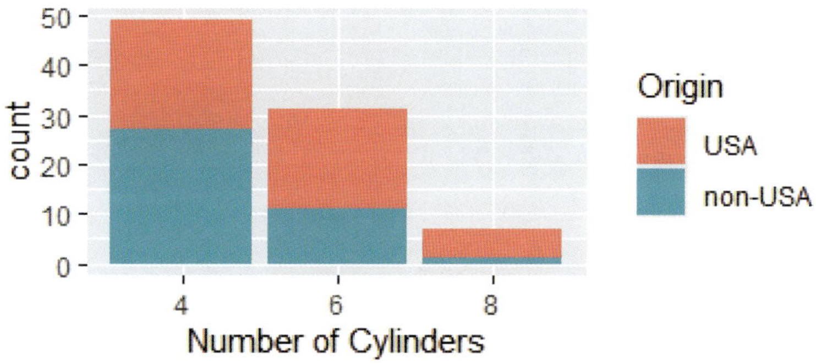

그림 3.54 쌓아 올린 이변량 막대 그래프

옆으로 붙여 놓은 막대그래프는 옵션 position에 "dodge" 또는 "dodge2"를 지정하면 작성된다.

```
> p_1 + geom_bar(position = "dodge")
```

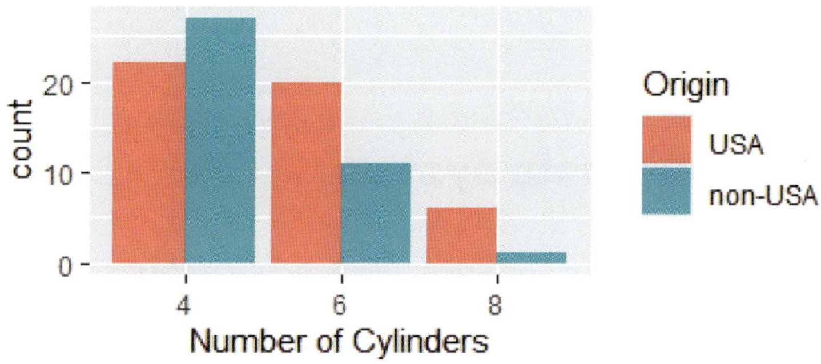

그림 3.55 옆으로 붙여 놓은 이변량 막대 그래프

```
> p_1 + geom_bar(position = "dodge2")
```

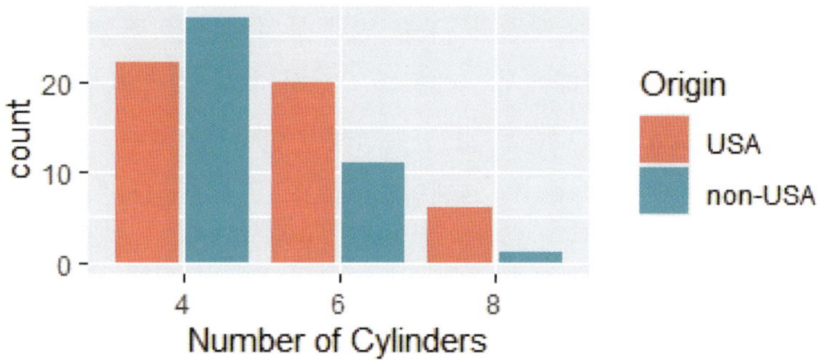

그림 3.56 옆으로 붙여 놓은 이변량 막대 그래프

옵션 position에 "fill"을 지정하면, 시각적 요소 x에 매핑된 변수를 조건으로 하는 조건부 확률에 의한 쌓아 올린 막대그래프가 작성된다. 따라서 모든 막대의 높이는 1이 된다.

```
> p_1 + geom_bar(position = "fill")
```

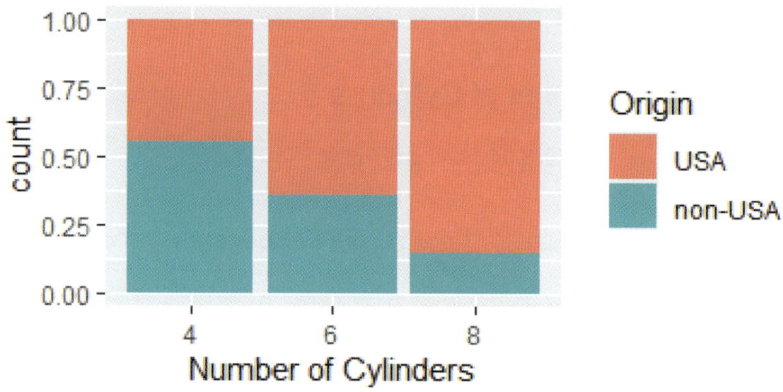

그림 3.57 조건부 확률에 의한 쌓아 올린 이변량 막대 그래프

3.7 좌표계: Coordinate system

좌표계는 시각적 위치 요소인 x와 y를 근거로 그래프 각 요소의 2차원 위치를 결정하는 체계이다. 디폴트는 데카르트 좌표계인 coord_cartesian()이며, 극좌표가 필요한 그래프를 작성하는 경우에는 coord_polar()를 사용하면 된다.

- **coord_cartesian()의 활용: XY축 범위 조정**

함수 coord_cartesian()은 xlim과 ylim으로 그래프의 XY축의 범위를 조정하는 기능이 있다. 원래 XY축의 조정은 ggplot2에서 실행되는 Grammar of graphics 성분 중 scale이 담당하는 영역이다. Scale이란 매핑과 XY축, 범례 등의 내용을 조정하는 영역을 의미한다. 대부분의 경우에는 디폴트 상태에서 그래프를 작성하지만, XY축의 범위나 XY축의 라벨 등을 변경해야 한다면, scale의 디폴트 값을 수정해야 한다.

예를 들어 패키지 MASS에 있는 데이터 프레임 Cars93의 변수 EngineSize과 MPG.highway의 산점도에 회귀직선을 추가한 그래프의 X축 범위를 (1, 3)으로 축소시켜보자. Scale 함수는 scale_*1*_*2*()의 형태를 취하고 있는데, *1*은 수정하고자 하는 시각적 요소를 지정하는 것으로서 color, x, y, fill 등이 가능하고, *2*는 적용되는 scale을 지칭하는 것으로 discrete, continuous 등이 가능하다. 따라서 연속형 변수 EngineSize과 연결된 시각적 요소 x의 범위를 (1, 3)으로 수정하기 위해서는 함수 scale_x_continuous(limits = c(1, 3))을 추가해야 한다.

```
> data(Cars93, package = "MASS")
> p <- ggplot(Cars93,  aes(x = EngineSize, y = MPG.highway)) +
+   geom_point() +
+   geom_smooth(method = "lm")

> p + scale_x_continuous(limits = c(1, 3))
```

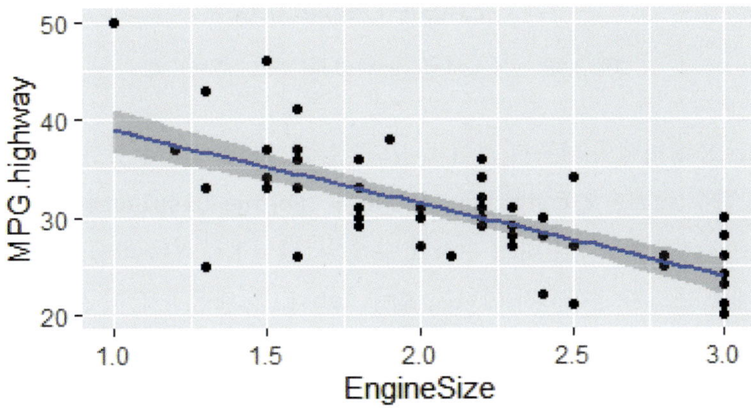

그림 3.58 scale로 X축 범위 축소

이러한 XY축의 범위 조정은 상당히 흔한 작업이기 때문에 간편하게 scale의 디폴트 값을 수정할 수 있도록 함수 xlim()과 ylim()이 만들어졌다. 즉 위의 예제는 p + xlim(1, 3)을 실행해도 동일한 그래프를 작성할 수 있다.

Scale 함수를 사용하여 XY축 범위를 축소한 경우, 조심해야 할 점은 범위를 벗어난 자료들이 모두 NA로 바뀐다는 것이다. 따라서 그림 3.58는 범위를 벗어난 26개 자료를 삭제하고, 해당 범위에 있는 자료만으로 작성된 그래프가 된다.

이에 반하여 XY축 범위를 함수 coord_cartesian()으로 축소하면, 전체 그래프 중 축소된 범위에 해당되는 부분만 확대해서 보여주는 것이기 때문에, 범위를 벗어난 자료를 삭제하지 않는다.

```
> p + coord_cartesian(xlim = c(1, 3)) +
+   xlab("Engine Displacement")
```

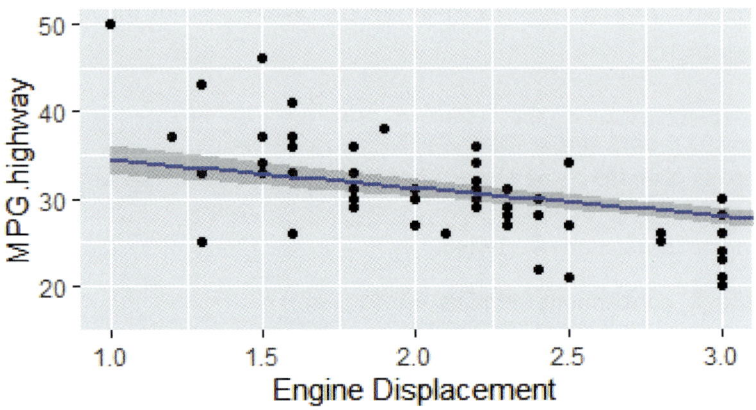

그림 3.59 함수 coord_cartesian()으로 X축 범위 축소

그림 3.59는 X축 라벨의 디폴트 값이 수정되었는데, 축의 라벨 수정도 상당히 흔한 작업이기 때문에 함수 scale_x_continuous(name = "Engine Displacement")을 실행시키는 대신 함수 xlab()으로 간편하게 수정할 수 있다. 만일 X축, Y축 라벨 수정 및 그래프 제목, 범례의 제목 등도 수정하고자 한다면, 함수 labs()를 다음과 같이 사용하면 된다.

```
> p + coord_cartesian(xlim = c(1, 3)) +
+   labs(x = "Engine Displacement", y = "Highway MPG",
+        title = "Scatterplot with regression line")
```

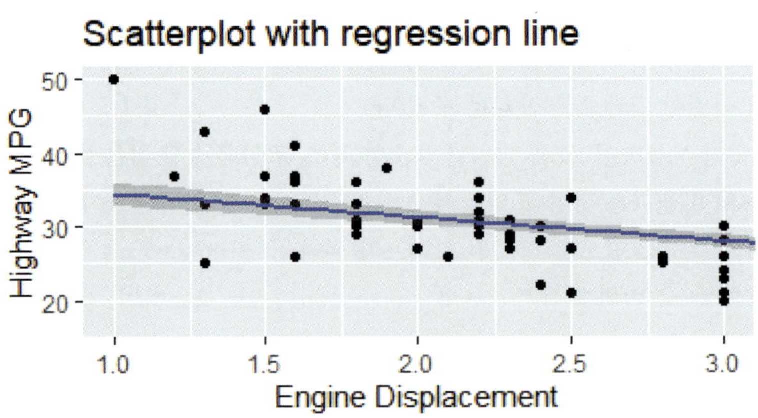

그림 3.60 함수 coord_cartesian()으로 X축 범위 축소 및 labs()로 라벨 수정

• `coord_polar()`의 활용: 파이그래프 작성

극좌표는 2차원 공간에 있는 어느 한 점의 위치를 원점에서의 거리와 각도로 나타내는 좌표계이다. 디폴트 좌표계인 데카르트 좌표를 극좌표로 전환하려면 함수 `coord_polar()`을 사용하면 되는데, 시각적 요소 `x`와 `y` 중 각도로 전환할 요소를 변수 `theta`에 지정해야 하며, 디폴트는 `theta = "x"`이다.

극좌표의 활용 첫 번째 예제로서 데이터 프레임 `mpg`에 있는 변수 `class`의 Coxcomb 또는 Wind rose라고 불리는 그래프를 작성해 보자. 먼저 변수 `class`의 막대그래프를 작성하되, 막대 사이의 간격을 없애고 범례를 제거해 보자.

```
> b1 <- ggplot(mpg, aes(x = class, fill = class)) +
+   geom_bar(show.legend = FALSE, width = 1) +
+   labs(x = NULL, y = NULL)
> b1
```

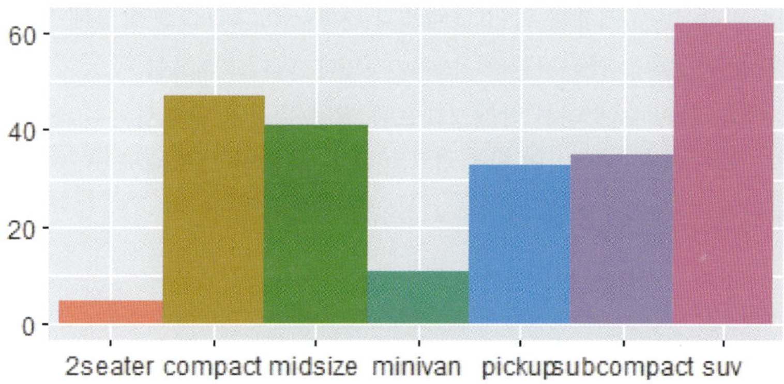

그림 3.61 Coxcomb 그래프 작성을 위한 막대그래프

함수 `geom_bar()`에 사용된 `show.legend = FALSE`는 범례를 제거하기 위한 것이며, `width = 1`은 막대 사이의 간격을 제거하기 위한 것인데, `width`는 막대 폭을 지정하는 것으로서 구간의 90%를 차지하는 0.9가 디폴트 값이다.

이제 작성된 막대그래프에 극좌표를 적용시켜 보자.

```
> b1 + coord_polar()
```

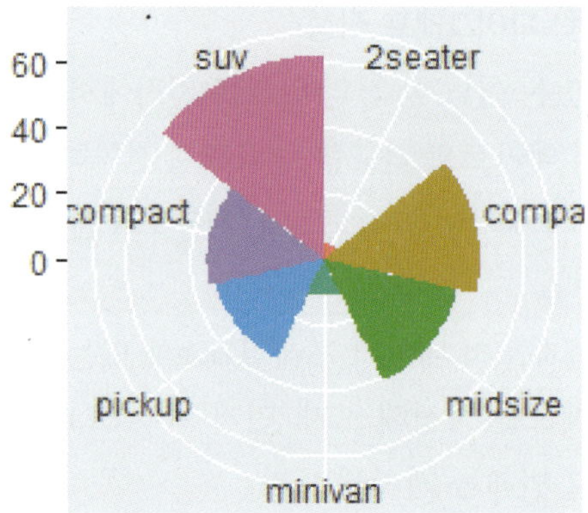

그림 3.62 극좌표를 이용하여 막대그래프를 Coxcomb 그래프로 변환

각도 theta에 디폴트인 x가 적용됐다. 따라서 동일한 막대 폭이 각도로 변환되어서 각 조각이 같은 크기의 각도를 유지하고 있고, 서로 다른 막대의 높이가 각 조각의 반지름으로 변환된 Coxcomb 그래프가 작성되었다.

극좌표 활용의 두 번째 예제로 파이 그래프와 Bullseye 그래프를 작성해 보자. 이 경우에도 막대그래프를 작성하고 극좌표를 적용하는 것인데, 막대그래프를 위로 쌓아 올리는 형태로 작성해야 한다. 한 변수에 대한 막대그래프를 쌓아 올리기 위해서는 시각적 요소 x에 임의의 문자열을 매핑하고 범주형 변수를 시각적 요소 fill에 매핑해야 한다. 또한 X축 전체 구간을 막대로 가득 채우기 위해 width = 1을 추가해야 한다.

```
> b2 <-  ggplot(mpg, aes(x = "", fill = class)) +
+   geom_bar(width = 1) +
+   labs(x = NULL, y = NULL)
> b2
```

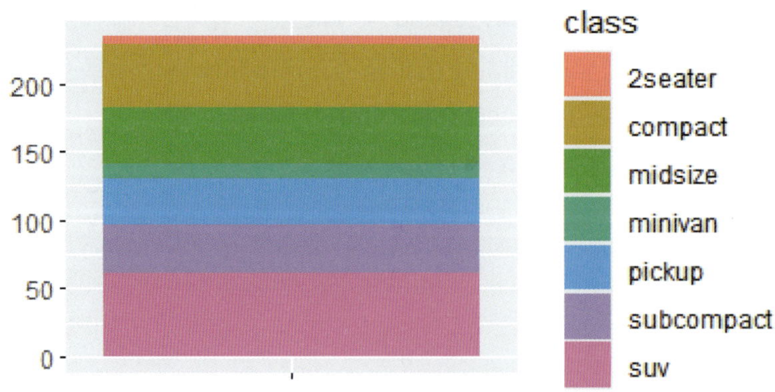

그림 3.63 파이그래프 작성을 위한 막대 그래프

작성된 막대그래프에 극좌표를 적용하면서 각도 theta에 디폴트인 "x"가 지정되면 전체 구간에 해당되는 360°가 모든 그룹에 적용되어 Bullseye 그래프가 작성된다.

```
> b2 + coord_polar()
```

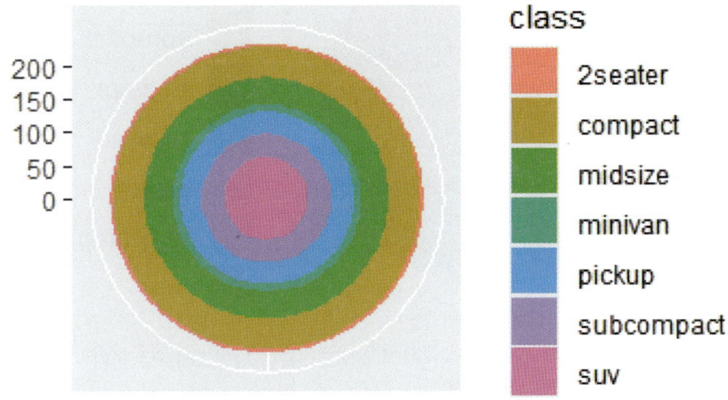

그림 3.64 극좌표를 이용하여 막대그래프를 Bullseye 그래프로 변환

반면에 theta에 "y"를 지정하면 각 그룹의 상대도수에 비례하여 각도가 정해져서 파이그래프가 작성된다.

```
> b2 + coord_polar(theta = "y")
```

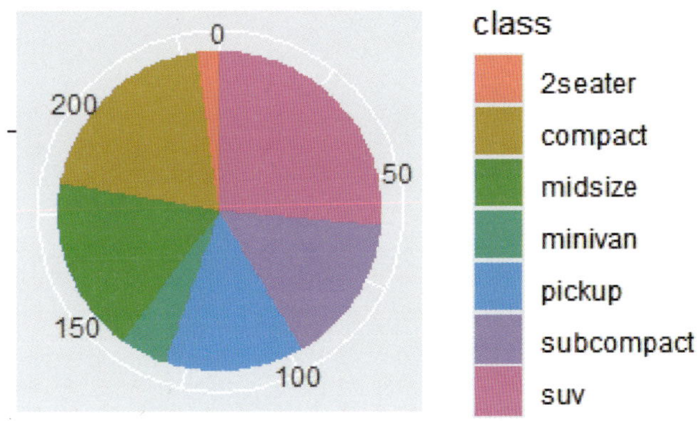

그림 3.65 극좌표를 이용하여 막대그래프를 파이그래프로 변환

XY축을 제거하면 조금 더 깔끔한 파이그래프를 작성할 수 있는데, XY축의 제거는 함수 theme_void()를 추가하면 된다.

```
> b2 + coord_polar(theta = "y") +
+   theme_void()
```

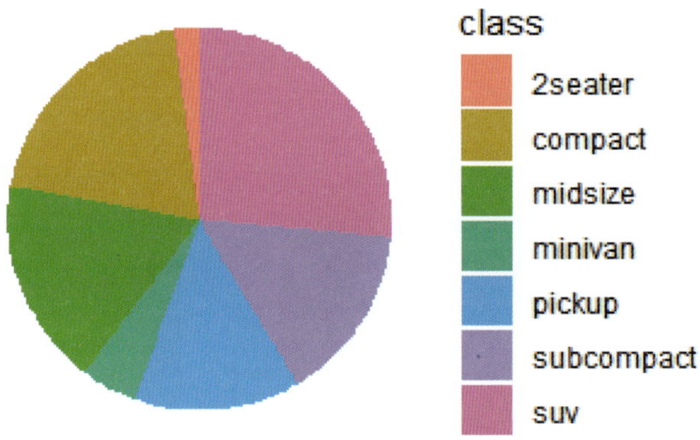

그림 3.66 극좌표를 이용하여 막대그래프를 파이그래프로 변환

함수 coord_polar()를 활용하여 파이 그래프의 작성방법을 살펴보았으나, 사실 파이그래프와 같이 면적의 차이로 그룹 간의 도수를 비교해야 하는 그래프는 가능한 사용하지 않는 것이 좋다. 그것은 사람들이 길이의 차이는 비교적 정확하게 분별할 수 있으나, 면적의 차이를 정확하게 구분하는 것은 쉽지 않기 때문이다. 좋은 그래프란 갖고 있는 정보를 신속하고도 정확하게 인지할 수 있는 그래프를 의미하는 것이고, 그런 의미에서 파이그래프를 좋은 그래프라고 할 수는 없을 것이다. 따라서 범주형 변수에 대한 그래프는 면적의 차이를 인식해야 하는 파이그래프가 아닌 길이의 차이를 인식하는 막대그래프를 사용하는 것이 더 좋을 것이다.

3.8 연습문제

01 패키지 `lattice`에 있는 데이터 프레임 `barley`는 미네소타 주 농경학자들이 보리 종류에 따른 수확량의 차이를 비교하기 위해서 2년간 6군데 장소에서 경작하여 얻은 자료이다. 수확량은 `yield`이고, 경작지는 `site`, 보리 종류는 `variety`, 경작 연도는 `year`이다.

1) 보리 종류에 따른 평균 수확량을 계산해서 다음과 같이 크기순으로 나타내자.

```
# A tibble: 10 × 2
   variety          mean_yield
   <fct>                 <dbl>
 1 Trebi                  39.4
 2 Wisconsin No. 38       39.4
 3 No. 457                35.8
 4 No. 462                35.4
 5 Peatland               34.2
 6 Glabron                33.3
 7 Velvet                 33.1
 8 No. 475                31.8
 9 Manchuria              31.5
10 Svansota               30.4
```

2) 장소와 연도에 따른 평균 수확량을 계산해서 다음과 같이 출력하자. 출력 방식은 각 장소별로 평균 수확량이 높은 연도의 결과가 먼저 나타나도록 했다. 결과를 해석하라.

```
# A tibble: 12 × 3
# Groups:   site [6]
   site            year  mean_yield
   <fct>           <fct>      <dbl>
 1 Grand Rapids    1931        29.1
 2 Grand Rapids    1932        20.8
 3 Duluth          1931        30.3
 4 Duluth          1932        25.7
 5 University Farm 1931        35.8
 6 University Farm 1932        29.5
 7 Morris          1932        41.5
 8 Morris          1931        29.3
 9 Crookston       1931        43.7
10 Crookston       1932        31.2
11 Waseca          1931        54.3
12 Waseca          1932        41.9
```

3) 보리 종류와 경작지, 그리고 경작 연도의 조합에 따른 수확량의 차이를 나타내는 다음의 그래프를 작성하고, 그 결과를 해석하라.

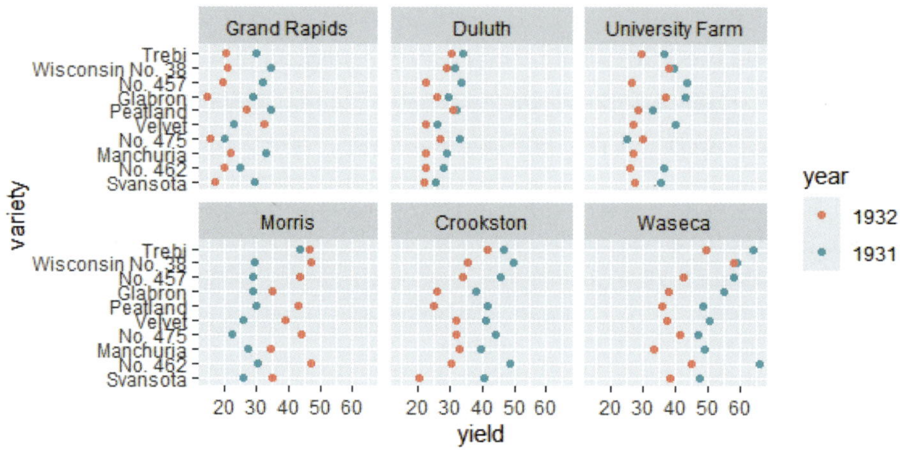

그림 3.67 세 변수의 조합에 따른 수확량 차이 그래프

4) 보리 종류에 따른 수확량의 비교 분석에서 경작지와 연도의 효과를 단순 반복 처리한 다음의 그래프를 작성해 보자.

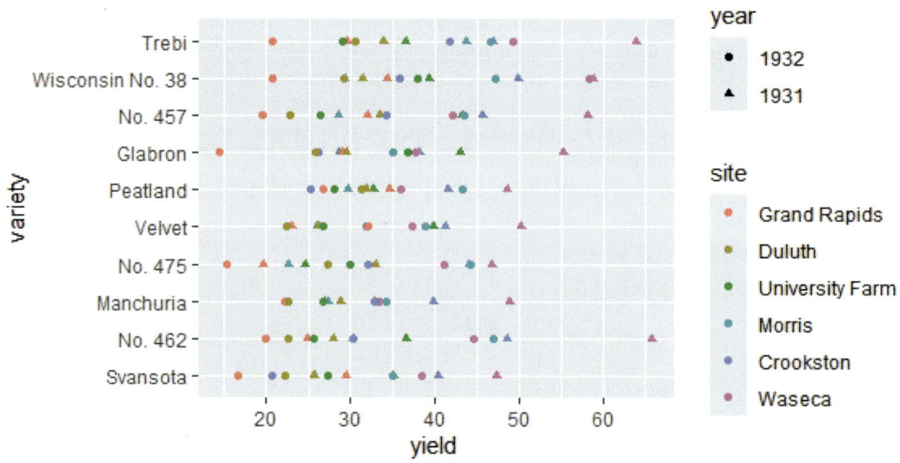

그림 3.68 세 변수의 조합에 따른 수확량 차이 그래프

02 데이터 프레임 mtcars에는 1974년에 발행된 Motor Trend라는 잡지에 실린 32대 자동차에 대한 자료가 입력되어 있다.

1) 변수 mpg, disp, wt, qsec, am과 행 이름을 변수로 변환한 변수 model만으로 이루어진 데이터 프레임 mtcars_t를 생성하고, 처음 5개 행을 다음과 같이 출력해 보자. 단, 변수 mpg의 값이 가장 작은 관찰값부터 출력하되, mpg의 값이 같은 경우에는 disp의 값이 큰 관찰값이 먼저 나타나도록 한다.

```
# A tibble: 32 × 6
  model                 mpg  disp    wt  qsec    am
  <chr>               <dbl> <dbl> <dbl> <dbl> <dbl>
1 Cadillac Fleetwood   10.4   472  5.25  18.0     0
2 Lincoln Continental  10.4   460  5.42  17.8     0
3 Camaro Z28           13.3   350  3.84  15.4     0
4 Duster 360           14.3   360  3.57  15.8     0
5 Chrysler Imperial    14.7   440  5.34  17.4     0
# ℹ 27 more rows
```

2) 변수 qsec은 정지 상태에서 출발하여 0.25마일에 도달할 때까지 걸린 시간을 나타내는 변수이고, mpg는 연비를 나타내는 변수이다. 두 변수의 산점도에 회귀직선을 추가한 그래프를 다음과 같이 작성하라.

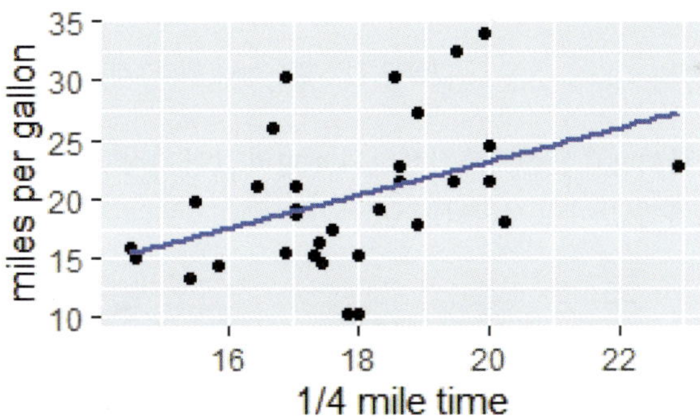

그림 3.69 qsec과 mpg의 산점도

3) 변수 am은 차량의 변속기 종류를 나타내는 변수이다. qsec과 mpg의 산점도를 작성하되 am의 값에 따라 점의 색이 구분되도록 하라. 단, 변수 am의 유형은 다음의 절차를 따라 요인으로 변경한다.

```
> mtcars_t <- mtcars_t |>
+   mutate(am = as.factor(am))
```

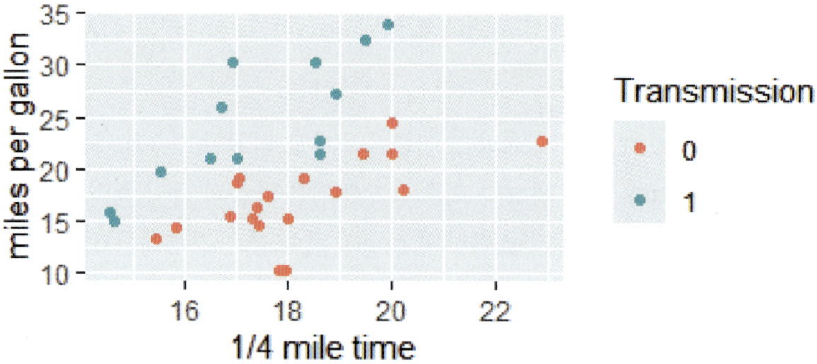

그림 3.70 변수 qsec과 mpg의 산점도

4) 요인으로 유형을 변경한 변수 am의 막대그래프를 작성하라. 막대그래프의 색은 steelblue이다.

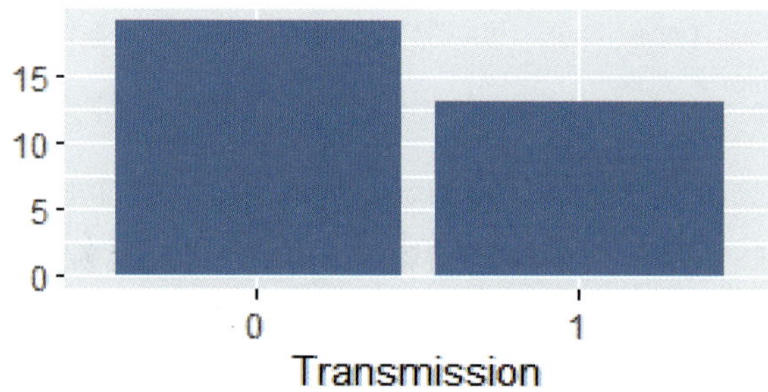

그림 3.71 변수 am의 막대그래프

5) 변수 qsec과 mpg의 산점도를 작성하되, mpg의 값이 가장 큰 차량의 변수 model의 값을 해당 점 옆에 다음과 같이 표시하라.

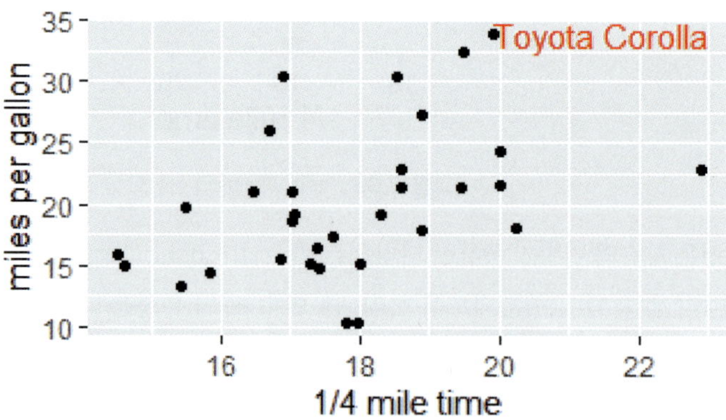

그림 3.72 변수 qsec과 mpg의 산점도

6) 변수 `disp`와 `mpg`의 산점도에 회귀직선을 추가한 그래프를 작성하되, 변수 `am`의 효과를 함께 나타낼 수 있는 다음의 그래프를 작성하라.

- `am`의 그룹별 회귀직선과 점을 색으로 구분

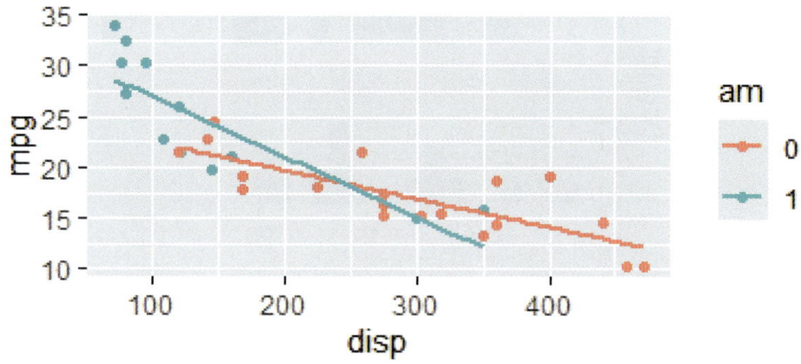

그림 3.73 변수 disp와 mpg의 산점도

- `am`의 그룹별로 따로 작성

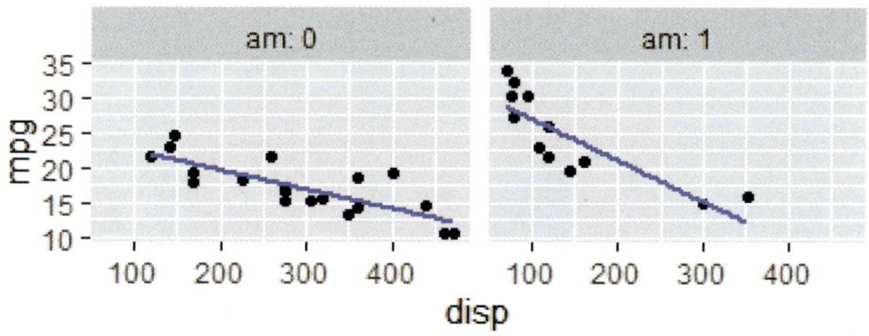

그림 3.74 변수 disp와 mpg의 산점도

7) 변수 `am`에 따른 `qsec`의 분포를 비교하는 다음의 그래프를 작성하고, 그 의미를 설명하라.

- 확률밀도함수 그래프

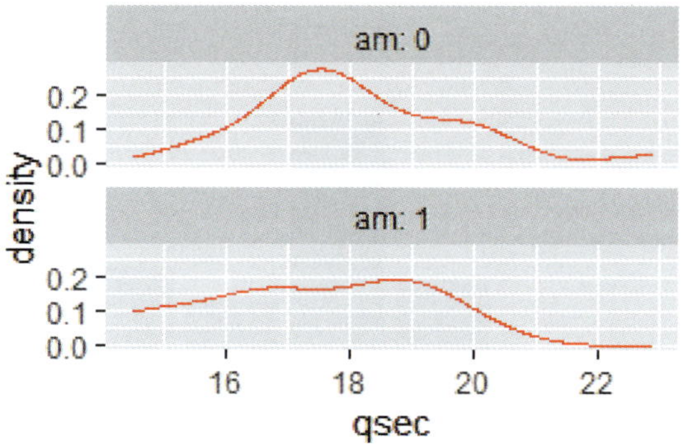

그림 3.75 변수 am에 따른 qsec의 확률밀도함수 그래프

• 히스토그램

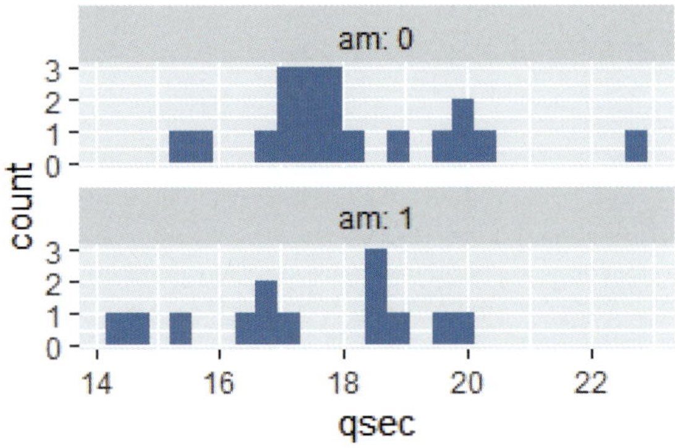

그림 3.76 변수 am에 따른 qsec의 히스토그램

03 데이터 프레임 `airquality`는 뉴욕시의 오존 농도에 관한 자료이다.

1) 변수 `Ozone`에는 많은 수의 결측값이 있다. 월별로 `Ozone`의 결측값 비율을 다음의 그래프로 나타내 보자. 그래프의 범례에서 `Missing`은 결측값 여부를 나타내는 것으로서 `TRUE`는 결측값을, `FALSE`는 실제 관측된 자료를 나타낸다.

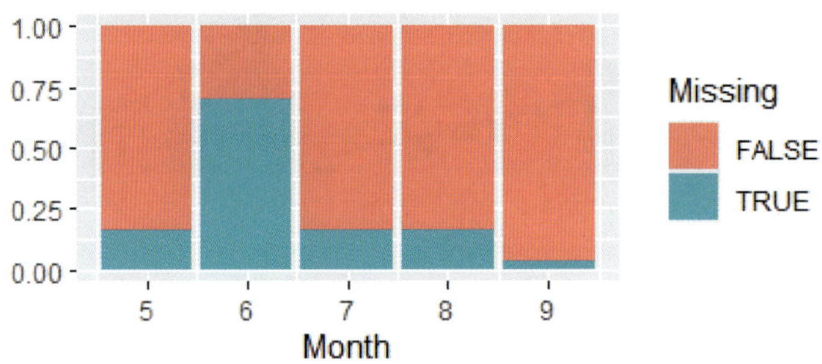

그림 3.77 결측값 그래프

2) 변수 `Solar.R`에도 많은 수의 결측값이 있다. 변수 `Ozone`과 `Solar.R` 중 적어도 한 변수가 결측값을 갖는 날수를 월별로 나타내는 다음의 그래프를 작성해 보자.

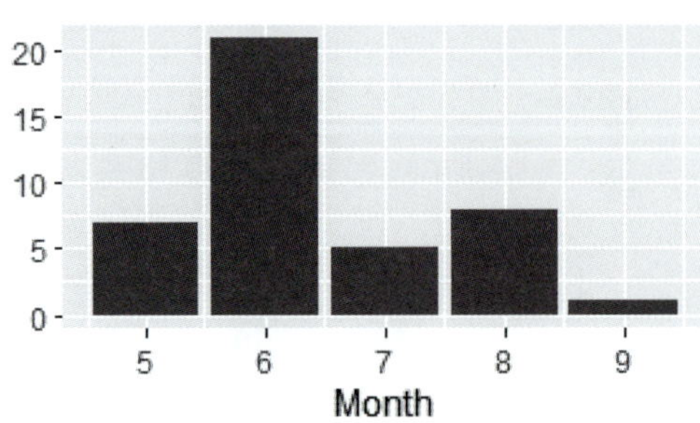

그림 3.78 결측값 그래프

3) 변수 Ozone의 월별 평균값을 다음과 같이 막대그래프로 나타내 보자.

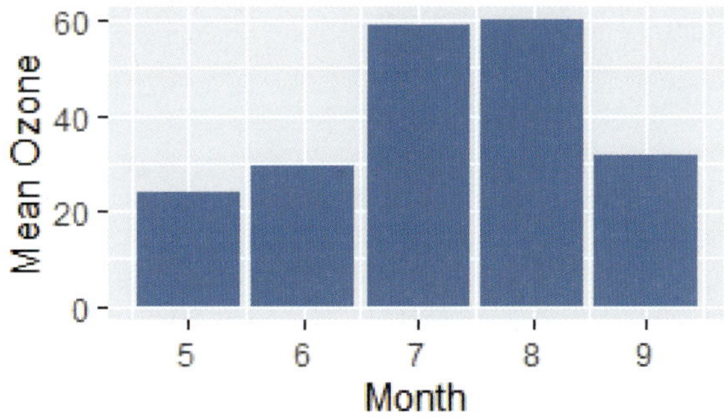

그림 3.79 변수 Ozone의 월별 평균값 막대그래프

4) 월별로 변수 Ozone과 Solar.R의 산점도에 회귀직선을 추가한 다음의 그래프를 작성해 보자. 결측값이 지나치게 많은 6월 자료는 대상에서 제외한다.

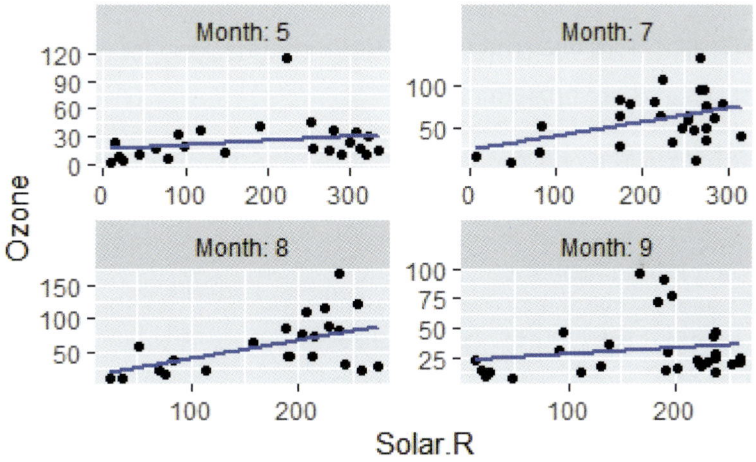

그림 3.80 월별 변수 Ozone과 Solar.R의 산점도

5) 변수 Ozone과 Solor.R의 관계가 Wind와 Temp에 따라 어떤 변화가 있는지 살펴보자. 먼저 변수 Wind와 Temp를 2개의 범주를 갖는 범주형 변수 Wind_d와 Temp_d로 각각 변환시키되, 각 범주에 속한 자료의 개수는 비슷하도록 한다. 이어서 변수 Ozone과 Solor.R의 산점도를 변수 Wind_d와 Temp_d의 조합으로 구분되는 4개 그룹별로 각각 나타낸 다음의 그래프를 작성하고, 의미를 해석하라.

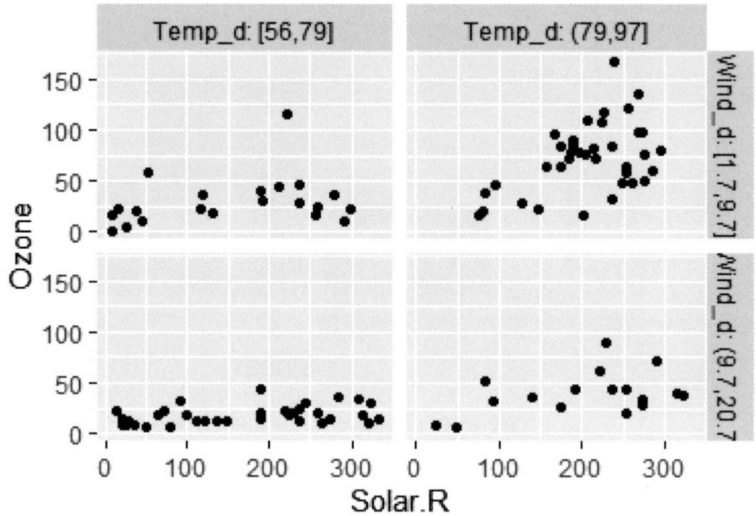

그림 3.81 변수 `Ozone`과 `Solor.R`의 산점도

04 패키지 `ggplot2`에 있는 데이터 프레임 `mpg`는 1999년과 2008년에 많이 판매됐던 38종류 자동차에 대한 11개 변수의 자료이다.

1) 정수형 변수와 문자형 변수 중 이름이 `"c"`으로 시작하는 변수를 선택해서 다음과 같이 출력하라.

```
# A tibble: 234 × 5
   year   cyl   cty   hwy class
  <int> <int> <int> <int> <chr>
1  1999     4    18    29 compact
2  1999     4    21    29 compact
3  2008     4    20    31 compact
# i 231 more rows
```

2) 변수 `cty`와 `hwy`의 산점도를 작성하되, 변수 `year`의 값에 따라 두 그룹으로 구분하여 따로 작성해서 위아래로 배치하자. 또한 변수 `displ`을 2개의 그룹으로 구분해서 각 그룹에 속한 자료는 다른 색을 사용하여 산점도를 다음과 같이 작성해 보자. 변수 `displ`을 2개 그룹으로 구분할 때 각 그룹에 속한 자료의 개수는 비슷하도록 한다.

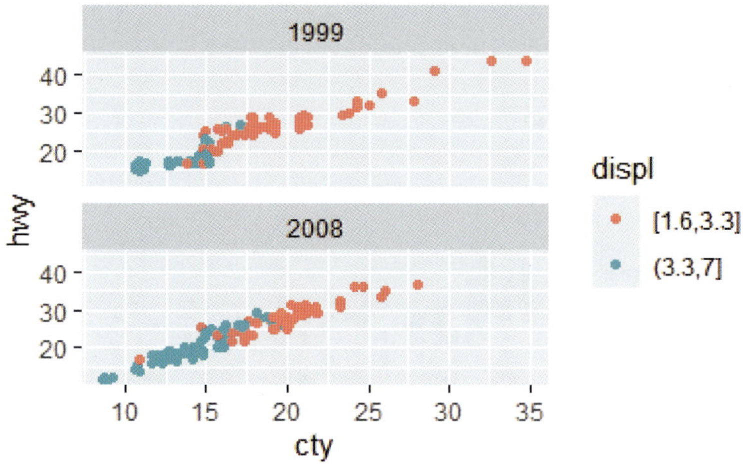

그림 3.82 변수 cty와 hwy의 산점도

3) 변수 hwy와 cty의 차이가 가장 큰 자동차와 가장 작은 자동차의 manufacturer, model, cty, hwy의 값을 다음과 같이 각각 출력해 보자. 두 그룹에 속한 자동차들 사이에 두드러진 차이가 무엇인지 설명해 보자.

- 차이가 가장 큰 자동차

```
# A tibble: 2 × 4
  manufacturer model         cty   hwy
  <chr>        <chr>       <int> <int>
1 honda        civic          24    36
2 volkswagen   new beetle     29    41
```

- 차이가 가장 작은 자동차

```
# A tibble: 3 × 4
  manufacturer model                cty   hwy
  <chr>        <chr>              <int> <int>
1 nissan       pathfinder 4wd        15    17
2 toyota       4runner 4wd           15    17
3 toyota       toyota tacoma 4wd     15    17
```

4) 변수 displ과 hwy의 산점도를 작성하되, 변수 hwy와 cty의 차이가 가장 큰 자동차에 해당하는 점에는 변수 manufacturer, model의 값을 라벨로 표시하라.

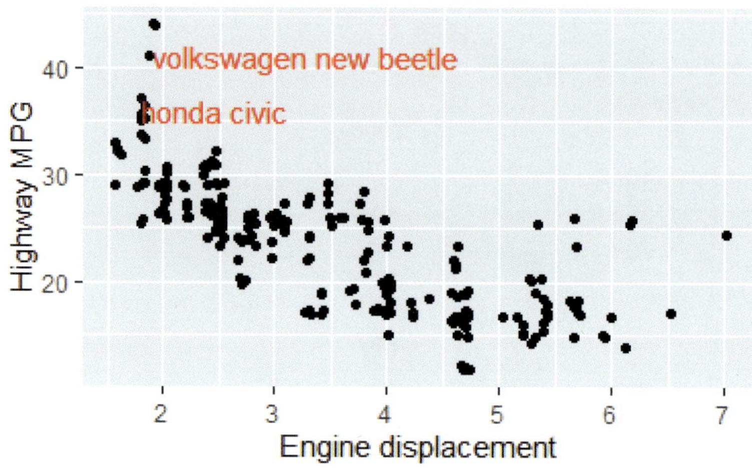

그림 3.83 변수 displ과 hwy의 산점도

5) 변수 hwy와 cty의 평균값을 새로운 변수 avg_mpg에 할당하고, 그 값이 가장 큰 자동차의 manufacturer, model, cty, hwy의 값을 다음과 같이 출력해 보자.

```
# A tibble: 1 × 4
  manufacturer model         cty   hwy
  <chr>        <chr>       <int> <int>
1 volkswagen   new beetle     35    44
```

6) 변수 displ과 hwy의 산점도를 작성하되, avg_mpg이 값이 가장 큰 자동차에 해당하는 점에는 변수 manufacturer, model의 값을 라벨로 다음과 같이 표시해 보자.

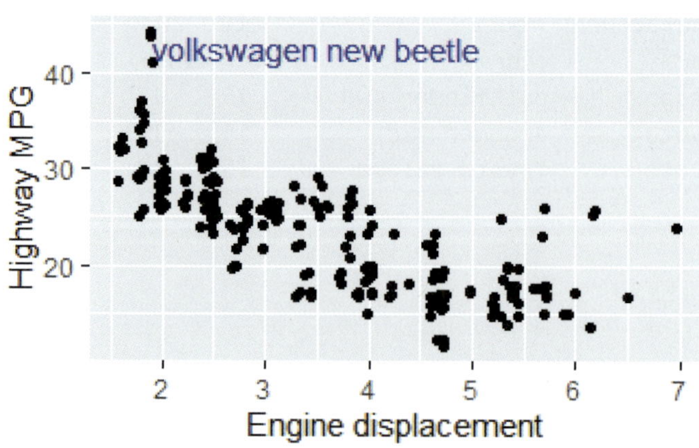

그림 3.84 변수 displ과 hwy의 산점도

7) 변수 displ과 avg_mpg의 산점도에 비모수 회귀곡선과 선형회귀직선을 추가해 보자. 비모수 회귀곡선은 모든 자료를 사용해서 구하지만, 선형회귀직선은 avg_mpg이 값이 가장 큰 3개의 자료를 제외하고 추정한다. 범례도 함께 표시해서 다음과 같이 작성해 보자.

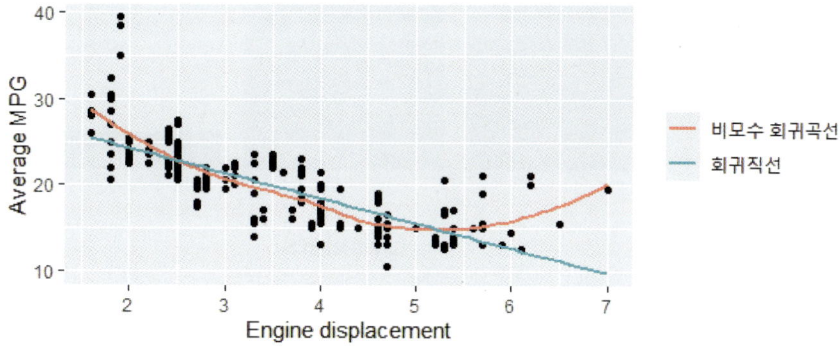

그림 3.85 변수 displ과 avg_mpg의 산점도

05 패키지 MASS에 있는 데이터 프레임 Cars93는 1993년 미국에서 판매된 93 종류의 자동차에 대한 데이터로 27개 변수로 구성되어 있다.

1) 변수 Manufacturer, Model은 자동차 제조 회사의 이름과 자동차 모델 이름이 각각 입력되어 있다. 93대 자동차의 제조 회사 중 빈도가 가장 높은 상위 5개 회사를 구해보자. 현대 자동차의 어떤 모델이 자료에 포함되어 있는지 알아보자.

2) 변수 Cylinders의 범주별 빈도를 다음과 같이 구해보자.

```
  Cylinders  n
1         4 49
2         6 31
3         8  7
4         3  3
5         5  2
6    rotary  1
```

3) 변수 Cylinders의 6개 범주 중 빈도가 낮은 3개 범주는 제외하고 막대 그래프를 작성하되, 각 범주의 빈도를 다음과 같이 그래프에 함께 나타내 보자.

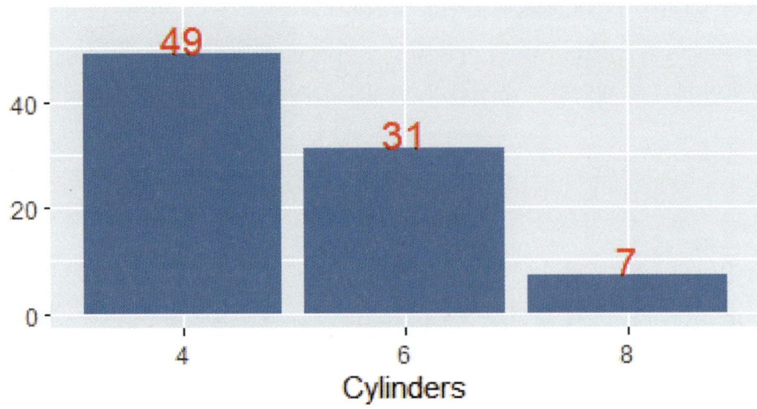

그림 3.86 변수 `Cylinders`의 막대그래프

4) 범주형 변수 `Cylinders`와 `Origin`의 관계를 알아보고자 한다. 변수 `Cylinders`의 6개 범주 중 빈도가 낮은 3개 범주는 제외하고 다음 두 그래프를 작성하고, 두 변수의 관계를 설명해 보자.

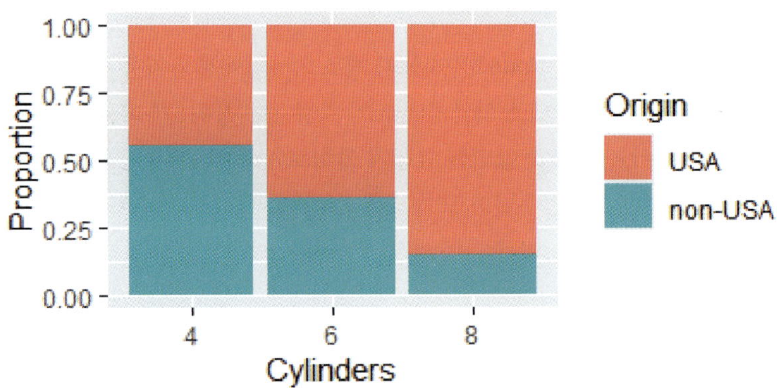

그림 3.87 변수 `Cylinders`와 `Origin`의 이변량 막대그래프

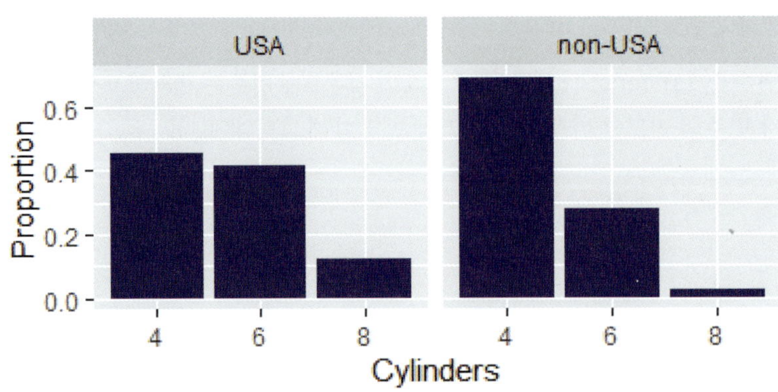

그림 3.88 변수 `Cylinders`와 `Origin`의 이변량 막대그래프

5) 차량의 가격에 대한 변수 중 `Max.Price`와 `Min.Price`가 있다. 두 변수의 차이와 변수 `Price`의 산점도를 작성해 보자. 산점도에 두 변수의 차이가 가장 큰 자동차의 `Manufacturer`, `Model` 값을 해당 점 주변에 다음과 같이 표시해 보자.

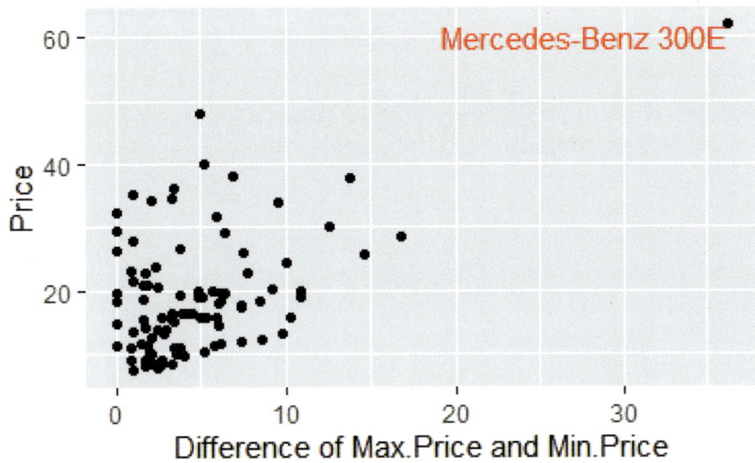

그림 3.89 `Max.Price`와 `Min.Price`의 차이와 변수 `Price`의 산점도

6) 두 숫자형 변수인 `Price`와 `MPG.city`의 관계를 살펴보고자 한다. 두 변수의 산점도를 작성하되, `Price`의 값이 지나치게 높은 두 자동차와 `MPG.city`의 값이 상당히 큰 세 자동차의 `Manufacturer`, `Model` 값을 산점도에 다음과 같이 함께 표시해 보자.

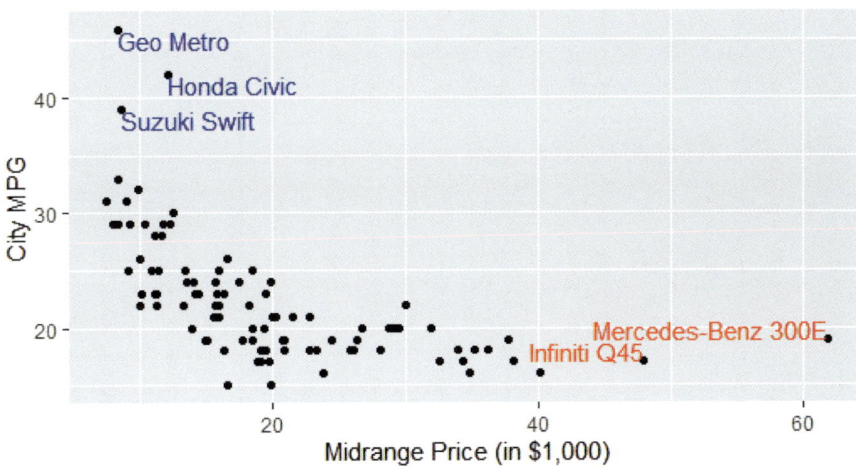

그림 3.90 변수 `Price`와 `MPG.city`의 산점도

4

데이터 입력

4.1 텍스트 파일 불러오기: 패키지 readr 함수의 활용
4.2 Excel 파일 불러오기
4.3 SAS 데이터 파일 불러오기
4.4 HTML 테이블 불러오기
4.5 연습문제

2.2절과 3장에서 사용한 데이터는 모두 패키지에 있는 데이터 프레임이었다. 하지만 실제 자료를 분석하기 위해서는 당연히 해당 자료를 R로 불러와야 할 것이다. 이 장에서는 모든 통계분석 및 그래프 작성의 첫 단계라고 할 수 있는 데이터 입력 방법에 대해 살펴보겠다. R은 텍스트 파일, 다른 통계 소프트웨어 전용 데이터 파일, Excel 파일 및 HTML 테이블 등 다양한 유형의 데이터 파일을 비교적 간단하게 불러올 수 있다.

4.1 텍스트 파일 불러오기: 패키지 readr 함수의 활용

많은 경우에 데이터 파일은 텍스트 파일의 형태로 저장되어 있다. 텍스트 파일이란 우리가 인식할 수 있는 문자와 숫자로 내용이 구성된 파일을 의미한다. 통계 데이터 세트는 행과 열의 2차원 형태로 구성되는데, 입력 형식은 매우 다양할 수 있다. 즉, 각각의 자료들이 빈칸으로 구분된 경우, 콤마로 구분된 경우, 고정 포맷 구조로 구성된 경우 등이 있게 된다. 따라서 이렇게 각기 다른 구성 형식의 텍스트 파일을 불러오는데 적합한 함수가 필요한 것이다.

외부 텍스트 파일을 불러오는 작업은 base R 함수인 `read.table()` 또는 `read.csv()`로 할 수 있으나, 크기가 큰 텍스트 파일을 불러와야 하는 경우에는 시간이 많이 걸린다는 문제가 있다. 이 절에서는 `tidyverse`에 속한 패키지 `readr`의 함수를 사용하여 효율적으로 텍스트 파일을 불러오는 방법을 살펴보겠다. 패키지 `readr`은 `core tidyverse`에 속하는 패키지로서, `readr`에 속한 함수를 사용하기 위해서는 `library(readr)` 또는 `library(tidyverse)`를 먼저 실행해야 한다.

패키지 `readr`에는 텍스트 파일의 구성 형식에 맞추어 사용할 수 있는 다양한 함수가 마련되어 있다. 각각의 자료들이 하나 이상의 빈 칸으로 구분된 경우에는 `read_table()`, 콤마로 구분된 경우에는 함수 `read_csv()`, 탭으로 구분된 경우에는 함수 `read_tsv()`, 그 외 다른 형태의 구분자로 구분된 경우는 함수 `read_delim()`을 사용할 수 있으며, 고정된 포맷 구조를 갖는 경우에는 함수 `read_fwf()`을 사용하여 자료를 불러올 수 있다.

이 함수들은 불러올 파일의 경로를 포함한 파일 이름이 첫 번째 입력 요소가 된다. 파일 이름이 `.gz` 또는 `.zip` 등으로 끝나는 압축 파일은 자동으로 압축을 해제하고 자료를 불러온다. 또한 `http://`, `https://`, `ftp://`, `ftps://`로 시작되는 웹 서버에 있는 텍스트 파일도 불러올 수 있다.

4.1.1 함수 read_table()로 데이터 파일 불러오기

자료들이 하나 이상의 빈칸으로 구분된 경우에는 `read_table()`를 사용하여 파일을 불러올 수 있다.

1) 데이터 파일의 첫 줄에 변수 이름이 입력되어 있는 경우

예를 들어 파일 `data2_1.txt`에 세 변수의 자료가 다음과 같이 있다고 하자.

```
age gender income
 24  M  2000
 35  F  3100
 28  F  3800
 21  F  2800
```

그림 4.1 `data2_1.txt`

이런 경우에는 함수 `read_table()`에 파일의 위치와 함께 파일의 이름만 입력하면 된다. 이 장에서 사용할 예제 자료 파일은 모두 GitHub에서 직접 받을 수 있도록 하였는데, `data2_1.txt`의 URL은 다음과 같다.

```
> url_2_1 <-
"https://raw.githubusercontent.com/yjyjpark/RnStat_4e/main/Data/data2_
1.txt"
```

이제 함수 `read_table()`에 지정된 URL을 입력하면 자료 파일을 불러올 수 있다.

```
> read_table(url_2_1)

── Column specification ────────────────────────────────────────
cols(
  age = col_double(),
  gender = col_character(),
  income = col_double()
)
# A tibble: 4 × 3
    age gender income
  <dbl> <chr>   <dbl>
1    24 M        2000
2    35 F        3100
3    28 F        3800
4    21 F        2800
```

만일 자료 파일 data2_1.txt가 작업 디렉토리에 있거나 또는 RStudio Project 폴더에 있다면, 다음과 같이 실행하는 것도 물론 가능하다.

```
> read_table("data2_1.txt")
```

패키지 readr에 속한 함수들은 각 변수의 유형을 스스로 파악한다. 각 변수마다 처음 1000개 행의 자료를 읽고 정해진 규칙에 의하여 문자형, 정수형, 숫자형, 논리형 등으로 유형을 결정한다. 스스로 자료의 유형을 파악한 경우에는 각 변수별로 파악된 결과를 출력한다.

각 변수의 유형은 사용자가 직접 선언할 수도 있는데, 가장 간단한 방법은 입력 요소 col_types에 변수의 유형을 나타내는 문자를 변수가 입력된 순서대로 나열하여 지정하는 것이다. 자료의 유형을 나타내는 문자에는 c(문자형), i(정수형), d(실수형), n(숫자형), l(논리형), f(요인), D(날짜) 등이 있다.

파일 data2_1.txt의 경우에는 다음과 같이 자료의 유형을 선언하여 자료를 불러올 수 있다.

```
> read_table(url_2_1, col_types = "dcd")
# A tibble: 4 × 3
    age gender income
  <dbl> <chr>   <dbl>
1    24 M        2000
2    35 F        3100
3    28 F        3800
4    21 F        2800
```

2) 데이터만 파일에 입력되어 있는 경우

첫 줄에 변수 이름이 입력되어 있지 않은 데이터 파일도 많이 있다. 예를 들어 파일 data2_2.txt에 세 변수에 대한 데이터가 다음과 같이 있다고 하자.

```
24  M 2000
35  F  3100
28  F  3800
21  F  2800
```

그림 4.2 data2_2.txt

파일 data2_2.txt의 URL은 다음과 같다.

```
> url_2_2 <- "https://raw.githubusercontent.com/yjyjpark/RnStat_4e/main/
Data/data2_2.txt"
```

이런 경우에는 입력 요소 col_names에 FALSE를 지정하거나 변수 이름을 나타내는 문자형 벡터를 지정해야 한다. 아무것도 지정하지 않으면 데이터 파일의 첫 줄에 입력된 자료가 각 변수의 이름으로 사용되는 오류가 발생한다. FALSE를 지정한 경우에 변수 이름은 X1, X2, X3 등이 된다.

```
> read_table(url_2_2, col_types = "dcd",
+            col_names = FALSE)
# A tibble: 4 × 3
     X1 X2       X3
  <dbl> <chr> <dbl>
1    24 M      2000
2    35 F      3100
3    28 F      3800
4    21 F      2800
```

다음은 변수 이름을 지정하는 경우이다.

```
> read_table(url_2_2, col_types = "dcd",
+             col_names = c("age", "gender", "income"))
# A tibble: 4 × 3
    age gender income
  <dbl> <chr>   <dbl>
1    24 M        2000
2    35 F        3100
3    28 F        3800
4    21 F        2800
```

col_types = "dcd"를 입력한 이유는 변수의 유형 파악 결과가 출력되지 않게 하기 위함이다.

3) 데이터 파일에 주석이 입력된 경우

자료 파일에 주석이 있는 경우, 해당 행을 무시하기 위해서는 주석이 시작됨을 나타내는 기호를 입력 요소 comment에 지정하면 된다. 만일 기호 #을 주석 기호로 사용했다면 comment = "#"을 입력하면 된다. 또한 만일 주석이 데이터 파일의 처음 몇 개 행에 입력되어 있다면, 입력 요소 skip을 사용하여 해당되는 처음 몇 개 행을 읽지 않고 그냥 넘기는 방법을 사용할 수도 있다.

```
# x1=age, x2=gender
# x3=income
# x2=1(Male) x2=0(Female)
 x1  x2  x3
24  1   2000
35  0   3100
28  0   3800
21  0   2800
```

그림 4.3 data2_3.txt

파일 data2_3.txt의 URL은 다음과 같다.

```
> url_2_3 <- "https://raw.githubusercontent.com/yjyjpark/RnStat_4e/main/
Data/data2_3.txt"
```

파일 data2_3.txt의 처음 세 줄이 # 기호로 시작되는 주석이 입력되어 있다. 이 파일을 먼저 comment를 이용한 방법을 사용해서 불러와 보자.

```
> read_table(url_2_3, col_types = "dcd",
+            comment = "#")
# A tibble: 4 × 3
     x1 x2       x3
  <dbl> <chr> <dbl>
1    24 1      2000
2    35 0      3100
3    28 0      3800
4    21 0      2800
```

이번에는 skip을 이용한 방법을 사용해서 불러와 보자.

```
> read_table(url_2_3, col_types = "dcd",
+            skip = 3)
# A tibble: 4 × 3
     x1 x2       x3
  <dbl> <chr> <dbl>
1    24 1      2000
2    35 0      3100
3    28 0      3800
4    21 0      2800
```

4) 데이터 파일에 결측값이 NA가 아닌 다른 기호로 입력된 경우

데이터에 결측값이 있는 것은 당연한 것으로 봐야 한다. R에서는 결측값을 NA로 표시하기 때문에 데이터에 결측값이 있다면 해당되는 자리에 NA를 입력해야 한다. 그러나 경우에 따라서 결측값이 다른 숫자나 문자 혹은 기호로 데이터 파일에 입력될 수도 있는데, 예를 들어 SAS의 경우 결측값은 점(.)으로 표시한다. 이렇듯 다른 기호로 결측값이 입력된 경우에는 옵션 `na`에 해당 기호를 지정해 주어야 한다. 만일 결측값이 점(.)으로만 입력되어 있다면 `na = "."`으로 지정하면 되지만 NA와 점(.)이 모두 결측값을 나타내는 기호로 사용되었다면 `na = c(".", "NA")`로 두 기호를 모두 지정해야 한다.

```
age gender income
 24  M  2000
 .   F  3100
 28  .  3800
 21  F  NA
```

그림 4.4 `data2_4.txt`

파일 `data2_4.txt`의 URL은 다음과 같다.

```
> url_2_4 <- "https://raw.githubusercontent.com/yjyjpark/RnStat_4e/main/
Data/data2_4.txt"
```

파일 `data2_4.txt`에는 NA와 점(.)이 모두 결측값을 나타내는 기호로 사용되어 있다. 이 파일을 옵션 `na`를 사용해서 불러 보자. `na = "."`로 점(.)만을 결측값으로 지정하면, `income` 변수의 네 번째 자료인 NA는 결측값이 아닌 문자형 자료로 인식된다. 따라서 변수 `income`의 유형은 숫자형이 아닌 문자형이 된다.

```
> read_table(url_2_4, na = ".")
# A tibble: 4 × 3
    age gender income
  <dbl> <chr>  <chr>
1    24 M      2000
2    NA F      3100
3    28 <NA>   3800
4    21 F      NA
```

na = c(".", "NA")로 두 기호를 모두 결측값으로 지정해서 다시 불러 보자. 변수 income의 유형이 정상적으로 인식된 것을 알 수 있다.

```
> read_table(url_2_4, na = c(".", "NA"))
# A tibble: 4 × 3
    age gender income
  <dbl> <chr>   <dbl>
1    24 M        2000
2    NA F        3100
3    28 <NA>     3800
4    21 F          NA
```

- **함수** file.choose()

외부 파일을 R로 불러오는 과정에서 파일이 저장되어 있는 폴더의 정확한 위치를 잊는 경우가 가끔 있다. 혹은 정확하다고 생각되는 파일의 경로를 입력했는데도 파일을 열 수 없다는 오류가 발생하는 경우도 있다. 이런 경우에 함수 file.choose()를 이용하면 굳이 윈도우 파일 탐색기를 이용하여 파일의 위치를 다시 확인하지 않고도 파일에 접근할 수 있다.

예를 들어 함수 read_table() 등에 파일의 위치와 더불어 파일 이름을 입력하는 대신 read_table(file.choose())를 실행하면 탐색기 창이 나타나서 접근하고자 하는 파일을 쉽게 찾을 수 있다.

4.1.2 함수 read_csv()로 CSV 데이터 파일 불러오기

CSV(Comma Separated Values) 파일이란 각 자료들이 콤마로 구분된 형식의 데이터 파일을 의미한다. Excel을 포함하는 많은 소프트웨어들이 CSV 형식의 데이터 파일을 읽어 올 수도 있고 작업결과를 CSV 형식으로 저장할 수도 있기 때문에 자주 사용되는 형식의 데이터 파일이라고 하겠다.

```
var 1, var 2, var 3
24, M, 2000
35, F, 3100
28, F, 3800
21, F, 2800
```

그림 4.5 data3_1.csv

파일 data3_1.csv의 URL은 다음과 같다.

```
> url_3_1 <- "https://raw.githubusercontent.com/yjyjpark/RnStat_4e/main/
Data/data3_1.csv"
```

파일 data3_1.csv에는 자료들이 콤마로 구분되어 있고, 첫 줄에는 변수 이름이 입력되어 있다. 이 경우에는 read_csv()에 파일의 위치를 포함한 이름을 입력하면 파일을 불러올 수 있다.

```
> read_csv(url_3_1, col_types = "dcd")
# A tibble: 4 × 3
  `var 1` `var 2` `var 3`
    <dbl> <chr>     <dbl>
1      24 M          2000
2      35 F          3100
3      28 F          3800
4      21 F          2800
```

함수 read_csv()로 생성된 tibble의 변수 이름이 backtick(`) 기호로 감싸져 있는 것을 볼 수 있다. R에서 변수 이름은 반드시 문자로 시작해야 하며, 중간에 빈칸이 없어야 하는 등의 규칙이 있는데, 이러한 규칙에 어긋난 문자열이라도 tibble에서는 backtick 기호로 감싸서 정상적인 변수 이름으로 사용하고 있음을 보여주고 있다. Backtick 기호는 키보드에서 tab 키 바로 위에 있는 것이며, 인용부호와는 다른 기호이다.

함수 read_table()에서 살펴보았던 col_types, col_names, na, comment, skip은 read_csv()에서도 동일하게 작동되는 요소들이다. 예를 들어 data3_2.csv에 다음과 같이 자료가 입력되어 있다고 하자. 첫 줄에 주석이 있고, 결측값이 기호 NA와 점(.)으로 표시되어 있으며, 변수 이름은 입력되지 않았다.

```
# comment line
24, NA, 2000
35, F, 3100
NA , F, 3800
21, F, .
```

그림 4.6 data3_2.csv

파일 data3_2.csv의 URL은 다음과 같다.

```
> url_3_2 <- "https://raw.githubusercontent.com/yjyjpark/RnStat_4e/main/
Data/data3_2.csv"
```

이제 각 변수의 유형을 스스로 파악하게 해 보자.

```
> read_csv(url_3_2,
+          col_names = FALSE,
+          comment = "#", na = c(".", "NA"))
# A tibble: 4 × 3
     X1 X2       X3
  <dbl> <lgl> <dbl>
1    24 NA     2000
2    35 FALSE  3100
3    NA FALSE  3800
4    21 FALSE    NA
```

문자형 변수 X2가 논리형으로 파악됐는데, 이것은 변수 X2의 자료가 NA와 F로만 이루어져 있어서 F를 FALSE로 인식했기 때문이다. 이런 경우에는 변수 유형을 사용자가 직접 지정해야 한다.

```
> read_csv(url_3_2,
+           col_names = FALSE, col_types = "dcd",
+           comment = "#", na = c(".", "NA"))
# A tibble: 4 × 3
     X1 X2       X3
  <dbl> <chr> <dbl>
1    24 <NA>   2000
2    35 F      3100
3    NA F      3800
4    21 F        NA
```

4.1.3 함수 read_fwf()로 고정 포맷 구조를 갖는 데이터 파일 불러오기

데이터 파일 중에는 각 자료의 입력 위치가 고정되어 있는 경우가 있다. 예를 들어 파일 data4.txt에 다음과 같은 형식으로 세 변수의 데이터가 입력되어 있다고 하자.

```
24M2000
35F3100
28F3800
21F2800
```

그림 4.7 data4.txt

파일 data4.txt의 URL은 다음과 같다.

```
> url_4 <- "https://raw.githubusercontent.com/yjyjpark/RnStat_4e/main/
Data/data4.txt"
```

변수 age는 1-2열, gender는 3열, income은 4-7열에 각각 입력되어 있다. 이러한 경우 각 자료들이 빈칸이나 콤마 등으로 구분되어 있어야만 사용할 수 있는 함수 read_table() 또는 read_csv() 등은 그야말로 무용지물이 된다. 이러한 형식의 파일을 읽기 위해서는 각 자료의 고정된 위치를 지정할 수 있어야 하는데, 함수 read_fwf()에 바로 그러한 기능이 있다. 고정된 위치 지정은 입력 요소 col_positions에 함수 fwf_widths() 또는 fwf_positions()를 연결하는 것이다. 각 변수의 자료가 입력되는 영역의 폭으로 위치를 지정하는 것은 fwf_widths(widths, col_names)로 하면 되고, 각 변수의 시작 열과 끝 열을 지정해서 자료의 위치를 나타내기 위해서는 fwf_positions(start, end, col_names)로 하면 된다. 옵션 col_names를 생략하면 변수 이름은 X1, X2, X3 등으로 지정된다.

이제 data4.txt를 읽어보자. fwf_widths()에 widths = c(2,1,4)를 지정하면 첫 번째 변수 age는 두 개의 열, 두 번째 변수 gender는 한 개의 열, 마지막 변수 income은 네 개의 열을 차지하고 있다는 것이다.

```
> read_fwf(url_4,
+          col_positions = fwf_widths(widths = c(2, 1, 4),
+                                     col_names = c("age", "gender",
+                                                   "income")))
# A tibble: 4 × 3
    age gender income
  <dbl> <chr>   <dbl>
1    24 M        2000
2    35 F        3100
3    28 F        3800
4    21 F        2800
```

fwf_positions()에 start = c(1,3,4)와 end = c(2,3,7)을 지정하면 첫 번째 변수 age는 1~2열에, 두 번째 변수 gender는 3열에, 마지막 변수 income은 4~7열에 입력되어 있다는 것을 나타낸다.

```
> read_fwf(url_4,
+          col_positions = fwf_positions(start = c(1, 3, 4),
+                                        end = c(2, 3, 7),
+                                        col_names = c("age", "gender",
+                                                      "income")))
# A tibble: 4 × 3
    age gender income
  <dbl> <chr>   <dbl>
1    24 M        2000
2    35 F        3100
3    28 F        3800
4    21 F        2800
```

• **RStudio 메뉴에서 불러오기**

외부 텍스트 파일을 불러오는 작업은 RStudio의 메뉴를 이용해서도 할 수 있다. 메인 메뉴에서 "`File > Import Dataset > From Text (readr)`..." 을 선택하면 나타나는 별도의 창에서 필요한 사항을 선택하면 `read_table()` 혹은 `read_csv()` 등을 사용하여 파일을 불러오게 된다. 만일 base R 함수인 `read.table()` 혹은 `read.csv()` 등을 이용하고자 한다면 "`File > Import Dataset > From Text (base)`..."을 선택해서 불러올 수 있다. 또한 다음 절에서 살펴볼 Excel 파일이나, SAS 데이터 파일 등을 불러오는 작업도 "`File > Import Dataset`"의 하부 메뉴를 이용해서 할 수 있다.

4.1.4 데이터 프레임을 외부 텍스트 파일로 저장하기

R에서 생성되고 수정된 데이터 프레임을 외부 텍스트 파일로 저장시켜 다른 소프트웨어에서도 사용할 수 있도록 하는 것도 중요한 작업이다. 데이터 프레임을 외부 텍스트 파일로 저장하는 작업은 자료들을 어떤 기호로 구분할 것인지에 따라 패키지 `readr`의 함수 `write_delim()`, `write_csv()` 또는 `write_tsv()` 등을 사용할 수 있다. 자료들을 빈칸으로 구분하려면 `write_delim()`, 콤마로 구분하려면 `write_csv()`, 탭으로 구분하려면 `write_tsv()`를 사용하면 된다.

데이터 프레임을 외부 텍스트 파일로 저장하는 작업은 `write.csv()`와 같은 base R 함수로도 할 수 있다. Base R의 함수들은 데이터 프레임의 행 이름을 텍스트 파일의 첫 번째 열에 배치하고, 모든 문자 및 변수 이름에 인용부호를 붙이는 것이 디폴트인 반면에, 패키지 `readr`

의 함수들은 데이터 프레임의 행 이름을 절대 저장하지 않으며 인용 부호는 필요한 경우에만 사용된다. 또한 패키지 readr의 함수들의 실행 속도가 2배 정도 빠른 것으로 되어 있다.

Base 패키지인 datasets에 있는 데이터 프레임 women은 30대 미국 여성 15명의 몸무게와 키가 측정되어 있는 데이터 세트이다. 키는 인치 단위, 몸무게는 파운드 단위로 측정되었다. 데이터 프레임 women을 Data 폴더에 텍스트 파일로 저장하기 위해 다음 프로그램을 각각 실행해 보고 생성되는 텍스트 파일을 확인하기 바란다.

```
> write_delim(women, "Data/women.txt")
> write_csv(women, "Data/women.csv")
> write_tsv(women, "Data/women.tsv")
```

4.2 Excel 파일 불러오기

1) 함수 read_excel()로 불러오기

Excel에서 데이터를 만들고 가공하는 경우가 많기 때문에 Excel 스프레드시트에 있는 데이터를 R로 불러오는 것은 상당히 중요한 작업이 된다. Excel 파일을 R로 불러오는 방법에는 몇 가지가 있는데, 그 중 tidyverse에 속한 패키지 readxl의 함수 read_excel()의 사용법을 살펴보자. 함수 read_excel()은 Excel 2003 이하 버전의 파일 형식인 xls 파일과 Excel 2007 이상 버전의 파일 형식인 xlsx 파일을 모두 불러올 수 있다. 다만 함수에 URL을 입력해서 웹 서버에 있는 Excel 파일을 직접 불러올 수는 없는데, 이런 경우에는 패키지 curl의 함수 curl_download()를 사용해서 사용자 컴퓨터로 다운로드를 받은 후 불러오면 된다.

예제 데이터로 파일 data5.xlsx에 다음과 같이 자료가 입력되어 있다고 하자. 자료는 두 개의 시트에 모두 입력되어 있다.

first

	A	B	C
1	age	gender	income
2	24	M	2000
3	35	F	3100
4	28	F	3800
5	21	F	2800
6	31	M	3500
7			

second

	A	B	C
1	35	F	3100
2	28	F	3800
3	21	F	2800
4	31	M	3500
5	24	M	2000
6			
7			

그림 4.8 data5.xlsx

파일 data5.xlsx의 URL은 다음과 같다.

```
> url_5 <- "https://raw.githubusercontent.com/yjyjpark/RnStat_4e/main/
Data/data5.xlsx"
```

예제 자료 파일이 GitHub에 있기 때문에 먼저 패키지 curl의 함수 curl_download()를 사용해서 사용자 컴퓨터에 data5.xlsx로 저장을 하자.

```
> curl::curl_download(url_5, "Data/data5.xlsx")
```

패키지 readxl은 core tidyverse 패키지가 아니기 때문에, 함수 read_excel()을 사용하기 위해서는 따로 불러와야 한다.

```
> library(readxl)
> read_excel("Data/data5.xlsx")
# A tibble: 5 × 3
    age gender income
  <dbl> <chr>   <dbl>
1    24 M        2000
2    35 F        3100
3    28 F        3800
4    21 F        2800
5    31 M        3500
```

입력할 데이터가 있는 시트 번호를 지정하지 않으면, 디폴트로 첫 번째 시트의 데이터를 입력한다. 만일 다른 시트의 데이터를 입력하고자 한다면, 입력 요소 sheet에 시트 번호 또는 이름을 지정하면 된다. 두 번째 시트는 첫 줄에 변수 이름이 없기 때문에 입력 요소 col_names에 FALSE를 지정하거나, 혹은 변수 이름을 나타내는 문자형 벡터를 지정해야 한다.

```
> read_excel("Data/data5.xlsx", sheet = 2,
+            col_names = c("age", "gender", "income"))
# A tibble: 5 × 3
    age gender income
  <dbl> <chr>   <dbl>
1    35 F        3100
2    28 F        3800
3    21 F        2800
4    31 M        3500
5    24 M        2000
```

시트의 전체 데이터 중 일부분만을 입력하고자 한다면, range에 입력하고자 하는 데이터 범위 사각형의 왼쪽 위 모서리와 오른쪽 아래 모서리의 셀 번호를 지정하면 된다.

```
> read_excel("Data/data5.xlsx", range = "A1:B5")
# A tibble: 4 × 2
    age gender
  <dbl> <chr>
1    24 M
2    35 F
3    28 F
4    21 F
```

2) Excel 파일을 CSV 파일로 전환한 후 불러오기

함수 read_excel()을 사용하면 Excel 파일을 R로 불러오는 데에는 큰 문제가 없겠지만, 어떤 이유로 해서 Excel 파일을 직접 R로 불러올 수 없는 경우에 대안으로 사용할 수 있는 방법이다. Excel 파일을 CSV 파일로 전환하여 저장하는 방법은 Excel의 메인 메뉴에서 "파일 > 다른 이름으로 저장"을 선택한 후 CSV 파일 형식으로 저장하면 된다. 저장된 CSV 파일은 함수 read_csv()로 불러올 수 있다.

4.3 SAS 데이터 파일 불러오기

SAS는 범용 통계 소프트웨어로서 매우 두터운 사용자 층을 형성하고 있다. 따라서 SAS 전용 데이터 파일을 R로 불러오는 것도 중요한 작업이다. SAS 전용 데이터 파일을 R로 직접 불러오는 방법을 알아보자.

1) 패키지 haven의 함수 read_sas()로 SAS 전용 데이터 파일 불러오기

예를 들어 Data 폴더에 다음의 SAS 명령문으로 생성된 데이터 파일 data6.sas7bdat가 있다고 하자.

```
LIBNAME mysas 'D:\Data';

DATA mysas.data6;
INPUT age gender $ income;
CARDS;
24 M 2000
35 F 3100
```

```
28 F 3800
21 F 3500
31 M 3500
RUN;
```

파일 data6.sas7bdat의 URL은 다음과 같다.

```
> url_6 <- "https://raw.githubusercontent.com/yjyjpark/RnStat_4e/main/
Data/data6.sas7bdat"
```

패키지 haven도 tidyverse 계열에 속하는 패키지이므로, 함수 read_sas()로 불러온 자료는 tibble로 입력된다.

```
> library(haven)
> read_sas(url_6)
# A tibble: 5 × 3
    age gender income
  <dbl> <chr>   <dbl>
1    24 M        2000
2    35 F        3100
3    28 F        3800
4    21 F        3500
5    31 M        3500
```

2) SAS 전용 데이터 파일을 CSV 파일로 전환한 후 불러오기

SAS 전용 데이터 파일은 SAS의 PROC EXPORT를 사용하여 CSV 파일로 전환하여 저장할 수 있다. Excel의 경우처럼 R로 직접 불러오는 방법에 대한 대안으로 사용할 수 있다. SAS 전용 데이터 파일인 data6.sas7bdat을 CSV 파일인 data6.csv로 출력하는 SAS 명령문은 다음과 같다.

```
LIBNAME mysas 'D:\Data';

PROC EXPORT DATA=mysas.data6
     OUTFILE='D:\Data\data6.csv'
     DBMS=CSV;
RUN;
```

패키지 haven에는 SPSS 데이터 파일과 Stata 데이터 파일을 불러올 수 있는 함수도 있다. SPSS 데이터 파일은 read_spss(), Stata DTA 파일은 read_stata()를 사용하면 어렵지 않게 불러올 수 있다.

4.4 HTML 테이블 불러오기

웹 페이지를 보다 보면 중요한 정보가 있는 HTML 테이블을 자주 만나게 되는데, 이 테이블에 있는 데이터를 R로 바로 불러들일 수 있다면 분석 과정에 큰 도움이 될 것이다. 문제는 웹 페이지에 있는 HTML 테이블이라는 것이 사람들에게 시각적으로 보여지는 측면이 강조되는 대상이어서 거기에 있는 정보를 '긁어모아' 컴퓨터에 입력하는 것이 조금 복잡한 작업이 될 수 있다는 점이다. 그러나 패키지 `rvest`를 이용하면 비교적 간편하게 HTML 테이블의 데이터를 긁어모아 R에 입력시킬 수 있다.

패키지 `rvest`에서 HTML 테이블을 불러오는데 필요한 함수는 `read_html()`과 `html_elements()` 또는 `html_element()`, 그리고 `html_table()`이다. 함수 `read_html()`은 원하는 HTML 테이블이 있는 웹 페이지를 읽어오는 데 사용된다. HTML 테이블의 내용은 `<table>` 태그 사이에 존재하는데, 이러한 테이블 요소를 찾는 것이 다음 순서이며, 이 작업은 함수 `html_elements()` 또는 `html_element()`로 할 수 있다. 테이블 요소가 하나만 있는 경우에는 함수 `html_element()`를 사용한다. 이어서 선택된 테이블 요소의 데이터를 R로 불러오는 작업은 함수 `html_table()`로 하게 된다.

1) 예제 1: Wikipedia 웹 페이지에 있는 HTML 테이블 데이터 불러오기

그림 4.9은 Wikipedia(https://en.wikipedia.org/wiki)에서 "World population"을 검색하면 열리는 웹 페이지에 있는 "10 most densely populated countries"라는 제목의 HTML 테이블을 보여주고 있다. 검색은 2025년 04월 07일에 실시된 것을 바탕으로 하고 있으며, 차후에 HTML 테이블의 배치가 변경되면 아래 예제 프로그램도 적절히 변경해야 할 것이다.

원하는 웹 페이지의 URL을 함수 `read_html()`에 입력하여 얻은 결과에서 모든 `table` 노드를 함수 `html_elements()`로 찾아보자. 함수 `html_elements()`는 "`xml_nodeset`" 속성

10 most densely populated countries (with population above 5 million)[99]

Rank	Country	Population	Area (km²)	Density (pop/km²)
1	Singapore	5,921,231	719	8,235
2	Bangladesh	165,650,475	148,460	1,116
3	Palestine[note 3][100]	5,223,000	6,025	867
4	Taiwan[note 4]	23,580,712	35,980	655
5	South Korea	51,844,834	99,720	520
6	Lebanon	5,296,814	10,400	509
7	Rwanda	13,173,730	26,338	500
8	Burundi	12,696,478	27,830	456
9	Israel	9,402,617	21,937	429
10	India	1,389,637,446	3,287,263	423

그림 4.9 예제 1에서 사용된 HTML 테이블

의 결과를 출력하는데, 어떤 테이블에 해당되는 것인지 알 수 없는 형태이다.

```
> library(rvest)
> url_wiki <- "https://en.wikipedia.org/wiki/World_population"
> web_wiki <- read_html(url_wiki)
> tbl <- html_elements(web_wiki, "table")
```

모두 27개의 `table` 노드가 발견되었고, 그 중 처음 6개의 내용을 출력해 보자.

```
> length(tbl)
[1] 27

> head(tbl)
{xml_nodeset (6)}
[1] <table class="wikitable" style="text-align:center; float:right; ...
[2] <table class="wikitable">\n<caption>Current world population an ...
[3] <table class="wikitable sortable">\n<caption>Population by regi ...
[4] <table class="sortable wikitable sticky-header static-row-numbe ...
[5] <table class="wikitable" style="font-size:90%">\n<caption>World ...
[6] <table class="box-Notice plainlinks metadata ambox ambox-notice ...
```

함수 `html_elements()`의 결과로 생성된 리스트 객체인 `tbl`의 27개 구성요소 중 우리가 원하는 HTML 테이블에 해당되는 노드를 찾아서 함수 `html_table()`에 입력하면, 해당 테이블 데이터가 R로 입력된다. 문제는 몇 번째 노드가 우리가 원하는 테이블에 관한 것인지 알기가 어렵다는 점이다. 따라서 HTML 테이블이 많은 웹 페이지에서는 다른 체계적인 방법이 필요하다.

웹 페이지에서 HTML 테이블을 체계적으로 찾는 방법 중 하나는 해당 테이블 노드의 XPath를 알아내는 것이다. XPath는 웹 문서에서 원하는 태그나 속성 등을 쉽게 찾기 위해 개발된 것으로 윈도우의 파일 경로와 비슷한 개념이라고 하겠다. 크롬 웹 브라우저를 대상으로 웹 페이지에서 원하는 HTML 테이블의 XPath를 알아내는 방법은 다음과 같다.

(1) 원하는 웹 페이지로 이동

(2) F12 키를 눌러서(또는 "마우스 오른쪽 버튼 클릭 > 검사 클릭") 개발자 도구 실행. 창이 분리되며 오른쪽 창에 html 코드가 나타남.

(3) Ctrl + F 키를 눌러서 나타난 찾기 창에 "`<table`"을 입력하고 찾기 실행

(4) 원하는 테이블에 해당되는 노드를 찾게 되면 그림 4.10에서와 같이 테이블이 하이라이트가 된다. 이어서 마우스 오른쪽 버튼을 클릭

(5) 나타난 별도 메뉴에서 "`Copy > Copy XPath`"를 클릭

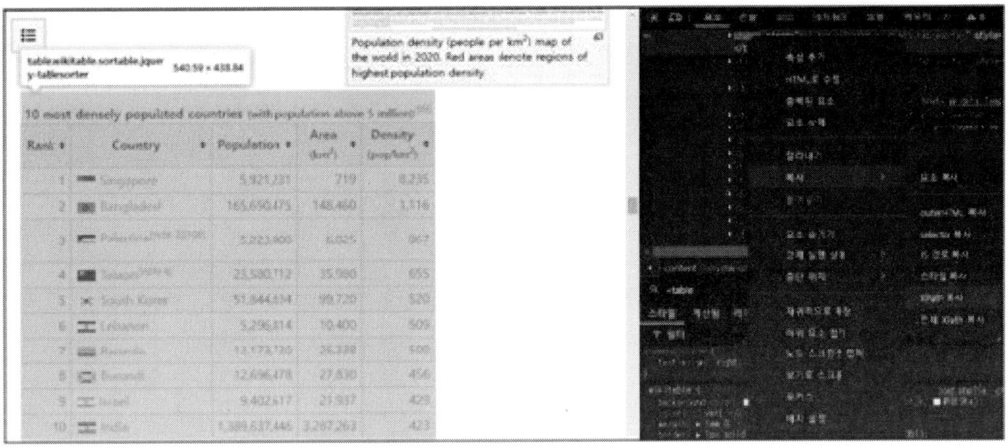

그림 4.10 예제 1의 HTML 테이블 XPath 복사

원하는 HTML 테이블의 XPath의 값은 2025년 04월 07일에 확인한 것으로는 "//*[@id="mw-content-text"]/div[1]/table[6]"이며, 이것을 함수 html_element()의 입력 요소 xpath에 지정하면 된다.

```
> Xpath_wiki <- '//*[@id="mw-content-text"]/div[1]/table[6]'
> tbl_wiki <- html_element(web_wiki, xpath = Xpath_wiki) |>
+   html_table()

> tbl_wiki
# A tibble: 10 × 5
    Rank Country                Population `Area(km2)` `Density(pop/km2)`
   <int> <chr>                  <chr>      <chr>       <chr>
 1     1 Singapore              5,921,231  719         8,235
 2     2 Bangladesh             165,650,4… 148,460     1,116
 3     3 Palestine[note 3][… 5,223,000  6,025       867
 4     4 Taiwan[note 4]         23,580,712 35,980      655
 5     5 South Korea            51,844,834 99,720      520
 6     6 Lebanon                5,296,814  10,400      509
 7     7 Rwanda                 13,173,730 26,338      500
 8     8 Burundi                12,696,478 27,830      456
 9     9 Israel                 9,402,617  21,937      429
10    10 India                  1,389,637… 3,287,263   423
```

함수 html_element()로 찾아낸 하나의 테이블 요소를 함수 html_table()에 입력해서 읽어낸 결과는 tibble이 된다. 변수 이름을 수정하고 입력된 자료를 출력해 보자.

```
> top_pop <- tbl_wiki |>
+   rename(rank = 1, country = 2, population = 3,
+          area = 4, density = 5)
> top_pop
# A tibble: 10 × 5
   rank country                 population    area      density
  <int> <chr>                   <chr>         <chr>     <chr>
 1     1 Singapore              5,921,231     719       8,235
 2     2 Bangladesh             165,650,475   148,460   1,116
 3     3 Palestine[note 3][99] 5,223,000     6,025     867
 4     4 Taiwan[note 4]         23,580,712    35,980    655
 5     5 South Korea            51,844,834    99,720    520
 6     6 Lebanon                5,296,814     10,400    509
 7     7 Rwanda                 13,173,730    26,338    500
 8     8 Burundi                12,696,478    27,830    456
 9     9 Israel                 9,402,617     21,937    429
10    10 India                  1,389,637,446 3,287,263 423
```

변수 population, area, density의 유형이 숫자형이 아닌 문자형으로 인식되었음을 알 수 있다. 이것은 숫자에 콤마가 함께 입력되어 있기 때문인데, 이 변수들의 유형을 숫자형으로 변환시켜보자. 변환 방식은 세 변수의 자료에 있는 콤마를 모두 제거하고, 이어서 유형을 숫자형으로 변환하는 것인데, 이런 작업은 패키지 readr의 함수 parse_number()을 사용하면 효과적으로 수행할 수 있다.

함수 parse_number()의 기본적인 기능은 다음의 예에서 볼 수 있다.

```
> parse_number(c("12,000", "$1,000", "12.5Kg"))
[1] 12000.0  1000.0    12.5
```

함수 parse_number()를 변수 population, area, density에 모두 적용하는 작업은 함수 mutate()에서 함수 across()를 사용한다. 이 함수는 동일한 작업을 반복할 때 사용하는데, across(population:density, parse_number)는 변수 population에서 density까지 함수 parse_number()를 차례로 적용하라는 의미가 된다. 함수 across()에 대한 자세한 설명은 11.1절에서 살펴볼 수 있다.

```
> top_pop |>
+   mutate(across(population:density, parse_number))
# A tibble: 10 × 5
    rank country                  population    area density
   <int> <chr>                         <dbl>   <dbl>   <dbl>
 1     1 Singapore                   5921231     719    8235
 2     2 Bangladesh                165650475  148460    1116
 3     3 Palestine[note 3][99]     5223000    6025     867
 4     4 Taiwan[note 4]             23580712   35980     655
 5     5 South Korea                51844834   99720     520
 6     6 Lebanon                     5296814   10400     509
 7     7 Rwanda                     13173730   26338     500
 8     8 Burundi                    12696478   27830     456
 9     9 Israel                      9402617   21937     429
10    10 India                    1389637446 3287263     423
```

2) 예제 2: 한글 HTML 테이블 불러오기

R 버전 4.2.0부터 한글 테이블도 locale 조정 없이 바로 불러올 수 있다. 예를 들어 그림 4.11는 위키백과(https://ko.wikipedia.org/wiki)에 "대한민국의 인구"를 검색해서 열리는 웹페이지의 내용에서 "출생 및 사망 통계" 부분 중 "광복 이후"라는 제목의 HTML 테이블의 처음 부분을 보여주고 있다.

광복 이후 [편집]

연도(년)	추계인구(명)	출생자 수(명)	사망자 수(명)	자연증가수(명)	조출생률 (1000명당)	조사망률 (1000명당)	자연증가율 (1000명당)	합계출산율
1945	16,695,819	544,786	367,308	177,478	32.6	22.0	10.6	
1946	19,369,270	590,763	410,629	180,134	30.5	21.2	9.3	
1947	19,836,234	686,334	361,019	325,315	35.0	18.2	16.8	
1948	20,027,393	692,948	374,512	318,436	34.6	18.7	15.9	
1949	20,188,641	696,508	341,188	355,320	34.5	16.9	17.6	
1950	19,211,386	633,976	597,474	36,502	33.0	31.1	1.9	5.05
1951	19,304,737	675,666	579,142	96,524	35.0	30.0	5.0	
1952	19,566,860	722,018	457,865	264,153	36.9	23.4	13.5	
1953	19,979,069	777,186	363,619	413,567	38.9	18.2	20.7	
1954	20,520,601	839,293	348,850	490,433	40.9	17.0	23.9	
1955	21,168,611	908,134	295,302	612,832	42.9	14.0	28.9	6.33

그림 4.11 대한민국 출생 및 사망 통계: 광복 이후

해당 웹 페이지의 URL과 원하는 HTML 테이블의 Xpath는 2025년 04월 07일에 검색한 결과에 의하면 다음과 같다.

```
> url_ko_1 <- "https://ko.wikipedia.org/wiki/%EB%8C%80%ED%95%9C%EB%AF%
BC%EA%B5%AD%EC%9D%98_%EC%9D%B8%EA%B5%AC"
> Xpath_ko_1 <- '//*[@id="mw-content-text"]/div[1]/table[6]'
```

웹 페이지의 URL을 함수 `read_html()`에 입력하고, 이어서 함수 `html_element()`에 HTML 테이블의 Xpath를 입력해서 추출된 테이블 요소를 함수 `html_table()`로 읽은 결과는 다음과 같다.

```
> read_html(url_ko_1) |>
+   html_element(xpath = Xpath_ko_1) |>
+   html_table() |>
+   print(n = 3, width = Inf)
# A tibble: 80 × 9
  `연도 (년)` `추계인구(명)` `출생자수(명)` `사망자수(명)`
        <int> <chr>          <chr>          <chr>
1        1945 16,695,819     544,786        367,308
2        1946 19,369,270     590,763        410,629
3        1947 19,836,234     686,334        361,019
  `자연증가수(명)` `조출생률 (1000명당)` `조사망률 (1000명당)`
  <chr>                            <dbl>                  <dbl>
1 177,478                           32.6                   22
2 180,134                           30.5                   21.2
3 325,315                           35                     18.2
  `자연증가율 (1000명당)` 합계출산율
  <chr>                        <dbl>
1 10.6                            NA
2 9.3                             NA
3 16.8                            NA
# ℹ 77 more rows
```

한글 인코딩이 EUC-KR 방식으로 되어있는 웹 페이지가 있는데, 이런 경우에는 함수 `read_html()`에서 인코딩 방식을 변경하지 않으면 디폴트인 UTF-8 방식을 적용하기 때문에 입력 결과에 문제가 발생하게 된다. 예를 들어 그림 4.12는 네이버페이 증권 홈페이지에 있는 "TOP종목"이라는 제목의 HTML 테이블이다.

그림 4.12 네이버페이 증권 홈페이지에 있는 HTML 테이블

웹 페이지의 URL과 해당 테이블의 Xpath는 다음과 같다.

```
> url_ko_2 <- "https://finance.naver.com/"
> Xpath_ko_2 <- '//*[@id="content"]/div[1]/div[1]/div[2]/div[2]/table'
```

해당 웹 페이지는 EUC-KR 방식의 인코딩을 사용하기 때문에 함수 `read_html()`에 `encoding = "EUC-KR"`로 지정해야 한다. 다음은 2025년 04월 07일에 실행시킨 결과이다.

```
> read_html(url_ko_2, encoding = "EUC-KR") |>
+   html_element(xpath = Xpath_ko_2) |>
+   html_table() |>
+   print(n = 5)
# A tibble: 15 × 4
  종목명                          현재가 전일대비    등락률
  <chr>                          <chr>  <chr>        <chr>
1 KODEX 200선물인버스2X          2,625  상승 280     +11.94%
2 삼성 인버스 2X WTI원유 선물 ETN 118    상승 21      +21.65%
3 KODEX 코스닥150레버리지        5,890  하락 750     -11.30%
4 자연과환경                     877    상승 6       +0.69%
5 KODEX 레버리지                 13,195 하락 1,705   -11.44%
# ℹ 10 more rows
```

4.5 연습문제

01 자료 파일 data3_3.csv에는 차량의 연비와 관련된 자료가 그림 4.13과 같이 입력되어 있다.

```
Model,Cylinders,Origin,EngineSize,Weight,MPG.highway
Integra,4,non-USA,1.8,2705,31
Legend,6,non-USA,3.2,3560,25
90,6,non-USA,2.8,3375,26
100,6,non-USA,2.8,3405,26
535i,4,non-USA,3.5,3640,30
```

그림 4.13 data3_3.csv

파일 data3_3.csv의 URL은 다음과 같다.

```
> url_3_3 <- "https://raw.githubusercontent.com/yjyjpark/RnStat_4e/
main/Data/data3_3.csv"
```

1) R로 불러와서 처음 2줄을 출력하라.

```
# A tibble: 93 × 6
  Model   Cylinders Origin  EngineSize Weight MPG.highway
  <chr>   <chr>     <chr>        <dbl>  <dbl>       <dbl>
1 Integra 4         non-USA        1.8   2705          31
2 Legend  6         non-USA        3.2   3560          25
# ℹ 91 more rows
```

2) 변수 Cylinders와 Origin은 문자형 변수이다. 두 변수의 자료가 어떤 문자열로 구성되어 있는지 확인하고, 각 문자열의 빈도를 구하라.

3) 변수 Cylinders의 자료 중 빈도가 충분한 4와 6의 값을 갖는 관찰값만 남겨두고 나머지 관찰값은 모두 제거하라.

4) 변수 Cylinders의 분포를 나타내는 막대그래프를 다음과 같이 작성하라.

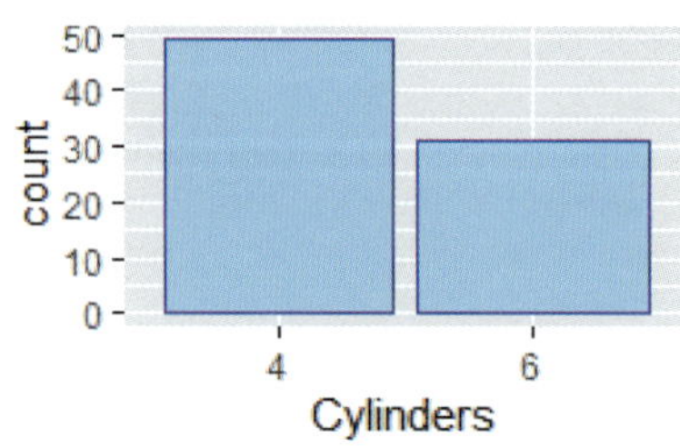

그림 4.14 변수 Cylinders의 막대그래프

5) `Origin`의 분포를 나타내는 막대그래프를 다음과 같이 작성하라.

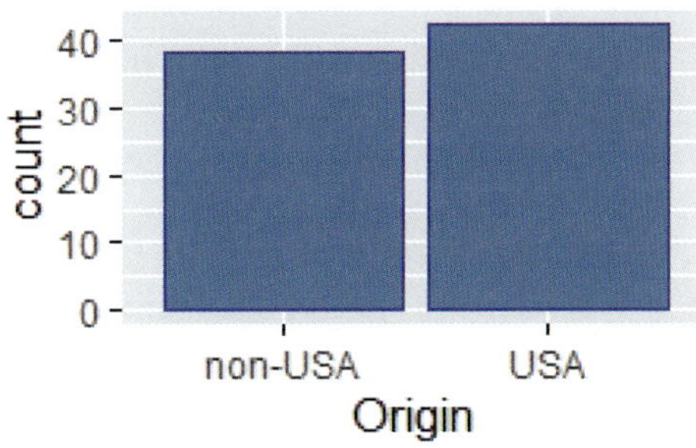

그림 4.15 변수 `Origin`의 막대그래프

6) 변수 `Cylinders`와 `Origin`의 관계를 나타내는 그래프를 다음과 같이 작성하라.

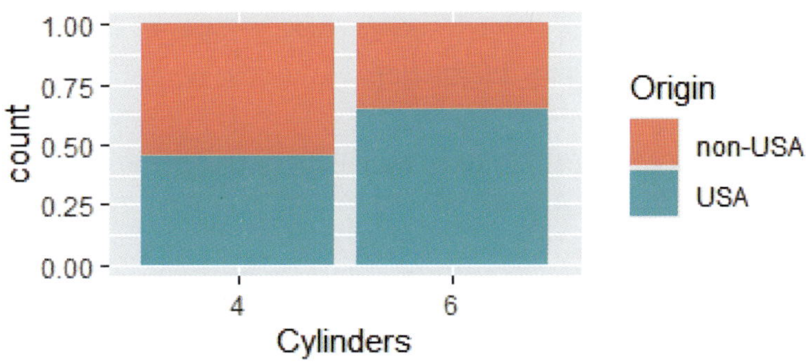

그림 4.16 변수 `Cylinders`와 `Origin`의 이변량 막대그래프

7) 연속형 변수 `EngineSize`와 `MPG.highway`의 분포를 나타내는 그래프를 다음과 같이 작성하라.

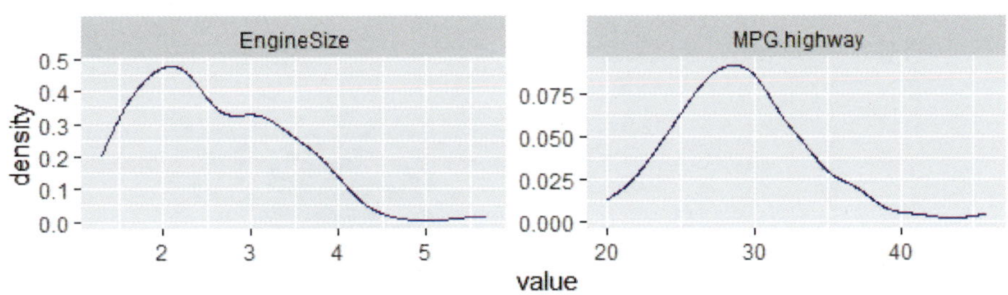

그림 4.17 변수 `EngineSize`와 `MPG.highway`의 분포

8) 변수 `Cylinders`와 `EngineSize`의 관계를 나타내는 그래프를 작성하라.

9) 연속형 변수 `EngineSize`와 `MPG.highway`의 관계를 나타내는 그래프를 작성하라.

10) 변수 Cylinders와 연속형 변수 EngineSize와 MPG.highway의 관계를 나타내는 그래프를 작성하라.
11) 세 연속형 변수 EngineSize와 Weight, MPG.highway의 관계를 나타내는 그래프를 작성하고, 설명하라.

02 자료 파일 data3_4.csv는 임의로 선택된 1000명을 대상으로 나이와 학교 교육을 받은 기간, 소득, 예금, 부채를 조사한 자료이다. 파일의 처음 부분은 그림 4.18에서 볼 수 있다.

```
54,14,66814.194577,2000,40200
40,12,42144.338118,0,58640
35,14,25697.767145,160,19610
55,12,35976.874003,19100,8000
40,12,39060.606061,8300,21000
```

그림 4.18 data3_4.csv

파일 data3_4.csv의 URL은 다음과 같다.

```
> url_3_4 <- "https://raw.githubusercontent.com/yjyjpark/RnStat_4e
/main/Data/data3_4.csv"
```

1) R로 불러와서 데이터 프레임 df3_4에 입력하라. 변수 이름은 age, edu, income, saving, debt로 한다.
2) 함수 summary()를 사용해서, 나이(age)와 교육연수(edu)의 요약 통계량을 계산하라.
3) 교육 연수(edu)가 15년 이하인 사람들과 16년 이상인 사람들의 평균 소득을 계산해서 비교하라.
4) 소득(income)과 예금(saving)의 관계를 나타낼 수 있는 그림 4.19의 그래프를 작성하고, 그 의미를 해석하라. 단, 두 변수 모두 로그 변환된 자료를 사용하며, 로그 변환된 예금이 1 이상인 자료만을 대상으로 한다.

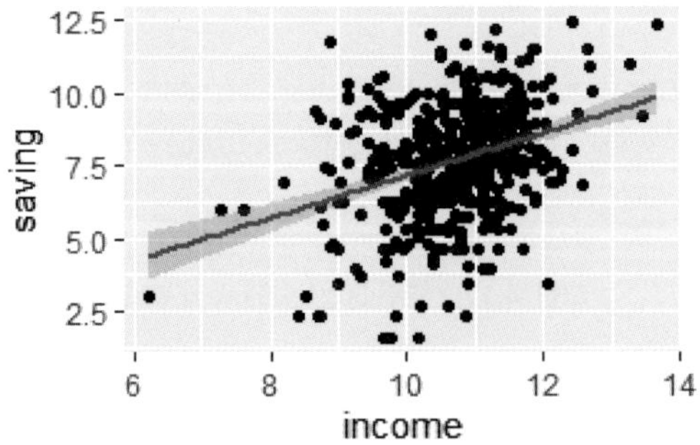

그림 4.19 소득과 예금의 산점도

5) 예금(`saving`)과 부채(`debt`)의 관계를 나타낼 수 있는 그림 4.20의 그래프를 작성하고, 그 의미를 해석하라. 단, 두 변수 모두 로그 변환된 자료를 사용하며, 로그 변환된 예금과 부채가 모두 1 이상인 자료만을 대상으로 한다.

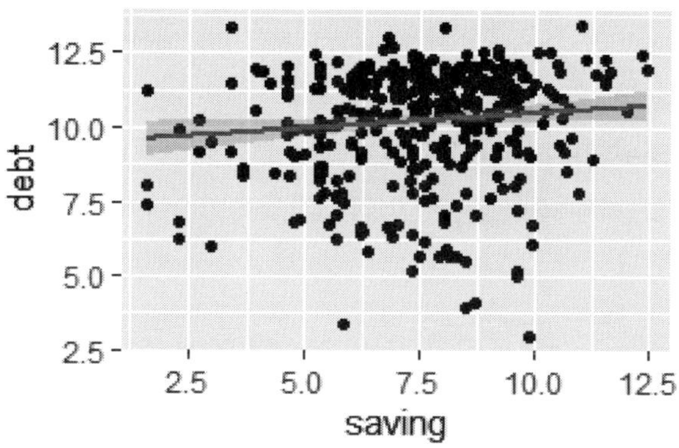

그림 4.20 소득과 예금의 산점도

03 자료 파일 `data3_5.csv`는 신용카드 사용금액을 매달 상환해 가는 상황에 대한 가상 자료가 입력되어 있다. 변수로는 연체 여부를 나타내는 `default`, 학생 여부를 나타내는 `student`, 상환하고 남은 카드 사용 잔액을 나타내는 `balance`, 그리고 소득을 나타내는 `income`이 있다. 파일 `data3_5.csv`는 James, Witten, Hastie & Tibshirani의 "*An Introduction to Statistical Learning*"(https://www.statlearning.com/)에서 사용된 데이터 프레임 `Default`에 근거를 둔 자료이며, 파일 `data3_5.csv`의 URL은 다음과 같다.

```
> url_3_5 <- "https://raw.githubusercontent.com/yjyjpark/RnStat_4e/
main/Data/data3_5.csv"
```

1) R로 불러와서 데이터 프레임 `df3_5`에 입력하라. `df3_5`의 처음 3줄을 출력한 결과는 다음과 같다.

```
# A tibble: 3,000 × 4
  default student balance income
  <chr>   <chr>     <dbl>  <dbl>
1 No      No        1352. 40178.
2 No      Yes        568. 14892.
3 No      No        1814. 32978.
# ℹ 2,997 more rows
```

2) 네 변수의 분포를 잘 나타내는 그래프를 작성하고, 분포 형태를 설명하라.

3) 두 범주형 변수의 범주별 도수를 구하라.

4) 두 범주형 변수의 관계를 나타내는 그래프를 작성하고, 그 결과를 설명하라.

5) 변수 default의 두 범주별 변수 income의 분포에 차이가 있는지를 나타내는 그래프를 작성하고, 그 결과를 설명하라.

6) 변수 default의 두 범주별 변수 balance의 분포에 차이가 있는지를 나타내는 그래프를 작성하고, 그 결과를 설명하라.

7) 변수 income과 balance의 관계를 나타낼 수 있는 그래프를 작성하고, 그 결과를 설명하라. 단, balance의 값이 0인 자료는 대상에서 제외한다.

8) 변수 income과 balance의 관계가 범주형 변수 default의 값에 따라 차이가 있는지를 나타낼 수 있는 그래프를 작성하고, 그 결과를 설명하라. 단, balance의 값이 0인 자료는 대상에서 제외한다.

04 그림 4.21는 Wikipedia에서 우리나라의 2012년 20개 주요 수출품목 자료가 있는 웹 페이지(https://en.wikipedia.org/wiki/List_of_exports_of_South_Korea)에 있는 HTML 테이블의 일부분이며, 2025년 04월 07일에 검색된 결과에 의한 것이다.

#	Country	Value
1	Refined petroleum	51,540
2	Integrated circuits	49,126
3	Cars	42,484
4	Passenger and Cargo Ships	29,010
5	LCDs	23,978
6	Car parts	20,496
7	Broadcasting Equipment	15,443
8	Broadcasting Accessories	10,532
9	Telephones	10,417

그림 4.21 2012년 대한민국 주요 수출품목

1) R로 불러와 export에 입력하고 다음과 같이 출력해 보자.

```
# A tibble: 20 × 3
    `#` Country                     Value
  <int> <chr>                       <chr>
1     1 Refined petroleum           51,540
2     2 Integrated circuits         49,126
3     3 Cars                        42,484
4     4 Passenger and Cargo Ships   29,010
5     5 LCDs                        23,978
# i 15 more rows
```

2) export의 변수 이름을 다음과 같이 rank, item, value로 변경하자.

```
# A tibble: 20 × 3
   rank item                          value
  <int> <chr>                         <chr>
1     1 Refined petroleum             51,540
2     2 Integrated circuits           49,126
3     3 Cars                          42,484
4     4 Passenger and Cargo Ships     29,010
# ℹ 16 more rows
```

3) 변수 value는 각 품목의 수출액으로서 숫자형 변수이지만, 자료에 콤마가 포함되어 있어서 문자형으로 인식되어 있다. 숫자형으로 변경시키고, 다음과 같이 결과를 확인하라.

```
# A tibble: 20 × 3
   rank item                          value
  <int> <chr>                         <dbl>
1     1 Refined petroleum             51540
2     2 Integrated circuits           49126
3     3 Cars                          42484
4     4 Passenger and Cargo Ships     29010
# ℹ 16 more rows
```

4) 변수 value는 각 품목의 수출액이다. 각 품목의 수출액이 20개 전체 품목의 총 수출액에서 차지하는 비율을 나타내는 변수 prop를 만들고, 다음과 같이 결과를 확인하라.

```
# A tibble: 20 × 4
   rank item                          value   prop
  <int> <chr>                         <dbl>  <dbl>
1     1 Refined petroleum             51540 0.162
2     2 Integrated circuits           49126 0.155
3     3 Cars                          42484 0.134
4     4 Passenger and Cargo Ships     29010 0.0914
# ℹ 16 more rows
```

5) 변수 prop의 값이 0.05 이상인 품목만을 선택하고, 다음과 같이 prop의 값에 "%" 기호를 추가한 형태로 변형시켜 출력하라.

```
# A tibble: 6 × 4
   rank item                         value prop
  <int> <chr>                        <dbl> <chr>
1     1 Refined petroleum            51540 16.2%
2     2 Integrated circuits          49126 15.5%
3     3 Cars                         42484 13.4%
4     4 Passenger and Cargo Ships    29010 9.1%
5     5 LCDs                         23978 7.6%
6     6 Car parts                    20496 6.5%
```

6) 변수 prop의 값이 0.02 이상인 품목만을 선택해서, 변수 value의 자료에 대한 다음과 같은 형태의 막대그래프를 작성하라. geom 함수에서 작성되는 범례를 제거하려면, 해당 geom 함수에 show.legend = FALSE를 포함시키면 된다.

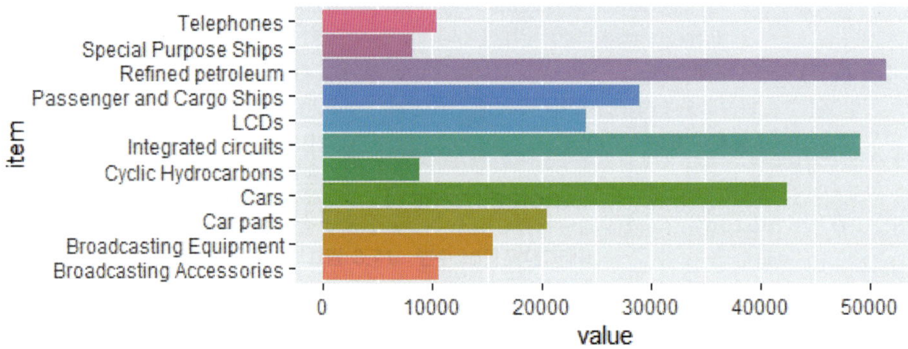

그림 4.22 2012년 대한민국 주요 수출품목 및 수출금액의 막대그래프

05 그림 4.23는 1988년 서울 올림픽에서 국가별 획득 메달 현황이 있는 웹 페이지에 있는 HTML 테이블의 일부분이다. 2025년 04월 07일에 검색된 웹 페이지의 URL은 "https://en.wikipedia.org/wiki/1988_Summer_Olympics_medal_table"이다.

1988 Summer Olympics medal table

Rank	Nation	Gold	Silver	Bronze	Total
1	Soviet Union	55	31	46	132
2	East Germany	37	35	30	102
3	United States	36	31	27	94
4	South Korea*	12	10	11	33
5	West Germany	11	14	15	40
6	Hungary	11	6	6	23
7	Bulgaria	10	12	13	35
8	Romania	7	11	6	24

그림 4.23 1988년 올림픽 국가별 메달 현황

1) R로 불러와서 `medal_tbl`에 입력하라. 처음 4개 행의 출력 결과는 다음과 같다.

```
> medal_tbl |> print(n = 4)
# A tibble: 53 × 6
  Rank  Nation          Gold Silver Bronze Total
  <chr> <chr>          <int>  <int>  <int> <int>
1 1     Soviet Union      55     31     46   132
2 2     East Germany      37     35     30   102
3 3     United States     36     31     27    94
4 4     South Korea*      12     10     11    33
# i 49 more rows
```

2) 변수 `Rank`는 각 국가의 메달 순위를 나타내고 있다. 가장 순위가 낮은 국가를 선택해서, 국가 이름을 벡터 형태로 출력하라.

3) 변수 `Total`은 금은동 메달의 합계를 나타내고 있다. 한국보다 메달 합계가 더 많은 국가를 찾아서 국가 이름을 벡터 형태로 출력하라.

5

Tidy 데이터 만들기 및 데이터 통합

5.1 tidyr로 tidy 데이터 만들기
5.2 dplyr에 의한 데이터 통합
5.3 연습문제

외부 데이터 세트는 통계분석이 가능하지 않은 형태를 취하고 있는 경우가 많이 있다. 행과 열의 2차원 구조를 가지고 있지만, 실제로는 분석이 불가능한 형태일 수 있으며, 어떤 경우에는 여러 개의 데이터 세트로 나뉘어져 있는 경우도 있다. 이런 경우에는 4장에서 살펴본 방식을 사용하여 외부 데이터 세트를 R로 불러와도 더 이상의 분석을 진행하기 어렵게 된다.

Tidy 데이터 세트란 하나의 열이 한 변수의 자료로만 이루어져 있고, 하나의 행은 한 관찰값의 자료로만 이루어져 있는 데이터 세트를 의미한다. 2.2절과 3장에서 살펴본 분석 방식은 모두 tidy 데이터 세트를 대상으로 하는 것이며, 실제로 tidy 데이터 세트는 적절한 통계분석을 위해 반드시 충족해야 할 데이터 세트의 형태가 된다. 하지만 실제 접하는 데이터 세트는 tidy 데이터 세트가 아닌 경우가 많이 있기 때문에, 데이터 형태의 효과적인 변경 방식이 필요하다고 하겠다. 패키지 `tidyr`에 있는 함수들을 활용한 변형 방법을 살펴보겠다.

데이터가 몇 개의 파일로 분산 정리되어 있는 경우가 있는데, 데이터 관리 주체가 서로 다른 경우에 일어날 수 있는 상황이 된다. 몇 개의 파일로 분산 정리되어 있는 데이터를 불러와서 생성된 여러 개의 데이터 프레임을 하나의 데이터 프레임으로 통합하는 것은 본격적인 통계분석을 실시하기 전에 반드시 마무리해야 되는 작업이다. 패키지 `dplyr`을 이용한 데이터 통합 방식을 살펴보겠다.

패키지 `tidyr`과 `dplyr`은 `core tidyverse`에 속한 패키지이므로, 사용하기 위해서는 함수 `library()`로 `tidyverse`를 먼저 불러와야 된다.

5.1 tidyr로 tidy 데이터 만들기

Tidy 데이터 세트는 하나의 열이 한 변수의 자료로만 이루어져 있고, 하나의 행은 한 관찰값의 자료로만 이루어져 있는 데이터 세트를 의미한다. Tidy 자료의 예로서 패키지 `tidyr`에 있는 데이터 프레임 `table1`을 살펴보자. 세계보건기구의 결핵 보고서에 있는 자료이며, 변수 `cases`는 결핵 환자수, `population`은 총 인구수를 나타낸다.

```
> library(tidyverse)
> table1
# A tibble: 6 × 4
  country      year  cases population
  <chr>       <dbl>  <dbl>      <dbl>
1 Afghanistan  1999    745   19987071
2 Afghanistan  2000   2666   20595360
```

```
3 Brazil        1999  37737  172006362
4 Brazil        2000  80488  174504898
5 China         1999 212258 1272915272
6 China         2000 213766 1280428583
```

`table1`은 tidy 데이터 세트의 조건을 만족하고 있으며, 적절한 통계분석을 실시하기 위해 반드시 갖추어야 할 데이터 세트의 형태라고 할 수 있다. 하지만 실제 접하게 될 데이터 세트는 tidy 데이터가 아닌 경우가 상당히 많이 있으며, 이런 경우 데이터 세트를 통계분석이 가능한 형태로 변경하는데 많은 시간과 노력이 필요하게 된다. 패키지 `tidyr`은 통계분석이 불가능한 온갖 형태의 데이터 세트를 tidy 데이터 세트로 전환하는 작업을 수행하기 위한 패키지이다.

5.1.1 데이터 피벗

통계분석이 불가능한 형태의 데이터 세트가 공통적으로 가지고 있는 주된 문제는 다음과 같다.

- 한 변수의 자료가 여러 개의 열에 입력되어 있다.
- 한 관찰값의 자료가 여러 개의 행에 입력되어 있다.

첫 번째 문제는 여러 열에 입력된 한 변수의 자료를 하나의 열로 모아야 해결된다. 따라서 원래 데이터 프레임보다 열의 개수가 줄어든 형태, 즉 더 길어진 형태의 데이터 프레임으로 변환시키는 작업이 되며, 함수 `pivot_longer()`로 하게 된다.

두 번째 문제는 하나의 열에 여러 변수의 자료가 입력된 형태가 되는 것이므로 열의 개수를 늘려서 각 변수를 따로따로 입력해야 한다. 따라서 원래 데이터 프레임보다 열의 개수가 늘어난 형태, 즉 더 넓어진 형태의 데이터 프레임으로 변환시키는 작업이 되며, 함수 `pivot_wider()`로 하게 된다.

1) 함수 `pivot_longer()`

패키지 `tidyr`에 있는 데이터 프레임 `table4a`를 살펴보자. 숫자로 이름이 시작된 두 번째와 세 번째 변수의 이름은 backtick 기호로 감싸져 있다.

```
> table4a
# A tibble: 3 × 3
  country     `1999` `2000`
  <chr>        <dbl>  <dbl>
1 Afghanistan    745   2666
2 Brazil       37737  80488
3 China       212258 213766
```

데이터 프레임 table4a는 table1의 변수 cases가 두 개의 열에 흩어져 입력되어 있는 형태이다. 이것을 table1과 같은 tidy 데이터 형태로 변형하기 위해서는 열 이름인 1999와 2000이 변수 year의 자료가 되어야 하고, 두 열에 흩어진 자료는 변수 cases의 자료가 되어야 한다.

함수 pivot_longer()의 기본적인 사용법은 다음과 같다.

```
pivot_longer(data, cols, names_to = "name", values_to = "value")
```

data는 피벗 대상이 되는 데이터 프레임이고, cols에는 한 변수의 자료가 흩어져 입력된 열을 <tidy-select> 방식으로 선택하면 된다. 또한 names_to에는 선택된 열들의 이름이 자료로 입력될 새로운 열 이름을 지정하고, values_to에는 흩어진 자료들을 하나로 합쳐서 입력할 열 이름을 지정한다. 디폴트 값은 각각 "name"과 "value"이다.

```
> table4a |>
+   pivot_longer(!country, names_to = "year", values_to = "cases")
# A tibble: 6 × 3
  country     year   cases
  <chr>       <chr>  <dbl>
1 Afghanistan 1999     745
2 Afghanistan 2000    2666
3 Brazil      1999   37737
4 Brazil      2000   80488
5 China       1999  212258
6 China       2000  213766
```

다른 예제로 데이터 프레임 df_1에 어떤 제품의 3년간 분기별 판매량이 입력되어 있다고 하자.

```
> df_1 <- tibble(Year = 2015:2017, Q1 = c(15, 12, 22),
+                Q2 = c(16, 13, 23), Q3 = c(19, 27, 24),
+                Q4 = c(17, 23, 20))
> df_1
# A tibble: 3 × 5
   Year    Q1    Q2    Q3    Q4
  <int> <dbl> <dbl> <dbl> <dbl>
1  2015    15    16    19    17
2  2016    12    13    27    23
3  2017    22    23    24    20
```

`df_1`은 시계열 자료를 표현할 때 일반적으로 사용되는 형태로 구성되어 있다. 그러나 판매량이라는 한 변수의 자료가 4개의 열에 흩어져 있어서 tidy 데이터의 형태는 아니며, 이것을 tidy 데이터로 변환하는 과정은 다음과 같다.

```
> df_1 |>
+   pivot_longer(!Year, names_to = "Qtr", values_to = "Sales") |>
+   print(n = 5)
# A tibble: 12 × 3
   Year Qtr   Sales
  <int> <chr> <dbl>
1  2015 Q1       15
2  2015 Q2       16
3  2015 Q3       19
4  2015 Q4       17
5  2016 Q1       12
# ℹ 7 more rows
```

- **예제:** `tidyr::billboard`

데이터 프레임 `tidyr::billboard`에는 2000년 Billboard Top 100에 오른 노래의 가수(`artist`)와 노래 제목(`track`), top 100 리스트에 들어간 날짜(`date.entered`), 그리고 리스트에 오른 이후의 매주 순위가 변수 `wk1`부터 `wk76`까지 입력되어 있다. 해당 노래가 top 100 리스트에서 제외되면 `NA`가 입력되기 때문에, 변수 `wk2`부터 `wk76`에는 `NA`가 많이 입력되어 있다. 특히 `wk66`부터 `wk76`까지는 모든 자료가 `NA`로 입력되어서 변수 유형이 논리형으로 되어 있다.

우리가 원하는 첫 번째 분석은 매주 연속해서 top 100에 올라있던 노래만을 대상으로 리스트에 머물러 있던 최장 기간과 그 기간 중 최고 순위를 알아내는 것이고, 두 번째 분석은 연속해서 1위를 유지했던 노래 중 가장 오랫동안 정상을 유지했던 2곡을 알아보는 것이다.

데이터 프레임 `billboard`에 입력된 자료를 확인해 보자.

```
> billboard |>
+   print(n = 5)
# A tibble: 317 × 79
  artist  track date.entered   wk1   wk2   wk3   wk4   wk5   wk6   wk7
  <chr>   <chr> <date>       <dbl> <dbl> <dbl> <dbl> <dbl> <dbl> <dbl>
1 2 Pac   Baby… 2000-02-26      87    82    72    77    87    94    99
2 2Ge+her The … 2000-09-02      91    87    92    NA    NA    NA    NA
3 3 Door… Kryp… 2000-04-08      81    70    68    67    66    57    54
4 3 Door… Loser 2000-10-21      76    76    72    69    67    65    55
5 504 Bo… Wobb… 2000-04-15      57    34    25    17    17    31    36
```

```
# ℹ 312 more rows
# ℹ 69 more variables: wk8 <dbl>, wk9 <dbl>, wk10 <dbl>, wk11 <dbl>,
#   wk12 <dbl>, wk13 <dbl>, wk14 <dbl>, wk15 <dbl>, wk16 <dbl>,
#   wk17 <dbl>, wk18 <dbl>, wk19 <dbl>, wk20 <dbl>, wk21 <dbl>,
#   wk22 <dbl>, wk23 <dbl>, wk24 <dbl>, wk25 <dbl>, wk26 <dbl>,
#   wk27 <dbl>, wk28 <dbl>, wk29 <dbl>, wk30 <dbl>, wk31 <dbl>,
#   wk32 <dbl>, wk33 <dbl>, wk34 <dbl>, wk35 <dbl>, wk36 <dbl>, …
```

이런 구조의 데이터는 매우 흔하게 볼 수 있는 것이며, tidy 데이터 구조로 오해하기도 한다. 그러나 변수 wk1부터 wk76은 모두 노래의 '순위'이기 때문에 하나의 열에 입력이 되어야 적절한 통계분석이 가능하게 된다. 따라서 열 wk1부터 wk76까지에 입력된 자료를 rank라는 이름의 열로 모으고, 열의 이름을 week라는 이름의 열에 입력해 보자. 이 변환 작업은 cols에 wk1:wk76 또는 starts_with("wk")를, names_to에 "week"를, 그리고 values_to에 "rank"를 각각 지정하면 된다.

```
> billboard |>
+   pivot_longer(
+     cols = wk1:wk76,
+     names_to = "week",
+     values_to = "rank"
+     )
# A tibble: 24,092 × 5
   artist track                   date.entered week   rank
   <chr>  <chr>                   <date>       <chr> <dbl>
 1 2 Pac  Baby Don't Cry (Keep... 2000-02-26   wk1      87
 2 2 Pac  Baby Don't Cry (Keep... 2000-02-26   wk2      82
 3 2 Pac  Baby Don't Cry (Keep... 2000-02-26   wk3      72
 4 2 Pac  Baby Don't Cry (Keep... 2000-02-26   wk4      77
 5 2 Pac  Baby Don't Cry (Keep... 2000-02-26   wk5      87
 6 2 Pac  Baby Don't Cry (Keep... 2000-02-26   wk6      94
 7 2 Pac  Baby Don't Cry (Keep... 2000-02-26   wk7      99
 8 2 Pac  Baby Don't Cry (Keep... 2000-02-26   wk8      NA
 9 2 Pac  Baby Don't Cry (Keep... 2000-02-26   wk9      NA
10 2 Pac  Baby Don't Cry (Keep... 2000-02-26   wk10     NA
# ℹ 24,082 more rows
```

변수 week에는 문자형 자료가 입력되어 있는데, 정수형으로 전환되면 더 효과적인 분석이 가능할 것이다. 또한 변수 rank에는 많은 NA가 포함되어 있는데, NA가 입력된 행을 제거하는 것이 분석에 도움이 될 것이다.

이 작업은 함수 pivot_longer()의 추가 기능을 사용해서 진행하는 방법과 pivot_longer()

로 변환된 데이터 프레임을 대상으로 함수 mutate() 등을 이어서 사용해서 진행하는 방법을 생각해 볼 수 있다.

먼저 함수 pivot_longer()의 추가 기능을 사용해 보자. 변수 week를 정수형으로 전환하기 위해서는 문자열 "wk"를 제거하고, 변수의 유형을 정수형으로 바꾸면 되는데, 이런 종류의 작업은 함수 pivot_longer()에 names_prefix와 names_transform을 추가하면 된다. names_prefix에는 names_to에 입력된 열 이름에서 제거하려는 문자열을 정규표현식으로 지정하면 되는데, 첫 문자부터 제거하는 경우에만 적용이 된다. 이 경우에는 그냥 "wk"를 지정하면 된다. 정규표현식은 문자열에 있는 패턴을 표현하는 방식을 의미하는 것으로서, 자세한 소개는 7.3절에서 찾아볼 수 있다. names_transform은 열의 유형을 변경할 때 사용하는 것으로 "열이름 = 유형변환 함수이름"이 입력된 리스트를 지정하면 된다. 객체 리스트에 대한 소개는 9장에서 찾아볼 수 있다.

또한 변수 rank에 NA가 입력된 행을 제거하는 것은 values_drop_na에 TRUE를 지정하면 values_to로 지정된 열에 NA가 입력되는 행은 자동으로 제거된다. 자료의 특성으로 NA가 많을 수밖에 없는 경우에는 필요한 옵션이 된다.

```
> top_100 <- billboard |>
+   pivot_longer(
+     cols = wk1:wk76,
+     names_to = "week",
+     names_prefix = "wk",
+     names_transform = list(week = as.integer),
+     values_to = "rank",
+     values_drop_na = TRUE
+   )
```

변경된 내용을 확인해 보자.

```
> top_100 |>
+   print(n = 5)
# A tibble: 5,307 × 5
  artist track                   date.entered  week  rank
  <chr>  <chr>                   <date>       <int> <dbl>
1 2 Pac  Baby Don't Cry (Keep... 2000-02-26       1    87
2 2 Pac  Baby Don't Cry (Keep... 2000-02-26       2    82
3 2 Pac  Baby Don't Cry (Keep... 2000-02-26       3    72
4 2 Pac  Baby Don't Cry (Keep... 2000-02-26       4    77
5 2 Pac  Baby Don't Cry (Keep... 2000-02-26       5    87
# ℹ 5,302 more rows
```

이번에는 pivot_longer()로 변환된 데이터 프레임을 대상으로 진행하는 방법을 살펴보자. 먼저 변수 week를 정수형으로 전환해 보자. 변수 week의 자료에서 문자열 "wk"를 제거하고 변수의 유형을 정수형으로 바꾸는 작업은 4.4절의 예제에서 사용했던 패키지 readr의 함수 parse_number()를 mutate()에서 다음과 같이 사용하면 된다.

```
> billboard |>
+   pivot_longer(
+     cols = wk1:wk76,
+     names_to = "week",
+     values_to = "rank"
+     ) |>
+   mutate(week = parse_number(week)) |>
+   print(n = 2)
# A tibble: 24,092 × 5
  artist track                   date.entered  week  rank
  <chr>  <chr>                   <date>       <dbl> <dbl>
1 2 Pac  Baby Don't Cry (Keep... 2000-02-26       1    87
2 2 Pac  Baby Don't Cry (Keep... 2000-02-26       2    82
# i 24,090 more rows
```

이번에는 변수 rank에 NA가 입력된 행을 제거해 보자. 패키지 tidyr의 함수 drop_na()에 변수를 지정하면 데이터 프레임에서 해당 변수에 NA가 있는 행을 제거하게 된다. 변수는 <tidy-select> 방식으로 지정할 수 있으며, 생략하면 모든 변수를 대상으로 NA가 있는지 여부를 확인하게 된다.

함수 parse_number()와 drop_na()를 사용해서 필요한 작업을 다음과 같이 진행해 보자.

```
> top_100 <- billboard |>
+   pivot_longer(
+     cols = wk1:wk76,
+     names_to = "week",
+     values_to = "rank"
+     ) |>
+   mutate(week = parse_number(week)) |>
+   drop_na(rank)
```

이제 데이터 프레임 top_100을 대상으로 원하는 분석을 할 수 있게 되었다. 매주 연속해서 top 100에 올라있던 노래만을 대상으로 리스트에 머물러 있던 최장 기간과 그 기간 중 최고 순위는 다음과 같이 알아볼 수 있다.

```
> top_100 |>
+   group_by(artist, track) |>
+   filter(n() == max(week)) |>
+   summarise(period = max(week), top_rank = min(rank)) |>
+   ungroup() |>
+   arrange(desc(period)) |>
+   print(n = 5)
# A tibble: 302 × 4
  artist           track                period top_rank
  <chr>            <chr>                 <dbl>    <dbl>
1 3 Doors Down     Kryptonite               53        3
2 Hill, Faith      Breathe                  53        2
3 Creed            With Arms Wide Open      47        1
4 Joe              I Wanna Know             44        4
5 Vertical Horizon Everything You Want     41        1
# ℹ 297 more rows
```

먼저 가수 artist에 대한 그룹을 구분했고, 개별 가수 그룹에서 노래 track에 대한 그룹을 구성했다. filter(n() == max(week))는 매주 연속해서 리스트에 있는 노래를 찾기 위한 조건이 된다. 또한 그룹 데이터 프레임에 대해서 함수 summarise()를 적용시키면, 마지막으로 추가된 그룹 변수에 의한 그룹이 해체되는데, 위에서는 두 번째 그룹 변수인 track으로 구분된 그룹이 함수 summarise()로 인하여 해체가 되고, 변수 artist로 구분된 그룹은 그대로 유지가 되고 있다. 따라서 남아 있던 그룹을 함수 ungroup()으로 해체시키고, 머물러 있던 기간(period)으로 재정렬을 시행함으로써 원하는 결과를 얻게 된다.

두 번째 분석은 연속해서 1위를 유지했던 노래 중 가장 오랫동안 정상을 유지했던 2곡을 알아보는 것이다.

```
> top_100 |>
+     filter(rank == 1) |>
+     group_by(artist, track) |>
+     filter((max(week) - min(week) + 1) == n()) |>
+     count(sort = TRUE) |>
+     print(n=2)
# A tibble: 16 × 3
# Groups:   artist, track [16]
  artist           track                       n
  <chr>            <chr>                   <int>
1 Destiny's Child  Independent Women Pa...    11
2 Santana          Maria, Maria               10
# ℹ 14 more rows
```

먼저 rank가 1인 행을 대상으로 가수와 노래에 대한 그룹을 구성하였다. 어떤 노래가 연속해서 1위를 유지했다는 것은 해당 노래의 그룹 내에서 처음으로 1위에 진입한 주(min(week))와 마지막으로 1위를 했던 주(max(week))의 두 숫자 사이에 모든 숫자가 있어야 하는 것이며, 그 조건을 구성한 것이 filter((max(week)-min(week)+1) == n())이 된다.

- **예제:** tidyr::who2

데이터 프레임 who2의 내용을 확인해 보자.

```
> who2 |> print(n = 2)
# A tibble: 7,240 × 58
  country      year sp_m_014 sp_m_1524 sp_m_2534 sp_m_3544 sp_m_4554
  <chr>       <dbl>    <dbl>     <dbl>     <dbl>     <dbl>     <dbl>
1 Afghanistan  1980       NA        NA        NA        NA        NA
2 Afghanistan  1981       NA        NA        NA        NA        NA
# i 7,238 more rows
# i 51 more variables: sp_m_5564 <dbl>, sp_m_65 <dbl>,
#   sp_f_014 <dbl>, sp_f_1524 <dbl>, sp_f_2534 <dbl>,
#   sp_f_3544 <dbl>, sp_f_4554 <dbl>, sp_f_5564 <dbl>, sp_f_65 <dbl>,
#   sn_m_014 <dbl>, sn_m_1524 <dbl>, sn_m_2534 <dbl>,
#   sn_m_3544 <dbl>, sn_m_4554 <dbl>, sn_m_5564 <dbl>, sn_m_65 <dbl>,
#   sn_f_014 <dbl>, sn_f_1524 <dbl>, sn_f_2534 <dbl>, …
```

이 데이터는 1908년부터 2013년까지 219개 나라를 대상으로 결핵에 걸린 환자에 대한 것이다. 변수 country와 year에는 조사한 나라 이름과 조사 연도가 입력되어 있다. 나머지 변수는 세 가지 정보가 밑줄로 구분되어 변수 이름을 구성하고 있다. 첫 번째 부분은 폐결핵 진단 방법을 나타내는 것으로서 "rel", "sn", "sp", "ep" 중 하나이고, 두 번째 부분은 성별을 "f" 혹은 "m"으로 나타내고 있고, 세 번째 부분은 나이 그룹으로서 "014"는 0~14세, "1524"는 15~24세 등을 나타내고 있다.

따라서 변수 sp_m_014를 포함한 56개 변수를 하나의 변수로 통합하지 말고, 세 변수로 나누어 통합하는 것이 필요한 경우가 된다. 통합 대상 변수를 세 변수로 나누어 통합하는 방법은 names_to에 길이가 3인 문자형 벡터로 변수 이름을 지정하고, names_sep에 통합 대상 변수 이름을 구분하는 구분자를 지정하면 된다.

또한 결핵 환자 수가 입력되는 변수 count에 NA가 입력된 행은 모두 삭제하도록 하자.

```
> who2 |>
+   pivot_longer(
+     cols = !(country:year),
+     names_to = c("diagnosis", "gender", "age"),
+     names_sep = "_",
```

```
+     values_to = "count"
+   ) |>
+   drop_na(count) |>
+   print(n = 5)
# A tibble: 76,046 × 6
  country      year diagnosis gender age   count
  <chr>       <dbl> <chr>     <chr>  <chr> <dbl>
1 Afghanistan  1997  sp        m      014      0
2 Afghanistan  1997  sp        m      1524    10
3 Afghanistan  1997  sp        m      2534     6
4 Afghanistan  1997  sp        m      3544     3
5 Afghanistan  1997  sp        m      4554     5
# ℹ 76,041 more rows
```

2) 함수 `pivot_wider()`

패키지 `tidyr`에 있는 데이터 프레임 `table2`를 살펴보자.

```
> table2
# A tibble: 12 × 4
   country      year type            count
   <chr>       <dbl> <chr>           <dbl>
 1 Afghanistan 1999  cases             745
 2 Afghanistan 1999  population   19987071
 3 Afghanistan 2000  cases            2666
 4 Afghanistan 2000  population   20595360
 5 Brazil      1999  cases           37737
 6 Brazil      1999  population  172006362
 7 Brazil      2000  cases           80488
 8 Brazil      2000  population  174504898
 9 China       1999  cases          212258
10 China       1999  population 1272915272
11 China       2000  cases          213766
12 China       2000  population 1280428583
```

`table2`는 개별 국가에 대한 연간 자료인데, 두 개의 행에 나뉘어 입력되어 있다. 따라서 하나의 열(`type`)에 두 변수(`cases`와 `population`)의 자료가 입력되어 있다. 이렇게 하나의 열에 입력된 여러 변수의 자료를 분산시키는 작업은 함수 `pivot_wider()`로 할 수 있다.

기본적인 사용법은 다음과 같다.

```
pivot_wider(data, names_from = name, values_from = value)
```

data는 피벗 대상이 되는 데이터 프레임이고, names_from과 values_from에는 새롭게 추가되는 열들의 이름이 있는 열과 자료가 있는 열을 각각 지정하는 것이다.

table2의 경우에는 type에 열들의 이름이 입력되어 있고, 자료는 count에 입력되어 있기 때문에, names_from에는 type을, values_from에는 count를 각각 지정하면 된다.

```
> table2 |>
+   pivot_wider(names_from = type, values_from = count)
# A tibble: 6 × 4
  country      year  cases population
  <chr>       <dbl>  <dbl>      <dbl>
1 Afghanistan 1999    745   19987071
2 Afghanistan 2000   2666   20595360
3 Brazil      1999  37737  172006362
4 Brazil      2000  80488  174504898
5 China       1999 212258 1272915272
6 China       2000 213766 1280428583
```

다른 예제로 세 명의 신장과 체중을 입력한 데이터 프레임 df_2를 만들어 보자.

```
> df_2 <- tibble(Name = rep(c("Kim", "Park", "Lee"), each = 2),
+                type = rep(c("Height", "Weight"), times = 3),
+                measure = c(170, 75, 165, 63, 175, 85)
+                )
> df_2
# A tibble: 6 × 3
  Name  type   measure
  <chr> <chr>    <dbl>
1 Kim   Height     170
2 Kim   Weight      75
3 Park  Height     165
4 Park  Weight      63
5 Lee   Height     175
6 Lee   Weight      85
```

df_2는 세 명의 신장과 체중에 대한 자료이다. 같은 행에 입력되어야 할 한 사람의 자료가 두 행에 나뉘어져 입력되어서, 한 열에 두 변수의 자료가 입력되었다. df_2를 tidy 데이터로 변환하는 과정은 다음과 같다.

```
> df_2 |>
+   pivot_wider(names_from = type, values_from = measure)
# A tibble: 3 × 3
```

```
  Name  Height Weight
  <chr>  <dbl>  <dbl>
1 Kim      170     75
2 Park     165     63
3 Lee      175     85
```

- **예제:** `tidyr::fish_encounters`

이 데이터 프레임은 태그를 부착한 19마리 물고기(`fish`)가 강을 따라 이동하는 동안 특정 지점(`station`)에서 움직임이 관측됐는지를(`seen`) 기록한 자료이다. 움직임이 관측된 `station`만 자료에 나타나 있어서 변수 `seen`은 모든 행에서 1을 값으로 갖고 있다.

```
> fish_encounters |>
+   print(n = 5)
# A tibble: 114 × 3
  fish  station  seen
  <fct> <fct>   <int>
1 4842  Release     1
2 4842  I80_1       1
3 4842  Lisbon      1
4 4842  Rstr        1
5 4842  Base_TD     1
# i 109 more rows
```

물고기의 움직임이 관측되지 않은 지점에 대한 자료도 중요한 정보를 담고 있다고 할 수 있는데, 지금의 구조에서는 그 정보를 얻을 수 없게 되어 있다. 물고기마다 모든 지점에서의 움직임 관측 여부를 표현하기 위해서는 변수 `station`에 입력된 각 지점이 변수로 전환되어야 한다.

```
> fish_encounters |>
+   pivot_wider(names_from = station,
+               values_from = seen
+              ) |>
+   print(n = 5)
# A tibble: 19 × 12
  fish  Release I80_1 Lisbon  Rstr Base_TD   BCE   BCW  BCE2  BCW2
  <fct>   <int> <int>  <int> <int>   <int> <int> <int> <int> <int>
1 4842        1     1      1     1       1     1     1     1     1
2 4843        1     1      1     1       1     1     1     1     1
3 4844        1     1      1     1       1     1     1     1     1
4 4845        1     1      1     1       1    NA    NA    NA    NA
5 4847        1     1      1    NA      NA    NA    NA    NA    NA
# i 14 more rows
# i 2 more variables: MAE <int>, MAW <int>
```

움직임이 관측되지 않은 지점에 대해서는 입력된 자료가 없기 때문에 해당 위치에 NA가 표시되었다. 하지만 관측이 안된 것은 변수 seen의 값이 0이 되는 것이므로 NA를 0으로 바꾸는 것이 더 좋을 것이다. 이렇게 열을 확장하는 과정에서 발생할 수 있는 NA 대신 다른 값을 입력해야 할 때에는 함수 pivot_wider()의 옵션 values_fill에 대신 입력하려는 값을 지정하면 된다.

```
> fish_encounters |>
+   pivot_wider(names_from = station,
+               values_from = seen,
+               values_fill = 0
+               ) |>
+   print(n = 5)
# A tibble: 19 × 12
  fish  Release I80_1 Lisbon  Rstr Base_TD   BCE   BCW  BCE2  BCW2
  <fct>   <int> <int>  <int> <int>   <int> <int> <int> <int> <int>
1 4842        1     1      1     1       1     1     1     1     1
2 4843        1     1      1     1       1     1     1     1     1
3 4844        1     1      1     1       1     1     1     1     1
4 4845        1     1      1     1       1     0     0     0     0
5 4847        1     1      1     0       0     0     0     0     0
# ℹ 14 more rows
# ℹ 2 more variables: MAE <int>, MAW <int>
```

이 문제를 해결하는 두 번째 방법으로는 자료에 있는 NA를 다른 값으로 변경시키는 기능이 있는 패키지 tidyr의 함수 replace_na()를 사용하는 것이다. 이 방법은 함수 pivot_wider()로 변환된 데이터 프레임을 대상으로 함수 replace_na()를 사용해서, NA를 0으로 변환시키는 것이다.

함수 replace_na()를 사용해서 숫자형 백터의 NA를 0으로 변환시켜보자.

```
> c(1, 2, 3, NA, 5) |> replace_na(0)
[1] 1 2 3 0 5
```

문자형 벡터의 NA는 "Unknown"와 같은 문자열로 변경시키는 것도 가능하다.

```
> c("1", "2", NA) |> replace_na("Unknown")
[1] "1"       "2"       "Unknown"
```

데이터 프레임 fish_encounters를 pivot_wider()로 변경한 후에 변수 fish를 제외한 나머지 모든 변수의 NA를 0으로 대체하기 위해서는 함수 replace_na()를 변수 fish를 제외한 모든 변수에 반복 적용시켜야 한다. 이 작업 방식은 함수 `mutate()`에서 함수 `across()`와 익명 함수를 사용하면 된다. 함수 `across()`와 익명 함수에 대해서는 11.1절에서 살펴볼 수 있다.

```
> fish_encounters |>
+   pivot_wider(names_from = station,
+               values_from = seen
+               ) |>
+   mutate(across(!fish, \(x) replace_na(x, 0))) |>
+   print(n = 5)
# A tibble: 19 × 12
  fish  Release I80_1 Lisbon  Rstr Base_TD   BCE   BCW  BCE2  BCW2
  <fct>   <int> <int>  <int> <int>   <int> <int> <int> <int> <int>
1 4842        1     1      1     1       1     1     1     1     1
2 4843        1     1      1     1       1     1     1     1     1
3 4844        1     1      1     1       1     1     1     1     1
4 4845        1     1      1     1       1     0     0     0     0
5 4847        1     1      1     0       0     0     0     0     0
# ℹ 14 more rows
# ℹ 2 more variables: MAE <int>, MAW <int>
```

5.1.2 문자형 열의 결합과 분리

하나의 문자형 열에 입력된 자료를 몇 개의 열로 분산시키거나, 또는 몇 개의 열에 입력되어 있는 자료를 하나의 열로 합치는 것은 빈번히 이루어지는 필수적인 작업은 아니지만, 나름의 의미가 있는 필요한 작업이 된다. 이 절에서는 문자형 열의 분할 및 결합 작업을 수행하기 위한 패키지 `tidyr` 함수들의 사용법을 살펴보겠다.

1) 문자형 열의 분리

패키지 `tidyr`에 있는 데이터 프레임 `table3`를 살펴보자.

```
> table3
# A tibble: 6 × 3
  country      year rate
  <chr>       <dbl> <chr>
1 Afghanistan  1999 745/19987071
2 Afghanistan  2000 2666/20595360
3 Brazil       1999 37737/172006362
4 Brazil       2000 80488/174504898
5 China        1999 212258/1272915272
6 China        2000 213766/1280428583
```

table3는 table1의 변수 cases와 population의 자료가 rate 열에 함께 입력되어 있다. 이와 같은 경우에는 문자형 변수 rate를 두 변수로 분리해야 하는데, 문자형 열 분리에 사용할 수 있는 함수에는 separate()가 있고, 최근 패키지 tidyr에 추가된 함수 separate_wider_delim()과 separate_wider_position()이 있다. 새롭게 추가된 두 함수의 사용이 더 권장되고 있는데, 그것은 사용법이 더 명확하고, 문제 해결 능력이 더 좋기 때문이다.

먼저 함수 separate()로 자료를 분리하여 두 열에 나누어 입력하는 작업을 진행해 보자. 기본적인 사용법은 다음과 같다.

```
separate(data, col, into)
```

data는 형태를 변형할 데이터 프레임이고, 자료가 함께 입력되어 있는 열은 col에 지정하며, 자료를 분리하여 따로 입력할 열 이름을 into에 지정한다.

table3의 경우에는 rate가 분리 대상이 되는 열이므로 col에 지정하고, 분리된 자료를 입력할 열의 이름인 cases와 population을 into에 지정하면 된다.

```
> table3 |>
+   separate(col = rate, into = c("cases", "population"))
# A tibble: 6 × 4
  country      year cases  population
  <chr>       <dbl> <chr>  <chr>
1 Afghanistan  1999 745    19987071
2 Afghanistan  2000 2666   20595360
3 Brazil       1999 37737  172006362
4 Brazil       2000 80488  174504898
5 China        1999 212258 1272915272
6 China        2000 213766 1280428583
```

새롭게 생성된 두 변수 cases와 population의 자료 유형을 살펴보면 자료는 정수이지만, 유형은 문자형이라는 것을 알 수 있다. 이것은 분리 전 rate 열의 유형이 문자이기 때문인데, 분리 후 자료의 유형을 정수로 바꾸기 위해서는 convert=TRUE를 추가로 입력해야 한다.

```
> table3 |>
+   separate(col = rate, into = c("cases","population"),
+            convert = TRUE)
# A tibble: 6 × 4
  country      year  cases population
```

```
  <chr>       <dbl>  <int>      <int>
1 Afghanistan 1999    745   19987071
2 Afghanistan 2000   2666   20595360
3 Brazil      1999  37737  172006362
4 Brazil      2000  80488  174504898
5 China       1999 212258 1272915272
6 China       2000 213766 1280428583
```

이번에는 함수 separate_wider_delim()으로 열을 분리해 보자. 기본적인 사용법은 다음과 같다.

```
separate_wider_delim(data, cols, delim, names)
```

cols에는 분리될 열을 <tidy-select> 방식으로 지정하고, delim에는 분리 구분자를 지정하며, names에는 열이 분리되고 새로 생성되는 변수 이름을 지정한다.

그러나 함수 separate_wider_delim()에는 분리 후 자료의 유형을 변경하는 기능이 아직 없기 때문에, 변수 유형을 변경하기 위해서는 5.1.1절의 데이터 프레임 billboard 예제에서 사용했던 방식을 사용해야 한다. 다만, 분리된 자료가 유형은 문자형이지만 숫자로만 이루어져 있기 때문에 함수 as.integer()를 사용하겠다. 이제 데이터 프레임 table3를 분리하고 변수 유형을 전환해 보자.

```
> table3 |>
+   separate_wider_delim(cols = rate, delim = "/",
+                        names = c("cases", "population")) |>
+   mutate(across(cases:population, as.integer))
# A tibble: 6 × 4
  country      year  cases population
  <chr>       <dbl>  <int>      <int>
1 Afghanistan 1999    745   19987071
2 Afghanistan 2000   2666   20595360
3 Brazil      1999  37737  172006362
4 Brazil      2000  80488  174504898
5 China       1999 212258 1272915272
6 China       2000 213766 1280428583
```

함수 separate()가 하나의 열에 함께 입력된 자료를 분리하는 디폴트 방식은 col에 지정된 열의 자료 중 숫자나 문자가 아닌 기호가 있으면 그것을 기준으로 분리하는 것이다. table3의 경우에는 rate 열의 두 자료를 빗금을 기준으로 구분하였다. 만일 특정 문자 또는 기호를 구분자로 사용하고자 한다면 sep에 지정하면 된다. 예제 자료로 다음의 df_3를 만들어 보자.

```
> df_3 <- tribble(~Date, ~Sales,
+                 "2015-Qtr.1", 15,
+                 "2015-Qtr.2", 16,
+                 "2015-Qtr.3", 19,
+                 "2015-Qtr.4", 17)
> df_3
# A tibble: 4 × 2
  Date       Sales
  <chr>      <dbl>
1 2015-Qtr.1    15
2 2015-Qtr.2    16
3 2015-Qtr.3    19
4 2015-Qtr.4    17
```

Date 열에는 연도와 분기가 대시(-)로 구분되어 있으며, 분기 자료에 점(.)이 포함되어 있다. 함수 separate()를 사용해서 Date의 자료를 연도와 분기로 분리한다면, 옵션 sep를 사용해서 대시(-)를 구분자로 지정해야 한다. 만일 sep를 따로 지정하지 않으면 대시와 점이 모두 분리 기준이 되어서 세 개의 열로 분리된다.

```
> df_3 |>
+   separate(col = Date, into = c("year", "Qtr"), sep = "-",
+            convert = TRUE)
# A tibble: 4 × 3
   year Qtr   Sales
  <int> <chr> <dbl>
1  2015 Qtr.1    15
2  2015 Qtr.2    16
3  2015 Qtr.3    19
4  2015 Qtr.4    17
```

함수 separate_wider_delim()는 다음과 같이 사용하면 된다.

```
> df_3 |>
+     separate_wider_delim(cols = Date, delim = "-",
+                          names = c("year", "Qtr")) |>
+     mutate(year = as.integer(year))
# A tibble: 4 × 3
   year Qtr   Sales
  <int> <chr> <dbl>
1  2015 Qtr.1    15
2  2015 Qtr.2    16
3  2015 Qtr.3    19
4  2015 Qtr.4    17
```

자료 분리의 기준을 특정 기호로 지정하기는 어렵지만, 위치로는 지정할 수 있는 경우가 있다. 예제 자료로 다음의 `df_4`를 만들어 보자.

```
> df_4 <- tribble(~Date, ~Sales,
+                 "2015Q1", 15,
+                 "2015Q2", 16,
+                 "2015Q3", 19,
+                 "2015Q4", 17)
> df_4
# A tibble: 4 × 2
  Date   Sales
  <chr>  <dbl>
1 2015Q1    15
2 2015Q2    16
3 2015Q3    19
4 2015Q4    17
```

원하는 결과는 다음과 같다.

```
# A tibble: 4 × 3
   year Qtr   Sales
  <int> <chr> <dbl>
1  2015 Q1       15
2  2015 Q2       16
3  2015 Q3       19
4  2015 Q4       17
```

함수 `separate()`는 위치를 기준으로 문자형 열을 분리할 수 있는데, 이 경우에는 `sep`에 정수를 지정해야 한다. 양의 정수는 자료의 왼쪽 끝을 기준으로 하는 위치로서 왼쪽 끝이 1이 된다. 음의 정수는 자료의 오른쪽 끝을 기준으로 하는 위치로서 오른쪽 끝이 -1이 된다.

`Date` 열의 자료를 연도와 분기로 구분해 보자. 분리 기준 위치는 왼쪽 끝부터는 4번째 자리이고 오른쪽 끝부터는 2번째 자리가 된다. 따라서 `sep`에 4 또는 -2를 지정하면 된다.

```
> df_4 |>
+   separate(col = Date, into = c("year","Qtr"), sep = 4,
+            convert = TRUE)
# A tibble: 4 × 3
   year Qtr   Sales
  <int> <chr> <dbl>
1  2015 Q1       15
2  2015 Q2       16
3  2015 Q3       19
4  2015 Q4       17
```

함수 separate_wider_position()는 위치를 기준으로 문자형 열을 분리하는 경우에 사용되는 함수이다. 기본적인 사용법은 다음과 같다.

```
separate_wider_position(data, cols, widths)
```

widths에는 라벨이 있는 숫자형 벡터를 지정하는 것인데, 라벨은 분리되어 새로 만들어지는 변수의 이름을, 숫자는 각 변수의 폭을 지정하면 된다.

```
> df_4 |>
+     separate_wider_position(cols = Date,
+                             widths = c(year = 4, Qtr = 2)) |>
+     mutate(year = as.integer(year))
# A tibble: 4 × 3
   year Qtr   Sales
  <int> <chr> <dbl>
1  2015 Q1       15
2  2015 Q2       16
3  2015 Q3       19
4  2015 Q4       17
```

2) 문자형 열의 결합

패키지 tidyr의 데이터 프레임 table5를 살펴보자. 연도가 century 열과 year 열로 분리되어 있는데, 이것을 하나로 합쳐보자.

```
> table5
# A tibble: 6 × 4
  country     century year  rate
  <chr>       <chr>   <chr> <chr>
1 Afghanistan 19      99    745/19987071
2 Afghanistan 20      00    2666/20595360
3 Brazil      19      99    37737/172006362
4 Brazil      20      00    80488/174504898
5 China       19      99    212258/1272915272
6 China       20      00    213766/1280428583
```

함수 unite()는 여러 열의 자료를 하나의 열로 합쳐야 할 때 사용되며, 기본적인 사용법은 다음과 같다.

```
unite(data, col, ..., sep = "_")
```

col에는 합쳐서 새롭게 생성될 열의 이름을 지정하고, 이어서 합쳐질 열을 나열하면 된다. 열의 나열은 <tidy-select> 방식을 사용할 수 있다.

```
> table5 |>
+   unite(col = year, century, year)
# A tibble: 6 × 3
  country     year  rate
  <chr>       <chr> <chr>
1 Afghanistan 19_99 745/19987071
2 Afghanistan 20_00 2666/20595360
3 Brazil      19_99 37737/172006362
4 Brazil      20_00 80488/174504898
5 China       19_99 212258/1272915272
6 China       20_00 213766/1280428583
```

하나의 열에 합쳐진 여러 열의 자료는 밑줄로 구분되는 것이 디폴트인데, 이것을 제거하려면 sep = ""을 입력하면 된다.

```
> table5 |>
+   unite(col = year, century, year, sep = "")
# A tibble: 6 × 3
  country     year  rate
  <chr>       <chr> <chr>
1 Afghanistan 1999  745/19987071
2 Afghanistan 2000  2666/20595360
3 Brazil      1999  37737/172006362
4 Brazil      2000  80488/174504898
5 China       1999  212258/1272915272
6 China       2000  213766/1280428583
```

변수 year에 입력된 자료가 정수이지만 유형은 문자형이고, rate 열에는 두 변수의 자료가 함께 입력되어 있다. 변수 year의 유형을 정수형으로 변환하고, 이어서 rate 열의 자료를 분리하여 만들어진 두 변수의 유형도 정수형으로 변환해 보자.

```
> table5 |>
+     unite(col = year, century, year, sep = "") |>
+     separate_wider_delim(cols = rate, delim = "/",
+                          names =  c("cases","population")
+                          ) |>
+     mutate(across(year:population, as.integer))
# A tibble: 6 × 4
  country      year  cases population
  <chr>       <int>  <int>      <int>
1 Afghanistan  1999    745   19987071
2 Afghanistan  2000   2666   20595360
3 Brazil       1999  37737  172006362
4 Brazil       2000  80488  174504898
5 China        1999 212258 1272915272
6 China        2000 213766 1280428583
```

5.2 dplyr에 의한 데이터 통합

몇 개의 파일로 분산 정리되어 있는 데이터 세트를 불러와서 생성된 여러 개의 데이터 프레임을 하나의 데이터 프레임으로 통합하는 것은 본격적인 통계분석을 실시하기 전에 반드시 마무리해야 되는 작업이다. 이러한 데이터 프레임의 통합 작업은 base R 함수인 `merge()`로도 할 수 있으나, 더 개선된 기능을 갖고 있는 함수가 패키지 `dplyr`에 있다.

이 절에서는 두 데이터 프레임의 통합을 세 가지 상황으로 구분해서, 각 상황에 적합한 통합 방식을 살펴보겠다. 첫 번째 방식은 기준 변수에 의한 두 데이터 프레임의 수평적 결합으로서 변수를 확대하는 방식의 통합이다. 두 번째 방식은 두 데이터 프레임의 행을 비교해서 조건을 만족시키는 행을 선택하거나 제외시키는 방식의 통합이다. 세 번째 방식은 두 데이터 프레임을 수평 또는 수직 방향으로 단순 통합시키는 방식이다.

1) 기준 변수에 의한 두 데이터 프레임의 수평적 통합

기준 변수는 두 데이터 프레임에 공통적으로 있는 변수로서, 기준 변수에 의한 수평적 통합이란 두 데이터 프레임의 기준 변수 값이 같은 행을 결합해서 변수를 확대하는 방식의 통합을 의미한다. 이때 기준 변수의 값이 같지 않은 행들의 처리 방식에 따라 통합 결과가 다르게 된다.

데이터 프레임 `df1`과 `df2`를 결합한다고 할 때, 통합된 데이터 프레임이 어떤 행을 유지하게 할 것인가에 따라 다음 4가지 함수 중 하나를 사용하면 된다.

- 함수 inner_join(df1, df2): df1과 df2에 공통적으로 있는 행만 유지
- 함수 left_join(df1, df2): df1에 있는 모든 행 유지
- 함수 right_join(df1, df2): df2에 있는 모든 행 유지
- 함수 full_join(df1, df2): df1과 df2에 있는 모든 행 유지

패키지 dplyr에 있는 데이터 프레임 band_members와 band_instruments를 살펴보자. 두 데이터 프레임에는 Beatles와 Rolling Stones의 일부 그룹 멤버의 이름과 그들이 그룹에서 연주하는 악기가 정리되어 있다.

```
> band_members
# A tibble: 3 × 2
  name  band
  <chr> <chr>
1 Mick  Stones
2 John  Beatles
3 Paul  Beatles

> band_instruments
# A tibble: 3 × 2
  name  plays
  <chr> <chr>
1 John  guitar
2 Paul  bass
3 Keith guitar
```

기준 변수는 by에 지정하면 된다. 위의 예에서 두 데이터 프레임에 공통적으로 들어있는 변수 name을 기준 변수로 지정하면 되는데, by = "name"과 같이 변수 이름이 있는 문자형 벡터를 지정하거나, 함수 join_by()를 사용하여 by = join_by(name)과 같이 지정하면 된다. by가 생략되면 두 데이터 프레임에 공통적으로 있는 이름이 같은 변수가 기준 변수가 되며, 이름이 같은 변수가 없으면 통합이 이루어지지 않는다.

통합 대상이 되는 두 데이터 프레임에서 사용할 기준 변수의 이름이 서로 다른 경우가 있다. 예를 들어, 첫 번째 데이터 프레임의 변수 x와 두 번째 데이터 프레임의 변수 y를 기준 변수로 지정하는 경우에 사용할 수 있는 첫 번째 방법은 by = c("x" = "y")와 같이 지정하는 것이다. 두 번째 방법은 함수 join_by()를 사용해서 by = join_by(x == y)와 같이 지정하는 것이다. 함수 join_by()에서는 변수 이름에 인용부호를 사용하지 않으며, 비교연산자인 ==이 사용하는 것이 다른 점이다. 이와 같이 이름이 다른 두 변수가 기준 변수로 지정되어 결합이 이루어지는 경우에 통합된 데이터 프레임의 기준 변수 이름은 첫 번째 데이터 프레임의 기준 변수인 x가 된다.

이제 데이터 프레임 band_members와 band_instruments를 함수 inner_join()로 결합한 결과를 살펴보자. 기준 변수는 name이 된다. 먼저 문자형 벡터로 기준 변수를 지정해 보자.

```
> band_members |>
+   inner_join(band_instruments, by = "name")
# A tibble: 2 × 3
  name  band    plays
  <chr> <chr>   <chr>
1 John  Beatles guitar
2 Paul  Beatles bass
```

함수 join_by()로 기준 변수를 지정해 보자.

```
> band_members |>
+   inner_join(band_instruments, by = join_by(name))
# A tibble: 2 × 3
  name  band    plays
  <chr> <chr>   <chr>
1 John  Beatles guitar
2 Paul  Beatles bass
```

두 데이터 프레임에 기준 변수인 name이 공통적으로 있기 때문에 by를 생략해도 정상적인 결합이 이루어지지만, 결합 절차에 대한 메시지가 출력된다.

```
> band_members |>
+   inner_join(band_instruments)
Joining with `by = join_by(name)`
# A tibble: 2 × 3
  name  band    plays
  <chr> <chr>   <chr>
1 John  Beatles guitar
2 Paul  Beatles bass
```

통합 결과로 변수는 3개가 되었고, 행(관찰값)은 두 데이터 프레임에 공통적으로 포함된 2개만 유지가 되었다. 이와 같이 공통적으로 포함된 관찰값만 유지하는 결합 방법은 너무 많은 데이터를 잃어버릴 수 있는 것이어서 매우 신중하게 사용해야 하는 방법이 된다.

다음은 함수 left_join()에 의한 결과를 살펴보자. 기준 변수 지정은 함수 join_by()을 사용하겠다.

```
> band_members |>
+   left_join(band_instruments, by = join_by(name))
# A tibble: 3 × 3
  name  band    plays
  <chr> <chr>   <chr>
1 Mick  Stones  <NA>
2 John  Beatles guitar
3 Paul  Beatles bass
```

band_members에 있는 관찰값은 모두 유지가 된 상태에서 band_instruments에 있는 변수 plays가 새로운 변수로 추가되었다. 만일 첫 번째 데이터 프레임이 주로 분석에 사용되는 데이터 프레임이고, 두 번째 데이터 프레임에 있는 변수를 첫 번째 데이터 프레임에 추가하는 작업을 하고자 한다면 적절하게 사용될 수 있는 함수이다.

함수 right_join()은 두 번째 데이터 프레임이 주로 분석에 사용되는 데이터 프레임이고 첫 번째 데이터 프레임에 있는 변수를 추가하고자 할 때 사용할 수 있는 함수이다.

```
> band_members |>
+   right_join(band_instruments, by = join_by(name))
# A tibble: 3 × 3
  name  band    plays
  <chr> <chr>   <chr>
1 John  Beatles guitar
2 Paul  Beatles bass
3 Keith <NA>    guitar
```

두 번째 데이터 프레임인 band_instuments에 있는 관찰값은 모두 유지가 되었고, 첫 번째 데이터 프레임인 band_members에 없는 마지막 관찰값의 경우에는 추가된 변수 band에 NA가 할당되었다.

이번에는 함수 full_join()에 의한 결과를 살펴보자.

```
> band_members |>
+   full_join(band_instruments, by = join_by(name))
# A tibble: 4 × 3
  name  band    plays
  <chr> <chr>   <chr>
1 Mick  Stones  <NA>
2 John  Beatles guitar
3 Paul  Beatles bass
4 Keith <NA>    guitar
```

두 데이터 프레임에 있는 모든 관찰값이 유지되었다. 만일 행(관찰값)과 열(변수)을 모두 확장하는 방향으로 두 데이터 프레임을 결합을 하고자 한다면 가장 적절하게 사용할 수 있는 함수이다.

이번에는 데이터 프레임 band_members와 band_instruments2를 결합해 보자.

```
> band_members
# A tibble: 3 × 2
  name  band
  <chr> <chr>
1 Mick  Stones
2 John  Beatles
3 Paul  Beatles
> band_instruments2
# A tibble: 3 × 2
  artist plays
  <chr>  <chr>
1 John   guitar
2 Paul   bass
3 Keith  guitar
```

band_members의 name과 band_instruments2의 artist를 기준 변수로 사용해야 하는 경우가 된다. 함수 left_join()의 결과를 살펴보자.

```
> band_members |>
+   left_join(band_instruments2, by = join_by(name == artist))
# A tibble: 3 × 3
  name  band    plays
  <chr> <chr>   <chr>
1 Mick  Stones  <NA>
2 John  Beatles guitar
3 Paul  Beatles bass
```

함수 inner_join()의 결과이다.

```
> band_members |>
+   inner_join(band_instruments2, by = join_by(name == artist))
# A tibble: 2 × 3
  name  band    plays
  <chr> <chr>   <chr>
1 John  Beatles guitar
2 Paul  Beatles bass
```

함수 right_join()의 결과도 살펴보자.

```
> band_members |>
+   right_join(band_instruments2, by = join_by(name == artist))
# A tibble: 3 × 3
  name  band    plays
  <chr> <chr>   <chr>
1 John  Beatles guitar
2 Paul  Beatles bass
3 Keith <NA>    guitar
```

함수 full_join()의 결과를 살펴보자.

```
> band_members |>
+   full_join(band_instruments2, by = join_by(name == artist))
# A tibble: 4 × 3
  name  band    plays
  <chr> <chr>   <chr>
1 Mick  Stones  <NA>
2 John  Beatles guitar
3 Paul  Beatles bass
4 Keith <NA>    guitar
```

2) 두 데이터 프레임의 행 비교에 의한 선택적 통합

많은 경우 데이터 프레임의 결합은 행 또는 열을 확대하는 방향으로 이루어진다. 하지만 어떤 경우에는 두 데이터 프레임의 기준 변수 값이 같은 행만 유지하거나, 또는 삭제해야 할 때가 있다. 이러한 결합을 위해 사용할 수 있는 함수가 다음과 같다.

- 함수 semi_join(df1, df2): df1의 행 중에 df2에 있는 모든 행 유지
- 함수 anti_join(df1, df2): df1의 행 중에 df2에 있는 모든 행 삭제

데이터 프레임 band_members와 band_instruments를 대상으로 두 함수를 적용해 보자. 함수 semi_join()을 기준 변수 name으로 적용하면, band_members의 3개 행 중 band_instruments의 name에 같은 값이 있는 2개 행만 유지된다.

```
> band_members |>
+   semi_join(band_instruments, by = join_by(name))
# A tibble: 2 × 2
  name  band
  <chr> <chr>
1 John  Beatles
2 Paul  Beatles
```

함수 anti_join()을 기준 변수 name으로 적용하면, band_members의 3개 행 중 band_instruments의 name에 같은 값이 있는 2개 행은 삭제되고, 결과적으로 1개 행만 유지된다.

```
> band_members |>
+   anti_join(band_instruments, by = join_by(name))
# A tibble: 1 × 2
  name  band
  <chr> <chr>
1 Mick  Stones
```

3) 단순 수평 통합과 단순 수직 통합

통합되는 데이터 프레임들이 행의 개수가 같고 각 행의 자료가 동일한 대상인 경우에는 데이터 프레임을 옆으로 붙여서 변수를 확대할 수 있다. 이 경우에 사용할 수 있는 함수가 bind_cols()이다. 예를 들어, 두 데이터 프레임 df_x와 df_y를 함수 bind_cols()로 단순 수평 통합을 실행한 결과는 다음과 같다.

```
> df_x <- tibble(x1 = letters[1:3], x2 = 1:3)
> df_y <- tibble(y1 = LETTERS[4:6], y2 = 4:6)

> bind_cols(df_x, df_y)
# A tibble: 3 × 4
  x1       x2 y1       y2
  <chr> <int> <chr> <int>
1 a         1 D         4
2 b         2 E         5
3 c         3 F         6
```

결합되는 데이터 프레임들의 열의 개수 및 이름이 같은 경우에는 위아래로 붙여서 행을 확대하는 방향으로 결합할 수 있다. 이런 경우에 사용할 수 있는 함수가 bind_rows()이다. 옵션 .id에 열 이름을 지정하면 각 행이 어떤 데이터 프레임에서 온 것인지를 구분해 주는 열이 첫 번째 열로 추가된다. 예를 들어, 두 데이터 프레임 df_x와 df_z를 함수 bind_rows()로 단순 수직 통합을 실행한 결과는 다음과 같다.

```
> df_x <- tibble(x1 = letters[1:3], x2 = 1:3)
> df_z <- tibble(x1 = LETTERS[4:6], x2 = 4:6)

> bind_rows(df_x, df_z, .id = "df")
# A tibble: 6 × 3
  df    x1       x2
  <chr> <chr> <int>
1 1     a         1
2 1     b         2
3 1     c         3
4 2     D         4
5 2     E         5
6 2     F         6
```

5.3 연습문제

01 패키지 vcd의 데이터 프레임 Arthritis는 새로 개발된 류마티스 관절염 치료법에 대한 임상실험 결과 자료이다. 변수는 ID와 설명변수 Treatment와 Sex, Age, 그리고 반응변수 Improved이다.

```
> data(Arthritis, package = "vcd")

> Arthritis |> as_tibble() |>
+   print(n = 2)
# A tibble: 84 × 5
     ID Treatment Sex     Age Improved
  <int> <fct>     <fct> <int> <ord>
1    57 Treated   Male     27 Some
2    46 Treated   Male     29 None
# ℹ 82 more rows
```

1) 두 범주형 설명변수로 구분되는 그룹에 속한 피실험자들의 인원수를 계산해서 다음과 같이 출력해 보자.

```
  Treatment    Sex  n
1   Placebo Female 32
2   Placebo   Male 11
3   Treated Female 27
4   Treated   Male 14
```

2) 두 범주형 설명변수로 구분되는 그룹에 속한 피실험자들의 평균 나이를 변수 **Age**의 평균값으로 계산해서 다음과 같은 형태로 출력하라.

```
# A tibble: 2 × 3
  Sex    Placebo Treated
  <fct>    <dbl>   <dbl>
1 Female    51.6    55.7
2 Male      53.8    52.4
```

02 다음의 두 데이터 프레임 part_df와 order_df를 각각 만들어 보자.

```
> part_df
# A tibble: 4 × 2
    num tool
  <dbl> <chr>
1   155 screwdrive
2   501 pliers
3   244 wrench
4   796 hammer

> order_df
# A tibble: 7 × 2
    num name
  <dbl> <chr>
1   155 Park
2   796 Fox
3   155 Smith
4   244 White
5   244 Crus
6   796 White
7   244 Lee
```

1) 데이터 프레임 part_df를 위주로 해서, order_df의 변수 name을 결합한 다음의 결과가 나오도록 두 데이터 프레임을 통합해 보자.

```
# A tibble: 8 × 3
    num tool       name
  <dbl> <chr>      <chr>
1   155 screwdrive Park
2   155 screwdrive Smith
3   501 pliers     <NA>
4   244 wrench     White
5   244 wrench     Crus
6   244 wrench     Lee
7   796 hammer     Fox
8   796 hammer     White
```

2) 변수 num의 값이 두 데이터 프레임에 공통적으로 있는 행만 결합하는 방식으로 두 데이터 프레임을 다음과 같이 통합해 보자.

```
# A tibble: 7 × 3
    num tool       name
  <dbl> <chr>      <chr>
1   155 screwdrive Park
2   155 screwdrive Smith
3   244 wrench     White
4   244 wrench     Crus
5   244 wrench     Lee
6   796 hammer     Fox
7   796 hammer     White
```

03 다음의 두 데이터 프레임 jan_df와 sep_df를 만들어 보자.

```
> jan_df
# A tibble: 3 × 2
  reg   tempjan
  <chr>   <dbl>
1 NE         34
2 SW         60
3 W          55

> sep_df
# A tibble: 3 × 2
  reg   tempsep
  <chr>   <dbl>
1 NE         65
2 SW         88
3 W          72
```

1) 다음의 결과가 나오도록 두 데이터 프레임을 통합해 보자.

```
# A tibble: 3 × 3
  reg   tempjan tempsep
  <chr>   <dbl>   <dbl>
1 NE         34      65
2 SW         60      88
3 W          55      72
```

2) 다음의 결과가 나오도록 두 데이터 프레임을 통합해 보자.

```
# A tibble: 6 × 3
  reg   Month  Temp
  <chr> <chr> <dbl>
1 NE    jan      34
2 NE    sep      65
3 SW    jan      60
4 SW    sep      88
5 W     jan      55
6 W     sep      72
```

04 패키지 MASS에 있는 데이터 프레임 survey는 학생 237명을 대상으로 설문조사를 실시한 자료이다.

```
> data(survey, package = "MASS")

> survey |>
+   as_tibble() |>
+   print(n = 3)
# A tibble: 237 × 12
  Sex   Wr.Hnd NW.Hnd W.Hnd Fold  Pulse Clap  Exer  Smoke Height M.I
  <fct>  <dbl> <dbl> <fct> <fct> <int>  <fct>  <fct> <fct>  <dbl> <fct>
1 Fema… 18.5  18    Right R on…    92 Left   Some  Never   173  Metr…
2 Male   19.5  20.5 Left  R on…   104 Left   None  Regul   178. Impe…
3 Male   18    13.3 Right L on…    87 Neit…  None  Occas    NA  <NA>
# ℹ 234 more rows
# ℹ 1 more variable: Age <dbl>
```

1) 변수 중 숫자형 변수를 대상으로 평균과 결측값의 개수를 계산해서 다음의 형태로 출력해 보자.

```
# A tibble: 5 × 3
  variable  Mean  n_na
  <chr>    <dbl> <int>
1 Age       20.4     0
2 Height   172.     28
3 NW.Hnd    18.6     1
4 Pulse     74.2    45
5 Wr.Hnd    18.7     1
```

2) 변수 중 숫자형 변수를 대상으로 히스토그램과 확률밀도함수 그래프를 다음과 같이 겹쳐 보이도록 작성해 보자. 히스토그램의 경우 구간의 개수는 15로 지정한다.

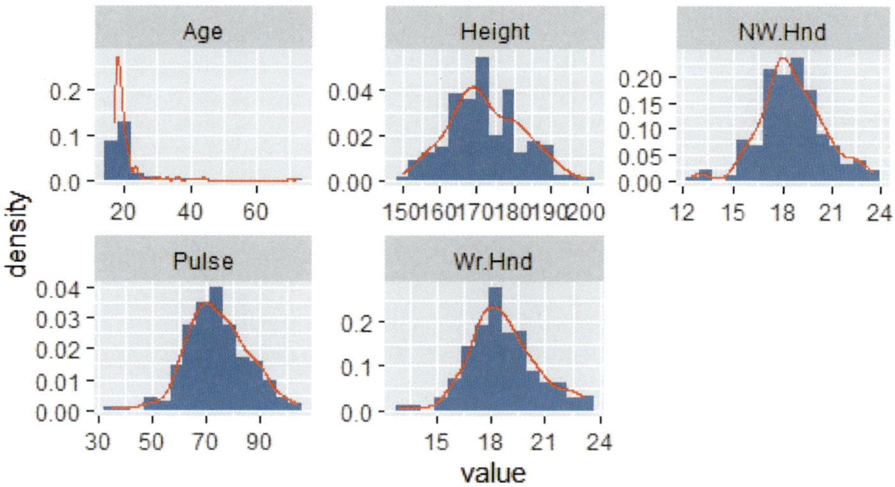

그림 5.1 데이터 프레임 survey의 숫자형 변수의 히스토그램과 확률밀도함수 그래프

2부

데이터 객체

6. 벡터
7. 문자 데이터 다루기
8. 요인
9. 리스트

통계 데이터는 매우 다양한 유형과 구조를 가지고 있다. R에는 이렇게 다양한 유형 및 구조의 통계 데이터를 표현하기 위해 벡터, 요인, 데이터 프레임, 그리고 리스트와 같은 데이터 객체가 있다. 벡터는 하나의 변수를 나타내기 위한 구조의 객체이고, 요인은 범주형 변수를 위한 객체이다. 1부에서 살펴본 데이터 프레임은 통계 데이터 세트를 위한 구조인데, 데이터 프레임의 각 열은 한 변수의 자료를 나타내고 있는 벡터 혹은 요인이 되는 것이다. 따라서 데이터 프레임을 대상으로 조금 더 효과적인 분석을 하기 위해서는 벡터 및 요인 등에 대한 깊은 이해가 필요한 것이다.

2부는 네 개의 장으로 구성되어 있다.

- 벡터: 6장에서는 벡터의 기본적인 특성과 숫자형 벡터의 연산 및 비교, 그리고 논리형 벡터의 활용 방안에 대해 다루고 있다.
- 문자 데이터 다루기: 7장에서는 문자 데이터를 다루는 방법에 대해 다루고 있다. Base R 함수와 패키지 `stringr` 함수의 사용법을 소개하고 있으며, 문자열의 패턴을 표현하는 방식인 정규 표현식에 대해서도 살펴보고 있다.
- 요인: 8장에서는 범주형 변수를 위한 데이터 객체인 요인에 대해 살펴보고 있다. 요인 다루기에 유용한 함수가 많이 있는 패키지 `forcats`에 대해 다루고 있다.
- 리스트: 9장에서는 R에서 가장 포괄적인 구조인 리스트에 대해 살펴보고 있다.

6

벡터

6.1 벡터의 기본 특성
6.2 숫자형 벡터의 연산
6.3 논리형 벡터의 활용
6.4 벡터의 일부분 선택
6.5 연습문제

벡터는 다양한 R 데이터 구조의 근간을 이루고 있다. 예를 들어, 2.2절에서 살펴본 데이터 프레임은 행과 열의 2차원 구조의 객체이며, 각 열은 한 변수의 자료를 나타내고 있는데, 이러한 데이터 프레임의 각 열이 바로 벡터이다. 벡터는 하나의 변수를 나타내기 위한 객체로서, 1차원으로 배열된 데이터 구조를 갖고 있다. 한 변수를 나타내는 것이므로, 벡터를 구성하고 있는 자료는 모두 동일한 유형이어야 하며, 그 유형에 따라 논리형(logical), 숫자형(numeric), 문자형(character)으로 구분된다. 숫자형 벡터는 다시 정수형(integer)과 실수형(double)으로 세분된다.

6.1 벡터의 기본 특성

- **벡터의 생성**

벡터는 함수 `c()`로 만들 수 있다.

```
> x <- c(TRUE, FALSE, TRUE)
> y1 <- c(1L, 3L, 5L)
> y2 <- c(1.1, 3.5, 10.4)
> z <- c("one", "two", "three")
```

`x`는 논리형, `y1`은 정수형, `y2`는 실수형, `z`는 문자형 벡터이다. 논리형 벡터는 `TRUE` 혹은 `FALSE`로 이루어진 가장 단순한 형태를 갖고 있으며, 벡터의 비교 결과로 주로 생성된다. 정수형 벡터 `y1`을 만들 때 사용된 숫자 뒤에 붙는 기호 `L`은 유형을 정수로 지정하는 효과가 있다. 정수형 벡터와 실수형 벡터는 합쳐서 숫자형 벡터로 분류되며, 문자형 벡터를 구성하는 자료는 모두 인용부호 `" "` 혹은 `' '` 안에 있어야 한다.

- **벡터의 특성**

벡터의 유형 확인은 함수 `typeof()`로 할 수 있다.

```
> typeof(x)
[1] "logical"
>
> typeof(y1)
[1] "integer"
>
> typeof(y2)
[1] "double"
>
> typeof(z)
[1] "character"
```

벡터의 유형 확인은 is.numeric() 또는 is.character()와 같은 is.*() 형식의 함수로 할 수 있는데, is로 시작하는 함수는 입력된 객체의 유형이 *에 지정한 것과 같으면 TRUE, 다르면 FALSE를 출력한다.

```
> is.integer(y1)
[1] TRUE
>
> is.double(y1)
[1] FALSE
>
> is.numeric(y1)
[1] TRUE
>
> is.character(z)
[1] TRUE
>
> is.logical(x)
[1] TRUE
```

벡터를 구성하고 있는 요소의 개수, 즉 벡터의 길이 확인은 함수 length()로 할 수 있다. 예를 들어 length(y2)는 벡터 y2가 몇 개의 숫자로 구성되어 있는지를 확인하는 것이다.

```
> length(y2)
[1] 3
```

구성요소가 하나인 벡터를 만들 때에는 함수 c()를 사용하지 않아도 된다. 즉, a <- 1 혹은 a <- c(1) 모두 길이가 1인 벡터 a를 생성한다.

```
> a <- 1
> a
[1] 1
```

벡터는 동일한 유형의 데이터만으로 구성할 수 있는데, 만일 다른 유형의 데이터가 뒤섞여서 있다면 어떤 일이 벌어지겠는가? 아래의 예에서 그 답을 찾을 수 있다.

```
> c(1, "1", TRUE)
[1] "1"    "1"    "TRUE"
```

첫 번째 예에서 1은 숫자형, "1"은 문자형, TRUE는 논리형 데이터이다. 이 데이터를 뒤섞어 입력하면 그 결과는 모두 문자형 데이터로 통일된다. 이것은 문자형이 가장 복잡한 형태의 유형이기 때문이다.

```
> c(3, TRUE, FALSE)
[1] 3 1 0
```

두 번째 예는 숫자형과 논리형 데이터를 함께 입력한 경우이다. 이런 경우에는 논리형 데이터가 숫자형으로 변환되는데, TRUE는 1로, FALSE는 0으로 변환된다. 이런 결과도 숫자형이 논리형보다 더 복잡한 유형의 구조이기 때문이다.

• **벡터 구성요소에 이름 붙이기**

모든 벡터는 각 개별 자료에 이름을 붙일 수 있다. 예를 들어 서울, 부산, 인천, 수원의 인구(천 명 단위)를 숫자형 벡터로 입력하면서 각 숫자에 도시 이름을 붙일 수 있다.

```
> pop <- c(Seoul = 9930, Busan = 3497, Inchon = 2944, Suwon = 1194)

> pop
 Seoul  Busan Inchon  Suwon
  9930   3497   2944   1194
```

이미 생성된 벡터의 각 개별자료에 이름을 붙이는 것은 함수 names()로 할 수 있다.

```
> pop <- c(9930, 3497, 2944, 1194)
> names(pop) <- c("Seoul", "Busan", "Inchon", "Suwon")

> pop
 Seoul  Busan Inchon  Suwon
  9930   3497   2944   1194
```

6.2 숫자형 벡터의 연산

숫자형 벡터의 연산은 두 벡터의 순서별 대응되는 요소끼리 연산으로 이루어진다. 이것의 의미는 다음의 예에서 확인할 수 있다.

```
> x <- c(7,8,9,10)
> y <- c(1,2,3,4)

> x+y
[1]  8 10 12 14

> x-y
[1] 6 6 6 6

> x*y
[1]  7 16 27 40

> x/y
[1] 7.0 4.0 3.0 2.5

> x^y
[1]     7    64   729 10000
```

벡터의 연산 결과로 나타날 수 있는 특수 기호에는 `Inf`, `-Inf`, `NaN`이 있다. `Inf`와 `-Inf`는 무한대와 마이너스 무한대를 나타내는 것이고 `NaN`은 'Not a Number'를 나타내는 기호이다.

```
> c(-1,0,1)/0
[1] -Inf  NaN  Inf
```

`NaN`은 0/0 외에도 계산을 할 수 없는 몇몇 상황에서 발생한다.

```
> sqrt(-1)
[1] NaN

> Inf-Inf
[1] NaN

> Inf/Inf
[1] NaN
```

• **벡터 연산의 순환법칙**

두 벡터의 연산은 대응되는 요소끼리 연산으로 이루어지기 때문에, 연산을 하려는 두 벡터는 길이가 같아야 한다. 만일 두 벡터의 길이가 달라서 일대일 대응이 되지 않는다면 어떤 일이 벌어지겠는가? 이런 경우에는 길이가 짧은 벡터의 구성요소를 순환 반복시켜 길이가 긴 벡터의 구성요소와 짝을 짓게 된다. 예를 들어 `1:6 + 1:3`의 경우에는 길이가 3인 `1:3`을 한 번 반복시켜서 길이가 6인 `c(1,2,3,1,2,3)`을 만든 후 벡터 연산을 수행하게 된다.

```
> 1:6 + 1:3
[1] 2 4 6 5 7 9
> 1:6 + rep(1:3, 2)
[1] 2 4 6 5 7 9
```

길이가 1인 벡터에 대한 연산도 순환법칙이 적용된 것이다.

`7:10`과 3의 덧셈은 3을 반복시켜 `c(3, 3, 3, 3)`을 만든 후 덧셈을 하게 된다.

```
> 3 + 7:10
[1] 10 11 12 13
```

이러한 순환법칙이 실행될 때 긴 벡터의 길이가 짧은 벡터 길이의 배수가 아니라면 짧은 벡터를 순환 반복시키더라도 긴 벡터와 길이를 동일하게 만들 수 없게 되다. 이런 경우에는 경고 문구가 나타난다.

```
> 1:4 + 1:3
Warning in 1:4 + 1:3: longer object length is not a multiple of
shorter object length
[1] 2 4 6 5
```

순환법칙은 길이가 1을 초과하는 벡터의 경우에는 의도적으로 사용하지 않는 것이 좋다. 다만, 길이가 1인 벡터의 경우에는 의미가 명확하기 때문에 순환법칙의 사용에 문제가 없을 것이다.

• **수학 계산 관련 함수**

R에는 숫자형 벡터를 위한 다양한 함수가 있다. 먼저 기본적인 수학 계산과 관련된 함수들을 표 6.1에 정리되어 있다.

표 6.1 기초 수학 계산 함수

함수	설명
abs(x)	절댓값 계산
sqrt(x)	제곱근 계산
ceiling(x)	x보다 작지 않은 가장 작은 정수
floor(x)	x보다 크지 않은 가장 큰 정수
trunc(x)	x의 소수점 이하 버림
round(x, n)	x를 소수 n자리로 반올림
signif(x, n)	x를 유효수 n자리로 반올림
log(x)	x의 자연로그 값
log10(x)	x의 사용로그 값
exp(x)	x의 지수 함수 값

표 6.1에 있는 함수들의 사용 예는 다음과 같다.

```
> abs(-2)
[1] 2
> sqrt(25)
[1] 5

> ceiling(3.475)
[1] 4
> floor(3.475)
[1] 3
> ceiling(-3.475)
[1] -3
> floor(-3.475)
[1] -4
> trunc(5.99)
[1] 5
> round(3.475,2)
[1] 3.48
> signif(0.00347, 2)
[1] 0.0035

> sin(1); cos(1); tan(1)
[1] 0.841471
[1] 0.5403023
[1] 1.557408
> log(2, base = 2)
[1] 1
> log(10)
[1] 2.302585
> log10(10)
[1] 1
> exp(log(10))
[1] 10
```

• **기초 통계 관련 함수**

많이 사용되는 기초적인 통계 계산과 관련된 함수를 표 6.2에 정리되어 있다.

표 6.2 기초 통계 계산 함수

함수	설명
mean(x)	산술 평균값
median(x)	중앙값
range(x)	최솟값과 최댓값
IQR(x)	사분위범위
sum(x)	합
diff(x, n)	차분
min(x)	최솟값
max(x)	최댓값
sd(x)	표준편차
var(x)	분산

표 6.2에 있는 함수들의 사용 예는 다음과 같다.

```
> x <- c(1,2,3,4,50)
> mean(x)
[1] 12
> median(x)
[1] 3
> range(x)
[1]  1 50
> IQR(x)
[1] 2
> sd(x)
[1] 21.27205
> var(x)
[1] 452.5
> sum(x)
[1] 60
> min(x)
[1] 1
> max(x)
[1] 50
> diff(c(1,2,4,7,11))
[1] 1 2 3 4
```

• **결측값**

데이터에는 그 규모에 관계없이 결측값이 있을 수 있다. R에서는 결측값을 기호 NA (not available)로 표시한다. 주어진 데이터에 결측값의 포함 여부를 파악하는 것은 모든 분석의 시작이라고 할 수 있으며, 함수 `is.na()`로 그러한 작업을 할 수 있다.

```
> x <- c(1, 0, 3, 5, NA)

> is.na(x)
[1] FALSE FALSE FALSE FALSE  TRUE
```

자료에 포함된 결측값의 개수는 함수 `is.na()`로 생성된 논리형 벡터를 함수 `sum()`에 입력하면 계산할 수 있다.

```
> sum(is.na(x))
[1] 1
```

결측값의 포함여부를 비교 연산자를 이용하여 `x == NA`로 파악할 수 있을 것이라고 생각할 수도 있겠으나, 결측값은 자기 자신을 포함한 어느 대상과도 비교되지 않는다. 따라서 `x == NA`의 결과는 모두 NA가 된다. 여기서 두 개의 등호를 연속해서 사용한 기호 `==`는 벡터의 비교에 사용되는 비교 연산자로서 표 2.1에서 살펴보았다.

NA가 포함된 벡터를 수학 및 통계 관련 함수들에 적용시키면 많은 경우에 그 결과가 NA로 출력되며 어떤 경우에는 함수의 실행이 중단되기도 한다. 이것은 R에서 NA를 중요한 요소로 인식하고 있다는 증거가 된다. 몇몇 함수의 경우 계산 과정에서 NA를 제외하고자 한다면 옵션 `na.rm = TRUE`를 사용해야 한다.

```
> mean(x)
[1] NA
> max(x)
[1] NA

> mean(x, na.rm = TRUE)
[1] 2.25
> max(x, na.rm = TRUE)
[1] 5
```

벡터에 입력된 특정 값을 NA로 전환해야 하는 경우가 있다. 자료를 입력하는 단계에서 결측값을 NA가 아닌, 999 또는 "unknown" 등으로 입력했다면, 이것을 NA로 전환해야 정확한 분석이 가능할 것이다. 이러한 작업은 패키지 `dplyr`의 함수 `na_if()`로 할 수 있는데, 사용법은 na_if(x, y)이다. x는 수정해야 할 벡터이고, y는 NA로 전환할 특정 값으로서 하나의 값을 지정하는 것이 일반적이다.

숫자형 벡터 x의 자료 중 999가 실제로 결측값이라면, 다음과 같이 NA로 전환할 수 있다.

```
> x <- c(4, 2, 6, 999, 1, 4)

> library(dplyr)

> na_if(x, 999)
[1]  4  2  6 NA  1  4
```

문자형 벡터 y의 자료 중 "unknown"이 결측값인 경우라면, 다음과 같이 NA로 전환할 수 있다.

```
> y <- c("Park", "Lee", "unknown", "Kim")

> na_if(y, "unknown")
[1] "Park" "Lee"  NA     "Kim"
```

6.3 논리형 벡터의 활용

6.3.1 숫자형 벡터의 비교

벡터의 비교도 벡터 연산의 경우와 같이 두 벡터의 순서별 대응되는 요소끼리 비교가 이루어진다. 따라서 비교 대상이 되는 두 벡터는 길이가 같아야 하는데, 만일 길이가 같지 않다면 순환법칙이 적용된다. 또한 비교를 위해 사용되는 논리 연산자와 비교 연산자는 2.2절에서 함수 filter()의 조건을 구성하는 상황에서 사용법을 살펴보았으며, 표 2.1과 표 2.2에 있다.

숫자형 벡터를 비교하면 TRUE와 FALSE로 이루어진 논리형 벡터가 결과로 출력된다.

```
> x <- c(3, 8, 2)
> y <- c(5, 4, 2)

> x >= y
[1] FALSE  TRUE  TRUE

> x <= y
[1]  TRUE FALSE  TRUE
```

```
> x == y
[1] FALSE FALSE  TRUE

> x <= 2 & y >= 2
[1] FALSE FALSE  TRUE
```

만일 각 구성요소 차원의 세세한 결과보다 전체 비교 중 한 번이라도 TRUE의 결과가 있는지, 혹은 모든 비교 결과가 TRUE인지가 중요한 경우에는 함수 any()와 all()이 유용하게 사용될 수 있다.

```
> any(x <= y)
[1] TRUE

> all(x <= y)
[1] FALSE
```

주어진 벡터의 구성요소 중 특정 조건을 만족시키는 요소의 개수 혹은 비율을 알고자 하는 경우에는 비교 결과로 출력된 논리형 벡터를 숫자형 벡터로 전환시키는 것이 필요하다. 이 경우, 유용하게 사용되는 함수가 sum()과 mean()이 된다.

예를 들어, 주어진 숫자형 벡터 x 중 4보다 크거나 같은 숫자의 개수와 비율은 다음과 같이 논리형 벡터를 함수 sum() 또는 mean()에 적용시키면 계산할 수 있다. 이때 논리형 벡터의 TRUE는 1로, FALSE는 0으로 변환되며, 따라서 함수 sum()은 TRUE의 개수를, mean()은 TRUE의 비율을 계산하게 된다.

```
> x <- 1:5

> x >= 4
[1] FALSE FALSE FALSE  TRUE  TRUE

> sum(x >= 4)
[1] 2

> mean(x >= 4)
[1] 0.4
```

6.3.2 조건 연산: if_else()와 case_when()

주어진 조건의 만족 여부에 따라 다른 값을 지정해야 하는 경우가 있다. 이런 경우에 유용하게 사용되는 함수가 패키지 dplyr의 함수 if_else()과 case_when()이다.

먼저 if_else()의 사용법은 다음과 같다.

```
if_else(condition, true, false)
```

함수의 실행 결과는 condition이 만족되면 true의 값이 되고, 아니면 false의 값이 된다.

예를 들어, 숫자형 벡터 x의 자료가 0 이상이면 "Positive", 0 미만이면 "Negative"를 값으로 갖는 벡터 y를 다음과 같이 만들 수 있다.

```
> x <- c(5, -1, 3, -2, 1)
> y <- if_else(x >= 0, "Positive", "Negative")

> y
[1] "Positive" "Negative" "Positive" "Negative" "Positive"
```

함수 if_else()는 조건에 따라 두 개의 다른 값을 갖는 벡터를 만들 수 있는데, 만일 조건에 따라 세 개 이상의 다른 값을 갖는 벡터를 만들어야 한다면, 함수 case_when()을 사용해야 할 것이다.

함수 case_when()의 사용법은 case_when(... , .default = NULL)인데, ...에는 condition ~ output의 형식으로 조건 연산문이 나열된다. 나열된 조건 연산문은 순서대로 실행되며, 처음으로 만족된 condition에 대응되는 output을 갖게 된다. 만일 3개의 조건이 있다면, 다음과 같은 형식을 취하게 된다.

```
case_when(
        condition_1 ~ output_1,
        condition_2 ~ output_2,
        condition_3 ~ output_3,
        .default = default_output)
```

.default는 나열된 조건 연산문이 모두 만족되지 않거나, 결측값이 있는 경우에 갖게 되는 값을 지정하는 것으로, 해당 사항이 없는 경우에는 생략할 수 있다.

예를 들어, 다음의 벡터 x의 자료가 80 미만이면 "C", 80 이상 90 미만이면 "B", 90 이상이면 "A"를 값으로 갖는 벡터 y를 만들어 보자.

```
> x <-  c(80, 88, 90, 100, 78, 65)
> y <- case_when(
+   x < 80 ~ "C",
+   x < 90 ~ "B",
+   x < Inf ~ "A"
+ )

> y
[1] "B" "B" "A" "A" "C" "C"
```

함수 case_when()에서 ...에 나열된 조건은 순서대로 만족 여부를 확인하기 때문에, 다음과 같이 순서가 바뀌면 잘못된 결과가 입력된다.

```
> y <- case_when(
+   x < 90 ~ "B",
+   x < 80 ~ "C",
+   x < Inf ~ "A"
+ )
> y
[1] "B" "B" "A" "A" "B" "B"
```

잘못된 결과가 나온 이유는 x < 90 ~ "B"의 조건이 먼저 실행되면서, 78과 65도 이 조건을 만족하기 때문에 "B"를 갖게 되는 것이다.

.default의 필요성은 다음의 예에서 볼 수 있다.

```
> x1 <- c(x, NA)
> y1 <- case_when(
+   x1 < 80 ~ "C",
+   x1 < 90 ~ "B",
+   x1 < Inf ~ "A"
+ )
> y1
[1] "B" "B" "A" "A" "C" "C" NA
```

벡터 y1의 마지막 값이 NA가 되었는데, 만일 이 경우에 "F"를 지정하고자 한다면, 다음과 같이 할 수 있다.

```
> y1 <- case_when(
+   x1 < 80 ~ "C",
+   x1 < 90 ~ "B",
+   x1 < Inf ~ "A",
+   .default = "F"
+ )
> y1
[1] "B" "B" "A" "A" "C" "C" "F"
```

6.4 벡터의 일부분 선택

Base R에서 벡터의 일부분을 선택하는 방식에 하나의 대괄호 [를 사용하는 방식이 있다. 사용 방식은 x[a]의 형태가 되는데, 여기서 a는 정수형 벡터와 논리형 벡터가 사용되며, 이름이 있는 벡터의 경우에는 문자형 벡터도 가능하다.

정수형 벡터가 모두 양수인 경우에는 지정된 위치의 자료를 선택하는 것이고, 모두 음수인 경우에는 지정된 위치의 자료를 제외하는 것이다. 양수와 음수를 혼합하여 지정할 수는 없다.

```
> y <- c(2, 4, 6, 8, 10)

> y[c(1, 3, 5)]
[1]  2  6 10

> y[c(-2, -4)]
[1]  2  6 10
```

같은 위치를 반복해서 지정할 수 있으며, 지정한 위치가 벡터의 길이보다 크면 지정할 자료가 없기 때문에 결측값인 NA가 출력된다.

```
> y[c(2, 2, 2)]
[1] 4 4 4

> y[0]
numeric(0)

> y[6]
[1] NA
```

이름이 있는 벡터의 경우에는 문자형 벡터를 사용하여 일부분을 선택할 수 있다. 벡터 pop에서 Seoul과 Suwon의 인구만을 선택해 보자.

```
> pop <- c(Seoul = 9930, Busan = 3497, Inchon = 2944, Suwon = 1194)

> pop[c("Seoul", "Suwon")]
Seoul Suwon
 9930  1194
```

논리형 벡터를 사용하는 경우에는 TRUE가 있는 위치의 자료만 선택되는데, 이러한 방식은 벡터의 비교에 따른 자료 선택에서 유용하게 사용된다.

```
> y
[1]  2  4  6  8 10

> y > mean(y)
[1] FALSE FALSE FALSE  TRUE  TRUE

> y[y > mean(y)]
[1]  8 10
```

6.5 연습문제

01 다음의 자료를 벡터 x에 입력하라.

17 16 20 24 22 15 21 18

1) 벡터 x의 마지막 자료와 마지막에서 두 번째 자료를 선택해서 출력하라. 단, `x[c(7, 8)]`과 같이 자료의 위치를 직접 입력하지는 않는다.
2) 최댓값인 24는 잘못 입력된 것이라고 한다. 이것을 23으로 수정하라. 단, 최댓값 자료의 위치를 `x[4]`와 같이 직접 입력하지는 않는다.
3) 벡터 x의 자료 중 20보다 큰 자료의 개수를 함수 `sum()`을 사용해서 구하라.
4) 벡터 x의 자료 중 18보다 작은 자료의 비율을 함수 `mean()`을 사용해서 구하라.

02 다음의 자료를 벡터 y에 입력하라.

80 88 90 93 95 94 99 78 101

1) 벡터 y의 평균과 표준편차를 계산해서 `mean.y`과 `sd.y`에 각각 할당하라.
2) 벡터 y의 자료 중 `mean.y-sd.y` 보다 작은 자료를 선택해서 출력하라.
3) 벡터 y의 자료 중 `mean.y-sd.y` 보다 크고, `mean.y+sd.y` 보다 작은 자료를 선택해서 출력하라.
4) 벡터 y의 자료 중 `mean.y-2sd.y` 보다 크고, `mean.y+2sd.y` 보다 작은 자료를 선택해서 출력하라.
5) 벡터 y의 자료 중 `mean.y-2sd.y` 보다 작고, `mean.y+2sd.y` 보다 큰 자료를 선택해서 출력하라.

03 다음의 자료를 벡터 x에 입력하라.

10.4 5.6 3.1 6.4 21.7

1) 벡터 x의 평균을 $\sum x_i / n$의 공식으로 구하라.
2) 벡터 x의 표준편차를 $\sqrt{\sum (x_i - \overline{x})^2 / (n-1)}$의 공식으로 구하라.
3) 벡터 x의 차분을 $x_{i+1} - x_i$의 공식으로 구하고, 함수 `diff(x)`의 결과를 비교하라.

04 데이터 프레임 mtcars는 1974년에 발행된 자동차 잡지에 실린 32종류 자동차의 성능에 관한 자료로써 11개 변수로 이루어졌다. 다음의 작업을 순서대로 수행해 보자.

1) 행 이름을 변수 model로 전환하라.
2) 변수 disp는 세제곱인치 단위의 배기량이다. 이것을 cc단위의 배기량으로 변환한 변수 disp_cc를 만들어라. 단, 1세제곱인치는 16.4cc이다.
3) 변수 disp_cc의 값을 기준으로 변수 type를 만드는데, disp_cc가 1000 미만이면 "compact", disp_cc가 1000 이상, 1500 미만이면 "small", disp_cc가 1500 이상, 2000 미만이면 "midsize", disp_cc가 2000 이상이면 "large"를 변수 type의 값으로 입력한다.
4) 변수 mpg는 1갤런 당 운행 마일을 나타내는 변수이다. 이것을 기준으로 리터 당 운행 킬로미터를 나타내는 변수 kml을 만들어라. 단, 1mpg는 0.43kml이다.
5) 변수 kml의 값을 기준으로 변수 gp_kml을 만드는데, kml이 10 이상이면 "good", 10 미만이면 "bad"를 값으로 입력한다.
6) 변수 model, kml, gp_kml, disp_cc와 type만 선택해서, 다음과 같이 출력하라.

```
# A tibble: 32 × 5
  model               kml gp_kml disp_cc type
  <chr>             <dbl> <chr>    <dbl> <chr>
1 Mazda RX4          9.03 bad      2624  large
2 Mazda RX4 Wag      9.03 bad      2624  large
3 Datsun 710         9.80 bad      1771. midsize
4 Hornet 4 Drive     9.20 bad      4231. large
5 Hornet Sportabout 8.04 bad      5904  large
# i 27 more rows
```

05 다음의 자료가 입력된 벡터 x를 생성하라.

```
> x
[1] 16 17 19 17 22 15 99 20
```

1) 벡터 x의 자료 중 평균값보다 큰 값을 선택해서 출력하라.
2) 벡터 x에 입력된 자료 99는 실제 관측된 자료가 아니라 결측값을 표시한 것이라고 한다. 벡터 x의 자료 중 99를 NA로 바꾸고 다시 계산한 평균값보다 큰 값을 선택해서 출력하라.

7

문자 데이터 다루기

7.1 Base R 함수
7.2 패키지 stringr 함수
7.3 정규 표현식과 stringr 함수
7.4 연습문제

이 장에서는 문자열 데이터를 다루는 방법에 대해 살펴보겠다. 통계 데이터 세트를 구성하고 있는 변수들은 숫자와 문자로 구성되어 있다. 숫자형 벡터의 연산 및 비교로 이루어지는 분석도 물론 중요하지만, 문자형 벡터에 담겨 있는 정보를 효과적으로 추출해내는 분석의 중요성은 점점 증가하고 있다고 하겠다.

이 장에서 살펴볼 문자형 벡터를 위한 함수들은 base R 함수와 `tidyverse`에 속한 패키지 `stringr`의 함수들이다.

7.1 Base R 함수

- **함수 `nchar()`: 문자열의 문자 개수 세기**

함수 `nchar()`는 문자열을 구성하고 있는 문자의 개수를 센다. 다음에 주어진 문자형 벡터 `x`의 첫 문자열은 4개, 두 번째는 3개, 마지막 문자열은 4개의 문자로 이루어졌다는 것을 알 수 있다.

```
> x <- c("Park","Lee","Kwon")
> nchar(x)
[1] 4 3 4
```

한글로 이루어진 문자열의 처리에도 문제는 없다.

```
> nchar("응용통계학과")
[1] 6
```

- **함수 `paste()`: 문자열의 결합**

여러 개의 문자열들을 적절하게 결합해서 새로운 문자열을 만들어야 하는 경우가 자주 있다. 이런 경우에 함수 `paste()`가 매우 유용하게 사용된다. 함수 `paste()`의 기본적인 사용법은 결합시키고자 하는 문자열들을 차례로 입력하는 것이고, 옵션 `sep`에서 지정하는 문자 혹은 빈칸 등이 결합되는 문자열과 문자열 사이에 오게 된다.

5개의 문자열인 "모든", "사람에게는", "통계적", "사고능력이" 그리고 "필요하다"를 결합시켜 보자. 첫 번째는 옵션 `sep`의 디폴트 값인 `sep = " "`가 사용되어 결합되는 문자열들 사이에 하나의 빈칸이 생긴 것이고, 두 번째는 `sep = "-"`가 지정되어 문자열들이 대시(dash) 기호로 결합되었고, 세 번째에는 `sep = ""`이 사용되어 빈칸 없이 문자열들이 결합되었다.

```
> paste("모든", "사람에게는", "통계적", "사고능력이", "필요하다")
[1] "모든 사람에게는 통계적 사고능력이 필요하다"

> paste("모든", "사람에게는", "통계적", "사고능력이", "필요하다",
+       sep = "-")
[1] "모든-사람에게는-통계적-사고능력이-필요하다"

> paste("모든", "사람에게는", "통계적", "사고능력이", "필요하다",
+       sep = "")
[1] "모든사람에게는통계적사고능력이필요하다"
```

함수 paste()에 입력된 숫자는 문자로 전환되어 문자열 결합에 사용된다.

```
> paste("원주율은", pi, "이다")
[1] "원주율은 3.14159265358979 이다"
```

함수 paste() 안에 문자형 벡터가 함께 들어오면 벡터들의 대응되는 요소끼리 결합이 이루어진다. 이때 벡터의 길이가 서로 다르면, 순환법칙이 적용된다. 즉, 문자열 "Stat"과 벡터 1:3을 함께 입력하면 실제로는 c("Stat", "Stat", "Stat")과 1:3이 결합이 되는 것이고, c("Stat", "Math")와 1:3을 함께 입력하면, c("Stat", "Math", "Stat")과 1:3이 결합되는 것이다.

```
> paste(c("Stat", "Math"), 1:2, sep = "")
[1] "Stat1" "Math2"

> paste("Stat", 1:3, sep = "")
[1] "Stat1" "Stat2" "Stat3"

> paste(c("Stat", "Math"), 1:3, sep = "-")
[1] "Stat-1" "Math-2" "Stat-3"
```

빈칸 없이 문자열을 결합시킬 때에는 함수 paste()에 옵션 sep = ""을 추가하는 것보다 그냥 함수 paste0()을 사용하는 것이 더 편리하다.

```
> paste0("stat", 1:3)
[1] "stat1" "stat2" "stat3"
```

문자형 벡터를 구성하고 있는 모든 문자열을 묶어서 하나의 문자열로 나타내는 작업이 필요한 경우가 있다. 이때는 옵션 collapse를 사용하면 된다. 영문자 소문자와 대문자로 구성된 문자형 벡터 letters와 LETTERS를 각각 하나의 문자열로 합쳐보자. 하나의 문자열로 합쳐질 때 옵션 collapse에 지정한 문자가 일종의 구분자 역할을 하고 있다.

```
> letters
 [1] "a" "b" "c" "d" "e" "f" "g" "h" "i" "j" "k" "l" "m" "n" "o" "p"
[17] "q" "r" "s" "t" "u" "v" "w" "x" "y" "z"

> paste0(letters, collapse = "")
[1] "abcdefghijklmnopqrstuvwxyz"

> paste(LETTERS, collapse = ",")
[1] "A,B,C,D,E,F,G,H,I,J,K,L,M,N,O,P,Q,R,S,T,U,V,W,X,Y,Z"
```

함수 paste()에 두 개의 문자형 벡터를 입력하고, 이어서 옵션 collapse를 사용하면 입력된 두 문자형 벡터를 하나의 문자형 벡터로 결합시키고, 이어서 모든 문자열을 묶어서 하나의 문자열로 나타낸다.

```
> paste0(letters, LETTERS, collapse = ",")
[1]
"aA,bB,cC,dD,eE,fF,gG,hH,iI,jJ,kK,lL,mM,nN,oO,pP,qQ,rR,sS,tT,uU,vV,wW,
xX,yY,zZ"

> paste(letters, LETTERS, sep = "-", collapse = ",")
[1]
"a-A,b-B,c-C,d-D,e-E,f-F,g-G,h-H,i-I,j-J,k-K,l-L,m-M,n-N,o-O,p-P,q-Q,
r-R,s-S,t-T,u-U,v-V,w-W,x-X,y-Y,z-Z"
```

- **함수 substr(): 문자열에서 일부분 선택**

주어진 문자열에서 일부분을 선택해야 하는 작업도 빈번히 일어나는 중요한 작업 중 하나이다. 함수 substr()에는 문자형 벡터, 시작점, 끝점을 차례로 입력해야 하며, 시작점과 끝점에는 하나의 숫자 혹은 숫자형 벡터를 지정할 수 있다.

```
> substr("Statistics", 1, 4)
[1] "Stat"
```

아래 예는 문자형 벡터 x를 구성하고 있는 세 문자에 대하여 동일하게 시작점과 끝점을 하나의 숫자로 지정하여 추출한 것이다.

```
> x <- c("응용통계학과", "정보통계학과", "학생회장")
> substr(x, 3, 6)
[1] "통계학과" "통계학과" "회장"
```

시작점과 끝점이 벡터가 되면, 대응되는 숫자끼리 시작점과 끝점을 구성하며 필요하다면 순환법칙도 적용된다. 다음의 예의 결과는 시작점과 끝점이 벡터로 지정된 것으로 첫 번째 문자열에는 (시작점=1, 끝점=2), 두 번째 문자열에는 (시작 점=3, 끝점=6), 그리고 세 번째 문자열에는 다시 (시작점=1, 끝점=2)가 적용된 결과이다.

```
> substr(x, c(1,3), c(2,6))
[1] "응용"      "통계학과" "학생"
```

미국의 세 도시와 그 도시가 속한 주 이름이 입력된 문자형 벡터 y에서 세 도시가 속한 주 이름만을 선택하여 출력해 보자. 비록 세 문자열의 길이가 서로 다르지만 주의 이름은 각 문자열의 마지막 두 칸에 있다는 점에 착안하여 함수 nchar()로 시작점과 끝점을 지정할 수 있다.

```
> y <- c("New York, NY","Ann Arbor, MI","Chicago, IL")

> substr(y, start = nchar(y) - 1, stop = nchar(y))
[1] "NY" "MI" "IL"
```

패키지 ggplot2에 있는 데이터 프레임 mpg는 자동차의 연비와 관련된 자료이다. 11개의 변수 중 trans는 변속기 종류를 나타내는 변수이다. 변수 trans가 갖는 값을 살펴보자.

```
> library(tidyverse)
> mpg |> count(trans)
# A tibble: 10 × 2
   trans          n
   <chr>      <int>
 1 auto(av)       5
 2 auto(l3)       2
 3 auto(l4)      83
 4 auto(l5)      39
 5 auto(l6)       6
 6 auto(s4)       3
 7 auto(s5)       3
 8 auto(s6)      16
 9 manual(m5)    58
10 manual(m6)    19
```

범주의 개수가 지나치게 많은 경우라고 할 수 있어서, auto(av)부터 auto(s6)까지를 auto로 통합하고 manual(m5)와 manual(m6)를 manual로 통합해 보자. 이 경우 시작점을

1, 끝점을 nchar(trans)-4로 지정할 수 있다.

```
> mpg |>
+   mutate(trans = substr(trans, 1, nchar(trans) - 4)) |>
+   count(trans)
# A tibble: 2 × 2
  trans      n
  <chr>  <int>
1 auto     157
2 manual    77
```

• **함수** strsplit(): **문자열의 분할**

여러 문자열들을 서로 결합하는 것도 중요한 작업이지만 하나의 문자열을 몇 개로 분리하는 것도 매우 중요한 작업이다. 함수 strsplit()는 주어진 문자열을 옵션 split에 지정된 기준에 의하여 분리시킨다.

문자형 벡터 x에 입력된 세 도시의 이름과 주 이름을 분리해 보자. 도시 이름과 주 이름이 콤마로 구분되어 있기 때문에 분리 기준으로 옵션 split=","을 지정하였다. 결과는 리스트로 출력된다.

```
> x <- c("New York, NY","Ann Arbor, MI","Chicago, IL")
> (y <- strsplit(x, split = ","))
[[1]]
[1] "New York" " NY"

[[2]]
[1] "Ann Arbor" " MI"

[[3]]
[1] "Chicago" " IL"
```

리스트 y를 생성하는 할당문 전체가 괄호로 감싸여 있는데, 이렇게 할당문을 괄호로 감싸면 할당된 객체의 값이 출력됨을 볼 수 있다. 또한 리스트 객체를 함수 unlist()에 입력하면, 리스트의 모든 구성요소들로 이루어진 벡터가 만들어진다. 리스트 객체와 함수 unlist()에 대한 설명은 9절에서 볼 수 있다.

```
> unlist(y)
[1] "New York"  " NY"       "Ann Arbor" " MI"       "Chicago"
[6] " IL"
```

문자열을 구성하는 개별 문자들을 모두 분리시키는 작업도 가능한데, 이 경우에는 분리 기준이 옵션 `split = ""`이 되어야 한다.

```
> unlist(strsplit("PARK", split = ""))
[1] "P" "A" "R" "K"
```

점(.)이 포함된 문자열에서 점을 기준으로 분리하고자 하는 경우에 옵션 `split = "."`을 지정하는 것으로는 원하는 결과를 얻을 수 없다. 옵션 `split`에는 정규 표현식(regular expression)이 사용되는데, 정규 표현식에서 점(.)은 다른 의미를 갖고 있는 메타 문자로 사용된다. 정규 표현식에 대한 설명은 7.3절에서 볼 수 있다.

이러한 경우에는 또 다른 메타 문자인 대괄호를 함께 사용하면 원하는 결과를 얻을 수 있다. 또는 `fixed`에 `TRUE`를 지정하면, 문자 자체의 의미로 사용된다.

```
> unlist(strsplit("a.b.c", split = "."))
[1] "" "" "" "" ""

> unlist(strsplit("a.b.c", split = "[.]"))
[1] "a" "b" "c"

> unlist(strsplit("a.b.c", split = ".", fixed = TRUE))
[1] "a" "b" "c"
```

- **함수 `toupper()`와 `tolower()`**

가끔 주어진 문자형 벡터를 구성하는 영문자들의 대문자 혹은 소문자를 서로 바꿔야 하는 경우가 생긴다. 이러한 경우에 유용하게 사용할 수 있는 함수가 `toupper()`와 `tolower()` 이다.

```
> x <- c("park", "lee", "kwon")

> (y <- toupper(x))
[1] "PARK" "LEE"  "KWON"

> tolower(y)
[1] "park" "lee"  "kwon"
```

문자열 전체를 바꾸는 것이 아닌 특정 위치에 있는 것만 바꿔야 할 경우가 있다. 문자형 벡터 `x`를 구성하고 있는 세 문자열의 첫 글자만 대문자로 바꿔보자. 이 경우 우선 함수 `substr()`로 첫 글자를 추출하고, 그것을 함수 `toupper()`로 대문자로 변환시킨 후, 그 결과를 다시 함수 `substr()`로 추출한 첫 글자를 치환하면 된다.

```
> x
[1] "park" "lee"  "kwon"

> substr(x,1,1) <- toupper(substr(x,1,1))
> x
[1] "Park" "Lee"  "Kwon"
```

• **함수** sub()**와** gsub()**: 문자열의 치환**

문자열의 일부를 수정하는 작업은 매우 중요한 작업이라 하겠다. 두 함수의 일반적인 사용법은 sub(old, new, x)과 gsub(old, new, x)이 되는데, 문자형 벡터 x를 구성하고 있는 각 문자열 중 old를 new로 치환하는 것이다. 두 함수의 차이점으로 함수 sub()는 각 문자열 중 첫 번째 old만을 new로 치환하지만, 함수 gsub()는 각 문자열의 모든 old를 new로 치환한다는 것이다.

```
> x <- "Park hates stats. He hates math, too."

> sub("hat", "lov", x)
[1] "Park loves stats. He hates math, too."

> gsub("hat", "lov" ,x)
[1] "Park loves stats. He loves math, too."
```

문자형 벡터를 구성하고 있는 각 요소의 치환도 가능하다.

```
> (y <- paste0("banana", 1:3))
[1] "banana1" "banana2" "banana3"

> sub("a", "A", y)
[1] "bAnana1" "bAnana2" "bAnana3"

> gsub("a", "A", y)
[1] "bAnAnA1" "bAnAnA2" "bAnAnA3"
```

문자열의 일부를 삭제하고자 한다면 new에 ""을 입력하면 된다.

```
> z <- "Everybody cannot do it"
> sub("not", "", z)
[1] "Everybody can do it"
```

치환하고자 하는 문자가 정규 표현식에서 다른 의미를 갖고 있는 메타 문자인 경우에는 fixed에 TRUE를 지정해서 문자 그대로 매칭이 이루어지도록 해야 한다. 메타 문자인 점(.)과 $ 기호가 포함된 문자형 벡터를 만들어 보자.

```
> w1 <- c("a.1", "a.2", "a.3")
> w2 <- c("a$1", "a$2", "a$3")
```

이제 w1에서는 점(.)을 밑줄(_)로 바꾸고, w2에서는 $ 기호를 삭제해 보자. 옵션 fixed의 값을 변경하지 않으면, 원하는 결과를 얻지 못하는 것을 알 수 있다.

```
> gsub(".", "_", w1)
[1] "___" "___" "___"

> gsub("$", "", w2)
[1] "a$1" "a$2" "a$3"
```

옵션 fixed = TRUE를 추가해서 다시 실행해 보자.

```
> gsub(".", "_", w1, fixed = TRUE)
[1] "a_1" "a_2" "a_3"

> gsub("$", "", w2, fixed = TRUE)
[1] "a1" "a2" "a3"
```

7.2 패키지 stringr 함수

지금까지 살펴본 base R의 문자열 함수들은 유용하게 사용되는 함수들이지만 함수 이름에 일관성이 없어서 기억하기 쉽지 않다는 문제가 있다. 이에 반하여 패키지 stringr의 함수들은 모두 "str_"로 시작되며, 비교적 어렵지 않게 의미를 파악할 수 있는 이름을 갖고 있어서, 주어진 상황에 필요한 함수가 무엇인지 상대적으로 기억하기 쉽다는 장점이 있다.

- **함수 str_length() : 문자열의 문자 개수 세기**

문자열을 구성하는 문자의 개수를 세는 함수이며, base R에서 대응되는 함수는 nchar()이다.

```
> str_length(c("Park","Lee","Oh", NA))
[1]  4  3  2 NA

> str_length("응용통계학과")
[1] 6
```

• **함수 str_c(): 문자열의 결합**

문자열 및 문자형 벡터의 결합에 사용되는 함수이며, base R에서 대응되는 함수는 paste0()이다.

```
> str_c("Stat", 1:3)
[1] "Stat1" "Stat2" "Stat3"

> str_c("Stat", 1:3, sep = "-")
[1] "Stat-1" "Stat-2" "Stat-3"
```

collapse를 사용하면 문자형 벡터를 구성하는 문자열을 하나로 묶는 작업을 할 수 있다.

```
> str_c(letters, collapse = "")
[1] "abcdefghijklmnopqrstuvwxyz"

> str_c(letters[1:5], LETTERS[1:5], collapse = ",")
[1] "aA,bB,cC,dD,eE"
```

문자형 벡터에 NA가 있는 경우에는 다른 문자형 벡터와의 결합 결과도 당연히 NA가 된다.

```
> x <- c("Stat", "Math", NA)

> str_c(x, 1:3, sep = "/")
[1] "Stat/1" "Math/2" NA
```

만일 결측값 NA를 문자열 "NA"로 표시하고자 한다면 함수 str_replace_na()를 사용하면 된다.

```
> (y <- str_replace_na(x))
[1] "Stat" "Math" "NA"

> str_c(y, 1:3, sep = "/")
[1] "Stat/1" "Math/2" "NA/3"
```

• **함수 str_dup(): 문자열의 반복**

주어진 문자열을 반복시켜서 새로운 문자열을 만들 때 편리하게 사용할 수 있는 함수이다. 반복 대상이 되는 문자열 혹은 문자형 벡터를 입력하고 반복시킬 횟수를 times에 지정하면 된다.

```
> str_dup("a", times = 3)
[1] "aaa"

> str_dup("a", times = 1:4)
[1] "a"    "aa"   "aaa"  "aaaa"
```

반복 대상이 벡터인 경우에는 times에 숫자 혹은 반복 대상이 되는 벡터와 같은 길이의 숫자형 벡터를 지정해야 한다.

```
> str_dup(c("a", "b"), times = 3)
[1] "aaa" "bbb"

> str_dup(c("a", "b"), times = c(2, 3))
[1] "aa"  "bbb"
```

• **함수 str_sub(): 문자열에서 일부분 선택**

주어진 문자열에서 일부분을 추출하거나 혹은 선택한 일부분을 교체하는 함수이며, 대응되는 R base 함수는 substr()이다. 추출 대상이 되는 문자열을 입력하고 start와 end에 시작점과 끝점의 위치를 나타내는 정수를 지정하면 된다. 양의 정수는 문자열의 왼쪽 끝을 기준으로 하는 위치를 나타내고, 음의 정수는 문자열의 오른쪽 끝을 기준으로 하는 위치를 나타낸다. 디폴트 값은 start = 1L, end = -1L이어서 입력된 문자열 전체가 그대로 출력된다.

```
> x <- c("Apple", "Banana", "Pear")
> str_sub(x, start = 1, end = 2)
[1] "Ap" "Ba" "Pe"

> str_sub(x, start = -2, end = -1)
[1] "le" "na" "ar"
```

문자열에서 선택한 일부분을 교체하는 작업은 "str_sub() <-"의 형식으로 이루어진다. 예를 들어 문자형 벡터 y의 첫 글자를 모두 대문자로 교체해 보자. 영문자 소문자로 교체하는 것은 함수 str_to_lower()로 할 수 있고, 대문자로 교체하는 것은 함수 str_to_upper()로 할 수 있다.

```
> y <- c("apple", "banana", "pear")

> str_sub(y, 1, 1) <- str_to_upper(str_sub(y, 1, 1))

> y
[1] "Apple"  "Banana" "Pear"
```

이번에는 다음에 주어진 벡터 w의 첫 글자를 제외한 나머지 모든 글자를 소문자로 교체해 보자.

```
> w <- c("APPLE", "BANANA", "PEAR")

> str_sub(w, 2, -1) <- str_to_lower(str_sub(w, 2, -1))

> w
[1] "Apple"  "Banana" "Pear"
```

패키지 ggplot2의 데이터 프레임 mpg의 변수 trans는 10개 범주를 갖는 변수이다. 10개 범주 중 auto(av)부터 auto(s6)까지를 auto로 통합하고, manual(m5)와 manual(m6)를 manual로 통합하는 작업을 함수 substr()로 진행하려면, 시작점은 1, 끝점은 nchar(trans) - 4로 함수 nchar()를 사용해서 지정해야 한다. 그 이유는 함수 substr()에서는 시작점과 끝점의 위치를 문자열의 왼쪽 끝을 기준으로만 정하기 때문인데, 함수 str_sub()는 문자열의 오른쪽 끝을 기준으로도 위치를 정할 수 있기 때문에 조금 더 편하게 다음과 같이 작업을 진행할 수 있다.

```
> mpg |>
+   mutate(trans = str_sub(trans, 1, -5)) |>
+   count(trans)
# A tibble: 2 × 2
  trans      n
  <chr>  <int>
1 auto     157
2 manual    77
```

- **함수 str_split(): 문자열의 분할**

하나의 문자열을 여러 개로 분할하는 작업을 하는 함수이며, 대응되는 base R 함수는 strsplit()이다. 분할 대상이 되는 문자열을 입력하고 이어서 분할 기준이 되는 패턴을 입력하면 된다. 옵션 simplify에 TRUE를 지정하면 결과가 행렬로 출력되며, 디폴트인 FALSE가 지정되면 리스트로 출력된다.

다음의 벡터 x의 문자열을 콤마를 기준으로 분리해 보자.

```
> x <- c("New York, NY", "Ann Arbor, MI", "Chicago, IL")
> str_split(x, ",")
[[1]]
[1] "New York" " NY"

[[2]]
[1] "Ann Arbor" " MI"

[[3]]
[1] "Chicago" " IL"

> str_split(x, ",", simplify = TRUE)
     [,1]        [,2]
[1,] "New York"  " NY"
[2,] "Ann Arbor" " MI"
[3,] "Chicago"   " IL"
```

빈칸을 기준으로 문자열을 분리하는 것도 가능하다. 다음의 벡터 y의 문자열을 빈칸을 기준으로 분리해 보자.

```
> y <- c("red apple", "yellow banana")
> str_split(y, " ", simplify = TRUE)
     [,1]     [,2]
[1,] "red"    "apple"
[2,] "yellow" "banana"
```

벡터 y의 두 문자열은 하나의 빈칸으로 구분되어 있기 때문에 함수 `str_split()`에 입력되는 패턴은 정확히 하나의 빈칸이 인용 부호로 감싸져 있어야 한다. 만일 두 칸 이상의 빈칸을 패턴으로 입력하면 문자열의 분리는 이루어지지 않는다.

```
> str_split(y, "   ", simplify = TRUE)
     [,1]
[1,] "red apple"
[2,] "yellow banana"
```

주어진 문자열을 개별 문자로 분리하고자 한다면 인용 부호 사이에 빈칸을 없애고 입력하면 된다.

```
> str_split(y, "", simplify = TRUE)
     [,1] [,2] [,3] [,4] [,5] [,6] [,7] [,8] [,9] [,10] [,11] [,12]
[1,] "r"  "e"  "d"  " "  "a"  "p"  "p"  "l"  "e"  ""    ""    ""
[2,] "y"  "e"  "l"  "l"  "o"  "w"  " "  "b"  "a"  "n"   "a"   "n"
     [,13]
[1,] ""
[2,] "a"
```

• **함수 str_replace()와 str_replace_all(): 문자열의 치환**

문자열의 일부분을 치환하는 작업을 하는 함수이며, 대응되는 base R 함수로는 sub()와 gsub()이다. 두 함수의 기본적인 사용법은 동일하다. 먼저 문자열 혹은 문자형 벡터를 입력하고 이어서 치환 대상이 되는 패턴을 입력한 후 새롭게 바꾸려는 문자열을 그 다음에 입력하면 된다. 두 함수의 차이는 str_replace()가 지정된 패턴과 첫 번째 매치가 되는 문자열만을 치환하는 데 반하여 str_replace_all()은 패턴과 매치가 되는 모든 문자열을 치환한다는 점이다.

다음의 벡터 x에서 소문자 a를 찾아서 대문자 A로 바꾸는 작업을 두 함수로 각각 시행해 보자.

```
> x <- str_c("banana", 1:3)

> str_replace(x, "a", "A")
[1] "bAnana1" "bAnana2" "bAnana3"

> str_replace_all(x, "a", "A")
[1] "bAnAnA1" "bAnAnA2" "bAnAnA3"
```

함수 str_replace_all()의 경우에는 문자형 벡터의 각 문자열마다 각기 다른 내용의 치환을 실시할 수 있다. 이 경우에는 치환 대상이 되는 패턴과 새롭게 바꾸려는 문자열을 각각 등호로 연결을 해야 한다.

```
> (x <- str_c("banana", 1:3))
[1] "banana1" "banana2" "banana3"

> str_replace_all(x, c("1" = " one", "2" = " two",
+                      "3" = " three"))
[1] "banana one"   "banana two"   "banana three"
```

• **함수 str_remove()와 str_remove_all(): 문자열의 제거**

문자열 중 특정 문자를 제거하는 작업을 하는 함수이다. 함수 str_replace()와 함수 str_replace_all()로 문자열을 제거할 수 있지만, 함수 str_remove()와 함수 str_remove_all()를 사용하는 것이 더 간편한 방법이 된다.

다음의 벡터 x에서 소문자 a를 제거해보자.

```
> x <- str_dup("a", times = 1:4) |>
+   str_c(1:4)
> x
[1] "a1"    "aa2"    "aaa3"   "aaaa4"
```

함수 str_remove()는 첫 번째 a만 제거하고, str_remove_all()은 모든 a를 제거한다.

```
> str_remove(x, "a")
[1] "1"    "a2"    "aa3"   "aaa4"

> str_remove_all(x, "a")
[1] "1" "2" "3" "4"
```

함수 str_replace()와 str_replace_all()를 사용해서 문자열을 제거하려면 ""을 다음과 같이 추가해야 한다.

```
> str_replace(x, "a", "")
[1] "1"    "a2"    "aa3"   "aaa4"

> str_replace_all(x, "a", "")
[1] "1" "2" "3" "4"
```

• **함수 str_detect(), str_count(): 매치되는 패턴의 존재 여부 확인 및 개수 계산**

주어진 문자열에서 매치되는 패턴의 존재 여부를 확인하는 작업과 매치되는 패턴의 개수를 세는 작업은 주어진 문자열의 특성을 파악하는데 큰 도움이 될 수 있다. 예를 들어, 주어진 문장에 특정 단어의 포함 여부 및 포함 횟수를 파악함으로써 그 문장의 대략적인 의미를 미루어 짐작할 수 있을 것이다.

함수 str_count()의 사용법은 문자열을 먼저 입력하고 이어서 패턴을 입력하면 된다. 다음의 벡터 x를 구성하고 있는 각 문자열에 소문자 "p"의 존재 여부 확인 및 매치되는 패턴의 개수는 다음과 같이 확인할 수 있다.

```
> x <- c("apple", "banana", "pear")

> str_detect(x, "p")
[1]  TRUE FALSE  TRUE

> str_count(x, "p")
[1] 2 0 1
```

패키지 stringr에 있는 words는 980개의 단어로 구성된 문자형 벡터이다.

```
> str(words)
 chr [1:980] "a" "able" "about" "absolute" "accept" "account" ...
```

벡터 words의 980개 단어에 사용된 모음 중 가장 빈번하게 사용된 모음이 어떤 것인지 함수 str_count()로 다음과 같이 확인할 수 있다. 모음 "e"가 686번 사용되어 가장 빈번하게 사용되었음을 알 수 있다.

```
> sum(str_count(words, "a"))
[1] 385

> sum(str_count(words, "e"))
[1] 686

> sum(str_count(words, "i"))
[1] 319

> sum(str_count(words, "o"))
[1] 373

> sum(str_count(words, "u"))
[1] 189
```

모음 "e"가 포함된 단어의 개수는 다음과 같이 확인할 수 있다.

```
> sum(str_detect(words, "e"))
[1] 536
```

패키지 babynames에 있는 데이터 프레임 babynames에는 연도별로 많이 사용되는 신생아 이름과 동일 이름의 신생아 수, 그리고 해당 연도를 기준으로 동일 이름의 신생아 비율이 입력되어 있다.

```
> library(babynames)

> babynames |>
+   print(n = 5)
# A tibble: 1,924,665 × 5
   year sex   name          n   prop
  <dbl> <chr> <chr>     <int>  <dbl>
1  1880 F     Mary       7065 0.0724
2  1880 F     Anna       2604 0.0267
3  1880 F     Emma       2003 0.0205
4  1880 F     Elizabeth  1939 0.0199
5  1880 F     Minnie     1746 0.0179
# ℹ 1,924,660 more rows
```

신생아 이름 중 소문자 "x"가 들어있는 이름을 선택해 보자.

```
> babynames |>
+   filter(str_detect(name, "x")) |>
+   print(n = 5)
# A tibble: 16,317 × 5
   year sex   name          n      prop
  <dbl> <chr> <chr>     <int>     <dbl>
1  1880 F     Roxie        62 0.000635
2  1880 F     Dixie        15 0.000154
3  1880 F     Roxanna       9 0.0000922
4  1880 F     Texas         5 0.0000512
5  1880 M     Alexander   211 0.00178
# ℹ 16,312 more rows
```

소문자 "x"가 들어있는 이름 중 가장 많이 사용되는 이름을 찾기 위해서는 함수 count()에서 변수 n을 가중값으로 사용해야 한다. 빈도수의 가중값을 결정하는 변수의 지정은 함수 count()의 wt를 이용하면 된다.

```
> babynames |>
+   filter(str_detect(name, "x")) |>
+   count(name, wt = n, sort = TRUE) |>
+   print(n = 5)
# A tibble: 974 × 2
  name           n
  <chr>      <int>
1 Alexander 665492
2 Alexis    399551
3 Alex      278705
```

```
4 Alexandra 232223
5 Max       148787
# ℹ 969 more rows
```

이번에는 소문자 “x”가 들어있는 이름의 연도별 비율을 구해보자.

```
> babynames |>
+   group_by(year) |>
+   summarise(prop_x = mean(str_detect(name, "x"))) |>
+   print(n = 5)
# A tibble: 138 × 2
   year  prop_x
  <dbl>   <dbl>
1  1880 0.0065
2  1881 0.00879
3  1882 0.00940
4  1883 0.00768
5  1884 0.00827
# ℹ 133 more rows
```

이 경우에는 비율을 그대로 출력하는 것보다 그래프로 표현하는 것이 더 효과적인 방식이라 할 수 있다.

```
> babynames |>
+     group_by(year) |>
+     summarise(prop_x = mean(str_detect(name, "x"))) |>
+     ggplot(aes(x = year, y = prop_x)) +
+     geom_line()
```

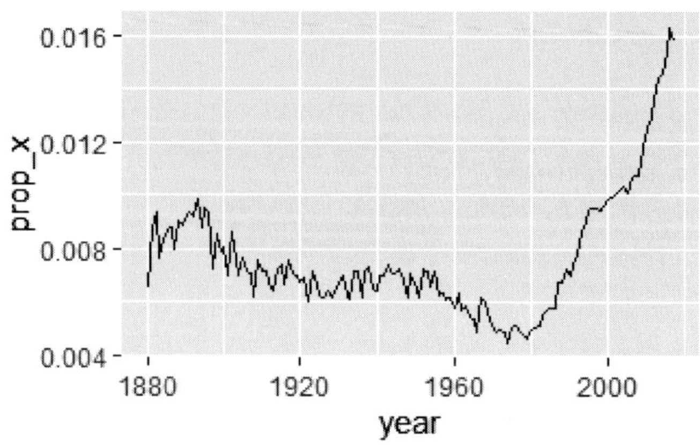

그림 7.1 소문자 ‘x’가 들어있는 이름의 연도별 비율

• **함수 str_subset(): 매치되는 패턴이 포함된 문자열 추출**

매치되는 패턴의 개수를 세는 것도 중요한 작업이지만 패턴이 포함된 문자열 자체를 추출하는 것 또한 매우 의미 있는 작업이다. 함수 str_subset()은 주어진 문자열 중에 지정한 패턴이 포함되어 있는 문자열 자체를 추출할 수 있는데, 예를 들어 문자형 벡터 words에서 소문자 "x"가 포함된 단어는 다음과 같이 찾을 수 있다.

```
> str_subset(words, "x")
 [1] "box"        "exact"      "example"    "except"     "excuse"
 [6] "exercise"   "exist"      "expect"     "expense"    "experience"
[11] "explain"    "express"    "extra"      "next"       "sex"
[16] "six"        "tax"
```

• **함수 str_extract()와 str_extract_all(): 매치되는 패턴 추출**

매치되는 패턴이 포함된 문자열 전체를 추출해내는 것도 의미가 있지만, 각 문자열에서 매치되는 패턴만을 추출하는 것도 상당히 의미가 있다. 함수 str_extract()는 각 문자열에서 첫 번째로 매치되는 패턴을 추출하여 벡터로 출력한다. 반면에 함수 str_extract_all()은 매치되는 모든 패턴을 추출하여 리스트로 출력하며, 만일 옵션 simplify=TRUE를 추가하면 결과를 문자형 행렬로 출력한다.

```
> x <- c("ab", "acb", "acab", "abcab")

> str_extract(x, "ab")
[1] "ab" NA   "ab" "ab"

> str_extract_all(x, "ab")
[[1]]
[1] "ab"

[[2]]
character(0)

[[3]]
[1] "ab"

[[4]]
[1] "ab" "ab"

> str_extract_all(x, "ab", simplify = TRUE)
     [,1] [,2]
[1,] "ab" ""
[2,] ""   ""
[3,] "ab" ""
[4,] "ab" "ab"
```

7.3 정규 표현식과 stringr 함수

정규 표현식(regular expression)은 문자열에 있는 패턴을 표현하는 방식을 의미하는 것으로서, R에서만 다뤄지는 것이 아니라 문자열을 다루는 모든 프로그램에서 공통적으로 사용되는 매우 강력하고 유용한 기법이다. 이 절에서는 정규 표현식의 기초적인 내용을 살펴보고, 패키지 stringr의 함수와 함께 사용해보고자 한다.

문자열의 패턴 중 가장 단순한 형태는 문자열 자체이다. 예를 들어 문자형 벡터 words에서 소문자 "x"가 포함된 단어를 찾는 경우, 함수 str_subset()에서 사용되는 패턴은 소문자 "x"가 된다. 앞 절에서 살펴본 패키지 stringr의 함수들에 대한 예제에서 사용된 패턴은 모두 문자열 자체였다.

조금 복잡해진 문자열 패턴의 예로서 문자형 벡터 words에서 소문자 "x"로 끝나는 단어를 찾는 경우를 생각해 볼 수 있다. 이 경우에는 정규 표현식의 메타 문자 $을 사용하면 다음과 같이 간단하게 해당 단어를 찾을 수 있다.

```
> str_subset(words, "x$")
[1] "box" "sex" "six" "tax"
```

]와 같이 정규 표현식을 패키지 stringr의 함수들과 함께 사용하면 한층 업그레이드된 강력한 분석 능력을 가질 수 있게 된다.

- **메타 문자(Meta character)**

정규 표현식에서 메타 문자란 특별한 의미를 갖고 있는 문자를 지칭하는 것으로서, 다음의 문자들이 메타 문자에 해당한다.

```
. \ | ( ) [ ] { } ^ $ * + ?
```

이제 각 메타 문자의 의미를 살펴보자.

1) 점(.) : 모든 문자와 매치

점(.)은 모든 문자와 매치가 된다. 다음의 문자형 벡터 x의 문자열 중에 소문자 "a"에 이어서 임의의 문자가 오는 패턴이 있는 문자열을 추출해 보자.

```
> x <- c("abac", "adc", "cba")
> str_subset(x, "a.")
[1] "abac" "adc"
```

벡터 x을 구성하는 각 문자열에서 소문자 "a"에 이어서 임의의 문자가 오는 패턴을 추출해 보자.

```
> x <- c("abac", "adc", "cba")
> str_extract(x, "a.")
[1] "ab" "ad" NA

> str_extract_all(x, "a.", simplify = TRUE)
     [,1] [,2]
[1,] "ab" "ac"
[2,] "ad" ""
[3,] ""   ""
```

2) 역슬래시(\): 탈출 문자(Escape character)

점(.)은 메타 문자로서 모든 문자와 매치된다. 그렇다면 문자로서 "."은 어떻게 매치해야 하는가? 예를 들어 다음의 벡터 x에서 문자열 중에 있는 점(.)을 함수 str_extract()로 추출해 보자.

```
> x <- c("a.c", "abc")
> str_extract(x, ".")
[1] "a" "a"
```

추출 결과는 점이 아니라 각 문자열의 첫 문자인 "a"가 출력되었다. 이러한 경우에는 메타 문자의 기능을 없애고 문자 자체의 의미만을 남겨두는 것이 필요한데, 이때 사용되는 것이 메타 문자의 기능에서 탈출한다는 의미를 갖고 있어서 탈출 문자라고 불리는 역슬래시(\)이다.

여기에서 한 가지 문제는 정규 표현식에서 탈출 문자로 사용되는 역슬래시가 문자열 자체에서도 탈출 문자로 사용된다는 점이다. 예를 들어, "\n"은 줄을 바꾸는 기호이고, "\t"은 탭 기호를 의미한다. 따라서 문자 자체로써 역슬래시 하나를 문자열에 포함시키기 위해서는 "\\"와 같이 두 개를 연속해서 사용해야 하며, 이러한 이유로 해서 정규 표현식 \.을 작성하기 위한 문자열은 "\\."이 되어야 한다.

```
> x <- c("a.c", "abc")
> str_extract(x, "\\.")
[1] "." NA
```

또한 탈출 문자로 사용되는 역슬래시를 문자로써 매치하려는 정규 표현식은 \\이 되며, 이것을 작성하기 위한 문자열은 "\\\\"이 된다.

다음의 벡터 x를 구성하는 문자열 중에 있는 역슬래시를 추출해 보자.

```
> x <- c("a\\b", "a\\.b", "aeb")
> str_extract(x, "\\\\")
[1] "\\" "\\" NA
```

문자열을 그냥 출력하면 탈출 문자가 포함된 상태에서의 결과를 보여준다. 탈출 문자를 제거한 문자열 실제 모습을 보기 위해서는 함수 `writeLines()`를 사용해야 한다.

```
> x
[1] "a\\b"  "a\\.b" "aeb"

> writeLines(x)
a\b
a\.b
aeb

> writeLines(str_extract(x, "\\\\"))
\
\
NA
```

3) ^과 $: 위치 지정

정규 표현식은 문자열의 위치에 관계없이 매치되는 것이 일반적이다. 하지만 어떤 경우에는 위치를 지정해서 문자열의 시작 부분 혹은 끝부분과 매치가 되도록 하는 것이 매우 효과적일 수 있다. 메타 문자 "^"은 문자열의 시작 부분을, "$"는 문자열의 끝부분을 지정할 때 사용된다.

다음의 벡터 x에서 "a"로 시작하는 문자열과 "a"로 끝나는 문자열에서 문자 "a"를 각각 추출해 보자.

```
> x <- c("apple", "banana", "pear")

> str_extract(x, "^a")
[1] "a" NA  NA

> str_extract(x, "a$")
[1] NA  "a" NA
```

지정된 문자열만 매치되도록 하기 위해서는 "^"와 "$"을 함께 사용하면 된다.

```
> x <- c("apple pie", "apple", "apple cake")

> str_extract(x,"apple")
[1] "apple" "apple" "apple"

> str_extract(x,"^apple$")
[1] NA      "apple" NA
```

벡터 words에 있는 단어 중 문자 "y"로 시작하는 단어와 "x"로 끝나는 단어, 그리고 두 문자로 이루어진 단어를 각각 추출해 보자.

```
> str_subset(words, "^y")
[1] "year"      "yes"       "yesterday" "yet"       "you"
[6] "young"

> str_subset(words, "x$")
[1] "box" "sex" "six" "tax"

> str_subset(words, "^..$")
 [1] "as" "at" "be" "by" "do" "go" "he" "if" "in" "it" "no" "of" "on"
[14] "or" "so" "to" "up" "we"
```

벡터 words에 있는 단어 중 세 문자로 이루어진 단어의 개수는 다음과 같이 알아볼 수 있다.

```
> words |>
+   str_count("^...$") |>
+   sum()
[1] 110
```

4) [ ]: 문자 클래스

문자 클래스는 대괄호 안에 나열된 문자를 의미하는 것인데, 나열된 문자 중 한 문자와 매치가 된다. 다음의 벡터 x에서 "e" 또는 "o"가 있는 문자열을 추출해 보자.

```
> x <- c("adapt", "adept", "adopt")
> str_subset(x, "[eo]")
[1] "adept" "adopt"
```

패키지 stringr의 fruit은 80가지의 과일 이름으로 구성되어 있는 문자형 벡터이다. 이름이 모음으로 시작하는 과일을 fruit에서 찾아보자.

```
> str_subset(fruit, "^[aeiou]")
[1] "apple"      "apricot"    "avocado"    "eggplant"    "elderberry"
[6] "olive"      "orange"     "ugli fruit"
```

문자 클래스에는 어떤 문자도 올 수 있지만 첫 문자가 "^"이면 정반대 의미의 매치가 이루어진다. 예를 들어 "[abc]"는 셋 중 어느 하나와 매치가 되지만 "[^abc]"는 세 문자를 제외한 다른 문자와 매치가 된다. 다음의 벡터 x에서 첫 문자가 "a" 또는 "b"가 아닌 문자열을 추출해 보자.

```
> x <- c("abc", "bcd", "cde")
> str_subset(x, "^[^ab]")
[1] "cde"
```

"[abcdefghijklmnopqrstuvwxyz]"는 소문자 "a" 부터 "z"까지 중 어느 한 문자와의 매치를 구성하는 패턴으로 사용할 수 있지만, 효율적인 방식은 아니며, 대신 하이픈을 이용해서 "[a-z]"로 할 수 있다. 따라서 소문자와 대문자를 포함한 모든 영문자 중 어느 한 문자와의 매치는 "[A-Za-z]"로 작성할 수 있고, 숫자까지 포함시키고자 한다면, "[0-9A-Za-z]"로 작성할 수 있다.

하지만 더 효율적인 방식은 다음과 같이 미리 설정된 문자 클래스를 사용하는 것이다.

- [:punct:] : 마침표, 쉼표 등의 구두점과 매치
- [:alpha:] : 글자와 매치
- [:digit:] : 숫자와 매치
- [:alnum:] : 숫자 및 글자와 매치
- [:space:] : 빈칸과 매치

```
> x <- c("I have $20.", "내 키는 175cm 이다.")
> str_extract_all(x, "[:punct:]")
[[1]]
[1] "."

[[2]]
[1] ".“
```

```
> str_extract_all(x, "[:alpha:]")
[[1]]
[1] "I" "h" "a" "v" "e"

[[2]]
[1] "내" "키" "는" "c"  "m"  "이" "다"

> str_extract_all(x, "[:digit:]")
[[1]]
[1] "2" "0"

[[2]]
[1] "1" "7" "5"

> str_extract_all(x, "[:alnum:]")
[[1]]
[1] "I" "h" "a" "v" "e" "2" "0"

[[2]]
 [1] "내" "키" "는" "1"  "7"  "5"  "c"  "m"  "이" "다"

> str_split(x, "[:space:]")
[[1]]
[1] "I"    "have" "$20."

[[2]]
[1] "내"    "키는"  "175cm" "이다."
```

탈출 문자를 사용한 다음과 같은 방식도 사용할 수 있다.

- \d : 숫자와 매치
- \D : 숫자가 아닌 것과 매치
- \w : 숫자 및 글자와 매치
- \W : 숫자 및 글자가 아닌 것과 매치
- \s : 빈칸과 매치

```
> x <- c("Don't eat!", "1+2=3")
> str_extract_all(x, "\\d")
[[1]]
character(0)

[[2]]
[1] "1" "2" "3"
```

```
> str_extract_all(x, "\\D")
[[1]]
 [1] "D" "o" "n" "'" "t" " " "e" "a" "t" "!"

[[2]]
[1] "+" "="

> str_extract_all(x, "\\w")
[[1]]
[1] "D" "o" "n" "t" "e" "a" "t"

[[2]]
[1] "1" "2" "3"

> str_extract_all(x, "\\W")
[[1]]
[1] "'" " " "!"

[[2]]
[1] "+" "="

> str_split(x, "\\s")
[[1]]
[1] "Don't" "eat!"

[[2]]
[1] "1+2=3"
```

5) | : 대안 제시

메타 문자 "|"은 OR 연산자의 의미를 갖고 있다. 한 개 이상의 패턴을 문자 "|"으로 연결해 놓으면, 그 중 어느 하나와 매치가 된다. 예를 들어 "abc|def"는 "abc" 혹은 "def"와 매치가 된다.

```
> x <- c("abc", "def" , "ghi")
> str_detect(x, "a|d")
[1]  TRUE  TRUE FALSE

> str_detect(x, "a|d|g")
[1] TRUE TRUE TRUE
```

문자 "|"은 우선 순위가 낮은 연산자이다. 이것 때문에 제시되는 패턴의 범위가 명확하지 않은 경우에는 괄호를 사용하여 범위를 명확하게 할 수 있다. 예를 들어 "ab(c|d)ef"는 "abcef" 또는 "abdef"와 매치가 된다.

```
> x <- c("abd", "acd", "abc")
> str_detect(x, "ab|cd")
[1] TRUE TRUE TRUE

> str_detect(x, "a(b|c)d")
[1]  TRUE  TRUE FALSE
```

6) ?, +, * : 반복 연산자

반복 연산자를 이용하면 제시되는 패턴의 매치 횟수를 조절할 수 있다. 반복 연산자로 사용되는 각 메타 문자의 의미는 다음과 같다.

- ? : 한 번 이하의 반복 (가능한 반복 횟수 = 0, 1)
- + : 한 번 이상의 반복 (가능한 반복 횟수 ≥ 1)
- * : 0번 이상의 반복 (가능한 반복 횟수 ≥ 0)

반복 연산자는 반복 대상이 되는 패턴 바로 뒤에 붙이면 된다. 예를 들어 `"colou?r"`은 `"u"`의 1회 반복으로 `"colour"`과 매치가 되기도 하고, 0회 반복, 즉 제거되어 `"color"`와도 매치가 된다.

```
> x <- c("color", "colour")
> str_extract(x, "colou?r")
[1] "color"  "colour"
```

반복 대상이 되는 패턴이 두 개 이상의 문자인 경우에는 반드시 괄호로 감싸야 한다.

```
> x <- c("ba", "bana", "banana", "bananana")

> str_extract(x, "bana(na)?")
[1] NA       "bana"   "banana" "banana"

> str_extract(x, "bana(na)+")
[1] NA         NA         "banana"   "bananana"

> str_extract(x, "bana(na)*")
[1] NA         "bana"     "banana"   "bananana"
```

정확한 반복 횟수를 지정하려면 중괄호 `"{}"`를 사용하면 된다.

- `{n}` : 정확히 n번 반복
- `{n, m}` : n번에서 m번 사이 반복

- {n,} : n번 이상 반복
- {, m} : m번 이하 반복

벡터 words에서 세 개의 자음으로 시작하는 단어는 다음과 같이 찾을 수 있다.

```
> str_subset(words, "^[^aeiou]{3}")
 [1] "Christ"    "Christmas" "dry"       "fly"       "mrs"
 [6] "scheme"    "school"    "straight"  "strategy"  "street"
[11] "strike"    "strong"    "structure" "system"    "three"
[16] "through"   "throw"     "try"       "type"      "why"
```

세 개 이상의 모음이 연속으로 있는 단어는 다음과 같이 찾을 수 있다.

```
> str_subset(words, "[aeiou]{3,}")
[1] "beauty"   "obvious"  "previous"   "quiet"  "serious"  "various"
```

모음-자음의 쌍이 세 번 이상 연속으로 나타나는 단어는 다음과 같이 찾을 수 있다

```
> str_subset(words, "([aeiou][^aeiou]){3,}")
 [1] "america"    "benefit"    "business"   "definite"   "develop"
 [6] "document"   "economy"    "educate"    "eleven"     "evening"
[11] "evidence"   "general"    "holiday"    "however"    "imagine"
[16] "operate"    "original"   "particular" "politic"    "positive"
[21] "separate"   "similar"    "specific"   "television" "therefore"
[26] "university"
```

7) ( ): 그룹 지정 및 재참조(backreference)

괄호는 문자 "|"와 패턴의 우선 순위를 조절하기 위하여 패턴의 그룹을 구성할 때 사용됐고, 문자 "+" 또는 "*" 등의 반복 연산자의 경우에도 반복 대상이 되는 패턴을 그룹으로 구성할 때 사용됐다. 이와 같이 그룹을 구성하는 것은 나름의 목적이 있는 것이지만, 그룹으로 구성된 패턴을 재참조할 수 있다는 점이 또 다른 목적이 될 수 있다. 재참조는 매치된 패턴을 반복할 때 매우 유용하게 사용되는 것으로서, 재참조의 표현식은 "\1", "\2" 등으로 나타낼 수 있다. 여기서 "\1"은 첫 번째 매치된 패턴의 그룹을, 그리고 "\2"은 두 번째 매치된 패턴의 그룹을 각각 의미한다.

예를 들어 벡터 fruit에서 한 개의 문자가 두 번 반복해서 나타나는 과일 이름은 "(.)"으로 매치된 한 문자를 "\\1"로 재참조, 즉 동일한 문자를 다시 매치하는 패턴을 구성하여, 한 개의 문자가 두 번 반복해서 나타나는 문자열을 찾아내는 것이다.

```
> str_subset(fruit, "(.)\\1")
 [1] "apple"             "bell pepper"        "bilberry"
 [4] "blackberry"        "blackcurrant"       "blood orange"
 [7] "blueberry"         "boysenberry"        "cherry"
[10] "chili pepper"      "cloudberry"         "cranberry"
[13] "currant"           "eggplant"           "elderberry"
[16] "goji berry"        "gooseberry"         "huckleberry"
[19] "lychee"            "mulberry"           "passionfruit"
[22] "persimmon"         "pineapple"          "purple mangosteen"
[25] "raspberry"         "redcurrant"         "salal berry"
[28] "strawberry"        "tamarillo"
```

두 개의 문자가 두 번 반복해서 나타나는 과일 이름은 다음과 같이 찾을 수 있다.

```
> str_subset(fruit, "(..)\\1")
[1] "banana"       "coconut"      "cucumber"     "jujube"
[5] "papaya"       "salal berry"
```

벡터 words에서 첫 글자와 마지막 글자가 같은 글자인 단어는 다음과 같이 찾을 수 있다.

```
> str_subset(words, "^(.).*\\1$")
 [1] "america"    "area"       "dad"        "dead"       "depend"
 [6] "educate"    "else"       "encourage"  "engine"     "europe"
[11] "evidence"   "example"    "excuse"     "exercise"   "expense"
[16] "experience" "eye"        "health"     "high"       "knock"
[21] "level"      "local"      "nation"     "non"        "rather"
[26] "refer"      "remember"   "serious"    "stairs"     "test"
[31] "tonight"    "transport"  "treat"      "trust"      "window"
[36] "yesterday"
```

또한 words에서 한 문자가 세 번 이상 사용된 단어는 다음과 같이 찾을 수 있다.

```
> str_subset(words, "(.).*\\1.*\\1")
 [1] "appropriate" "available"   "believe"     "between"
 [5] "business"    "degree"      "difference"  "discuss"
 [9] "eleven"      "environment" "evidence"    "exercise"
[13] "expense"     "experience"  "individual"  "paragraph"
[17] "receive"     "remember"    "represent"   "telephone"
[21] "therefore"   "tomorrow"
```

7.4 연습문제

01 다음의 벡터 x1을 만들어 보자.

```
> x1
 [1] "a" "b" "b" "c" "c" "c" "d" "d" "d" "d"
```

1) 벡터 x1을 이용해서 다음의 벡터 x2을 만들어 보자.

```
> x2
 [1] "a1"  "b2"  "b3"  "c4"  "c5"  "c6"  "d7"  "d8"  "d9"  "d10"
```

2) 벡터 x2을 이용해서 다음의 벡터 x3을 만들어 보자.

```
> x3
[1] "a1_b2_b3_c4_c5_c6_d7_d8_d9_d10"
```

3) 벡터 x3을 이용해서 다음의 벡터 x4을 만들어 보자.

```
> x4
 [1] "a1"  "b2"  "b3"  "c4"  "c5"  "c6"  "d7"  "d8"  "d9"  "d10"
```

4) 벡터 x1을 이용해서 다음의 벡터 x5을 만들어 보자.

```
> x5
 [1] "a A" "b B" "b B" "c C" "c C" "c C" "d D" "d D" "d D" "d D"
```

5) 벡터 x5를 구성하고 있는 문자열을 다음과 같이 변형시켜라.

```
> x5
 [1] "a1A" "b2B" "b2B" "c3C" "c3C" "c3C" "d4D" "d4D" "d4D" "d4D"
```

02 벡터 `letters`는 영문 알파벳 소문자로 이루어진 문자형 벡터이다.

1) 벡터 `letters`를 이용해서 다음의 벡터 a1을 만들어 보자.

```
> a1
 [1] "a1"  "b2"  "c3"  "d4"  "e5"  "f6"  "g7"  "h8"  "i9"  "j10" "k11"
[12] "l12" "m13" "n14" "o15" "p16" "q17" "r18" "s19" "t20" "u21" "v22"
[23] "w23" "x24" "y25" "z26"
```

2) 벡터 a1을 이용해서 다음의 벡터 a2를 만들어 보자.

```
> a2
[1]
"a1-b2-c3-d4-e5-f6-g7-h8-i9-j10-k11-l12-m13-n14-o15-p16-q17-r18-
s19-t20-u21-v22-w23-x24-y25-z26"
```

3) 벡터 a2를 이용해서 다음의 벡터 a3를 만들어 보자.

```
> a3
[1]
"a1b2c3d4e5f6g7h8i9j10k11l12m13n14o15p16q17r18s19t20u21v22w23x24
y25z26"
```

03 패키지 `stringr`의 `fruit`은 80 종류 과일 이름으로 구성된 문자형 벡터이다.

1) 이름에 `"berry"`가 들어 있는 과일을 `fruit`에서 찾아 모두 출력해 보자.
2) 이름에 `"berry"`가 들어 있는 과일 중에는 `"goji berry"`와 같이 `"berry"`가 앞 글자와 한 칸 떨어져 있는 과일도 포함되어 있다. 이런 과일을 찾아 모두 출력해 보자.
3) 이름에 `"berry"`가 들어 있는 과일 중 `"blueberry"`와 같이 `"berry"`가 앞 글자와 붙어 있는 과일을 찾아 모두 출력해 보자.
4) `fruit`에서 이름이 가장 긴 과일은 무엇인가? 단, 빈칸도 이름에 포함되는 것으로 본다.

04 패키지 `stringr`에 있는 문자형 벡터 `sentences`에는 720개의 문장이 문자열로 입력되어 있다.

```
> str(sentences)
 chr [1:720] "The birch canoe slid on the smooth planks." ...
```

1) 벡터 `sentences`에 있는 모든 구두점(마침표, 쉼표 등)을 제거하고, 단어별로 분리한 결과를 새로운 벡터 `sentences_1`에 할당하라.

```
> str(sentences_1)
 chr [1:5745] "The" "birch" "canoe" "slid" "on" "the" "smooth" ...
```

2) 벡터 sentences_1를 구성하고 있는 단어의 빈도를 계산하고자 한다. 단어를 모두 소문자로 변환하고, 단어별 빈도를 계산해서 가장 빈도가 높은 다섯 단어를 다음과 같이 출력하라.

```
# A tibble: 5 × 2
  value     n
  <chr> <int>
1 the     744
2 a       213
3 of      132
4 to      123
5 and     118
```

3) 불용어(stop word)는 'the', 'a', 'is' 등과 같이 문장을 구성하는 필수 요소이지만 문맥적으로 큰 의미가 없는 단어를 의미한다. 불용어의 리스트는 패키지 tidytext에 있는 데이터 프레임 stop_words의 첫 번째 변수 word에 입력되어 있다. 패키지 tidytext를 설치해서 불용어 리스트를 획득하고, 그것을 이용하여 앞 문제에서 이루어진 작업 결과 중 불용어를 제거한 후 가장 빈도가 높은 다섯 단어를 선정하라.

05 함수 colors()를 실행하면 657개의 색 이름 문자형 벡터가 출력되는데, 그것을 color_1에 할당하라.

```
> str(color_1)
 chr [1:657] "white" "aliceblue" "antiquewhite" "antiquewhite1" ...
```

1) 벡터 color_1를 구성하고 있는 색 이름 중에는 숫자로 끝나는 색 이름이 있다. 이러한 색 이름만 선택해서 벡터 color_2에 할당하라. 모두 몇 종류의 색이 있는가?
2) 벡터 color_2의 색 이름 중 grey색은 grey0부터 grey100까지 101 종류가 있고, gray색도 gray0부터 gray100까지 101 종류가 있다. 이 두 종류의 색을 color_2에서 모두 제거하라. 몇 종류의 색이 color_2에 남아 있는가?
3) 벡터 color_1를 구성하고 있는 색 이름에서 숫자로 끝나는 색 이름을 모두 제거하고 벡터 color_3에 할당하라. 모두 몇 종류의 색이 color_3에 있는가?
4) 벡터 color_3에 있는 색 이름 중 벡터 fruit에 있는 과일 이름과 같은 색 이름은 무엇인가?

8

요인

8.1 요인 생성
8.2 요인 다루기
8.3 연속형 변수를 범주형 변수로 변환
8.4 연습문제

요인은 범주형 변수를 위한 데이터 구조이다. 범주형 변수는 성별, 지역 등 몇 가지 범주를 자료로 갖는 변수인데, 이러한 범주를 요인의 수준(level)이라고 한다.

이 장에서는 요인의 생성 및 수정 등을 포함한 요인 다루기에 관련된 함수들의 사용법을 살펴보겠다. 요인의 생성에 base R 함수인 `factor()`도 사용하지만, 그 외의 분석에서는 `tidyverse`에 속한 패키지 `forcats`의 함수들을 사용하겠다. 패키지 `forcats`는 `core tidyverse`에 속한 패키지이므로, 사용하기 위해서는 `library(tidyverse)`를 먼저 실행해야 한다.

8.1 요인 생성

이 절에서는 base R 함수인 `factor()`를 사용한 요인 생성과 패키지 `forcats`의 함수 `fct()`를 사용한 요인 생성 방법을 살펴보겠다.

8.1.1 함수 factor()에 의한 요인 생성

- **명목형 변수를 위한 요인 생성**

벡터를 요인으로 변환시키는 작업은 함수 `factor()`로 할 수 있다. 먼저 문자형 벡터를 만들고, 그것을 요인으로 변환시켜 보자.

```
> x <- c("Male", "Female", "Female")

> x1_f <- factor(x)

> x1_f
[1] Male   Female Female
Levels: Female Male
```

문자형 벡터에서 요인으로 변환된 `x1_f`의 개별자료에는 인용부호가 없어지고 대신 `level`이 다음 줄에 나타나는데, 알파벳순으로 `Female`이 첫 번째, `Male`이 두 번째 수준이 된다.

만일 수준의 순서를 변경하려면, `levels`에 다음과 같이 원하는 순서를 지정하면 된다.

```
> x2_f <- factor(x, levels = c("Male", "Female"))
> x2_f
[1] Male   Female Female
Levels: Male Female
```

숫자형 벡터를 요인으로 변환시켜 보자.

```
> y <- c(1, 3, 2, 2, 1, 4)

> y1_f <- factor(y)
> y1_f
[1] 1 3 2 2 1 4
Levels: 1 2 3 4
```

요인 y1_f의 수준 순서도 알파벳순으로 정해져 있는데, 이 순서를 변경해 보자.

```
> y2_f <- factor(y, levels = c(4, 2, 3, 1))
> y2_f
[1] 1 3 2 2 1 4
Levels: 4 2 3 1
```

요인이 갖고 있는 수준의 이름을 바꾸고자 하는 경우에는, labels에 수준의 개수와 길이가 같은 문자형 벡터를 지정해 주면 수준의 이름이 변경된다. 벡터 y를 요인으로 변환하되, 수준의 이름을 변경해 보자.

```
> y3_f <- factor(y, labels = c("A", "B", "C", "D"))
> y3_f
[1] A C B B A D
Levels: A B C D
```

요인의 수준을 합치려는 경우에도 labels를 사용할 수 있다. labels에 수준의 개수와 길이가 같은 문자형 벡터를 지정하되, 합치려는 수준에는 동일한 이름을 지정하면 된다. 예를 들어, 벡터 y를 요인으로 변경하되, (1, 2)는 "A"로 (3, 4)는 "B"로 수준을 통합시키려면, 다음과 같이 실행하면 된다.

```
> y_4 <- factor(y, labels = c("A", "A", "B", "B"))
> y_4
[1] A B A A A B
Levels: A B
```

- **순서형 변수를 위한 요인 생성**

순서형 변수를 위한 요인을 만들기 위해서는 함수 factor()에 order = TRUE를 포함시켜야 하며, 원하는 수준의 순서가 알파벳 순서와 다른 경우에는 levels에서 사용자가 직접 지정하면 된다.

```
> income <- c("Low", "Medium", "High", "Medium")

> factor(income, order = TRUE)
[1] Low    Medium High   Medium
Levels: High < Low < Medium

> factor(income, order = TRUE, level = c("Low", "Medium", "High"))
[1] Low    Medium High   Medium
Levels: Low < Medium < High
```

8.1.2 패키지 forcats의 함수 fct()에 의한 요인 생성

함수 `fct()`를 사용해서 명목형 변수를 위한 요인을 만들어 보자.

```
> z <- c("B", "C", "A", "B")
> z1_f <- fct(z)

> z1_f
[1] B C A B
Levels: B C A
```

요인의 디폴트 수준 순서가 함수 `factor()`에서는 알파벳순이지만, 함수 `fct()`에서는 자료에 나타난 순서가 된다. 문자형 벡터 `z`에는 세 가지 다른 값이 입력되었는데, 그 중 `"B"`가 첫 번째로 입력됐고, 그 다음이 `"C"`, 그리고 `"A"`가 마지막으로 입력됐다. 함수 `fct()`로 만들어진 요인의 수준 순서도 자료의 입력 순서와 동일하게 `"B"`가 첫 번째이고, `"C"`가 두 번째, `"A"`가 세 번째가 된다. 다른 순서의 수준으로 요인을 만들기 위해서는 `levels`에 원하는 수준 순서를 지정하면 된다.

```
> z2_f <- fct(z, levels = c("A", "B", "C"))
> z2_f
[1] B C A B
Levels: A B C
```

함수 `factor()`와 또 다른 차이점은 `levels`에 지정되지 않는 자료의 처리 방식이다.

```
> z3_f <- fct(z, levels = c("A", "B"))
Error in `fct()`:
! All values of `x` must appear in `levels` or `na`
 i Missing level: "C"
```

함수 fct()는 levels에 지정되지 않은 자료가 있으면, 오류를 발생시킨다. 반면에 함수 factor()는 levels에 지정되지 않은 자료에 대해 단순히 결측값으로 입력하는 것에 그친다. 따라서 levels에 입력 오류가 있더라도 발견하기 어렵다는 문제가 있게 된다.

```
> z4_f <- factor(z, levels = c("A", "B"))
> z4_f
[1] B    <NA> A    B
Levels: A B
```

8.2 요인 다루기

통계 데이터 세트에 요인은 거의 대부분 포함된다고 할 수 있는데, 많은 경우에 요인의 수준 개수나 순서 등을 변경할 필요가 있다. 패키지 forcats에는 요인의 내용을 수정할 때 효과적으로 사용할 수 있는 함수들이 있다.

8.2.1 요인 수준의 순서 변경

자료의 시각화 과정에서 요인의 수준 순서를 변경하는 것이 더 효과적인 경우가 많이 있다. 이런 경우 유용하게 사용되는 함수가 fct_infreq()와 fct_reorder()이다.

- **함수** fct_infreq()

함수 fct_infreq()는 요인 각 수준의 빈도수에 따라 순서를 변경하는데, 빈도가 가장 많은 수준이 첫 번째가 된다.

데이터 프레임 mpg의 변수 class는 차량의 유형을 나타내는 문자형 벡터이다. 각 자료마다의 빈도를 살펴보자. 변수 class는 7 종류의 값을 가지고 있는데, 알파벳순으로 나열되어 있는 것을 알 수 있다.

```
> mpg |> count(class)
# A tibble: 7 × 2
  class          n
  <chr>      <int>
1 2seater        5
2 compact       47
3 midsize       41
4 minivan       11
5 pickup        33
6 subcompact    35
7 suv           62
```

이제 class를 함수 fct_infreq()에 입력해서 변환시켜 보자. 함수 count()로 생성된 데이터 프레이메서 class의 유형이 요인으로 변경된 것으로 볼 수 있으며, 변수 n의 값에 따라 순서가 바뀐 것을 알 수 있다.

```
> mpg |>
+   mutate(class = fct_infreq(class)) |>
+   count(class)
# A tibble: 7 × 2
  class          n
  <fct>      <int>
1 suv           62
2 compact       47
3 midsize       41
4 subcompact    35
5 pickup        33
6 minivan       11
7 2seater        5
```

막대그래프는 요인 수준의 순서를 빈도수에 따라 변경하는 것이 중요한 의미를 갖는 그래프이다. 변수 class의 막대그래프를 작성해 보자.

```
> mpg |>
+   ggplot(aes(y = class)) +
+   geom_bar()
```

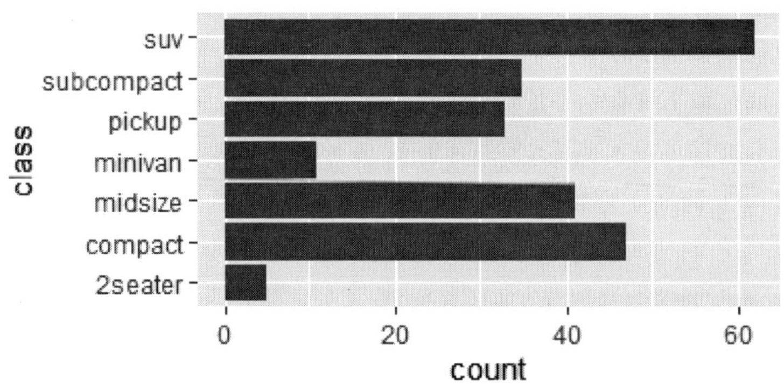

그림 8.1 변수 class의 막대그래프

변수 class의 막대그래프를 작성하며 전달하고 싶은 정보 중 하나는 많이 운행되고 있는 차량의 유형일 것이다. 그림 8.1으로는 원하는 정보를 효과적으로 전달하기 어려워 보인다. 이제 수준의 순서를 빈도수에 따라 변경한 막대그래프를 작성해 보자. 훨씬 효과적인 그래프가 작성되었다.

```
> mpg |>
+   ggplot(aes(y = fct_infreq(class))) +
+   geom_bar() +
+   labs(y = "class")
```

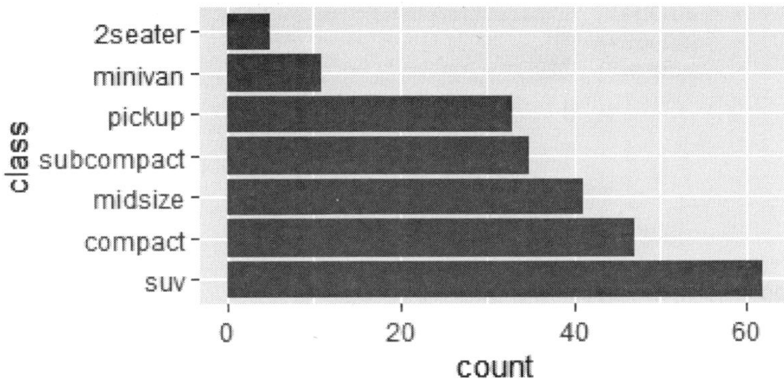

그림 8.2 수준 순서를 변경한 변수 class의 막대그래프

• **함수** `fct_reorder()`

요인의 수준 순서를 다른 변수의 값에 따라 정하는 것이 필요한 경우가 있다. 이런 경우에 유용하게 사용되는 함수가 `fct_reorder()`이다. 기본적인 사용법은 다음과 같다.

```
fct_reorder(.f, .x, .fun = median)
```

`.f`는 요인이며, 요인 수준의 순서가 `.fun`에 `.x`를 입력한 값인 `.fun(.x)`의 오름차순으로 정해진다. `.fun`의 디폴트가 `median()`이므로, 숫자형 변수 `.x`의 중앙값인 `median(.x)`에 따라 수준의 순서가 결정되는 것이 디폴트이다.

데이터 프레임 `mpg`의 변수 `trans`의 막대그래프를 작성해 보자.

```
> mpg |>
+   ggplot(aes(y = trans)) +
+   geom_bar()
```

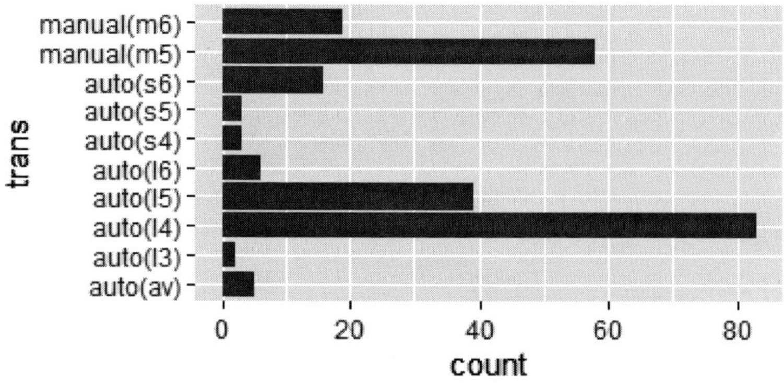

그림 8.3 변수 trans의 막대그래프

변수 trans의 수준별 hwy의 평균값을 계산해 보자.

```
> mpg |>
+   group_by(trans) |>
+   summarise(avg_hwy = mean(hwy)) |>
+   arrange(avg_hwy)
# A tibble: 10 × 2
   trans      avg_hwy
   <chr>        <dbl>
 1 auto(l6)      20
 2 auto(l5)      20.7
 3 auto(l4)      22.0
 4 manual(m6)    24.2
 5 auto(s6)      25.2
 6 auto(s5)      25.3
 7 auto(s4)      25.7
 8 manual(m5)    26.3
 9 auto(l3)      27
10 auto(av)      27.8
```

변수 hwy의 평균에 따라 trans의 수준 순서를 변경해서 막대그래프를 작성해 보자. 함수 fct_reorder()의 세 번째 요소에 mean을 입력해서 중앙값이 아닌 평균을 계산하게 했다.

```
> mpg |>
+   ggplot(aes(y = fct_reorder(trans, hwy, mean))) +
+   geom_bar() +
+   labs(y = "trans")
```

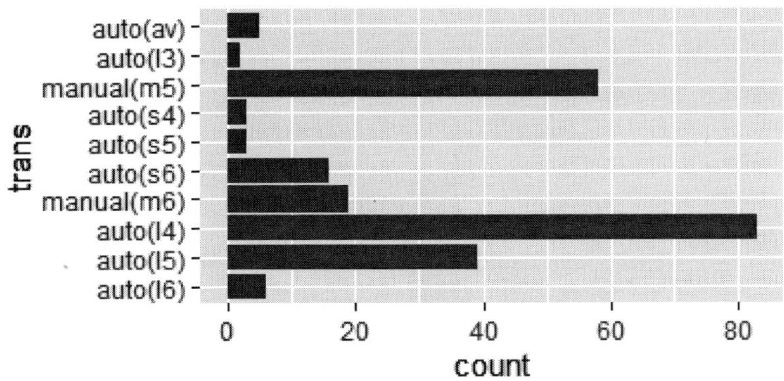

그림 8.4 수준 순서를 변경한 변수 trans의 막대그래프

도수분포표를 대상으로 막대그래프를 작성하는 경우를 살펴보자. 파일 `export.csv`는 2012년 대한민국 주요 수출 품목이 입력된 자료이다. 파일의 URL은 다음과 같다.

```
> url_export <-
"https://raw.githubusercontent.com/yjyjpark/RnStat_4e/main/Data/export
.csv"
```

R로 불러와서 자료의 내용을 살펴보자.

```
> export <- readr::read_csv(url_export)

> export |> print(n = 5)
# A tibble: 20 × 3
   rank item                      value
  <dbl> <chr>                     <dbl>
1     1 Refined petroleum         51540
2     2 Integrated circuits       49126
3     3 Cars                      42484
4     4 Passenger and Cargo Ships 29010
5     5 LCDs                      23978
# ℹ 15 more rows
```

변수 `item`은 주요 수출 품목이고, `value`는 수출액이다. 이제 주요 수출 품목별 수출액을 막대그래프로 나타내 보자. 이것은 도수분포표로 정리된 자료를 대상으로 막대그래프를 작성하는 경우와 동일한데, 따라서 함수 `geom_col()`을 사용하면서 `y`에는 `item`을, `x`에는 `value`를 매핑해야 한다.

```
> export |>
+   ggplot(aes(y = item, x = value)) +
+   geom_col()
```

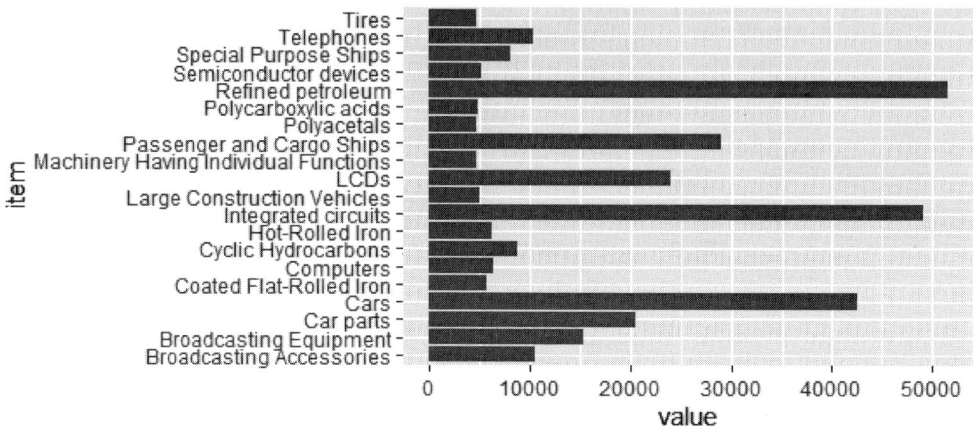

그림 8.5 주요 수출 품목별 수출액 막대그래프

그림 8.5의 막대 순서를 알파벳이 아닌 수출액인 `value`에 따라 변경하는 것이 그래프를 조금 더 효과적으로 만드는 것이 될 것이다. 이 경우 함수 `fct_reorder()`의 `.fun`을 수정할 필요가 없는데, 그것은 숫자 하나의 중앙값은 그 숫자이기 때문이다.

```
> export |>
+   ggplot(aes(y = fct_reorder(item, value), x = value)) +
+   geom_col() +
+   labs(y = "item")
```

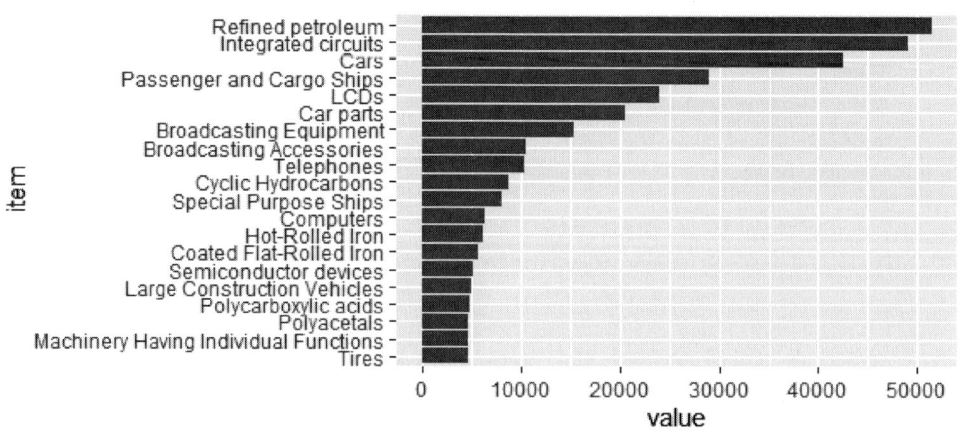

그림 8.6 주요 수출 품목별 수출액 막대그래프

8.2.2 요인 수준 병합

범주형 변수에 대한 분석을 할 때 몇몇 범주를 합쳐서 범주의 개수를 줄여야 하는 경우가 있다. 이런 상황에서 유용하게 사용되는 함수가 fct_recode()와 fct_lump_prop() 및 fct_lump_n()이다. 함수 fct_recode()는 합쳐질 수준을 사용자가 직접 지정할 때 사용할 수 있고, 함수 fct_lump_prop()와 fct_lump_n()은 빈도수가 작은 수준들을 하나로 통합할 때 유용하게 사용된다.

- **함수** fct_recode()

요인 x를 다음과 같이 만들어 보자.

```
> x <- factor(c("A", "C", "B", "A", "F"))

> x
[1] A C B A F
Levels: A B C F
```

요인 x의 수준 "A", "B", "C"을 "PASS"로 합치고, "F"는 "Fail"로 이름을 변경해 보자. 함수 fct_recode()에는 변경하고자 하는 요인을 먼저 입력하고, 이어서 name = "value"의 형식으로 변경할 수준을 나열하는데, name에는 새로운 수준의 이름을 지정하고, "value"에는 변경 대상이 되는 수준을 지정한다.

```
> x_1 <- fct_recode(x, PASS = "A", PASS = "B", PASS = "C",
+                      FAIL = "F")

> x_1
[1] PASS PASS PASS PASS FAIL
Levels: PASS FAIL
```

변경되는 내용에 포함되지 않은 수준은 그대로 유지가 된다. 요인 x_1을 만드는 과정에서 "F"을 언급하지 않으면 다음과 같은 결과를 얻는다.

```
> fct_recode(x, PASS = "A", PASS = "B", PASS = "C")
[1] PASS PASS PASS PASS F
Levels: PASS F
```

- **함수** fct_lump_prop()**와** fct_lump_n()

빈도수가 많지 않은 수준을 합쳐서 수준의 개수를 줄이는 것은 범주형 변수의 분석에서 흔히 이루어지는 작업이다. 함수 fct_lump_prop()는 빈도 비율 prop를 기준으로 통합될 수준을 정할 때 사용할 수 있고, 함수 fct_lump_n()은 빈도 상위 n 미만의 수준을 통합할 때 사용할 수 있다.

패키지 MASS의 데이터 프레임 Cars93의 변수 Cylinders의 범주별 빈도와 비율은 다음과 같다.

```
> data(Cars93, package = "MASS")
> Cars93 |>
+   count(Cylinders) |>
+   mutate(prop = n/sum(n))
  Cylinders  n    prop
1         3  3  0.03225806
2         4 49  0.52688172
3         5  2  0.02150538
4         6 31  0.33333333
5         8  7  0.07526882
6    rotary  1  0.01075269
```

범주의 빈도가 전체 자료의 5% 이하인 범주를 통합해 보자.

```
> Cars93 |>
+   mutate(Cylinders = fct_lump_prop(Cylinders, prop = 0.05)) |>
+   count(Cylinders)
  Cylinders  n
1         4 49
2         6 31
3         8  7
4     Other  6
```

만일 상위 2개 범주를 제외한 나머지를 모두 합치고자 한다면 함수 fct_lump_n()을 사용하면 된다. 통합된 범주의 이름은 "Other"가 디폴트인데, 이것을 변경하려면 "other_level=" 에 원하는 이름을 지정하면 된다. 통합되는 범주의 이름을 "Uncommon"으로 변경해 보자.

```
> Cars93 |>
+   mutate(Cylinders = fct_lump_n(Cylinders, n = 2,
+                                 other_level = "Uncommon")) |>
+   count(Cylinders)
  Cylinders   n
1         4  49
2         6  31
3  Uncommon  13
```

8.3 연속형 변수를 범주형 변수로 변환

자료분석 과정에서 기존의 숫자형 변수를 범주형 변수로 변환시켜야 하는 경우가 종종 있다. 시험점수(숫자형 변수)를 기반으로 특정 기준에 따라 학점(범주형 변수)을 부여하는 경우와 3.3절에서 살펴본 연속형 변수에 의한 faceting을 실행하는 경우 등이 예가 될 수 있다.

연속형 변수에 의한 faceting을 위해 3.3절에서 함수 `cut_interval()`, `cut_width()`, 그리고 `cut_number()`에 대해 살펴보았는데, 이 함수들은 모두 함수 `cut()`에 기반을 둔 함수들이다. 많은 경우에 이 함수들로 원하는 작업을 할 수 있겠지만, 미세한 조절이 필요한 경우에는 함수 `cut()`을 사용하는 것이 더 효율적일 수 있다.

함수 `cut()`의 기본적인 사용법은 다음과 같다.

```
cut(x, breaks, labels = NULL,
    include.lowest = FALSE, right = FALSE, ... )
```

`x`는 요인으로 변환하려는 숫자형 벡터이고, `breaks`에는 최솟값과 최댓값을 포함하여 전체 구간을 원하는 그룹으로 구분하는 벡터가 입력된다. `right`에는 설정된 구간이 오른쪽으로 닫히는 $(a < x \leq b)$와 같은 구간이면 `TRUE`, 왼쪽으로 닫히는 $(a \leq x < b)$와 같은 구간이면 `FALSE`가 입력되고, `include.lowest`에는 개별 값이 전체 구간의 최솟값(`right=FALSE`의 경우에는 최댓값)과 같아도 변환에 포함시킬 것(`TRUE`)인지 아닌지(`FALSE`)를 지정하게 된다. 요인 수준의 라벨은 `labels`에서 지정할 수 있다.

예를 들어 0에서 100 사이의 값을 갖는 숫자형 벡터 x를 '90 이상', '90 미만 80 이상', '80 미만'의 세 등분으로 구분하여 각각 A, B, C의 값을 갖는 요인 `x_f`로 변환해 보자.

```
> x <- c(80, 88, 90, 93, 95, 94, 100, 78, 65)
> x_f <- cut(x, breaks = c(0, 80, 90, 100), include.lowest = TRUE,
+            right = FALSE, labels = c("C", "B", "A"))
> x_f
[1] B B A A A A A C C
Levels: C B A
```

벡터 `x`의 최댓값 100은 요인 `x_f`의 마지막 구간인 $90 \leq x < 100$에 포함되지는 않지만, `include.lowest=TRUE`를 지정했기 때문에 `NA`가 아닌 `"A"`로 변환될 수 있다. 만일 `include.lowest`의 사용에 어려움을 느낀다면, 자료에 무한대가 포함될 가능성은 없기 때문에 `breaks`의 최소와 최대를 `-Inf`와 `Inf`로 설정하는 것도 좋은 방법이 되겠다.

```
> cut(x, breaks = c(-Inf, 80, 90, Inf),
+     right = FALSE, labels = c("C", "B", "A"))
[1] B B A A A A A C C
Levels: C B A
```

6.3.2절에서 살펴본 함수 `if_else()`와 `case_when()`은 주어진 조건의 만족 여부에 따라 다른 값을 지정해야 하는 경우에 사용하는 함수인데, 이 함수들도 연속형 변수를 범주형 변수로 전환하는 작업에 사용할 수 있다. 전환하려는 범주형 변수의 범주가 2개인 경우에는 함수 `if_else()`를, 3개 이상인 경우에는 `case_when()`을 사용하면 되는데, 경우에 따라서 함수 `cut()`보다 더 편리하게 범주형 변수를 생성할 수 있다. 다만 이 함수들이 생성하는 객체는 요인이 아니기 때문에, 요인이 필요하다면, 이 함수들이 생성한 개체를 함수 `factor()`나 `as.facator()`에 입력해서 요인으로 변환시켜야 한다.

8.4 연습문제

01 패키지 ggplot2의 데이터 프레임 mpg에는 234대 자동차의 연비와 관련된 자료가 입력되어 있다.

1) 변수 `manufacturer`에 몇 종류의 회사가 입력되어 있는지 그래프로 확인하려고 한다. 빈도수에 대한 막대그래프를 다음과 같이 작성해 보자.

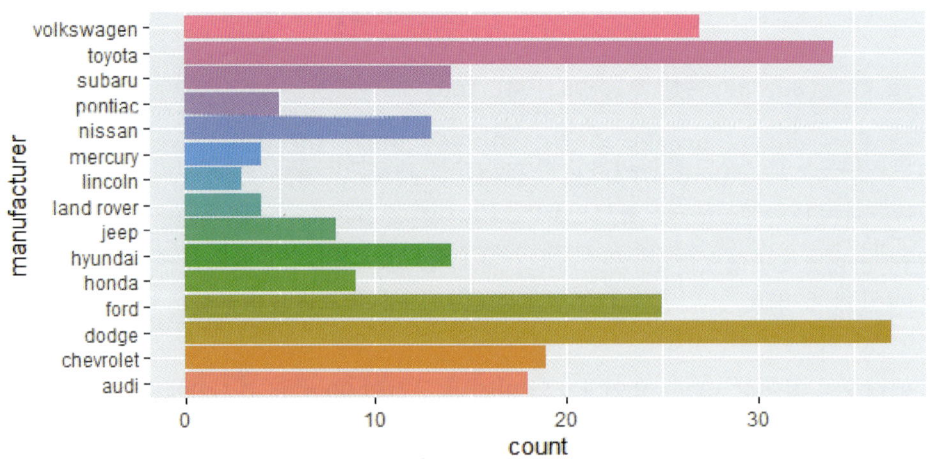

그림 8.7 변수 `manufacturer`의 막대그래프

2) 변수 `manufacturer`의 범주별 빈도의 비율이 5% 이하인 범주는 `"OTHER"`라는 이름으로 통합하고, 빈도수에 따라 막대 순서를 변경한 막대그래프를 다음과 같이 작성하라.

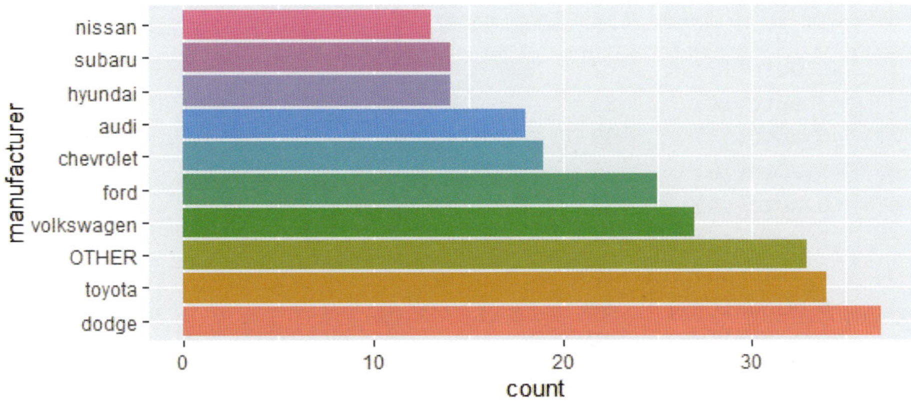

그림 8.8 변수 `manufacturer`의 막대그래프

3) 변수 `manufacturer`의 범주별 빈도가 상위 5개 범주를 제외한 나머지를 `"OTHER COMPANY"`라는 이름으로 통합하고, 빈도수에 따라 막대 순서를 변경한 막대그래프를 다음과 같이 작성하라.

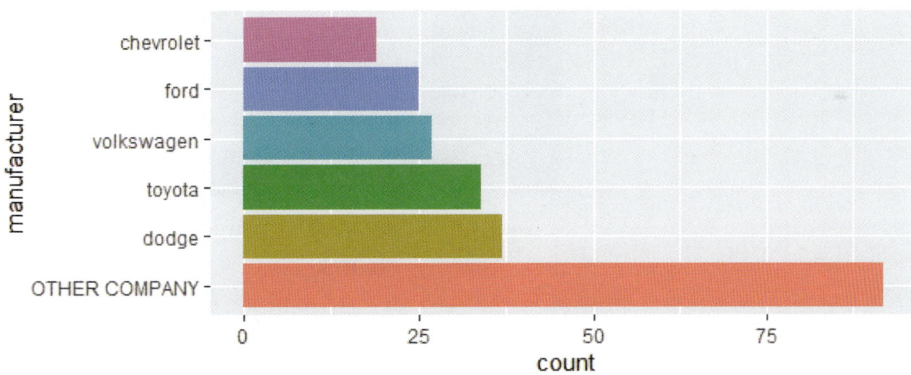

그림 8.9 변수 `manufacturer`의 막대그래프

4) 문자형 변수 trans를 요인으로 변경하고, 범주별 빈도를 다음과 같이 출력해 보자.

```
# A tibble: 10 × 2
   trans          n
   <fct>      <int>
 1 auto(av)       5
 2 auto(l3)       2
 3 auto(l4)      83
 4 auto(l5)      39
 5 auto(l6)       6
 6 auto(s4)       3
 7 auto(s5)       3
 8 auto(s6)      16
 9 manual(m5)    58
10 manual(m6)    19
```

5) trans의 범주 중 manual(m5)와 manual(m6)는 Manual로 통합하고, auto(l3), auto(l4), auto(l5), auto(l6)는 Auto_T1으로, 나머지 범주는 Auto-T2로 통합해서, 각 범주의 빈도를 막대그래프로 나타내보자. 막대의 순서는 빈도수에 따라 정한다.

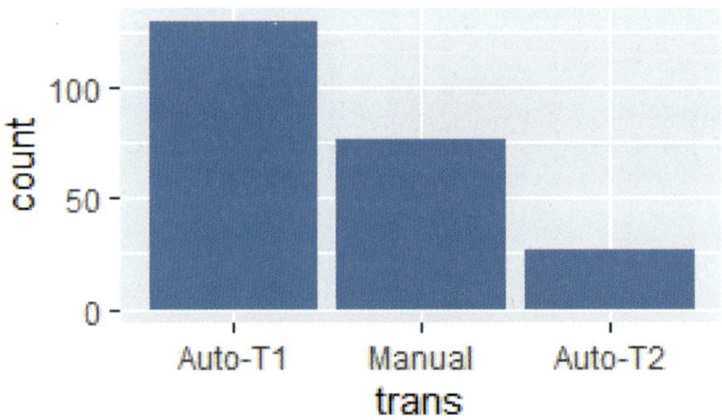

그림 8.10 변수 trans의 막대그래프

02 데이터 프레임 airquality는 뉴욕시 오존 농도에 관한 자료이다. 변수 Ozone과 Solar.R의 관계가 Wind와 Temp에 따라 어떤 변화가 있는지 살펴보고자 한다.

1) 변수 Wind와 Temp를 기준으로 범주형 변수 Wind_f와 Temp_f를 만들어 보자. 두 변수의 범주 구간은 각 변수의 평균값 이상과 미만으로 구성한다. 즉, Wind가 mean(Wind) 이상이면 Wind_f는 "High Wind"를 갖고 mean(Wind) 미만이면 "Low Wind"를 값으로 갖는 방식이다. 두 요인 Wind_f와 Temp_f로 구분되는 4가지 그룹별 변수 Ozone과 Solar.R의 평균값 및 자료 개수를 계산해서, 변수 Ozone의 평균값 크기에 따라 다음과 같이 출력하고, 결과를 해석하라.

```
# A tibble: 4 × 5
# Groups:   Wind_f [2]
  Wind_f    Temp_f    mean_oz mean_solar n_obs
  <fct>     <fct>       <dbl>      <dbl> <int>
1 Low Wind  High Temp    71.4       204.    55
2 High Wind High Temp    39.0       208.    30
3 Low Wind  Low Temp     20.5       153.    26
4 High Wind Low Temp     17.6       166.    42
```

2) 변수 Wind_f와 Temp_f로 구분되는 4가지 그룹별로 변수 Ozone과 Solar.R의 산점도를 작성하고, 그 위에 회귀직선을 추가한 다음의 그래프를 작성하라. 변수 Ozone과 Solar.R의 관계가 Wind와 Temp에 따라 어떤 변화가 있는지 설명하라.

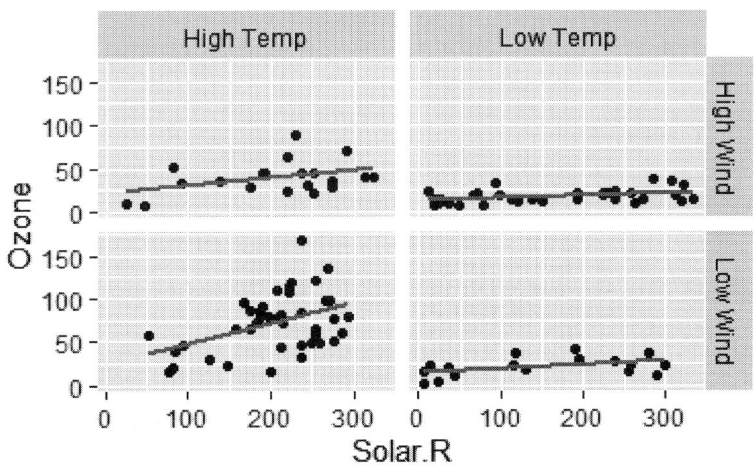

그림 8.11 변수 Ozone과 Solar.R의 산점도

03 다음의 자료를 벡터 score에 입력하라.

85 91 75 69 52 95 88 100

1) 숫자형 벡터 score를 기준으로 요인 grade를 생성하는데, 90 이상이면 "A", 90 미만 80 이상이면 "B", 80 미만 70 이상이면 "C", 70 미만 60 이상이면 "D", 60 미만이면 "F"를 값으로 갖도록 한다.

2) 변수 score와 grade를 다음과 같이 함께 출력해 보자.

```
# A tibble: 8 × 2
  score grade
  <dbl> <fct>
1    85 B
2    91 A
3    75 C
4    69 D
5    52 F
6    95 A
7    88 B
8   100 A
```

04 파일 auto.csv에는 차량의 모델, 생산 국가, 가격, 연비 자료가 입력되어 있는데, 첫 줄에 변수 이름은 입력되어 있지 않다. 파일 auto.csv의 url은 다음과 같다.

```
> url_auto <-
"https://raw.githubusercontent.com/yjyjpark/RnStat_4e/main/Data/
auto.csv"
```

1) R로 불러와서 객체 auto에 할당하라. 변수 이름은 make, origin, price, mpg로 한다. 처음 3개 행의 출력 결과는 다음과 같다.

```
> print(auto, n = 3)
# A tibble: 93 × 4
  make          origin   price     mpg
  <chr>         <chr>    <chr>   <dbl>
1 Acura Integra non-USA  $15,900    31
2 Acura Legend  non-USA  $33,900    25
3 Audi 90       non-USA  $29,100    26
# ℹ 90 more rows
```

2) 변수 origin의 유형을 요인으로 변경하고, 수준의 이름과 개수 및 빈도를 확인하라.

3) 요인 origin의 수준별로 변수 mpg의 평균값을 각각 계산하라.

4) 변수 price의 유형을 숫자형으로 변경하고 평균값을 계산하라.

5) 변수 price의 값이 가장 큰 차량을 찾아서 변수 make와 price를 다음과 같이 출력하라.

```
# A tibble: 1 × 2
  make                price
  <chr>               <dbl>
1 Mercedes-Benz 300E  61900
```

9

리스트

9.1 리스트의 생성 및 하부 요소 선택
9.2 리스트 열
9.3 연습문제

벡터와 요인은 모든 구성요소가 동일한 유형의 자료로 이루어진 객체이다. 2.2절에서 살펴본 데이터 프레임은 각 열이 벡터 또는 요인으로 이루어져 있으며, 따라서 데이터 프레임의 각 열은 동일한 유형의 자료로 이루어져 있다. 이와 같이 지금까지 살펴본 데이터 객체는 동일한 유형의 자료로 이루어진 구조를 갖고 있다.

그러나 다양한 분석 과정에서는 서로 다른 유형의 자료를 한데 묶어 하나의 객체로 구성해야 하는 경우가 많이 있다. 이런 경우에, 벡터나 데이터 프레임과는 다른 구조의 객체가 필요하게 되는데, 리스트가 바로 그런 객체이다. 리스트는 가장 포괄적인 형태를 가지고 있는 객체로서 벡터, 요소, 데이터 프레임, 다른 리스트 등이 구성요소가 될 수 있는, 한마디로 여러 다른 유형의 객체를 하부 요소로 하여 한데 묶은 객체이다. 복잡한 통계분석을 실시하게 되면, 다양한 유형의 결과물이 생성되는데, 이것을 하나의 객체로 묶어 보관하는 것이 필요하며, 따라서 리스트는 매우 중요한 구조의 객체가 된다.

9.1 리스트의 생성 및 하부 요소 선택

• 리스트 생성

리스트는 함수 `list()`로 만들 수 있다. 문자형 벡터, 숫자형 벡터, 데이터 프레임과 다른 리스트로 이루어진 리스트 x를 다음과 같이 만들어보자.

```
> x <- list(a = c("one", "two", "three"),
+           b = 1:3,
+           c = list(c1 = c(-1, -5), c2 = c("a", "b")),
+           d = data.frame(x1 = c("s1", "s2"), x2 = 1:2))
```

리스트 x는 다음과 같은 형식으로 출력된다.

```
> x
$a
[1] "one"   "two"   "three"

$b
[1] 1 2 3

$c
$c$c1
[1] -1 -5
```

```
$c$c2
[1] "a" "b"


$d
  x1 x2
1 s1  1
2 s2  2
```

리스트의 구조는 상당히 복잡할 수 있기 때문에, 정확한 구조를 파악하기 위해서는 함수 str()을 사용하는 것이 좋다. 함수 str()로 리스트 x의 구조를 살펴보자. 리스트 x는 비교적 단순한 구조의 리스트이다.

```
> str(x)
List of 4
 $ a: chr [1:3] "one" "two" "three"
 $ b: int [1:3] 1 2 3
 $ c:List of 2
  ..$ c1: num [1:2] -1 -5
  ..$ c2: chr [1:2] "a" "b"
 $ d:'data.frame':  2 obs. of  2 variables:
  ..$ x1: chr [1:2] "s1" "s2"
  ..$ x2: int [1:2] 1 2
```

함수 length()로 계산되는 벡터의 길이는 벡터를 구성하고 있는 요소의 개수가 되는데, 함수 length()로 계산되는 리스트의 길이는 리스트를 구성하고 있는 하부 요소의 개수가 된다.

```
> length(x)
[1] 4
```

• **리스트 하부 요소 선택**

리스트가 중요한 객체 구조인 이유는 다양한 형태 및 서로 다른 유형의 자료를 간편하게 묶을 수 있기 때문이다. R 함수의 실행 결과가 서로 다른 유형의 자료로 이루어지는 경우가 많이 있다는 점을 생각해 보면, 많은 R 함수가 실행 결과를 리스트로 출력하는 것은 자연스러운 것이 된다. 그런데 사용자가 R 함수를 실행하면서 얻기 원하는 결과는 전체 결과 중 특정 부분이 될 것이고, 따라서 생성된 리스트의 하부 요소 중 원하는 요소를 효율적으로 선택하는 것은 매우 중요한 작업이 된다.

리스트의 하부 요소를 선택하는 방법은 크게 두 가지로 구분이 되는데, 첫 번째 방식은 대괄호를 사용하는 것이고, 두 번째 방식은 패키지 purrr의 함수 pluck()를 사용하는 것이다.

대괄호를 사용하는 방식은 하나의 대괄호 또는 겹쳐진 두 개의 대괄호를 사용하는 것인데, 대괄호 하나를 사용하여 선택하면 원래의 구조가 그대로 유지되어 항상 리스트가 되고, 겹쳐진 두 개의 대괄호를 사용하면 해당되는 구성요소의 객체 구조가 된다. 대괄호에는 하부 요소의 위치를 나타내는 정수나 이름을 나타내는 문자열을 지정하면 된다. 즉, x[1]은 x의 첫 번째 구성 요소인 문자형 벡터 하나로만 이루어진 리스트가 되며, x[[1]]은 x의 첫 번째 구성 요소인 문자형 벡터가 된다.

```
> x[1]
$a
[1] "one"   "two"   "three"

> x[[1]]
[1] "one"   "two"   "three"
```

x[1]이 리스트이고, x[[1]]이 벡터인 것은 함수 str()로 확인할 수 있다.

```
> str(x[1])
List of 1
 $ a: chr [1:3] "one" "two" "three"

> str(x[[1]])
 chr [1:3] "one" "two" "three"
```

리스트 x의 네 번째 구성요소는 데이터 프레임이다.

```
> x[[4]]
  x1 x2
1 s1  1
2 s2  2
```

데이터 프레임의 속성을 함수 typeof()로 확인해 보면 다음과 같이 리스트임을 알 수 있다.

```
> typeof(x[[4]])
[1] "list"
```

따라서 리스트의 하부 요소를 선택하는 방식을 데이터 프레임에 적용해도 동일한 결과를 얻을 수 있다. 데이터 프레임의 하부 요소는 각 열이 되는데, 따라서 대괄호 하나를 사용해서 열을 선택하면 데이터 프레임 속성을 유지하게 되고, 겹쳐진 대괄호를 사용해서 열을 선택하면 벡터가 된다.

리스트 x의 네 번째 하부 요소의 두 번째 열을 데이터 프레임 형태와 벡터의 형태로 각각 선택해 보자. 먼저 데이터 프레임의 형태로 선택해 보자.

```
> x[[4]][2]
  x2
1  1
2  2
```

벡터의 형태로 선택해 보자.

```
> x[[4]][[2]]
[1] 1 2
```

겹쳐진 대괄호에 문자열을 지정해서 사용하는 경우에는 $ 기호를 대신 사용할 수 있다. 즉, x[["d"]]와 x$d는 동일한 결과를 출력한다.

```
> x[["d"]]
  x1 x2
1 s1  1
2 s2  2

> x$d
  x1 x2
1 s1  1
2 s2  2
```

따라서 리스트 x의 네 번째 하부 요소의 두 번째 열을 벡터 형태로 출력하는 또 다른 방식은 다음과 같다.

```
> x$d$x2
[1] 1 2
```

패키지 purrr의 함수 pluck()를 사용해서 리스트 하부 요소를 선택하는 방법을 살펴보자. 함수 pluck()은 겹쳐진 대괄호와 비슷한 기능을 갖고 있는데, 사용법은 다음과 같다.

```
pluck(.x, ...)
```

`.x`에는 리스트를 지정하고, `...`에 선택하고자 하는 리스트의 하부 요소를 지정하면 된다. 하부 요소의 지정 방식은 정수 또는 문자열인데, 정수는 하부 요소의 위치를 지정하는 것이고, 문자열은 이름이 있는 하부 요소를 선택할 때 사용할 수 있다. 정수를 사용하는 경우, 양의 정수는 첫 번째 하부 요소를 기준으로 하는 위치이고, 음의 정수는 마지막 하부 요소를 기준으로 하는 위치를 나타낸다. 음의 정수로 위치를 지정하는 경우, 마지막 하부 요소의 위치는 `-1`이 되고, 마지막에서 두 번째 하부 요소의 위치는 `-2`가 된다.

리스트 x의 첫 번째 하부 요소는 선택해 보자. 문자형 벡터가 출력된다.

```
> pluck(x, 1)
[1] "one"   "two"   "three"
```

리스트 x의 세 번째 하부 요소는 선택해 보자. 리스트가 출력된다.

```
> pluck(x, 3)
$c1
[1] -1 -5

$c2
[1] "a" "b"
```

리스트 x의 세 번째 하부 요소의 첫 번째 요소를 선택해 보자. 숫자형 벡터가 출력된다.

```
> pluck(x, 3, 1)
[1] -1 -5
```

양의 정수와 음의 정수를 각각 사용해서 리스트 x의 네 번째 요소를 선택해 보자.

```
> pluck(x, 4)
  x1 x2
1 s1  1
2 s2  2
> pluck(x, -1)
  x1 x2
1 s1  1
2 s2  2
```

리스트 x의 네 번째 요소인 데이터 프레임의 두 번째 열을 선택할 때, 위치를 문자열을 사용하는 방법과 정수를 사용하는 방법을 각각 사용해 보자.

```
> pluck(x, 4, 2)
[1] 1 2

> pluck(x, "d", "x2")
[1] 1 2
```

- **리스트를 벡터로 변환**

하부 요소로 구성된 리스트의 구조를 허물고, 모든 자료를 벡터로 출력하는 것이 필요한 경우가 있다. 이런 경우에 유용하게 사용되는 함수가 패키지 purrr의 list_c()와 base R 함수 unlist()이다.

함수 str_split()은 하나의 문자열을 특정 구분자를 기준으로 분할해서 리스트로 출력하는 기능이 있는 함수이다. 예를 들어 소문자 및 대문자 알파벳으로 이루어진 다음의 문자형 벡터 x를 개별 문자로 구분해 보자.

```
> x <- c(str_c(letters[1:10], collapse = ""),
+        str_c(LETTERS[1:5], collapse = "")
+ )

> x
[1] "abcdefghij" "ABCDE"
```

함수 str_split()을 사용해서 개별 알파벳으로 구분하면 하부 요소가 두 개인 리스트로 결과가 출력된다.

```
> str_split(x, "")
[[1]]
 [1] "a" "b" "c" "d" "e" "f" "g" "h" "i" "j"

[[2]]
[1] "A" "B" "C" "D" "E"
```

이것을 함수 unlist()에 입력하면, 리스트 구조가 없어지고 모든 자료를 담고 있는 벡터가 출력된다.

```
> str_split(x, "") |> unlist()
 [1] "a" "b" "c" "d" "e" "f" "g" "h" "i" "j" "A" "B" "C" "D" "E"
```

함수 list_c()도 동일한 작업을 수행하는 것을 알 수 있다.

```
> str_split(x, "") |> list_c()
[1] "a" "b" "c" "d" "e" "f" "g" "h" "i" "j" "A" "B" "C" "D" "E"
```

9.2 리스트 열

2.2절에서 살펴본 tibble은 각 열이 벡터 혹은 요인으로 구성되어 있는 데이터 프레임이다. 그런데 사실 tibble은 벡터나 요인뿐 아니라 리스트 열을 가질 수 있다. 리스트 열은 패키지 tidymodels에서 흔히 사용되는 형태인데, 서로 연결된 분석 결과를 개별 리스트로 따로 출력하는 것이 아니라, 리스트 열의 형태로 하나의 tibble에 묶어 둠으로써 분석 흐름을 효과적으로 유지할 수 있다. 패키지 tidymodels는 tidyverse 생태계 안에서 분석 모델링을 가능하게 만드는 패키지들의 묶음을 의미하는 것으로서, Kuhn and Silge의 *Tidy Modeling with R* (https://www.tmwr.org/)에서 자세한 설명을 볼 수 있다.

tidymodels에서 많이 사용되는 형태의 리스트 열은 데이터 프레임을 하부 요소로 하는 리스트이다. 예를 들어 df_1의 첫 번째 열은 문자형 벡터이고, 두 번째 열이 리스트 열인데, 리스트 열은 데이터 프레임 mtcars와 패키지 ggplot2의 mpg를 하부 요소로 갖고 있다.

```
> library(tidyverse)

> df_1 <- tibble(
+   id = c("mtcars", "mpg"),
+   data = list(mtcars, mpg)
+ )
```

데이터 프레임 df_1은 다음의 형태를 취하고 있다.

```
> df_1
# A tibble: 2 × 2
  id     data
  <chr>  <list>
1 mtcars <df [32 × 11]>
2 mpg    <tibble [234 × 11]>
```

리스트 열의 내용을 확인하기 위해 함수 unnest()를 사용해 보자. 함수 unnest()는 데이터 프레임을 하부 요소로 갖고 있는 리스트 열의 내용을 확인할 때 사용할 수 있다. 리스트 열의 첫 번째 하부 요소를 확인해 보자. 함수 filter()로 첫 번째 행을 선택한 후에 함수 unnest()에 리스트 열 이름을 지정하면 된다.

```
> df_1 |>
+   filter(id == "mtcars") |>
+   unnest(data) |>
+   print(n = 3)
# A tibble: 32 × 12
  id       mpg   cyl  disp    hp  drat    wt  qsec    vs    am  gear
  <chr>  <dbl> <dbl> <dbl> <dbl> <dbl> <dbl> <dbl> <dbl> <dbl> <dbl>
1 mtcars  21       6   160   110  3.9   2.62  16.5     0     1     4
2 mtcars  21       6   160   110  3.9   2.88  17.0     0     1     4
3 mtcars  22.8     4   108    93  3.85  2.32  18.6     1     1     4
# i 29 more rows
# i 1 more variable: carb <dbl>
```

9.3 연습문제

01 전통적 데이터 프레임과 tibble로 구성된 다음과 같은 리스트 ex9_1를 만들어 보자.

```
> ex9_1
$df1
  name Sales
1 Park    14
2  Lee    16
3  Kim    21

$df2
# A tibble: 4 × 3
    age gender income
  <dbl> <chr>   <dbl>
1    24 M        2000
2    35 F        3100
3    28 F        3800
4    21 F         200
```

1) 리스트 ex9_1의 첫 번째 하부 요소인 df1에서 변수 Sales가 20을 초과하는 행을 선택해서 다음과 같이 데이터 프레임 형태로 출력해 보자.

```
  name Sales
1  Kim    21
```

2) 리스트 ex9_1의 두 번째 요소인 df2에서 변수 gender가 "F"인 행들의 변수 income의 평균값을 계산해 보자.

02 숫자형 벡터와 문자형 벡터, 그리고 tibble을 하부 요소로 갖고 있는 다음과 같은 리스트 ex9_2를 만들어보자.

```
> ex9_2
$x
[1] 1 2 3 4 5 6 7 8 9

$y
[1] "a" "b" "c" "d"

$z
# A tibble: 4 × 3
    age gender income
  <dbl> <chr>   <dbl>
1    24 Male     3000
2    35 Female   3000
3    28 Female   3800
4    21 Male     4100
```

1) ex9_2의 첫 번째 하부 요소인 숫자형 벡터를 선택해서 다음과 같이 리스트로 출력하라.

```
$x
[1] 1 2 3 4 5 6 7 8 9
```

2) ex9_2의 첫 번째 하부 요소인 숫자형 벡터를 선택해서 다음과 같이 벡터로 출력하라.

```
[1] 1 2 3 4 5 6 7 8 9
```

3) ex9_2의 두 번째 하부 요소인 문자형 벡터의 마지막 문자를 선택해서 다음과 같이 벡터로 출력하라.

```
[1] "d"
```

4) ex9_2의 세 번째 하부 요소인 tibble에서 변수 gender가 "Female"인 행들 중 변수 age와 income의 자료를 다음과 같이 tibble로 출력하라.

```
# A tibble: 2 × 2
    age income
  <dbl>  <dbl>
1    35   3000
2    28   3800
```

3부

프로그래밍

10. 함수
11. 반복 실행

지금까지 우리는 데이터 입력(`readr`), tidy 데이터 만들기(`tidyr`), 데이터 다루기(`dplyr`, `stringr`, `forcats`) 및 자료의 시각화(`ggplot2`) 등과 같이 데이터 분석과 직접적으로 관련된 R의 기능들을 살펴보았다. 데이터 분석 도구로 R을 선택한 사용자 입장에서는 가장 중요한 내용이 될 것이다. 하지만 R은 프로그래밍 언어이고, 데이터 분석 목적으로만 사용하는 경우에도 많은 코드를 작성해야 하는데, 작성된 코드가 매우 비효율적이거나, 의도를 파악하기 어려운 방식으로 작성되었다면 효과적인 데이터 분석을 수행하기 어렵게 될 것이다.

효율적 프로그래밍 기법은 데이터 분석을 효과적으로 수행하기 위한 필수불가결의 요소라 할 수 있으며, 3부에서 다루고 있는 내용이다. 3부는 두 개의 장으로 구성되어 있다.

- 함수: 10장에서는 데이터 분석 과정에서 필수적으로 사용되는 함수에 대해 자세히 설명하고 있다. 벡터 함수와 데이터 프레임 함수의 작성 방식을 소개하고 있으며, 함수 작성에 필요한 조건 연산에 대해서도 살펴보고 있다.
- 반복 실행: 11장에서는 반복적으로 이루어지는 작업을 효과적으로 수행할 수 있는 여러 가지 방법을 소개하고 있다. 데이터 프레임의 여러 변수를 대상으로 함수 `across()`가 어떤 작업을 할 수 있는지 살펴보고 있으며, 패키지 `purrr`의 많은 함수들이 번거로운 작업을 어떻게 효율적으로 수행하는지 소개하고 있다. 반복 연산의 기본이라고 할 수 있는 루프 연산에 대해서도 살펴보고 있다.

10

함수

10.1 벡터 함수
10.2 데이터 프레임 함수
10.3 조건 연산과 함수
10.4 연습문제

자료분석 과정에서 동일하거나 비슷한 작업을 반복해서 실행해야 하는 경우가 많이 있다. 이런 경우에 반복되는 작업 내용을 함수로 작성하게 되면, 전체적인 분석 절차가 매우 간결하고 효율적이 된다.

함수는 입력 요소를 받아서 정해진 작업을 수행한 후 작업 결과를 출력 요소로 내보는 구조로 되어 있으며, 입력 요소의 유형에 따라 벡터 함수와 데이터 프레임 함수로 구분할 수 있다. 벡터 함수는 벡터를 입력 요소로 하는 함수를 의미하며, 데이터 프레임 함수는 입력 요소가 데이터 프레임인 함수를 의미한다.

10.1 벡터 함수

벡터 함수와 데이터 프레임 함수의 기본적인 구조는 동일하다. 먼저 벡터 함수에 대해 살펴보자.

10.1.1 함수의 정의

함수를 정의하는 일반적인 방법은 다음과 같다.

```
my_func <- function(arg1, arg2, ...) {
        표현식
}
```

`my_func`는 사용자가 정의한 함수의 이름이고, `arg1`, `arg2` 등은 함수의 변수 이름을 나타내는 것이다. 중괄호에 포함되어 있는 표현식은 함수에 입력된 변수들을 사용하여 사용자가 원하는 연산을 수행하는 것으로서, 특정 객체에 데이터를 할당하는 문장, 조건을 비교하는 문장, 산술 표현식 등이 사용될 수 있다. 표현식은 일반적으로 중괄호에 싸여 있는데, 표현식이 한 줄인 경우에는 굳이 중괄호를 사용하지 않아도 된다. 예를 들어 다음에 정의된 함수 `f1()`과 `f2()`는 동일한 것으로, 입력된 두 벡터의 합을 계산한다.

```
> f1 <- function(x, y) x + y

> f2 <- function(x,y){
+   x + y
+ }

> f1(5, 10)
[1] 15

> f2(5, 10)
[1] 15
```

10.1.2 변수

함수에 입력되는 변수는 크게 두 가지 종류로 구분된다. 하나는 연산 대상이 되는 데이터이고, 다른 하나는 연산과 관련된 세부 옵션이다. 일반적으로 함수의 첫 번째 변수는 데이터가 되며, 이어서 필요한 세부 옵션들이 그 이후의 변수로 입력된다.

예를 들어 표본 자료를 사용하여 모평균에 대한 신뢰구간을 계산하는 함수를 정의해 보자. 모집단의 표준편차를 추정해야 되며, 정규 분포를 이용할 수 있는 상황이라고 가정하자. 함수의 첫 번째 변수를 표본 자료로 하고, 신뢰구간의 신뢰수준을 두 번째 변수로 하자. 세부 옵션과 관련된 변수의 경우에는 디폴트 값이 주어지는 것이 일반적이며, 신뢰수준의 디폴트 값을 0.95로 하자.

```
> CI_mean <- function(x, conf = 0.95){
+   m <- mean(x)
+   se <- sd(x)/sqrt(length(x))
+   alpha <- 1 - conf
+   c(m - qnorm(1 - alpha/2) * se, m + qnorm(1 - alpha/2) * se)
+ }
```

함수 `qnorm()`은 정규 분포에서 분위수를 계산하는 함수인데, 기본적인 사용법은 다음과 같다.

`qnorm(p, mean = 0, sd = 1)`이다.

분위수 계산 대상이 되는 정규 분포의 평균과 표준편차는 `mean`과 `sd`로 지정하는데, 디폴트는 `mean = 0`, `sd = 1`인 표준 정규 분포이다. `p`에 원하는 확률값을 입력하면 그 값에 해당하는 분위수를 출력한다.

함수 `CI_mean()`에서 디폴트 값이 부여된 변수인 `conf`는 함수를 실행할 때 생략이 가능한데, 생략되면 디폴트 값인 0.95가 지정된다.

```
> set.seed(1234)
> x <- rnorm(n = 100)
```

벡터 `x`를 만들기 위해 사용한 함수 `rnorm()`은 정규 분포에서 난수를 발생시키는 함수이다. 발생시킬 난수의 개수는 `n`에 지정을 하며, 평균과 표준편차는 변수 `mean`과 `sd`로 지정할 수 있는데, 디폴트는 `mean=0`, `sd=1`인 표준 정규 분포이다. 함수 `set.seed()`는 난수 발생의 seed를 지정하기 위해 사용하는 함수인데, 동일한 결과를 볼 수 있도록 사용하였다.

벡터 x에는 정규 분포에서 임의로 추출한 100개의 표본 자료가 입력되어 있으며, 이것을 우리가 정의한 함수 CI_mean()에 입력하면 디폴트인 95% 신뢰구간이 계산된다.

```
> CI_mean(x)
[1] -0.35362156  0.04009808
```

만일 디폴트로 입력된 옵션 값을 수정하고자 한다면, 해당 변수에 직접 값을 지정하면 된다. 동일한 자료에 대하여 90% 신뢰구간을 구해 보자. 두 번째 변수 conf에 0.9를 입력하면 된다.

```
> CI_mean(x, conf = 0.9)
[1] -0.321971713  0.008448228
```

함수의 변수를 지정할 때 마지막 변수 다음에 생략 부호(...)를 추가하는 경우가 있는데, 이 생략 부호는 사실 특별한 기능을 갖고 있는 또 다른 변수이다. 사용자가 자신의 함수를 정의할 때 다른 함수를 이용하는 경우가 많이 있다. 이때 생략 부호를 변수의 리스트에 추가하면 다른 함수에 적용되는 변수들을 마치 자신이 정의한 함수의 변수처럼 사용할 수 있다.

함수 CI_mean() 안에는 함수 mean()과 sd()가 있는데, 이 함수들은 데이터에 NA가 포함되어 있으면, 그 결과도 NA로 출력된다. 이 경우 옵션 na.rm=TRUE를 포함하면 NA를 제외한 나머지 데이터를 대상으로 계산이 진행된다.

함수 CI_mean()에 벡터 x에 NA를 하나 추가한 벡터 y를 입력하고, 그 실행결과를 살펴보자.

```
> y <- c(x, NA)

> CI_mean(y)
[1] NA NA
```

함수 CI_mean()에 na.rm = TRUE를 단순히 추가하면, 오류가 발생하는데, 그것은 변수 na.rm이 함수 CI_mean()에 선언되지 않은 변수이기 때문이다.

```
> CI_mean(y, na.rm = TRUE)
Error in CI_mean(y, na.rm = TRUE): unused argument (na.rm = TRUE)
```

이러한 문제를 해결하기 위하여 함수 CI_mean()에 생략부호인 변수 ...을 추가하고, 함수 안에 있는 또 다른 함수인 mean()과 sd()에도 변수 ...을 추가한 함수 CI_mean_dot()를 정의해 보자. 이제 함수 CI_mean_dot()에 변수 na.rm의 값을 지정하면, 그 값이 함수 mean()과 sd()로 전달되어 실행된다.

```
> CI_mean_dot <- function(x, conf = 0.95, ...){
+   m <- mean(x, ...)
+   se <- sd(x, ...)/sqrt(sum(!is.na(x)))
+   alpha <- 1 - conf
+   c(m - qnorm(1 - alpha/2) * se, m + qnorm(1 - alpha/2) * se)
+ }
```

함수 안에서 정의되는 객체 se의 분모에 표본의 개수에서 NA의 개수를 제외하기 위해 sum(!is.na(x))을 사용하였다. 벡터 y와 na.rm = TRUE를 함수 CI_mean_dot()에 입력한 결과는 벡터 y에서 NA를 제외한 벡터 x의 신뢰구간인 CI_mean(x)와 동일하게 나왔다.

```
> CI_mean_dot(y, na.rm = TRUE)
[1] -0.35362156  0.04009808
```

10.1.3 변수 지정

두 개의 변수를 가지고 있는 다음과 같은 함수 my_power()를 살펴보자.

```
> my_power <- function(base, exponent) base^exponent
```

함수를 실행하기 위해서는 함수에 포함된 변수에 값을 지정해야 한다. 함수 my_power()을 사용하여 2^5을 계산한다면 두 변수인 base와 exponent에 값을 지정해 주어야 하는데, 함수의 변수를 지정하는 방법에는 다음 세 가지가 있다.

1) 전체 이름: 함수를 정의할 때 사용된 변수의 이름 전체를 사용하여 지정하는 방법

```
> my_power(exponent = 5, base = 2)
[1] 32
> my_power(base = 2, exponent = 5)
[1] 32
```

2) 부분 이름: 함수를 정의할 때 사용된 변수 이름의 처음 일부분만을 사용하여 지정하는 방법

```
> my_power(ex = 5, ba = 2)
[1] 32
> my_power(ba = 2, ex = 5)
[1] 32
```

3) 변수의 순서: 함수를 정의할 때 지정된 변수의 순서

```
> my_power(2, 5)
[1] 32
```

변수의 전체 이름 혹은 부분 이름을 사용하는 경우에는 변수의 입력순서가 문제가 되지 않는다. 부분 이름을 사용할 경우에는 다른 변수와 구분이 될 만큼은 입력해야 한다. 당장의 편리함만을 생각한다면 순서로 변수를 지정하는 방법을 사용하는 것이 좋을 듯하나, 어떤 값이 어떤 변수에 대한 것인지 불분명하게 될 가능성이 있기 때문에, 조금은 귀찮지만 전체 이름을 모두 사용하여 지정하는 것이 가장 안전하고 명확하게 프로그램을 작성하는 방법이라고 하겠다.

10.1.4 결과의 출력

함수의 연산 결과는 함수 return()으로 출력할 수 있다. 예를 들어 다음의 함수 my_desc()는 입력된 벡터의 평균과 표준편차를 계산하여 리스트 형태로 출력하는 내용의 함수이다.

```
> my_desc <- function(x, ...){
+   m.x <- mean(x, ...)
+   sd.x <- sd(x, ...)
+   res <- list(mean = m.x, sd = sd.x)
+   return(res)
+ }
```

연산 결과는 리스트 객체 res에 할당되었고 그 결과가 함수 return()으로 출력된다. 예를 들어, 표준 정규 분포에서 추출한 100개 표본 자료의 평균과 표준편차를 함수 my_desc()로 계산해서 출력해 보자.

```
> set.seed(123)
> x <- rnorm(100)

> my_desc(x)
$mean
[1] 0.09040591

$sd
[1] 0.9128159
```

함수 return()을 사용하지 않으면 가장 마지막에 실행된 표현식의 결과가 출력된다. 따라서 만일 마지막 표현식이 실행결과를 객체에 할당하는 것이라면 아무런 결과도 출력되지 않는다.

함수 my_desc()에서 함수 return()을 생략하고자 한다면 다음과 같이 수정해야 한다.

```
> my_desc_1 <- function(x, ...){
+   m.x <- mean(x, ...)
+   sd.x <- sd(x, ...)
+   list(mean = m.x, sd = sd.x)
+ }

> my_desc_1(x)
$mean
[1] 0.09040591

$sd
[1] 0.9128159
```

10.1.5 유효 범위

함수는 변수에 지정할 값을 함수 외부로부터 받아들여 함수 내부에서 연산하고 그 결과를 다시 함수 외부로 내보내는 방식으로 외부와 소통하고 있다. 이 과정에서 함수의 안과 밖은 서로 분리된 환경(environment)을 구성하는데, 함수의 외부는 글로벌 환경이라는 공간이고, 함수 내부는 함수 환경이라고 하는 별도의 공간으로 되어 있다.

함수에서 정의되고 사용되는 변수와 생성되는 객체들은 모두 해당 함수 환경 안에서만 존재한다. 즉, 만일 어떤 함수 내에서 x라는 변수를 정의하고 사용하였어도, 함수 밖 공간인 글로벌 환경에서는 그 변수를 사용할 수 없는 것이다.

함수 my_test()에는 입력 변수 x와 생성된 객체 y가 있는데, 이 객체들은 함수 밖인 글로벌 환경에서 모두 사용할 수 없다는 것을 다음 예제에서는 보여주고 있다. 단, 현재 글로벌 환경에 이름이 x와 y인 객체는 없다고 가정한다.

```
> my_test <- function(x) {
+   y <- x + 1
+   return(y)
+ }

> my_test(x = 3)
[1] 4
> x
Error: object 'x' not found
> y
Error: object 'y' not found
```

만일 같은 이름의 객체가 함수 환경과 글로벌 환경에 모두 존재하더라도 이들은 서로 전혀 상관없는 객체이다.

```
> y <- 10

> my_test(x = 3)
[1] 4
```

프로그램 내에서 특정 변수가 정의되어 사용될 수 있는 부분을 유효 범위(scope)라고 하는데, 함수 환경에서 정의된 변수는 해당 함수 환경 안으로 유효 범위가 제한된다. 즉, 특정 함수의 함수 환경에서 정의된 객체는 다른 함수의 함수 환경이나, 글로벌 환경에는 영향을 미치지 못하는 것이다.

여기서 유의할 점은 함수 내부의 변수들은 유효 범위가 제한되어 있지만, 함수 외부 공간에서 정의된 변수들은 그렇지 않다는 점이다. 글로벌 환경에서 할당으로 생성된 객체는 함수 내부에 동일한 이름의 객체가 따로 지정된 것이 없다면, 함수 내부에서도 그대로 사용할 수 있게 된다. 이러한 일종의 비대칭적인 유효 범위의 설정 덕분에 상당히 효과적인 프로그래밍이 가능하게 되었다.

다음의 예를 살펴보자. 함수 `my_test2()`의 변수 `x`와 생성된 객체 `y`는 함수 환경에서 정의된 객체이다.

```
> my_test2 <- function(x){
+   y <- x + z
+   return(y)
+ }
```

객체 `z`는 글로벌 환경에서 정의된 객체인데, 함수 환경에도 적용이 되는 것을 볼 수 있다. 즉, 객체 `z`에 지정된 값에 따라 함수 `my_test2()`의 결과가 다르게 되는 것이다.

```
> z <- 5
> my_test2(x = 5)
[1] 10

> z <- 10
> my_test2(x = 5)
[1] 15
```

10.2 데이터 프레임 함수

벡터 함수도 프로그래밍 과정에서 충분히 나름의 역할을 하는 것은 분명하지만, 파이프 연산 과정에는 포함될 수 없다는 한계가 있다. 파이프 연산 과정에 포함되기 위해서는 데이터 프레임을 입력 변수로 받을 수 있어야 하는데, 벡터 함수는 벡터만을 입력 변수로 받을 수 있기 때문에 포함될 수 없는 것이며, 그런 측면에서 데이터 프레임 함수의 필요성은 명확해진다.

10.2.1 데이터 마스킹

데이터 마스킹(data masking)은 R이 가지고 있는 매우 독특한 특징 중에 하나인데, 데이터 프레임의 변수를 현재의 작업 환경에서 정의된 일반적인 객체처럼 사용할 수 있는 것을 의미한다.

현재 작업이 수행되고 있는 환경의 유효 범위에는 할당으로 생성된 객체와 함수 `library()`로 불러온 패키지의 함수들과 데이터 세트 등이 있게 된다. 유효 범위에 있는 데이터 프레임의 경우, 데이터 프레임 자체에는 접근할 수 있지만, 데이터 프레임의 개별 변수들까지는 바로 접근할 수 없는 것이다. 예를 들어, 글로벌 환경에 있는 데이터 프레임 `women`에는 직접 접근해서 내용을 확인할 수 있지만, `women`의 변수 `height`는 바로 접근할 수 없는 것이다.

```
> women |> head(n = 2)
  height weight
1     58    115
2     59    117

> mean(height)
Error: object 'height' not found
```

데이터 프레임 `women`의 변수 `height`에 접근하기 위해서는 9.1절에서 살펴본 `$` 기호를 사용해서 데이터 프레임의 하부 요소인 개별 열에 접근하는 방식을 사용해야 한다.

```
> mean(women$height)
[1] 65
```

데이터 프레임의 개별 변수에 접근하는 다른 방법으로 함수 `with()`를 사용하는 방식이 있다. 함수 `with()`는 입력된 데이터로 환경을 구성하는 기능이 있기 때문에, 데이터 프레임을 입력하면 데이터 프레임의 개별 변수들로 구성된 데이터 환경을 구성하게 되며, 이렇게 구성된 데이터 환경은 사용자의 작업 환경처럼 작동하는 데이터 마스킹이 이루어진다. 즉, with()에 women을 먼저 입력하면, height를 개별 객체처럼 사용할 수 있는 것이다.

```
> with(women, mean(height))
[1] 65
```

데이터 마스킹이 이루어지면, 데이터 환경과 사용자 작업 환경이 섞여 있는 상태가 되는데, 이 경우 우선권은 데이터 환경에 있게 된다. 즉, 데이터 환경과 사용자 작업 환경에 같은 이름의 객체가 있다면, 데이터 환경에 있는 변수가 우선적으로 사용된다.

```
> height <- 70
> with(women, mean(height))
[1] 65
```

10.2.2 데이터 프레임 함수의 정의

데이터 마스킹은 데이터 프레임을 대상으로 하는 개별적인 작업에는 큰 역할을 하고 있지만, 데이터 프레임을 입력 변수로 하는 데이터 프레임 함수를 구성하는 경우에 약간의 문제를 일으키게 된다.

먼저 벡터 함수를 정의하고, 그것을 데이터 프레임 함수로 단순 확장하는 경우에 발생하는 문제를 살펴보자. 숫자형 변수와 범주형 변수를 받아서, 범주형 변수로 그룹을 구성하고 각 그룹별로 숫자형 변수의 평균값을 계산해서 출력하는 벡터 함수를 정의해 보자.

```
> my_mean <- function(x, y, ...){
+   data.frame(x, y) |>
+     group_by(y) |>
+     summarise(m = mean(x, ...))
+ }
```

함수 with()를 사용해서, 함수 my_mean()에 패키지 ggplot2의 데이터 프레임 mpg의 숫자형 변수 hwy와 범주형 변수 drv를 입력한 결과는 다음과 같다.

```
> with(mpg, my_mean(hwy, drv))
# A tibble: 3 × 2
  y         m
  <chr> <dbl>
1 4      19.2
2 f      28.2
3 r      21
```

이제 함수 my_mean()의 첫 번째 변수를 데이터 프레임으로 수정한 함수를 정의해 보자.

```
> my_mean_df <- function(data, x, y, ...){
+   data |>
+     group_by(y) |>
+     summarise(m = mean(x, ...))
+ }
```

함수 my_mean_df()에 mpg, hwy, drv를 입력해서 실행하면 오류가 발생한다.

```
> my_mean_df(mpg, hwy, drv)
Error in `group_by()`:
! Must group by variables found in `.data`.
✖ Column `y` is not found.
```

오류의 내용은 함수 group_by()에 입력한 변수 y를 데이터 환경에서 찾을 수 없다는 것인데, 이 오류는 데이터 마스킹으로 인하여 발생한 것이다. 데이터 마스킹은 주어진 표현식을 즉시 실행하지 않은 상태로 유지하고 있다가, 데이터 프레임의 변수가 데이터 환경에서 정의되면 표현식을 실행하는 방식으로 작동된다. 따라서 data |> group_by(y)는 바로 실행되지 않은 상태로 있다가, mpg가 입력되어 데이터 환경이 구성되면, 유지된 상태 그대로 실행되는데, mpg로 구성되는 데이터 환경에 y가 없기 때문에 오류가 발생하는 것이다.

이 문제는 함수의 입력 변수가 포함된 표현식이 데이터 마스킹 상황에서도 즉시 실행되도록 설정하면 해결할 수 있는데, 이러한 목적으로 사용되는 것이 겹쳐진 중괄호이다. 함수 my_mean_df()에서 입력 변수 x와 y를 겹쳐진 중괄호로 감싸보자.

```
> my_mean_df <- function(data, x, y, ...){
+   data |>
+     group_by({{y}}) |>
+     summarise(m = mean({{x}}, ...))
+ }
```

수정된 my_mean_df()에 mpg, hwy, drv를 입력해서 실행해 보자. 문제가 해결된 것을 볼 수 있다.

```
> my_mean_df(mpg, hwy, drv)
# A tibble: 3 × 2
  drv       m
  <chr> <dbl>
1 4      19.2
2 f      28.2
3 r      21
```

• **예제: 두 변수의 선형 관계를 확인하는 그래프를 작성하는 데이터 프레임 함수**

주어진 데이터 프레임에 있는 두 변수의 관계가 선형인지 여부를 확인할 수 있는 좋은 그래프는 두 변수의 산점도에 선형회귀직선과 비모수 회귀곡선을 함께 표시하는 것이다. 이러한 작업을 할 수 있는 데이터 프레임 함수를 작성해 보자.

```
> linear_plot <- function(data, x, y){
+   data |>
+     ggplot(aes(x = {{x}}, y = {{y}})) +
+     geom_point() +
+     geom_smooth(aes(color = "선형회귀직선"),
+                 method = "lm", se = FALSE) +
+     geom_smooth(aes(color = "비모수 회귀곡선"),
+                 method = "loess", se = FALSE) +
+     labs(color = NULL)
+ }
```

패키지 ISLR의 데이터 프레임 Auto에 있는 변수 mpg와 weight를 함수 linear_plot()에 입력해서 작성되는 그래프를 살펴보자. 변수 mpg와 weight의 관계는 직선보다 2차 곡선이 더 적합한 것으로 보인다.

```
> data(Auto, package = "ISLR")

> linear_plot(Auto, weight, mpg)
```

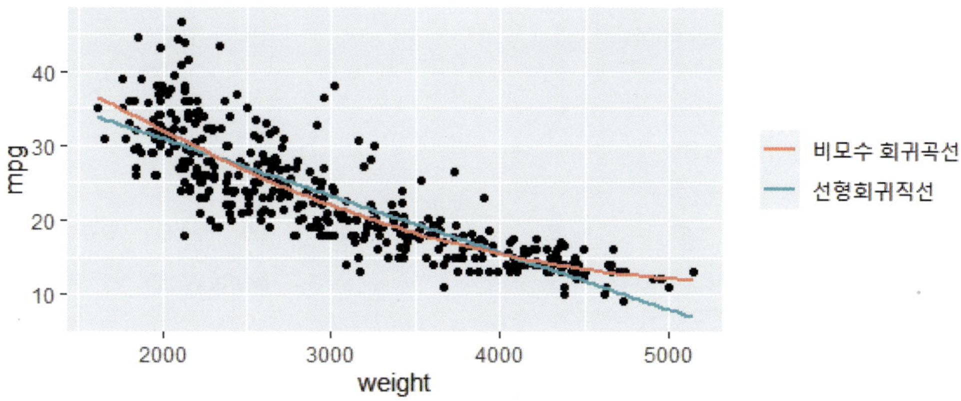

그림 10.1 함수 `linear_plot()`으로 작성한 변수 `weight`와 `mpg`의 관계 그래프

• **예제: 데이터 프레임의 모든 숫자형 변수의 분포 그래프를 작성하는 데이터 프레임 함수**

주어진 데이터 프레임을 구성하고 있는 변수 중 모든 숫자형 변수의 분포 그래프를 작성하는 데이터 프레임 함수를 작성해 보자. 작성 방식은 주어진 데이터 프레임의 모든 숫자형 변수들을 대상으로 함수 `pivot_longer()`를 사용하여 자료와 변수 이름을 하나의 열에 각각 입력하고, 변수의 이름이 입력된 열을 그룹 변수로 하는 faceting을 함수 `facet_wrap()`으로 작성하는 것이다.

```
> density_plot <- function(data){
+   data |>
+     pivot_longer(cols = where(is.numeric))|>
+     ggplot(aes(x = value)) +
+     geom_density(color = "blue") +
+     facet_wrap(vars(name), scales = "free")
+ }
```

데이터 프레임 `iris`를 함수 `density_plot()`에 입력해서 숫자형 변수의 분포 그래프를 작성해 보자.

```
> density_plot(iris)
```

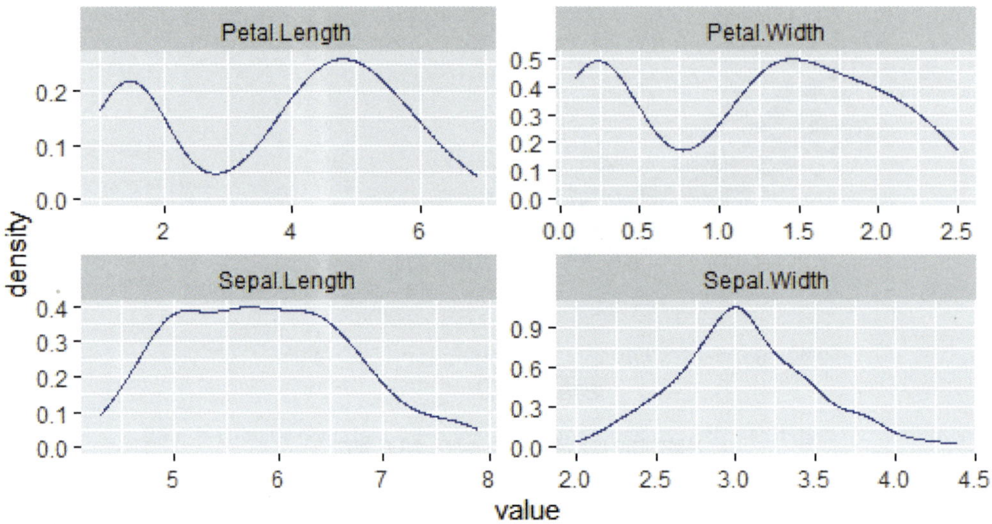

그림 10.2 함수 density_plot()으로 작성한 데이터 프레임 iris 숫자형 변수의 분포 그래프

10.3 조건 연산과 함수

주어진 조건의 만족 여부에 따라 다른 연산을 진행하는 조건 연산은 사용자 정의 함수에서 매우 유용하게 사용된다. 조건 연산에 사용되는 함수에는 6.3.2절에서 소개된 패키지 `dplyr`의 함수 `if_else()`와 `case_when()` 외에도 base R 함수인 `if()`와 `switch()`가 있다.

- **함수 `if()`**

함수 `if()`의 기본적인 사용법은 다음과 같이 조건이 만족되는 경우에만 표현식이 실행되는 구조이다.

```
if(조건) {
  표현식
}
```

가장 단순한 위 구조는 조건의 만족 여부에 따라 다른 표현식을 실행하는 구조로 확장을 할 수 있다. 다음의 구조에서는 조건이 만족되면 표현식 1이 실행되고 만족되지 않으면 표현식 2가 실행된다.

```
if(조건) {
  표현식 1
} else {
  표현식 2
}
```

하나의 조건만 갖고 있는 위 구조는 다음과 같이 몇 개의 조건을 갖고 있는 구조로 더 확장할 수 있다. 다음의 구조에서는 조건 1이 만족되면 표현식 1이 실행되고, 조건 2가 만족되면 표현식 2가 실행되며, 두 조건 모두 만족되지 않으면 표현식 3이 실행된다.

```
if(조건 1) {
  표현식 1
} else if(조건 2) {
  표현식 2
} else {
  표현식 3
}
```

예제로 근의 공식을 이용하여 이차방정식의 근을 구하는 프로그램을 작성해 보자. 이차방정식 $ax^2 + bx + c = 0$의 근의 개수는 판별식 $D = b^2 - 4ac$의 값에 따라 3가지로 분류된다. 따라서 판별식의 실행 값이 조건이 되어 3가지 경우에 대한 표현식을 작성해야 한다.

```
> find_roots_1 <- function(a, b, c){
+   D <- b^2 - 4*a*c
+   if(D > 0){
+     roots <- c((-b - sqrt(D))/(2*a),(-b + sqrt(D))/(2*a))
+   } else if(D == 0){
+     roots <- -b/(2*a)
+   } else{
+     roots <- c("실수값을 갖는 근이 없음")
+   }
+   return(roots)
+ }
```

사용자 정의 함수 find_roots_1()를 이용하여 이차방정식 $x^2 + 4x + 3 = 0$의 근을 다음과 같이 구할 수 있다.

```
> find_roots_1(a = 1, b = 4, c = 3)
[1] -3 -1
```

이차방정식 $x^2 + 4x + 5 = 0$을 적용한 결과는 다음과 같다.

```
> find_roots_1(a = 1, b = 4, c = 5)
[1] "실수값을 갖는 근이 없음"
```

함수 find_roots_1()은 함수 if()를 사용해서 정의했는데, 함수 if() 대신 함수 case_when()을 사용해서 정의할 수도 있다. 그러나 함수 case_when()은 결과물이 같은 유형이 되어야 한다는 제약 조건이 있다. 문제는 함수 find_roots_1()는 판별식의 값이 0 이상인 경우에는 숫자를 출력하지만, 0 미만이면 문자열을 출력한다는 것이고, 이러한 출력 상황을 함수 case_when()으로는 동일하게 구현할 수 없다는 것이다. 따라서 판별식의 값이 0 미만인 경우에 대해서는 if()로 문자열을 출력하고, 그 외의 상황에 대해서만 함수 case_when()으로 결과를 출력하는 방식을 사용해 보자.

```
> find_roots_2 <- function(a, b, c){
+   D <- b^2 - 4*a*c
+   if(D < 0){
+     roots <- c("실수값을 갖는 근이 없음")
+   } else{
+   roots <- case_when(
+     D == 0 ~ -b/(2*a),
+     D > 0 ~ c(-b - sqrt(D), -b + sqrt(D))/(2*a)
+     )
+   }
+   return(roots)
+ }
```

이차방정식 $x^2 + 4x + 3 = 0$와 $x^2 + 4x + 5 = 0$을 함수 find_roots_2()에 적용한 결과는 다음과 같다.

```
> find_roots_2(a = 1, b = 4, c = 3)
[1] -3 -1

> find_roots_2(a = 1, b = 4, c = 5)
[1] "실수값을 갖는 근이 없음"
```

- **함수** switch()

함수 switch()는 표현식이 갖는 값에 따라 몇 가지 항목 중 하나를 선택하는 기능을 갖고 있는 함수이다. 사용법은 switch(표현식, 선택 항목)인데, 표현식이 갖는 값이 숫자인 경우와 문자열인 경우에 따라 선택하는 방식에 차이가 있다.

표현식의 결과가 숫자인 경우에는 선택할 항목의 위치를 지정하는 것이다. 예를 들어 Park, Lee, Kim 중 한 사람을 임의로 선택해야 한다면, 함수 sample()로 1, 2, 3 중 숫자 하나를 임의로 뽑고, 그 숫자를 세 사람의 이름이 콤마로 구분되어 있는 선택 항목과 함께 함수 switch()에 입력한다. 그러면 입력된 숫자의 위치에 있는 사람을 선택하게 된다.

```
> (x <- sample(1:3, 1))
[1] 2
> switch(x, "Park", "Lee", "Kim")
[1] "Lee"
```

표현식의 결과가 문자열인 경우에는 선택할 항목 중 그 이름이 문자열과 같은 항목을 선택하게 된다. 예를 들어 자료의 특성을 보고, 그 자료의 대푯값으로 산술평균과 중앙값 중 하나를 선택해서 계산할 수 있도록 하는 함수를 작성해 보자. 함수 my_center()는 입력되는 변수 type의 값에 따라 함수 mean() 혹은 median()을 사용하게 된다. 변수 type의 디폴트 값은 "mean"으로 한다.

```
> center_vec <- function(x, type = "mean"){
+   switch(type, mean = mean(x), med = median(x))
+ }
```

벡터 x에 1, 2, 3, 4, 50이 입력되어 있을 경우, 산술평균과 중앙값 중 하나를 선택해서 대푯값을 계산해 보자.

```
> x <- c(1,2,3,4,50)
```

변수 type에 "med"를 지정하면, 중앙값을 계산한다.

```
> center_vec(x, type = "med")
[1] 3
```

변수 type을 생략하면 디폴트인 "mean"이 지정되어서, 산술평균을 계산한다.

```
> center_vec(x)
[1] 12
```

이번에는 자료의 특성을 보고, 극단값이 없는 정상적인 자료에 대해서는 산술평균과 표준편차를, 극단값이 있는 경우에는 중앙값과 IQR을 자료의 중심과 퍼짐 정도로 각각 선택해서 계산하는 함수를 작성해 보자. 산술평균과 표준편차, 그리고 중앙값과 IQR을 함께 계산하는 함수를 먼저 정의하고, 그것을 함수 `switch()`에서 사용하는 구조로 작성해 보자. 변수 `type`의 디폴트 값은 `"normal"`로 한다.

```
> desc_vec <- function(x, type = "normal"){
+   desc_1 <- function(x){
+     c(center = mean(x), spread = sd(x))
+   }
+   desc_2 <- function(x){
+     c(center = median(x), spread = IQR(x))
+   }
+   switch(type, normal = desc_1(x), extreme = desc_2(x))
+ }
```

다음의 벡터 `x`에 대한 중심과 퍼짐 정도를 계산해 보자. 변수 `type`을 생략하면, 디폴트인 `"normal"`을 지정되어서, 산술평균과 표준편차가 계산된다.

```
> desc_vec(x)
  center   spread
12.00000 21.27205
```

변수 `type`에 `"extreme"`을 지정하면, 중앙값과 IQR이 계산된다.

```
> desc_vec(x, type = "extreme")
center spread
     3      2
```

• 예제: 변수 유형에 따라 다른 요약 통계량을 계산하는 데이터 프레임 함수

입력된 데이터 프레임의 숫자형 변수에 대해서는 평균과 표준편차를, 요인에 대해서는 도수분포를 출력하고, 그 외 유형의 변수를 입력하면, "변수 유형이 숫자형이나 요인이 아님"이라는 문구를 출력하는 데이터 프레임 함수를 작성해 보자.

작성 방식은 입력된 데이터 프레임 `data`의 변수 `var`을 함수 `pull()`을 사용해서 벡터로 선택하되, 겹쳐진 중괄호를 사용해서 데이터 마스킹 문제를 해결한다. 이어서 `if()`를 사용하여 숫자형인 경우와 요인인 경우로 구분하고, 요약 통계량을 계산하는 절차를 구현한다.

```
> desc_df <- function(data, var, ...){
+   x <- data |> pull({{var}})
+   if(is.numeric(x)){
+     res <- tibble(mean = mean(x, ...), sd = sd(x, ...))
+   } else if(is.factor(x)){
+     res <- tibble(x) |> count(value = x)
+   } else res <- c("변수 유형이 숫자형이나 요인이 아님")
+   return(res)
+ }
```

패키지 ggplot2의 데이터 프레임 mpg의 숫자형 변수 hwy를 함수 desc_df()에 입력하면, 다음과 같이 평균과 표준편차가 계산된다.

```
> mpg |>
+   desc_df(hwy)
# A tibble: 1 × 2
   mean    sd
  <dbl> <dbl>
1  23.4  5.95
```

문자형 변수 drv를 입력한 결과이다.

```
> mpg |>
+   desc_df(drv)
[1] "변수 유형이 숫자형이나 요인이 아님"
```

문자형 변수 drv를 요인으로 변환하여 입력하면, 다음과 같이 범주별 도수가 계산된다.

```
> mpg |>
+   mutate(drv = as.factor(drv)) |>
+   desc_df(drv)
# A tibble: 3 × 2
  value     n
  <fct> <int>
1 4       103
2 f       106
3 r        25
```

• 예제: 변수 유형에 따라 다른 그래프를 작성하는 데이터 프레임 함수

입력된 데이터 프레임의 숫자형 변수에 대해서는 확률밀도함수 그래프를 작성하고, 요인에 대해서는 막대그래프를 작성하는 데이터 프레임 함수를 작성해 보자. 데이터 마스킹 문제는 앞 예제에서 작성한 함수 `desc_df()`와 동일하게 해결하고, 이어서 그래프의 공통 부분을 객체에 할당한 후, `if()`에 의해 구분된 변수의 유형에 따라 다른 `geom` 함수를 연결해서 그래프를 완성한다.

```
> plot_df <- function(data, var){
+   x <- data |> pull({{var}})
+   plt <- ggplot(data, aes(x))
+   if(is.numeric(x)){
+     plt + geom_density(color = "darkblue")
+   } else if(is.factor(x)){
+     plt + geom_bar(fill = "steelblue")
+   }
+ }
```

데이터 프레임 `mpg`의 숫자형 변수 `hwy`를 입력하면, 다음과 같은 확률밀도함수 그래프가 작성된다.

```
> mpg |>
+   plot_df(hwy)
```

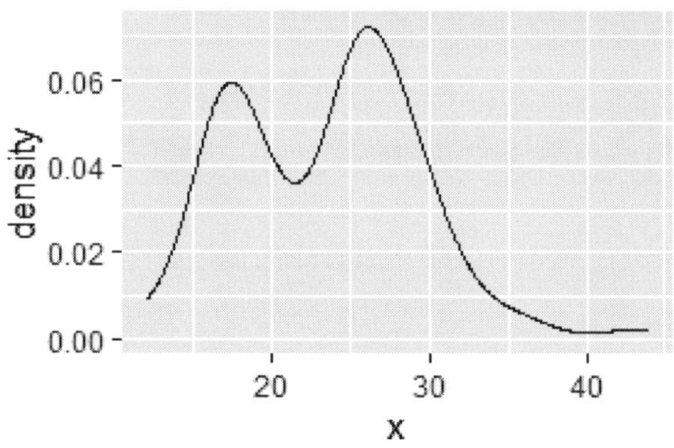

그림 10.3 함수 `plot_df()`에 의한 변수 hwy의 분포 그래프

데이터 프레임 `mpg`의 문자형 변수 `drv`를 요인으로 변환하여 입력하면, 다음과 같은 막대 그래프가 완성된다.

```
> mpg |>
+   mutate(drv = as.factor(drv)) |>
+   plot_df(drv)
```

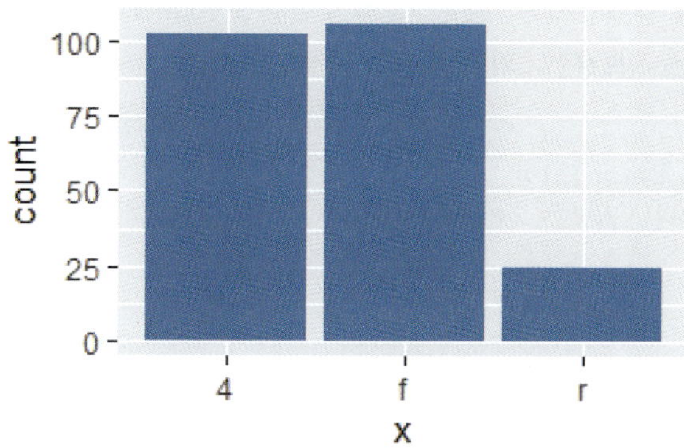

그림 10.4 함수 plot_df()에 의한 변수 drv의 분포 그래프

10.4 연습문제

01 입력된 데이터 프레임의 범주형 변수로 그룹을 구성해서, 숫자형 변수의 그룹별 평균, 표준편차 및 결측값을 제외한 자료의 개수를 계산하는 데이터 프레임 함수 func_ex1()을 작성해 보자. 작성된 함수의 실행 예제로 데이터 프레임 airquality의 변수 Ozone의 월별 평균, 표준편차와 측정된 날수는 함수 func_ex1()으로 다음과 같이 계산된다.

```
> airquality |>
+   func_ex1(Month, Ozone, na.rm = TRUE)
# A tibble: 5 × 4
  Month  Mean    SD     N
  <int> <dbl> <dbl> <int>
1     5  23.6  22.2    26
2     6  29.4  18.2     9
3     7  59.1  31.6    26
4     8  60.0  39.7    26
5     9  31.4  24.1    29
```

02 데이터 프레임과 변수 유형을 입력하면, 주어진 데이터 프레임을 구성하고 있는 변수 중 해당 유형의 모든 변수들에 대한 분포 그래프를 작성하는 데이터 프레임 함수 func_ex2()를 작성해 보자. 함수의 구성은 func_ex2(data, type)으로 하며, data는 데이터 프레임이고, type = "numeric"이면 숫자형 변수, type = "categorical"이면 요인 및 문자형 변수를 포함하는 범주형 변수의 분포 그래프를 작성하게 하자.

1) 실행 예제로서 데이터 프레임 mpg의 숫자형 변수 중 year를 제외한 나머지 변수의 분포 그래프를 함수 func_ex2()로 다음과 같이 작성해 보자.

```
> mpg |>
+   select(!year) |>
+   func_ex2(type = "numeric")
```

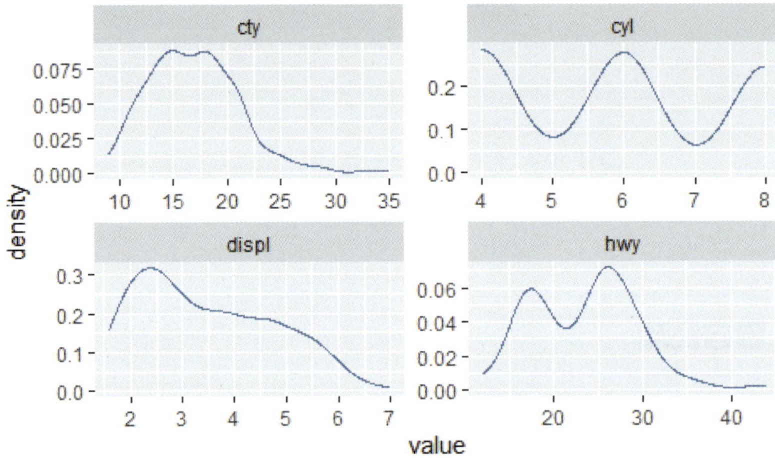

그림 10.5 함수 func_ex2()로 작성한 숫자형 변수의 분포 그래프

2) 실행 예제로서 데이터 프레임 mpg의 문자형 변수 중 manufacturer와 model을 제외한 나머지 변수의 분포 그래프를 함수 func_ex2()로 다음과 같이 작성해 보자.

```
> mpg |>
+   select(!c(manufacturer, model)) |>
+   func_ex2(type = "categorical")
```

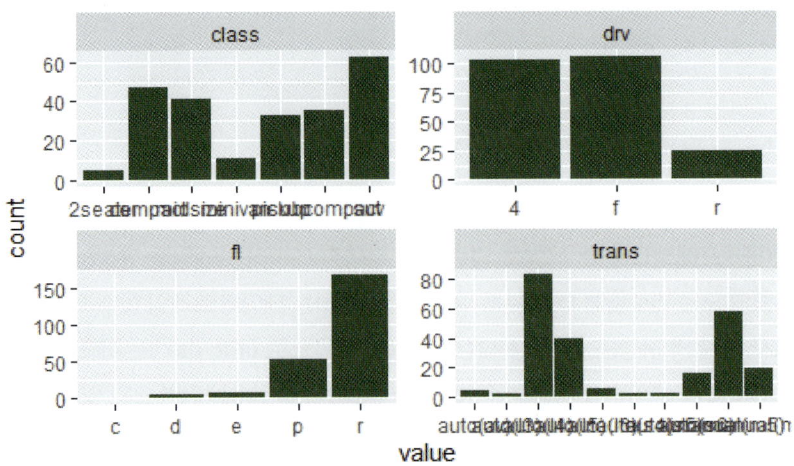

그림 10.6 함수 func_ex2()로 작성한 범주형 변수의 분포 그래프

11

반복 실행

11.1 데이터 프레임의 여러 변수에 대한 반복 실행
11.2 패키지 purrr의 반복 실행 함수
11.3 함수 apply() 계열 함수에 의한 반복 실행
11.4 루프 연산
11.5 연습문제

동일한 내용의 작업을 다른 객체를 대상으로 반복적으로 실행해야 하는 경우가 많이 있다. 예를 들면, 주어진 데이터 프레임의 모든 숫자형 변수의 평균을 계산해야 하는 경우, 또는 모든 범주형 변수의 범주 개수를 계산해야 하는 경우를 생각할 수 있다. 정규 분포에서 표본을 추출해서 표본 평균을 구하는 작업을 무수히 반복해서 표본 평균의 표본 분포를 구하는 경우도 있으며, 주어진 리스트의 각 하부 요소를 대상으로 동일한 작업을 반복해야 하는 경우도 있다.

이 장에서는 자료분석 과정에서 반드시 수행해야 하는 반복 실행을 효과적으로 수행할 수 있는 몇 가지 방법에 대해 살펴보겠다.

11.1 데이터 프레임의 여러 변수에 대한 반복 실행

11.1.1 여러 변수에 함수 적용: across()

데이터 프레임의 여러 변수에 함수를 반복적으로 적용해야 하는 상황에서 유용하게 사용되는 함수는 `across()`, `if_any()`, `if_all()`이 있다. 함수 `across()`는 `summarise()`와 `mutate()` 등과 유용하게 사용되고, `if_any()`와 `if_all()`은 함수 `filter()`에서 조건을 구성할 때 유용하게 사용되는 함수이다.

- **함수** `across()`

2.2절에서 살펴본 `dplyr` 함수 중에는 작업의 내용에 따라 여러 열을 대상으로 동일한 작업을 반복해서 수행해야 하는 함수들이 있다. 예를 들어 데이터 프레임 `mpg`의 모든 숫자형 변수들의 평균을 구해야 한다면, 함수 `summarise()`에 숫자형 변수 하나하나에 함수 `mean()`을 반복적으로 적용해야 한다.

```
> mpg |>
+   summarise(displ_m = mean(displ), year_m = mean(year),
+             cyl_m = mean(cyl), cty_m = mean(cty),
+             hwy_m = mean(hwy))
# A tibble: 1 × 5
  displ_m year_m cyl_m cty_m hwy_m
    <dbl>  <dbl> <dbl> <dbl> <dbl>
1    3.47  2004.  5.89  16.9  23.4
```

하지만 이런 방법은 매우 번거로우며, 변수의 개수가 매우 많은 데이터 프레임을 대상으로 하는 경우에는 실질적으로 사용하기 어렵게 된다. 따라서 여러 변수에 하나의 함수를 반복적으로 적용시키는 작업을 효과적으로 수행하는 방법이 필요한데, 함수 `across()`가 그러한 기능을 가지고 있다. 함수 `across()`의 사용법은 다음과 같다.

```
across(.cols, .fns, .names = NULL)
```

`.cols`에는 <tidy-select> 방식으로 작업 대상이 되는 열을 지정한다. <tidy-select> 방식이란 함수 `select()`에서 열을 선택할 때 사용한 방식으로서, 자세한 설명은 2.2.5절에서 볼 수 있다. `.fns`는 선택된 각 열에 적용되는 함수를 의미하며, `.names`는 결과물로 생성된 열 이름의 작성 방식에 관한 것이다.

데이터 프레임 `mpg`의 모든 숫자형 변수들의 평균을 구하는 작업을 함수 `across()`를 사용해서 다음과 같이 실행해 보자.

```
> mpg |>
+   summarise(across(where(is.numeric), mean))
# A tibble: 1 × 5
  displ  year   cyl   cty   hwy
  <dbl> <dbl> <dbl> <dbl> <dbl>
1  3.47 2004.  5.89  16.9  23.4
```

위의 예에서는 함수 `across()`의 첫 번째 요소인 `.cols`에 <tidy-select> 방식인 `where(is.numeric)`을 지정해서 숫자형 변수를 선택했으며, 두 번째 요소인 `.fns`에 함수 `mean`을 지정해서 평균값을 계산하도록 했다. 또한 두 번째 요소에 하나의 함수를 사용한 경우, 결과물로 생성된 변수의 이름은 원변수와 같은 이름이 되는 것이 디폴트이다.

함수 `across()`의 두 번째 요소 `.fns`에는 함수를 지정하게 되어 있는데, 이와 같이 함수가 다른 함수를 입력 요소로 받을 수 있는 프로그래밍 언어를 함수형 프로그래밍 언어라고 하며, R과 JavaScript 등이 여기에 해당하는 대표적인 언어이다. 이때 조심해야 하는 점은 `.fns = mean`과 같이 함수 이름만 `.fns`에 지정해야 된다는 것이다. 만일 `.fns = mean()`과 같이 괄호를 붙이면, 함수를 입력 요소로 지정하는 것이 아니라, 실행하는 것이 되어 오류가 발생된다.

함수 `across()`의 두 번째 요소 `.fns`에 함수 이름만 지정해야 한다는 것은 해당 함수의 추가적인 입력 요소를 사용할 수 없다는 것을 의미하는데, 이것 때문에 문제가 되는 경우가 있다. 예를 들어 데이터 프레임 `airquality`의 변수 `Ozone`, `Solar.R`, `Wind`, 그리고 `Temp`의 평균값을 계산해 보자.

```
> airquality |>
+   summarise(across(Ozone:Temp, mean))
  Ozone Solar.R     Wind     Temp
1    NA      NA 9.957516 77.88235
```

변수 Ozone과 Solar.R의 평균값이 NA가 된 것은 두 변수의 자료에 NA가 있기 때문이며, 따라서 함수 mean()에 na.rm = TRUE를 포함시켜야 하는 경우가 된다. 이와 같이 추가적인 입력 요소를 사용해야 하거나, 두 개 이상의 함수를 결합해서 사용해야 하는 경우에는 익명 함수(anonymous function)를 사용하는 것이 필요하다.

익명 함수란 이름이 없는 함수를 의미하는데, 함수를 정의하는 일반적인 방법은 다음과 같다.

```
> mean_na <- function(x) mean(x, na.rm = TRUE)
```

위에서 정의된 함수는 mean_na라는 이름을 갖고 있으며, 함수 across()에 다음과 같이 입력 요소로 사용할 수 있다.

```
> airquality |>
+   summarise(across(Ozone:Temp, mean_na))
     Ozone  Solar.R     Wind      Temp
1 42.12931 185.9315 9.957516 77.88235
```

익명 함수는 이름이 없기 때문에 함수 across()에서 사용하기 위해서는 다음과 같이 함수 안에서 직접 정의해야 한다.

```
> airquality |>
+   summarise(across(Ozone:Temp,
+                    function(x) mean(x, na.rm = TRUE)))
     Ozone  Solar.R     Wind      Temp
1 42.12931 185.9315 9.957516 77.88235
```

익명 함수를 조금 더 간략하게 정의하는 방법은 function(x) 대신 \(x)를 사용하는 것이다.

```
> airquality |>
+   summarise(across(Ozone:Temp,
+                    \(x) mean(x, na.rm = TRUE)))
     Ozone  Solar.R     Wind      Temp
1 42.12931 185.9315 9.957516 77.88235
```

익명 함수를 \(x)를 사용해서 정의하는 것은 base R 방식이다. 패키지 purrr의 방식을 사용한다면 ~ mean(.x, na.rm = TRUE)와 같이 function(x)를 "~"로 대체하고, 변수는 .x로 사용해야 한다. 이 방식은 tidyverse 환경에서만 작동되는 것이고, 변수를 항상 .x로만 사용해야 하는 제한이 있다. 참고로 `tidyverse`를 개발한 Hadley Wickham도 "*R for Data Science*" (https://r4ds.hadley.nz/)에서 `purrr` 방식보다 base R 방식에 의한 익명 함수 정의를 추천하고 있다.

함수 `across()`의 두 번째 요소 `.fns`에 두 개 이상의 함수를 결합한 하나의 익명 함수를 지정하는 경우를 살펴보자. 데이터 프레임 `airquality`의 변수 `Ozone`, `Solar.R`, `Wind`, 그리고 `Temp`의 자료에 포함된 결측값의 개수를 계산해 보자. 벡터 `x`에 포함된 결측값의 개수는 `sum(is.na(x))`로 구할 수 있으며, 이것을 이용해 익명 함수를 정의할 수 있다.

```
> airquality |>
+   summarise(across(Ozone:Temp, \(x) sum(is.na(x))))
  Ozone Solar.R Wind Temp
1    37       7    0    0
```

이번에는 함수 `across()`의 두 번째 요소 `.fns`에 여러 함수를 함께 지정하는 방법을 살펴보자. 예를 들어, 숫자형 변수들을 대상으로 평균과 표준편차를 계산해야 한다면, `mean`과 `sd`를 함께 지정해야 하는데, 이것은 해당 함수들을 리스트로 묶어 주면 된다.

```
> data(Default, package = "ISLR")

> Default |>
+   summarise(across(where(is.numeric), list(mean, sd)))
  balance_1 balance_2 income_1 income_2
1  835.3749   483.715 33516.98 13336.64
```

함수를 리스트로 묶을 때 이름을 지정하지 않으며, 생성된 결과물의 열 이름이 `balance_1`, `balance_2`와 같이 원변수 이름에 적용된 함수의 순서가 덧붙여진 형태가 된다. 따라서 함수 리스트에 이름을 지정하는 것이 적용된 함수를 구분하는데 더 도움이 된다.

```
> Default |>
+   summarise(across(where(is.numeric), list(m = mean, sd = sd)))
  balance_m balance_sd income_m income_sd
1  835.3749    483.715 33516.98  13336.64
```

데이터 프레임 `airquality`의 변수 `Ozone`, `Solar.R`의 평균과 표준편차를 구해보자. 이 경우에는 익명 함수를 리스트로 묶어야 한다.

```
> airquality |>
+   summarise(across(Ozone:Solar.R,
+                    list(m = \(x) mean(x, na.rm = TRUE),
+                         sd = \(x) sd(x, na.rm = TRUE)))
+             )
   Ozone_m Ozone_sd Solar.R_m Solar.R_sd
1 42.12931 32.98788  185.9315   90.05842
```

함수 across()는 mutate()에서도 매우 효과적으로 사용된다. 데이터 프레임 iris는 붓꽃의 꽃받침과 꽃잎의 길이와 폭을 센티미터 단위로 측정한 자료인데, 이것을 인치 단위로 변환해 보자. iris의 모든 숫자형 변수의 자료를 2.54로 나누는 작업은 다음과 같이 할 수 있다. 원자료가 모두 인치 단위로 변경된 것을 알 수 있다.

```
> iris |>
+   mutate(across(where(is.numeric), \(x) x/2.54)) |>
+   as_tibble() |> print(n = 2)
# A tibble: 150 × 5
  Sepal.Length Sepal.Width Petal.Length Petal.Width Species
         <dbl>       <dbl>        <dbl>       <dbl> <fct>
1         2.01        1.38        0.551      0.0787 setosa
2         1.93        1.18        0.551      0.0787 setosa
# i 148 more rows
```

만일 원자료를 그대로 유지하려면, 새로 생성되는 결과물의 열 이름을 다르게 주어야 한다. 생성되는 변수 이름을 변경하기 위해서는 함수 across()의 세 번째 요소 .names의 디폴트 값을 변경해야 한다. .names는 패키지 glue에서 제공하는 방식을 사용하는데, 선택된 열을 {.col}로, 사용된 함수를 {.fn}으로 표시한다. 디폴트인 .names = NULL은 하나의 함수만이 .fns에 지정되는 경우에는 "{.col}"이 되고, 여러 함수가 리스트로 .fns에 지정되면 "{.col}_{.fn}"가 된다. 따라서 원자료와 인치 단위로 변경된 자료를 모두 유지하고자 한다면, .names에 "{col}_inch"와 같이 다른 이름을 지정해야 한다.

```
> iris |>
+   mutate(across(where(is.numeric), \(x) x/2.54,
+                 .names = "{col}_inch")) |>
+   as_tibble() |>
+   print(n = 2, width = Inf)
# A tibble: 150 × 9
  Sepal.Length Sepal.Width Petal.Length Petal.Width Species
```

```
       <dbl>        <dbl>         <dbl>        <dbl> <fct>
1        5.1         3.5           1.4          0.2 setosa
2        4.9         3             1.4          0.2 setosa
  Sepal.Length_inch Sepal.Width_inch Petal.Length_inch
              <dbl>            <dbl>             <dbl>
1              2.01             1.38             0.551
2              1.93             1.18             0.551
  Petal.Width_inch
             <dbl>
1           0.0787
2           0.0787
# i 148 more rows
```

변수의 유형을 변경하는 경우에도 across()는 매우 유용하게 사용된다. 데이터 프레임 mpg의 문자형 변수를 모두 요인으로 변경해 보자.

```
> mpg |>
+   mutate(across(where(is.character), as.factor)) |>
+   print(n = 2)
# A tibble: 234 × 11
  manufacturer model displ  year   cyl trans   drv     cty   hwy fl
  <fct>        <fct> <dbl> <int> <int> <fct>   <fct> <int> <int> <fct>
1 audi         a4      1.8  1999     4 auto(l… f        18    29 p
2 audi         a4      1.8  1999     4 manual… f        21    29 p
# i 232 more rows
# i 1 more variable: class <fct>
```

처음 두 변수는 자동차 생산 회사와 자동차 모델이어서, 요인으로 변경하기에는 범주의 개수가 지나치게 많으므로, 그냥 문자형 변수로 남겨두자. 두 변수 모두 "m"으로 이름이 시작되는 변수이므로 !starts_with("m")을 "&"와 함께 포함시키면, 두 변수를 제외시킬 수 있다.

```
> mpg |>
+   mutate(across(c(!starts_with("m") & where(is.character)),
+                 as.factor)) |>
+   print(n = 2)
# A tibble: 234 × 11
  manufacturer model displ  year   cyl trans   drv     cty   hwy fl
  <chr>        <chr> <dbl> <int> <int> <fct>   <fct> <int> <int> <fct>
1 audi         a4      1.8  1999     4 auto(l… f        18    29 p
2 audi         a4      1.8  1999     4 manual… f        21    29 p
# i 232 more rows
# i 1 more variable: class <fct>
```

• **함수** `if_any()`**와** `if_all()`

함수 filter()에서 조건을 구성할 때 여러 변수에 같은 함수를 적용한 결과를 이용해야 하는 상황이 있는데, 함수 across()로는 적절한 조건을 구성하기 어려운 경우가 있다. 따라서 filter()에서는 across() 대신 if_any()나 if_all()을 사용하는 것이 더 효과적이다. 두 함수의 사용법은 across()와 동일하며, .fns에 지정된 함수를 .cols에서 선택된 각 변수에 적용해서 나온 결과를 종합해서 TRUE 혹은 FALSE를 출력한다. 함수 if_any()는 선택된 변수의 결과 중 TRUE가 하나만 있어도 TRUE를 출력하고, if_all()은 선택된 모든 변수의 결과가 TRUE가 되어야 TRUE를 출력한다.

데이터 프레임 airquality의 변수 Ozone과 Solar.R의 자료가 모두 NA인 행을 선택해 보자. 두 변수 모두 is.na()에서 TRUE가 되어야 하므로, 함수 if_all()을 사용해야 한다. 전체 153개 행 중 2개 행이 선택되었다.

```
> airquality |>
+   filter(if_all(1:2, is.na))
  Ozone Solar.R Wind Temp Month Day
1    NA      NA 14.3   56     5   5
2    NA      NA  8.0   57     5  27
```

이제 두 변수의 자료가 모두 NA인 행을 제거해 보자. 이 경우에는 두 변수 중 적어도 한 변수의 자료에는 결측값이 없어야 한다. 즉 적어도 한 변수에 대해서는 !is.na(x)가 TRUE가 되어야 하므로 함수 if_any()를 사용해야 한다. 전체 153개 행 중 2개 행이 제거되어서 151개 행이 남았다.

```
> airquality |>
+   filter(if_any(1:2, \(x) !is.na(x))) |>
+   nrow()
[1] 151
```

이번에는 변수 Ozone과 Solar.R 중 적어도 한 자료에 NA가 있는 행을 선택해 보자. 함수 if_any()를 사용했으며, 42개 행이 선택되었다.

```
> airquality |>
+   filter(if_any(1:2, is.na)) |>
+   nrow()
[1] 42
```

이제 두 변수 중 적어도 한 자료에 NA가 있는 행을 제거해 보자. 이 경우에는 두 변수 모두에 NA가 없어야 하므로, 함수 `if_all()`을 사용했다. 전체 153개 행 중 42개 행이 제거되어서 111개 행이 남았다.

```
> airquality |>
+   filter(if_all(1:2, \(x) !is.na(x))) |>
+   nrow()
[1] 111
```

11.1.2 여러 변수의 이름 변경: rename_with()

데이터 프레임의 변수 이름을 변경하는 작업은 2.2절에서 살펴본 함수 `rename()`으로 할 수 있다. 하지만 많은 변수의 이름을 어떤 공통적인 양식에 따라 모두 바꿔야 하는 경우에 하나씩 "`new_name = old_name`"으로 변경하는 것은 매우 비효율적인 방식이라 하겠다. 이런 경우에 사용할 수 있는 함수가 `rename_with()`이다. 사용법은 다음과 같다.

```
rename_with(.data, .fn, .cols = everything())
```

`.data`는 데이터 프레임이고, `.fn`은 이름 변경에 사용될 함수이므로 실행 결과는 문자형 벡터가 되어야 한다. `.cols`에는 이름을 변경하려는 변수를 <tidy-select> 방식으로 지정하는데, 디폴트는 모든 변수가 된다.

데이터 프레임 `iris`의 모든 변수 이름을 소문자로 변경해 보자. 대문자를 소문자로 변경하는 함수인 `str_to_lower()`의 이름을 `.fn`에 지정하면 된다.

```
> iris |>
+   rename_with(str_to_lower) |>
+   as_tibble() |>
+   print(n = 2)
# A tibble: 150 × 5
  sepal.length sepal.width petal.length petal.width species
         <dbl>       <dbl>        <dbl>       <dbl> <fct>
1          5.1         3.5          1.4         0.2 setosa
2          4.9         3            1.4         0.2 setosa
# ℹ 148 more rows
```

이번에는 이름에 포함된 점(.)을 밑줄(_)로 변경해 보자. 문자열 치환에 사용되는 함수인 `str_replace_all()`을 사용해서 익명 함수를 정의하면 되는데, 점(.)의 메타 문자 기능을 없애기 위하여 탈출 문자인 역슬레시를 두 개 연속해서 사용했다.

```
> iris |>
+   rename_with(str_to_lower) |>
+   rename_with(\(x) str_replace_all(x, "\\.", "_")) |>
+   as_tibble() |>
+   print(n = 2)
# A tibble: 150 × 5
  sepal_length sepal_width petal_length petal_width species
         <dbl>       <dbl>        <dbl>       <dbl> <fct>
1          5.1         3.5          1.4         0.2 setosa
2          4.9         3            1.4         0.2 setosa
# ℹ 148 more rows
```

11.2 패키지 purrr의 반복 실행 함수

패키지 purrr에는 함수형 프로그래밍을 더욱 간편하고 효율적으로 실행할 수 있는 함수들이 있는데, 그 중 대표적인 함수는 map()이다. 이번 절에서는 함수 map() 및 그와 연관된 함수들의 사용법을 살펴보겠다.

11.2.1 함수 map()에 의한 반복 실행

패키지 purrr의 함수 map()은 리스트의 각 하부 요소 또는 벡터의 각 요소에 특정 함수를 반복 적용할 때 유용하게 사용할 수 있는 함수이다. 함수의 사용법은 다음과 같다.

```
map(.x, .f)
```

.x는 리스트 혹은 벡터이고, .f는 .x의 각 요소에 적용되는 함수로서, 함수 이름 혹은 익명 함수가 되어야 한다. .f에 문자열이나 숫자를 지정할 수 있는데, 이 경우에는 리스트의 일부분을 선택하는 기법이 되며, 11.2.2절에서 살펴보겠다. 함수 map()의 결과는 리스트가 된다.

예를 들어, 다음의 리스트 x를 구성하는 세 벡터의 평균을 구해보자.

```
> set.seed(124)
> x <- list(a1 = 1:5, a2 = rnorm(5), a3 = c(TRUE, FALSE, TRUE, TRUE))
```

함수 map()을 사용하면, 다음과 같이 계산된다.

```
> map(x, mean)
$a1
[1] 3

$a2
[1] -0.0943867

$a3
[1] 0.75
```

함수 map()은 실질적으로 다음과 같은 작업을 수행하는 것이며, 반복적인 작업을 사용자가 매우 단순한 방식으로 수행할 수 있게 한다.

```
> list(a1 = mean(x[[1]]), a2 = mean(x[[2]]), a3 = mean(x[[3]]))
$a1
[1] 3

$a2
[1] -0.0943867

$a3
[1] 0.75
```

위 결과를 보면, 리스트의 각 하부 요소가 하나의 숫자로 구성된 것으로 알 수 있는데, 이런 경우에는 실행 결과를 리스트가 아닌 벡터로 출력하는 것이 더 좋을 수 있다. 실행 결과를 벡터로 출력하고자 한다면, 출력되는 벡터의 유형에 따라 map_lgl(), map_int(), map_dbl(), map_chr() 중 하나를 선택하거나, 또는 유형과 관계없이 map_vec()을 사용하면 된다.

위의 예를 함수 map_dbl()로 실행한 결과는 다음과 같다.

```
> map_dbl(x, mean)
       a1         a2        a3 
3.0000000 -0.0943867 0.7500000 
```

함수 map_vec()를 사용해도 동일한 결과를 얻는다.

```
> map_vec(x, mean)
       a1         a2        a3 
3.0000000 -0.0943867 0.7500000 
```

함수 map()을 사용하는 다른 예제로서 평균이 -2, -1, 0, 1, 2이고 표준편차가 0.5인 정규 분포에서 10개씩 임의표본을 각각 추출하여 평균값을 계산해 보자. 정규 분포에서 임의표본을 추출하는 함수는 rnorm()인데, 10.1.2절에서 살펴보았다. 먼저 다섯 종류의 정규 분포에서 각각 10개씩 임의표본을 추출하는 작업을 함수 map()으로 수행해 보자. 벡터 m에 5개 평균값을 입력하고, 함수 rnorm()을 기반으로 정의된 익명 함수를 map()을 사용해서 벡터 m의 각 요소에 적용하면 5 세트의 임의표본으로 이루어진 리스트를 만들 수 있다.

```
> set.seed(12)
> m <- -2:2
> sample_df <- map(m, \(x) rnorm(n = 10, mean = x, sd = 0.5))
```

리스트 sample_df의 구조는 다음과 같다.

```
> str(sample_df)
List of 5
 $ : num [1:10] -2.74 -1.21 -2.48 -2.46 -3 ...
 $ : num [1:10] -1.389 -1.647 -1.39 -0.994 -1.076 ...
 $ : num [1:10] 0.112 1.004 0.506 -0.151 -0.513 ...
 $ : num [1:10] 1.337 2.036 0.729 0.465 0.814 ...
 $ : num [1:10] 2.05 1.42 2.29 1.2 1.85 ...
```

이제 리스트 sample_df의 각 하부 요소에 대하여 함수 mean()을 적용하면 임의표본에 대한 평균값을 계산할 수 있다.

```
> map_vec(sample_df, mean)
[1] -2.2336070 -1.0976021  0.1043807  0.9932912  1.8762131
```

반복 실행의 결과물이 리스트로 출력되길 원하면 함수 map()을 사용하면 되고, 벡터로 출력되길 원한다면 함수 map_vec()를 사용하면 되는데, 만일 데이터 프레임으로 출력되길 원한다면 어떤 함수를 사용하면 되는지 알아보자.

함수 map_dfr()과 map_dfc()가 결과물을 데이터 프레임으로 출력하는 기능을 가지고 있는 함수인데, 패키지 purrr의 버전 1.0.0 부터는 함수 list_rbind()와 list_cbind()을 사용할 것을 추천하고 있다. 함수 list_rbind()는 리스트의 각 하부 요소들을 행 단위로 묶어서 데이터 프레임을 구성하고, 함수 list_cbind()는 열 단위로 묶어서 데이터 프레임을 구성하는 함수이다. 단, 이 함수들을 사용하기 위해서는 리스트의 각 하부 요소들이 데이터 프레임이어야 한다.

리스트 sample_df를 구성하고 있는 다섯 세트의 임의표본에 대하여 함수 fivenum()으로 다섯 요약 통계량의 값을 계산하고, 그 결과를 데이터 프레임으로 출력해 보자. 함수 fivenum()은 입력된 벡터의 최솟값, Q_1, 중앙값, Q_3, 최댓값을 계산하는 함수이다. 단, Q_1은 0.25 분위수이고, Q_3는 0.75 분위수이다. 우선 리스트 sample_df의 첫 번째 하부 요소를 함수 fivenum()에 입력한 결과를 살펴보자.

```
> sample_df[[1]] |> fivenum()
[1] -2.998821 -2.478372 -2.235901 -2.053232 -1.211415
```

벡터로 결과가 출력되었는데, 각 요소에 이름을 붙이고, 함수 bind_rows()를 사용해서 데이터 프레임으로 변환시키자. 벡터의 각 요소에 이름을 붙이는 것은 함수 setNames()로 진행했다.

```
> sample_df[[1]] |>
+   fivenum() |>
+   setNames(c("Min", "Q1", "Med", "Q3", "Max")) |>
+   bind_rows()
# A tibble: 1 × 5
    Min    Q1   Med    Q3   Max
  <dbl> <dbl> <dbl> <dbl> <dbl>
1 -3.00 -2.48 -2.24 -2.05 -1.21
```

위 작업을 리스트 하부 요소에 반복 적용하기 위해서는 함수를 정의하는 것이 더 효율적으로 보인다.

```
> my_fivenum <- function(x){
+   fivenum(x) |>
+     setNames(c("Min", "Q1", "Med", "Q3", "Max")) |>
+     bind_rows()
+ }
```

작성된 함수 my_fivenum()을 함수 map()을 사용해서 리스트 sample_df의 각 하부 요소에 반복 적용시키자.

```
> fivenum_res <- map(sample_df, my_fivenum)
> fivenum_res
[[1]]
# A tibble: 1 × 5
```

```
    Min     Q1   Med     Q3   Max
  <dbl> <dbl> <dbl> <dbl> <dbl>
1 -3.00 -2.48 -2.24 -2.05 -1.21

[[2]]
# A tibble: 1 × 5
    Min     Q1   Med     Q3    Max
  <dbl> <dbl> <dbl>  <dbl>  <dbl>
1 -1.65 -1.39 -1.11 -0.830 -0.406

[[3]]
     Min     Q1     Med    Q3   Max
   <dbl>  <dbl>   <dbl> <dbl> <dbl>
1 -0.513 -0.134 0.0692 0.181  1.00

[[4]]
# A tibble: 1 × 5
    Min    Q1   Med    Q3   Max
  <dbl> <dbl> <dbl> <dbl> <dbl>
1 0.465 0.729 0.787  1.34  2.04

[[5]]
# A tibble: 1 × 5
    Min    Q1   Med    Q3   Max
  <dbl> <dbl> <dbl> <dbl> <dbl>
1  1.20  1.51  1.95  2.22  2.37
```

결과로 만들어진 리스트 `fivenum_res`의 각 하부 요소들은 모두 데이터 프레임으로 구성되어 있다. 이제 리스트 `fivenum_res`를 함수 `list_rbind()`에 적용시키면 데이터 프레임으로 결과가 출력된다.

```
> fivenum_res |> list_rbind()
# A tibble: 5 × 5
     Min      Q1     Med      Q3    Max
   <dbl>   <dbl>   <dbl>   <dbl>  <dbl>
1 -3.00   -2.48  -2.24    -2.05  -1.21
2 -1.65   -1.39  -1.11    -0.830 -0.406
3 -0.513  -0.134  0.0692   0.181  1.00
4  0.465   0.729  0.787    1.34   2.04
5  1.20    1.51   1.95     2.22   2.37
```

데이터 프레임은 9.1절에서 살펴본 대로 리스트 속성을 가지고 있는 객체이며, 각 열이 하부 요소가 된다. 따라서 함수 map()을 데이터 프레임에 적용시키면, 데이터 프레임의 모든 열을 대상으로 같은 작업을 반복 실행할 수 있게 된다.

예를 들어, 데이터 프레임 airquality의 변수 Ozone, Solar.R, Wind, Temp의 평균을 함수 map_vec()으로 계산해 보자.

```
> airquality |>
+   select(!c(Month, Day)) |>
+   map_vec(\(x) mean(x, na.rm = TRUE))
     Ozone    Solar.R       Wind       Temp
 42.129310 185.931507   9.957516  77.882353
```

이 문제는 함수 summarise()와 across()를 사용해도 동일한 작업을 수행할 수 있다.

```
> airquality |>
+   summarise(across(Ozone:Temp,
+                    \(x) mean(x, na.rm = TRUE)))
     Ozone  Solar.R     Wind      Temp
1 42.12931 185.9315 9.957516 77.88235
```

함수 map()에 대한 다른 예제로서 주어진 데이터 프레임에 있는 두 연속형 변수의 상관계수를 그룹 변수로 구분된 그룹별로 각각 계산하는 작업을 진행해 보자. 예제 자료는 데이터 프레임 airquality이고, 두 변수 Ozone과 Solar.R의 월별 상관계수를 계산해 보자.

두 벡터 x와 y의 상관계수는 함수 cor(x, y)로 계산할 수 있는데, 자료에 NA가 포함되어 있으면, 결과가 NA가 되는 것이 디폴트이어서, NA가 있는 행은 제외하고 상관계수를 계산하기 위해서는 use = "pairwise"를 추가해야 한다.

```
> with(airquality, cor(Ozone, Solar.R))
[1] NA

> with(airquality, cor(Ozone, Solar.R, use = "pairwise"))
[1] 0.3483417
```

함수 with()는 10.2절에서 살펴본 함수로서, 데이터 환경을 구성하는 기능을 갖고 있다.

두 변수의 월별 상관계수를 구하는 작업을 함수 map()으로 실행하기 위해서는 월별로 데이터 프레임을 구분해서 리스트를 구성해야 한다. 벡터 혹은 데이터 프레임을 범주형 변수에 따라 그룹으로 구분하여 리스트의 하부 요소에 할당하는 작업은 함수 split()으로 할 수 있다. 기본적인 사용법은 split(x, f)이며, x는 벡터 혹은 데이터 프레임이고, f는 범주형 변수로 사용되는 벡터이다.

데이터 프레임 airquality를 변수 Month로 구분해서 리스트를 구성해 보자.

```
> airquality |>
+   split(airquality$Month) |>
+   str(max.level = 1)
List of 5
 $ 5:'data.frame':  31 obs. of  6 variables:
 $ 6:'data.frame':  30 obs. of  6 variables:
 $ 7:'data.frame':  31 obs. of  6 variables:
 $ 8:'data.frame':  31 obs. of  6 variables:
 $ 9:'data.frame':  30 obs. of  6 variables:
```

월별 자료가 하부 요소로 있는 리스트에 변수 Ozone과 Solar.R의 월별 상관계수를 계산하는 익명 함수를 함수 map_vec()으로 적용시켜보자.

```
> airquality |>
+    split(airquality$Month) |>
+    map_vec(\(x) with(x, cor(Ozone, Solar.R, use = "pairwise")))
        5         6         7         8         9
0.2428635 0.7177528 0.4293259 0.5296827 0.1803730
```

이 문제에 대한 다른 해결 방법으로는 패키지 dplyr의 함수 nest_by()를 사용해서 월별 자료로 리스트 열을 구성하는 방법을 생각해 볼 수 있다. 리스트 열은 9.2절에서 살펴보았다. 데이터 프레임 airquality를 변수 Month로 구분하여 리스트 열을 구성해 보자.

```
> airquality |>
+   nest_by(Month)
# A tibble: 5 × 2
# Rowwise:  Month
  Month               data
  <int> <list<tibble[,5]>>
1     5           [31 × 5]
2     6           [30 × 5]
3     7           [31 × 5]
4     8           [31 × 5]
5     9           [30 × 5]
```

생성된 데이터 프레임의 두 번째 열이 변수 Month로 구분된 월별 자료가 하부 요소로 할당된 리스트 열이다. 또한 두 번째 열인 data만을 대상으로 작업이 이루어져야 하기 때문에,

함수 map_vec()보다 함수 summarise()를 사용하는 것이 더 적절한 방법이 된다.

```
> airquality |>
+   nest_by(Month) |>
+   summarise(rho = with(data, cor(Ozone, Solar.R, use = "pairwise")))
# A tibble: 5 × 2
# Groups:   Month [5]
  Month   rho
  <int> <dbl>
1     5 0.243
2     6 0.718
3     7 0.429
4     8 0.530
5     9 0.180
```

11.2.2 함수 map()에 의한 리스트 일부분 선택

함수 map()의 두 번째 요소인 .f에 문자열이나 숫자를 지정하면, 리스트의 일부분을 선택하는 작업을 수행할 수 있다.

예를 들어 다음의 리스트 data_1을 구성하고 있는 세 벡터의 두 번째 요소를 선택해 보자. 함수 map()에 숫자가 입력되면 리스트를 구성하는 각 하부 요소에서 선택할 자료의 위치가 지정된다.

```
> data_1 <- list(x1 = 1:3, x2 = 2:4, x3 = 3:6)

> map_int(data_1, 2)
x1 x2 x3
 2  3  4
```

이번에는 문자를 입력하여 특정 요소를 선택하는 예제를 살펴보자. 예를 들어 $N(-1,1)$과 $N(2,1)$에서 각각 발생시킨 난수를 함수 summary()에 입력해서 계산된 요약 통계량 값을 리스트에 입력해 보자.

```
> set.seed(123)
> data_2 <- map(c(-1, 2), \(x) rnorm(n = 5, mean = x)) |>
+   map(summary)

> data_2
[[1]]
   Min. 1st Qu.  Median    Mean 3rd Qu.    Max.
-1.5605 -1.2302 -0.9295 -0.8064 -0.8707  0.5587
```

```
[[2]]
   Min. 1st Qu.  Median    Mean 3rd Qu.    Max. 
 0.7349  1.3131  1.5543  1.9557  2.4609  3.7151
```

이제 리스트 data_2의 하부 요소에서 Median으로 이름이 붙여진 자료를 선택해서 벡터로 출력해 보자.

```
> map_vec(data_2, "Median")
[1] -0.9294916  1.5543380
```

리스트의 일부분을 선택하는 함수로서 9.1절에서 함수 pluck()을 살펴보았는데, .f에 숫자 혹은 문자열을 지정하는 것은 함수 pluck()를 사용해서 익명 함수를 지정하는 것을 간편하게 표현한 방식이 된다.

```
> map_int(data_1, \(x) pluck(x, 2))
x1 x2 x3 
 2  3  4 
> map_vec(data_2, \(x) pluck(x, "Median"))
[1] -0.9294916  1.5543380
```

11.2.3 함수 map2()에 의한 반복 실행

함수 map()은 하나의 벡터 혹은 리스트를 입력 요소로 받아서, 특정 함수를 반복 적용할 때 사용하는 함수이다. 반면에 함수 map2()는 두 개의 리스트 혹은 벡터를 입력 요소로 받아서 특정 함수를 반복 적용할 때 사용하는 함수이다. 사용법은 다음과 같다.

```
map2(.x, .y, .f)
```

.x와 .y는 리스트 혹은 벡터로서 두 개의 입력 요소가 되는데, 반드시 길이가 같아야 하며, 순환법칙은 길이가 1인 벡터 혹은 리스트에만 적용된다.

정규 분포에서 임의표본을 추출해서 표본 평균을 계산하려는 경우에 함수 map()을 사용한다면, 하나의 입력 요소만을 사용할 수 있기 때문에, 정규 분포의 평균이나 표준편차 중 하나를 고정시켜야 한다. 반면에 함수 map2()에서는 두 개의 입력 요소를 사용할 수 있기 때문에, 평균과 표준편차를 모두 다르게 지정할 수 있다. 정규 분포 $N(-5, 2^2)$과 $N(5, 1^2)$에서 각각 10개의 임의표본을 추출해서 표본평균 값을 계산해 보자.

```
> set.seed(123)
> map2(.x = c(-5, 5), .y = c(2, 1),
+      \(x,y) rnorm(n = 10, mean = x, sd = y)) |>
+   map_vec(mean)
[1] -4.850749  5.208622
```

데이터 프레임 airquality의 변수 Ozone과 Solar.R의 월별 상관계수를 함수 map2()를 사용해서 계산해 보자. 계산 방식은 월별로 구분된 각 변수의 자료를 하부 요소로 하는 리스트를 만들고, 두 리스트를 함수 map2()의 입력 요소로 한다. 상관계수의 계산은 익명 함수로 다음과 같이 진행한다.

```
> Ozone_mon <- airquality |> pull(Ozone) |> split(airquality$Month)
> Solar_mon <- airquality |> pull(Solar.R) |> split(airquality$Month)

> map2_vec(Ozone_mon, Solar_mon,
+          \(x,y) cor(x, y, use = "pairwise"))
        5         6         7         8         9
0.2428635 0.7177528 0.4293259 0.5296827 0.1803730
```

11.2.4 함수 modify()에 의한 반복 실행

함수 map()은 벡터, 데이터 프레임, 리스트를 대상으로 상당히 번거로울 수 있는 반복적인 작업을 매우 간편하고 효율적인 방식으로 실행하는 함수이며, 실행 결과는 항상 리스트이다. 하지만 반복 작업의 실행 결과가 입력 자료와 같은 구조의 객체로 출력되는 것이 필요한 경우도 있다. 벡터를 대상으로 작업이 이루어지면 결과도 벡터로 출력되고, 데이터 프레임을 대상으로 작업이 이루어지면 결과도 데이터 프레임으로 출력되는 것이 필요한 경우가 많이 있는데, 이런 경우에 사용할 수 있는 함수가 modify()와 그와 연관된 함수들이다. 함수 modify()의 사용법은 함수 map()와 동일하다.

```
modify(.x, .f)
```

예를 들어 표준 정규 분포에서 $n = 5, 10, 100$의 임의표본을 추출해서 평균값을 계산하는 작업을 진행해 보자. 표본 크기를 입력한 벡터와 리스트를 다음과 같이 만들어 보자.

```
> n_vec <- c(5, 10, 100)
> n_list <- list(5, 10, 100)
```

벡터 n_vec에 대해 함수 map()으로 진행한 결과는 리스트로 출력된다.

```
> set.seed(12)
> map(n_vec, \(x) mean(rnorm(n = x)))
[[1]]
[1] -0.755558

[[2]]
[1] -0.3885982

[[3]]
[1] 0.07744533
```

하지만 함수 modify()의 경우에는, 벡터인 n_vec을 입력하면 결과가 벡터로 출력되고, 리스트인 n_list를 입력하면 리스트로 결과가 출력된다.

```
> set.seed(12)
> modify(n_vec, \(x) mean(rnorm(n = x)))
[1] -0.75555799 -0.38859819  0.07744533
> set.seed(12)
> modify(n_list, \(x) mean(rnorm(n = x)))
[[1]]
[1] -0.755558

[[2]]
[1] -0.3885982

[[3]]
[1] 0.07744533
```

데이터 프레임의 변수 유형을 변경하는 문제를 다뤄보자. 데이터 프레임 women은 30대 여성 15명의 키와 몸무게를 측정한 자료이다.

```
> women |> str()
'data.frame':   15 obs. of  2 variables:
 $ height: num  58 59 60 61 62 63 64 65 66 67 ...
 $ weight: num  115 117 120 123 126 129 132 135 139 142 ...
```

숫자형으로 되어 있는 두 변수의 유형을 정수형을 변경해 보자. 함수 as.integer()를 두 변수에 반복적으로 적용하는 작업인데, 이것을 함수 map()으로 실행하면, 리스트로 결과가 출력된다.

```
> map(women, as.integer) |> str()
List of 2
 $ height: int [1:15] 58 59 60 61 62 63 64 65 66 67 ...
 $ weight: int [1:15] 115 117 120 123 126 129 132 135 139 142 ...
```

데이터 프레임의 구조는 그대로 유지하면서, 변수의 유형만을 변경하고자 한다면, 다음과 같이 함수 modify()를 사용해야 한다.

```
> modify(women, as.integer) |> str()
'data.frame':	15 obs. of  2 variables:
 $ height: int  58 59 60 61 62 63 64 65 66 67 ...
 $ weight: int  115 117 120 123 126 129 132 135 139 142 ...
```

물론 함수 map()으로 출력된 리스트를 함수 as.data.frame()을 사용하면, 다시 데이터 프레임으로 변경할 수 있으나, 작업을 한 번 더 진행해야 한다는 번거로움이 있다.

```
> map(women, as.integer) |> as.data.frame() |> str()
'data.frame':	15 obs. of  2 variables:
 $ height: int  58 59 60 61 62 63 64 65 66 67 ...
 $ weight: int  115 117 120 123 126 129 132 135 139 142 ...
```

데이터 프레임의 모든 변수가 반복적인 작업의 대상이 아니고, 특정 조건을 만족하는 변수만이 작업 대상이라면 함수 modify_if()를 사용하는 것이 더 효과적이다. 함수의 기본적인 사용법은 다음과 같다.

```
modify_if(.x, .p, .f)
```

두 번째 요소 .p에는 실행 결과가 하나의 TRUE 혹은 FALSE가 되는 함수를 지정하며, 결과가 TRUE인 변수에 대해서만 실행이 이루어지게 된다. 예를 들어, 데이터 프레임 iris의 숫자형 변수는 센티미터 단위로 측정한 꽃받침과 꽃잎의 길이와 폭인데, 이것을 인치 단위로 변환해 보자. 변수가 숫자형인지 함수 is.numeric()으로 확인하고, 결과가 TRUE인 변수에 대해서 2.54를 나누는 작업을 수행하게 된다.

```
> iris |>
+   modify_if(is.numeric, \(x) x/2.54) |>
+   str()
'data.frame':	150 obs. of  5 variables:
 $ Sepal.Length: num  2.01 1.93 1.85 1.81 1.97 ...
 $ Sepal.Width : num  1.38 1.18 1.26 1.22 1.42 ...
```

```
 $ Petal.Length: num  0.551 0.551 0.512 0.591 0.551 ...
 $ Petal.Width : num  0.0787 0.0787 0.0787 0.0787 0.0787 ...
 $ Species     : Factor w/ 3 levels "setosa","versicolor",..: 1 1 1 1 1
1 1 1 1 1 ...
```

특정 조건의 만족 여부에 따라 작업 대상 요소를 선택하되, 결과를 리스트로 출력하고자 한다면, 함수 `map_if()`를 사용하면 된다. 사용법은 함수 `modify_if()`와 동일하며, 위 예제를 함수 `map_if()`로 실행해 보자. 결과가 리스트로 출력된다.

```
> iris |>
+   map_if(is.numeric, \(x) x/2.54) |>
+   str()
List of 5
 $ Sepal.Length: num [1:150] 2.01 1.93 1.85 1.81 1.97 ...
 $ Sepal.Width : num [1:150] 1.38 1.18 1.26 1.22 1.42 ...
 $ Petal.Length: num [1:150] 0.551 0.551 0.512 0.591 0.551 ...
 $ Petal.Width : num [1:150] 0.0787 0.0787 0.0787 0.0787 0.0787 ...
 $ Species     : Factor w/ 3 levels "setosa","versicolor",..: 1 1 1 1 1
1 1 1 1 1 ...
```

데이터 프레임의 변수 중 작업 대상이 되는 변수를 변수 이름이나 위치를 지정해서 선택하는 것이 더 간편한 경우도 있다. 이런 경우에 사용할 수 있는 함수가 `modify_at()`이다. 함수의 기본적인 사용법은 다음과 같다.

```
modify_if(.x, .at, .f)
```

두 번째 요소 `.at`에는 숫자형 벡터 혹은 문자형 벡터를 지정하며, 숫자형 벡터는 선택할 변수의 위치를 나타내고, 문자형 벡터는 선택할 변수의 이름을 나타내는 것이다. 데이터 프레임 `mtcars`의 모든 변수는 숫자형이다. 그 중 변수 `cyl`, `vs`, `am`을 요인으로 전환해 보자.

```
> mtcars |>
+   modify_at(c("cyl", "vs", "am"), as.factor) |>
+   str()
'data.frame':   32 obs. of  11 variables:
 $ mpg : num  21 21 22.8 21.4 18.7 18.1 14.3 24.4 22.8 19.2 ...
 $ cyl : Factor w/ 3 levels "4","6","8": 2 2 1 2 3 2 3 1 1 2 ...
 $ disp: num  160 160 108 258 360 ...
 $ hp  : num  110 110 93 110 175 105 245 62 95 123 ...
 $ drat: num  3.9 3.9 3.85 3.08 3.15 2.76 3.21 3.69 3.92 3.92 ...
 $ wt  : num  2.62 2.88 2.32 3.21 3.44 ...
 $ qsec: num  16.5 17 18.6 19.4 17 ...
```

```
 $ vs  : Factor w/ 2 levels "0","1": 1 1 2 2 1 2 1 2 2 2 ...
 $ am  : Factor w/ 2 levels "0","1": 2 2 2 1 1 1 1 1 1 1 ...
 $ gear: num  4 4 4 3 3 3 3 4 4 4 ...
 $ carb: num  4 4 1 1 2 1 4 2 2 4 ...
```

작업 대상이 되는 변수를 변수 이름이나 위치를 지정해서 선택하되, 결과를 리스트로 출력하고자 한다면, 함수 `map_at()`을 사용하면 되며, 사용법은 `modify_at()`과 동일하다. 위 예제를 함수 `map_at()`으로 실행해 보자. 결과가 리스트로 출력된다.

```
> mtcars |>
+   map_at(c("cyl", "vs", "am"), as.factor) |>
+   str()
List of 11
 $ mpg : num [1:32] 21 21 22.8 21.4 18.7 18.1 14.3 24.4 22.8 19.2 ...
 $ cyl : Factor w/ 3 levels "4","6","8": 2 2 1 2 3 2 3 1 1 2 ...
 $ disp: num [1:32] 160 160 108 258 360 ...
 $ hp  : num [1:32] 110 110 93 110 175 105 245 62 95 123 ...
 $ drat: num [1:32] 3.9 3.9 3.85 3.08 3.15 2.76 3.21 3.69 3.92 3.92 ...
 $ wt  : num [1:32] 2.62 2.88 2.32 3.21 3.44 ...
 $ qsec: num [1:32] 16.5 17 18.6 19.4 17 ...
 $ vs  : Factor w/ 2 levels "0","1": 1 1 2 2 1 2 1 2 2 2 ...
 $ am  : Factor w/ 2 levels "0","1": 2 2 2 1 1 1 1 1 1 1 ...
 $ gear: num [1:32] 4 4 4 3 3 3 3 4 4 4 ...
 $ carb: num [1:32] 4 4 1 1 2 1 4 2 2 4 ...
```

11.3 함수 apply() 계열 함수에 의한 반복 실행

Base R 함수에도 반복 실행에 매우 유용하게 사용되는 함수가 있다. 함수 `apply()` 계열 함수들인데, 우선 함수 `map()`과 유사한 기능을 갖고 있는 함수로서 함수 `lapply()`가 있다. 함수의 기본적인 사용법은 다음과 같다.

```
lapply(X, FUN)
```

여기서 `X`는 벡터 또는 리스트가 된다. 입력된 벡터 또는 리스트의 각 요소마다 `FUN`에 지정한 함수를 적용하여 그 결과를 리스트로 출력하는 것이 기본적인 작동 방식이다. 함수 `map()`에서 사용했던 예제를 함수 `lapply()`에 적용해 보자.

```
> set.seed(124)
> x <- list(a1 = 1:5, a2 = rnorm(5), a3 = c(TRUE, FALSE, TRUE, TRUE))
```

리스트 x를 구성하는 세 벡터의 평균은 다음과 같이 구할 수 있다.

```
> lapply(x, mean)
$a1
[1] 3

$a2
[1] -0.0943867

$a3
[1] 0.75
```

함수 map()에서 사용했던 다른 예제로 평균이 -2, -1, 0, 1, 2이고 표준편차가 0.5인 정규분포에서 10개씩 임의표본을 각각 추출하여 평균값을 계산해 보자. 먼저 다섯 종류의 정규분포에서 각각 10개의 난수를 발생시키는 작업을 함수 lapply()로 진행해 보자.

```
> set.seed(12)
> m <- -2:2
> sample_df <- lapply(m, \(x) rnorm(n = 10, mean = x, sd = 0.5))
> str(sample_df)
List of 5
 $ : num [1:10] -2.74 -1.21 -2.48 -2.46 -3 ...
 $ : num [1:10] -1.389 -1.647 -1.39 -0.994 -1.076 ...
 $ : num [1:10] 0.112 1.004 0.506 -0.151 -0.513 ...
 $ : num [1:10] 1.337 2.036 0.729 0.465 0.814 ...
 $ : num [1:10] 2.05 1.42 2.29 1.2 1.85 ...
```

다섯 세트의 난수에 함수 mean()을 적용하는 작업을 함수 lapply()로 진행하면, 결과가 리스트로 출력되는데, 만일 벡터의 형태로 출력하고자 한다면 함수 sapply() 또는 vapply()를 사용해야 한다. 함수 sapply()의 사용법은 lapply()와 동일하지만, 결과를 벡터 혹은 행렬로 출력한다. 다섯 세트의 난수에 함수 mean()을 적용하는 작업을 함수 sapply()로 진행해 보자.

```
> sapply(sample_df, mean)
[1] -2.2336070 -1.0976021  0.1043807  0.9932912  1.8762131
```

함수 sapply()의 FUN에 지정된 함수의 실행 결과가 함수 mean()과 같이 길이가 1인 벡터인 경우에 함수 sapply()는 벡터를 출력하지만, 함수 summary()와 같이 실행 결과의 길이가 1을 초과하는 경우에는 행렬을 출력한다.

```
> sapply(sample_df, summary)
              [,1]       [,2]        [,3]      [,4]     [,5]
Min.     -2.998821 -1.6469411 -0.51262242 0.4647539 1.202187
1st Qu. -2.473780 -1.3795779 -0.12515752 0.7364716 1.572030
Median  -2.235901 -1.1114303  0.06923062 0.7870077 1.949120
Mean    -2.233607 -1.0976021  0.10438073 0.9932912 1.876213
3rd Qu. -2.073961 -0.8708139  0.16372945 1.2870910 2.192299
Max.    -1.211415 -0.4055604  1.00360073 2.0360179 2.365727
```

행렬은 1차원 구조인 벡터에 부가적인 속성 중 하나인 dim이 추가된 것으로서, 행과 열의 구조를 가지고 있는 객체이다. 행과 열의 구조를 가지고 있는 데이터 프레임과의 차이점은 행렬은 벡터의 확장이므로 구성 요소는 모두 동일한 유형(논리형, 숫자형, 문자형)이어야 한다는 점이다.

함수 vapply()는 실행 결과물의 유형 및 길이를 사용자가 지정해야 한다는 점에서 sapply()와 차이가 있다. 함수의 기본적인 사용법은 다음과 같다.

vapply(X, FUN, FUN.VALUE)

세 번째 요소 FUN.VALUE에는 X의 각 요소에 FUN을 적용한 결과물의 유형 및 길이를 지정해야 한다. 리스트 sample_df의 각 하부 요소에 대한 평균값을 계산하는 예제를 함수 vapply()로 진행해 보자. 함수 mean()의 결과는 숫자형이고 길이가 1인 벡터이므로, numeric(1)을 FUN.VALUE에 지정했다.

```
> vapply(sample_df, mean, numeric(1))
[1] -2.2336070 -1.0976021  0.1043807  0.9932912  1.8762131
```

리스트 sample_df의 각 하부 요소에 함수 summary()를 적용하는 경우에는 함수 summary()의 결과물이 숫자형이고 길이가 6이므로 numeric(6)를 지정하면 된다.

```
> vapply(sample_df, summary, numeric(6))
              [,1]       [,2]        [,3]      [,4]     [,5]
Min.     -2.998821 -1.6469411 -0.51262242 0.4647539 1.202187
1st Qu. -2.473780 -1.3795779 -0.12515752 0.7364716 1.572030
Median  -2.235901 -1.1114303  0.06923062 0.7870077 1.949120
Mean    -2.233607 -1.0976021  0.10438073 0.9932912 1.876213
3rd Qu. -2.073961 -0.8708139  0.16372945 1.2870910 2.192299
Max.    -1.211415 -0.4055604  1.00360073 2.0360179 2.365727
```

함수 vapply()는 결과물의 유형 및 길이가 사용자가 미리 정한 것과 다른 경우에는 오류가 발생한다. 따라서 결과물의 상세 정보를 미리 정하고 분석을 진행해야 하는 경우라면, vapply()를 사용하는 것이 좋을 것이고, 그럴 필요가 없는 경우에는 sapply()를 사용하는 것이 더 간편한 방식이라고 하겠다.

함수 apply() 계열의 함수 중에는 그룹별 요약 통계량을 계산할 때 유용하게 사용되는 함수 tapply()가 있다. 함수의 기본적인 사용법은 다음과 같다.

```
tapply(X, INDEX, FUN, simplify = TRUE)
```

X는 벡터 혹은 데이터 프레임이고, INDEX는 그룹을 구분하는 요인이다. FUN은 요약 통계량을 계산하는 함수이고, simplify는 출력 형태를 지정하는 것으로서, 디폴트인 TRUE가 지정되면 벡터, FALSE이면 리스트로 출력된다. 만일 FUN에 지정된 함수가 길이가 1을 초과하는 결과를 출력하면 리스트로 출력한다.

패키지 MASS의 데이터 프레임 Cars93의 요인 Origin에 따른 변수 MPG.city의 평균값을 계산해 보자. 결과가 벡터로 출력되었다.

```
> data(Cars93, package = "MASS")

> with(Cars93, tapply(MPG.city, Origin, mean))
     USA  non-USA
20.95833 23.86667
```

함수 summary()에 의한 요약 통계량을 계산해 보자. 결과가 리스트로 출력되었다.

```
> with(Cars93, tapply(MPG.city, Origin, summary))
$USA
   Min. 1st Qu.  Median    Mean 3rd Qu.    Max.
  15.00   18.00   20.00   20.96   23.00   31.00

$`non-USA`
   Min. 1st Qu.  Median    Mean 3rd Qu.    Max.
  17.00   19.00   22.00   23.87   26.00   46.00
```

마지막으로 살펴볼 apply() 계열의 함수는 apply()이다. 함수의 기본적인 사용법은 다음과 같다.

```
apply(X, MARGIN, FUN)
```

X는 행렬이고, MARGIN은 FUN에 지정한 함수가 적용되는 방향을 나타내는 정수로서, MARGIN=1이면 행 방향, MARGIN=2이면 열 방향으로 함수를 적용한다. 예를 들어 A라는 행렬

에 세 사람 Park, Lee, Kim에 대한 반복된 측정값이 다음과 같이 들어 있다고 하자.

```
> x1 <- c(0.8, 1.1, 0, 0.6)
> x2 <- c(1.3, 1.3, 1.2, 1.4)
> x3 <- c(1.0, 1.3, 0.2, 0.6)
> A <- rbind(x1, x2, x3)
> rownames(A) <- c("Park", "Lee", "Kim")
> colnames(A) <- paste0("trial", 1:4)

> A
     trial1 trial2 trial3 trial4
Park    0.8    1.1    0.0    0.6
Lee     1.3    1.3    1.2    1.4
Kim     1.0    1.3    0.2    0.6
```

세 사람마다 반복 측정된 값들의 평균값을 apply()를 사용하여 계산해 보자. 이것은 행렬 A의 각 행에 mean()을 적용하는 것이므로 MARGIN = 1이 된다.

```
> apply(A, 1, mean)
 Park   Lee   Kim 
0.625 1.300 0.775 
```

함수의 적용 결과가 길이가 1을 초과하는 벡터로 나오게 되면 apply()의 결과는 행렬이 된다.

```
> apply(A, 1, range)
     Park Lee Kim
[1,]  0.0 1.2 0.2
[2,]  1.1 1.4 1.3
```

이번에는 각 반복에 대한 평균값을 구해보자. 이것은 행렬 A 각 열에 mean()을 적용하는 것이므로 MARGIN = 2가 된다.

```
> apply(A, 2, mean)
   trial1    trial2    trial3    trial4 
1.0333333 1.2333333 0.4666667 0.8666667 
```

데이터 프레임은 행렬처럼 행과 열의 구조를 갖고 있는 객체이지만, 구성 요소의 유형이 서로 다를 수 있다는 차이가 있다. 따라서 함수 apply()를 데이터 프레임을 대상으로 적용하면 잘못된 결과가 나올 수 있기 때문에 조심해야 한다. 예를 들어 데이터 프레임 iris의 모든 변수들의 class 속성을 확인하는 작업을 함수 apply()로 진행해 보자.

```
> apply(iris, 2, class)
Sepal.Length  Sepal.Width Petal.Length  Petal.Width      Species
 "character" "character"  "character" "character"  "character"
```

모든 변수가 문자형 변수의 속성을 갖고 있는 것으로 나왔는데, 이것은 데이터 프레임을 행렬로 취급함에 따라 마지막 행에 있는 문자형 변수로 인하여 모든 구성 요소를 문자형으로 인식했기 때문이다.

11.4 루프 연산

프로그램의 특정 부분을 일정 횟수 반복시켜 작업하는 루프 연산은 R의 많은 반복 연산 함수의 내부에서 사용되고 있다. 루프 연산은 for()와 while()로 할 수 있다.

11.4.1 for 루프

표준 정규 분포에서 10개의 임의표본을 추출하여 평균을 계산하는 과정을 다섯 번 반복하는 작업을 for 루프를 사용한다면 다음과 같이 작성할 수 있다.

```
> set.seed(123)

> res <- vector("double", 5)

> for(i in seq_along(res)){
+   res[[i]] <- mean(rnorm(10))
+ }

> res |> round(3)
[1]  0.075  0.209 -0.425  0.322 -0.009
```

for 루프는 세 가지 요소로 구성되어 있다. 첫 번째 요소는 루프 연산으로 생성될 결과물 객체를 위한 빈 공간의 생성이다. 위 예제에서는 결과물이 벡터이므로, 비어 있는 벡터를 미리 만드는 것이다. 빈 공간의 생성은 함수 vector()로 할 수 있는데, 함수 안에 벡터의 유형과 벡터의 길이를 지정해야 한다. 벡터의 유형은 "logical", "integer", "double", "character"가 가능하며, 만일 결과물이 리스트로 출력된다면 "list"로 유형을 선언해야 한다.

두 번째 요소는 반복 횟수 및 반복 인덱스 변수의 지정이다. 일반적으로 for(var in vector)의 형태를 취하는데, 인덱스 변수 var는 vector의 값을 차례로 취하면서 루프를 수행하게 된다. 위의 예제에서는 인덱스 변수로 i가 사용되었고, 루프가 수행되면서 i가 seq_along(res)의 값을 차례로 취하게 된다. 함수 seq_along(res)의 실행 결과는 1, 2, ..., length(res)가 된다.

```
> seq_along(res)
[1] 1 2 3 4 5
```

세 번째 요소는 중괄호 안에서 반복 수행이 되는 표현식이며, 수행 결과는 미리 공간을 확보한 결과물 벡터에 할당된다. 즉, 첫 번째 반복에서는 res[[1]] <- mean(rnorm(10))으로 결과물을 할당하고, 두 번째 반복에서는 res[[2]] <- mean(rnorm(10))이 수행되는 방식이 된다.

for 루프를 사용하는 두 번째 예제로 평균이 각각 -2, -1, 0, 1, 2이고 표준편차가 0.5인 정규 분포에서 10개씩의 임의표본을 추출하여 평균값을 계산해 보자.

```
> set.seed(1234)
> m <- -2:2
> res <- vector("double", length(m))
> for(i in seq_along(res)){
+   res[[i]] <- mean(rnorm(n = 10, mean = m[i], sd = 0.5))
+ }

> res
[1] -2.1915787 -1.0590854 -0.1939734  0.6169035  1.6951015
```

for 루프는 함수를 정의할 때에도 많이 사용되고 있다. 예를 들어 리스트와 요약 통계 함수를 입력 변수로 받아 리스트의 하부 요소 자료의 요약 통계량을 계산하는 함수를 for 루프를 사용해서 정의해 보자.

```
> my_desc <- function(x, fun){
+   res <- vector("double", length(x))
+   for(i in seq_along(res)){
+     res[[i]] <- fun(x[[i]])
+   }
+   return(res)
+ }
```

평균이 각각 -2, -1, 0, 1, 2이고 표준편차가 0.5인 정규 분포에서 10개씩의 임의표본을 추출하여 평균값 및 표준편차를 함수 `my_desc()`를 사용해서 계산해보자. 먼저 다섯 세트의 임의표본을 함수 `lappy()`를 이용해서 추출하자.

```
> set.seed(1234)
> m <- -2:2
> sample_df <- lapply(m, \(x) rnorm(n = 10, mean = x, sd = 0.5))
```

이제 리스트 `sample_df`을 함수 `my_desc()`에 입력해서 다섯 세트 임의표본의 평균값을 계산하자.

```
> my_desc(sample_df, mean)
[1] -2.1915787 -1.0590854 -0.1939734  0.6169035  1.6951015
```

이번에는 다섯 세트 임의표본의 표준편차를 구하자.

```
> my_desc(sample_df, sd)
[1] 0.4978938 0.5336688 0.3330006 0.4471229 0.3935776
```

`for` 루프를 활용한 마지막 예제로서 factorial 값을 계산해 보자.

```
> fac.x <- 1
> for(i in 1:5){
+   fac.x <- fac.x*i
+   cat(i, "! = ", fac.x, "\n", sep = "")
+ }
1! = 1
2! = 2
3! = 6
4! = 24
5! = 120
```

Factorial의 계산절차는 먼저 변수 `fac.x`에 초기값 1을 할당하고 이어서 `for` 루프로 들어가 본격적인 연산을 한다. 루프 안에서는 먼저 변수 `i`가 1의 값을 갖고 `fac.x <- fac.x*i`를 실행한 후 함수 `cat()`으로 '`1!=1`'을 출력함으로써 첫 번째 연산이 종료된다. 두 번째 연산에서는 변수 `i`가 2가 되고 할당 기호 오른쪽의 `fac.x`는 이전 연산에서 할당된 1의 값을 갖고 있어서 1×2의 값이 다시 `fac.x`에 할당된다. 세 번째 연산에서는 변수 `i`가 3, 할당 기호 오른쪽의 `fac.x`는 `1×2`가 됨으로 `1×2×3`이 `fac.x`의 새로운 값이 된다. 네 번째와 다섯 번째도 동

일한 작업이 반복되어 factorial 계산을 마치게 된다.

함수 `cat()`은 여러 개의 데이터 객체를 한데 묶어서 출력할 때 유용하게 사용되는 함수이다. 문자열 `"\n"`을 입력하여 다음 연산의 결과가 새로운 줄에서 출력되도록 하였다.

11.4.2 while 루프

`for` 루프는 반복 횟수가 명확하게 정해져 있는 경우에 사용할 수 있다. 그러나 어떤 경우에는 특정 조건이 만족될 때까지 반복을 지속해야 할 때도 있는데, 이런 상황에서는 `for` 루프를 사용할 수 없게 된다. `while` 루프는 반복 횟수가 아닌 조건의 만족 여부에 따라 반복 실행 여부를 결정해야 하는 경우에 유용하게 사용되는 루프이다.

함수 `while()`에 의한 루프 연산의 일반적인 사용법은 다음과 같다. 중괄호 안의 표현식은 조건이 만족되는 동안 계속해서 실행된다.

```
while(조건){
    표현식

}
```

`for` 루프 연산은 `while` 연산으로 전환이 가능하다. Factorial 계산 예제를 `while` 루프 연산으로 계산해 보자. 루프 연산 이전에 인덱스 변수 `i`에 초기값 1을 할당하고, 루프 연산마다 인덱스 변수에 1을 더해 주는 작업을 추가하면 전환이 가능하다.

```
> fac.x <- 1
> i <- 1
> while(i <= 5){
+   fac.x <- fac.x*i
+   cat(i, "! = ", fac.x, "\n", sep="")
+   i <- i + 1
+ }
1! = 1
2! = 2
3! = 6
4! = 24
5! = 120
```

`for` 루프보다 `while` 루프를 사용하는 것이 더 적절한 다음 예제를 살펴보자. 표준 정규분포에서 $n = 10$의 임의표본을 추출해서 95% 신뢰구간을 계산하는 과정을 최대 20번 반복하는데, 만일 계산된 신뢰구간에 모평균인 0이 포함되지 않으면, 해당 반복 횟수를 출력하고 루프를 중간에 종료한다. 또한 20회 반복해서 계산한 모든 신뢰구간에 0이 포함되어 있

으면, "모든 신뢰구간에 0이 포함되어 있음"이라는 문구를 출력하는 작업을 while 루프를 사용해서 진행해 보자.

정규 분포의 모평균에 대한 신뢰구간 추정은 10.1.2절에서 작성했던 함수 CI_mean()을 사용하기로 하자.

```
> CI_mean <- function(x, conf = 0.95){
+   m <- mean(x)
+   se <- sd(x)/sqrt(length(x))
+   alpha <- 1 - conf
+   ci <- c(m - qnorm(1 - alpha/2) * se,
+           m + qnorm(1 - alpha/2) * se)
+   return(ci)
+ }
```

while 루프의 반복 조건은 계산된 신뢰구간에 0이 포함되어 있으며, 반복횟수가 최대값을 넘지 않는 것이다. 계산된 신뢰구간 ci에 0이 포함되어 있다는 것은 ci[1] < 0 & ci[2] > 0 으로 표현되며, 신뢰구간에 0이 포함되어 있지 않다는 것은 ci[1] > 0 | ci[2] < 0 으로 표현된다. 반복횟수는 n_iter로 최대 반복횟수는 max_iter로 나타낸다.

```
> set.seed(12)
> n_iter <- 1
> max_iter <- 20
> ci <- c(-1, 1)
> while(ci[1] < 0 & ci[2] > 0 & n_iter <= max_iter){
+   ci <- CI_mean(rnorm(10))
+   if(ci[1] > 0 | ci[2] < 0){
+     cat(n_iter, "번째 신뢰구간에 0이 포함되지 않음")
+   }
+   n_iter <- n_iter + 1
+   if(n_iter == max_iter) cat("모든 신뢰구간에 0이 포함되어 있음")
+ }
모든 신뢰구간에 0이 포함되어 있음
```

11.5 연습문제

01 데이터 프레임 airquality에서 숫자형 변수의 요약 통계량을 월별로 계산하고자 한다.

1) 변수 Ozone, Solar.R, Wind, Temp의 평균, 표준편차와 측정된 날수를 다음의 형식으로 나타내 보자.

```
      Ozone Solar.R  Wind  Temp
Mean  42.1   185.9  10.0  77.9
Sd     33.0   90.1   3.5   9.5
N     116.0  146.0 153.0 153.0
```

2) 변수 Ozone의 월별 평균값을 다음과 같이 나타내 보자.

```
  5월    6월    7월    8월    9월
23.62 29.44 59.12 59.96 31.45
```

3) 변수 Ozone의 월별 평균, 표준편차와 측정된 날수를 다음의 형식으로 나타내 보자.

```
       5월  6월  7월  8월  9월
Mean 23.6 29.4 59.1 60.0 31.4
Sd   22.2 18.2 31.6 39.7 24.1
N    26.0  9.0 26.0 26.0 29.0
```

02 데이터 프레임 iris를 구성하고 있는 변수들에 대한 몇 가지 반복적인 작업을 진행해 보자.

1) 함수 map()을 사용하여 iris 변수들의 유형을 파악하고 다음과 같이 벡터로 출력해 보자.

```
Sepal.Length  Sepal.Width Petal.Length  Petal.Width      Species
   "numeric"    "numeric"    "numeric"    "numeric"     "factor"
```

2) 함수 map2()을 사용하여 변수의 유형이 "numeric"인 경우에는 평균을 계산하고, 유형이 "factor"인 경우에는 범주의 개수를 계산하여 다음과 같이 벡터로 출력해 보자.

```
Sepal.Length  Sepal.Width Petal.Length  Petal.Width      Species
        5.84         3.06         3.76         1.20         3.00
```

3) 숫자형 변수 중 평균값이 3.5 이하인 변수를 선택해서, 다음과 같이 출력해 보자.

```
# A tibble: 150 × 2
  Sepal.Width Petal.Width
        <dbl>       <dbl>
1         3.5         0.2
2         3           0.2
3         3.2         0.2
# ℹ 147 more rows
```

03 패키지 stringr의 fruit은 80 종류 과일 이름으로 구성된 문자형 벡터이다.

1) 문자열을 구성하고 있는 개별 모음("a", "e", "i", "o", "u") 및 모음 전체의 개수를 계산하는 함수를 정의해 보자. 예를 들어 작성된 함수가 n_vowel()이라 하면, "apple"를 함수 n_vowel()에 입력하면 다음의 결과가 출력되도록 하자.

```
> n_vowel("apple")
# A tibble: 1 × 6
      a     e     i     o     u total
  <int> <int> <int> <int> <int> <int>
1     1     1     0     0     0     2
```

2) 앞 문제에서 정의된 함수 n_vowel()을 사용하여 fruit에 있는 모든 과일 이름을 구성하고 있는 개별 모음 및 모음 전체의 개수를 계산해서, 결과를 데이터 프레임 형태로 출력해 보자. 단, 데이터 프레임의 첫 번째 열에는 해당 과일 이름이 들어가고, 모음 전체의 개수가 많은 과일이 먼저 나타나도록 정렬해서 다음과 같이 출력해 보자.

```
# A tibble: 80 × 7
  fruit                  a     e     i     o     u total
  <chr>              <int> <int> <int> <int> <int> <int>
1 purple mangosteen      1     3     0     1     1     6
2 blood orange           1     1     0     3     0     5
3 cantaloupe             2     1     0     1     1     5
4 passionfruit           1     0     2     1     1     5
# ℹ 76 more rows
```

04 패키지 MASS에 있는 데이터 프레임 Cars93는 1993년 미국에서 판매된 93대 자동차에 대한 27개 변수로 이루어진 자료이다. 각 변수의 요약 통계량 값으로 숫자형 변수이면 평균을 계산하고, 요인이면 범주의 개수를 계산하려고 한다.

1) 함수 `map_vec()`을 사용해서 숫자형 변수의 평균값을 계산해서 다음과 같이 출력하라.

```
         Min.Price              Price          Max.Price
             17.13              19.51              21.90
          MPG.city        MPG.highway         EngineSize
             22.37              29.09               2.67
        Horsepower                RPM       Rev.per.mile
            143.83            5280.65            2332.20
Fuel.tank.capacity         Passengers             Length
             16.66               5.09             183.20
         Wheelbase              Width        Turn.circle
            103.95              69.38              38.96
    Rear.seat.room       Luggage.room             Weight
             27.83              13.89            3072.90
```

2) `for` 루프를 사용해서 모든 요인의 범주 개수를 계산해서 다음과 같이 출력하라.

```
Manufacturer          Model               Type      AirBags
          32             93                  6            3
  DriveTrain      Cylinders    Man.trans.avail       Origin
           3              6                  2            2
        Make
          93
```

05 데이터 프레임을 입력 변수로 하는 함수를 작성하고자 한다.

1) 입력된 데이터 프레임을 구성하고 있는 변수 중 숫자형 변수가 아닌 변수의 위치를 출력해 주는 함수를 작성해 보자. 작성된 함수의 이름을 `cat_position`이라고 한다면, 함수의 실행 예제로 데이터 프레임 `mpg`와 `iris`를 각각 입력한 결과는 다음과 같다. 즉, `mpg`의 첫 번째, 두 번째, 여섯 번째, 일곱 번째, 열 번째, 열한 번째 변수는 숫자형 변수가 아니라는 것이고, `iris`의 다섯 번째 변수는 숫자형이 아니라는 것이다.

```
> cat_position(mpg)
[1]  1  2  6  7 10 11

> cat_position(iris)
[1] 5
```

2) 입력된 데이터 프레임의 숫자형 변수에 대해 사용자가 지정한 요약 통계를 계산하는 함수를 작성해 보자. 작성된 함수의 이름을 `num_summary`라고 한다면, 함수의 실행 예제로 `iris`와 `mean`을 입력한 결과는 다음과 같다.

```
> num_summary(iris, mean)
  Sepal.Length Sepal.Width Petal.Length Petal.Width
1     5.843333    3.057333        3.758    1.199333
```

`iris`를 `Species`에 대한 그룹 데이터 프레임과 `mean`을 입력한 결과는 다음과 같다.

```
> iris |>
+   group_by(Species) |>
+   num_summary(mean)
# A tibble: 3 × 5
  Species    Sepal.Length Sepal.Width Petal.Length Petal.Width
  <fct>             <dbl>       <dbl>        <dbl>       <dbl>
1 setosa             5.01        3.43         1.46       0.246
2 versicolor         5.94        2.77         4.26       1.33
3 virginica          6.59        2.97         5.55       2.03
```

그리고 `airquality`의 처음 네 변수와 `median`을 입력한 결과는 다음과 같다.

```
> airquality |>
+   select(!c(Month, Day)) |>
+   num_summary(median, na.rm = TRUE)
  Ozone Solar.R Wind Temp
1  31.5     205  9.7   79
```

06 패키지 ggplot2의 데이터 프레임 mpg에 있는 변수 cty와 hwy는 소수 첫째 자리에서 반올림을 한 자료여서, 같은 값을 갖는 관찰값이 많이 있다.

```
> mpg |>
+   select(cty:hwy) |>
+   print(n = 4)
# A tibble: 234 × 2
    cty   hwy
  <int> <int>
1    18    29
2    21    29
3    20    31
4    21    30
# ℹ 230 more rows
```

1) 변수 cty와 hwy의 자료에 약간의 변동을 추가해서, 반올림 이전 상태의 자료로 변환을 시도해 보자. 변동은 [-0.5, 0.5]의 구간에서 균등분포를 갖는 것으로 하며, 변환된 결과는 다음과 같다. 단, 균등분포에서 난수 추출은 함수 runif(n, min, max)로 할 수 있다.

```
# A tibble: 234 × 2
    cty   hwy
  <dbl> <dbl>
1  17.5  29.1
2  20.8  29.2
3  20.0  30.7
4  21.0  29.9
# i 230 more rows
```

2) 앞 문제에서 변환된 두 변수의 산점도를 다음과 같이 작성해 보자.

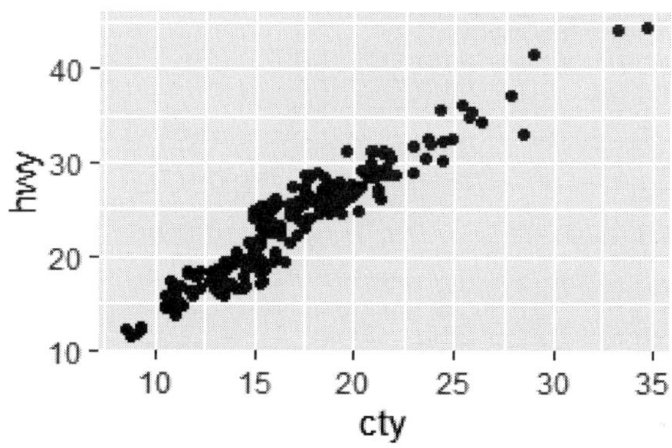

그림 11.1 변수 cty와 hwy의 산점도

07 다음과 같은 수열을 피보나치 수열이라고 한다.

$$0,\ 1,\ 1,\ 2,\ 3,\ 5,\ 8,\ 13,\ 21,\ 34,\ 55,\ 89,\ \ldots$$

피보나치 수열은 제1항 $a_1 = 0$, 제2항 $a_2 = 1$에서 시작하며, 일반항은 $a_n = a_{n-2} + a_{n-1}$로 정의된다. for 루프를 사용하여 피보나치 수열의 제1항부터 제12항까지 출력하라.

```
 [1]  0  1  1  2  3  5  8 13 21 34 55 89
```

08 다음의 표는 세 명의 영업사원이 한 달간 판매한 세 가지 품목의 판매량 자료라고 한다.

	Item		
Name	A	B	C
Park	14	12	4
Lee	21	16	8
Kim	15	5	10

각 영업사원의 총 판매량을 구하고, 영업사원별로 각 품목의 판매량이 총 판매량에서 차지하는 비율을 계산해서 다음과 같이 출력하라.

```
# A tibble: 3 × 5
  name      A     B     C total
  <chr> <dbl> <dbl> <dbl> <dbl>
1 Park  0.467 0.4   0.133    30
2 Lee   0.467 0.356 0.178    45
3 Kim   0.5   0.167 0.333    30
```

4부

R에 의한 통계분석

12. 확률 분포
13. 자료 탐색
14. 통계적 추론

R은 data science를 위한 최적의 프로그래밍 언어라고 할 수 있는데, 그것은 지금까지 살펴본 데이터 입력과 변형 및 시각화 기능과 더불어 가장 뛰어난 통계분석 기능이 있기 때문이다. 4부에서는 다양한 통계분석이 R에서 어떻게 구현될 수 있는지를 다루고 있다.

- 확률 분포 : 확률 분포는 통계학의 기본 개념이라 할 수 있다. 12장에서는 다양한 확률 분포에 대한 함수들의 사용법을 소개하고 있으며, 확률분포와 관련된 중요한 통계적 개념을 살펴보고 있다. 또한 효율적인 난수 발생 함수를 사용한 몇 가지 모의실험 예제를 다루고 있다.
- 자료 탐색 : 모든 통계자료분석의 첫 단계는 개별 변수들이 갖고 있는 정보를 탐색하는 것이라 할 수 있다. 13장에서는 2.2절에서 살펴본 패키지 `dplyr`의 함수들과 3장에서 살펴본 패키지 `ggplot2`의 함수들을 사용한 자료 탐색 절차에 대해 자세하게 다루고 있다.
- 통계적 추론 : 자료분석의 목적이 추론인 경우가 많이 있다. 한 모집단의 모평균에 대한 검정 및 두 모집단의 모평균 차이에 대한 검정 등은 흔히 이루어지는 통계분석이라 할 수 있다. 14장에서는 다양한 상황에서 사용되는 통계적 추론을 R에서 구현하는 방법에 대해 자세하게 살펴보고 있다. 이 장의 내용을 명확하게 이해하기 위해서는 통계학개론에서 다루고 있는 여러 통계적 방법론에 대한 이해가 필수적이다.

12

확률 분포

12.1 R에서의 확률 분포 이름
12.2 연속형 확률 분포
12.3 이산형 분포
12.4 모의 실험
12.5 연습문제

확률 분포와 관련된 이론들은 통계학의 기본이라고 할 수 있다. R에는 확률 분포와 연관된 많은 함수가 있다. 이러한 함수들을 이용하면 다양한 확률 분포들을 대상으로 특정 사건이 발생할 확률을 계산할 수도 있고, 특정 분포의 분위수를 구할 수도 있으며, 특정 모집단에서 난수를 발생시킬 수도 있다.

12.1 R에서의 확률 분포 이름

R에는 각각의 확률 분포를 지칭하는 이름이 있다. 예를 들어 정규 분포는 "norm"이라는 이름으로 불리는데, 이러한 이름을 기본으로 하여 그 앞자리에 d, p, q, r을 하나씩 붙이는 방식으로 아래와 같이 분포와 관련된 네 종류의 함수가 정의된다.

함수	기능
dnorm	확률밀도함수
pnorm	누적분포함수
qnorm	분위수함수
rnorm	난수발생함수

일반적으로 많이 사용되는 연속형 확률 분포와 이산형 확률 분포를 R에서 나타내는 이름 및 그 이름을 기본으로 정의되는 분포와 관련된 네 종류의 함수에서 중요한 역할을 하는 모수들이 표 12.1에 정리되어 있다.

표 12.1 확률 분포의 R 이름

유형	확률 분포	이름	관련모수
연속형	베타 분포	beta	shape1, shape2
	카이제곱 분포	chisq	df
	지수 분포	exp	rate
	F-분포	f	df1, df2
	감마 분포	gamma	shape, scale
	로지스틱 분포	logis	location, scale
	정규 분포	norm	mean, sd
	t-분포	t	df
	균등 분포	unif	min, max
	와이블 분포	weibull	shape, scale
이산형	이항 분포	binorm	size, prob
	기하 분포	geom	prob
	초기하 분포	hyper	m, n, k
	음이항 분포	nbinom	size, prob
	포아송 분포	pois	lambda

표 12.1에 정리되어 있는 분포 관련 함수들은 모두 base R에 설치되어 있는 함수들이다. 이외에도 다양한 분야에서 사용되는 많은 분포들이 여러 패키지에 설치되어 있는데, 확률 분포와 관련된 다양한 패키지의 소개는 CRAN Task View의 Probability Distributions (https://CRAN.R-project.org/view=Distributions)의 내용을 참고하길 바란다.

12.2 연속형 확률 분포

일반적으로 가장 빈번하게 사용되는 정규 분포, 지수 분포, 균등 분포 그리고 t-분포와 관련된 R 함수들의 사용법을 자세하게 살펴보자.

12.2.1 정규 분포

정규 분포와 관련된 네 종류 함수들의 일반적인 사용법은 다음과 같다. 단, x는 확률변수가 취하는 값, q는 분위수, p는 확률, n은 표본 크기를 각각 나타낸다.

함수	사용법
확률밀도함수	`dnorm(x, mean = 0, sd = 1)`
누적분포함수	`pnorm(q, mean = 0, sd = 1, lower.tail = TRUE)`
분위수함수	`qnorm(p, mean = 0, sd = 1, lower.tail = TRUE)`
난수발생함수	`rnorm(n, mean = 0, sd = 1)`

정규 분포와 관련된 함수들에서 공통적으로 사용된 mean과 sd는 모집단의 평균과 표준편차를 나타내는 것으로, 각각 0과 1을 디폴트 값으로 하고 있다. 따라서 표준 정규 분포를 제외한 일반적인 정규 분포를 대상으로 하는 경우에는 반드시 평균과 표준편차를 따로 지정해야 한다.

함수 dnorm()은 정규 분포의 확률밀도함수 값을 계산하는 함수이다. 이 함수를 이용하여 표준 정규 분포 확률밀도함수의 그래프를 그려 보자. ggplot2에서 특정 함수의 그래프 작성은 stat_function()으로 할 수 있다. 이 경우 입력되는 데이터 프레임은 X축의 범위를 지정하는 두 숫자로만 구성하면 된다.

```
> library(tidyverse)

> ggplot(tibble(x = c(-3, 3)), aes(x)) +
+   stat_function(fun = dnorm) +
+   labs(title = "Standard Normal Distribution", x = NULL, y = NULL)
```

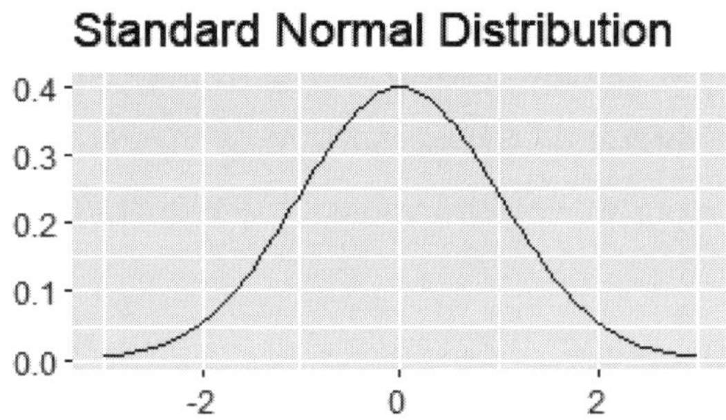

그림 12.1 표준 정규 분포 확률밀도함수 그래프

표준 정규 분포는 함수 dnorm()의 디폴트 상태이므로 추가로 입력해야 할 것이 없었으나, 표준 정규 분포가 아닌 일반적인 정규 분포의 경우에는 dnorm()의 mean과 sd 값을 수정해야 한다. 이러한 경우에는 함수 stat_function()의 변수 args에 수정된 값을 리스트 형태로 입력해야 한다.

또한 그래프의 제목에 수학 기호 등을 포함시킬 수 있는데, 수학 기호에 대한 R 표현식을 함수 expression()에 입력하여 함수 labs()의 title에 지정하면 된다.

평균이 1이고 표준편차가 0.5인 정규 분포의 확률밀도함수 그래프를 작성해 보자.

```
> ggplot(tibble(x = c(-3, 3)), aes(x)) +
+   stat_function(fun = dnorm, args = list(mean = 1, sd = 0.5)) +
+   labs(title = expression(list(mu==1, sigma==0.5)),
+        y = NULL, x = NULL)
```

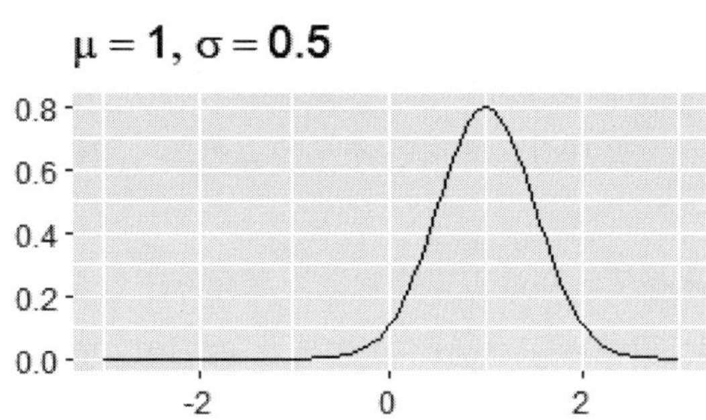

그림 12.2 일반적인 정규 분포 확률밀도함수 그래프

함수 pnorm()은 정규 분포의 누적분포함수의 값을 계산하는 함수이다. 따라서 확률변수 X의 분포가 $X \sim N(m, s^2)$인 경우에, $P(X \leq q)$ 계산은 pnorm(q, mean = m, sd = s)으로 할 수 있으며, $P(X > q)$을 계산하고자 한다면 pnorm(q, mean = m, sd = s, lower.tail = FALSE)를 실행시켜야 한다.

```
> pnorm(0)
[1] 0.5

> pnorm(-1.96)
[1] 0.0249979

> pnorm(1.96, lower.tail = FALSE)
[1] 0.0249979
```

연속형 확률변수 X의 누적분포함수 $F(x)$와 확률밀도함수 $f(x)$의 관계는 다음과 같다.

$$F(x) = \int_{-\infty}^{x} f(t)dt$$

위 관계를 함수 pnorm()과 dnorm()을 이용하여 확인해 보자. 예를 들어 pnorm(1.645)은 표준 정규 분포의 확률변수가 1.645 이하의 값을 가질 확률이며, 이 값은 함수 dnorm()을 음의 무한대에서 1.645까지 적분한 결과와 같아야 한다. R에서 일변량 함수의 수치적분은 함수 integrate()로 할 수 있으며 일반적인 사용법은 integrate(FUN, lower, upper)이다. 수치적분의 오차가 무시할 만한 수준이며, 계산된 두 확률이 동일함을 알 수 있다.

```
> pnorm(1.645)
[1] 0.9500151

> integrate(dnorm, -Inf, 1.645)
0.9500151 with absolute error < 8.7e-08
```

표준 정규 분포의 누적분포함수 그래프를 작성해 보자. 함수 stat_function()에 pnorm()을 입력하는 것 외에는 정규 분포의 확률밀도함수 그래프 작성과 동일함을 알 수 있다.

```
> ggplot(tibble(x = c(-3, 3)), aes(x)) +
+   stat_function(fun = pnorm) +
+   labs(title = "Cumulative Distribution of N(0,1)",
+        y = NULL, x = NULL)
```

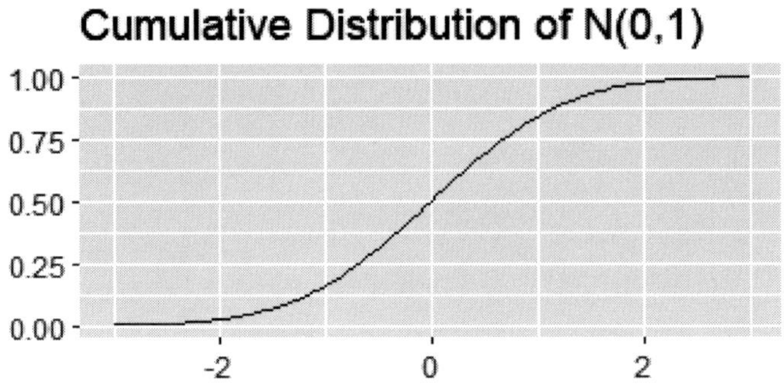

그림 12.3 표준 정규 분포 누적분포함수 그래프

이번에는 평균이 1, 표준편차가 0.5인 정규 분포의 누적분포함수 그래프를 작성해 보자. 그림 12.2에 작성된 일반적인 정규 분포의 확률밀도함수 그래프의 경우와 같이, 함수 `stat_function()`의 변수 `args`에 수정된 평균과 표준편차 값을 리스트 형태로 입력해야 한다.

```
> ggplot(tibble(x = c(-3, 3)), aes(x)) +
+   stat_function(fun = pnorm, args = list(mean = 1, sd = 0.5)) +
+   labs(title = expression(paste("Cumulative Distribution of",
+                                 ~N(1, 0.5^2))),
+        y = NULL, x = NULL)
```

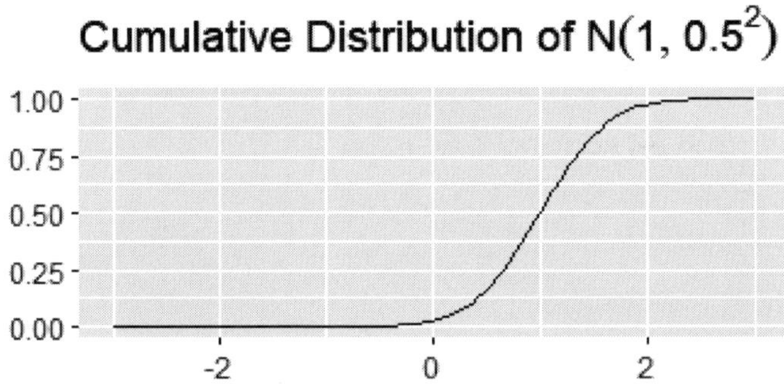

그림 12.4 일반적인 정규 분포 누적분포함수 그래프

분위수함수는 누적분포함수의 역함수라고 할 수 있다. 즉, `qnorm(p)`는 $p = P(X \leq q)$되는 q를 찾아 주며, `qnorm(p, lower.tail = FALSE)`는 $p = P(X > q)$가 되는 q를 찾아준다.

```
> qnorm(0.5)
[1] 0

> qnorm(pnorm(1))
[1] 1

> c(qnorm(.025), qnorm(.975))
[1] -1.959964  1.959964
```

기초 통계학 수준의 서적에서 흔히 볼 수 있는 표준 정규 분포의 확률표는 함수 `pnorm()`과 `qnorm()`을 적절하게 사용하면 더 이상 참조할 필요가 없을 것이다.

함수 `rnorm()`은 정규 분포에서 난수를 발생시키는 기능을 갖고 있다. 특정 분포에서 난수를 발생시키는 작업은 계산통계 분야에서 가장 중요한 기본이 되는데, 검정과 모의실험 등 여러 방면에서 매우 필요한 작업이 된다.

표준 정규 분포 모집단에서 1000개의 자료를 추출하여 히스토그램을 작성해 보자. 작성된 히스토그램에 표준 정규 분포의 확률밀도함수 그래프도 덧붙여 그려보자. 히스토그램을 확률밀도함수의 그래프와 덧붙여 그리기 위해서는 3.5절에서 살펴본 대로, 히스토그램 막대의 높이를 함수 `geom_histogram()`에서 계산된 변수 `after_stat(density)`로 설정해야 한다. 또한 히스토그램의 구간 설정은 구간의 폭을 지정하는 `binwidth` 또는 구간의 개수를 지정하는 `bins`으로 할 수 있으며, 디폴트는 `bins = 30`이다.

```
> set.seed(123)
> ggplot(tibble(x = rnorm(1000))) +
+   geom_histogram(aes(x = x, y = after_stat(density)), bins = 20) +
+   stat_function(fun = dnorm, color = "red", linewidth = 1) +
+   labs(x = NULL, y = NULL)
```

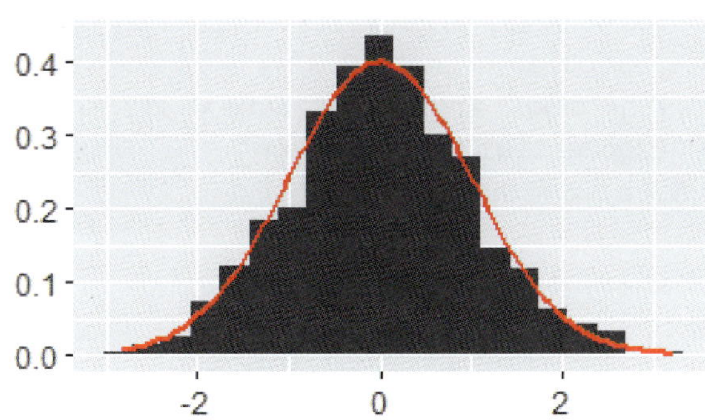

그림 12.5 표준 정규 분포에서 발생된 1000개 난수의 히스토그램

12.2.2 지수 분포

지수 분포는 어떤 특정 사건이 일어날 때까지 걸리는 시간을 나타내는 분포로 빈번하게 사용되고 있다. 예를 들어 어떤 도로의 특정 지점에 다음 차가 지나갈 때까지 걸리는 시간, 전화가 올 때까지 걸리는 시간 등의 분포로 지수분포가 사용된다.

지수 분포의 확률밀도함수는 다음과 같다.

$$f(x) = \lambda \ e^{-\lambda \ x}$$

단, $x \geq 0, \lambda > 0$이며, 평균과 분산은 각각 $E(X) = 1/\lambda$, $Var(X) = 1/\lambda^2$이다.

지수 분포와 관련된 R 함수들의 일반적인 사용법은 다음과 같다. 단, 모수 `rate`는 λ를 의미한다.

함수	사용법
확률밀도함수	`dexp(x, rate = 1)`
누적분포함수	`pexp(q, rate = 1, lower.tail = TRUE)`
분위수함수	`qexp(p, rate = 1, lower.tail = TRUE)`
난수발생함수	`rexp(n, rate = 1)`

모수 $\lambda = 1, 2, 3$인 지수 분포의 확률밀도함수를 하나의 그래프에 나타내 보자. 함수 `stat_function()`을 세 번 사용하여, 각 λ 값에 대한 그래프를 작성하면서 시각적 요소 `color`에 각 곡선의 라벨을 함수 `aes()` 안에서 매핑함으로써 범례가 추가되도록 하였다.

```
> ggplot(tibble(x = c(0, 4)), aes(x)) +
+   stat_function(aes(color = "rate = 1"),
+                 fun = dexp) +
+   stat_function(aes(color = "rate = 2"),
+                 fun = dexp, args = list(rate = 2)) +
+   stat_function(aes(color = "rate = 3"),
+                 fun= dexp, args= list(rate = 3)) +
+   labs(title = "Exponential Distribution",
+        color = NULL, x = NULL, y = NULL)
```

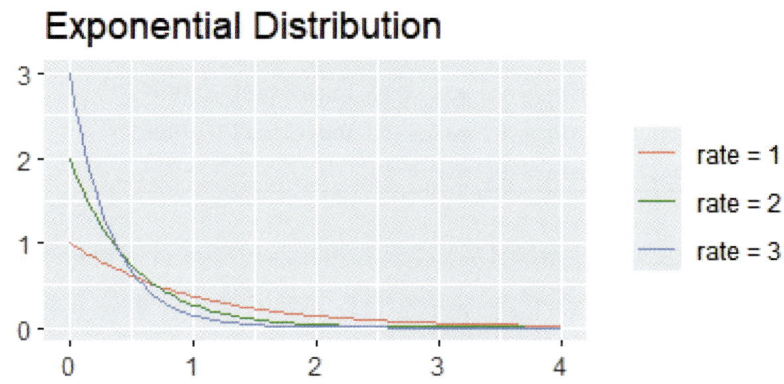

그림 12.6 지수 분포 확률밀도함수 그래프

지수 분포를 이용해서 해결해야 하는 확률 문제들이 많이 있는데, 함수 pexp()를 이용하면 쉽게 해결할 수 있다. 예를 들어 다음의 문제를 풀어보자.

- 어떤 은행의 창구대기 시간이 오후 1시쯤에는 평균 5분이 된다고 한다. 오후 1시에 은행에 도착한 사람이 대기 번호표를 뽑고 기다리는 시간이 5분 이상이 될 확률과 5분에서 10분 사이가 될 확률을 구해 보자. 대기시간의 평균이 5분이므로 함수 pexp()에 사용될 모수 rate의 값은 1/5이 되며, 문제의 답은 다음과 같다.

```
> pexp(5, rate = 1/5, lower.tail = FALSE)      # 5분 이상
[1] 0.3678794

> pexp(10, rate = 1/5) - pexp(5, rate = 1/5)   # 5분에서 10분 사이
[1] 0.2325442
```

함수 qexp()와 rexp()의 사용법 및 의미 등에 대한 설명은 생략하겠다.

12.2.3 균등 분포

구간 $[\alpha, \beta]$에서 정의된 균등 분포는 그 구간에 걸쳐서 값이 균등하게 퍼져 있는 모집단을 묘사할 때 유용하게 사용되는 분포이다. 확률변수 $X \sim Unif(\alpha, \beta)$의 확률밀도함수는 다음과 같은 상수가 된다.

$$f(x) = \frac{1}{\beta - \alpha}, \quad \alpha \le x \le \beta$$

균등 분포와 관련된 R 함수의 일반적인 사용법은 다음과 같다.

함수	사용법
확률밀도함수	`dunif(x, min = 0, max = 1)`
누적분포함수	`punif(q, min = 0, max = 1, lower.tail = TRUE)`
분위수함수	`qunif(p, min = 0, max = 1, lower.tail = TRUE)`
난수발생함수	`runif(n, min = 0, max = 1)`

균등 분포의 확률밀도함수와 누적분포함수의 그래프는 앞 절에서 설명된 방법을 거의 그대로 적용시키면 쉽게 작성할 수 있을 것이며, 균등 분포와 관련된 확률 문제도 앞 절에서 설명된 방법을 함수 `punif()`에 적용하면 어렵지 않게 해결할 수 있을 것이다.

10,000개의 표본을 $Unif(0,1)$에서 임의로 추출하고, 그 분포를 히스토그램으로 나타내 보자.

```
> set.seed(134)
> tibble(x = runif(10000)) |>
+   ggplot(aes(x, y = after_stat(density))) +
+   geom_histogram(bins = 500) +
+   labs(x = NULL, y = NULL)
```

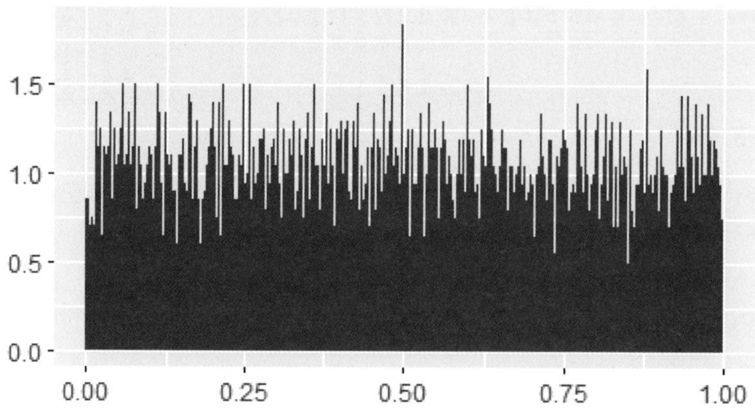

그림 12.7 균등 분포에서 추출된 표본의 히스토그램

12.2.4 t-분포

통계량의 표본분포로 자주 사용되는 분포는 t-분포와 F-분포, 그리고 카이제곱 분포이다. 표본 크기와 관련된 자유도를 모수로 갖고 있는 분포이며, 각 분포의 R 이름은 각각 `t`, `f`, `chisq`이다. 이들 중 t-분포와 관련된 R 함수들의 일반적인 사용법은 다음과 같다.

함수	사용법
확률밀도함수	dt(x, df)
누적분포함수	pt(q, df, lower.tail = TRUE)
분위수함수	qt(p, df, lower.tail = TRUE)
난수발생함수	rt(n, df)

자유도를 나타내는 df에는 디폴트로 지정된 값이 없음을 알 수 있다. t-분포는 표준 정규 분포와 동일하게 0을 중심으로 좌우 대칭이지만 분포의 꼬리가 정규 분포보다 두껍다는 특징이 있다. 이것을 그래프로 나타내보자.

```
> ggplot(tibble(x = c(-7, 7)), aes(x)) +
+   stat_function(aes(color = "N(0,1)"), fun = dnorm) +
+   stat_function(aes(color = "t(1)"), fun = dt,
+                 args = list(df = 1)) +
+   stat_function(aes(color = "t(2)"), fun = dt,
+                 args = list(df = 2)) +
+   labs(title = "Normal Distribution and \n t-Distribution",
+        color = NULL, x = NULL, y = NULL)
```

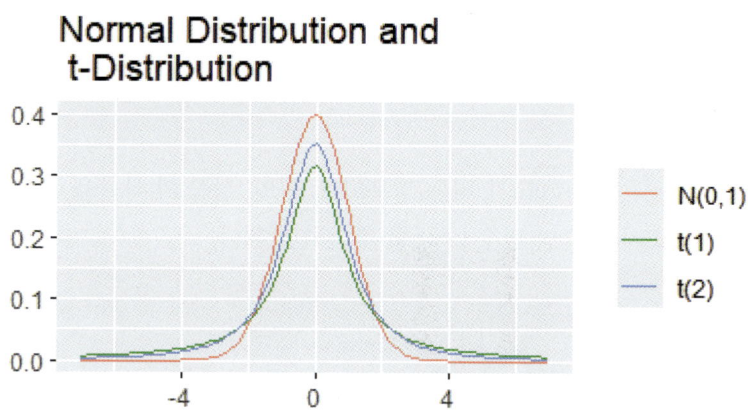

그림 12.8 정규 분포와 t-분포의 확률밀도함수 그래프

12.3 이산형 분포

이산형 확률 분포 중 빈번하게 사용되는 이항 분포와 포아송 분포, 그리고 초기하 분포와 관련된 R 함수들의 사용법을 자세하게 살펴보자.

12.3.1 베르누이 분포와 이항 분포

확률변수 X가 베르누이 분포를 따르면, X는 `0` 혹은 `1`을 값으로 가지며 분포는 다음과 같다.

$$P(X=x)=p^x(1-p)^{1-x}, \quad x=0,\ 1$$

$X=1$이 되는 사건을 우리는 종종 '성공'이라고 부르고, $X=0$이 되는 사건을 '실패'라고 부른다. 베르누이 시행이란 연속된 통계적 실험으로서, 실험의 결과가 '성공' 또는 '실패' 중 하나로 나타나며 '성공'의 확률은 고정되어 있고 각각의 실험이 서로 독립인 경우를 말한다. 베르누이 시행을 R에서 실시하고자 한다면 함수 `sample()`을 이용하면 된다. 예를 들어 동전을 10번 던지는 실험에 대응되는 모의실험은 다음과 같다.

```
> set.seed(134)

> sample(c("H", "T"), size = 10, replace = TRUE)
 [1] "T" "T" "T" "H" "T" "T" "T" "H" "T" "H"
```

위의 예는 $P(H)=P(T)=0.5$가 되는 경우이다. 만일 '성공'의 확률을 0.2로 하는 베르누이 시행을 실시하고자 한다면 변수 `prob`를 추가하면 된다.

```
> set.seed(134)

> sample(c("H", "T"), size = 10, replace = TRUE,
+        prob = c(0.2, 0.8))
 [1] "T" "T" "H" "T" "T" "T" "T" "T" "T" "H"
```

확률변수 X가 n번의 베르누이 시행에서의 성공 횟수를 나타내는 것이라면 X의 분포는 이항 분포가 된다. 만일 베르누이 시행의 성공확률이 p라고 하면 $X \sim B(n,p)$로 표시하며, 확률 분포함수는 다음과 같다.

$$P(X=x)=\binom{n}{k}p^x(1-p)^{n-x}, \qquad x=0,1,\ldots,n$$

이항 분포와 관련된 R 함수의 일반적인 사용법은 다음과 같다. 변수 `size`는 베르누이 시행 횟수를 나타내며 `prob`는 성공확률을 의미한다.

함수	사용법
확률밀도함수	`dbinom(x, size, prob)`
누적분포함수	`pbinom(q, size, prob, lower.tail = TRUE)`
분위수함수	`qbinom(p, size, prob, lower.tail = TRUE)`
난수발생함수	`rbinom(n, size, prob)`

함수 `dbinom()`을 사용하여 $X \sim B(10, 0.5)$의 확률 분포함수 그래프를 작성해 보자. 입력된 자료 그대로를 사용하여 막대 그래프를 작성하도록 함수 `geom_col()`을 사용하였고, 막대 폭을 좁게 하여 이산형 확률 분포함수를 표현하기 위해 옵션 `width = 0.3`을 사용하였다. X축의 눈금을 직접 입력하기 위해 함수 `scale_x_continuous()`에 `breaks`를 사용하여, 막대마다 해당되는 확률변수의 값을 눈금으로 지정하였다.

```
> tibble(x = 0:10, y = dbinom(x, size = 10, prob = 0.5)) |>
+   ggplot(aes(x, y)) +
+   geom_col(width = 0.3) +
+   scale_x_continuous(breaks = 0:10) +
+   labs(title = "B(10,0.5)", y = NULL, x = NULL)
```

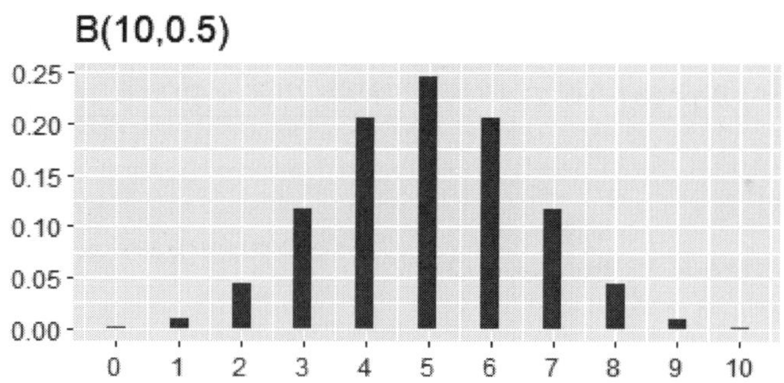

그림 12.9 이항 분포의 확률 분포함수 그래프

이항 분포와 관련된 확률 문제를 함수 `dbinom()`과 `pbinom()`을 이용하여 해결해 보자. 예를 들어 $X \sim B(10, 0.5)$의 경우에 다음 사건에 대한 확률을 계산해 보자.

- $P(X = 5)$

```
> dbinom(5, size = 10, prob = 1/2)
[1] 0.2460938
```

- $P(X \leq 6)$

```
> sum(dbinom(0:6, size = 10, prob = 1/2))
[1] 0.828125
```

```
> pbinom(6, size = 10, prob = 1/2)
[1] 0.828125
```

- $P(X \geq 7)$

```
> sum(dbinom(7:10, size = 10, prob = 1/2))
[1] 0.171875

> 1 - pbinom(6, size = 10, prob = 1/2)
[1] 0.171875

> pbinom(6, size = 10, prob = 1/2,
+        lower.tail = FALSE)
[1] 0.171875
```

함수 `pbinom()`에 옵션 `lower.tail = FALSE`가 사용되면 계산되는 확률은 $P(X > k)$이 된다. 따라서 $P(X \geq 7)$을 계산하고자 한다면 함수 `pbinom()`에 7이 아닌 6을 입력해야 한다.

함수 `sample()`을 이용하여 R에서 베르누이 시행에 대한 모의실험을 실시하는 방법은 이미 살펴보았다. 함수 `rbinom()`을 이용해도 동일한 실험을 실시할 수 있다. 1은 성공, 0은 실패를 나타내는 것이고 `prob = 0.2`는 성공확률, 즉 $P(X=1)=0.2$를 의미하는 것이다.

```
> set.seed(12)

> rbinom(10, size = 1, prob = 0.2)
 [1] 0 1 1 0 0 0 0 0 0 0
```

$X \sim B(n,p)$의 경우, n이 커지게 되면 확률 분포함수가 정규 분포 $N(np, np(1-p))$로 접근해 가는 것을 나타내 보자. 우선 특정 사건이 발생할 확률을 이항 분포에서 구한 값이 n이 커짐에 따라 정규 분포에서 구한 값에 수렴해 가는 현상을 살펴보자.

예를 들어 확률변수 X를 주사위를 n번 던져 1의 눈이 나온 횟수라고 할 때, 다음의 확률을 이항 분포와 정규 분포에서 각각 계산해 보자.

- 10번 주사위를 던져 1의 눈이 1번 이하로 나올 확률

```
> pbinom(1, size = 10, prob = 1/6)
[1] 0.4845167

> pnorm(1.5, mean = 10*(1/6), sd = sqrt(10*(1/6)*(5/6)))
[1] 0.4437685
```

• 100번 던져 1의 눈이 10번 이하로 나올 확률

```
> pbinom(10, size = 100, prob = 1/6)
[1] 0.04269568

> pnorm(10.5, mean = 100*(1/6), sd = sqrt(100*(1/6)*(5/6)))
[1] 0.04899367
```

이산형 분포인 이항 분포의 확률을 연속형 분포인 정규 분포를 이용해서 계산하는 것이므로 함수 pnorm()에는 수정 계수 0.5를 포함하여 확률을 계산하였다. n이 커짐에 따라 이항 분포에서 구한 확률과 정규 분포에서 구한 확률의 차이가 줄어들고 있음을 알 수 있다.

이번에는 이항 분포의 확률 분포함수의 형태가 정규 분포의 확률밀도함수의 형태로 수렴해 가는 과정을 그래프로 표현해 보자. $X \sim B(n, p)$에서 $p = 0.2, 0.5, 0.8$ 경우에 $n = 10, 100$에 대한 확률 분포함수의 그래프를 하나의 그래픽 창에 함께 나타나도록 배치해 보자.

ggplot2에서 여러 개의 그래프를 하나의 그래픽창에 배치하기 위해서는 패키지 patchwork를 사용하면 된다. 그래픽 객체를 먼저 생성하고, 이어서 "+"와 "/" 기호를 사용해서 적절하게 배치할 수 있다. 자세한 사용법은 https://patchwork.data-imaginist.com/index.html 에서 찾아볼 수 있다.

먼저 표본 크기를 나타내는 벡터 n과 확률을 나타내는 벡터 p를 만들고, 두 벡터 구성요소의 모든 조합을 함수 expand_grid()로 생성한다.

```
> n <- c(10, 100)
> p <- c(0.2, 0.5, 0.8)
> np <- expand_grid(n, p)
```

함수 expand_grid()로 만들어진 데이터 프레임 np는 다음과 같다.

```
> np
# A tibble: 6 × 2
      n     p
  <dbl> <dbl>
1    10   0.2
2    10   0.5
3    10   0.8
4   100   0.2
5   100   0.5
6   100   0.8
```

데이터 프레임 np의 각 행의 n과 p에 대하여 이항 분포 확률 분포함수를 for 루프로 계산하자. ggplot 그래프 객체의 유형은 함수 typeof()로 확인해 보면, 리스트임을 알 수 있다. 루프에서 작성된 그래프를 저장하기 위해 함수 vector()로 리스트 객체 p_b를 먼저 만들고, 루프 연산을 실행해 보자.

```
> p_b <- vector(mode = "list", length = nrow(np))

> for(k in 1:nrow(np)){
+     df <- tibble(n = np$n[k], p = np$p[k],
+                  x = 0:n, y = dbinom(x, size = n, prob = p))
+     p_b[[k]] <- ggplot(df, aes(x, y)) +
+       geom_col(width = 0.3) +
+       labs(y = "Prob") +
+       ggtitle(paste0("X ~ B(", df$n, ",", df$p, ")"))
+   }
```

리스트 p_b에 저장된 6개 그래프를 패키지 patchwork의 방식으로 나열해 보자.

```
> library(patchwork)

> (p_b[[1]] + p_b[[2]] + p_b[[3]])/(p_b[[4]] + p_b[[5]] + p_b[[6]])
```

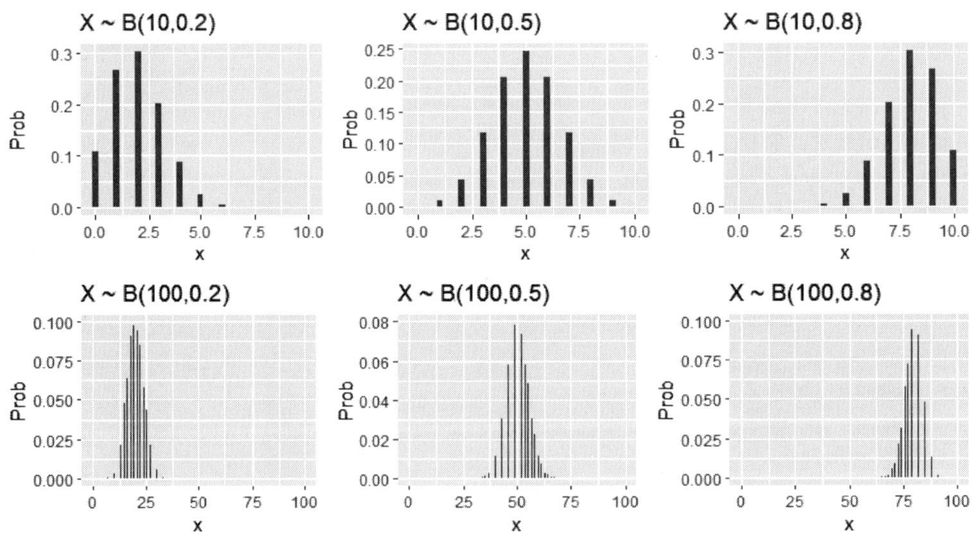

그림 12.10 n의 크기에 따른 이항 분포 밀도함수 그래프의 변화

n이 커짐에 따라 이항 분포의 확률 분포함수의 형태가 정규 분포의 확률밀도함수의 형태와 비슷해짐을 알 수 있다.

12.3.2 포아송 분포

연속형 확률 분포인 지수 분포는 어떤 특정 사건의 발생 간격에 대한 분포이다. 이에 반하여 포아송 분포는 정해진 기간 내에 어떤 특정 사건이 발생한 횟수에 대한 분포이다. 예를 들어 하루 동안 잘못 걸려 온 전화통화 수, 1시간 동안 은행을 방문한 고객의 수, 어느 도로에서 하루 동안 발생한 교통사고 건수, 책 한 페이지당 오타 수 등등이 포아송 분포로 설명될 수 있는 예가 된다.

포아송 분포의 확률 분포함수는 다음과 같다.

$$P(X=x)=e^{-\lambda}\frac{\lambda^x}{x!}, \qquad x=0,1,\ldots$$

포아송 분포와 관련된 R 함수의 일반적인 사용법은 다음과 같다.

함수	사용법
확률밀도함수	`dpois(x, lambda)`
누적분포함수	`ppois(q, lambda, lower.tail = TRUE)`
분위수함수	`qpois(p, lambda, lower.tail = TRUE)`
난수발생함수	`rpois(n, lambda)`

함수 `dpois()`를 사용하여 $\lambda=3$인 포아송 분포의 확률 분포함수 그래프를 작성해 보자.

```
> tibble(x = 0:11, y = dpois(x, lambda = 3)) |>
+   ggplot(aes(x, y)) +
+   geom_col(width = 0.3) +
+   scale_x_continuous(breaks = 0:11) +
+   labs(title = expression(paste("Poisson","(",lambda==3,")")),
+        y = NULL, x = NULL)
```

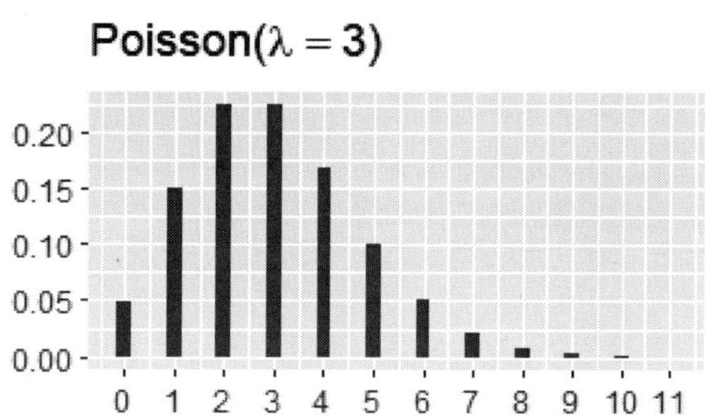

그림 12.11 포아송분포의 확률 분포함수 그래프

포아송 분포와 관련된 확률 문제를 R 함수를 이용하여 풀어보자. 예를 들어 어떤 책의 한 페이지당 오타의 개수가 $\lambda = 1/2$인 포아송 분포를 한다고 했을 때 특정 페이지에서 적어도 한 개의 오타가 나올 확률을 구해 보자. 구하는 확률은 $P(X \geq 1)$이 되는데, 이것은 $1 - P(X = 0)$과 같기 때문에, 두 가지 방법으로 계산해 보자.

```
> 1 - dpois(0, lambda = 1/2)
[1] 0.3934693

> ppois(0, lambda = 1/2, lower.tail = FALSE)
[1] 0.3934693
```

포아송 분포의 특징 중 하나는 n이 크고 p가 작은 경우에 이항 분포와 매우 비슷한 분포형태가 된다는 것이다. 이 경우 포아송 분포의 모수는 $\lambda = np$가 된다. 이 현상을 살펴보도록 하자. 확률변수 X의 분포가 $X \sim B(n, p)$일 때 $P(X = 2)$의 값을 $n = 10, p = 0.1$인 경우와 $n = 100, p = 0.01$인 경우에 이항 분포와 포아송 분포를 이용하여 각각 구해 보자. 먼저 $n = 10, p = 0.1$인 경우에 대한 확률을 구해보자.

```
> n <- 10
> p <- 0.1

> dbinom(2, size = n, prob = p)
[1] 0.1937102

> dpois(2, lambda = n*p)
[1] 0.1839397
```

이번에는 $n = 100, p = 0.01$의 경우에 대한 확률을 구해서 비교해 보자.

```
> n <- 100
> p <- 0.01

> dbinom(2, size = n, prob = p)
[1] 0.1848648

> dpois(2, lambda = n*p)
[1] 0.1839397
```

포아송 분포의 모수 λ 값은 두 경우 모두 1이 되는데, $n = 100$인 두 번째 경우에 포아송 분포에서 구한 확률이 이항 분포에서 구한 확률에 훨씬 더 근접한 값이 됨을 알 수 있다.

12.3.3 초기하 분포

어떤 바구니에 m개의 흰 공과 n개의 검은 공이 들어있다고 하자. 이 바구니에서 k개의 공을 비복원추출 방식으로 임의로 추출했을 때 선택된 흰 공의 개수를 X라고 하면, 확률변수 X는 초기하 분포를 따르게 된다.

초기하 분포의 확률밀도함수는 다음과 같다.

$$P(X=x)=\frac{\binom{m}{x}\binom{n}{k-x}}{\binom{m+n}{k}}\ ,\qquad x=0,1,2,\ldots,k$$

초기하 분포와 관련된 R 함수의 일반적인 사용법은 다음과 같다.

함수	사용법
확률밀도함수	`dhyper(x, m, n, k)`
누적분포함수	`phyper(q, m, n, k, lower.tail = TRUE)`
분위수함수	`qhyper(p, m, n, k, lower.tail = TRUE)`
난수발생함수	`rhyper(n, m, n, k)`

초기하 분포와 이항 분포는 모집단을 구성하고 있는 개체가 두 가지 특성만을 지니고 있다는 점에서 공통점을 갖고 있으나, 표본추출방식에서 초기하 분포는 비복원추출에, 이항 분포는 복원추출에 각각 해당된다는 점에서 차이가 있다.

그러나 m과 n의 값이 k에 비하여 큰 값인 경우에는 복원과 비복원의 차이가 무시될 수 있는 수준이 되어 두 분포 사이에는 큰 차이가 없게 된다. 이 사실을 확인해 보자. 모집단의 구성이 $m=5$, $n=10$의 경우와 $n=1000$, $m=2000$의 경우에 $k=5$의 크기로 표본을 추출했을 때 $P(X=1)$의 값을 초기하 분포와 이항 분포에 각각 구해 보자. 이항 분포에서는 두 경우 모두 $P=m/(m+n)=1/3$이 된다.

```
> m <- 5
> n <- 10
> k <- 5
> p <- m/(n+m)

> dbinom(1, size = k, prob = p)
[1] 0.3292181

> dhyper(1, m = m, n = n, k = k)
[1] 0.3496503
```

$n=1000$, $m=2000$의 경우 두 분포에서 각각 구한 확률이 거의 동일함을 알 수 있다.

```
> m <- 1000
> n <- 2000
> k <- 5
> p <- m/(n+m)

> dbinom(1, size = k, prob = p)
[1] 0.3292181

> dhyper(1,m = m, n = n, k = k)
[1] 0.3293278
```

초기하 분포는 여러 분야에서 응용되는 분포로서 모집단의 개체 수를 추정할 때도 사용할 수 있는 분포이다. 예를 들어 어떤 호수에 살고 있는 물고기의 개체 수를 추정한다고 하자. 이러한 경우 다음의 절차에 따라 물고기의 개체 수를 추정할 수 있다.

1. 호수에서 m마리의 물고기를 잡아 꼬리표를 부착시키고 풀어준다. 그러면 호수에는 꼬리표가 부착된 m마리의 물고기와 꼬리표가 없는 n마리의 물고기가 있게 되어 물고기의 개체 수는 모두 $(m+n)$마리가 된다.
2. 다시 k마리의 물고기를 잡아서 그 중 꼬리표가 있는 물고기 수를 x라고 둔다. 이때 가정해야 하는 사항은 호수 전체에 꼬리표가 부착된 물고기의 비율인 $m/(m+n)$이 잡힌 k마리의 물고기에서도 그대로 유지된다는 것이다.

위 실험에서 두 번째 잡힌 k마리의 물고기 중 꼬리표가 있는 물고기 수를 확률변수 X라고 두면 X는 초기하 분포를 따르게 되는데, 위 실험결과 확률변수 X는 x를 값으로 갖게 된다. 이제 $P(X=x)$의 값을 계산해 보면, n이 미지수로 남아있기 때문에 확률값은 n의 함수가 됨을 알 수 있으며, $P(X=x)$를 최대화하는 n의 값을 꼬리표가 없는 물고기 개체 수로 추정하는 것이 현실적인 방안이라고 할 수 있다

이제 $m=50$, $k=40$, $x=3$의 경우에 n의 값을 추정하여 물고기의 총 개체 수를 추정해 보자. 추정절차는 여러 개의 n 값을 입력하여 확률을 계산하고 그 중 확률이 최대가 되는 n 값을 선택하는 방식으로 이루어졌다. 확률이 최대가 되는 n 값을 찾는 데 사용된 함수 which.max()는 주어진 숫자형 벡터 최댓값의 위치를 찾는 기능을 갖고 있다.

```
> m <- 50
> k <- 40
> x <- 5
> n <- 200:700
```

```
> p.n <- vector("double", length = length(n))

> for(i in seq_along(n)){
+   p.n[i] <- dhyper(x, m = m, n = n[i], k = k)
+ }
> max.n <- n[which.max(p.n)]

> tibble(n, p.n) |>
+   ggplot(aes(x = n, y = p.n)) +
+   geom_line(color = "red") +
+   geom_vline(xintercept = max.n, linetype = 2) +
+   labs(title = paste0("Total number of fish is estimated by ",
+                       m + max.n, "\n(", m, " tagged and ",
+                       max.n, " untagged)"),
+        x = "untagged fish", y = "probability")
```

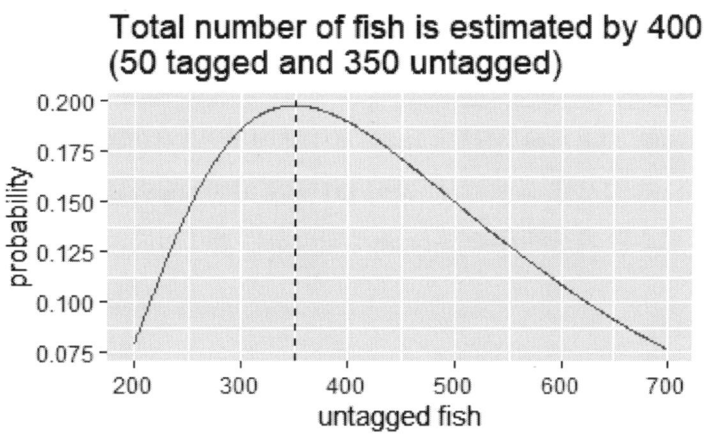

그림 12.12 물고기 개체 수 추정 결과

여러 개의 n값에 대해 계산된 확률값은 `geom_line()`으로 그렸으며, 최댓값의 위치를 나타내는 수직선은 `geom_vline()`으로 작성했다. 또한 개체 수 추정 결과가 그래프의 제목에 바로 나타나도록 추정 결과가 할당된 객체를 함수 `labs()`에서 `title`에 연결하였다.

12.4 모의 실험

R에는 매우 효과적인 난수 발생 함수가 있어서, 다양한 분포에서 손쉽게 난수를 발생시킬 수 있다. 특정 분포에서 난수를 발생시킬 수 있다는 것은 곧 그 특정 분포를 모집단 분포로 가정하는 상황에서 표본을 반복해서 추출할 수 있다는 것을 의미하는 것이며, 따라서 어떤

특정 통계적 실험을 반복해서 실행할 수 있다는 것을 의미한다.

이 절에서는 R에 장착된 다양한 분포의 난수 발생 함수를 이용하여 몇 가지 모의 실험 예제를 다뤄보고자 한다.

- **모의실험 예제 1: 상대 도수 개념에 의한 확률**

특정 사건 A가 발생할 확률을 상대 도수의 개념으로 다음과 같이 정의할 수 있다.

$$P(A)=\lim_{n\to\infty}\frac{n(A)}{n}$$

단, n은 실험의 시행횟수, $n(A)$는 n번의 실험에서 사건 A가 발생한 횟수를 각각 의미한다. 이제 상대 도수의 개념을 이용하여 주사위를 던져 1의 눈이 나올 확률이 1/6임을 나타내 보자. 구체적인 방법은 주사위를 던지는 모의 실험을 20,000번 실시하여, 시행마다 1이 눈이 나온 상대도수를 계산하고, 그 변화를 그래프로 나타내는 것이다.

많은 경우 모의 실험은 `for` 루프를 사용하게 되는데, 나름의 장점을 가지고 있는 방법이다. 그러나 경우에 따라서는 `for` 루프를 사용하지 않고 모의 실험을 실시하는 것이 더 효율적일 수 있으므로, 두 방법을 각각 사용하여 모의실험을 실시해 보자.

우선 `for` 루프를 사용하여 상대 도수를 계산해 보자. 주사위를 한 번 던지는 실험은 `sample(1:6, 1)`로 실시할 수 있고, 그 값이 1과 같게 되면 `num`의 값을 하나씩 증가시키며, 실행마다 상대 도수를 계산하여 객체 `prob`에 할당하는 방법이다.

```
> set.seed(12)
> rep <- 20000
> num <- 0
> prob <- vector("double", rep)

> for(i in seq_along(prob)){
+   x <- sample(1:6, 1)
+   if(x == 1) num <- num + 1
+   prob[i] <- num/i
+ }
```

`for` 루프를 사용하지 않는다면 20,000개의 난수를 한 번에 모두 발생시켜 벡터에 할당하고, 이어서 함수 `cumsum()`을 사용하여 상대도수를 계산하면 된다. 이 경우에는 더 효율적인 방식으로 보인다.

```
> set.seed(12)
> rep <- 20000
> x <- sample(1:6, rep, replace = TRUE)
> prob <- cumsum(x == 1)/(1:rep)
```

함수 cumsum()은 누적합을 계산하는 기능이 있는 함수이다. 1부터 10까지 자연수의 누적합은 다음과 같이 계산할 수 있다.

```
> cumsum(1:10)
 [1]  1  3  6 10 15 21 28 36 45 55
```

이어서 계산된 상대 도수를 그래프로 나타내 보자. 객체 prob에 저장된 상대도수 값은 함수 geom_line()으로 나타냈고, 확률 1/6을 표시하는 수평선은 함수 geom_hline()으로 추가하였다. 1의 눈이 나온 상대 도수가 1/6로 수렴하는 것을 확인할 수 있다.

```
> tibble(x = 1:rep, y = prob) |>
+   ggplot(aes(x, y)) +
+   geom_line() +
+   geom_hline(yintercept = 1/6, color = "red") +
+   labs(title = "Relative frequency and Probability",
+        x = "Number of Trials", y = "Relative frequency")
```

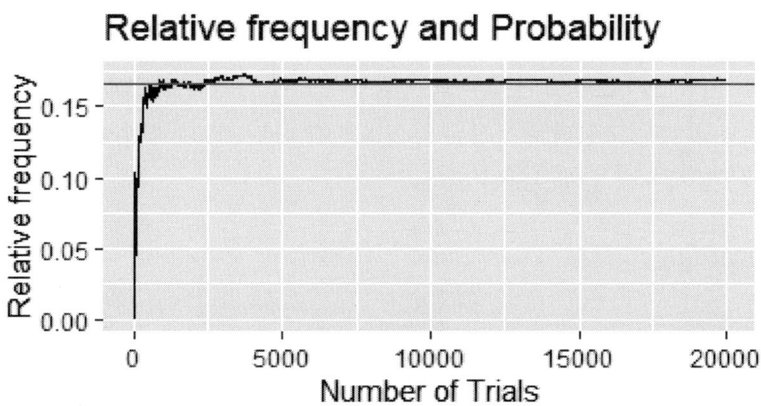

그림 12.13 상대 도수와 확률

- **모의 실험 예제 2: 표본분포**

$X_1, \ldots, X_n$을 $N(\mu, \sigma^2)$에서의 확률표본이라고 하자. 그러면 확률변수 $T = \dfrac{\overline{X} - \mu}{S/\sqrt{n}}$의 분포는 $t(n-1)$을 따르게 된다는 정리를 모의실험을 통하여 확인해 보자.

구체적인 모의 실험 절차는 다음과 같다.

1. x_1, ..., x_n을 $N(\mu, \sigma^2)$에서 추출한다.
2. 추출된 표본으로 $t = \dfrac{\bar{x} - \mu}{s/\sqrt{n}}$의 값을 계산한다.
3. 위 두 단계를 N번 반복하여 구한 t값의 분포를 $t(n-1)$과 비교한다.

표준 정규 분포를 대상으로 표본크기를 $n = 5$로 하고 반복 횟수를 $N = 10000$번으로 하여 T 통계량 값을 계산하고, 그 결과를 히스토그램으로 작성한 후 $t(4)$의 확률밀도함수 그래프를 겹쳐서 그려보자.

먼저 for 루프를 사용하여 모의 실험을 실시해 보자.

```
> set.seed(124)
> n <- 5
> N <- 10000
> Tsample <- vector("double", length = N)

> for (i in seq_along(Tsample)) {
+   Xsample <- rnorm(n)
+   Tsample[i] <- mean(Xsample)/(sd(Xsample)/sqrt(n))
+ }
```

for 루프를 사용하지 않는다면 정규 분포에서 필요한 난수를 함수 map()을 사용해서 한 번에 모두 발생시키고, 그 결과로 생성된 리스트의 각 하부요소에 함수 mean()과 sd()를 함수 map_vec()을 사용해서 계산하면 된다.

```
> set.seed(124)
> n <- 5
> N <- 10000
> n.x <- rep(n, times = N)

> xsample <- map(n.x, rnorm)
> m.x <- map_vec(xsample, mean)
> sd.x <- map_vec(xsample, sd)
> Tsample <- m.x/(sd.x/sqrt(n))
```

이어서 객체 Tsample의 값에 대한 히스토그램으로 작성하고, $t(4)$의 확률밀도함수를 겹쳐서 나타내 보자.

```
> tibble(x = Tsample) |>
+   ggplot() +
+   geom_histogram(aes(x = x, y = after_stat(density)), bins = 150) +
```

```
+   stat_function(fun = dt, args = list(df = n - 1),
+                 color = "red", linewidth = 1) +
+   labs(x = NULL, y = NULL,
+        title = "Sampling Distribution of sample mean")
```

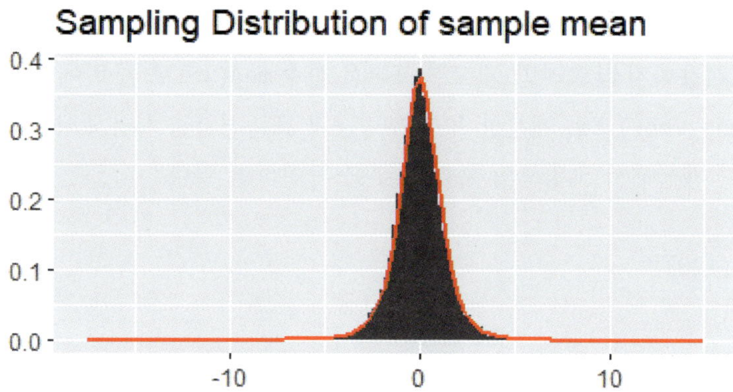

그림 12.14 표본평균의 표본분포 그래프

• **모의 실험 예제 3: 신뢰구간에서 신뢰계수의 의미**

$N(\mu, \sigma^2)$의 분포에서 모평균 μ에 대한 95% 신뢰구간의 의미는 다음과 같이 표현된다.

$$P\left(\overline{X} - 1.96\frac{S}{\sqrt{n}} \le \mu \le \overline{X} + 1.96\frac{S}{\sqrt{n}}\right) = 0.95$$

여기에서 신뢰계수 0.95의 의미는 n개의 확률표본을 추출하여 신뢰구간을 구하는 작업을 N번 반복하여 얻은 N개의 신뢰구간 중 95%에는 미지의 모수 μ가 포함되어 있지만, 나머지 5%의 신뢰구간에는 모수 μ가 포함되어 있지 않다는 것이다.

이것을 $n = 20$과 $N = 100$의 경우에 대한 모의실험을 통해 나타내 보자. 먼저 100개의 신뢰구간을 계산하고, 각 신뢰구간에 모평균 포함 여부를 확인해야 한다.

먼저 `for` 루프에 의한 방법이다.

```
> set.seed(123)
> n <- 20
> N <- 100
> mu <- 10
> sigma <- 1
> alpha <- 0.05

> upper <- lower <- vector("double", length = N)
> ok <- vector("logical", length = N)
```

```
> for(i in seq_along(upper)) {
+   x <- rnorm(n, mean = mu, sd = sigma)
+   upper[i] <- mean(x) + qnorm(1 - alpha/2)*sd(x)/sqrt(n)
+   lower[i] <- mean(x) - qnorm(1 - alpha/2)*sd(x)/sqrt(n)
+   ok[i] <- mu <= upper[i] & mu >= lower[i]
+ }
```

for 루프를 사용하지 않으려면, 필요한 표본을 함수 map()으로 한 번에 모두 발생시키고, 이어서 함수 map_vec()으로 계산한 표본의 평균과 표준편차를 사용해서 신뢰구간의 하한과 상한을 각각 계산해서 모평균의 포함 여부를 확인하면 된다.

```
> set.seed(123)
> n <- 20
> N <- 100
> mu <- 10
> sigma <- 1
> alpha <- 0.05

> n.x <- rep(n, times = N)
> xsample <- map(n.x, \(x) rnorm(n = x, mean = mu, sd = sigma))

> x_bar <- map_vec(xsample, mean)
> x_sd <- map_vec(xsample, sd)

> lower <- x_bar - qnorm(1 - alpha/2)*x_sd/sqrt(n)
> upper <-x_bar + qnorm(1 - alpha/2)*x_sd/sqrt(n)
> ok <- mu >= lower & mu <= upper
```

계산된 신뢰구간을 선분으로 표시하기 위해서는 함수 geom_segment()를 사용해야 한다. 이 함수의 필수 매핑 대상으로는 선분의 시작점을 나타내는 시각적 요소 x, y와 끝점을 나타내는 xend, yend가 있다. 신뢰구간 선분을 수직으로 표시할 것이라면, Y축에는 신뢰구간의 상한과 하한을 표시하고 X축은 신뢰구간의 일련번호를 표시해야 할 것이다. 따라서 y에는 객체 lower를 연결하고, yend에는 객체 upper를 연결하며, x와 xend 모두에는 1:N을 동일하게 연결한다. 또한 모평균의 포함 여부를 색으로 표시하기 위해 객체 ok를 color에 매핑하는 것도 필요하다.

```
> tibble(lower, upper, ok) |>
+   ggplot() +
+   geom_segment(aes(y = lower, yend = upper, x = 1:N, xend = 1:N,
+                    color = ok),
+                linewidth = 1) +
+   labs(title = paste("모평균이 포함된 신뢰구간 비율:", mean(ok)),
+        color = "모평균 포함", x = NULL, y = NULL) +
+   theme(plot.title = element_text(face = "bold", size = 20))
```

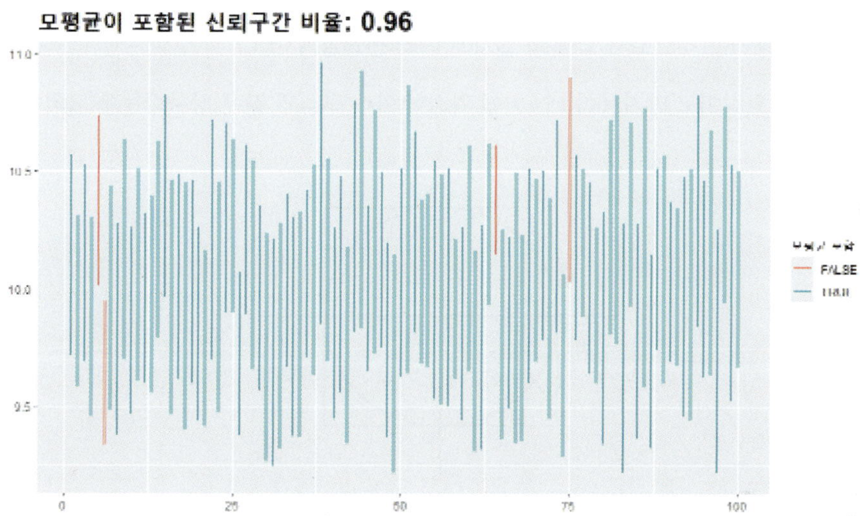

그림 12.15 신뢰계수의 의미

12.5 연습문제

01 다음의 확률문제를 R 확률함수를 이용하여 해결하라.

1) 어떤 공장에서 생산되는 건전지의 수명은 평균 800시간, 표준편차 40시간인 정규 분포를 따른다고 한다. 이 공장에서 생산된 건전지 1개를 구입했을 때 그 수명이 778시간 이상 834시간 이내일 확률을 구하라.

2) 통계학 기말고사 성적이 평균이 70점, 표준편차가 12점인 정규 분포를 한다고 한다. 상위 15% 이내에 들어가기 위해서는 몇 점 이상을 받아야 하는가?

3) 1550-1번 버스가 어떤 정거장에 06:59, 07:15에 각각 도착한다고 한다. 어떤 승객이 그 정거장에 도착하는 시각이 7시부터 7시 15분 사이에 균등분포를 한다고 할 때 5분 이내로 기다리다 버스를 탈 확률과 10분 이상 기다리다 버스를 탈 확률을 각각 구하라.

4) 어떤 제품의 불량률이 5%라고 한다. 그 제품이 들어 있는 상자에서 10개의 제품을 임의로 추출하여 불량품이 2개 이상 관찰될 경우 상자에 있는 모든 제품을 폐기 처분한다고 한다. 임의로 선택된 상자의 제품이 폐기 처분된 확률을 구하라.

5) 우리나라에서 운행되는 자동차의 80%만이 종합보험에 가입되어 있다고 하자. 어느 날 특정 지역에서 20대의 자동차가 사고를 냈을 때 다음 사건에 대한 확률을 구하라.
   - 종합보험에 가입한 자동차가 10대 이내일 확률
   - 10대의 자동차가 종합보험에 가입했을 확률

02 원주율 π의 값을 구하는 모의실험을 진행해 보자. 모의실험은 반지름이 1인 원의 면적이 π라는 사실을 이용하는 것으로서, 다음의 절차에 따라 진행할 수 있다.

1) 중심이 원점이고 반지름이 1인 원에 외접한 아래 그림과 같은 정사각형을 고려해 보자.

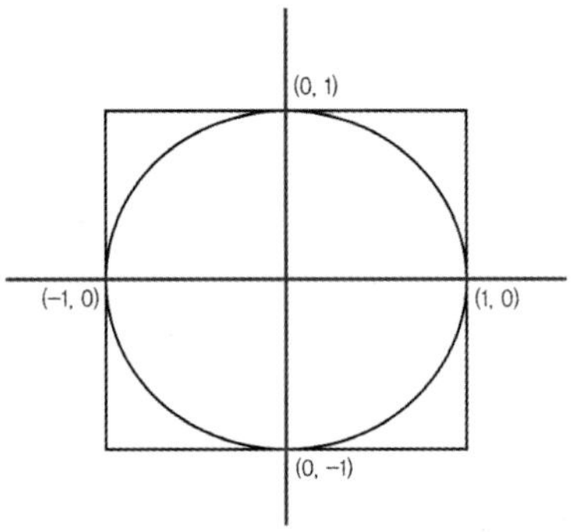

그림 12.16 반지름이 1인 원에 외접한 정사각형

2) 정사각형의 내부에서 임의로 한 점을 선택하고, 그 점이 원 내부의 점인지를 판단하는 실험을 N번 반복한다.

3) 이어서 추출된 N개의 점 중 원 내부에 속한 점들의 비율을 구하고, 정사각형의 면적을 기준으로 그 비율을 조정하면 그것이 원의 면적을 모의실험으로 구한 것이 된다.

03 모의실험으로 중심극한정리가 성립함을 보여라. 단, 모집단은 Uniform(0,1)으로 하며 표본크기는 $n = 2, 10, 25, 100$의 경우를 각각 고려하여 모의실험을 실시해 보자.

13

자료 탐색

13.1 일변량 범주형 자료 탐색
13.2 이변량 및 다변량 범주형 자료 탐색
13.3 일변량 연속형 자료 탐색
13.4 이변량 연속형 자료 탐색
13.5 연습문제

수많은 변수들로 이루어져 있는 통계 자료가 주어지면 개별 변수들이 갖고 있는 정보를 탐색하는 것은 통계분석의 첫 단계가 된다. 개별 변수들의 정보를 따로따로 탐색하는 것은 결국 하나의 변수로 이루어진 일변량 자료를 탐색하는 것이라 할 수 있으며, 일변량 자료가 갖고 있는 정보 중 우리가 가장 관심을 두는 사항은 자료의 분포 형태가 될 것이다. 자료의 분포 형태를 그래프로 잘 표현하려면, 자료의 속성에 가장 적합한 그래프를 선택해야 한다.

한 변수를 대상으로 하는 일변량 자료의 탐색 과정이 끝나면, 두 변수를 동시에 고려하는 이변량 자료의 탐색을 시작해야 한다. 일변량 자료에 대해서는 자료의 분포에 대한 정보만이 필요했지만, 이변량 자료에 대해서는 각 자료의 분포에 대한 정보뿐 아니라, 두 변수의 분포를 비교하는 것과 두 변수 간의 관계가 중요한 정보가 된다.

이 장에서는 범주형 자료와 연속형 자료로 구분하여 그래프를 활용한 자료 탐색 방법을 살펴볼 것이다. 또한 여러 변수를 동시에 고려한 자료 탐색은 실제 분석에서 매우 중요한 단계가 되는데, 이 경우에는 자료의 유형이 혼합된 상황이 된다. 이러한 경우에 유용하게 사용되는 분석 방법에 대해서도 살펴볼 것이다.

13.1 일변량 범주형 자료 탐색

여러 범주로만 이루어진 범주형 자료는 명목형 자료와 순서형 자료로 구분된다. 명목형 자료란 범주 간에 순서척도가 없는 경우로, 거주지, 성별, 종교 등이 여기에 해당되고, 순서형 자료란 강의 만족도와 같이 범주들을 순서에 따라 나열할 수 있는 경우를 지칭한다.

이 절에서는 막대그래프(bar chart), 파이그래프(pie chart)와 Cleveland의 점그래프(dot chart)를 사용하여 일변량 범주형 자료의 탐색 과정을 살펴볼 것인데, 이 그래프들은 명목형과 순서형 구분 없이 모두에게 잘 적용되는 그래프들이다.

13.1.1 막대그래프

범주형 자료에 대한 그래프로 가장 흔하게 볼 수 있는 그래프로서, 각 범주의 도수를 막대의 높이로 나타내는 그래프이다.

예제로 요인 `state.region`의 막대그래프를 작성해 보자. 요인 `state.region`는 미국 50개 주를 4개의 지역 범주로 구분한 명목형 자료이다.

```
> state.region[1:10]
 [1] South     West      West      South     West      West     
 [7] Northeast South     South     South    
Levels: Northeast South North Central West
```

함수 geom_bar()를 사용해서 막대그래프를 작성해 보자.

```
> library(tidyverse)

> tibble(state.region) |>
+   ggplot() +
+   geom_bar(aes(x = state.region)) +
+   xlab("Region")
```

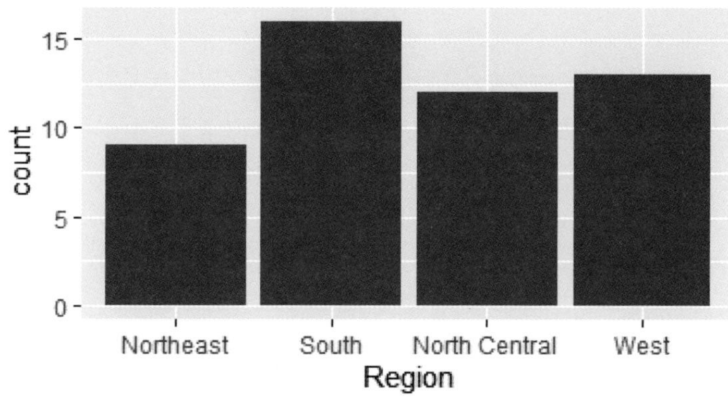

그림 13.1 요인 state.region의 막대그래프

옆으로 누운 형태의 막대그래프를 작성하기 위해서는 시각적 요소 y에 요인을 매핑해야 한다.

```
> tibble(state.region) |>
+   ggplot() +
+   geom_bar(aes(y = state.region)) +
+   ylab("Region")
```

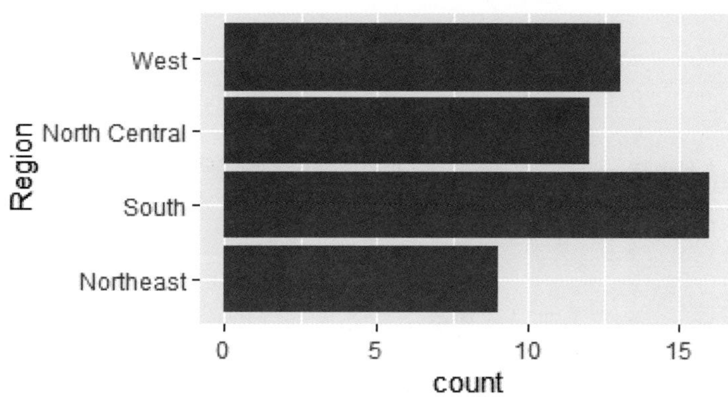

그림 13.2 요인 state.region의 옆으로 누운 형태의 막대그래프

도수 분포표가 자료로 주어진 경우에 막대그래프의 작성 방법을 살펴보자. 도수 분포표를 자료로 사용하는 경우에는 함수 geom_bar()에 stat="identity"를 추가하거나 geom_col()을 사용해야 한다. 요인 state.region을 데이터 프레임으로 전환하고, 함수 count()로 계산한 각 범주에 대한 도수가 변수로 포함된 데이터 프레임 df_state_1을 생성하자.

```
> df_state_1 <- tibble(state.region) |>
+   count(state.region)

> df_state_1
# A tibble: 4 × 2
  state.region      n
  <fct>         <int>
1 Northeast         9
2 South            16
3 North Central    12
4 West             13
```

함수 geom_col()에서 데이터 프레임 df_state_1의 변수 중 범주를 나타내는 state.region과 각 범주의 도수를 나타내는 n을 시각적 요소 x, y에 매핑하면 막대그래프를 작성할 수 있다.

```
> library(patchwork)

> bar1 <- ggplot(df_state_1, aes(x = state.region, y = n)) +
+   geom_col(fill = "steelblue") +
+   labs(x = NULL, y = NULL)

> bar2 <- ggplot(df_state_1, aes(y = state.region, x = n)) +
+   geom_col(fill = "steelblue") +
+   labs(x = NULL, y = NULL)

> bar1 + bar2
```

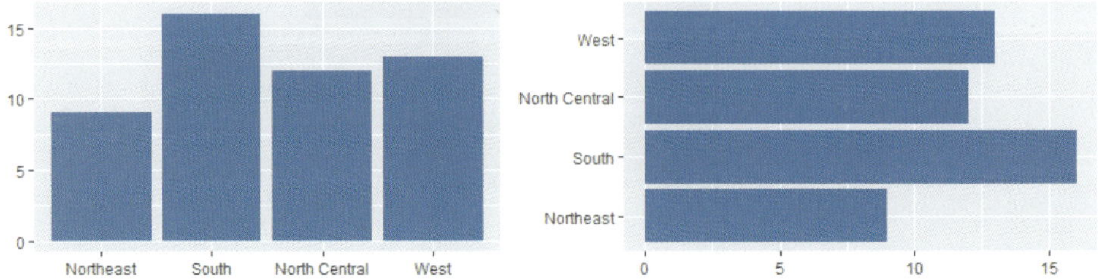

그림 13.3 도수 분포표가 자료로 주어진 경우의 막대그래프 작성

많은 경우에 막대그래프는 각 범주의 빈도를 이용하여 작성되지만, 경우에 따라서는 각 범주의 상대 도수를 이용하여 작성해야 할 때도 있다. 이런 경우에는 함수 `geom_bar()`에서 생성된 변수 `after_stat(prop)`를 매핑하면서, 시각적 요소 `group`에 하나의 값을 지정해 주면 된다.

```
> tibble(state.region) |>
+   ggplot() +
+   geom_bar(aes(x = state.region, y = after_stat(prop), group = 1),
+            fill = "skyblue") +
+   labs(x = "Region", y = "Proportion")
```

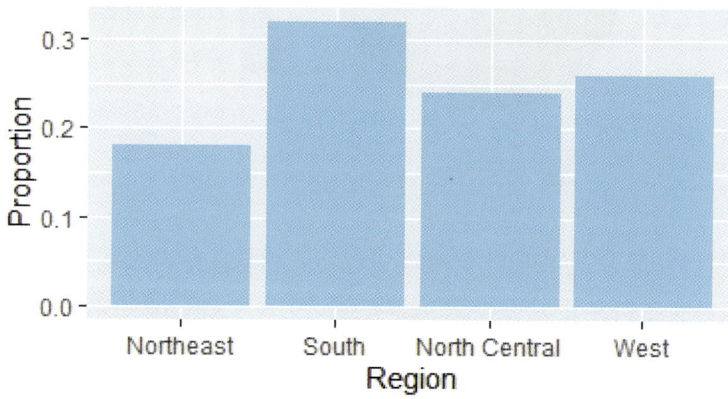

그림 13.4 상대 도수에 의한 막대그래프

13.1.2 파이그래프

범주형 자료에 대한 그래프로 실생활에서 많이 사용되는 그래프 중 하나가 바로 파이그래프이다. 파이그래프는 각 범주의 상대 도수에 비례한 면적으로 원을 나누어 나타내는 그래프이다. 그러나 면적의 차이를 시각적으로 구분하는 것은 길이의 차이를 구분하는 것보다 훨씬 어렵기 때문에 대부분의 통계학자는 파이그래프의 가치를 막대그래프보다 낮게 평가하고 있다. 파이조각의 면적을 비교하는 데 도움을 줄 수 있는 방안으로 각 파이 조각에 면적의 백분율을 라벨로 추가해 주는 것을 생각해 볼 수 있다.

파이그래프를 작성하는 방법은 3.7절에서 살펴보았다. 함수 `geom_bar()`에 시각적 요소 `fill`을 사용하여 쌓아 올린 막대그래프를 작성하고, 함수 `coord_polar()`에서 `theta`에 "y"를 연결하여 상대 도수에 비례한 각도를 계산하면 된다.

```
> tibble(state.region) |>
+   ggplot() +
+   geom_bar(aes(x = "", fill = state.region), width = 1) +
+   labs(x = NULL, y = NULL) +
+   coord_polar(theta = "y") +
+   theme_void()
```

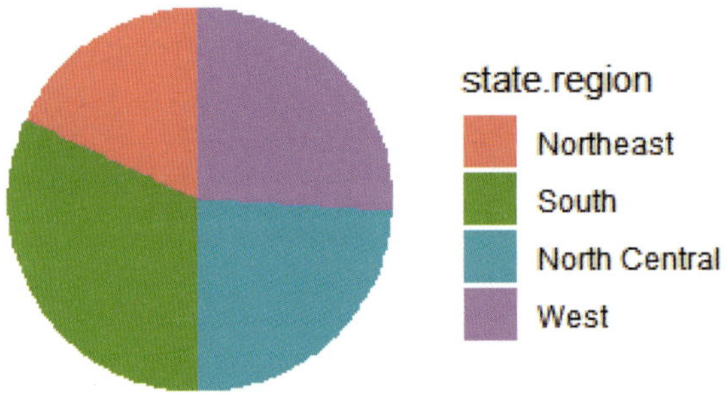

그림 13.5 요인 state.region의 파이그래프

각 파이 조각의 비교를 돕기 위한 하나의 방안으로 백분율을 각 조각의 라벨로 추가해 보자. 이 경우에 라벨로 사용할 각 조각의 백분율을 데이터 프레임에 변수로 포함시키는 것이 필요하다. 숫자를 "%" 기호가 포함된 백분율로 변환할 때 편하게 사용할 수 있는 함수가 패키지 scales에 있는 percent()이다.

요인 state.region을 데이터 프레임으로 전환하고, 각 범주에 대한 도수 및 백분율을 추가해서 df_state_2를 만들어 보자.

```
> library(scales)

> df_state_2 <-
+   tibble(state.region) |>
+   count(state.region) |>
+   mutate(pct = percent(n/sum(n))) |>
+   print()
# A tibble: 4 × 3
  state.region      n pct
  <fct>         <int> <chr>
1 Northeast         9 18%
2 South            16 32%
3 North Central    12 24%
4 West             13 26%
```

이제 파이그래프를 작성하기 바로 전 단계인 쌓아 올린 막대그래프를 작성해 보자. 그림 13.6에서 볼 수 있듯이 쌓아 올려지는 조각의 순서는 데이터 프레임 `df_state_2`의 첫 번째 행이 제일 위에 위치하고 두 번째 행이 그 밑으로 배치되는 위에서 아래 방향이 된다.

그래프에 라벨 추가는 함수 `geom_text()`로 할 수 있다. 데이터 프레임 `df_state_2`의 변수 `pct`를 시각적 요소 `label`에 매핑하고, 라벨의 위치를 `position`에 지정하면 되는데, 쌓아 올려진 각 조각의 중간 부분이 적절할 것으로 보여서 함수 `position_stack()`에서 변수 `vjust`에 0.5를 지정했다.

```
> df_state_2 |>
+   ggplot(aes(x = "", y = n, fill = state.region)) +
+   geom_col(width = 1) +
+   geom_text(aes(label = pct), size = 5,
+             position = position_stack(vjust = 0.5)) +
+   labs(x = NULL, y = NULL, fill = NULL)
```

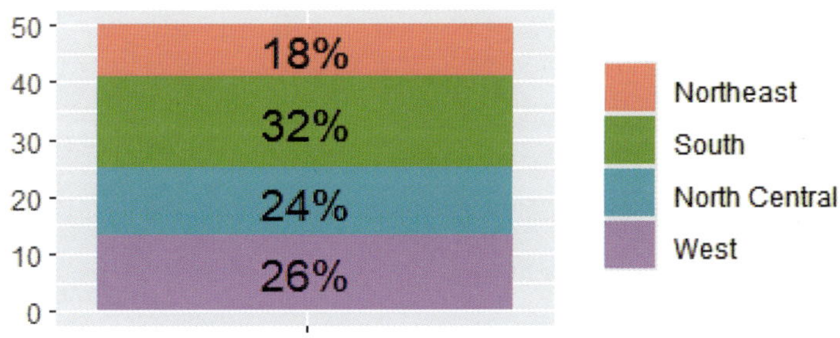

그림 13.6 쌓아올린 막대그래프에 백분율 라벨 추가하기

쌓아올린 막대그래프에 함수 `coord_polar()`를 적용시켜 파이그래프를 작성해 보자.

```
> df_state_2 |>
+   ggplot(aes(x = "", y = n, fill = state.region)) +
+   geom_col(width = 1) +
+   geom_text(aes(label = pct), size = 5,
+             position = position_stack(vjust = 0.5)) +
+   labs(x = NULL, y = NULL, fill = NULL) +
+   coord_polar(theta = "y") +
+   theme_void()
```

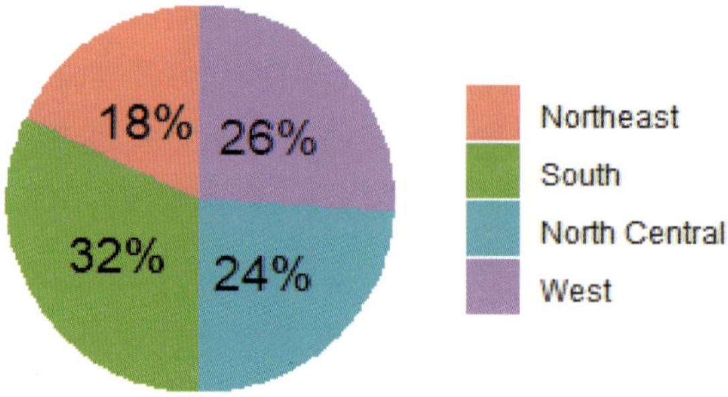

그림 13.7 각 조각에 백분율을 라벨로 추가한 파이그래프

신문이나 잡지 등에 작성된 파이그래프 중에는 3차원 효과를 준 파이그래프도 종종 발견된다. 3D 파이그래프는 패키지 plotrix의 함수 pie3D()로 작성할 수 있다. 3차원 파이그래프도 파이그래프가 갖고 있는 근본적인 문제에서 자유로울 수는 없으며, 따라서 비록 시각적으로는 화려한 그래프이지만 정보의 효과적인 전달이라는 측면에서는 문제가 많은 그래프라고 할 수 있다.

```
> pie_val <- df_state_2 |>
+   pull(n)
> pie_lab <- df_state_2 |>
+   unite(col = lab, -n, sep = " ") |>
+   pull(lab)
```

함수 pie3D()에는 범주별 빈도수와 각 범주의 라벨을 입력해야 한다. 요인 state.region의 범주별 빈도수인 데이터 프레임 df_state_2의 변수 n을 벡터 pie_val에 지정했고, 범주의 라벨은 함수 unite()로 데이터 프레임의 변수 state.region과 pct를 결합해서 지정했다.

```
> library(plotrix)
> pie3D(pie_val, explode = 0.1, labels = pie_lab)
```

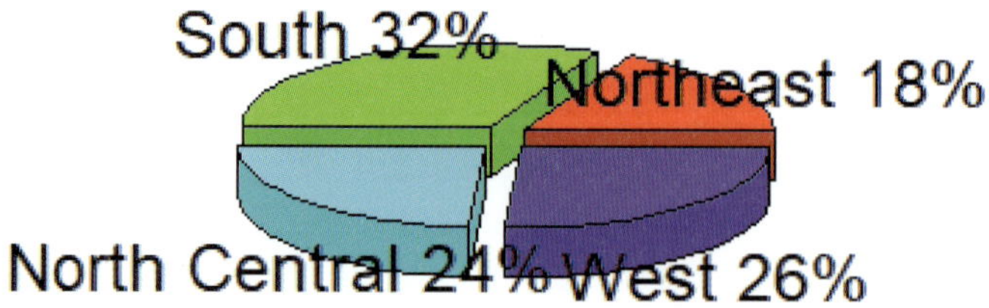

그림 13.8 패키지 plotrix의 3차원 파이그래프

파이그래프의 가장 큰 문제는 파이조각들의 면적을 서로 비교하는 것이 매우 힘들다는 점이다. 이러한 문제를 해결하는 방안으로 제시된 그래프가 fan plot이다. R에서는 패키지 `plotrix`에 함수 `fan.plot()`으로 작성할 수 있다. Fan plot에서는 조각들이 크기순으로 서로 겹치도록 재배치되는데, 조각의 반지름을 조절하여 모든 조각을 볼 수 있도록 하였다. 그림 13.9에서 우리는 조각의 크기가 South > West > North Central > Northeast의 순서로 되어 있음을 쉽게 알 수 있다. 많이 사용되고 있지는 않지만 파이그래프보다는 훨씬 효과적인 그래프라고 할 수 있다.

```
> fan.plot(pie_val, labels = pie_lab)
```

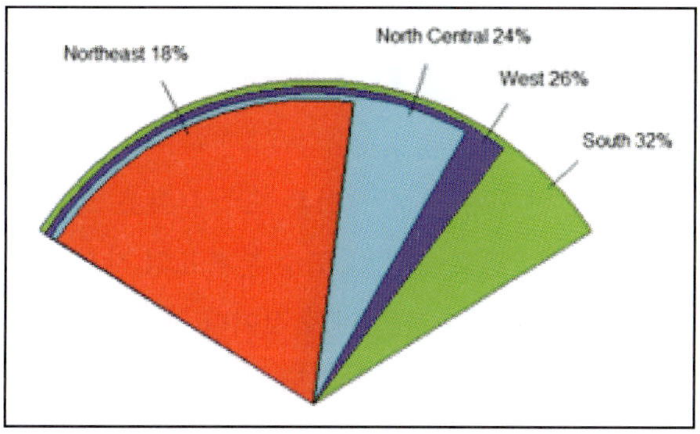

그림 13.9 패키지 `plotrix`의 Fan plot

13.1.3 Cleveland의 점그래프

점 그래프는 통계 그래픽스 분야에 큰 기여를 한 Cleveland가 개발한 그래프이다. 비록 막대 그래프나 파이그래프처럼 화려하게 치장할 수는 없으나 범주형 데이터의 속성을 정확하게 표시할 수 있는 이상적인 그래프로 인정받고 있다.

예제 데이터로는 앞 절에서 살펴본 `state.region`을 다시 사용해 보자. 점그래프 작성은 도수 분포표 자료인 `df_state_1`을 함수 `geom_point()`에 적용시키면 된다. 함수 `theme()`은 그래프의 디폴트 형태를 변경하고자 할 때 사용되는 것으로, 이 경우에는 그래프에 수평선을 추가하기 위해 사용되었다.

```
> df_state_1 |>
+   ggplot(aes(x = n, y = state.region)) +
+   geom_point(size = 2) +
+   theme(panel.grid.major.y = element_line(linetype = 3,
+                                            colour = "gray40")) +
+   labs(x = NULL, y = NULL)
```

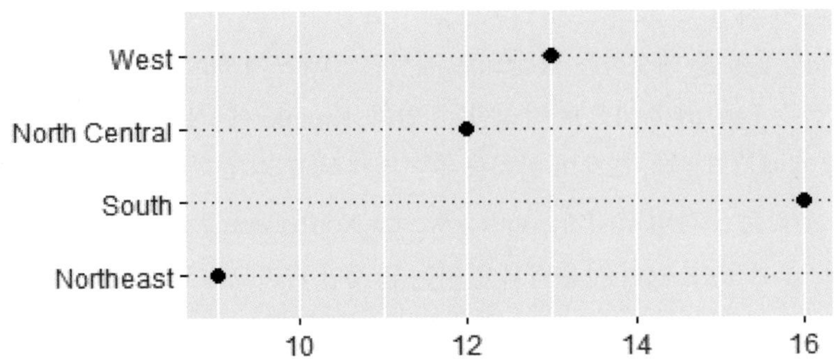

그림 13.10 요인 `state.region`의 점그래프

13.2 이변량 및 다변량 범주형 자료 탐색

범주형 자료가 주어지면 가장 먼저 해야 할 작업은 도수 분포표 혹은 분할표를 작성하는 것이다. 이 절에서는 일변량 범주형 자료에 대한 도수 분포표의 작성과 이변량 범주형 자료의 분할표의 작성에 사용할 수 있는 R 함수를 살펴볼 것이다. 또한 2차원 분할표로 정리된 자료를 효과적으로 시각화할 수 있는 그래프 작성법도 살펴볼 것이다.

R에는 도수 분포표 및 분할표를 작성하는 데 사용되는 몇 가지 함수가 있다. 그중 많이 사용되는 함수들이 표 13.1에 정리되어 있다.

표 13.1 도수 분포표 및 분할표 작성에 관련된 함수

함수	기능
`table(var1, ..., varN)`	N개의 범주형 변수로 N차원 분할표 작성
`prop.table(table, margins)`	작성된 분할표의 결합분포 또는 margins로 정의된 방향으로 조건분포 작성
`margin.table(table, margins)`	작성된 분할표의 한계분포를 margins로 정의된 방향으로 작성
`addmargins(table, margins)`	작성된 분할표에 margins로 정의된 방향의 한계분포를 추가

표 13.1의 함수들은 모두 base R 함수들이다. 이 함수들의 사용법을 예제를 이용하여 살펴보자. 예제로 사용할 자료는 패키지 `vcd`에 있는 데이터 프레임 `Arthritis`이다. 이 자료는 류머티즘 관절염 환자들을 대상으로 새로운 치료법의 효과를 알아보기 위해 이루어진 임상 실험 자료이다.

```
> data(Arthritis, package = "vcd")
> head(Arthritis)
  ID Treatment  Sex Age Improved
1 57   Treated Male  27     Some
2 46   Treated Male  29     None
3 77   Treated Male  30     None
4 17   Treated Male  32   Marked
5 36   Treated Male  46   Marked
6 23   Treated Male  58   Marked
```

변수 Treatment는 "Placebo"와 "Treated"를, 변수 Sex는 "Male"과 "Female"을, 변수 Improved는 "None", "Some", "Marked"을 범주로 갖고 있는 범주형 변수이다.

- **1차원 도수 분포표 작성**

1차원 도수 분포표는 일변량 범주형 자료의 도수 분포표를 의미한다. 함수 table()로 변수 Improved의 1차원 도수 분포표를 작성해 보자.

```
> with(Arthritis, table(Improved))
Improved
  None   Some Marked
    42     14     28
```

함수 table() 안에는 범주형 변수를 벡터의 형태로 입력해야 하며, 따라서 함수 with()와 함께 사용하였다.

- **1차원 상대 도수 분포표 작성**

상대 도수 분포표는 함수 table()로 작성된 table 객체를 함수 prop.table()에 입력하면 된다.

```
> my_table1 <- with(Arthritis, table(Improved))

> prop.table(my_table1)
Improved
     None      Some    Marked
0.5000000 0.1666667 0.3333333
```

위의 결과에서 볼 수 있는 지나치게 긴 소수점 자릿수는 함수 options()을 사용해서 줄일 수 있다. 함수 options()는 R의 전체적인 환경에 관련된 여러 옵션을 조정하는 가능을 갖고 있다. 이 중 출력되는 소수점 자릿수의 현재 값을 알아보는 방법과 수정하는 방법은 다음과 같다.

```
> options("digits")
$digits
[1] 7
```

원래의 값은 소수점 이하 7자리까지 출력하는 것인데, 이것을 다음과 같이 2자리로 축소해 보자.

```
> options("digits" = 2)
```

소수점 자릿수를 조정한 상태에서 다시 변수 Improved의 상대 도수 분포표를 출력해 보자.

```
> prop.table(my_table1)
Improved
  None   Some Marked
  0.50   0.17   0.33
```

- **2차원 분할표 작성**

1차원 도수 분포표의 경우와 같이 2차원 분할표도 함수 table()로 작성할 수 있다. 변수 Improved와 Treatment의 2차원 분할표를 작성해 보자.

```
> with(Arthritis, table(Treatment, Improved))
         Improved
Treatment None Some Marked
  Placebo   29    7      7
  Treated   13    7     21
```

함수 table()에서 두 개의 변수가 콤마로 연결되는데, 첫 번째 변수가 분할표의 행 변수가 되고, 두 번째 변수가 열 변수가 된다.

- **2차원 상대 도수 분할표(결합분포) 작성**

작성된 분할표를 함수 prop.table()에 입력하면 된다.

```
> my_table2 <- with(Arthritis, table(Treatment, Improved))
> prop.table(my_table2)
         Improved
Treatment  None  Some Marked
  Placebo 0.345 0.083  0.083
  Treated 0.155 0.083  0.250
```

위에서 options("digits" = 2)가 선언된 상태이지만 소수점 3자리까지 출력된 것을 볼 수 있는데, 이것은 함수 options()에서 소수점 자릿수에 대한 지정이 일종의 가이드라인이기 때문이다.

- **2차원 분할표의 한계분포(marginal distribution) 작성**

2차원 분할표에서 한계분포는 행 또는 열에 대한 합계를 구함으로써 작성되는데, 함수 margin.table()로 작성할 수 있다. 사용법은 margin.table(x, margin = NULL)이다. x는 함수 table() 등으로 작성된 분할표나 행렬이 되고, margin은 1은 행, 2는 열을 지정하는 것인데, 실질적으로 이 함수는 apply(x, 1, sum) 또는 apply(x, 2, sum)과 동일한 작업을 수행한다. margin에 아무것도 지정하지 않으면 sum(x)를 출력한다.

변수 Improved와 Treatment의 2차원 분할표인 my_table2를 대상으로 한계분포표를 작성해 보자. margin.table(my_table2, 1)은 행 방향으로 합계를 구하는 것이므로 행 변수 Treatment의 도수 분포표, 즉 한계분포표가 작성되며, margin.table(my_table2, 2)는 열 방향의 합계를 구하는 것으로 열 변수 Improved의 한계분포표가 작성된다. 그리고 margin.table(my_table2)는 margin에 아무것도 지정하지 않은 것으로 이 경우에는 관찰값의 총 개수가 계산된다.

```
> my_table2
         Improved
Treatment None Some Marked
  Placebo   29    7      7
  Treated   13    7     21

> margin.table(my_table2, 1)
Treatment
Placebo Treated
     43      41

> margin.table(my_table2, 2)
Improved
  None   Some Marked
    42     14     28

> margin.table(my_table2)
[1] 84
```

한계분포표를 상대 도수로 표현하려면 함수 margin.table()의 결과를 prop.table()에 입력하면 된다.

```
> prop.table(margin.table(my_table2, 1))
Treatment
Placebo Treated
   0.51    0.49
```

위 연산 방식은 함수 안에 다른 함수를 입력하는 방식인데, 이것보다 더 효율적인 방식은 pipe 연산자를 이용하는 것이다.

```
> my_table2 |>
+   margin.table(1) |>
+   prop.table()
Treatment
Placebo Treated
   0.51    0.49
```

2차원 분할표에 한계분포표를 추가하려면 함수 `addmargins()`를 사용하면 된다.

```
> my_table2 |>
+   addmargins()
         Improved
Treatment None Some Marked Sum
  Placebo   29    7      7  43
  Treated   13    7     21  41
  Sum       42   14     28  84

> my_table2 |>
+   prop.table() |>
+   addmargins()
         Improved
Treatment  None  Some Marked   Sum
  Placebo 0.345 0.083  0.083 0.512
  Treated 0.155 0.083  0.250 0.488
  Sum     0.500 0.167  0.333 1.000
```

행 또는 열 변수 중 한 변수의 한계분포만을 추가하려면 함수 `addmargins()`의 `margin`에 관련된 숫자를 지정하면 된다. 함수 `addmargins()`에 `margin = 1`이 입력되면 행에 한계분포가 추가되고, `margin = 2`가 입력되면 열에 한계분포가 추가된다.

```
> my_table2 |>
+   prop.table() |>
+   addmargins(1)
         Improved
Treatment  None  Some Marked
  Placebo 0.345  0.083  0.083
  Treated 0.155  0.083  0.250
  Sum     0.500  0.167  0.333
```

```
> my_table2 |>
+   prop.table() |>
+   addmargins(2)
         Improved
Treatment  None  Some Marked   Sum
  Placebo 0.345 0.083  0.083 0.512
  Treated 0.155 0.083  0.250 0.488
```

- **조건분포 작성**

조건분포는 함수 `prop.table()`에 `margin`을 지정함으로써 작성할 수 있다. 두 범주형 변수의 관계가 반응변수와 설명변수로 설정되어 있는 경우에는 결합분포인 2차원 상대 도수분할표보다 두 변수 사이의 관계를 규명하는 데 더 도움이 된다. 조건 변수를 행 변수로 할 것인지 혹은 열 변수로 할 것인지는 함수 `prop.table()`의 옵션 `margin`에 `1` 또는 `2` 중 하나를 선택하면 된다.

행 변수인 `Treatment`의 각 범주를 조건으로 하는 `Improved`의 조건분포는 다음과 같다. 즉, `Treatment`가 `Placebo`인 그룹에서 `Improved`는 67%가 `None`이고 `Marked`는 단지 16%에 그치는데, `Treated` 그룹에서는 `None`이 32%이고, `Marked`가 51%가 되는 것으로 나타났다.

```
> my_table2 |>
+   prop.table(1)
         Improved
Treatment None Some Marked
  Placebo 0.67 0.16   0.16
  Treated 0.32 0.17   0.51
```

변수 `Improved`를 조건으로 하는 `Treatment`의 조건분포는 다음과 같다. 즉, `Improved`가 `None`인 그룹에서는 `Placebo`의 비율이 2배 이상이고, `Marked`의 그룹에서는 `Treated`의 비율이 3배가 되는 것을 알 수 있다.

```
> my_table2 |>
+   prop.table(2)
         Improved
Treatment None Some Marked
  Placebo 0.69 0.50   0.25
  Treated 0.31 0.50   0.75
```

• **분할표에서 결측값 처리**

함수 table()은 자료에 포함된 NA 값을 무시하고 분할표를 작성하는 것이 디폴트이다. 만일 NA의 빈도수를 분할표에 나타내려면 옵션 useNA = "ifany"를 추가하면 된다. 예를 들어 데이터 프레임 airquality에서 변수 Ozone의 값이 80이 넘는 날짜가 며칠이나 되는지 월별로 나타내는 분할표를 작성해 보자.

```
> with(airquality, table(OzHi = Ozone > 80, Month))
       Month
OzHi     5  6  7  8  9
  FALSE 25  9 20 19 27
  TRUE   1  0  6  7  2
```

위의 분할표를 보면 5월은 26일, 6월은 9일밖에 없는 등 많은 날짜가 생략되어 있음을 알 수 있다. 이것은 자료에 NA가 있기 때문이며 이것을 모두 포함시키려면 다음과 같이 실행하면 된다.

```
> with(airquality,
+      table(OzHi = Ozone > 80, Month, useNA = "ifany"))
       Month
OzHi     5  6  7  8  9
  FALSE 25  9 20 19 27
  TRUE   1  0  6  7  2
  <NA>   5 21  5  5  1
```

• **SAS 또는 SPSS에서 출력되는 형태의 분할표 얻기**

SAS의 PROC FREQ나 SPSS의 CROSSTABS의 실행결과와 비슷한 형태의 분할표를 얻고자 한다면 패키지 gmodels의 함수 CrossTable()을 사용하면 된다.

```
> library(gmodels)
> with(Arthritis, CrossTable(Treatment, Improved))

   Cell Contents
|-------------------------|
|                       N |
| Chi-square contribution |
|           N / Row Total |
|           N / Col Total |
|         N / Table Total |
|-------------------------|


Total Observations in Table:  84


             | Improved 
   Treatment |      None |      Some |    Marked | Row Total | 
-------------|-----------|-----------|-----------|-----------|
     Placebo |        29 |         7 |         7 |        43 | 
             |     2.616 |     0.004 |     3.752 |           | 
             |     0.674 |     0.163 |     0.163 |     0.512 | 
             |     0.690 |     0.500 |     0.250 |           | 
             |     0.345 |     0.083 |     0.083 |           | 
-------------|-----------|-----------|-----------|-----------|
     Treated |        13 |         7 |        21 |        41 | 
             |     2.744 |     0.004 |     3.935 |           | 
             |     0.317 |     0.171 |     0.512 |     0.488 | 
             |     0.310 |     0.500 |     0.750 |           | 
             |     0.155 |     0.083 |     0.250 |           | 
-------------|-----------|-----------|-----------|-----------|
Column Total |        42 |        14 |        28 |        84 | 
             |     0.500 |     0.167 |     0.333 |           | 
-------------|-----------|-----------|-----------|-----------|
```

위 결과는 SAS 결과물 형태로 출력된 것이며 SPSS 결과물 형태로 출력하고자 한다면 옵션 `format = "SPSS"`을 추가하면 된다. 자료의 도수와 기대 도수만을 나타내고, 두 변수의 독립성 검정을 하고자 한다면 옵션 `prop.r`, `prop.c`, `prop.t`, `prop.chisq`에 `FALSE`를 지정하고, `expected = TRUE`와 `chisq = TRUE`를 추가하면 된다.

```
> with(Arthritis,
+      CrossTable(Treatment, Improved,
+                 prop.r = FALSE, prop.c = FALSE, prop.t = FALSE,
+                 prop.chisq = FALSE, expected = TRUE, chisq = TRUE))

   Cell Contents
|-------------------------|
|                       N |
|              Expected N |
|-------------------------|

Total Observations in Table:  84

             | Improved
   Treatment |      None |      Some |    Marked | Row Total |
-------------|-----------|-----------|-----------|-----------|
     Placebo |        29 |         7 |         7 |        43 |
             |    21.500 |     7.167 |    14.333 |           |
-------------|-----------|-----------|-----------|-----------|
     Treated |        13 |         7 |        21 |        41 |
             |    20.500 |     6.833 |    13.667 |           |
-------------|-----------|-----------|-----------|-----------|
Column Total |        42 |        14 |        28 |        84 |
-------------|-----------|-----------|-----------|-----------|

Statistics for All Table Factors

Pearson's Chi-squared test
------------------------------------------------------------
Chi^2 =  13     d.f. =  2     p =  0.0015
```

13.2.1 이변량 및 다변량 범주형 자료를 위한 그래프

이변량 범주형 자료를 대상으로 그래프를 작성하는 주된 목적은 두 범주형 변수의 관계를 탐색하는 것이다. 많이 사용되는 그래프는 막대그래프이며, 이변량의 경우 쌓아 올린 형태의 막대그래프와 옆으로 붙여 놓은 형태의 막대그래프가 사용된다.

패키지 ggplot2에서는 함수는 geom_bar()가 두 형태의 막대그래프를 모두 작성할 수 있다. 또한 이변량 및 다변량 범주형 자료의 관계 탐색에 적합한 그래프로서 모자이크 그래프가 있는데, 이 그래프는 패키지 vcd의 mosaic()으로 작성할 수 있다.

예제로 패키지 vcd의 데이터 프레임 Arthritis의 변수 Treatment와 Improved의 관계 탐색을 위한 그래프를 작성해 보자. 우선 함수 count()로 두 변수의 분할표를 작성해 보자.

```
> data(Arthritis, package = "vcd")
> Arthritis |>
+   count(Treatment, Improved)
  Treatment Improved  n
1   Placebo     None 29
2   Placebo     Some  7
3   Placebo   Marked  7
4   Treated     None 13
5   Treated     Some  7
6   Treated   Marked 21
```

• **쌓아 올린 막대그래프**

쌓아 올린 막대그래프를 작성할 때는 행 변수와 열 변수 중 어느 변수를 위주로 막대를 쌓아 올릴 것인지를 결정해야 한다. 만일 두 변수가 설명변수와 반응변수의 성격을 갖고 있다면, 설명변수를 위주로 막대를 쌓는 것이 두 변수의 관계 탐색에 더 효과적일 것이다. 데이터 프레임 Arthritis의 경우에는 변수 Improved가 반응변수이고 나머지 변수는 모두 설명변수가 되기 때문에 변수 Treatment를 위주로 쌓아 올린 막대그래프를 작성해 보자.

함수 geom_bar()에서 시각적 요소 x에는 설명변수를, 시각적 요소 fill에는 반응변수를 연결하면, 설명변수를 위주로 쌓아 올린 막대그래프를 작성할 수 있다. 각 그룹 안에서 병세 호전 정도의 분포를 확인할 수 있고, 두 그룹 사이에 병세 호전 정도의 차이를 대략적으로 확인할 수 있는 그래프이다.

```
> library(tidyverse)
> Arthritis |>
+   ggplot(aes(x = Treatment, fill = Improved)) +
+   geom_bar() +
+   ylab(NULL)
```

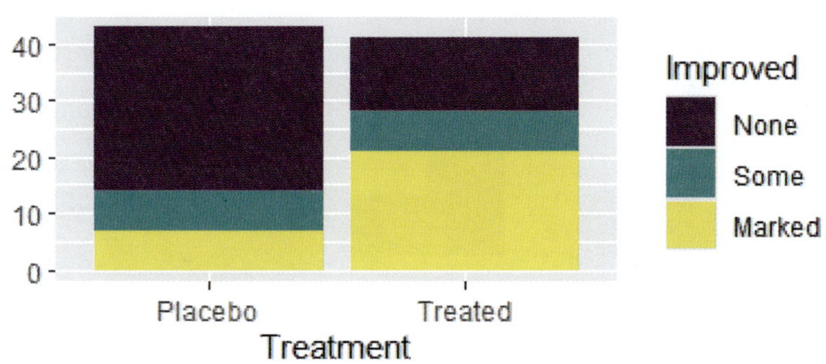

그림 13.11 쌓아 올린 막대그래프

두 변수의 분할표를 함수 count()로 생성한 경우에는, 설명변수 Treatment를 x에, 빈도수 n을 y에, 반응변수 Improved를 fill에 매핑하고, 함수 geom_col()을 사용하면 된다.

```
> Arthritis |>
+   count(Treatment, Improved) |>
+   ggplot(aes(x = Treatment, y = n, fill = Improved)) +
+   geom_col() +
+   ylab(NULL)
```

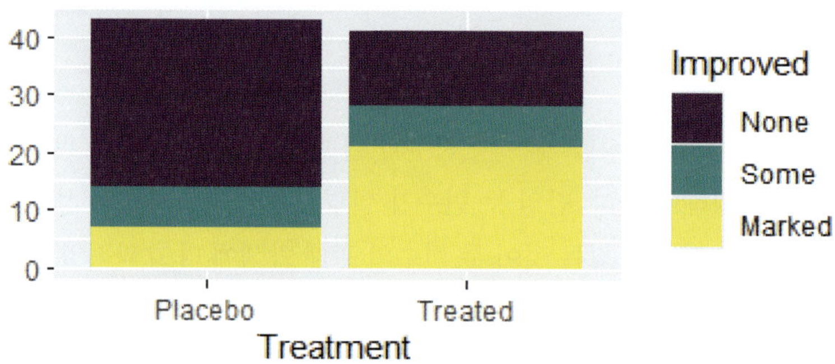

그림 13.12 쌓아 올린 막대그래프

- **옆으로 붙여 놓은 막대그래프**

옆으로 붙여 놓은 막대그래프를 작성하기 위해서는 함수 geom_bar()의 변수 position에 "dodge" 혹은 "dodge2"를 지정하면 된다.

```
> Arthritis |>
+   ggplot(aes(x = Treatment, fill = Improved)) +
+   geom_bar(position = "dodge") +
+   ylab(NULL)
```

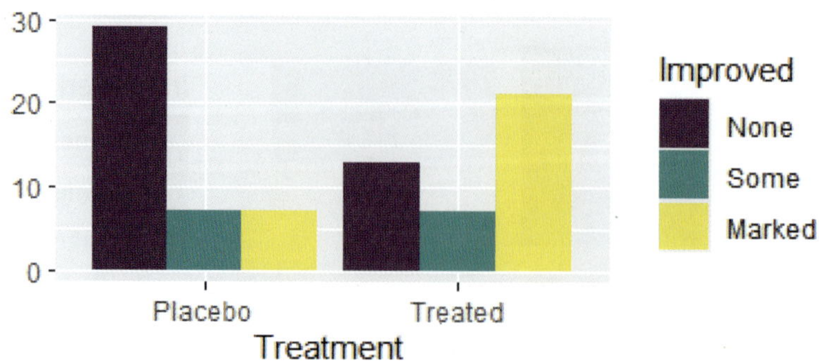

그림 13.13 옆으로 붙여 놓은 막대그래프

"dodge2"는 막대 폭을 조금 줄여서 막대 사이에 약간의 빈틈을 만들어 주는 차이가 있다.

```
> Arthritis |>
+   ggplot(aes(x = Treatment, fill = Improved)) +
+   geom_bar(position = "dodge2") +
+   ylab(NULL)
```

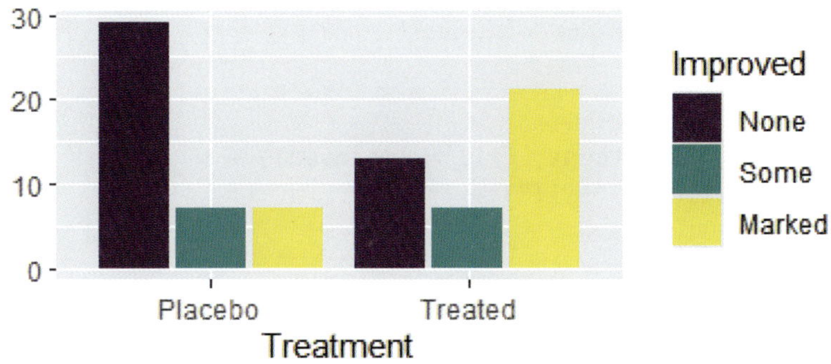

그림 13.14 옆으로 붙여 놓은 막대그래프

두 변수의 분할표를 데이터로 사용하여 옆으로 붙여 놓은 막대그래프를 작성해 보자.

```
> Arthritis |>
+   count(Treatment, Improved) |>
+   ggplot(aes(x = Treatment, y = n, fill = Improved)) +
+   geom_col(position = "dodge") +
+   ylab(NULL)
```

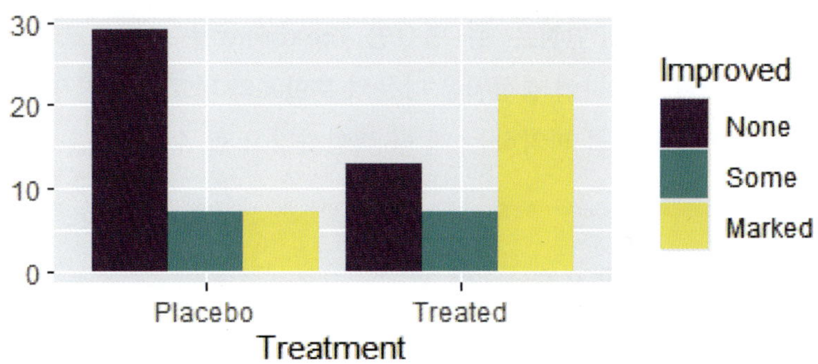

그림 13.15 옆으로 붙여 놓은 막대그래프

• **조건부 확률에 의한 막대그래프**

함수 geom_bar()로 두 변수의 막대그래프를 작성하는 경우, 시각적 요소 x와 fill에 각각 동일한 변수를 매핑하여도 position에 어떤 값을 지정하는가에 따라 다른 형태의 막대그래프가 작성되는 것을 볼 수 있었다.

position에 지정할 수 있는 다른 값으로 "fill"이 있는데, 이 경우에는 x 변수에 대한 fill 변수의 조건부 확률로 막대그래프가 각각 작성된다. 따라서 각 막대의 높이는 1이 된다.

```
> Arthritis |>
+   ggplot(aes(x = Treatment, fill = Improved)) +
+   geom_bar(position = "fill") +
+   ylab(NULL)
```

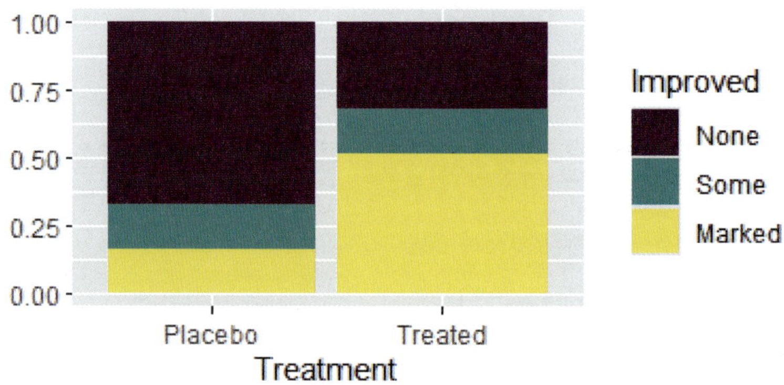

그림 13.16 조건부 확률을 표현한 쌓아 올린 막대그래프

그림 13.16에서 각 조각의 면적은 행 변수인 Treatment를 조건으로 하는 열 변수 Improved의 조건부 확률에 의하여 결정됨을 다음의 분할표와 비교해 보면 알 수 있다. 설명변수와 반응변수 사이의 관계를 파악하는 데 더 적합하다고 할 수 있다.

```
> Arthritis |>
+   count(Treatment, Improved) |>
+   group_by(Treatment) |>
+   mutate(prop = n/sum(n))
# A tibble: 6 × 4
# Groups:   Treatment [2]
  Treatment Improved     n  prop
  <fct>     <ord>    <int> <dbl>
1 Placebo   None        29 0.674
2 Placebo   Some         7 0.163
```

```
3 Placebo   Marked       7 0.163
4 Treated   None        13 0.317
5 Treated   Some         7 0.171
6 Treated   Marked      21 0.512
```

조건부 확률을 사용하면서 옆으로 붙여 놓은 형태의 막대그래프도 작성할 수 있다. 첫 번째 방법은 함수 `geom_bar()`와 함수 `facet_wrap()`을 추가로 사용하는 것이다.

```
> Arthritis |>
+   ggplot(aes(x = Improved, y = after_stat(prop), group = 1)) +
+   geom_bar() +
+   facet_wrap(vars(Treatment)) +
+   ylab(NULL)
```

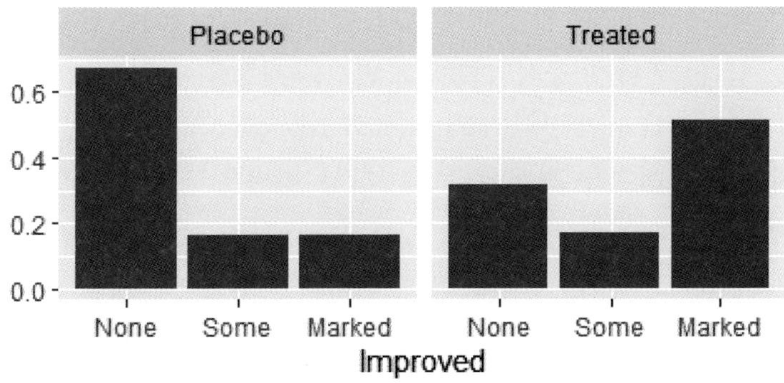

그림 13.17 조건부 확률에 의한 옆으로 붙여 놓은 막대 그래프

두 번째 방법은 조건부 확률을 사용자가 직접 계산해서 함수 `geom_col()`을 사용하는 것이다.

```
> Arthritis |>
+   count(Treatment, Improved) |>
+   group_by(Treatment) |>
+   mutate(prop = n/sum(n)) |>
+   ggplot(aes(x = Treatment, y = prop, fill = Improved)) +
+   geom_col(position = "dodge2") +
+   ylab(NULL)
```

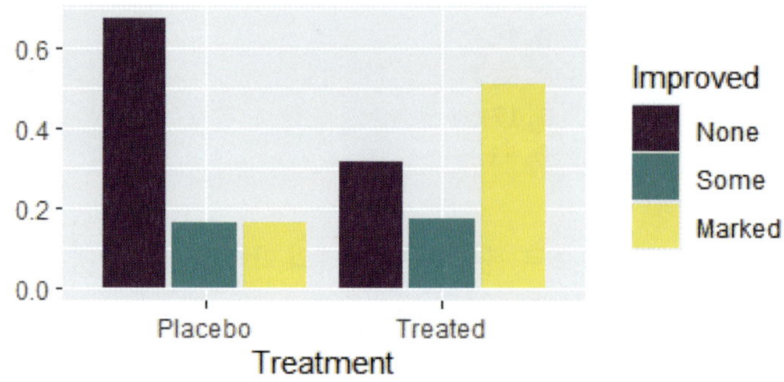

그림 13.18 상대 도수에 의한 옆으로 붙여 놓은 막대 그래프

• **모자이크 그래프**

이변량 혹은 다변량 범주형 변수의 관계를 탐색할 때 유용하게 사용되는 그래프가 모자이크 그래프이다. 이 그래프는 쌓아 올린 막대그래프를 확장한 그래프라고 할 수 있으며, 패키지 `vcd`의 함수 `mosaic()`으로 작성할 수 있다. 함수 `mosiac()`에는 함수 `table()`로 작성한 table 객체를 입력하거나, R 공식의 형태로 변수를 지정할 수 있다.

데이터 프레임 `Arthritis`의 변수 `Treatment`와 `Improved`의 분할표인 객체 `my_table`을 사용하여 모자이크 그래프를 작성해 보자. 작성 방법은 두 변수 분할표의 행 변수(`Treatment`)에 대한 상대 도수(`Placebo: 0.512`, `Treated: 0.488`)의 비율에 따라 정사각형을 수직(`direction = "v"`)으로 분리한다. 이어서 수직으로 분리된 두 조각을 행 변수 `Treatment`를 조건으로 하는 열 변수 `Improved`의 조건부 확률에 비례하여 수평방향으로 각각 분리하여 작성한다. 옵션 `direction = "v"`가 생략되면 첫 번째 분할은 수평방향(`direction = "h"`)으로 이루어지고, 따라서 두 번째 분할은 수직으로 이루어진다.

```
> my_table <- with(Arthritis, table(Treatment, Improved))
> library(vcd)
> mosaic(my_table, direction = "v")
```

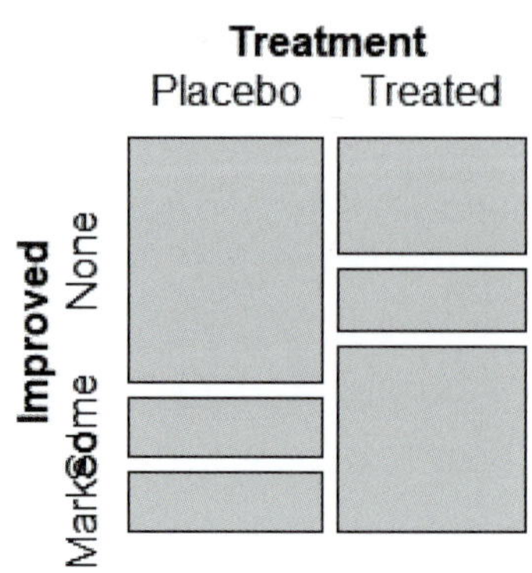

그림 13.19 모자이크 그래프

함수 mosaic()에 R 공식 형태로 변수를 지정해 보자. R 공식이란 모형 설정에 유용하게 사용되는 방식을 의미하는데, 물결표 기호 "~"의 왼쪽에는 반응변수를 두고 오른쪽에는 설명변수를 덧셈 기호를 사용하여 나열하는 것이 가장 기본적인 형태이다. R 공식을 사용하여 모형을 정의하는 경우에는 함수 안에 데이터 프레임을 지정하여 사용할 수 있는 것이 일반적이다.

함수 mosiac()에 "~" 기호의 오른쪽에만 mosaic(~ var1 + var2)의 형태로 변수를 입력을 하면 var1이 첫 번째 분할 변수, var2가 두 번째 분할 변수로 사용된다. mosaic(var1 ~ var2)의 형태로 입력되면 var1이 반응변수, var2가 설명변수로 지정되는 것이며, 설명변수가 먼저 분할 변수로 사용되고 마지막으로 반응변수가 분할 변수로 사용된다. 또한 반응변수의 수준에 따라 각 조각이 다른 색으로 채워진다.

반응변수 Improved와 설명변수 Treatment의 모자이크 그래프를 작성해 보자.

```
> mosaic(Improved ~ Treatment, data = Arthritis,
+        direction = "v")
```

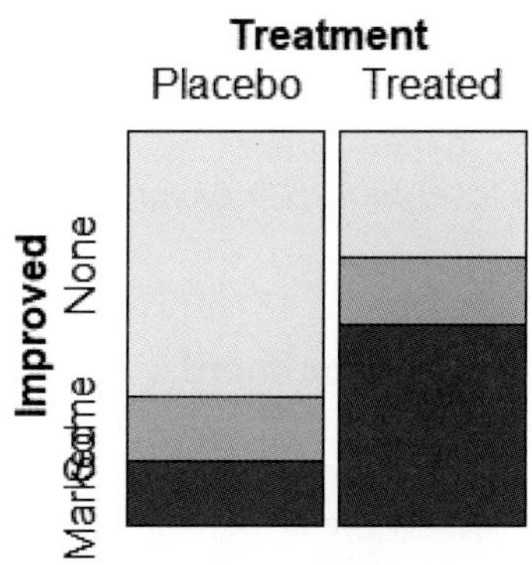

그림 13.20 모자이크 그래프

이번에는 반응변수 Improved와 설명변수 Treatment와 Sex의 관계를 모자이크 그래프로 나타내 보자.

```
> mosaic(Improved ~ Treatment + Sex, data = Arthritis,
+        direction = "v")
```

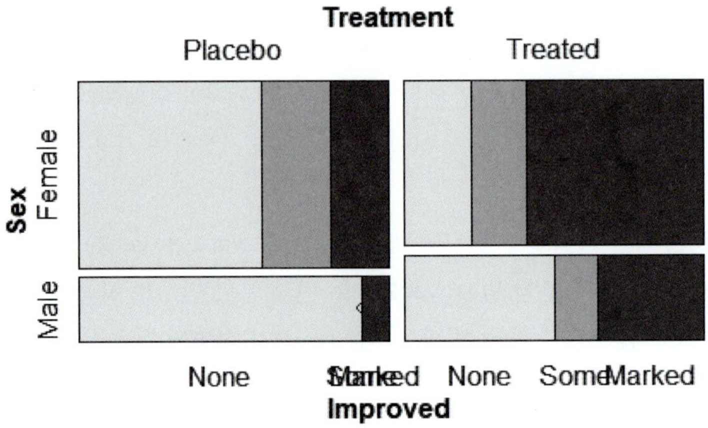

그림 13.21 세 변수의 모자이크 그래프

함수 mosaic()에서 선의 종류나 색 등의 그래픽 모수는 패키지 grid를 통해 조절이 된다. 패키지 grid에서 그래픽 모수의 기본적인 설정은 gp = gpar(...)이 되며, 다각형 도형을 색으로 채우는 옵션은 fill이 된다.

```
> mosaic(Improved ~ Treatment + Sex,
+        data = Arthritis, direction = "v",
+        gp = gpar(fill = c("pink", "rosybrown", "steelblue")))
```

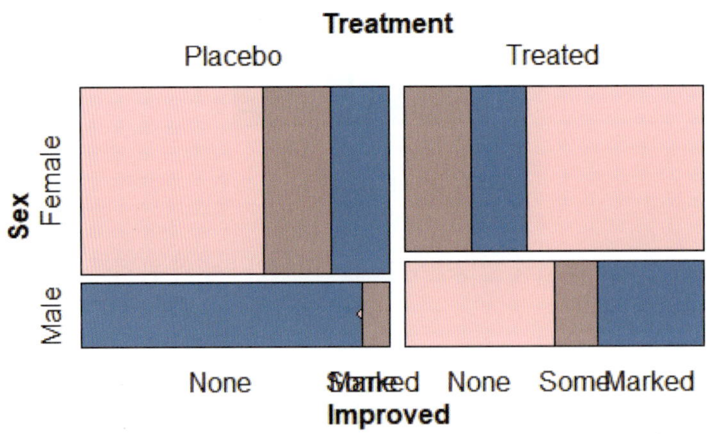

그림 13.22 세 변수의 모자이크 그래프

그림 13.21에서 확인할 수 있는 또 다른 사항은 Treatment가 Placebo이고, Sex가 Male인 그룹에서 Improved가 Some에 해당하는 부분에 점이 찍혀 있는 것이다. 그것은 이 그룹에 해당되는 자료가 없기 때문인데, 이때 사용되는 점의 크기는 옵션 zero_size로 조절할

수 있다.

모자이크 그래프를 포함한 범주형 자료의 시각화와 관련된 다양한 방법에 대해서는 Michael Friendly의 웹사이트(http://datavis.ca)를 참조하길 바란다.

13.3 일변량 연속형 자료 탐색

일변량 연속형 자료에 대해서 우리가 가장 관심을 갖고 있는 정보는 자료의 분포 형태일 것이다. 자료의 중심은 어디인가? 자료의 퍼짐 정도는 어떠한가? 이러한 질문에 효과적인 답을 얻기 위해서는 적절한 그래프를 잘 선택해야 할 것이다.

13.3.1 줄기-잎 그림

줄기-잎 그림은 비교적 소규모 자료의 분포를 나타내는 데 적합한 그래프라고 할 수 있다. 자료를 줄기와 잎으로 구분하고, 줄기를 수직으로 세운 후에 해당되는 줄기에 잎들을 크기 순서로 붙여 나타내는 그림이다. 줄기-잎 그림은 함수 `stem()`으로 작성할 수 있으며, 일반적인 사용법은 `stem(x, scale = 1)`이다. 변수 `x`는 숫자형 벡터이며, `scale`은 줄기-잎 그림의 길이를 조절하는 것으로 `scale = 2`가 되면 대략 2배 길이의 그래프가 그려진다. 그래프의 길이를 늘이는 방법은 줄기를 더 세분화하는 방식으로 이루어진다.

예제 데이터로는 데이터 프레임 `women`을 사용해 보자. 여기에는 30세에서 39세 사이의 미국 여성들의 키와 몸무게 데이터가 `height`와 `weight`로 입력되어 있다. 두 변수의 줄기-잎 그림을 그려보자. 줄기-잎 그림은 Console 창에 결과가 나타난다. 먼저 변수 `height`에 대한 줄기-잎 그림을 작성해 보자.

```
> with(women, stem(height))

  The decimal point is 1 digit(s) to the right of the |

  5 | 89
  6 | 01234
  6 | 56789
  7 | 012
```

다음은 변수 weight에 대한 줄기-잎 그림이다.

```
> with(women, stem(weight))

  The decimal point is 1 digit(s) to the right of the |

  11 | 57
  12 | 0369
  13 | 259
  14 | 26
  15 | 049
  16 | 4
```

옵션 scale을 이용하여 그래프의 길이를 늘여야 하는 경우에 대한 예제를 살펴보자.

```
> x <- c(98, 102, 114, 122, 132, 144, 106, 117, 151, 118, 124, 115)
> stem(x)

  The decimal point is 1 digit(s) to the right of the |

   8 | 8
  10 | 264578
  12 | 242
  14 | 41
```

자료의 개수에 비해 줄기가 지나치게 많은 경우로, 디폴트 scale 값에서는 줄기가 통합되어 자료에는 없는 줄기가 나타났다. 이것을 scale = 2로 조정하여 작성해 보자.

```
> stem(x, scale = 2)

  The decimal point is 1 digit(s) to the right of the |

   9 | 8
  10 | 26
  11 | 4578
  12 | 24
  13 | 2
  14 | 4
  15 | 1
```

13.3.2 상자그림

상자그림은 box plot 혹은 box-and-whiskers plot이라고 불리는 그래프로 John Tukey가 개발하였다. 사분위수인 0.25분위수(Q1), 중앙값, 0.75분위수(Q3)를 이용하여 작성하는 단순한 형태의 그래프이지만, 분포의 중심, 퍼짐 정도, 치우침 정도(skewness), 꼬리의 길이 등이 상당히 명확하게 나타난다.

상자그림의 작성에서 0.25분위수, 중앙값, 그리고 0.75분위수로 표현되는 상자로부터 양쪽 꼬리 방향으로 그려지는 whisker의 길이에 대한 두 가지 대안이 있는데, 첫 번째 방법은 최솟값과 최댓값까지 단순하게 연결하는 것이다. 두 번째 방법은 상자의 길이(IQR)의 1.5배가 넘지 않는 관찰값까지 연결하고, 그 범위를 초과하는 관찰값들은 따로 점으로 표시하는 방법이다. 첫 번째 방법은 꼬리 부분에 있을 수 있는 이상값에 대한 정보를 전혀 표현할 수 없기 때문에 최근에는 거의 사용되지 않는 방법이라 하겠다. 따라서 두 번째 방법으로만 상자그림을 작성하겠다.

예제 데이터로는 패키지 `UsingR`에 있는 데이터 프레임 `alltime.movies`를 사용해 보자. 데이터 프레임 `alltime.movies`에는 2003년까지 미국에서 상영된 영화 중 총수입이 가장 많았던 79개 영화의 총수입(`Gross`)과 처음 상영된 년도(`Release.Year`)가 변수로 있고, 영화제목은 행 이름으로 입력되어 있다. 총수입 `Gross`의 상자그림을 작성해 보자.

상자그림은 함수 `geom_boxplot()`으로 작성할 수 있다. 한 변수의 상자그림을 작성하는 경우에도 시각적 요소 `x`와 `y`가 모두 필요하다. `x`에 하나의 값만을 갖는 문자를 매핑하고, `y`에 연속형 변수를 매핑하면 수직방향으로 상자그림이 작성되고, `x`에 연속형 변수를, `y`에 하나의 값을 갖는 문자를 매핑하면 수평방향으로 상자그림이 작성된다.

```
> data(alltime.movies, package = "UsingR")
```

먼저 변수 `Gross`의 상자그림을 수직방향으로 작성해 보자.

```
> library(tidyverse)

> ggplot(alltime.movies, aes(x = "", y = Gross)) +
+   geom_boxplot() +
+   xlab(NULL)
```

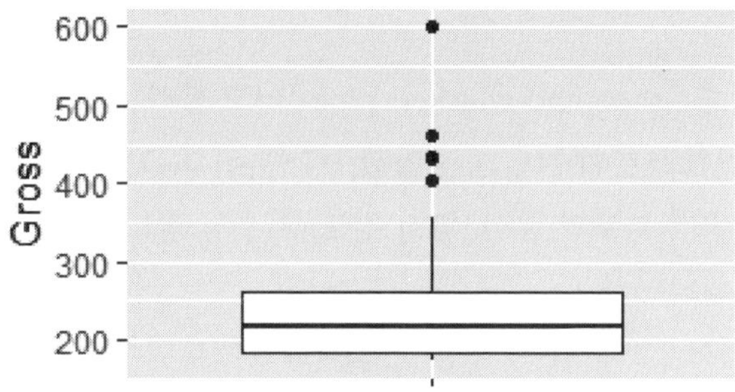

그림 13.23 변수 Gross의 수직방향 상자그림

이번에는 수평방향으로 상자그림을 작성해 보자.

```
> ggplot(alltime.movies, aes(y = "", x = Gross)) +
+   geom_boxplot() +
+   ylab(NULL)
```

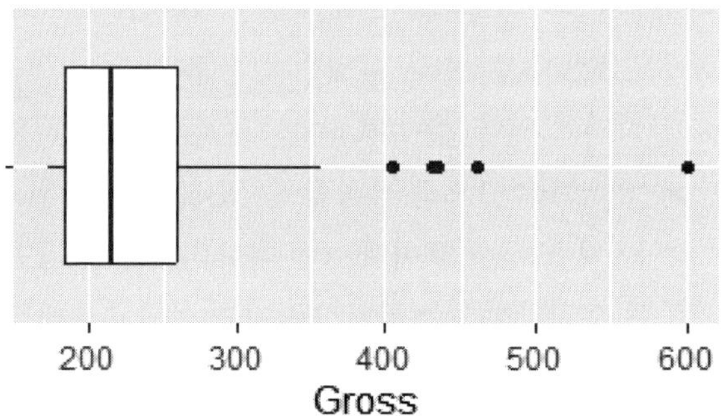

그림 13.24 변수 Gross의 수평방향 상자그림

• **상자그림의 이상값 확인**

함수 `geom_boxplot()`으로 작성된 그림 13.24의 상자그림에 표시된 이상값이 어떤 관찰값에 해당되는 것인지 확인해 보는 것은 중요한 작업이 될 수 있다. 이러한 작업에 필요한 함수는 `ggplot_build()`이다. 이 함수에 ggplot 객체를 입력하면 그래프 작성에 사용된 모든 내용을 보여준다. 생성된 결과는 리스트로서 각 레이어 작성에 필요한 통계량이 데이터 프레임 형태로 입력되어 있다. 이제 그림 13.24를 작성한 ggplot 객체를 함수 `ggplot_build()`에 입력하고 생성된 리스트의 첫 번째 요소인 데이터 프레임의 내용을 살펴보자.

```
> bp <- ggplot(alltime.movies, aes(y = "", x = Gross)) +
+   geom_boxplot()
> ggplot_build(bp)[[1]][[1]] |>
+   str()
'data.frame':	1 obs. of  26 variables:
 $ xmin        : num 172
 $ xlower      : num 184
 $ xmiddle     : num 216
 $ xupper      : num 260
 $ xmax        : num 357
 $ outliers    : List of 1
  ..$ : num  601 461 435 431 404
 $ notchupper  : num 230
 $ notchlower  : num 202
 $ y           : 'mapped_discrete' num 1
 $ flipped_aes : logi TRUE
 $ PANEL       : Factor w/ 1 level "1": 1
 $ group       : int 1
 $ xmin_final  : num 172
 $ xmax_final  : num 601
 $ ymin        : 'mapped_discrete' num 0.625
 $ ymax        : 'mapped_discrete' num 1.38
 $ xid         : num 1
 $ newx        : num 1
 $ new_width   : num 0.75
 $ weight      : num 1
 $ colour      : chr "grey20"
 $ fill        : chr "white"
 $ alpha       : logi NA
 $ shape       : num 19
 $ linetype    : chr "solid"
 $ linewidth   : num 0.5
```

이상값으로 나타난 변수 Gross의 값은 $outliers에 리스트로 입력되어 있다. 이것을 벡터 형태로 추출해 보자.

```
> bp_out <- ggplot_build(bp)[[1]][[1]]$outliers[[1]]
> bp_out
[1] 601 461 435 431 404
```

이제 변수 Gross가 위의 값을 갖는 관찰값들이 어떤 영화의 총수입에 해당되는지를 알아보자. 우선 영화제목이 데이터 프레임 alltime.movies의 행이름으로 입력되어 있는데, 이것을 함수 rownames_to_column()을 사용하여 데이터 프레임의 변수로 포함시켜 보자.

```
> alltime <- alltime.movies |>
+   rownames_to_column(var = "Movie.Title") |>
+   as_tibble() |>
+   print(n = 3)
# A tibble: 79 × 3
  Movie.Title                                         Gross Release.Year
  <chr>                                               <dbl>        <dbl>
1 "Titanic                                          "   601         1997
2 "Star Wars                                        "   461         1977
3 "E.T.                                             "   435         1982
# ℹ 76 more rows
```

이제 데이터 프레임 alltime에서 변수 Gross의 값이 bp_out의 값과 동일한 관찰값을 패키지 dplyr의 함수 filter()에 연산자 %in%을 사용하여 선택하면, 이상값에 해당하는 영화 재목을 확인할 수 있다.

```
> alltime |>
+   filter(Gross %in% bp_out)
# A tibble: 5 × 3
  Movie.Title                                         Gross Release.Year
  <chr>                                               <dbl>        <dbl>
1 "Titanic                                          "   601         1997
2 "Star Wars                                        "   461         1977
3 "E.T.                                             "   435         1982
4 "Star Wars: The Phantom Menace                    "   431         1999
5 "Spider-Man                                       "   404         2002
```

• 상자그림에 개별 자료 위치 추가

상자그림에 자료의 위치를 점으로 함께 나타내는 것도 나름 의미가 있는 그래프가 된다. 함수 geom_point()를 추가하면 되는데, 이때 한 가지 주의할 점은 함수 geom_boxplot()에서 이상값을 점으로 표시하지 않도록 해야 한다는 것이다. 이 작업은 옵션 outlier.shape = NA 또는 ourlier.color = NA 또는 outlier.size = -1을 함수 geom_boxplot()에 포함시키면 된다.

```
> ggplot(alltime.movies, aes(x = "", y = Gross)) +
+   geom_boxplot(outlier.shape = NA) +
+   geom_point(color = "red") +
+   xlab(NULL)
```

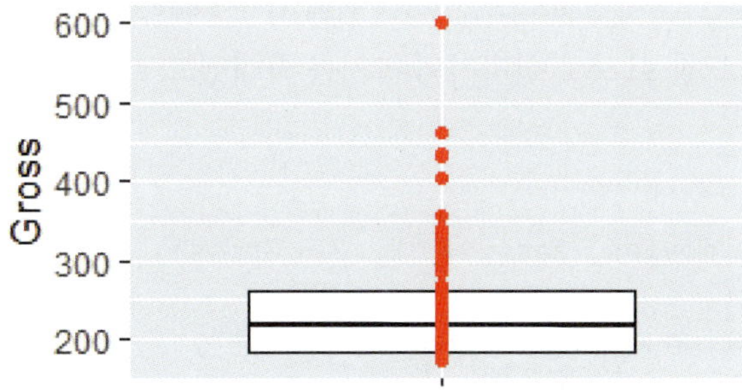

그림 13.25 상자그림에 개별 자료의 위치 추가

그림 13.25의 상자그림에 자료의 산점도가 추가되었는데, 많은 점들이 서로 겹쳐져 있는 것을 볼 수 있다. 이런 경우에 점들의 위치에 약간 난수를 더해 조정해 주면 점들이 서로 겹쳐지는 문제를 어느 정도 해결할 수 있는데, 함수 geom_jitter()로 할 수 있는 작업이다.

```
> ggplot(alltime.movies, aes(x = "", y = Gross)) +
+   geom_boxplot(outlier.shape = NA) +
+   geom_jitter(color = "red", width = 0.01) +
+   xlab(NULL)
```

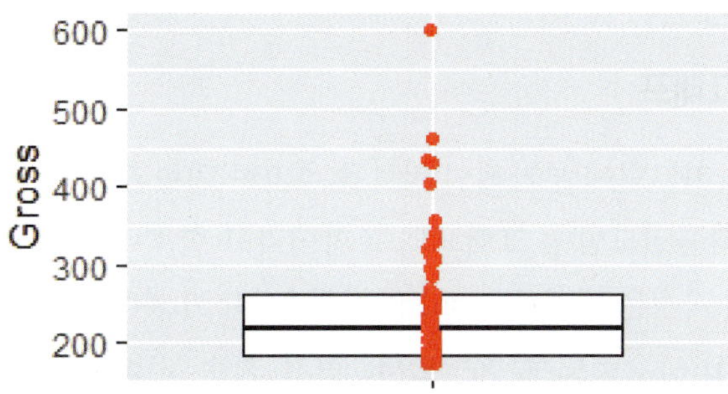

그림 13.26 상자그림에 개별 자료의 위치 추가

• **상자그림에 평균값 위치 표시**

상자그림은 자료의 분위수를 기반으로 작성된 그래프이다. 따라서 중앙값의 위치는 표시가 되지만 평균값의 위치는 나타나지 않는 것이 일반적인 모습이다. 하지만 평균값의 위치를 추가적으로 표시하는 것이 자료의 분포를 이해하는 데 도움이 될 수도 있을 것이다.

자료의 요약 통계량을 계산해서 그래프에 표시하는 작업은 함수 stat_summary()를 사용하면 할 수 있다. 이 함수는 개별 x값에 대하여 주어진 y값의 요약 통계량 또는 개별 y값에 대하여 주어진 x값의 요약 통계량을 계산하는 기능이 있다. 원하는 요약 통계량은 변수 fun에 지정하고, 원하는 그래프 형태를 변수 geom에 지정하면 된다.

평균값의 위치를 빨간 십자 형태로 표시하기 위해 함수 stat_summary()에 color="red"와 shape=3을 추가했다. 또한 size로 십자가의 크기를 확대했고, stroke로 선을 더 두껍게 조절했다.

```
> ggplot(alltime.movies, aes(x = "", y = Gross)) +
+   geom_boxplot() +
+   stat_summary(fun = "mean", geom = "point",
+                color = "red", shape = 3, size = 3, stroke = 2) +
+   xlab(NULL)
```

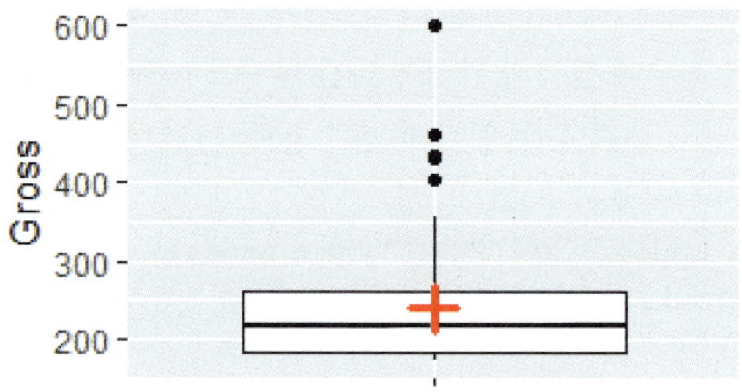

그림 13.27 상자그림에 평균값 위치 표시

13.3.3 바이올린 그래프

바이올린 그래프는 상자그림에 부가적인 정보를 추가한 변형된 형태의 상자그림이다. 이 그래프는 상자그림과 확률밀도함수 그래프의 조합이라고 할 수 있다.

바이올린 그래프의 작성은 패키지 vioplot의 함수 vioplot()으로 할 수 있으며, ggplot2의 함수 geom_violin()으로도 할 수 있다. 먼저 함수 vioplot()으로 데이터 프레임 alltime.movies의 변수 Gross의 바이올린 그래프를 작성해 보자. 함수 vioplot()에는 벡터의 형태로 입력해야 하기 때문에 $ 기호를 사용하여 데이터 프레임 alltime.movies의 변수 Gross를 벡터로 선택해서 함수에 입력했다.

```
> library(vioplot)
> vioplot(alltime.movies$Gross, col = "pink")
```

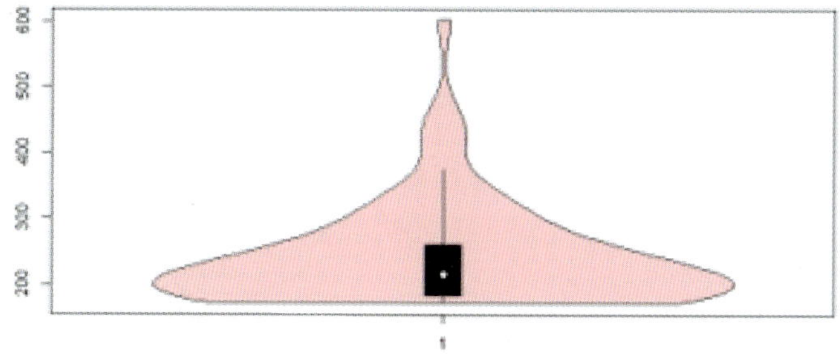

그림 13.28 패키지 vioplot의 바이올린 그래프: 수직 방향

수평 방향으로 작성하려면, `horizontal = TRUE`를 추가하면 된다.

```
> vioplot(alltime.movies$Gross, col = "green", horizontal = TRUE)
```

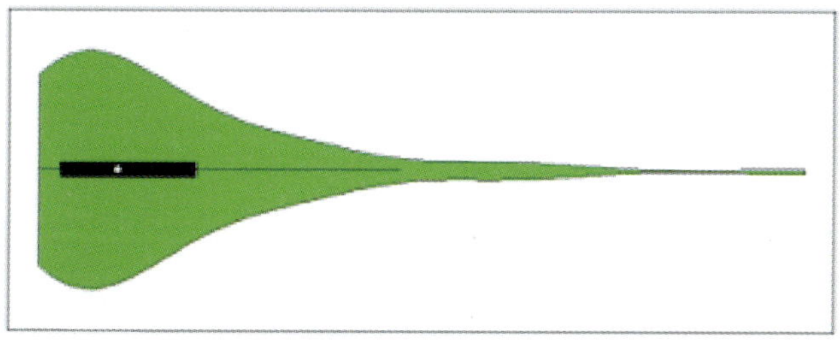

그림 13.29 패키지 vioplot의 바이올린 그래프: 수평 방향

그림 13.28와 그림 13.29에서 볼 수 있듯이 바이올린 그래프는 상자그림을 중심으로 확률밀도함수 그래프를 대칭으로 그려 놓은 그래프이다. 하얀 점은 중앙값을 나타내고 있으며, 검은 상자는 0.25분위수에서 0.75분위수까지 그려져 있고, whisker는 검은색 실선으로 그려져 있다. 상자그림 외부에는 확률밀도함수 그래프가 그려져 있어서 시각적으로 조금 더 분명하게 분포형태에 대한 정보를 제공해주고 있다. 많이 사용되고 있지는 않지만, 상당히 효과적으로 사용할 수 있는 그래프라고 할 것이다.

패키지 `ggplot2`에서 바이올린 그래프의 작성은 함수 `geom_violin()`으로 할 수 있다. 이 함수는 상자그림 없이 확률밀도함수 그래프만을 대칭으로 작성한다.

```
> vio <- ggplot(alltime.movies, aes(x = "", y = Gross)) +
+   xlab(NULL)
> vio + geom_violin()
```

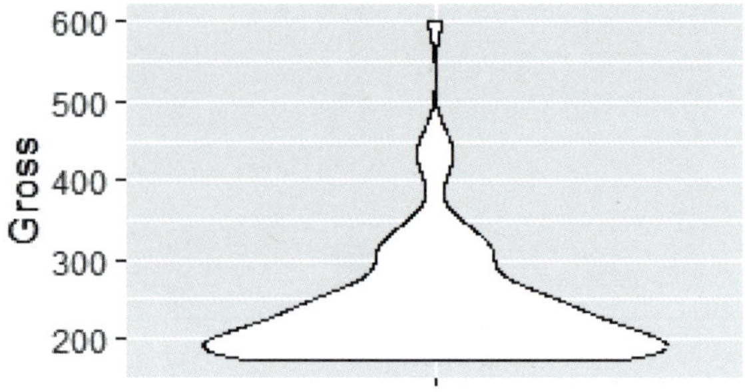

그림 13.30 패키지 ggplot2의 바이올린 그래프

분위수를 함께 표시하고자 한다면 변수 draw_quantiles에 표시를 원하는 분위수를 지정해야 한다.

```
> vio +
+   geom_violin(draw_quantiles = c(0.25, 0.5, 0.75),
+               fill = "lightblue")
```

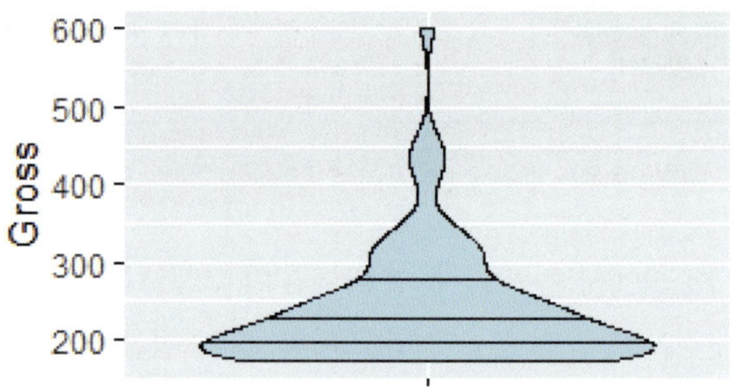

그림 13.31 패키지 ggplot2의 바이올린 그래프: 분위수 함께 표시

상자그림과 함께 바이올린 그래프를 작성하고자 한다면 함수 geom_boxplot()을 함께 사용하면 된다. 변수 width는 상자그림의 폭을 조절하기 위해 추가했다.

```
> vio +
+   geom_violin(fill = "lightblue") +
+   geom_boxplot(width = 0.1)
```

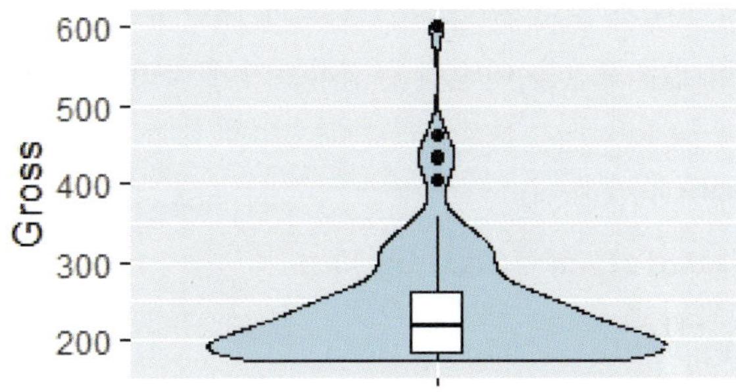

그림 13.32 패키지 ggplot2의 바이올린 그래프: 상자그림 추가

함수 geom_violin()을 함수 geom_boxplot()의 뒤에 추가한다면 투명도를 조절하는 시각적 요소인 alpha의 값을 낮게 지정하여 투명도를 높여야 상자그림이 보이게 된다.

```
> vio +
+   geom_boxplot(width = 0.1) +
+   geom_violin(fill = "lightblue", alpha = 0.3)
```

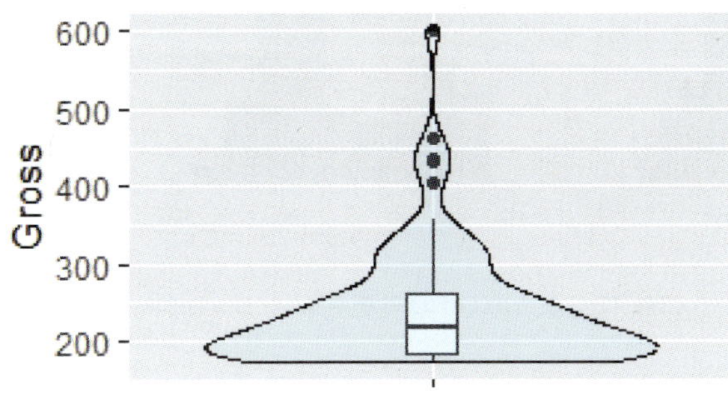

그림 13.33 패키지 ggplot2의 바이올린 그래프: 상자그림 추가

13.3.4 히스토그램

히스토그램은 연속형 자료의 분포를 시각화하는 데 많이 사용되는 그래프 중 하나이다. 작성 방법은 자료의 전 범위를 서로 겹치지 않는 구간(bin)으로 구분하고, 각 구간에 속한 자료의 빈도를 구한다. 이어서 각각의 구간을 X축으로, 그 구간에 대한 빈도수를 나타내는 값을 Y축으로 하여 막대를 그리면 된다.

패키지 ggplot2에서는 함수 geom_histogram()으로 히스토그램을 작성할 수 있다. 구간 설정은 구간의 개수를 bins에 지정하거나, 구간의 폭을 binwidth에 지정하면 된다. 디폴트는 bins=30으로 히스토그램을 작성한다.

예제 데이터로 데이터 프레임 faithful을 사용해 보자. 이 데이터 프레임에는 미국 Yellowstone 국립공원에 있는 Old Faithful이라는 간헐천의 분출지속시간(eruptions)과 분출간격(waiting)이 변수로 있다. 이 중 분출간격에 대한 분포를 히스토그램으로 나타내 보자. 히스토그램의 형태는 구간을 어떻게 설정하는가에 따라 크게 변하게 된다.

```
> library(patchwork)

> h1 <- ggplot(faithful, aes(waiting)) +
+   geom_histogram() +
+   labs(y = NULL, title = "bins = 30")
> h2 <- ggplot(faithful, aes(waiting)) +
+   geom_histogram(bins = 10) +
+   labs(y = NULL, title = "bins = 10")
> h3 <- ggplot(faithful, aes(waiting)) +
+   geom_histogram(binwidth = 3) +
+   labs(y = NULL, title = "binwidth = 3")

> h1 + h2 + h3
```

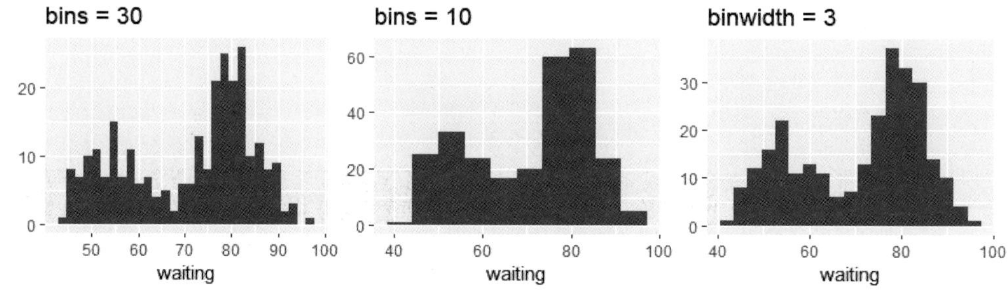

그림 13.34 faithful의 변수 waiting의 히스토그램

그림 13.34에서 볼 수 있듯이 구간을 어떻게 설정하는가에 따라 히스토그램의 모습이 크게 변하게 된다. 디폴트 구간으로 작성된 히스토그램이 만족스러운 결과를 보여주는 경우도 있겠지만 전적으로 의존하기에는 아쉬운 점이 많다. 이렇듯 구간설정 문제는 히스토그램의 중요한 문제라 할 수 있으나, 적절한 구간설정에 관한 이론적 접근에 대해서는 생략한다.

히스토그램의 또 한 가지 문제는 연속형 데이터의 분포를 계단 형태로 표현함으로써 생기는 어색함이라고 할 수 있다. 이것은 히스토그램의 태생적인 한계라고 할 수 있는데, 이 문제는 13.3.5절에서 살펴볼 확률밀도함수 그래프를 히스토그램에 겹쳐서 나타내거나, 도수분포다각형을 작성하는 것으로 어느 정도 완화할 수 있다.

13.3.5 확률밀도함수 그래프

연속형 자료의 분포형태를 알아보기 위한 그래프로서 지금까지 줄기-잎 그림, 상자그림, 히스토그램을 살펴보았다. 이 그래프들은 모두 나름의 장점이 있는 좋은 그래프들이다. 그러나 줄기-잎 그림은 대규모의 데이터에는 적합하지 않다는 단점이 있고, 상자그림은 사분위수를 기본으로 하여 나타낸 그래프이기 때문에 분포의 세밀한 특징이 잘 나타나지 않을 수 있다. 또한 연속형 자료의 분포는 매끄러운 곡선의 형태를 지니고 있으나 히스토그램은 항상 계단함수의 형태를 보일 수밖에 없다는 한계가 있다.

대규모의 데이터에도 쉽게 적용되며 분포의 세밀한 특징도 잘 나타내고, 또한 매끄러운 곡선으로 분포의 형태를 나타낼 수 있는 방법이 바로 확률밀도함수를 추정하여 그래프로 나타내는 것이다. 분포 형태를 매우 효과적으로 나타낼 수 있기 때문에 최근 많이 사용되고 있는 방법이다.

패키지 `ggplot2`에서는 함수 `geom_density()`로 확률밀도함수 그래프를 작성할 수 있다. 다만 이때 주의할 점은 그래프를 표시할 X축의 구간을 자료의 실제 구간보다 더 넓게 잡아주어야 한다는 것인데, 그렇지 않았을 경우에는 꼬리가 잘린 형태의 확률밀도함수가 추정되어 그래프로 작성된다. 또한 함수 `geom_rug()`를 추가하면 X축에 자료의 위치를 눈금으로 표시해 준다.

```
> library(patchwork)

> d1 <- ggplot(faithful, aes(waiting)) +
+   geom_density(fill = "skyblue") + ylab(NULL)
> d2 <- ggplot(faithful, aes(waiting)) +
+   geom_density(fill = "skyblue") + ylab(NULL) + xlim(30, 110)
> d3 <- ggplot(faithful, aes(waiting)) +
+   geom_density(fill = "skyblue") +
+   geom_rug() +
+   ylab(NULL) + xlim(30, 110)

> d1 + d2 + d3
```

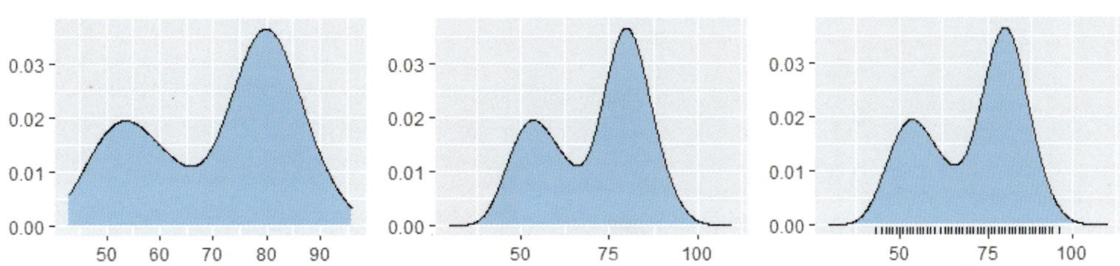

그림 13.35 `faithful`의 변수 `waiting`의 확률밀도함수 그래프

확률밀도함수 그래프는 단독으로 작성되는 경우도 많이 있지만, 히스토그램과 겹쳐서 작성하는 것도 의미 있는 작업이 된다. 히스토그램과 확률밀도함수 그래프를 겹치게 작성하기 위해서는 함수 geom_histogram()에서 시각적 요소 y에 변수 after_stat(density)를 매핑해야 히스토그램이 확률밀도로 표현된다. 이어서 함수 geom_density()로 확률밀도함수 그래프를 추가하면 된다.

```
> ggplot(faithful, aes(x = waiting, y = after_stat(density))) +
+   geom_histogram(fill = "red", binwidth = 5) +
+   geom_density(color = "blue", linewidth = 1) +
+   xlim(30, 110) + ylab(NULL)
```

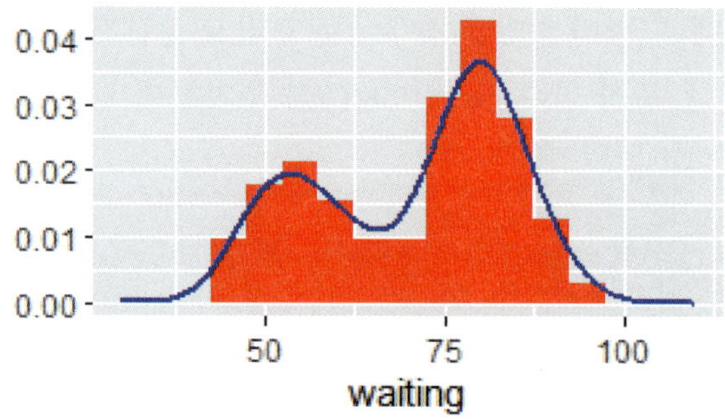

그림 13.36 히스토그램과 확률밀도함수 그래프를 겹쳐지게 작성

만일 geom_density()를 먼저 작성하고 geom_histogram()을 그 다음에 작성한다면 히스토그램을 투명하게 만드는 것이 필요하다.

```
> ggplot(faithful, aes(x = waiting, y = after_stat(density))) +
+   geom_density(color = "blue", linewidth = 1) +
+   geom_histogram(fill = "red", binwidth = 5, alpha = 0.6) +
+   xlim(30, 110) + ylab(NULL)
```

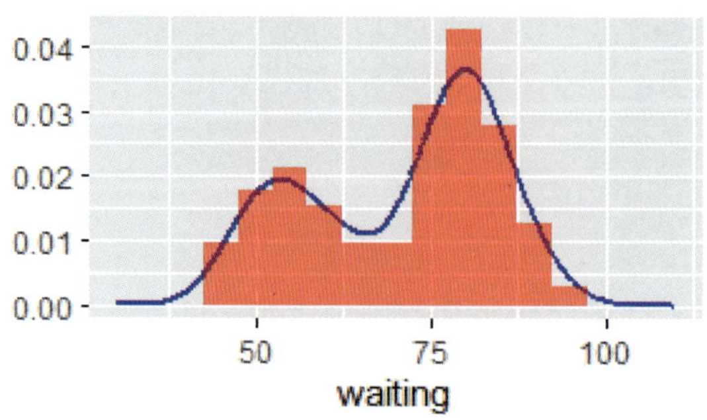

그림 13.37 히스토그램과 확률밀도함수 그래프를 겹쳐지게 작성

13.3.6 기타 유용한 그래프

지금까지 살펴본 그래프 외에 연속형 변수의 분포를 나타내는 유용한 그래프를 더 살펴보자.

• **도수 분포 다각형(frequency polygon)**

히스토그램이 각 구간에 속한 자료의 도수를 높이로 하는 막대로 분포를 나타내는 데 반하여 도수 분포다각형은 각 구간의 도수를 선으로 연결한 다각형으로 분포를 나타내는 그래프이다. 그래프의 작성은 함수 `geom_freqpoly()`로 할 수 있으며, 사용법은 `geom_histogram()`과 동일하다. 예제로 데이터 프레임 `faithful`의 변수 `waiting`에 대한 도수 분포다각형을 작성해 보자.

```
> ggplot(faithful, aes(x = waiting)) +
+   geom_freqpoly(binwidth = 5)
```

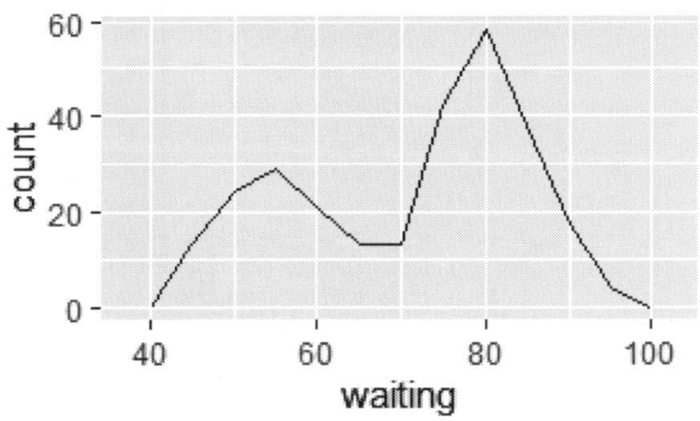

그림 13.38 faithful의 변수 waiting의 도수 분포 다각형

도수 분포 다각형은 범주형 변수에 의해 구분되는 그룹별로 연속형 변수의 분포를 비교하는 경우에 히스토그램보다 더 유용하게 사용될 수 있는 그래프이다.

• **점그래프(dot plot)**

소규모 데이터의 분포를 표현할 때 유용하게 사용할 수 있는 그래프이다. 자료의 전 범위를 구간(bin)으로 구분하여 각 구간에 속한 자료 한 개당 하나의 점을 위로 쌓아 올리는 방식으로 작성되는 그래프이다. 패키지 `ggplot2`에서는 함수 `geom_dotplot()`으로 작성할 수 있으며, 구간의 간격은 변수 `binwidth`에 지정할 수 있다. 데이터 프레임 `faithful`의 변수 `waiting`에 대한 점그래프를 작성해 보자.

```
> ggplot(faithful, aes(waiting)) +
+   geom_dotplot(binwidth = 1)
```

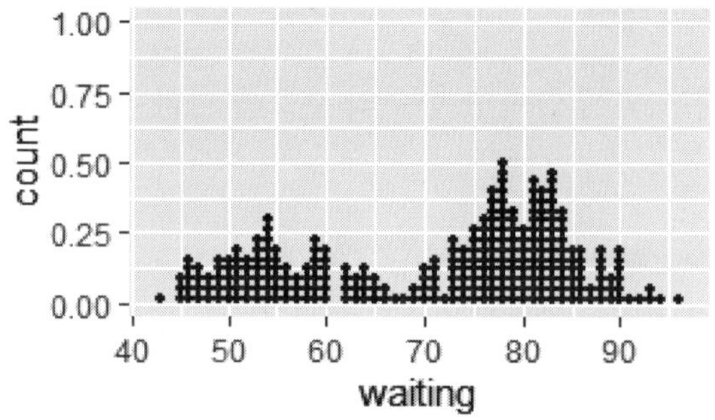

그림 13.39 faithful의 변수 waiting의 점그래프

히스토그램과 유사한 특징을 보이는 그래프라는 것을 알 수 있다. 다만 그림 13.39의 Y축 범위가 잘못되어 있는데, 이것을 scale 함수로 제거하자.

```
> ggplot(faithful, aes(x = waiting)) +
+   geom_dotplot(binwidth = 1) +
+   scale_y_continuous(breaks = NULL)
```

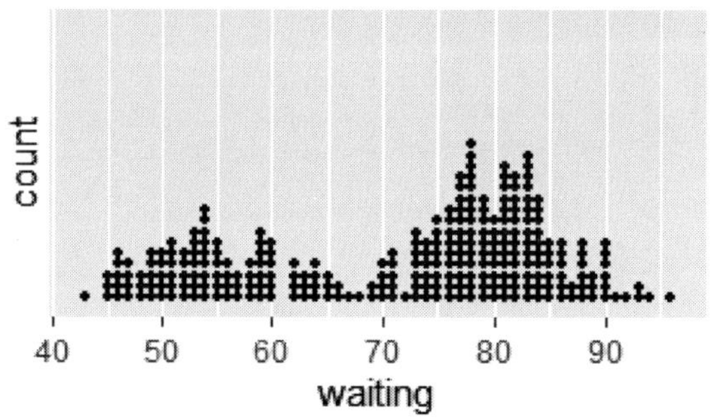

그림 13.40 faithful의 변수 waiting의 점그래프

• **경험적 누적분포함수 그래프**

경험적 누적분포함수(empirical cumulative distribution function)는 각 자료값에서 $1/n$의 높이를 갖고 증가하는 계단함수이다. 한 변수의 분포형태를 매우 정확하게 표현할 수 있는 그래프라고 할 수 있다. 다만 확률밀도함수가 아닌 분포함수를 나타내는 그래프이기 때문에 익숙하지 않은 사용자도 있을 것이다.

그래프의 작성은 stat_ecdf()로 할 수 있다. 데이터 프레임 faithful의 변수 waiting의 경험적 누적분포함수 그래프를 작성해 보자.

```
> ggplot(faithful, aes(waiting)) +
+   stat_ecdf()
```

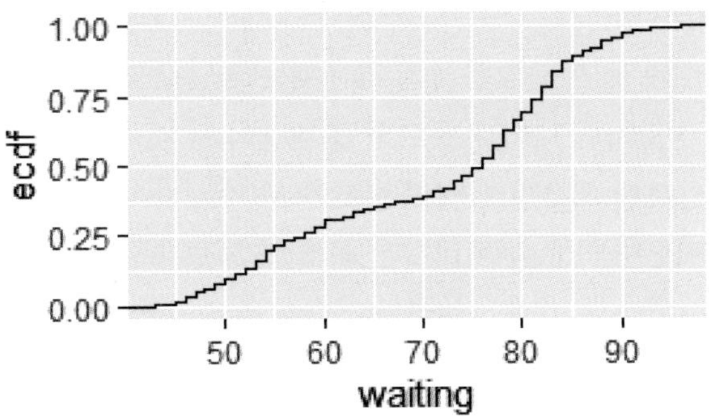

그림 13.41 faithful의 변수 waiting의 경험적 누적분포함수 그래프

13.3.7 일변량 연속형 자료의 요약 통계

일변량 자료분석의 첫 단계는 그래프를 이용하여 자료의 분포에 어떤 특징이 있는지를 살펴보는 것이다. 분포의 특징을 시각적으로 나타내는 것에 더하여 자료의 정보를 몇 개의 숫자로 요약해 주는 요약 통계가 추가되면 다음 단계의 분석, 즉 다른 변수와의 비교 및 관계 탐구 등으로 나아가는 데 도움이 될 것이다. 이 절에서는 연속형 자료를 대상으로 자료의 중심을 나타내는 요약 통계와 자료의 퍼짐을 나타내는 요약 통계에 관련된 함수를 살펴보고자 한다.

- **자료의 중심에 대한 요약 통계**

자료의 중심을 나타내는 요약 통계량으로서 가장 많이 사용되는 평균과 중앙값은 함수 mean()과 median()으로 각각 계산할 수 있다. 통계학개론에서 소개되는 최빈값은 연속형 데이터의 경우에는 의미가 없는 통계량이므로 여기에서는 다루지 않겠다.

자료에 결측값이 있는 경우, 함수 mean()과 median()의 계산 결과는 NA가 된다. 이런 경우에는 na.rm = TRUE를 포함시키면 자료에서 NA를 제외하고 나머지 자료만을 대상으로 계산하게 된다. 데이터 프레임 airquality의 변수 Ozone에는 다수의 결측값이 포함되어 있다. 변수 Ozone의 평균값과 중앙값을 함수 summarise()를 사용해서 계산해보자. 함수 across()의 사용법에 대해서는 11.1절에서 확인할 수 있다.

```
> my_stat <- list(avg = \(x) mean(x, na.rm = TRUE),
+                  med = \(x) median(x, na.rm = TRUE))

> airquality |>
+   summarise(across(Ozone, my_stat))
  Ozone_avg Ozone_med
1  42.12931      31.5
```

분포의 형태가 좌우대칭에 가까운 경우에는 평균값이 가장 좋은 요약 통계량이 되지만 좌측 또는 우측으로 심하게 치우친 분포의 경우에는 극단값에 큰 영향을 받지 않는 중앙값이 분포의 중심을 더 정확하게 나타내는 요약 통계량이 될 것이다. 따라서 만일 평균값과 중앙값이 크게 차이가 난다면 치우친 형태의 분포가 될 가능성이 높은 것이다. 패키지 UsingR에 있는 데이터 프레임 cfb는 2001년 미국 소비자 재정상태에 관한 조사 데이터인데, 이 중 변수 INCOME에는 가구당 소득이 들어있다. 변수 INCOME의 평균값과 중앙값을 계산해 보자.

```
> data(cfb, package = "UsingR")

> cfb |>
+   summarise(across(INCOME, my_stat))
  INCOME_avg INCOME_med
1   63402.66    38032.7
```

평균값이 중앙값의 약 1.67배가 될 정도로 크게 차이가 나는 것을 볼 때 우측으로 심하게 치우친 분포, 즉 우측 꼬리가 매우 긴 분포임을 알 수 있다. 변수 INCOME의 정확한 분포의 형태를 알아보기 위하여 히스토그램을 작성해 보자.

```
> ggplot(cfb, aes(x = INCOME, y = after_stat(density))) +
+   geom_histogram(bins = 35, fill = "steelblue") +
+   geom_density(color = "red", linewidth = 1)
```

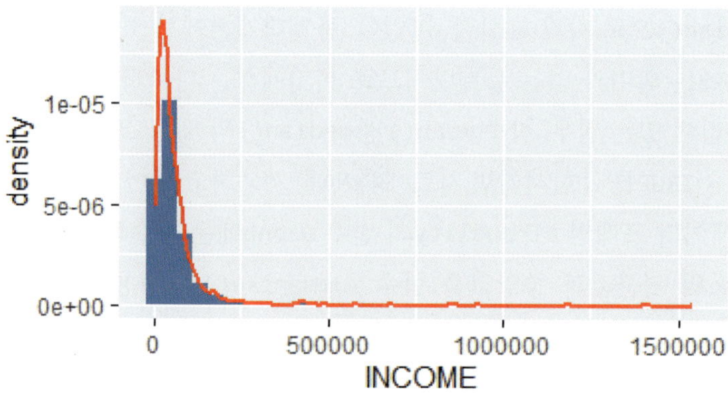

그림 13.42 변수 INCOME의 히스토그램

심하게 치우친 분포에 대해서는 대부분 변수 변환을 통해 좌우대칭에 가까운 분포로 형태를 바꿔주게 된다. 변수 INCOME의 분포는 우측으로 심하게 치우친 분포이므로 로그 혹은 제곱근 변환을 통해 좌우대칭 분포로 변환시킬 수 있는데, 여기에서는 로그 변환을 실시해보자.

```
> cfb |>
+   mutate(log_income = log(INCOME)) |>
+   summarise(across(log_income, my_stat))
  log_income_avg log_income_med
1           -Inf        10.5462
```

위 실행 결과는 로그 변환에서 주의할 점을 알려주고 있는데, 변수 `log_income`의 평균값이 `-Inf`가 된 이유는 변수 `INCOME`의 자료에 0이 있기 때문인데, 0을 로그 변환하면 `-Inf`가 된다. 간단한 해결 방안은 모든 자료를 우측으로 1만큼 이동시키는 것이다.

```
> cfb |>
+   mutate(log_income = log(INCOME + 1)) |>
+   summarise(across(log_income, my_stat))
  log_income_avg log_income_med
1       10.49809       10.54623
```

로그 변환된 변수 `INCOME`의 분포를 히스토그램으로 나타내 보자.

```
> cfb |>
+   mutate(log_income = log(INCOME + 1)) |>
+   ggplot(aes(x = log_income, y = after_stat(density))) +
+   geom_histogram(fill = "steelblue", bins = 35) +
+   geom_density(color = "red", linewidth = 1)
```

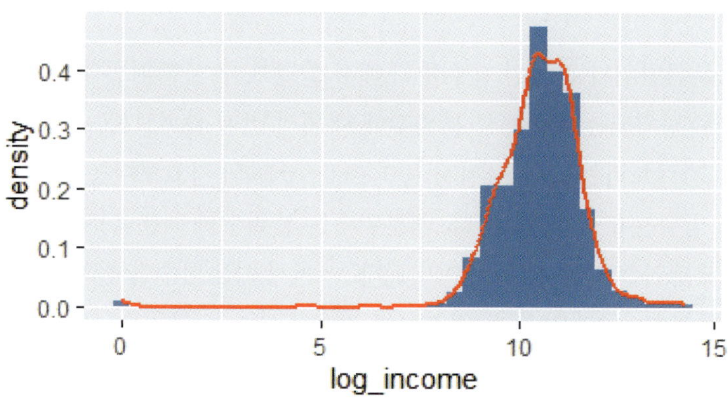

그림 13.43 로그 변환된 변수 INCOME의 히스토그램

우측으로 심하게 치우친 모습을 보인 분포가 로그 변환으로 좌우대칭의 모습을 보이는 분포로 바뀐 것을 알 수 있다. 그림 13.43의 좌측 끝부분에 있는 극단값은 변수 `INCOME`의 값이 0인 네 개 자료에 해당된 것이다.

• **자료의 퍼짐 정도에 대한 요약 통계**

자료의 중심에 대한 요약통계만으로는 자료의 분포에 대한 정확한 묘사가 불가능하다고 할 수 있는데, 다음에 주어진 시험점수 모의 자료를 살펴보자.

시험	점수	평균
1차 시험(test1)	75, 77, 80, 82, 85, 87, 88	82
2차 시험(test2)	50, 57, 80, 82, 86, 100, 100	79.3

두 시험의 평균은 비슷하지만 자료의 퍼짐 정도에는 큰 차이가 있음을 알 수 있다. 자료의 퍼짐 정도를 측정하는 통계량에는 범위(range), 사분위범위(interquartile range), 표준편차 및 분산 등이 있다.

우선 1차 시험인 `test1`과 2차 시험인 `test2`의 범위를 구해 보자. 범위는 가장 단순한 자료 퍼짐 정도의 측정도구이다. 많은 수의 자료 중 오직 두 값(최솟값, 최댓값)만으로 계산하는 것이므로 전체 자료의 성격을 올바로 담아낼 수는 없다. 자료의 범위는 최솟값과 최댓값을 계산해주는 함수 `range()`의 결과를 함수 `diff()`에 입력하여 두 값의 차이를 계산하면 된다.

```
> test1 <- c(75, 77, 80, 82, 85, 87, 88)
> test2 <- c(50, 57, 80, 82, 86, 100, 100)

> test1 |> range() |> diff()
[1] 13

> test2 |> range() |> diff()
[1] 50
```

다음으로 사분위범위와 관련된 함수에 대해서 살펴보자. 사분위범위는 분위수 혹은 백분위수를 기반으로 정의되는 것이므로 분위수에 대해서 먼저 살펴보자. p 분위수란 전체 자료 중 $100 \times p$%의 자료보다는 크고 나머지 $100 \times (1-p)$%의 자료보다는 작은 수를 의미한다. 단, 여기서 p의 범위는 $0 \leq p \leq 1$이다. 백분위수는 분위수를 백분율로 표시한 것이다. 따라서 중앙값은 0.5 분위수 및 50 백분위수가 된다. 이어서 사분위수란 전체 데이터를 크기순으로 나열해서 4등분하는 3개의 수를 의미하는 것으로서 0.25 분위수(Q_1), 중앙값, 0.75 분위수(Q_3)를 의미한다. 이제 사분위범위를 정의할 수 있는데, 사분위범위란 0.75 분위수와 0.25 분위수의 차이를 의미한다.

분위수의 계산은 함수 `quantile()`로 하며, 기본적인 사용법은 `quantile(x, probs = seq(0, 1, by = 0.25), ...)`이다. 함수 `quantile()`의 옵션 `probs`에는 원하는 확률값을 지정할 수 있으며, 생략되면 최솟값(0%), 최댓값(100%)을 포함한 사분위수가 출력된다. 이제 시험점수 모의 데이터에 함수 `quantile()`을 적용해 보자.

```
> quantile(test1)
  0%  25%  50%  75% 100% 
75.0 78.5 82.0 86.0 88.0 

> quantile(test2)
   0%    25%    50%    75%  100% 
 50.0   68.5   82.0   93.0 100.0 
```

사분위범위는 함수 IQR()로 계산할 수 있다.

```
> IQR(test1)
[1] 7.5

> IQR(test2)
[1] 24.5
```

자료의 퍼짐 정도를 측정하는 도구로 가장 많이 사용되는 통계량이 표준편차와 분산이다. 두 통계량은 각 자료들이 자료의 평균에서부터 떨어진 거리를 이용하여 퍼짐 정도를 측정하고 있다. 대략적으로 표준편차는 각 관찰값들이 평균에서부터 떨어져 있는 거리의 평균값이라고 해석할 수 있다. 표준편차와 분산은 함수 sd()와 var()로 계산할 수 있다.

```
> var(test1)
[1] 24.66667
> var(test2)
[1] 377.5714

> sd(test1)
[1] 4.966555
> sd(test2)
[1] 19.4312
```

지금까지 살펴본 함수들과 함께 어울리며 일변량 자료의 요약통계를 계산하는 데 효과적으로 사용되는 함수가 summary()이다. 이 함수는 입력되는 객체의 유형에 따라 다른 분석결과가 출력되는데, 숫자형 벡터가 입력되면 4분위수와 평균값, 최솟값과 최댓값이 계산된다.

```
> data(cfb, package = "UsingR")

> summary(cfb$INCOME)
   Min. 1st Qu.  Median    Mean 3rd Qu.    Max. 
      0   20558   38033   63403   69898 1541866 
```

변수 INCOME의 평균값이 0.75분위수와 무척 가까운 값임을 알 수 있는데, 실제 평균값이 몇 분위수에 해당되는지 어떻게 계산할 수 있겠는가? 이것은 변수 INCOME의 각 관찰값들 중 평균값보다 작은 값들의 비율을 계산하면 되는데, 다음과 같이 간단하게 계산할 수 있다. 변수 INCOME의 평균값이 0.705분위수에 해당한다는 것을 알 수 있다.

```
> with(cfb, mean(INCOME <= mean(INCOME)))
[1] 0.705
```

중심과 퍼짐 정도가 다른 자료들은 표준화 과정을 통하여 동일한 중심과 퍼짐 정도를 갖게 된다. 자료의 표준화는 함수 scale()로 할 수 있으며, 일반적인 사용법은 scale(x, center = TRUE, scale = TRUE)가 된다. x는 숫자형 행렬 또는 벡터가 되는데, 행렬인 경우에는 각 열 단위로 표준화가 진행된다. 시험점수 자료를 행렬로 묶어서 표준화를 실시해 보자.

```
> cbind(test1, test2) |> scale()
          test1       test2
[1,] -1.4094277 -1.50714924
[2,] -1.0067341 -1.14690381
[3,] -0.4026936  0.03675974
[4,]  0.0000000  0.13968700
[5,]  0.6040404  0.34554153
[6,]  1.0067341  1.06603239
[7,]  1.2080809  1.06603239
attr(,"scaled:center")
   test1    test2
82.00000 79.28571
attr(,"scaled:scale")
    test1     test2
 4.966555 19.431197
```

시험점수 자료의 변환 전 분포와 변환 후 분포를 나타낸 그래프가 그림 13.44에 있다.

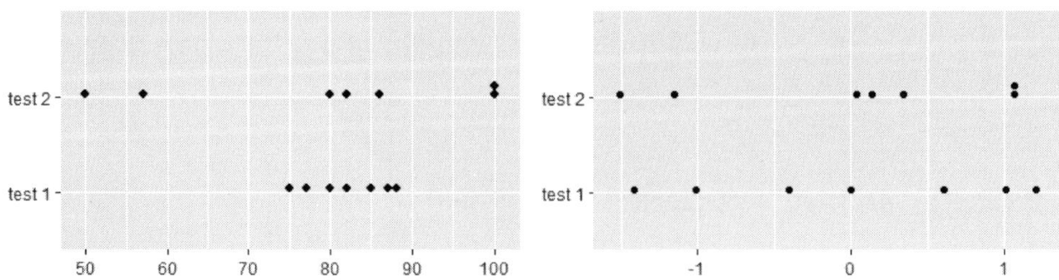

그림 13.44 표준화 전후의 자료 분포

13.4 이변량 연속형 자료 탐색

연속형 변수가 두 개 혹은 그 이상 주어질 때 우리의 주된 관심은 변수들의 분포 비교와 변수 사이의 관계 탐색이라고 할 수 있다. 이 작업들은 그래프와 요약통계를 함께 이용해야 효과적으로 이루어질 수 있다.

13.4.1 연속형 변수의 분포를 비교하기 위한 그래프

두 개 이상의 연속형 변수의 자료가 주어졌을 경우, 그 변수들의 분포를 비교하는 것은 가장 기본적인 작업이라고 할 수 있다. 만일 어느 한 연속형 변수의 분포가 어떤 요인으로 구분되는 그룹마다 다르다면, 그것은 곧 그룹변수가 연속형 변수에 통계적으로 유의한 영향을 미치고 있다고 해석될 수 있다.

일변량 연속형 변수의 분포를 나타내는 그래프는 모두 분포의 비교 목적으로도 사용될 수 있다. 그룹별로 분포를 비교하고자 할 때 먼저 시도할 수 있는 것은 faceting일 것이다. 함수 `facet_wrap()` 혹은 `facet_grid()`를 이용하여 그룹별로 분포를 나타내는 그래프를 작성해서 비교하는 것을 생각해 볼 수 있다. 다른 방법으로는 그룹별 그래프를 겹치게 작성하는 것이다. 하나의 그래프에서 비교하는 것이므로 의미 있는 비교가 될 수 있을 것이다.

- **히스토그램에 의한 그룹 자료의 분포 비교**

예제로 패키지 `ggplot2`에 있는 데이터 프레임 `mpg`의 변수 `cyl`에 따른 연속형 변수 `hwy`의 분포를 비교해 보자. 변수 `cyl`은 자동차 엔진의 실린더 개수를 의미하는 것으로 4, 5, 6, 8의 네 가지 값을 갖는 숫자형 변수이고, 변수 `hwy`는 자동차의 고속도로 연비를 나타내는 변수이다. 먼저 변수 `cyl`로 구분되는 그룹에 속한 자료의 개수를 구해 보자.

```
> library(tidyverse)

> mpg |> count(cyl)
# A tibble: 4 × 2
    cyl     n
  <int> <int>
1     4    81
2     5     4
3     6    79
4     8    70
```

변수 `cyl`이 5가 되는 자료의 개수가 너무 적다는 것을 알 수 있다. 따라서 변수 `cyl`이 4, 6, 8인 그룹에 대해서만 변수 `hwy`의 분포를 비교해 보자.

```
> mpg_1 <- mpg |>
+   filter(cyl != 5)
```

먼저 facet 그래프를 작성해 보자. 그룹별 분포를 수월하게 비교할 수 있다.

```
> ggplot(mpg_1, aes(x = hwy)) +
+   geom_histogram(binwidth = 5) +
+   facet_wrap(vars(cyl), ncol = 1)
```

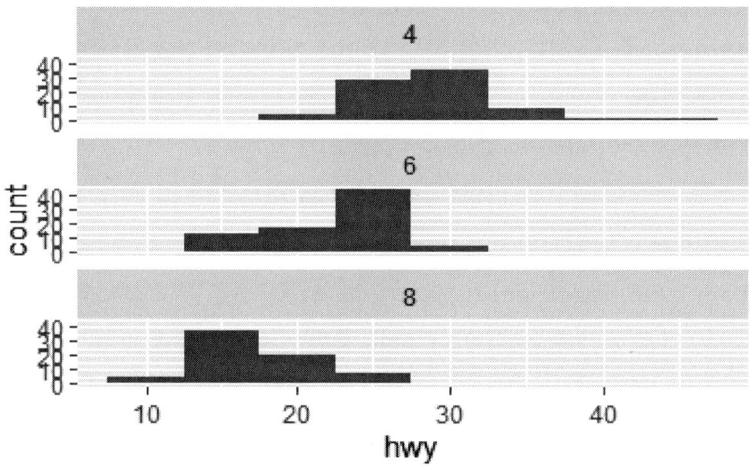

그림 13.45 그룹 자료의 분포 비교를 위한 히스토그램

그룹별 히스토그램을 작성해서 하나의 그래프에 겹치게 나타내 보자. 겹쳐진 히스토그램을 작성하기 위해서는 시각적 요소 `fill`에 요인을 매핑해야 한다. 또한 함수 `geom_histogram()`은 `position = "stack"`이 디폴트이기 때문에, 이 경우에는 `position="identity"`로 변경해야 원하는 형태의 그래프를 작성할 수 있다. 히스토그램을 겹쳐 그리는 경우에는 투명도를 높이는 것이 분포 비교에 큰 도움이 되지 않음을 알 수 있다.

```
> ggplot(mpg_1, aes(x = hwy, fill = factor(cyl))) +
+   geom_histogram(binwidth = 5, alpha = 0.4,
+                  position = "identity") +
+   labs(fill = "cyl")
```

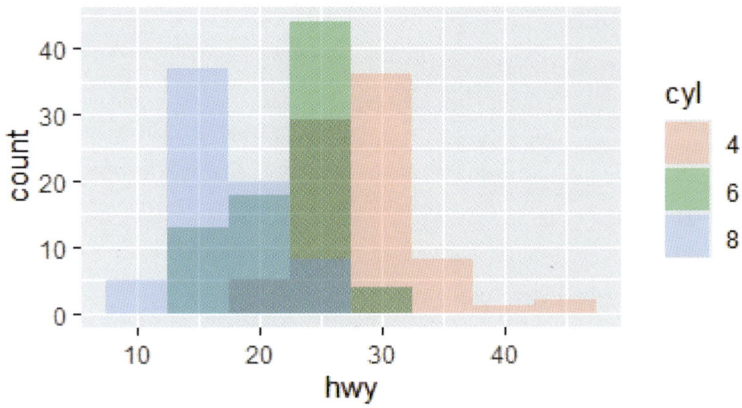

그림 13.46 그룹 자료의 분포 비교를 위한 히스토그램

• **도수 분포 다각형에 의한 그룹 자료의 분포 비교**

패키지 ggplot2의 데이터 프레임 mpg의 변수 cyl에 따른 hwy의 분포를 비교해 보자. 변수 cyl이 5인 자료를 제외한 mpg_1을 사용하자.

함수 geom_freqpoly()에서 시각적 요소 color에는 요인을 매핑해야 겹쳐진 도수 분포 다각형이 작성된다. 각 그룹에 속한 자료의 개수가 다르게 때문에 빈도수에 의한 도수 분포 다각형으로는 그룹 간의 분포 비교가 부정확할 수 있다. 효과적인 비교를 하기 위해서는 상대 도수를 사용하는 것이 더 바람직한 경우이다.

```
> library(patchwork)

> p1 <- ggplot(mpg_1,
+              aes(x = hwy, color = factor(cyl))) +
+   geom_freqpoly(binwidth=5, show.legend = FALSE,
+                 linewidth = 1)
>
> p2 <- ggplot(mpg_1,
+             aes(x = hwy, y = after_stat(density),
+                 color = factor(cyl))) +
+   geom_freqpoly(binwidth=5, linewidth = 1) +
+   labs(color = "cyl")

> p1 + p2
```

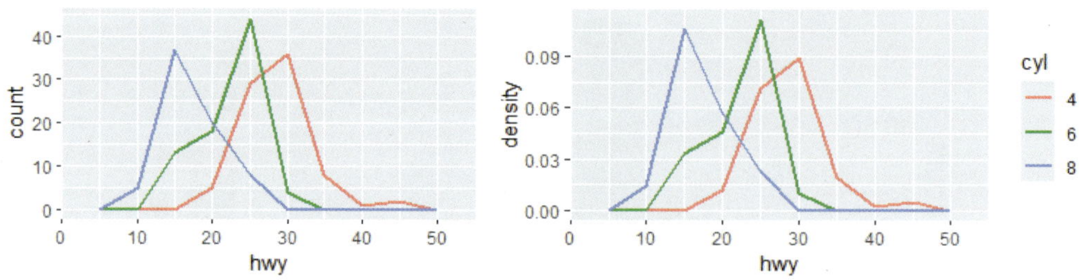

그림 13.47 변수 `cyl`에 따른 hwy의 도수 분포 다각형

히스토그램과 도수 분포 다각형은 작성 과정에서 많은 부분을 공유하고 있는 그래프이며, 일변량 자료의 분포를 나타낼 때에는 모두 유용하게 사용되고 있다.

• 나란히 서 있는 상자그림에 의한 그룹 자료의 분포 비교

상자그림의 경우에는 facet을 이용하는 것보다 그룹별로 작성된 상자그림을 옆으로 나란히 세워 놓는 것이 더 효과적으로 분포를 비교하는 방법이 될 것이다. 자료의 형태는 비교 대상이 되는 변수가 각기 독립된 벡터에 입력되어 있는 경우와 하나의 연속형 벡터와 그룹을 구분하는 하나의 요인으로 입력되어 있는 경우로 구분할 수 있다.

먼저 비교할 대상이 되는 변수들이 `x1`, `x2`, `x3`와 같이 개별적으로 구성된 경우를 살펴보자. 이런 경우 패키지 `ggplot2`에서는 자료를 데이터 프레임으로 구성하되, 개별적으로 구성된 벡터들을 하나의 연속형 벡터와 하나의 요인으로 나타내야 한다. 예제로 정규 분포, t-분포, 균등분포에서 각각 발생시킨 난수의 분포를 나란히 서 있는 상자그림으로 비교해 보자. 먼저 세 가지 분포에서 각각 100개의 난수를 발생시켜서 개별 벡터에 할당하자.

```
> set.seed(124)
> x1 <- rnorm(100)
> x2 <- rt(100, df = 3)
> x3 <- runif(100, min = -1, max = 1)
```

생성된 세 가지 벡터를 기반으로 데이터 프레임을 만들어서, 나란히 서 있는 상자그림을 작성해 보자.

```
> tibble(x = c(rep(1:3, each = 100)) |> as.factor(),
+        y = c(x1, x2, x3)) |>
+   ggplot(aes(x, y)) +
+   geom_boxplot() +
+   scale_x_discrete(labels = c("N(0,1)", "t(3)", "Unif(-1,1)")) +
+   theme(axis.text.x = element_text(size = 12, face = "bold")) +
+   labs(x = NULL, y = NULL)
```

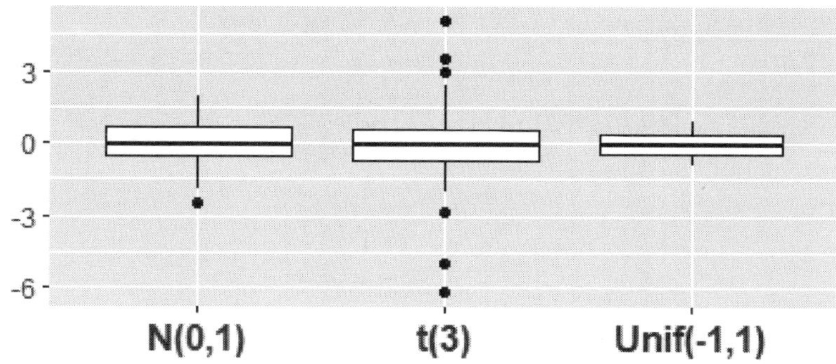

그림 13.48 나란히 서 있는 상자그림

두 번째 경우로 하나의 연속형 변수가 하나 또는 그 이상의 요인에 의하여 몇 개의 그룹으로 구분되는 경우를 살펴보자. 이런 경우 함수 `geom_boxplot()`에 시각적 요소 `x`에는 요인을, `y`에는 연속형 변수를 매핑하면 수직방향의 나란히 서 있는 상자그림이 작성되고, `y`에 요인을 `x`에 연속형 변수를 매핑하면 수평방향의 나란히 서 있는 상자그림이 작성된다.

예제로 패키지 `ggplot2`의 데이터 프레임 `mpg`의 변수 `cyl`에 따른 `hwy`의 분포를 비교해 보자. 변수 `cyl`이 5인 자료를 제외한 `mpg_1`을 사용하자.

```
> mpg_1 <- mpg |> filter(cyl!=5)

> mpg_1 |>
+   ggplot(aes(x = factor(cyl), y = hwy)) +
+   geom_boxplot() +
+   labs(x = "Number of Cylinders", y = "MPG")
```

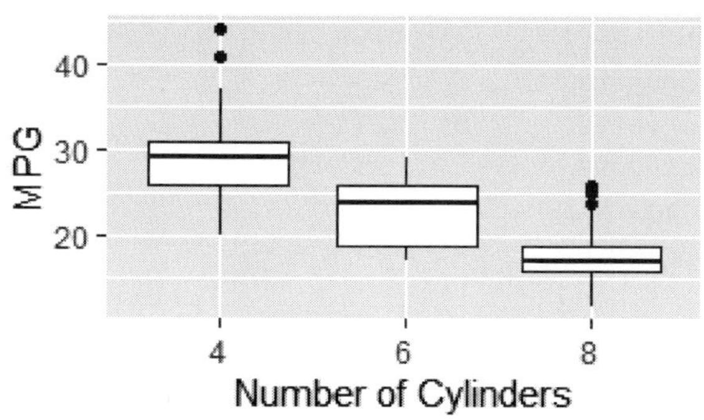

그림 13.49 나란히 서 있는 상자그림

그림 13.49의 상자그림에 점으로 표시된 이상값에 해당되는 자동차를 알아보자. 13.3.2절에서 살펴본 방법을 그대로 적용해 보자.

```
> pp <- ggplot(mpg_1, aes(x = factor(cyl), y = hwy)) +
+   geom_boxplot()

> pp_out <- ggplot_build(pp)[[1]][[1]]$outliers

> pp_out
[[1]]
[1] 44 44 41

[[2]]
numeric(0)

[[3]]
[1] 26 26 25 24 25
```

세 개의 상자그림 중 첫 번째는 3개의 이상값이 있고, 두 번째는 없으며, 세 번째에는 5개의 이상값이 있음을 알 수 있다. 함수 `filter()`를 사용해서 해당 자동차를 선택한 결과는 다음과 같다.

```
> mpg |>
+   filter((cyl == 4 & hwy %in% pp_out[[1]]) |
+            (cyl == 8 & hwy %in% pp_out[[3]])) |>
+   arrange(desc(hwy)) |>
+   select(1:2, cyl, hwy)
# A tibble: 8 × 4
  manufacturer model         cyl   hwy
  <chr>        <chr>       <int> <int>
1 volkswagen   jetta           4    44
2 volkswagen   new beetle      4    44
3 volkswagen   new beetle      4    41
4 chevrolet    corvette        8    26
5 chevrolet    corvette        8    26
6 chevrolet    corvette        8    25
7 pontiac      grand prix      8    25
8 chevrolet    corvette        8    24
```

변수 `cyl`의 경우에는 실린더의 개수를 나타내는 4, 6, 8이라는 값이 나름의 순서가 있는 것이어서 그 순서대로 상자그림을 배치하는 것이 두 변수의 관계를 이해하는 데 도움이 된다. 그룹 변수의 값들이 순서형 요인과 같이 자체적으로 순서가 있는 경우에는 그 순서대로 상자그림을 배치해도 괜찮겠지만, 명목형 요인과 같이 순서에 의미가 없는 경우에는 분석에 도움이 되도록 상자그림을 재배치하는 것이 더 좋을 것이다.

상자그림들을 재배치하려면 8장에서 살펴본 패키지 forcats의 함수 fct_reorder() 또는 base R의 함수 reorder()를 사용하여 그룹변수로 사용되는 요인의 수준을 재정렬하면 된다. 먼저 데이터 프레임 mpg의 변수 hwy의 상자그림을 변수 class의 수준별로 작성해 보자.

```
> mpg |>
+   ggplot(aes(x = class, y = hwy)) +
+   geom_boxplot()
```

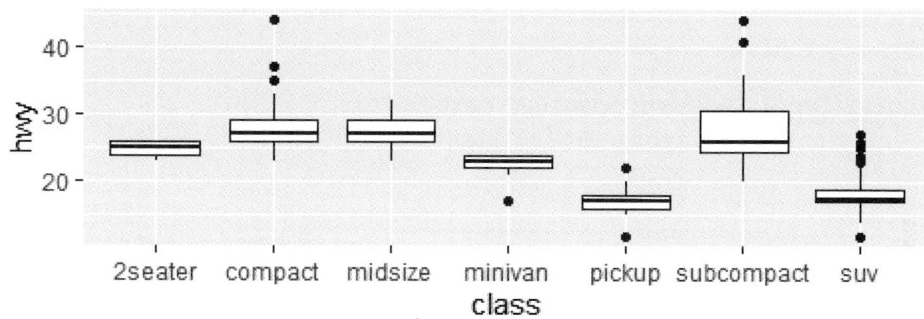

그림 13.50 변수 class에 따른 변수 hwy의 상자그림

상자그림이 변수 class의 알파벳 순서로 배치되어 있다. 이것을 변수 class의 각 그룹별 변수 hwy의 중앙값을 기준으로 재배치하면, 변수 class별로 hwy의 분포를 한 눈에 파악할 수 있게 된다. 함수 reorder()를 사용하여 요인 class의 수준을 변수 hwy의 중앙값을 기준으로 다시 배치하는 방법은 reorder(class, hwy, FUN = median)이 된다.

```
> mpg |>
+   ggplot(aes(x = reorder(class, hwy, FUN = median),
+              y = hwy)) +
+   geom_boxplot() +
+   xlab("class")
```

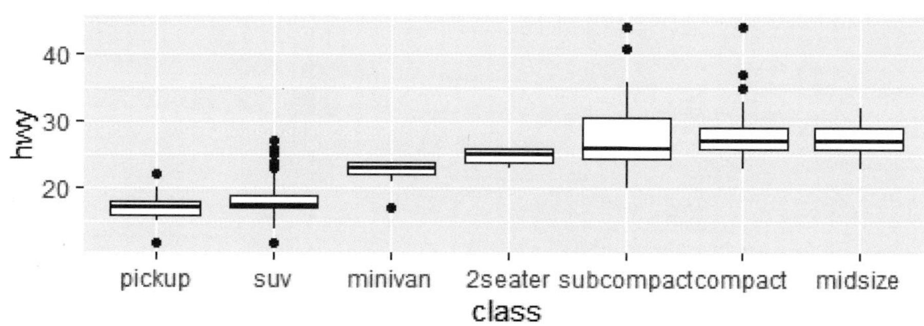

그림 13.51 상자그림의 배치 순서 조정

- **나란히 서 있는 바이올린 그래프에 의한 그룹 자료의 분포 비교**

상자그림과 확률밀도함수 그래프의 조합이라고 할 수 있는 바이올린 그래프로 그룹 자료의 분포를 비교해 보자.

데이터 프레임 iris의 변수 Sepal.Length의 분포가 Species에 따라 어떤 차이가 있는지 살펴보자. 먼저 패키지 vioplot의 함수 vioplot()을 사용해서 작성해 보자. 그룹 자료의 분포를 비교하는 경우에는 R 공식을 사용하여 그룹 변수와 연속형 변수를 정의할 수 있는데, 물결표 ~ 기호의 왼쪽에 연속형 변수를 지정하고 오른쪽에 그룹 변수를 지정해야 한다.

```
> library(vioplot)

> vioplot(Sepal.Length ~ Species, data = iris,
+          col = c("lightgreen", "lightblue", "pink"))
```

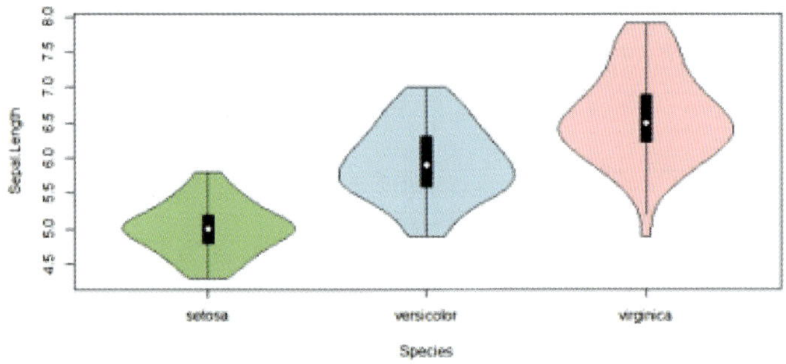

그림 13.52 바이올린 그래프에 의한 분포 비교

ggplot2의 함수 geom_violin()을 사용해서 작성한 결과는 다음과 같다. 시각적 요소 x에 그룹 변수를 매핑하고, y에 연속형 변수를 매핑하면 된다.

```
> ggplot(iris, aes(x = Species, y = Sepal.Length)) +
+   geom_violin(fill = "skyblue") +
+   geom_boxplot(width = 0.1)
```

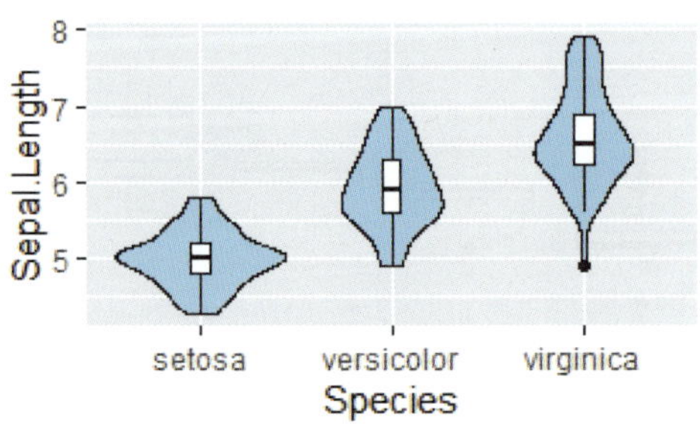

그림 13.53 바이올린 그래프에 의한 분포 비교

- **다중 점그래프에 의한 그룹 자료의 분포 비교**

다중 점그래프도 그룹 자료의 분포를 비교할 때 사용할 수 있는 그래프이다. 예제로 패키지 ggplot2의 데이터 프레임 mpg의 변수 cyl에 따른 hwy의 분포를 비교해 보자. 변수 cyl이 5인 자료를 제외한 mpg_1을 사용하자.

```
> mpg_1 <- mpg |> filter(cyl!=5)

> ggplot(mpg_1, aes(x = factor(cyl), y = hwy)) +
+   geom_dotplot(binaxis = "y", binwidth = 0.5,
+                stackdir = "center") +
+   labs(x = "Number of Cylinders", y = "MPG")
```

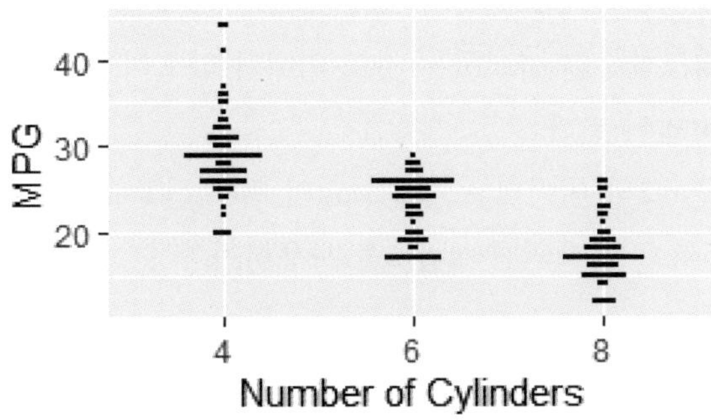

그림 13.54 다중 점그래프

수직방향으로 점그래프를 작성하는 것이므로 구간 설정은 Y축 변수를 대상으로 이루어져야 한다. 옵션 binaxis는 구간 설정 대상이 되는 축을 지정하는 것으로 디폴트는 "x"이다. 점을 쌓아 가는 방향을 결정하는 옵션은 stackdir이다. 가능한 값은 "up", "down", "center"와 "centerwhole"이 있다.

다중 점그래프를 상자그림과 겹쳐서 작성하는 것도 의미가 있는 그래프가 된다. 이 경우에도 상자그림에 outlier.shape = NA를 포함시켜 이상값을 점으로 표시하지 않도록 해야 하며, 상자 내부에 색을 채우지 않도록 fill = NA를 지정할 필요가 있다. 또한 상자의 폭을 줄여 주는 것도 필요하다고 본다.

```
> ggplot(mpg_1, aes(x = factor(cyl), y = hwy)) +
+   geom_dotplot(binaxis = "y", binwidth = 0.5,
+                stackdir = "center") +
+   geom_boxplot(width = 0.3, outlier.shape = NA,
+                color = "red", fill = NA, size = 0.6) +
+   labs(x = "Number of Cylinders", y = "MPG")
```

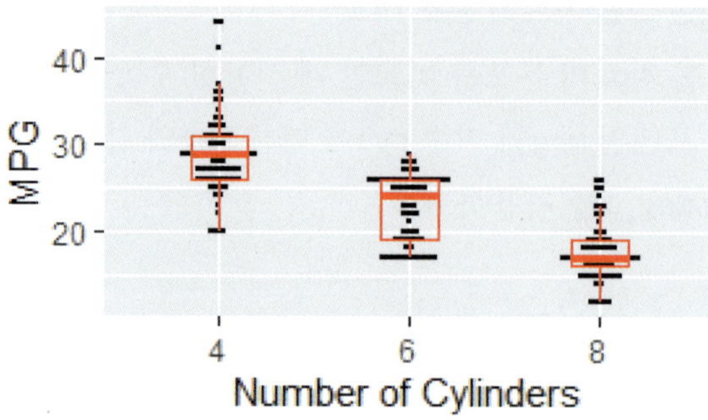

그림 13.55 다중 점그래프와 상자그림

• **확률밀도함수 그래프에 의한 그룹 자료의 분포 비교**

분포의 특징을 가장 세밀하게 표현할 수 있는 그래프가 확률밀도함수 그래프이다. Facet을 이용하여 그룹별 밀도함수를 비교하는 것도 의미가 있으며, 하나의 그래프에 겹치게 작성하는 것도 괜찮은 방법이 된다.

예제로 패키지 `ggplot2`의 데이터 프레임 `mpg`의 변수 `cyl`에 따른 `hwy`의 분포를 비교해 보자. 변수 `cyl`이 5인 자료를 제외한 `mpg_1`을 사용하자.

```
> ggplot(mpg_1, aes(x = hwy)) +
+   geom_density() +
+   facet_wrap(vars(cyl), ncol = 1) +
+   ylab(NULL)
```

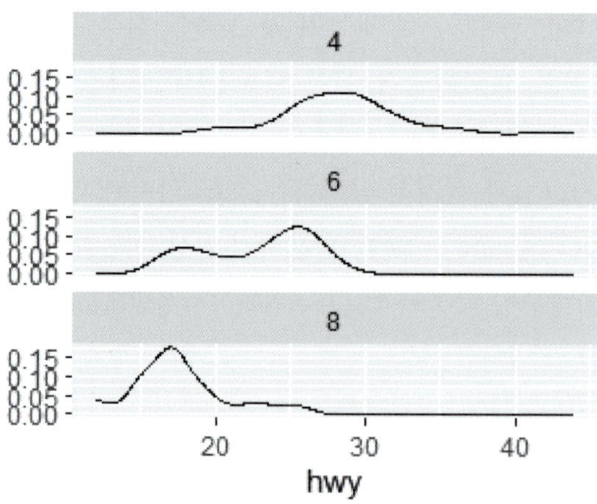

그림 13.56 Facet에 의한 그룹별 확률밀도함수의 비교

하나의 그래프에 겹치게 작성하는 방법으로써 시각적 요소 `fill`을 사용하는 것과 시각적 요소 `color`를 사용하는 것을 생각해 볼 수 있다. 시각적 요소 `fill`을 사용하면, 확률밀도함

수가 색으로 채워지기 때문에 서로 겹쳐져서 가려지는 부분이 있게 된다. 이 문제는 색의 투명도를 높이면 해결된다.

```
> ggplot(mpg_1, aes(x = hwy, fill = factor(cyl))) +
+   geom_density(alpha = 0.2) +
+   xlim(5,50) + labs(y = NULL, fill = "cyl")
```

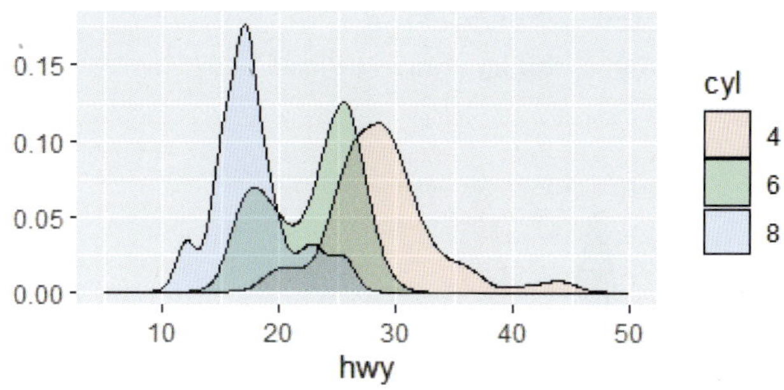

그림 13.57 겹쳐 그린 확률밀도함수 그래프

시각적 요소 `fill` 대신 `color`를 사용하면 서로 다른 색의 선으로만 밀도함수가 그려지는 그래프가 작성된다.

```
> ggplot(mpg_1, aes(x = hwy, color = factor(cyl))) +
+   geom_density(linewidth = 1) +
+   xlim(5,50) + labs(y = NULL, color = "cyl")
```

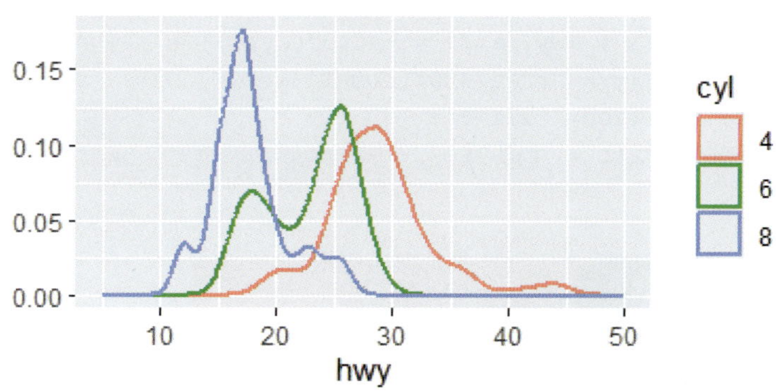

그림 13.58 겹쳐 그린 확률밀도함수 그래프

그룹별로 작성되는 여러 개의 확률밀도함수를 하나의 그래프에 나타내는 또 다른 방법으로서 추정된 여러 개의 확률밀도함수를 위로 쌓아 올린 그래프와 x 변수의 주어진 값에 대한 각 그룹의 조건부 확률밀도함수를 작성한 그래프가 있다.

먼저 추정된 확률밀도함수를 위로 쌓아 올린 그래프를 작성해 보자. 이 경우에는 각 그룹마다 추정된 확률밀도에 자료의 수를 곱한 값을 사용하여 위로 쌓아 올리는 것이 각 그룹의 확률분포의 형태를 유지하며 통합하는 방법이 된다. 시각적 요소 y에 변수 after_stat(count)를 연결하고, position에 "stack"을 지정하여 그래프를 작성해 보자.

```
> ggplot(mpg_1, aes(x = hwy, fill = factor(cyl))) +
+   geom_density(aes(y = after_stat(count)),
+                position = "stack") +
+   xlim(5, 50) + labs(y = NULL, fill = "cyl")
```

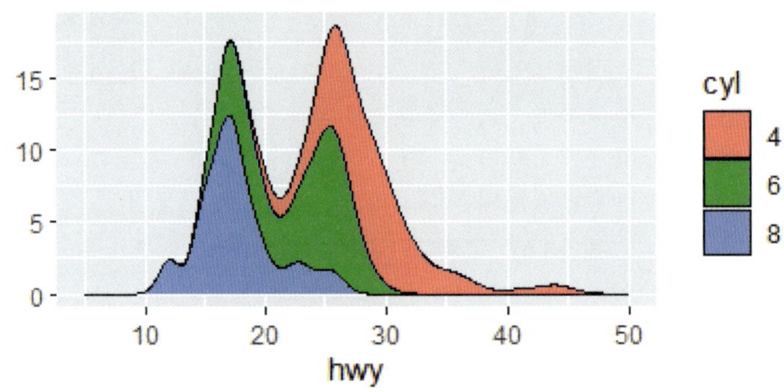

그림 13.59 쌓아 올린 확률밀도함수 그래프

쌓아 올린 확률밀도함수 그래프와는 조금 다른 시각에서 분포를 비교할 수 있는 그래프로서 조건부 확률밀도함수 그래프를 작성해 보자. 이 그래프는 position에 "fill"을 지정하면 작성된다.

```
> ggplot(mpg_1, aes(x = hwy, fill = factor(cyl))) +
+   geom_density(aes(y = after_stat(count)),
+               position="fill") +
+   labs(y = NULL, fill = "cyl")
```

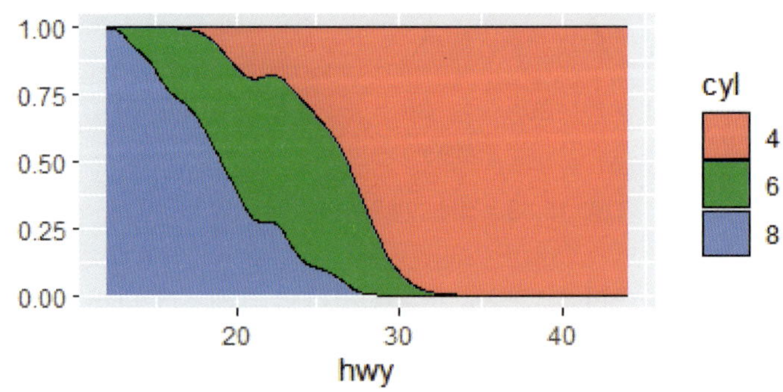

그림 13.60 조건부 확률밀도함수 그래프

- **평균막대그래프와 오차막대에 의한 그룹 자료의 분포 비교**

여러 분포의 평균값을 비교할 때 단순히 숫자만을 보여주는 것보다는 그래프로 바꿔서 보여 주는 것이 훨씬 효과적으로 정보를 전달하는 방법이 될 것이다. 그런 면에서 막대그래프는 그룹별 자료의 평균을 비교하는 그래프로서 상당히 효과적으로 사용할 수 있다.

오차막대는 분포의 변동을 그래프로 나타내는 기법이다. 표준편차 혹은 신뢰구간을 이용해서 추정값의 오차 범위 등을 그래프에 표시할 때 많이 사용된다. 따라서 그룹별 평균을 막대그래프로 나타내고, 그 위에 오차막대로 분포의 변동 혹은 신뢰구간을 함께 표시해 준다면 많은 정보를 매우 효과적으로 전달할 수 있을 것이다.

예제로 패키지 `ggplot2`의 데이터 프레임 `mpg`의 변수 `cyl`에 따른 `hwy`의 평균값을 막대그래프로 나타내고, 그 위에 95% 신뢰구간을 오차막대의 형태로 추가해 보자. 변수 `cyl`이 5인 자료는 분석에서 제외하기로 하자.

그래프 작성은 함수 `geom_col()`과 `geom_errorbar()`를 함께 사용해서 작성할 수도 있고, 함수 `stat_summary()`만을 사용해서 작성할 수도 있다.

먼저 함수 `geom_col()`과 `geom_errorbar()`를 사용해서 작성해 보자. 두 함수로 그래프를 작성하려면, 그룹별 평균 및 신뢰구간의 계산 결과를 데이터 프레임으로 갖고 있어야 한다. 신뢰구간 계산은 함수 `ggplot2::mean_cl_normal()`로 할 수 있는데, 이 함수는 정규분포 가정에서 모평균의 신뢰구간을 계산하는 `Hmisc::smean.cl.normal()`을 불러와서 작업한다.

```
> mpg |>
+   filter(cyl != 5) |>
+   group_by(cyl) |>
+   summarise(mean_cl_normal(hwy))
# A tibble: 3 × 4
    cyl     y  ymin  ymax
  <int> <dbl> <dbl> <dbl>
1     4  28.8  27.8  29.8
2     6  22.8  22.0  23.6
3     8  17.6  16.9  18.4
```

위의 계산 결과로 생성된 변수 `y`에는 표본평균, `ymin`에는 신뢰구간 하한, `ymax`에는 신뢰구간 상한이 각각 입력되었다. 평균막대그래프는 변수 `y`를 함수 `geom_col()`에 Y축 변수로 매핑하면 작성되고, 오차막대는 함수 `geom_errorbar()`에는 변수 `y`, `ymin`, `ymax`를 같은 이름의 시각적 요소에 매핑하면 작성된다.

```
> mpg |>
+   filter(cyl != 5) |>
+   group_by(cyl) |>
+   summarise(mean_cl_normal(hwy)) |>
+   ggplot(aes(x = factor(cyl), y = y)) +
+   geom_col(fill = "skyblue", width = 0.5) +
+   geom_errorbar(aes(ymin = ymin, ymax = ymax),
+                 width = 0.2) +
+   labs(x = "cyl", y = NULL)
```

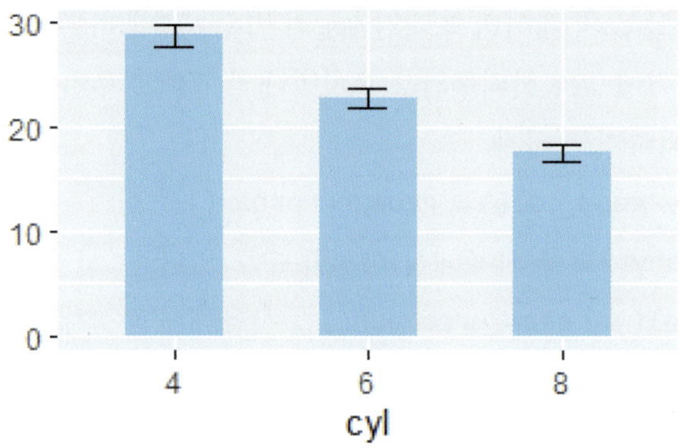

그림 13.61 평균막대그래프와 오차막대

이번에는 함수 stat_summary()를 사용해서 작성해 보자. 막대그래프는 fun에 "mean"을, geom에 "bar" 각각 지정하면 작성되고, 오차막대는 fun.data에 "mean_cl_normal"을, geom에 "errorbar"를 각각 지정하면 된다. fun.data에 지정되는 함수는 반드시 y, ymin, ymax를 계산 결과로 출력하는 함수를 지정해야 한다.

```
> mpg |>
+   filter(cyl != 5) |>
+   ggplot(aes(x = factor(cyl), y = hwy)) +
+   stat_summary(fun = "mean", geom = "bar",
+                fill = "steelblue", width = 0.5) +
+   stat_summary(fun.data = "mean_cl_normal", geom = "errorbar",
+                width = 0.2, color = "red", linewidth = 1) +
+   labs(x = "cyl", y = NULL)
```

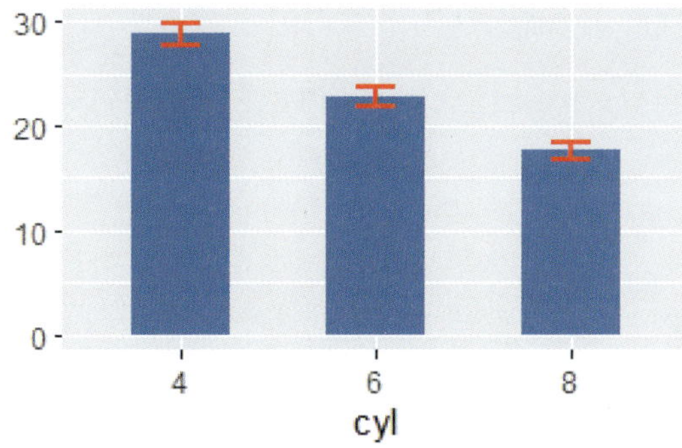

그림 13.62 평균막대그래프와 오차막대

13.4.2 연속형 변수의 관계 탐색을 위한 그래프

두 연속형 변수의 관계를 탐색할 때 가장 많이 사용되는 그래프는 산점도일 것이다. 산점도를 확인해 보면 두 변수의 관계를 시각적으로 파악할 수 있는데, 산점도에 두 변수의 회귀직선이나 비모수 회귀곡선 등을 추가하면 관계 파악에 더 도움이 된다.

산점도의 점들이 서로 겹쳐지는 경우에는 관계 탐색을 효과적으로 수행하기 어려운 상황이 되는데, 이러한 경우에 적절한 대안이 필요하게 된다. 연속형 변수의 반올림 처리의 결과 혹은 이산형 변수의 특성 등으로 많은 점들이 겹치게 된 것이라면, 자료에 약간의 변동을 추가함으로써 점이 겹쳐지는 정도를 완화할 수 있다. 하지만, 대규모의 자료를 대상으로 작성되는 경우에는 다른 접근 방법이 필요하게 된다.

이런 경우 X축 자료를 구간으로 구분하여 Y축 자료의 상자그림을 작성하는 것이 효과적인 대안이 될 수 있다.

경우에 따라서는 산점도가 아닌 두 변수의 결합확률밀도함수를 추정하는 것이 두 변수 관계 파악에 더 유용한 방식이 사용될 수 있다.

두 변수 이상의 많은 변수들의 관계를 파악하는 데 효과적으로 사용할 수 있는 도구가 실제 자료분석 과정에서는 필수적이라고 할 수 있다. 이런 경우에 도움이 되는 그래프가 산점도행렬이다. 통계데이터 세트에는 연속형 변수와 범주형 변수가 함께 있는 것이 일반적인 상황이기 때문에, 유형이 혼합된 변수들 사이의 관계를 파악하는데 유용한 산점도행렬의 작성 방식을 살펴보겠다.

1) 다양한 유형의 산점도 작성

• 기본적인 형태의 산점도

패키지 `MASS`의 데이터 프레임 `Cars93`을 산점도 작성의 예제 자료로 사용해 보자. 먼저 변수 `Weight`와 `MPG.highway`의 산점도를 작성해 보자.

```
> data(Cars93, package="MASS")
> ggplot(Cars93, aes(x = Weight, y = MPG.highway)) +
+   geom_point()
```

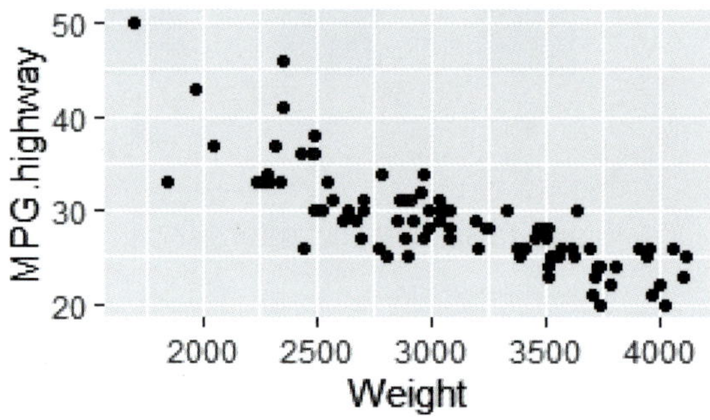

그림 13.63 기본적인 형태의 산점도

가장 기본적인 형태의 산점도에 어렵지 않게 변화를 줄 수 있다. 점의 모양(`shape = 21`)을 내부와 외곽선의 색을 다르게 줄 수 있는 형태로 바꾸고, 크기도 늘리고(`size = 3`), 점의 내부 색은 파란색(`fill = "blue"`), 점의 외곽선 색은 빨간색(`color = "red"`), 그리고 점의 외곽선 두께를 늘려서(`stroke = 1.5`) 산점도를 작성해 보자.

```
> ggplot(Cars93, aes(x = Weight, y = MPG.highway)) +
+   geom_point(shape = 21, color = "red", fill = "blue",
+              stroke = 1, size = 2)
```

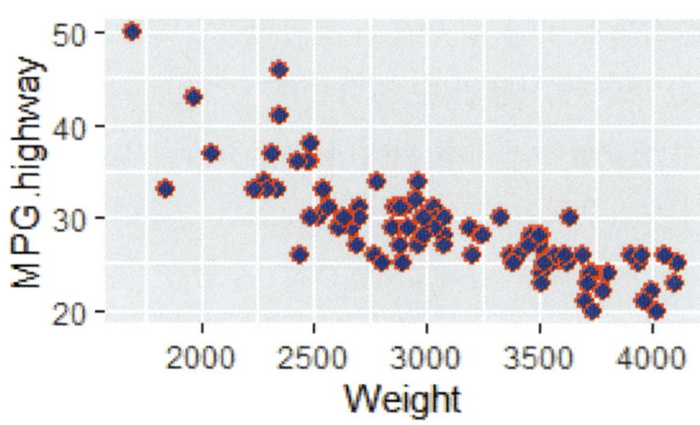

그림 13.64 기본적인 형태의 산점도

• 시각적 요소에 세 번째 변수 매핑

산점도는 두 변수 사이의 관계를 나타내는 그래프이지만, 세 변수 사이의 관계를 나타내는 것도 가능하다. 방법은 두 변수는 시각적 요소 x와 y에 매핑을 하고, 세 번째 변수는 점의 색이나 모양, 크기 등에 매핑을 하는 것이다. 시각적 요소인 점의 색(color)이나 모양(shape), 크기(size) 등을 세 번째 변수와 매핑을 하면, 세 번째 변수가 취하는 값에 따라 점의 색이나 모양, 크기 등이 구분되어 산점도가 작성되기 때문에, 세 번째 변수가 다른 두 변수의 관계에 미치는 영향력을 파악할 수 있다. 이 경우 color, shape, size와 같은 시각적 요소에 매핑을 할 세 번째 변수가 요인인 경우와 숫자형 변수인 경우의 차이점을 살펴보는 것도 중요하다. 자세한 설명은 3.2절에서 볼 수 있다.

- **산점도에 회귀선 추가**

산점도만으로 두 변수의 관계를 파악하는 것보다 회귀직선이나 비모수 회귀곡선 등을 추가하는 것이 훨씬 더 효과적일 수 있다. 회귀직선의 추가는 함수 geom_smooth()에 선형회귀모형을 의미하는 method = "lm"을 지정하면 된다. 추정된 회귀직선에 신뢰구간이 함께 표현되는 것이 디폴트인데, 회귀직선만 나타내려면 se = FALSE를 입력해야 한다.

```
> p <- ggplot(Cars93, aes(x = Weight, y = MPG.highway)) +
+   geom_point()

> library(patchwork)

> p1 <- p + geom_smooth(method = "lm")
> p2 <- p + geom_smooth(method = "lm", se = FALSE)
> p1 + p2
```

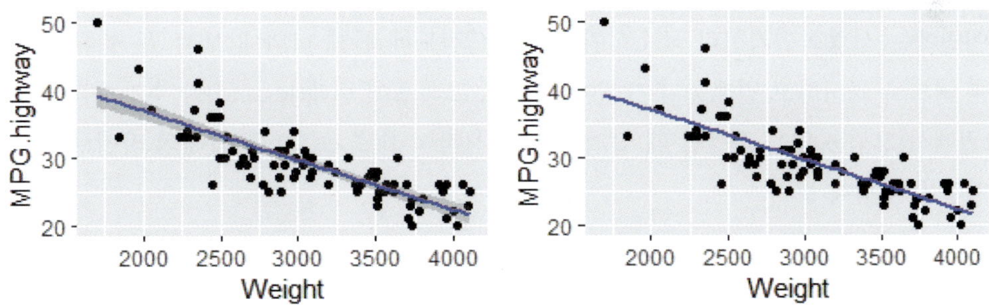

그림 13.65 회귀직선을 산점도에 함께 표시

두 변수의 관계를 나타내는 회귀모형으로 가장 많이 사용되는 것이 loess(local regression)이라고 불리는 국소다항회귀모형이다. 비모수 회귀모형으로 분류되고 있으며, 자료의 개수가 너무 크지 않는 경우에 가장 무난하게 사용할 수 있는 분석 도구이다. 함수 geom_smooth()에서 디폴트로 적용되는 회귀모형이며, 신뢰구간을 포함하여 표시되는 것이 디폴트이다.

```
> p3 <- p + geom_smooth()
> p4 <- p + geom_smooth(se = FALSE)
> p3 + p4
```

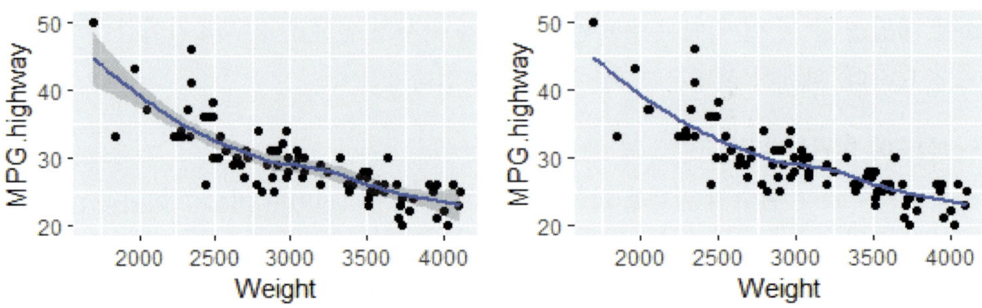

그림 13.66 국소회귀곡선을 산점도에 함께 표시

선형회귀모형은 두 변수 x와 y의 관계를 $y = \beta_0 + \beta_1 x + \epsilon$ 같이 미리 설정하고, 자료를 근거로 회귀함수의 계수 β_0와 β_1을 추정하여 x 변수의 전체 범위에서 두 변수의 관계를 수식으로 표현하는 방식이다. 회귀계수는 함수 `lm()`으로 추정된다.

이에 반하여 국소다항회귀모형은 두 변수의 관계를 미리 설정하지 않으면서 x 변수의 개별 값에 대하여 회귀함수의 값을 각각 추정하는 방식이다. 개별 x 변수값에 대한 회귀함수의 추정은 가까운 자료만을 대상으로 가중 다항회귀모형을 적합함으로써 이루어지며, 함수 `loess()`로 추정된다

이번에는 선형회귀직선과 국소회귀곡선을 산점도에 함께 나타내 보자. 두 종류의 선을 다른 색으로 표시하고 범례를 추가해야 하는데, 그래프에 범례(legend)를 추가하는 방법은 3.4절에서 그림 3.40을 작성할 때 살펴보았다. 시각적 요소 `color`에 범례의 라벨로 사용할 문자열을 매핑해 보자.

```
> ggplot(Cars93, aes(x = Weight, y = MPG.highway)) +
+   geom_point() +
+   geom_smooth(aes(color = "Linear Regression"),
+               method = "lm", se = FALSE) +
+   geom_smooth(aes(color = "Local Regression"), se = FALSE) +
+   labs(color = "Regression model")
```

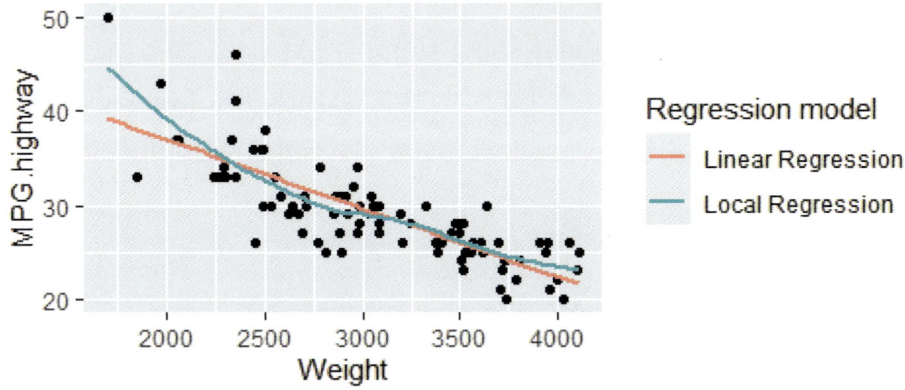

그림 13.67 선형회귀직선과 국소회귀곡선을 산점도에 함께 표시

• 산점도에 수평선, 수직선 추가

산점도에는 회귀선뿐만 아니라 수평선과 수직선도 추가할 수 있다. 수평선의 추가와 수직선의 추가는 각각 함수 `geom_hline(yintercept)`와 함수 `geom_vline(xintercept)`으로 할 수 있으며, 직선의 추가는 함수 `geom_abline(slope, intercept)`으로 할 수 있다.

변수 `Weight`와 `MPG.highway`의 산점도에 두 변수의 선형회귀직선을 추가하고, 두 변수의 평균값에 해당하는 위치에 수직선과 수평선을 각각 추가해 보자.

```
> ggplot(Cars93, aes(x = Weight, y = MPG.highway)) +
+   geom_point() +
+   geom_smooth(method = "lm", se = FALSE) +
+   geom_vline(aes(xintercept = mean(Weight)),
+              color = "red") +
+   geom_hline(aes(yintercept = mean(MPG.highway)),
+              color = "darkgreen" )
```

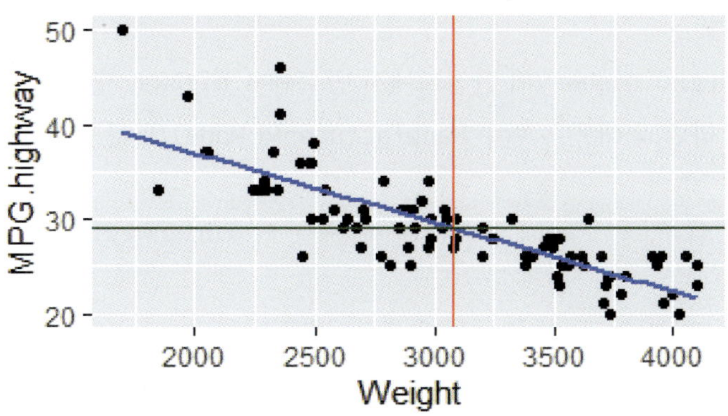

그림 13.68 산점도에 수직선과 수평선 추가

• **산점도에 그룹별 회귀직선 추가**

산점도의 점이 그룹변수의 값에 따라 색이나 모양이 구분되어 있는 경우, 각 그룹별 자료만을 대상으로 추정된 회귀직선을 추가해 보자. 변수 `Weight`와 `MPG.highway`의 산점도를 요인 `Origin`에 따라 점의 색을 구분하고, 각 그룹별 회귀직선을 추정하여 추가해 보자.

```
> ggplot(Cars93, aes(x = Weight, y = MPG.highway,
+                    color = Origin)) +
+   geom_point() +
+   geom_smooth(method = "lm", se = FALSE)
```

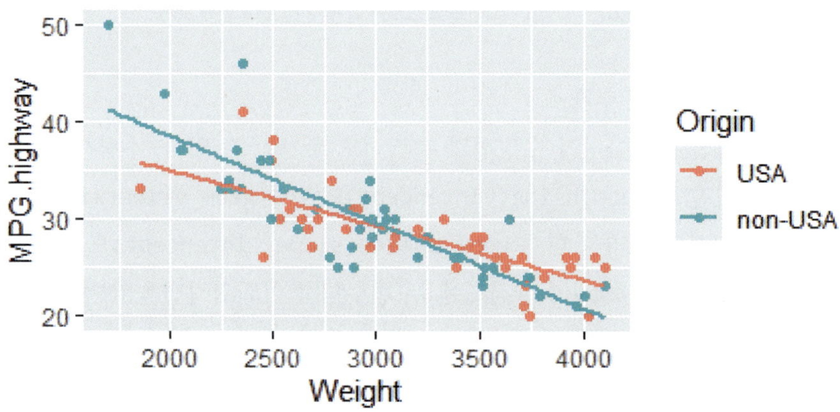

그림 13.69 그룹별 회귀직선의 추가

• **산점도의 점에 라벨 추가**

산점도에서 특정 조건을 만족하는 점에 라벨을 붙이게 되면 자료의 특성을 파악하는 데 중요한 그래프가 될 수 있다. 산점도의 점에 라벨을 붙이는 작업은 3.4절에서 살펴보았듯이 함수 `geom_text()`로 할 수 있는데, 시각적 요소 `label`에 라벨의 내용이 되는 문자형 변수를 매핑하면 된다.

변수 `Weight`와 `MPG.highway`의 산점도에서 변수 `MPG.highway`가 40을 초과하는 점에 라벨을 붙여 보자. 라벨의 내용은 변수 `Manufacturer`와 `Model`의 값을 결합한 것으로 하자.

```
> p <- ggplot(Cars93, aes(x = Weight, y = MPG.highway)) +
+   geom_point()

> p + geom_text(data = filter(Cars93, MPG.highway > 40),
+               aes(label = paste(Manufacturer, Model)))
```

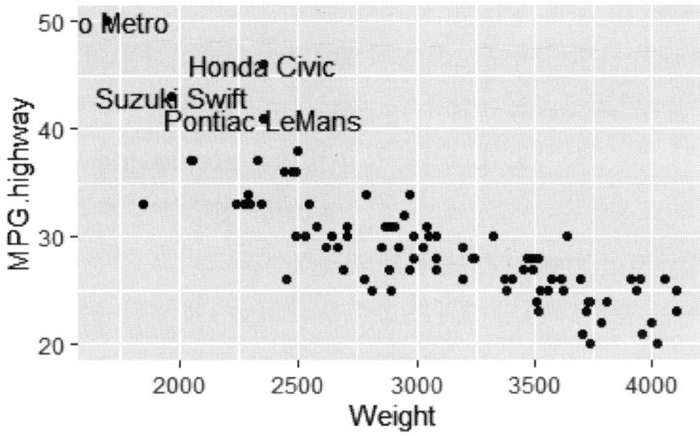

그림 13.70 산점도의 점에 라벨 추가

추가한 라벨이 점과 겹쳐 있으며, 가장 위에 있는 점의 라벨은 처음 두 글자가 나타나지 않은 것을 볼 수 있다. 라벨의 위치를 조정하는 작업은 `vjust`와 `hjust`, `nudge_x`와 `nudge_y`로 할 수 있으며, 자세한 설명은 3.4절에서 그림 3.35와 그림 3.36의 작성 과정에서 볼 수 있다.

```
> p + geom_text(data = filter(Cars93, MPG.highway > 40),
+               aes(label = paste(Manufacturer, Model)),
+               vjust = "top", hjust = "left")
```

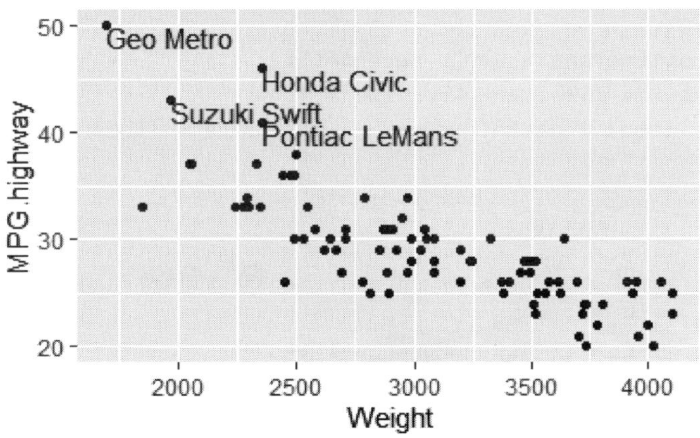

그림 13.71 산점도의 점에 라벨 추가 및 위치 조정

위의 예제는 `geom` 함수마다 서로 다른 데이터 프레임을 사용할 수 있음을 보여주고 있다. 함수 `geom_point()`에서는 자료를 모두 사용하여 산점도를 작성했지만, 함수 `geom_text()`에서는 함수 `filter()`로 축소된 데이터 프레임을 사용하여 라벨을 붙이는 작업을 진행했다.

• **산점도에 주석 추가**

산점도의 점에 대한 라벨이 아닌 그래프 자체에 주석을 추가하는 것도 함수 geom_text()로 할 수 있다. 만일 R의 수학기호 표현식을 사용하여 주석을 달고 싶다면 옵션 parse = TRUE를 추가해야 한다. R의 수학기호 표현식의 사용 방식은 plotmath의 도움말에서 찾아볼 수 있다. plotmath의 도움말은 콘솔창에서 ?plotmath를 실행하면 볼 수 있다.

변수 Weight와 MPG.highway의 산점도에 회귀직선을 그리고, 결정계수를 주석으로 추가해 보자. 결정계수는 함수 lm()의 결과를 함수 summary()에 입력하여 생성되는 리스트 객체 중 이름이 r.squared인 하부요소에 입력되어 있다.

```
> fit <- lm(MPG.highway ~ Weight, Cars93) |>
+   summary()
```

계산된 결정계수의 반올림한 결과를 객체 r2에 입력하였다.

```
> r2 <- fit$r.squared |>
+   round(2)
```

그래프 작성 및 주석의 추가는 다음과 같이 할 수 있다.

```
> ggplot(Cars93, aes(x = Weight, y = MPG.highway)) +
+   geom_point() +
+   geom_smooth(method = "lm", se = FALSE) +
+   geom_text(x = 3500, y = 45, size = 4,
+             label = paste("R^2==", r2), parse = TRUE)
```

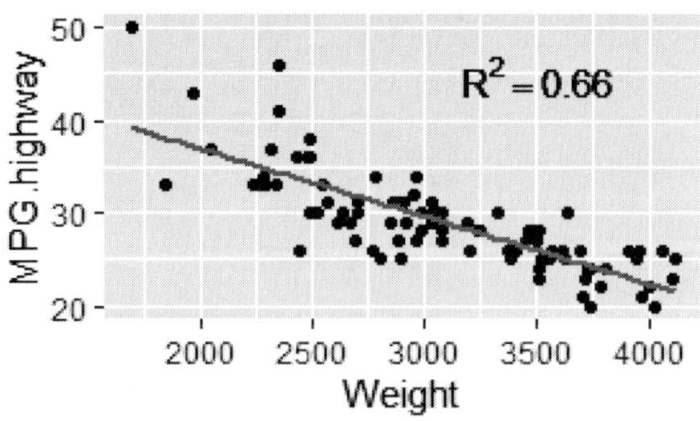

그림 13.72 산점도에 수학기호 주석 추가

2) 산점도에서 점이 겹쳐지는 문제에 대한 대안

산점도의 점들이 서로 겹쳐지면 자료의 분포나 관계 등을 확인하는 것이 어렵게 된다. 대규모의 자료를 대상으로 산점도를 작성하는 경우 종종 일어나는 현상이며, 두 변수 중 한 변수가 이산형인 경우에도 흔히 볼 수 있는 현상이다. 원자료를 반올림하여 정수로 만들었다면 이산형 자료가 아니어도 겹치는 현상이 발생할 수 있다. 점이 겹쳐지는 문제의 해결 방안은 상황에 따라 달라질 수밖에 없으며, 마땅한 해결 방안이 없는 상황도 있을 수 있다.

이산형 변수의 특성으로 점이 겹쳐지는 문제에 대한 예제로서 데이터 프레임 `ChickWeight`를 사용해 보자. 데이터 프레임 `ChickWeight`는 578마리의 병아리를 대상으로 측정한 몸무게(`weight`)와 몸무게 측정이 생후 며칠에 이루어졌는지(`Time`)를 조사한 자료이다. 두 변수의 산점도를 작성해 보자.

```
> ChickWeight |>
+     ggplot(aes(x = Time, y = weight)) +
+     geom_point()
```

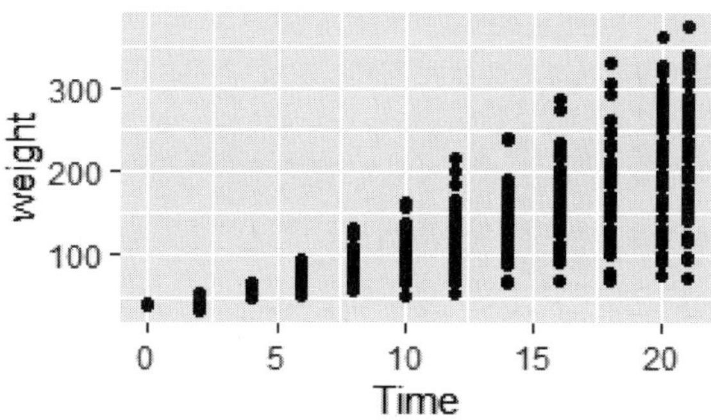

그림 13.73 산점도의 점 겹치는 문제

변수 `Time`은 12개의 값만을 갖고 있는 변수이기 때문에 많은 점들이 겹치게 될 수밖에 없다. 이런 경우에는 함수 `geom_jitter()`을 사용하여 점을 약간 흩트리면 점이 겹치는 정도를 약간 완화할 수 있다.

다른 방법으로 변수 `Time`이 이산형 변수의 특성을 지니고 있기 때문에 나란히 서 있는 상자그림을 산점도 대신 작성하는 것도 두 변수의 관계 탐색에 도움이 될 수 있다. 함수 `geom_boxplot()`으로 그룹별 상자그림을 작성할 때 그룹 변수는 반드시 요인 또는 문자형 변수가 되어야 한다. 따라서 숫자형 변수인 `Time`을 요인으로 전환하여 그룹변수로 매핑하였다.

```
> library(patchwork)
> p1 <- ChickWeight |>
+     ggplot(aes(x = Time, y = weight)) +
+     geom_jitter(width = 0.2, height = 0)
> p2 <- ChickWeight |>
+     ggplot(aes(x = as.factor(Time), y = weight)) +
+     geom_boxplot() + xlab("Time")
> p1 + p2
```

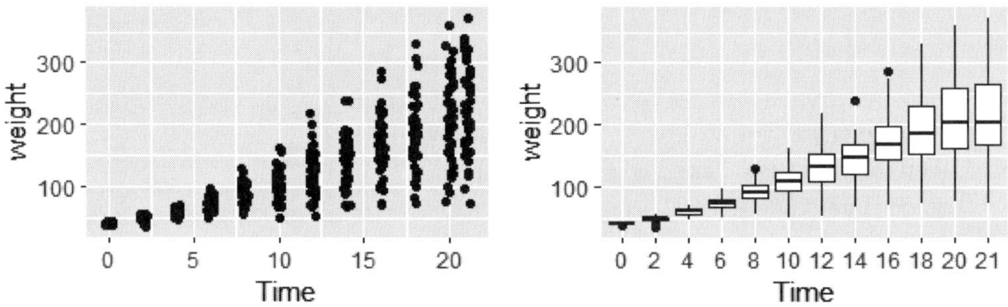

그림 13.74 산점도 점 겹치는 문제 해결 방안: 점 흩트리기 및 상자그림

이번에는 대규모 자료를 대상으로 작성된 산점도에서 발생하는 점이 겹쳐지는 현상을 살펴보자. 패키지 ggplot2의 데이터 프레임 diamonds는 53,940개 다이아몬드를 대상으로 가격(price), 무게(carat), 컷의 등급(cut), 색상(color), 투명도(clarity) 등을 조사한 자료이다. 변수 carat과 price의 산점도를 작성해 보자.

```
> ggplot(diamonds, aes(x = carat, y = price)) +
+   geom_point()
```

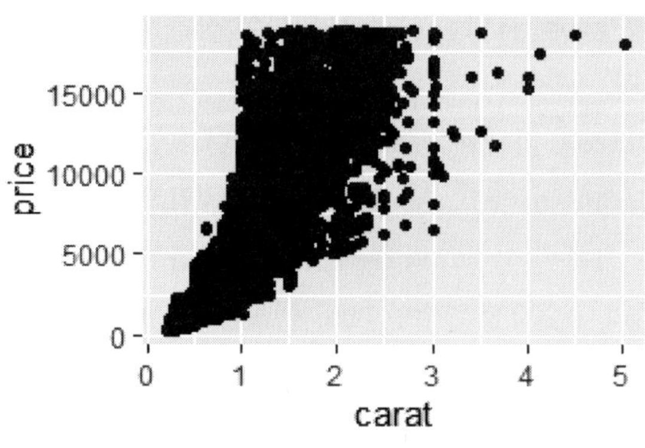

그림 13.75 대규모 자료의 산점도에서 점 겹치는 문제

점들이 너무 심하게 겹쳐져서 자료의 분포를 알아보기 어려운 상황이다. 변수 carat이 3을 초과하는 자료가 많지 않으므로, carat < 3인 자료만을 대상으로 산점도를 다시 작성해 보자.

```
> p_dia <- filter(diamonds, carat < 3) |>
+   ggplot(aes(x = carat, y = price))
> p_dia + geom_point()
```

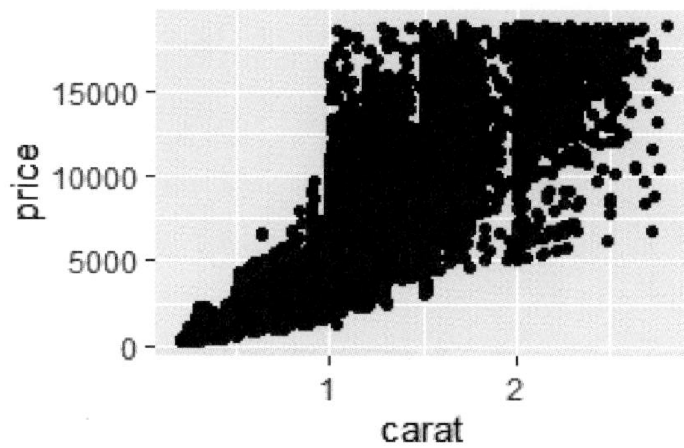

그림 13.76 대규모 자료의 산점도에서 점 겹치는 문제

대규모 자료를 대상으로 작성된 산점도에서 흔히 발생할 수 있는 문제라고 할 수 있다. 자료의 분포를 확인할 수 있는 첫 번째 방법으로 점의 크기를 줄이고 투명도를 높이는 것을 생각해 볼 수 있다. 함수 geom_point()에서 점 모양은 shape = 16이 디폴트인데, shape = 20을 사용하면 점의 크기가 조금 줄어든다. alpha를 0에 가까운 값을 지정하면 투명도를 높일 수 있다.

```
> p_dia + geom_point(alpha = 0.1, shape = 20)
```

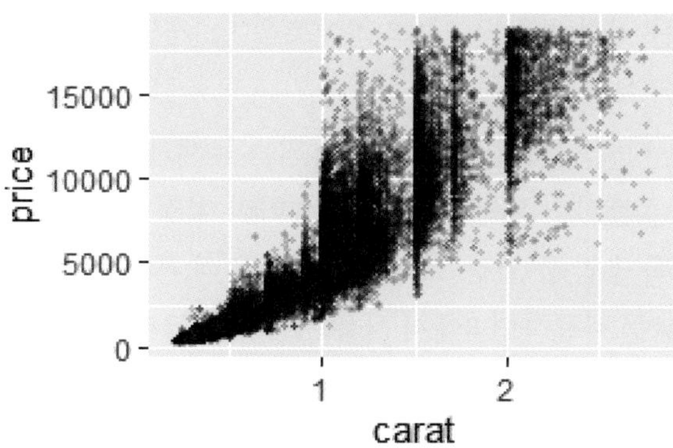

그림 13.77 대규모 자료의 산점도에서 점 겹치는 문제 해결 방안: 점의 크기 줄이고 투명도 높이기

점의 크기를 줄이고 투명도를 높이는 것으로는 문제가 해결되지 않는 것으로 보인다. 다만, 특정 carat의 값에서 점들이 수직의 띠를 형성하는 것이 보인다. 이것은 carat의 값이 같더라도 price가 갖는 값에는 큰 차이가 있다는 것이며, 따라서 price의 변동을 설명하기 위해서는 다른 변수가 더 필요하다고 볼 수 있다.

두 번째 방법으로는 함수 geom_bin2d()로 2차원 히스토그램을 작성하는 것이다. 이것은 XY축으로 형성된 2차원 공간을 직사각형의 영역(2D bin)으로 나누고, 각 영역에 속한 자료의 개수를 색으로 나타내는 그래프를 작성하는 것이다. 히스토그램을 2차원으로 확장한 그래프라고 할 수 있다. X축과 Y축을 30개의 구간으로 나누어 전체 공간을 900개의 직사각형으로 나누는 것이 디폴트이다.

```
> p_dia + geom_bin2d()
```

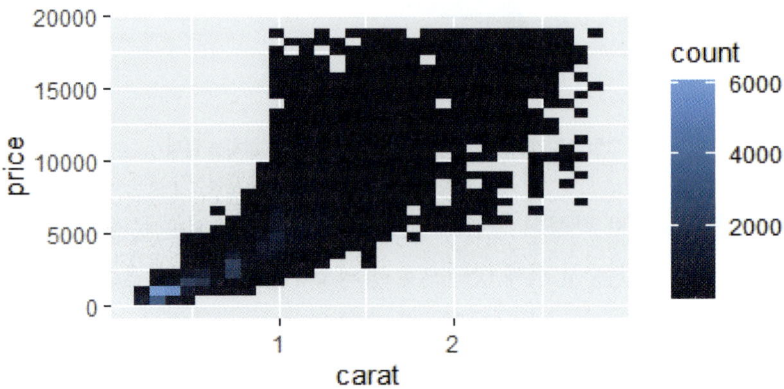

그림 13.78 대규모 자료의 산점도에서 점 겹치는 문제 해결 방안: 2차원 히스토그램

빈도수를 나타내는 색에 큰 변화가 없어서 구분이 잘 안 되고 있고, 구간의 개수를 더 늘릴 필요가 있는 것으로 보인다. 디폴트 구간 개수인 30개를 원하는 개수로 조정하기 위해서는 bins에 구간의 개수를 지정하면 된다. X축과 Y축을 100개의 구간으로 나뉘어 모두 10,000개의 영역으로 구분해 보자.

빈도수를 나타내는 디폴트 색이 구분이 잘 안 되는 문제를 해결해 보자. 색의 조정은 다양한 팔레트 중 하나를 선택하면 되는데, 팔레트는 미리 설정된 몇 가지 색 모음을 의미한다. 몇 가지 팔레트의 선택 방법 중 가장 효율적인 방법은 패키지 paletteer를 활용하는 것이다. 패키지 paletteer를 사용하면 R에서 사용 가능한 모든 팔레트를 매우 간단한 방법으로 선택해서 사용할 수 있다.

팔레트는 이산형과 연속형으로 구분되는데, 몇 가지 고정된 개수의 색 모음을 구성하는 경우에는 이산형 팔레트를 사용하면 된다. 범주형 변수의 각 범주를 다른 색으로 표현하고자 하는 경우에 사용할 수 있다. 연속형 팔레트는 그림 13.78의 경우처럼 연속형 변수의 값에 따라 색이 자연스럽게 변하는 경우에 사용하면 된다.

사용할 함수는 3.7절에서 살펴보았던 `scale` 함수의 형태를 취하고 있는데, 만일 시각적 요소 `color`에 팔레트를 적용하는 경우에는 `scale_color_paletteer_d()` 또는 `scale_color_paletteer_c()`를 사용하면 되고, 시각적 요소 `fill`에 팔레트를 적용하는 경우에는 `scale_fill_paletteer_d()` 또는 `scale_fill_paletteer_c()`를 사용하면 된다. 단, `scale_fill_paletteer_d()`와 같이 `_d`로 끝나는 함수는 이산형 팔레트를 위한 것이고, `scale_fill_paletteer_c()`와 같이 `_c()`로 끝나는 함수는 연속형 팔레트를 위한 것이다.

함수 안에는 팔레트를 정의한 패키지와 팔레트 이름을 `"패키지::팔레트이름"`의 형식으로 지정하면 된다. 예를 들어 패키지 `scico`의 `berlin`의 연속형 팔레트를 사용하고자 한다면 `"scico::berlin"`를 입력하면 된다. 그림 13.79에서 대부분의 다이아몬드가 작고 가격이 상대적으로 싼 편이라는 것을 알 수 있다.

```
> library(paletteer)

> p_dia +
+   geom_bin2d(bins = 100) +
+   scale_fill_paletteer_c("scico::berlin")
```

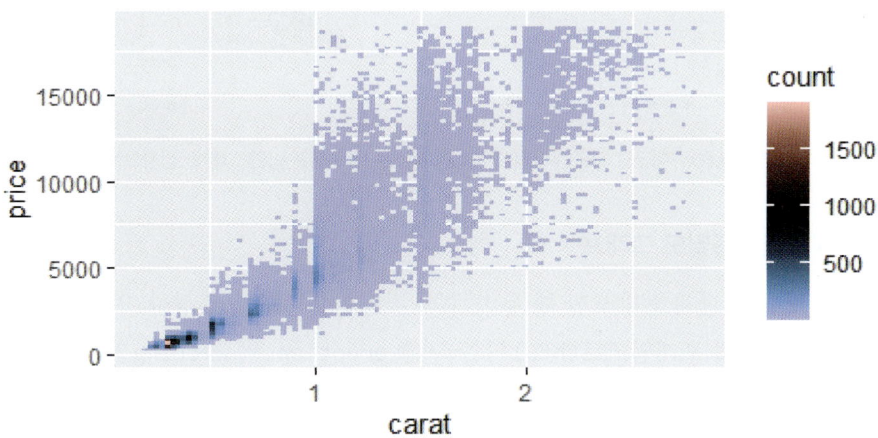

그림 13.79 대규모 자료의 산점도에서 점 겹치는 문제 해결 방안: 2차원 히스토그램

세 번째 방법은 X축 변수인 `carat`이 이산형 변수가 아니지만, 이것을 구간으로 구분하여 나란히 서 있는 상자그림을 작성하는 것이다. 숫자형 변수를 구간으로 구분하는 데 유용한 함수는 3.3절에서 살펴보았던, 함수 `cut_width()`와 `cut_number()`, `cut_interval()`이

다. 구간의 간격을 동일하게 한다면 cut_width(x, width, boundary)를 사용하면 된다. 반면에 자료를 n개 구간으로 구분하되, 각 구간에 속한 자료의 개수를 동일하게 한다면 cut_number(x, n)을 사용하면 되고, 간격이 length인 n개 그룹으로 구분한다면 cut_interval(x, n, length)를 사용하면 된다. 이 함수들을 실행시키면 각 구간을 수준으로 갖는 요인이 생성된다.

변수 carat을 0을 시작점으로 0.1의 간격을 갖는 구간으로 구분하고, 각 구간의 자료들을 대상으로 상자그림을 작성해 보자. 또한 변수 carat을 20개 구간으로 구분하되 각 구간에 속한 자료의 개수를 가능한 동일하게 상자그림을 작성해 보자.

```
> p_dia_b1 <- p_dia +
+   geom_boxplot(aes(group = cut_width(carat, width = 0.1,
+                                      boundary = 0)))
> p_dia_b2 <- p_dia +
+   geom_boxplot(aes(group = cut_number(carat, n = 20)))

> p_dia_b1 + p_dia_b2
```

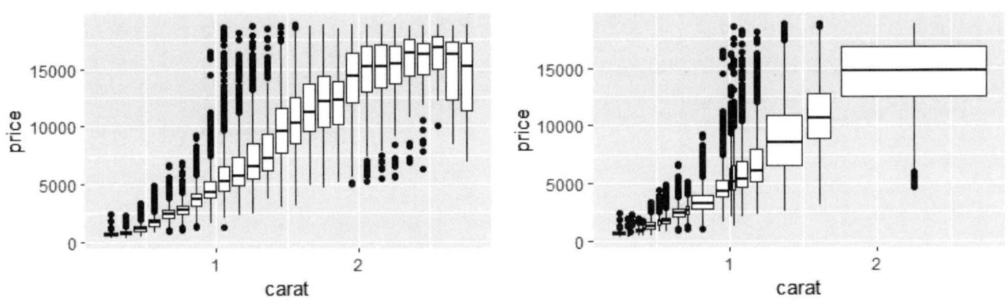

그림 13.80 대규모 자료의 산점도에서 점 겹치는 문제 해결 방안: 그룹별 상자그림

3) 이차원 결합확률밀도 그래프

두 연속형 변수의 관계를 탐색할 때 두 변수의 결합확률밀도를 추정한 그래프가 큰 역할을 할 수 있다. 데이터 프레임 faithful의 두 변수 eruptions와 waiting의 결합확률밀도를 추정하여 그래프로 작성해 보자. 기본적인 그래프는 함수 geom_density_2d()로 작성할 수 있는데, 등고선 그래프가 작성된다.

```
> p_fa <- ggplot(faithful, aes(x = eruptions, y = waiting)) +
+   xlim(1, 6) + ylim(35, 100)

> p_fa + geom_density2d()
```

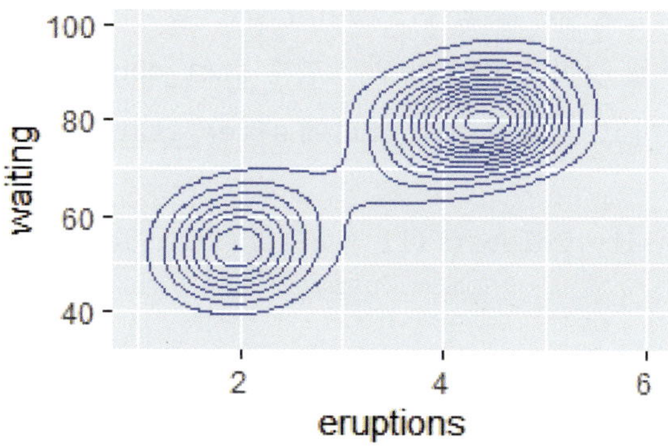

그림 13.81 결합확률밀도 등고선 그래프

등고선 그래프는 3차원 자료를 2차원 공간에 표시한 것으로 확률밀도가 같은 영역을 선으로 연결하여 그린 그래프다. 각 등고선에 적절한 라벨이 붙어 있어야 확률밀도가 높은 지역과 낮은 지역을 구분할 수 있지만, 라벨을 일일이 확인하여 높이를 구분하는 작업은 매우 번거롭고 부정확할 수밖에 없다.

대안으로 제시되는 방법은 등고선의 높이를 색으로 구분하는 것이다. 시각적 요소 `color`를 함수 `stat_density_2d()`에서 계산된 변수 `after_stat(level)`에 매핑하여 선의 색깔을 구분시켜 보자. 함수 `scale_color_paletteer_c()`를 사용하여 색깔의 변화를 조정하였다. 두 변수의 산점도를 함께 작성하는 것도 좋을 것이다.

```
> p_fa1 <- p_fa +
+   geom_density_2d(aes(color = after_stat(level))) +
+   scale_color_paletteer_c("viridis::inferno")

> p_fa2 <- p_fa1 + geom_point(shape = 20)

> p_fa1 + p_fa2
```

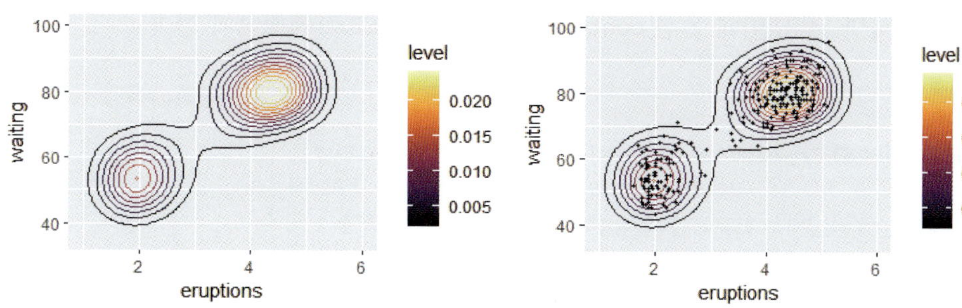

그림 13.82 결합확률밀도 등고선 그래프

등고선만을 색으로 구분하는 것보다는 높이가 같은 영역을 구분된 색으로 채우는 것이 더 효율적인 그래프가 될 것이다. 작성 방법은 함수 stat_density_2d()를 사용하여 geom에 "polygon"을 지정하고, 시각적 요소 fill에 after_stat(level)을 매핑하는 것이다.

```
> p_fa + stat_density_2d(aes(fill = after_stat(level)),
+                        geom = "polygon")
```

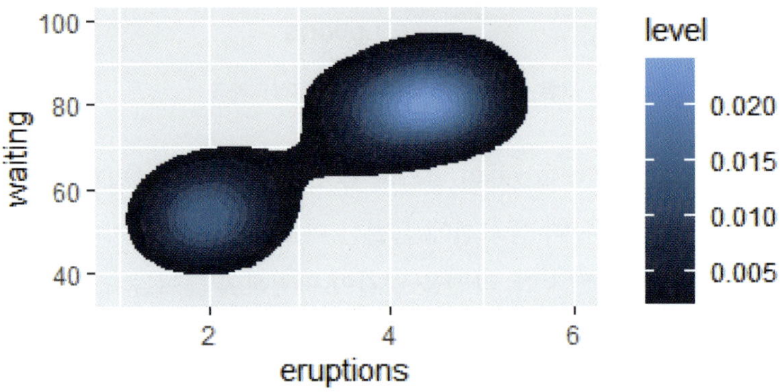

그림 13.83 색을 이용한 결합확률밀도 그래프

등고선 내부 영역만을 색으로 채우기보다 그래프 전체 영역을 타일로 구분하고, 확률밀도의 높이에 따라 타일의 색을 다르게 하는 것이 훨씬 안정적인 느낌의 그래프를 작성하는 방법이 된다. 직사각형의 타일을 만드는 작업은 함수 geom_tile() 또는 geom_raster()를 사용해야 하는데, 두 변수에 대한 반응표면을 작성하는 경우에는 함수 geom_raster()를 사용하는 것이 좋다.

두 변수의 결합확률밀도 그래프도 일종의 반응표면을 작성하는 것이므로 geom_raster()를 사용해 보자. 타일의 색을 구분하기 위한 결합확률밀도의 추정 결과는 함수 stat_density_2d()에서 after_stat(density)에 입력되어 있으며, 이것을 시각적 요소 fill에 매핑하면 된다. 이때 옵션 contour은 반드시 FALSE로 지정해야 한다.

```
> p_fa +
+   stat_density_2d(aes(fill = after_stat(density)),
+                   geom = "raster", contour = FALSE) +
+   scale_fill_paletteer_c("ggthemes::Red-Gold")
```

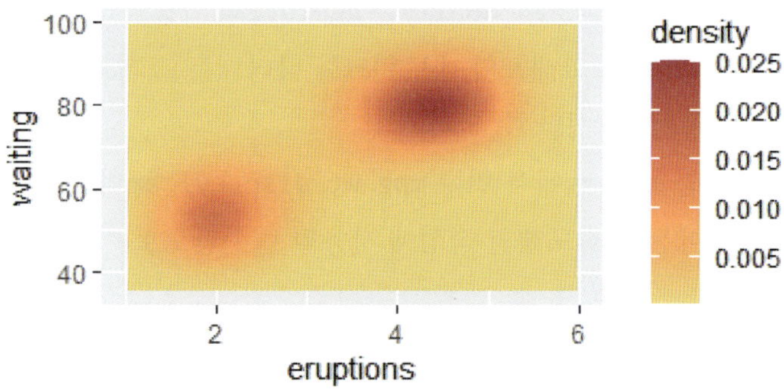

그림 13.84 색을 이용한 결합확률밀도 그래프

패키지 ggplot2에는 데이터 프레임 faithful의 두 변수인 eruptions와 waiting의 결합확률밀도 추정 결과가 변수(density)로 포함된 데이터 프레임 faithfuld가 있다. 변수 density에 할당된 결합확률밀도의 추정은 XY축에 75개의 격자점을 각각 구성하여 형성된 75×75=5625의 점에서 이루어졌다. 이와 같이 결합확률밀도의 높이가 데이터 프레임의 변수로 주어진 경우에는 함수 geom_raster()로 간단하게 그래프를 작성할 수 있다. 다만 이러한 경우에는 interpolate에 TRUE를 지정하면 더 안정적인 그래프를 작성할 수 있다.

```
> ggplot(faithfuld, aes(x = eruptions, y = waiting)) +
+   geom_raster(aes(fill = density), interpolate = TRUE) +
+   scale_fill_paletteer_c("viridis::turbo")
```

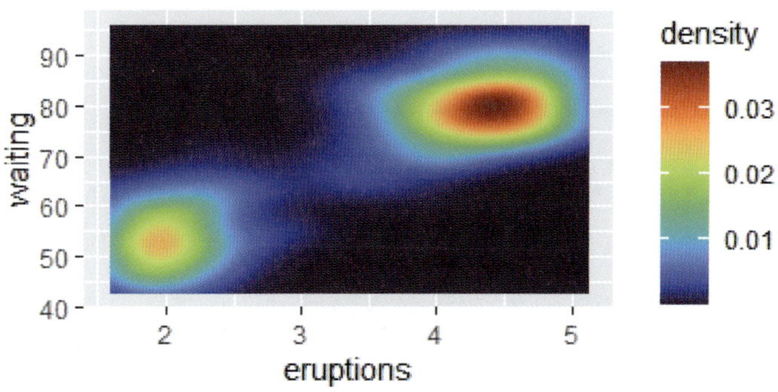

그림 13.85 결합확률밀도 그래프

4) 산점도행렬(scatter plot matrix)

산점도행렬은 여러 변수로 이루어진 자료에서 두 변수끼리 짝을 지어 작성된 산점도를 행렬의 행태로 배열하여 하나의 그래프로 함께 나타낸 그래프이다. 복잡하고 어려운 문제를 간단하고 명확하게 해결할 수 있도록 도와주는 뛰어난 그래프라고 할 수 있다.

패키지 ggplot2에는 산점도행렬을 작성하는 함수가 없지만, 패키지 GGally의 함수

ggpairs()로 작성할 수 있다. 패키지 GGally는 ggplot2의 확장이라고 할 수 있는데, 산점도행렬, 평행좌표 그래프, 생존 그래프와 네트워크를 나타내는 그래프, 모형 검진을 위한 그래프 등등 유용한 그래프를 작성할 수 있다.

예제로 데이터 프레임 mtcars에서 변수 mpg, wt, disp, cyl, am의 산점도행렬을 작성해 보자. 함수 ggpairs()에는 산점도행렬 작성에 사용될 변수만으로 이루어진 데이터 프레임을 입력하는 것이 좋다.

```
> mtcars_1 <- mtcars |>
+   select(mpg, wt, disp, cyl, am)
> library(GGally)
> ggpairs(mtcars_1)
```

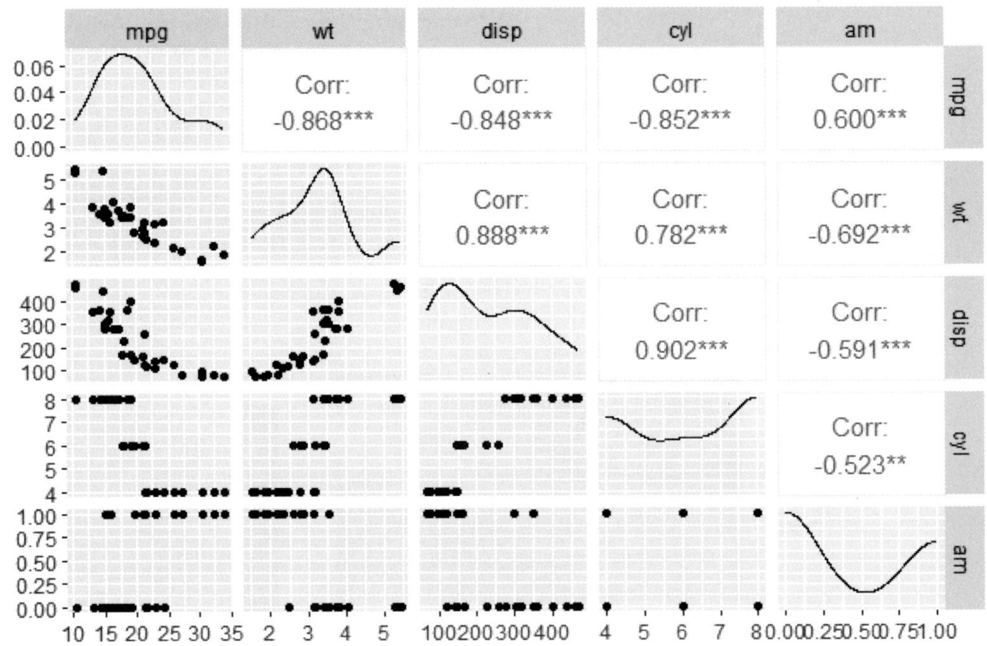

그림 13.86 숫자형 변수에 대한 함수 ggpairs()의 산점도행렬

데이터 프레임 mtcars의 모든 변수는 숫자형 변수로 선언되어 있다. 변수 am과 cyl을 요인으로 전환시키고 다시 산점도행렬을 작성해 보자.

```
> mtcars_2 <- mtcars_1 |>
+   mutate(am = factor(am), cyl = factor(cyl))
> ggpairs(mtcars_2)
```

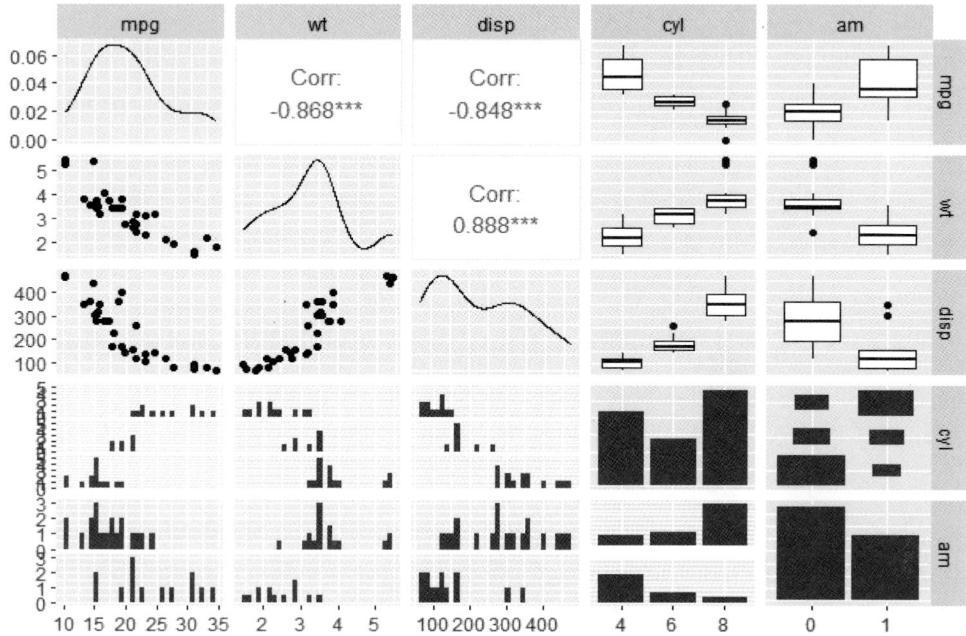

그림 13.87 숫자형 변수와 요인이 있는 자료에 대한 함수 ggpairs()의 산점도행렬

함수 ggpairs()로 작성된 산점도행렬은 단순히 두 변수의 산점도만을 작성하는 것이 아니라 변수의 유형에 따라 적절한 형태의 그래프를 각 패널에 작성한다. 변수의 유형은 두 변수가 모두 숫자형 변수 또는 범주형 변수인 경우와 두 유형이 섞여 있는 경우로 구분된다. 또한 패널의 위치가 대각선인지, 혹은 대각선 위쪽인지, 혹은 대각선 아래쪽인지에 따라 다른 유형의 그래프가 작성되는 것이 디폴트이다.

각 패널에 작성되는 디폴트 그래프를 살펴보자. 대각선 패널의 경우, 숫자형 변수는 확률밀도 그래프가 작성되고 범주형 변수는 막대그래프가 작성된다. 대각선 위쪽 패널의 경우, 두 변수가 모두 숫자형 변수이면 상관계수가 계산되고, 하나는 숫자형 변수이고 다른 하나가 범주형 변수이면 상자그림이 작성되며, 둘 다 범주형 변수이면 2차원 분할표의 각 빈도수에 비례한 크기의 사각형 그래프가 작성된다. 대각선 아래쪽 패널의 경우, 둘 다 숫자형 변수이면 산점도, 둘 다 범주형 변수이면 facet 막대그래프, 섞여 있으면 facet 히스토그램이 각각 작성된다.

각 패널에 작성되는 그래프를 바꾸는 방법을 살펴보자. 대각선 위 아래 패널의 경우에는 인자 upper 혹은 lower에 하부 요소 continuous와 combo, discrete로 이루어진 리스트에 원하는 그래프에 해당하는 키워드를 각 요소에 지정하면 된다. 숫자형 변수인 continuous에 사용할 수 있는 키워드는 "points", "smooth", "smooth_loess", "density", "cor", "blank"가 있고, 범주형 변수인 discrete에 사용할 수 있는 키워드는 "facetbar", "ratio", "blank"가 있으며, 유형이 섞여 있는 경우인 combo에는 "box", "box_no_facet", "dot", "dot_no_facet", "facethist", "facetdensity", "denstrip", "blank"가 있다.

대각선 패널의 경우에는 인자 diag에 continuous와 discrete로 이루어진 리스트에 원하는 그래프에 해당하는 키워드를 지정해야 한다. 사용 가능한 키워드로 continuous에는 "densityDiag", "barDiag", "blankDiag"가 있고, discrete에는 "barDiag", "blankDiag"가 있다.

각 그래프를 작성할 때 디폴트로 주어진 변수가 있다. 예를 들어, 히스토그램을 작성할 때 구간은 bins=30으로 설정되는 것이 디폴트이다. 이러한 디폴트 값을 변경하고자 한다면 함수 wrap()을 사용하여 필요한 변수 값을 지정하면 된다.

이제 mtcars_2를 대상으로 다음의 조건으로 수정된 형태의 산점도행렬을 작성하자. 대각선 아래쪽 패널의 continuous에는 "smooth"를 지정해서 회귀직선을 추가하되, se=FALSE를 추가해서 신뢰구간은 제거하고, combo의 경우에는 "facethist"를 지정해서 facet 히스토그램을 작성하되, bins=10으로 구간의 개수를 10개로 지정하자. 대각선 위쪽 패널의 continuous에는 "density"를 지정해서 결합확률밀도그래프를 작성해 보자. 또한 모든 패널의 그래프를 요인 am에 의한 두 그룹으로 구분해서 작성하는데, 이것은 시각적 요소 color에 요인 am을 매핑하면 된다.

```
> ggpairs(mtcars_2, aes(color = am),
+         upper = list(continuous = "density"),
+         lower = list(continuous = wrap("smooth", se = FALSE),
+                      combo = wrap("facethist", bins = 10)))
```

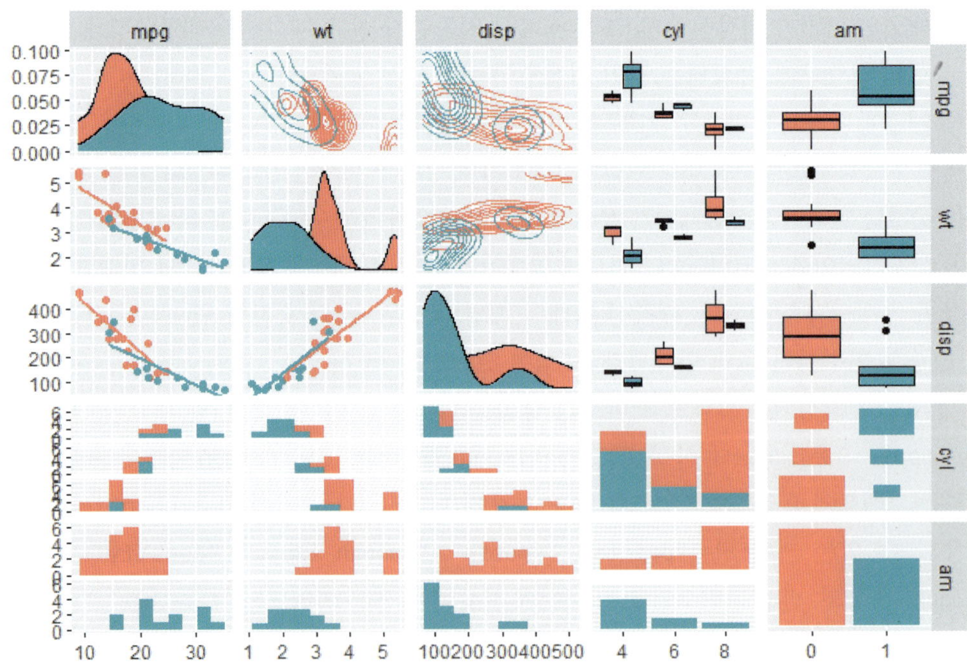

그림 13.88 숫자형 변수와 요인이 있는 자료에 대한 함수 ggpairs()의 산점도행렬

13.5 연습문제

01 패키지 ggplot2에 있는 데이터 프레임 mpg에는 1999년과 2008년에 많이 판매됐던 38 종류 자동차에 대한 11개 변수가 입력되어 있다.

1) 11개 변수 중 문자형 변수만 선택해서 다음과 같이 출력해 보자.

```
# A tibble: 234 × 6
  manufacturer model trans      drv   fl    class
  <chr>        <chr> <chr>      <chr> <chr> <chr>
1 audi         a4    auto(l5)   f     p     compact
2 audi         a4    manual(m5) f     p     compact
3 audi         a4    manual(m6) f     p     compact
4 audi         a4    auto(av)   f     p     compact
# ℹ 230 more rows
```

2) 문자형 변수 중 manufacturer, model을 제외한 나머지 변수를 모두 요인으로 변경시켜서 다음과 같이 출력해 보자.

```
# A tibble: 234 × 6
  manufacturer model trans      drv   fl    class
  <chr>        <chr> <fct>      <fct> <fct> <fct>
1 audi         a4    auto(l5)   f     p     compact
2 audi         a4    manual(m5) f     p     compact
3 audi         a4    manual(m6) f     p     compact
4 audi         a4    auto(av)   f     p     compact
# ℹ 230 more rows
```

3) 요인으로 변경된 변수 trans의 범주별 빈도를 다음과 같이 출력해 보자.

```
# A tibble: 10 × 2
   trans          n
   <fct>      <int>
 1 auto(av)       5
 2 auto(l3)       2
 3 auto(l4)      83
 4 auto(l5)      39
 5 auto(l6)       6
 6 auto(s4)       3
 7 auto(s5)       3
 8 auto(s6)      16
 9 manual(m5)    58
10 manual(m6)    19
```

4) 변수 `trans`의 범주 중 `manual(m5)`와 `manual(m6)`는 `Manual`로 통합하고, `auto(l3)`, `auto(l4)`, `auto(l5)`, `auto(l6)`는 `Auto-T1`으로, 나머지 범주는 `Auto-T2`로 통합해서 각 범주의 빈도를 다음과 같이 막대 그래프로 나타내 보자.

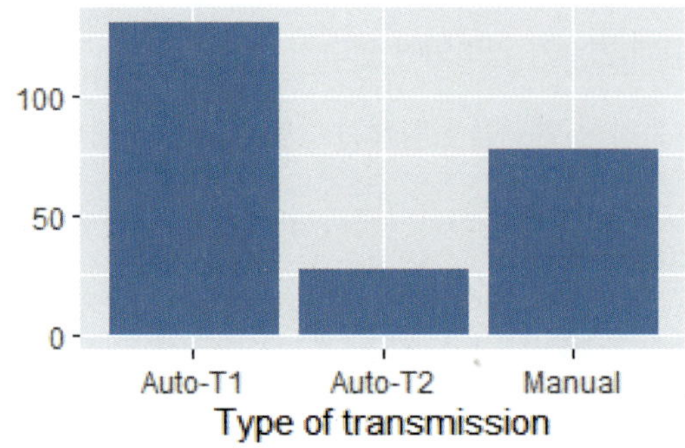

그림 13.89 3개 범주로 통합한 변수 `trans`의 막대그래프

5) 3개 범주로 통합한 변수 `trans`와 변수 `cyl`의 관계를 나타내는 막대그래프를 작성해 보자. 단, 변수 `cyl`에서 5의 값을 갖는 자동차 자료는 제외한다. 먼저 쌓아 올린 막대그래프를 작성하고, 두 변수의 관계를 해석하라.

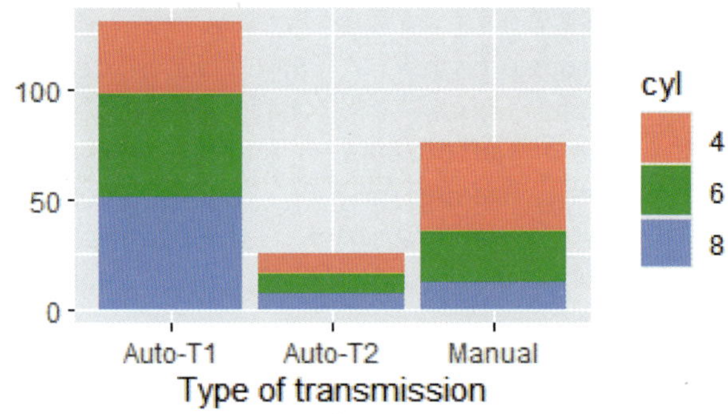

그림 13.90 변수 `trans`와 변수 `cyl`의 쌓아 올린 막대그래프

옆으로 붙여 놓은 막대그래프를 작성하고, 두 변수의 관계를 해석하라.

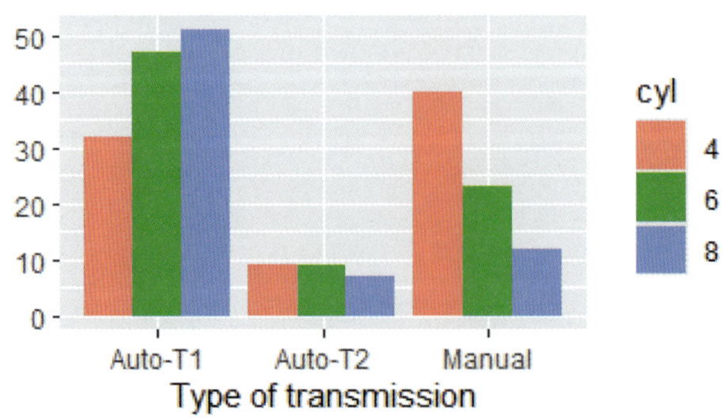

그림 13.91 변수 `trans`와 변수 `cyl`의 옆으로 붙여 놓은 막대그래프

상대 도수에 의한 막대 그래프를 작성하고, 두 변수의 관계를 해석하라.

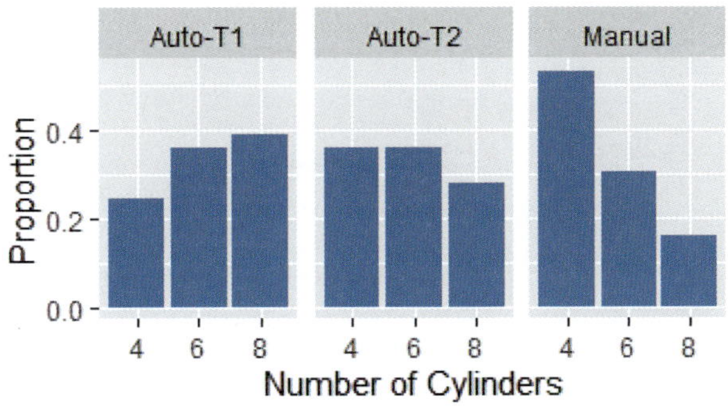

그림 13.92 변수 `trans`와 변수 `cyl`의 옆으로 붙여 놓은 상대 도수 막대그래프

6) 변수 `cyl`과 `hwy`의 관계를 알아보고자 한다. 다음의 그래프를 작성하고, 두 변수의 관계를 설명해 보자. 변수 `cyl`에서 5의 값을 갖는 자동차 자료는 제외한다.

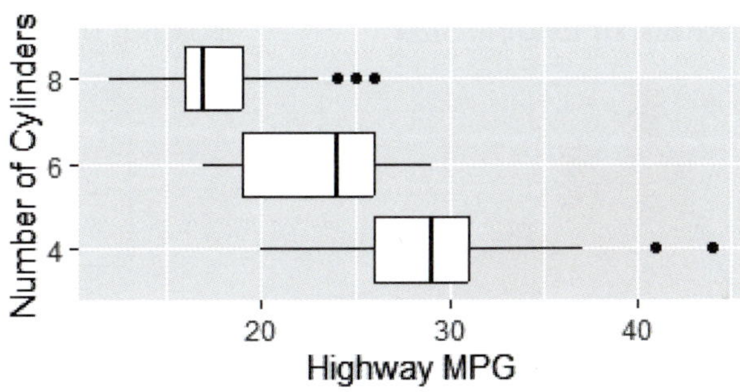

그림 13.93 변수 `cyl`과 `hwy`의 상자그림

7) 변수 `cyl`, `drv`와 `hwy`의 관계를 나타내는 다음의 두 가지 그래프를 작성하라. 단, 변수 `cyl`에서 5의 값을 갖는 자동차 자료는 제외하며, 변수 `drv`에서 4는 `"4WD"`로 라벨을 변경하고, `f`와 `r`은 통합해서 `"F or R"`로 라벨을 변경한다.

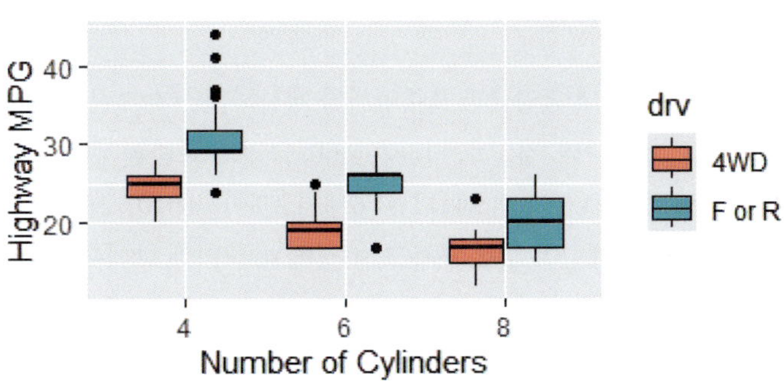

그림 13.94 변수 `cyl`, `drv`와 `hwy`의 상자그림

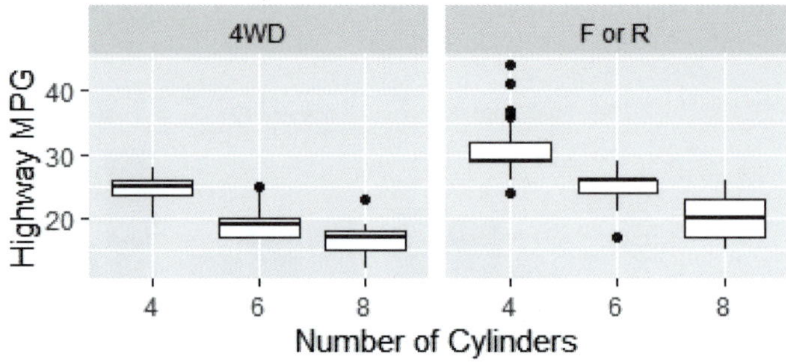

그림 13.95 변수 cyl, drv와 hwy의 상자그림

02 패키지 MASS에 있는 데이터 프레임 Cars93는 1993년 미국에서 판매된 93종류의 자동차에 대한 데이터로 27개 변수로 구성되어 있다.

1) 변수 EngineSize의 히스토그램과 상자그림을 다음과 같이 작성하라.

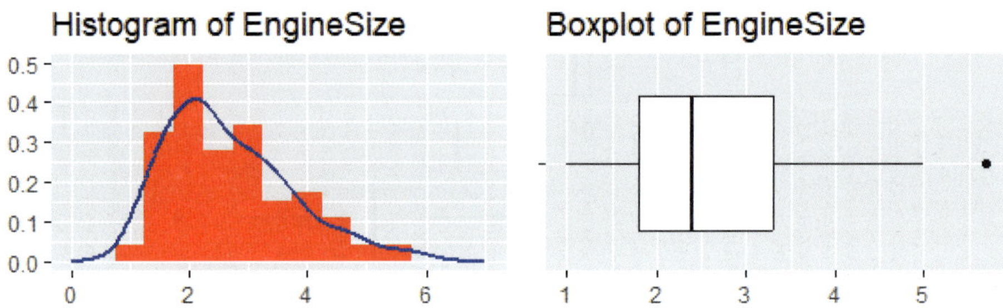

그림 13.96 EngineSize의 히스토그램과 상자그림

2) 상자그림에 점으로 표시된 관찰값에 대한 변수 Manufacturer와 Model의 값을 다음과 같이 출력하라.

```
  Manufacturer       Model
1        Buick Roadmaster
2    Chevrolet   Corvette
```

3) 변수 EngineSize에 대한 평균과 표준편차를 계산하되 상자그림에서 점으로 표시된 두 관찰값을 제외하고 계산하라. 참고로 평균은 2.60, 그리고 표준편차는 0.944로 계산되었다.

4) 변수 EngineSize를 1.6 이하(Small), 1.6에서 2.0 이하(Mid), 2.0 초과(Large)의 세 범주로 구분하여 각 범주에 대한 도수를 구하고, 이것에 대한 막대 그래프, 파이 그래프, Cleveland의 점 그래프를 다음과 같이 작성하라.

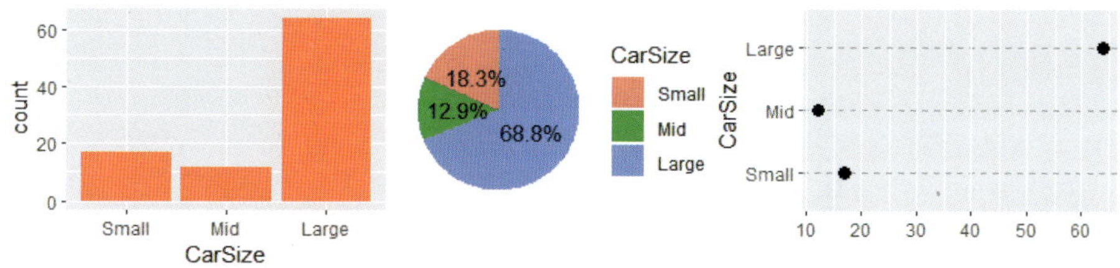

그림 13.97 범주형 변수로 변환한 `EngineSize`의 그래프

5) 변수 `MPG.city`의 상자그림을 다음과 같이 작성하라. 상자 안의 빨간 점은 변수 `MPG.city`의 평균값 위치를 표시한 것이다.

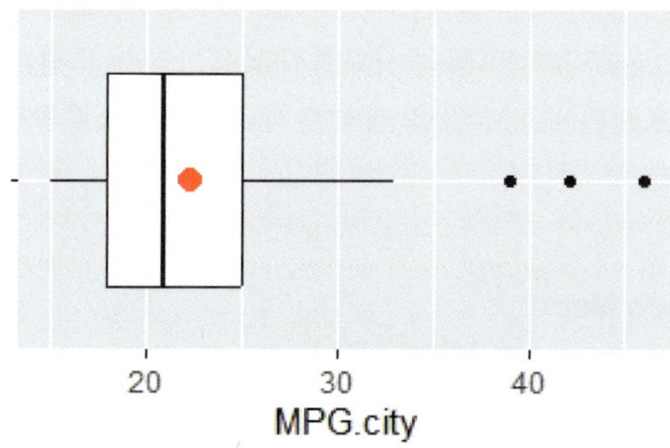

그림 13.98 `MPG.city`의 상자그림

6) 변수 `MPG.city`의 상자그림에 점으로 표시된 세 관찰값의 변수 `Manufacturer`, `Model`, `MPG.city`, `Weight`만으로 이루어진 데이터 프레임을 구성하되, 다음과 같이 변수 `Weight`의 크기 순으로 관찰값을 재배열하라.

```
# A tibble: 3 × 4
  Manufacturer Model MPG.city Weight
  <fct>        <fct>    <int>  <int>
1 Honda        Civic       42   2350
2 Suzuki       Swift       39   1965
3 Geo          Metro       46   1695
```

7) 변수 `MPG.city`와 `Weight`의 산점도를 작성하되, 변수 `MPG.city`의 상자그림에서 점으로 표시된 세 자동차의 `Manufacturer`와 `Model` 이름을 다음과 같이 해당하는 점 옆에 표시하라.

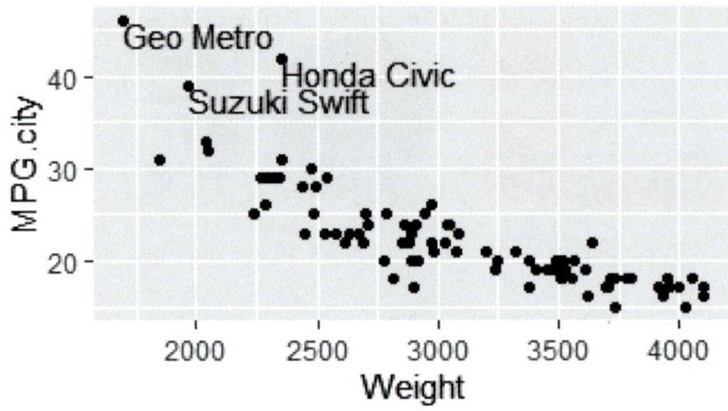

그림 13.99 MPG.city와 Weight의 산점도

8) 변수 MPG.city와 Weight의 산점도에 변수 MPG.city를 반응변수, Weight를 설명변수로 하는 회귀직선을 추가하되, 모든 자료를 대상으로 하는 모형과 변수 MPG.city의 상자그림에서 점으로 표시된 세 관찰값을 제외한 자료를 대상으로 하는 모형의 회귀직선을 다음과 같이 추가하라.

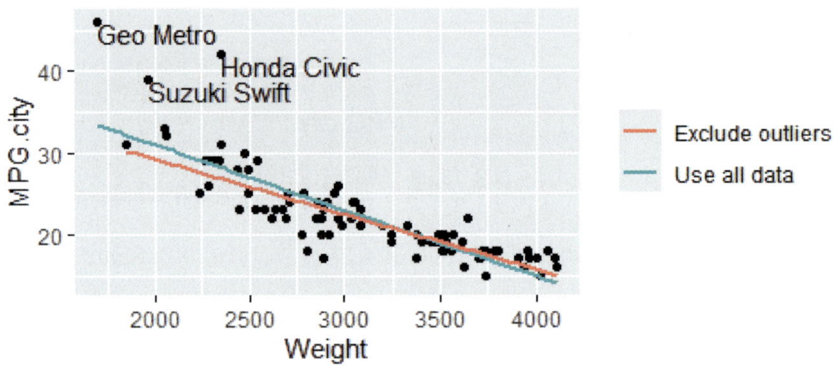

그림 13.100 MPG.city와 Weight의 산점도

9) 변수 중 요인만 선택해서 다음과 같이 출력해 보자.

```
# A tibble: 93 × 9
  Manufacturer Model   Type    AirBags            DriveTrain Cylinders
  <fct>        <fct>   <fct>   <fct>              <fct>      <fct>
1 Acura        Integra Small   None               Front      4
2 Acura        Legend  Midsize Driver & Passenger Front      6
  Man.trans.avail Origin  Make
  <fct>           <fct>   <fct>
1 Yes             non-USA Acura Integra
2 Yes             non-USA Acura Legend
# i 91 more rows
```

10) 요인 중 변수 Manufacturer, Model, Make는 제외하고 나머지 요인들의 수준의 개수를 확인해서 다음과 같이 출력해 보자.

```
  Type AirBags DriveTrain Cylinders Man.trans.avail Origin
1    6       3          3         6               2      2
```

11) 모든 숫자형 변수의 평균을 계산해서 다음과 같이 출력해 보자.

```
         Min.Price             Price         Max.Price
         17.125806         19.509677         21.898925
          MPG.city       MPG.highway        EngineSize
         22.365591         29.086022          2.667742
        Horsepower               RPM      Rev.per.mile
        143.827957       5280.645161       2332.204301
Fuel.tank.capacity        Passengers            Length
         16.664516          5.086022        183.204301
         Wheelbase             Width       Turn.circle
        103.946237         69.376344         38.956989
    Rear.seat.room      Luggage.room            Weight
                NA                NA       3072.903226
```

12) 결측값이 있는 숫자형 변수만을 대상으로 자료에 포함된 결측값의 개수와 결측값을 제외한 평균값을 각각 계산해서 다음과 같이 출력해 보자.

```
  Rear.seat.room_Mean Rear.seat.room_Num.NA  Luggage.room_Mean
1            27.82967                     2           13.89024
  Luggage.room_Num.NA
1                  11
```

13) 변수 Cylinders의 값이 4, 6, 8인 자동차의 Price에 대한 상자그림을 다음과 같이 작성해 보자. 각 상자그림에서 이상값으로 표시된 관찰값 중 최대값에 대해서는 변수 Make의 값을 라벨로 그래프에 추가했다.

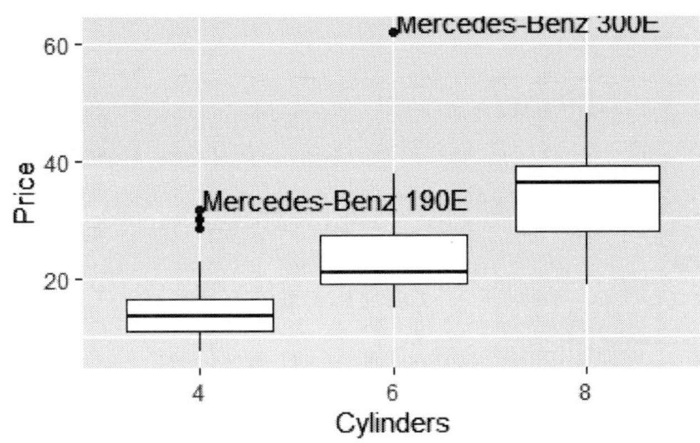

그림 13.101 Cylinders의 값이 4, 6, 8인 자동차의 Price에 대한 상자그림

14) 변수 Cylinders의 값이 4, 6, 8인 자동차에 대하여 변수 Price와 Horsepower의 관계를 살펴볼 수 있는 그래프를 작성하고, 그 의미를 해석해 보자.

03 패키지 ggplot2의 데이터 프레임 mpg와 패키지 MASS의 데이터 프레임 Cars93는 자동차 연비와 관련된 자료가 입력되어 있다.

1) Cars93에서 변수 Manufacturer, Man.trans.avail, MPG.highway, EngineSize, Cylinders을 선택해서 데이터 프레임 cars_93에 입력하라. mpg에서는 변수 manufacturer, trans, hwy, displ, cyl을 선택하되, 변수 year가 1999인 케이스만 선택해서 데이터 프레임 cars_99에 입력하라. 두 데이터 프레임의 첫 세 케이스의 출력 결과는 다음과 같다.

```
> cars_93 |> print(n = 3)
# A tibble: 93 × 5
  Manufacturer Man.trans.avail MPG.highway EngineSize Cylinders
  <fct>        <fct>                 <int>      <dbl> <fct>
1 Acura        Yes                      31        1.8 4
2 Acura        Yes                      25        3.2 6
3 Audi         Yes                      26        2.8 6
# i 90 more rows
> cars_99 |> print(n = 3)
# A tibble: 117 × 5
  manufacturer trans        hwy displ   cyl
  <chr>        <chr>      <int> <dbl> <int>
1 audi         auto(l5)      29   1.8     4
2 audi         manual(m5)    29   1.8     4
3 audi         auto(l5)      26   2.8     6
# i 114 more rows
```

2) cars_93과 cars_99의 변수들은 이름은 다르지만, 동일한 내용의 변수들이 순서대로 나열되어 있다. cars_93의 변수 이름을 cars_99의 변수 이름과 같아지도록 변경해 보자. 변경된 결과는 다음과 같다.

```
> cars_93 |> print(n = 2)
# A tibble: 93 × 5
  manufacturer trans   hwy displ cyl
  <fct>        <fct> <int> <dbl> <fct>
1 Acura        Yes      31   1.8 4
2 Acura        Yes      25   3.2 6
# i 91 more rows
```

3) cars_93의 변수 manufacturer와 trans의 자료를 변경해 보자. 우선 manufacturer의 자료 값을 모두 소문자로 변경하고, trans는 자료 값이 Yes이면 manual로, 아니면 auto로 변경하며, 요인 속성은 유지하도록 한다. 변경된 결과는 다음과 같다.

```
> cars_93 |> print(n = 3)
# A tibble: 93 × 5
  manufacturer trans    hwy displ cyl
  <chr>        <fct>  <int> <dbl> <fct>
1 acura        manual    31   1.8 4
2 acura        manual    25   3.2 6
3 audi         manual    26   2.8 6
# ℹ 90 more rows
```

4) cars_93에서 변수 trans와 cyl의 조합에 따른 빈도수를 구하고 다음과 같이 내림차순으로 출력해 보자.

```
# A tibble: 9 × 3
  trans  cyl         n
  <fct>  <fct>   <int>
1 manual 4          43
2 auto   6          20
3 manual 6          11
4 auto   4           6
5 auto   8           6
6 manual 3           3
7 manual 5           2
8 manual 8           1
9 manual rotary      1
```

5) 앞 문제의 출력 결과를 보면 trans가 manual이고 cyl이 3, 5, 8, rotary인 경우에 해당하는 관찰값은 제거하는 것이 좋을 것으로 보인다. cars_93에서 해당 관찰값을 제거하라.

6) cars_99의 변수들을 변경해 보자. 변수 trans는 자료 중 auto(l3), auto(l4), auto(l5)는 auto로 통합하고, manual(m5)와 manual(m6)는 manual로 통합한다. 또한 hwy와 displ을 제외한 다른 변수는 모두 요인으로 변경한다. 변경된 결과는 다음과 같다.

```
> cars_99 |> print(n = 3)
# A tibble: 117 × 5
  manufacturer trans    hwy displ cyl
  <fct>        <fct>  <int> <dbl> <fct>
1 audi         auto      29   1.8 4
2 audi         manual    29   1.8 4
3 audi         auto      26   2.8 6
# ℹ 114 more rows
```

7) cars_99의 manufacturer에는 몇 종류의 자동차 회사가 입력되어 있는가?

8) cars_99의 manufacturer에 입력된 자동차 회사 중 상대 도수가 0.1 이상인 회사를 찾아내서 다음과 같이 출력해 보자. 변수 prop에는 상대 도수의 계산 결과가 입력되어 있다.

```
# A tibble: 4 × 3
  manufacturer      n  prop
  <fct>         <int> <dbl>
1 toyota           20  0.2
2 dodge            16  0.16
3 volkswagen       16  0.16
4 ford             15  0.15
```

9) 두 연속형 변수 displ과 hwy의 관계에서 범주형 변수 cyl이 미치는 영향을 확인하기 위한 그래프를 작성해 보자. 변수 hwy에는 반올림 처리가 된 값을 입력했기 때문에 산점도에서 점이 겹쳐지는 문제를 해결해야 한다. cars_93에 대해서는 cyl의 그룹별 두 연속형 변수의 산점도를 그림 13.102와 같이 작성한다. 또한 cars_99에 대해서는 두 연속형 변수의 산점도 점 모양과 색을 cyl의 값에 다르게 해서 그림 13.103와 같이 작성한다.

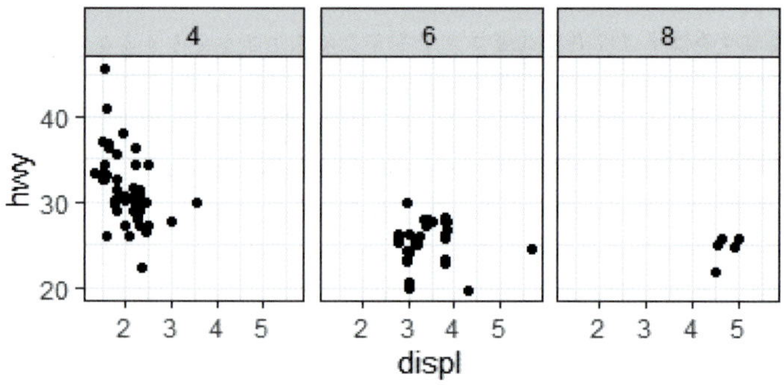

그림 13.102 cars_93의 세 변수의 관계 그래프

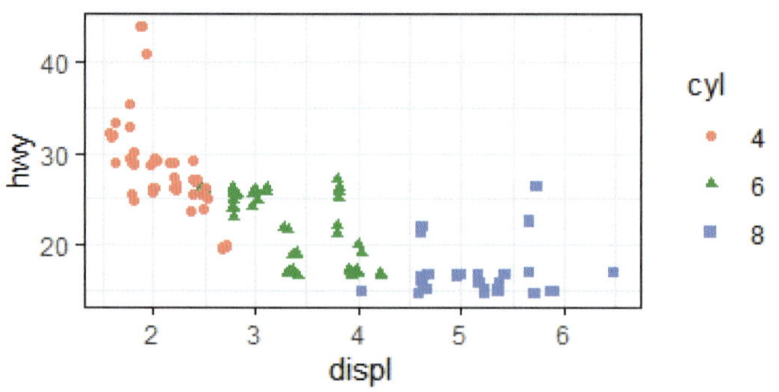

그림 13.103 cars_93의 세 변수의 관계 그래프

10) 두 데이터 프레임 `cars_93`와 `cars_99`에 있는 변수 `displ`과 `hwy`의 관계를 하나의 그래프에 나타내 보자. 변수 `displ`과 `hwy`에 대한 회귀직선을 추가한 산점도를 작성하되 각 자료가 속한 데이터 프레임에 따라 점과 직선의 색을 구분하여 다음과 같이 작성해 보자.

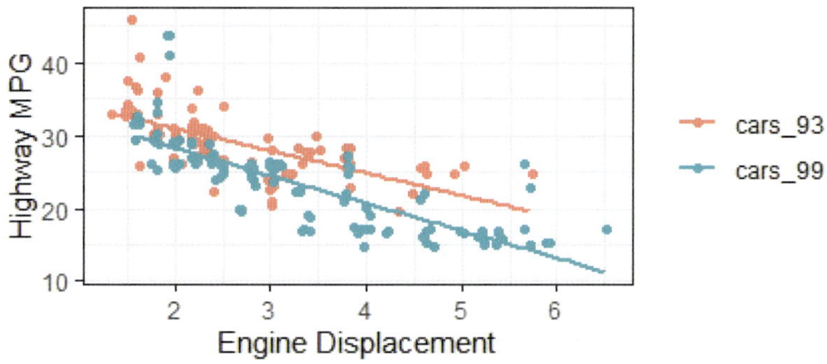

그림 13.104 cars_93와 cars_99의 displ과 hwy의 관계 그래프

11) 두 데이터 프레임 `cars_93`와 `cars_99`에 있는 변수 `trans`와 `hwy`의 관계를 나타내는 그래프를 작성해 보자. 변수 `trans`의 그룹별로 `cars_93`와 `cars_99`의 `hwy`에 대한 상자그림을 다음과 같이 작성해 보자.

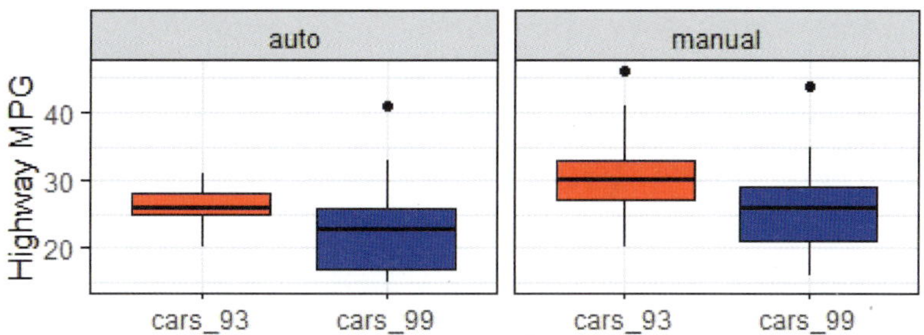

그림 13.105 cars_93와 cars_99의 displ과 hwy의 관계 그래프

04 패키지 MASS의 데이터 프레임 `survey`는 학생 237명을 대상으로 조사한 자료이다.

1) 변수 중 요인만을 선택해서 변수 이름을 다음과 같이 벡터 형태로 출력해 보자.

```
[1] "Sex"    "W.Hnd" "Fold"   "Clap"   "Exer"   "Smoke" "M.I"
```

2) 각 요인 변수의 범주 개수를 확인해서 다음과 같이 출력해 보자.

```
# A tibble: 1 × 7
    Sex W.Hnd  Fold  Clap  Exer Smoke   M.I
  <int> <int> <int> <int> <int> <int> <int>
1     2     2     3     3     3     4     2
```

3) 변수 중 요인만 선택해서 각 변수의 막대그래프를 다음과 같은 형태로 작성해 보자.

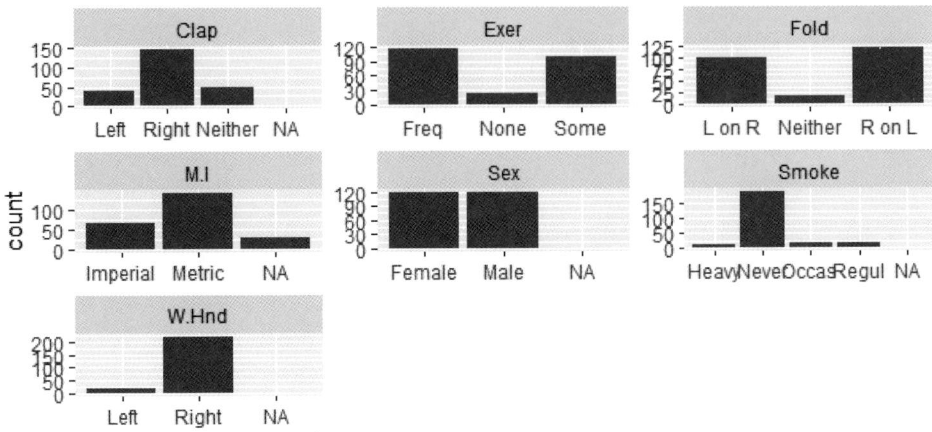

그림 13.106 데이터 프레임 survey의 요인 변수들의 막대그래프

4) 앞 문제에서 작성된 막대그래프에는 NA가 범주로 포함된 변수들이 있다. 각 변수별로 결측값의 개수를 확인해서 다음과 같이 출력해 보자.

```
# A tibble: 1 × 7
    Sex W.Hnd  Fold  Clap  Exer Smoke   M.I
  <int> <int> <int> <int> <int> <int> <int>
1     1     1     0     1     0     1    28
```

5) 변수 Sex와 Smoke에 결측값이 있는 케이스를 제거하고, 변수 Smoke의 범주 중 Heavy, Occas, Regul는 yes로 통합하며, Never는 no로 변경시켜서 새로운 데이터 프레임 survey_S에 할당하자. 변경된 데이터 프레임에서 변수 Smoke의 도수 분포를 구해서 다음과 같이 출력해 보자.

```
# A tibble: 2 × 2
  Smoke     n
  <fct> <int>
1 yes      47
2 no      188
```

6) 데이터 프레임 survey_S를 사용해서 변수 Sex와 Smoke의 다음과 같은 이변량 막대그래프를 작성하고, 의미를 해석해 보자.

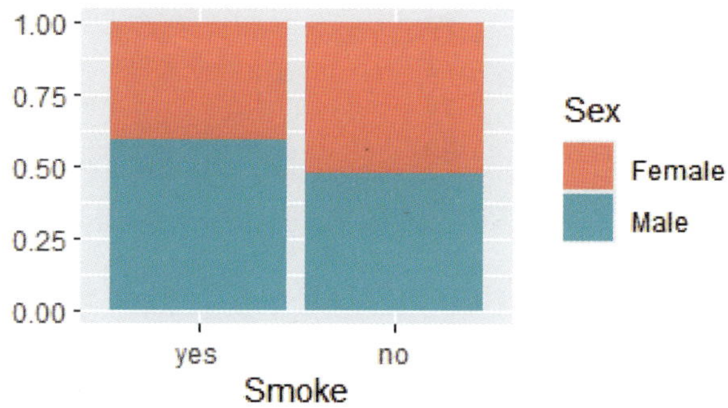

그림 13.107 Sex와 Smoke의 이변량 막대그래프

7) 데이터 프레임 survey_S를 사용해서 변수 Smoke와 Pulse의 관계를 살펴볼 수 있는 그래프를 작성하고, 의미를 해석해 보자.

8) 데이터 프레임 survey 중 숫자형 변수의 평균과 표준편차를 계산해서 다음의 형태로 출력해 보자.

```
# A tibble: 5 × 3
  Variable  Mean    SD
  <chr>    <dbl> <dbl>
1 Wr.Hnd    18.7  1.88
2 NW.Hnd    18.6  1.97
3 Pulse     74.2 11.7
4 Height   172.   9.85
5 Age       20.4  6.47
```

05 패키지 UsingR의 데이터 프레임 normtemp는 화씨 98.6도를 "정상" 체온이라고 할 수 있는지를 확인하기 위해 성인 130명을 대상으로 체온과 심박수를 측정한 자료이다. 변수 temperature는 화씨로 측정된 체온이고, gender는 1(남자), 2(여자)를 값으로 갖고 있으며, hr은 안정 시 측정된 심박수이다.

1) 화씨로 측정된 변수 temperature의 값을 섭씨로 변환시키고, gender는 male과 female을 범주로 갖는 요인으로 변환시킨 결과를 데이터 프레임 norm_temp에 할당하고 처음 4줄을 출력하라. 단, 섭씨 온도는 $(\text{화 씨 온 도} - 32) \times \frac{5}{9}$이다.

```
# A tibble: 130 × 3
  temperature gender    hr
        <dbl> <fct>  <int>
1        35.7 male      70
2        35.9 male      71
3        36.1 male      74
4        36.1 male      80
# ℹ 126 more rows
```

2) 주어진 자료에서 체온과 관련된 어떤 정보를 얻을 수 있는가? 필요한 그래프를 작성하고, 그 결과를 설명하라.

06 패키지 UsingR에 있는 데이터 프레임 grades에는 122명의 학생들이 선수과목과 후수과목으로 연결된 어떤 강좌에서 받은 학점이 변수 prev와 grade에 각각 입력되어 있다. 두 변수는 요인으로서 A부터 F까지 9개 수준으로 이루어져 있다.

1) 두 범주형 변수 prev와 grade의 분할표를 다음과 같이 작성하라.

```
      grade
prev    A  A-  B+   B  B-  C+   C   D   F
   A   15   3   1   4   0   0   3   2   0
   A-   3   1   1   0   0   0   0   0   0
   B+   0   2   2   1   2   0   0   1   1
   B    0   1   1   4   3   1   3   0   2
   B-   0   1   0   2   0   0   1   0   0
   C+   1   1   0   0   0   0   1   0   0
   C    1   0   0   1   1   3   5   9   7
   D    0   0   0   1   0   0   4   3   1
   F    1   0   0   1   1   1   3   4  11
```

2) 두 변수의 수준이 너무 세밀하게 구분되어 있어서 2차원 분할표에 빈도가 0인 칸이 다수 발생하였다. 이런 경우 인접한 범주를 합쳐 범주의 수를 줄이는 것이 한 방법이 될 수 있다. 이에 따라 변수 prev와 grade의 범주 (A, A-)를 A로, (B+, B, B-)를 B로, (C+, C)를 C로, 그리고 (D, F)를 Fail로 각각 합쳐 새로운 범주형 변수 prev.rec와 grade.rec를 생성시키고, 다음과 같이 두 변수의 분할표를 작성하라.

```
        grade.rec
prev.rec   A   B   C Fail Sum
    A     22   6   3    2  33
    B      4  15   5    4  28
    C      3   2   9   16  30
    Fail   1   3   8   19  31
    Sum   30  26  25   41 122
```

3) 선/후수 과목의 경우, 선수과목에서 받은 학점이 후수과목에서 받을 학점에 영향을 준다고 할 수 있는지 확인하고자 한다. 두 변수 prev.rec와 grade.rec를 이용하여 다음과 같은 조건분포 분할표를 작성하고, 의미를 해석하라.

```
        grade.rec
prev.rec    A    B    C Fail
    A    0.67 0.18 0.09 0.06
    B    0.14 0.54 0.18 0.14
    C    0.10 0.07 0.30 0.53
    Fail 0.03 0.10 0.26 0.61
```

4) 두 범주형 변수 prev.rec와 grade.rec의 관계를 나타내는 모자이크 그래프를 다음과 같이 작성하라.

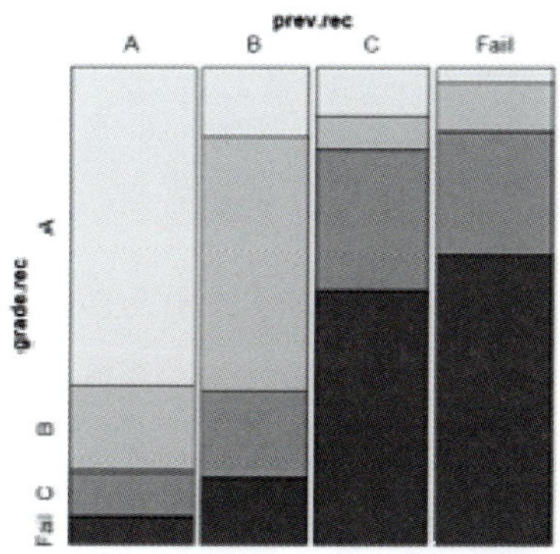

그림 13.108 prev.rec와 grade.rec의 모자이크 그래프

07 패키지 UsingR에 있는 데이터 프레임 homedata에는 미국 뉴저지 지역에서 임의로 선택한 6841채 주택의 1970년과 2000년 가격이 각각 변수 y1970과 y2000에 입력되어 있다.

1) 두 변수의 분포를 다음과 같이 상자그림을 작성하여 비교해 보자. 오른쪽 그래프는 상자그림에 자료의 위치를 점으로 함께 나타낸 것이다.

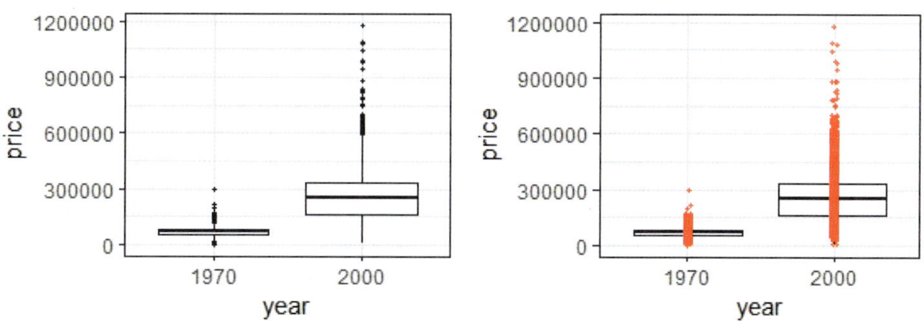

그림 13.109 연도별 주택 가격 상자그림

2) 선택된 6841채의 주택 중 2000년의 주택가격이 1970년의 가격보다 상승한 주택과 하락한 주택의 빈도수를 구하고 다음과 같이 도수 분포표로 정리해 보자.

```
    up_down      n
1 집값 상승   6840
2 집값 하락      1
```

08 패키지 UsingR에 있는 데이터 프레임 `batting`에는 미국 MLB의 2002년 시즌에 참여했던 438명 선수들에 대한 통계가 22개의 변수에 입력되어 있다. HR은 홈런 수, AB는 타석 수, SO는 삼진 수를 나타내는 변수이고, `playerID`로 선수를 구분할 수 있다.

1) 변수 HR과 AB, SO의 산점도행렬을 다음과 같이 작성해 보자.

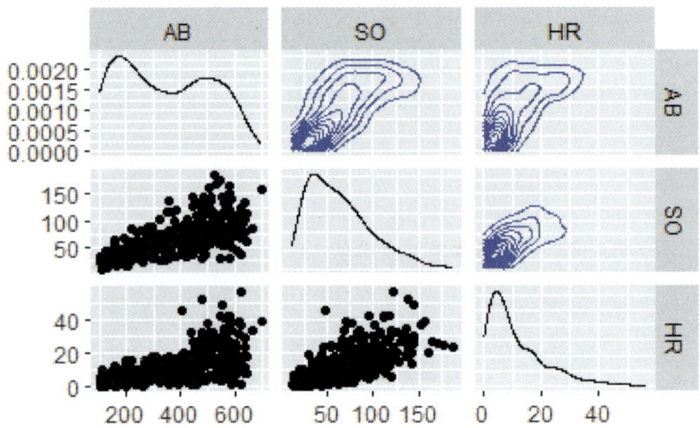

그림 13.110 변수 HR과 AB, SO의 산점도행렬

2) 그림 13.110에서 변수 SO와 HR의 분포가 우측 꼬리가 긴 형태임을 알 수 있다. 가능한 좌우 대칭에 가까운 분포 형태가 되도록 적절한 변형을 실시하고, 세 변수의 산점도행렬을 다음과 같이 다시 작성하라.

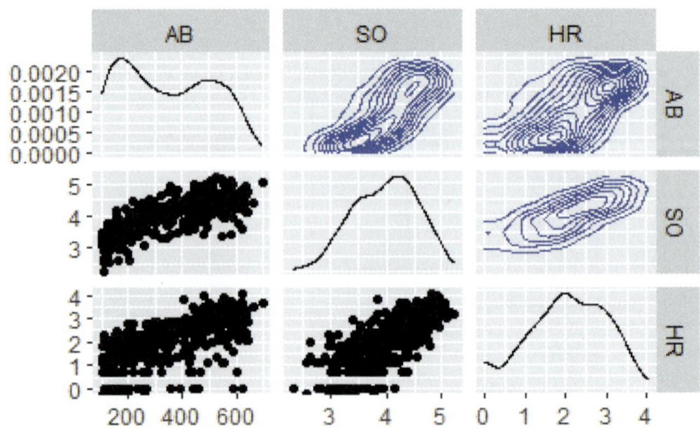

그림 13.111 변환된 변수 HR AB와 SO의 산점도행렬

3) 변수 HR과 SO의 산점도를 작성하되 타석 당 홈런 수(HR/AB)가 최대인 선수의 `playerID`를 해당 점 옆에 다음과 같이 표시해 보자.

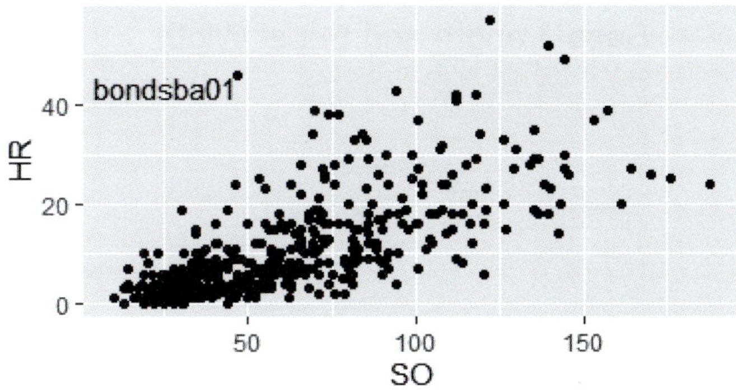

그림 13.112 HR과 SO의 산점도

4) 변수 HR과 SO 사이에 비교적 강한 양의 상관관계가 관측되었다. 이것을 홈런을 많이 치기 위해서는 삼진을 많이 당해야 한다는 원인-결과의 방식으로 해석할 수 있는가?

09 데이터 프레임 `iris`는 3종류 붓꽃 각 50송이의 꽃받침 조각의 길이(`Sepal.Length`)와 폭(`Sepal.Width`), 꽃잎의 길이(`Petal.Length`)와 폭(`Petal.Width`)을 측정한 자료이다. 변수 `Species`에는 붓꽃의 종류(`setosa`, `versicolor`, `virginica`)가 입력되어 있다.

1) 다섯 변수의 산점도행렬을 다음과 같이 작성하라.

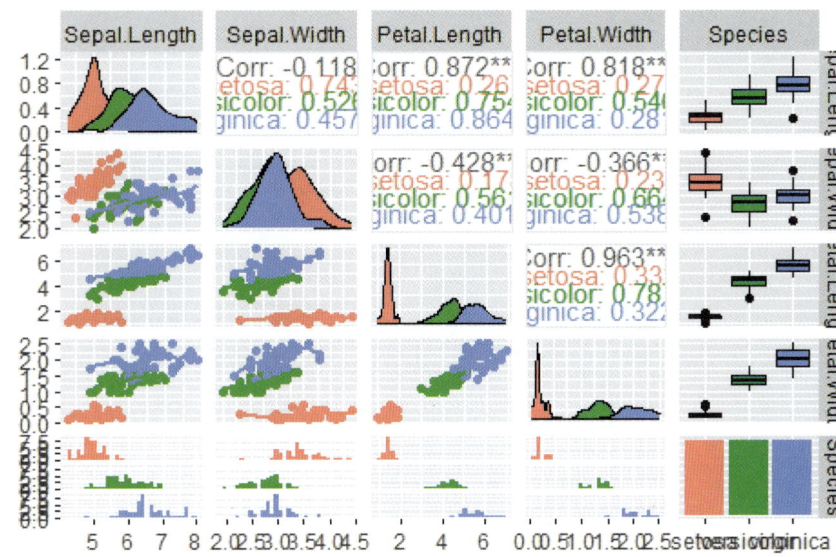

그림 13.113 `iris`의 산점도행렬

2) 변수 Species의 값에 따른 Sepal.Width와 Sepal.Length의 분포를 상자그림으로 다음과 같이 나타내 보자.

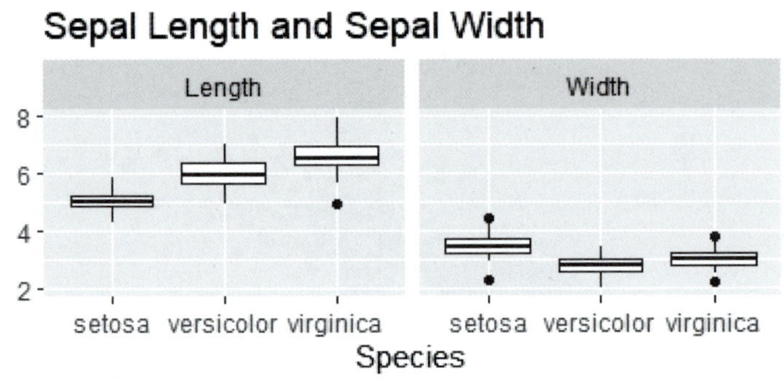

그림 13.114 Species에 따른 Sepal.Width와 Sepal.Length의 상자그림

10 패키지 lattice에 있는 데이터 프레임 barley는 미네소타 주 농경학자들이 보리 종류에 따른 수확량의 차이를 비교하기 위해 2년간 경작하여 얻은 자료이다. 설명변수로는 6군데 경작지(site), 10종류의 보리(variety), 경작 년도(year)이고 반응변수는 수확량(yield)이다.

1) 보리 종류(variety)에 따른 수확량(yield)의 분포를 상자그림으로 표현해 보자. 상자그림에는 빨간 십자로 각 보리 종류의 평균 수확량이 표시되어 있으며, 수확량의 중앙값 크기에 따라 보리 종류가 재배열되어 있다.

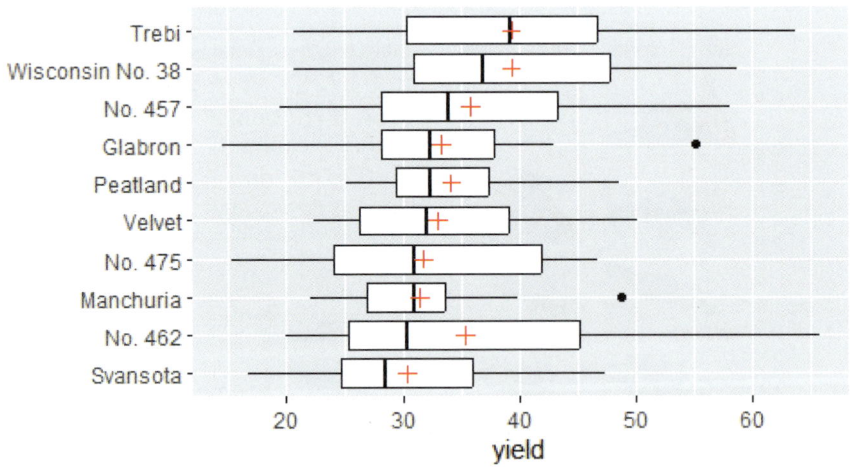

그림 13.115 보리 종류에 따른 수확량의 상자그림

2) 각 보리종류(`variety`)의 평균 수확량을 계산하여 막대그래프로 나타내되, 다음과 같이 크기 순으로 나타내고, 95% 신뢰구간을 나타내는 오차막대도 추가하라.

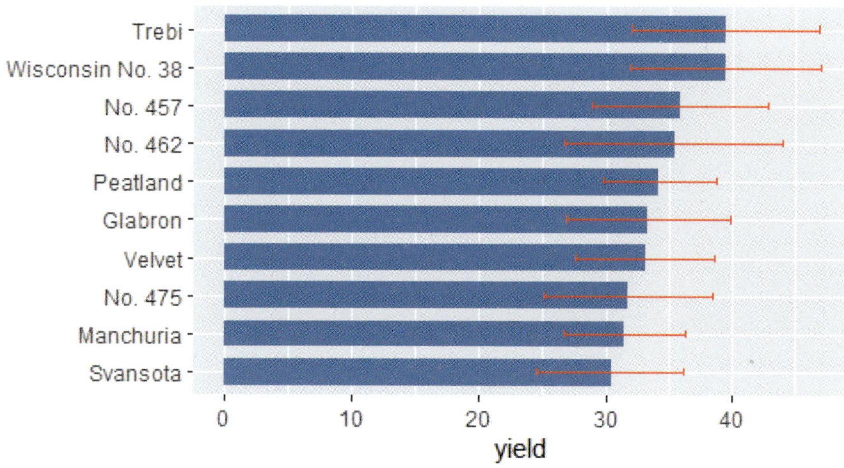

그림 13.116 보리 종류에 따른 평균 수확량의 막대그래프와 오차막대

11 다음은 부모와 어린 자녀의 안전벨트 착용 여부에 대한 2차원 분할표로 비공식적인 조사로 얻어진 자료라고 한다.

	Child	
Parent	Yes	No
Yes	58	8
No	2	16

부모의 안전벨트 착용 여부가 어린 자녀의 안전벨트 착용 여부에 미치는 영향을 살펴볼 수 있는 다음의 그래프를 작성해 보자.

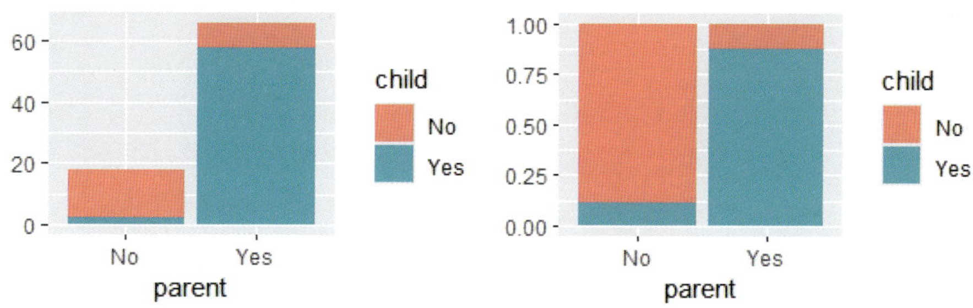

그림 13.117 안전벨트 자료에 대한 막대그래프

14

통계적 추론

14.1 단일 모집단의 모평균에 대한 검정 및 신뢰구간 추정
14.2 두 모집단의 모평균 차이에 대한 검정 및 신뢰구간 추정
14.3 단일 모집단의 모비율에 대한 검정 및 신뢰구간 추정
14.4 두 모집단의 모비율 차이에 대한 검정 및 신뢰구간 추정
14.5 두 범주형 변수의 독립성 검정
14.6 정규성 검정
14.7 단일 모집단의 분포 중심에 대한 비모수 검정
14.8 두 모집단의 분포 중심 차이에 대한 비모수 검정
14.9 연습문제

이 장에서는 통계적 추론을 실시하는데 사용할 수 있는 R 함수들을 살펴보도록 하겠다. 하나의 모집단에서 추출된 표본으로 실시할 수 있는 통계적 추론으로 모평균 및 모비율에 대한 검정과 신뢰구간 추정, 모집단의 분포가 정규분포인지 여부를 검정하는 정규성 검정을 살펴볼 것이다. 두 개의 모집단을 대상으로 실시할 수 있는 통계적 추론으로 두 범주형 변수의 독립성 검정 및 두 모집단의 모비율 차이에 대한 추론을 살펴볼 것이며, 두 모집단의 모평균 차이에 대한 추론으로는 독립된 두 표본의 경우와 짝을 이룬 두 표본의 경우를 나누어 살펴볼 것이다.

14.1 단일 모집단의 모평균에 대한 검정 및 신뢰구간 추정

하나의 모집단에서 임의로 표본을 추출하여 모평균 μ에 대한 신뢰구간 추정 및 검정을 실시한다고 하자. 모집단의 분포는 정규 분포를 가정해야 하지만 만일 정규 분포가 아니라면 중심극한정리가 적용될 수 있을 정도로 표본 크기가 충분히 커야 할 것이다.

모평균 μ에 대한 신뢰구간 추정 및 검정은 함수 `t.test()`로 할 수 있다. 기본적인 사용법은 다음과 같다.

```
t.test(x, alternative = c("two.sided", "less", "greater"),
       mu = 0, conf.level = 0.95, ...)
```

`x`는 숫자형 벡터이고 `alternative`는 대립가설을 설정하는 것으로 디폴트는 양측검정인 "`two.sided`"이다. `mu`는 귀무가설에서 설정된 모평균의 값을 지정하는 것이고, `conf.level`은 신뢰구간의 신뢰수준을 지정하는 것이다.

- **예제 1**

다음에 주어진 데이터는 어느 모집단에서 임의로 추출된 표본이다.

13.1 14.7 17.4 16.8 15.0 15.9 16.0 14.7 15.5 15.6

위 데이터를 이용하여 아래의 가설을 검정해 보자. 모평균의 95% 신뢰구간도 계산해 보자.

$$H_0 : \mu = 17, \quad H_1 : \mu < 17$$

줄기-잎 그림으로 확인해본 데이터의 분포는 정규분포에서 크게 벗어나지 않는 것으로 보인다.

```
> x <- c(13.1, 14.7, 17.4, 16.8, 15.0, 15.9, 16.0, 14.7, 15.5, 15.6)
> stem(x)

  The decimal point is at the |

  13 | 1
  14 | 77
  15 | 0569
  16 | 08
  17 | 4
```

주어진 가설에 대한 함수 t.test()의 alternative는 "less"가 되며, mu의 값은 17이 된다.

```
> t.test(x, mu = 17, alternative = "less")

	One Sample t-test

data:  x
t = -4.0255, df = 9, p-value = 0.001496
alternative hypothesis: true mean is less than 17
95 percent confidence interval:
     -Inf 16.16672
sample estimates:
mean of x
    15.47
```

검정 통계량의 값이 -4.02, 자유도는 9, 그리고 p-값이 0.001로 계산되어 귀무가설을 기각할 수 있게 되었다. 또한 모평균 μ의 점 추정량인 표본평균의 값과 95% 단측(one-sided) 신뢰구간이 계산되어 있다. 단측 신뢰구간이 계산된 이유는 alternative에 "less"가 지정되었기 때문인데, 우리가 일반적으로 사용하는 신뢰구간인 양측 신뢰구간을 계산하도록 하기 위해서는 alternative가 디폴트 값인 "two.sided"가 되어야 한다.

따라서 95% 신뢰구간을 계산하기 위해서는 alternative의 디폴트 값으로 함수 t.test()를 다시 실행시켜야 한다. 다만, 검정결과를 출력시키지 않고 신뢰구간만을 구하도록 하자. 먼저 함수 t.test()의 수행 결과가 할당된 리스트 res를 살펴보면 어떤 통계량들이 산출되었는지를 알 수 있다.

```
> res <- t.test(x, mu = 17)

> names(res)
 [1] "statistic"   "parameter"   "p.value"     "conf.int"
 [5] "estimate"    "null.value"  "stderr"      "alternative"
 [9] "method"      "data.name"
```

객체 `res`의 여러 하부요소 중 신뢰구간은 `res$conf.int`에 들어있다. 따라서 신뢰구간만을 출력하기 위해서는 다음과 같이 실행하면 된다.

```
> t.test(x)$conf.int
[1] 14.61021 16.32979
attr(,"conf.level")
[1] 0.95
```

95% 신뢰구간은 `[14.61, 16.33]`로 계산되었다.

- **예제 2**

패키지 `UsingR`에 있는 숫자형 벡터 `OBP`는 미국 메이저리그 야구의 2002년 시즌에 참가한 438명 선수들의 출루율 데이터이다. 평균 출루율이 0.330이라는 귀무가설에 대한 양측검정을 실시해 보자. 또한 평균 출루율에 대한 99% 신뢰구간도 계산해 보자.

히스토그램과 확률밀도함수 그래프로 확인한 `OBP`의 분포는 하나의 극단값이 있기는 하지만 정규분포와 매우 가깝게 보인다. 사실 표본크기가 워낙 크기 때문에 검정통계량의 정규성에 대해서는 고민할 필요가 없는 자료이다.

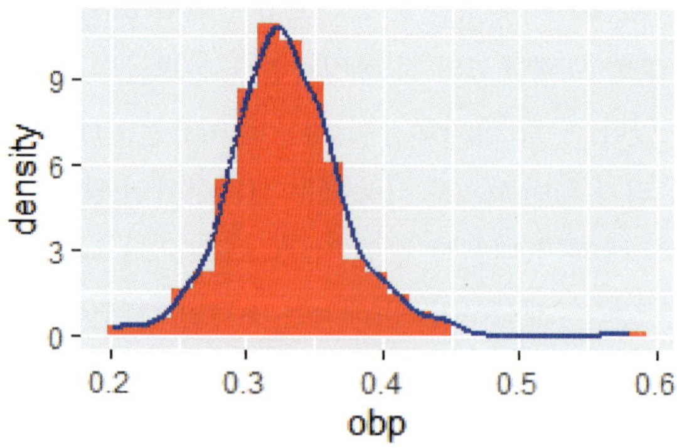

그림 14.1 변수 OBP의 분포

검정하고자 하는 가설은 다음과 같다.

$$H_0 : \mu = 0.33, \qquad H_1 : \mu \neq 0.33$$

함수 t.test()에 의한 검정 결과는 다음과 같다.

```
> data(OBP, package = "UsingR")
> t.test(OBP, mu = 0.33, conf.level = 0.99)

	One Sample t-test

data:  OBP
t = -0.16846, df = 437, p-value = 0.8663
alternative hypothesis: true mean is not equal to 0.33
99 percent confidence interval:
 0.3244601 0.3348626
sample estimates:
mean of x
0.3296613
```

검정 통계량의 값은 -0.168, 자유도는 437, p-값은 0.866으로 계산되었다. 따라서 귀무가설을 기각하기는 어렵게 되었다. 또한 99% 신뢰구간은 [0.324, 0.334]로 계산되어서, 귀무가설에서 설정한 모평균 0.33이 신뢰구간에 포함된 것을 알 수 있다.

14.2 두 모집단의 모평균 차이에 대한 검정 및 신뢰구간 추정

이 절에서는 두 모집단의 모평균 차이에 대한 추론과 관련된 R 함수들의 사용법을 살펴보고자 한다. 두 모평균 차이에 대한 추론은 두 표본이 서로 독립인 경우와 그렇지 않은 경우로 구분되는데, 독립이 아닌 경우란 두 표본이 서로 짝을 지을 수 있는 경우를 의미한다.

14.2.1 독립된 두 표본에 대한 추론

독립된 두 표본에 대한 추론은 함수 t.test()로 할 수 있으며, 기본적인 사용법은 다음과 같다.

```
t.test(x, y, alternative = c("two.sided", "less", "greater"),
       var.equal = FALSE, conf.level = 0.95, ...)
```

혹은

```
t.test(formula, data, ...)
```

첫 번째 사용법에서 x와 y는 숫자형 벡터이다. alternative는 대립가설의 형태를 설정하는 것으로 디폴트는 "two.sided"이며, conf.level은 두 모평균 차이의 신뢰구간에 대한 신뢰계수이다. var.equal은 t-검정의 가정사항 중 두 모집단의 동일 분산과 관련된 것이다. 만일 두 모집단의 분산이 같다고 가정을 한다면, 두 표본을 합쳐서 추정하는 합동표본분산을 공통 모분산의 추정값으로 사용한다. 함수 t.test()에서는 두 모집단의 분산이 같지 않다고 가정하는 것이 디폴트이며, 이 경우 Welch의 근사 자유도가 사용된다.

두 번째 사용법은 두 표본 데이터를 지정하는 방법만 다를 뿐 다른 요소는 동일하게 사용할 수 있는데, y ~ f와 같은 형태의 공식으로 데이터를 지정한다. 여기에서 y는 숫자형 벡터이고 f는 두 그룹을 구분 짓는 요인이다. 또한 data는 변수가 포함된 데이터 프레임이다.

- **예제 1**

$N(0, 2)$의 분포와 $N(1, 2)$의 분포에서 각각 100개의 난수를 발생시켜서 얻은 독립된 두 표본 자료로 두 모집단의 모평균이 같다는 가설을 검정해보자.

먼저 두 표본 자료를 생성해 보자.

```
> set.seed(12345)
> n <- 100
> x1 <- rnorm(n, sd = sqrt(2))
> x2 <- rnorm(n, mean = 1, sd = sqrt(2))
```

벡터 x1에는 $N(0, 2)$에서 추출된 자료를, 벡터 x2에는 $N(1, 2)$에서 추출된 자료를 각각 입력하였다. 두 벡터를 함수 t.test()에 나란히 입력하여 t-검정을 실시해보자. 먼저 두 모집단의 분산이 같다는 가정에서 검정을 실시해 보자.

```
> t.test(x1, x2, var.equal = TRUE)

    Two Sample t-test

data:  x1 and x2
t = -3.3696, df = 198, p-value = 0.0009049
alternative hypothesis: true difference in means is not equal to 0
95 percent confidence interval:
 -1.1369498 -0.2974664
sample estimates:
mean of x mean of y
0.3467612 1.0639693
```

이번에는 두 모집단의 분산이 다르다는 가정에서 검정을 실시해 보자.

```
> t.test(x1, x2)

    Welch Two Sample t-test

data:  x1 and x2
t = -3.3696, df = 196.15, p-value = 0.0009064
alternative hypothesis: true difference in means is not equal to 0
95 percent confidence interval:
 -1.136974 -0.297442
sample estimates:
mean of x mean of y
0.3467612 1.0639693
```

두 경우에서 거의 동일한 검정 및 신뢰구간 추정 결과를 얻을 수 있었다.

• **예제 2**

데이터 프레임 mtcars에 있는 변수 mpg는 자동차의 연비이고 변수 am은 변속기의 종류로 0은 자동변속기, 1은 수동변속기가 된다. 수동변속기 자동차가 자동변속기의 자동차보다 연비가 더 좋다는 가설을 검정해보자. 우선 두 그룹의 분산이 동일하다는 가정에서 검정을 실시하면 다음과 같다. 이 경우에는 공식의 형태로 두 변수를 지정해야 한다.

```
> t.test(mpg ~ am, data = mtcars, alternative = "less",
+        var.equal = TRUE)

    Two Sample t-test

data:  mpg by am
t = -4.1061, df = 30, p-value = 0.0001425
alternative hypothesis: true difference in means between group 0 and
group 1 is less than 0
95 percent confidence interval:
      -Inf -4.250255
sample estimates:
mean in group 0 mean in group 1
       17.14737        24.39231
```

두 모집단의 분산이 서로 다르다는 가정에서 검정을 해보자.

```
> t.test(mpg ~ am, data = mtcars, alternative = "less")

	Welch Two Sample t-test

data:  mpg by am
t = -3.7671, df = 18.332, p-value = 0.0006868
alternative hypothesis: true difference in means between group 0 and
group 1 is less than 0
95 percent confidence interval:
      -Inf -3.913256
sample estimates:
mean in group 0 mean in group 1
       17.14737        24.39231
```

두 경우의 검정결과는 두 모집단의 모평균이 같다는 귀무가설의 기각이라는 측면에서는 동일하다고 할 수 있겠으나, 자유도 및 p-값에서는 무시할 수 없는 차이가 있었다. 이와 같이, 예제 1에서는 동일 모분산의 가정이 검정에 거의 영향을 주지 않았지만, 예제 2에서 큰 영향을 주었다고 할 수 있다. 따라서 동일 모분산의 가정을 적용시킬 것인지의 여부를 결정할 수 있는 기준이 필요하다고 할 수 있는데, 일단 두 예제에서 사용된 데이터의 분포를 상자그림을 이용하여 비교해보자.

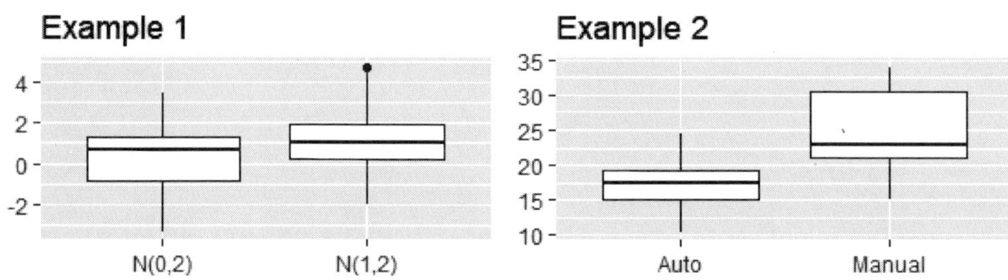

그림 14.2 예제 1과 예제 2에서 사용된 자료의 분포 비교

그림 14.2의 왼쪽 패널에 있는 상자그림으로 예제 1에서 사용된 두 표본의 분포를 비교해 보면 퍼짐 정도가 거의 비슷함을 알 수 있으나, 오른쪽 패널에 있는 예제 2 자료의 상자그림에서는 두 표본의 퍼짐 정도에 큰 차이가 있는 것을 알 수 있다. 비록 상자그림만으로 두 모집단의 분산이 다르다는 결론을 내리기에는 무리가 있지만, 의심할 수 있는 충분한 근거가 된다고 하겠다.

두 모집단의 분산 동일성에 대한 F-검정은 함수 `var.test()`로 할 수 있다. 기본적인 사용법은 다음과 같다.

```
var.test(x, y, ratio = 1,
        alternative = c("two.sided", "less", "greater"),
        conf.level = 0.95, ...)
```

혹은

```
var.test(formula, data, ...)
```

검정되는 귀무가설은 $H_0: \sigma_1^2/\sigma_2^2 = 1$이 되며, `ratio`는 귀무가설에서 지정되는 두 모분산의 비율을 정한다. 그 외 요소의 사용법은 함수 `t.test()`의 경우와 동일하다. 이제 예제 1과 예제 2에서 사용된 자료를 대상으로 분산 동일성에 대한 F-검정을 실시해보자. 먼저 예제 1의 경우를 살펴보자.

```
> var.test(x1, x2)

	F test to compare two variances

data:  x1 and x2
F = 1.2152, num df = 99, denom df = 99, p-value = 0.3339
alternative hypothesis: true ratio of variances is not equal to 1
95 percent confidence interval:
 0.8176056 1.8060015
sample estimates:
ratio of variances 
          1.215153 
```

다음으로 예제 2의 경우를 살펴보자.

```
> var.test(mpg ~ am, data = mtcars)

	F test to compare two variances

data:  mpg by am
F = 0.38656, num df = 18, denom df = 12, p-value = 0.06691
alternative hypothesis: true ratio of variances is not equal to 1
95 percent confidence interval:
 0.1243721 1.0703429
sample estimates:
ratio of variances 
         0.3865615 
```

예제 1의 경우에는 p-값이 `0.33`로 계산되었고, 예제 2의 경우에는 p-값이 `0.06`으로 계산되었다. 그림 14.2와 함께 고려해보면, 예제 1의 경우에는 동일분산 가정을 사용하는데 전혀 문제가 없다고 할 수 있으나, 예제 2의 경우에는 동일분산 가정을 사용하지 않는 것이 더 안전하다고 할 수 있겠다.

또한 동일분산의 가정에 문제가 없는 예제 1의 경우에 동일분산 가정의 적용 여부가 함수 `t.test()`의 수행 결과에 거의 영향을 미치지 않았다는 사실을 고려해 보면 `var.equal`은 디폴트 값인 `FALSE`를 그대로 사용하는 것이 안전하다고 할 수 있다.

14.2.2 짝을 이룬 표본에 대한 추론

짝을 이룬 두 표본에 대한 통계적 추론도 함수 `t.test()`로 할 수 있는데, `paired`를 추가해야 한다.

```
t.test(x, y, alternative = c("two.sided", "less", "greater" ),
       paired = FALSE, conf.level = 0.95, ...)
```

`paired`에 `TRUE`를 입력해주면 두 숫자형 벡터 `x`와 `y`에 대한 짝을 이룬 t-검정을 실행한다.

- **예제 1**

패키지 `MASS`에 있는 리스트 `shoes`에는 신발에 관련된 실험 자료가 있다. 두 가지 다른 종류의 원자료로 만들어진 신발을 10명의 소년이 각기 한 짝씩 신고 일정기간이 지난 후 신발이 닳은 정도를 측정하여 `A`와 `B`라는 이름으로 저장한 것이다. 두 종류 신발의 닳은 정도가 평균적으로 같은지 여부를 검정해보자. 여기에서 고려되는 두 표본은 짝을 이룬 표본의 전형적인 예가 된다고 하겠다. 짝을 이룬 t-검정을 실시해보자.

```
> data(shoes, package = "MASS")
> t.test(shoes$A, shoes$B, paired = TRUE)

	Paired t-test

data:  shoes$A and shoes$B
t = -3.3489, df = 9, p-value = 0.008539
alternative hypothesis: true mean difference is not equal to 0
95 percent confidence interval:
 -0.6869539 -0.1330461
sample estimates:
mean difference
          -0.41
```

두 표본 데이터의 차이는 평균이 -0.41로 계산되었고, 검정결과는 p-값이 `0.008`이 되어 유의적인 차이가 있다고 하겠다.

14.3 단일 모집단의 모비율에 대한 검정 및 신뢰구간 추정

모집단을 구성하고 있는 각 개체들이 두 가지의 어떤 속성 중 하나의 속성을 반드시 갖게 되는 경우를 고려해보자. 모집단 개체들이 두 그룹으로 분리되는 경우가 해당된다. 이 때 모집단을 구성하고 있는 개체 중 특정 속성을 지니고 있는 개체의 비율을 추정한다고 하자. 특정 정치인에 대한 지지율, 실업률 등이 여기에 해당된다고 하겠다.

표본 자료는 모집단에서 임의로 추출된 각 개체들이 특정 속성을 지니고 있는지 여부에 따라 `1` 또는 `0`의 값을 갖게 될 것이며, 이러한 표본 개체 중 특정 속성을 지니고 있는 개체의 수를 확률변수 X라 두면 X는 이항 분포를 하게 된다. 또한 표본크기 n이 충분히 크다면 모비율의 추정량인 (X/n)은 정규 분포를 따르게 될 것이다.

표본크기가 충분히 큰 경우 단일 모집단의 모비율에 대한 검정 및 신뢰구간 추정은 함수 `prop.test()`로 할 수 있다. 기본적인 사용법은 다음과 같다.

```
prop.test(x, n, p = 0.5, alternative = "two.sided",
          conf.level = 0.95)
```

`alternative`는 대립가설을 설정하는 것으로 양측검정인 `"two.sided"`가 디폴트이며, `conf.level`은 신뢰구간의 신뢰수준을 지정하는 것이다. `x`와 `n`은 성공횟수와 실행횟수를 지칭하는 것으로 표본크기 `n`의 데이터에서 특정 속성을 지닌 개체의 수가 `x`라는 것과 같은 의미가 된다. `p`는 귀무가설에 설정된 모비율의 값으로 디폴트는 0.5이다.

`x`에 성공횟수를 지정하는 방법에는 모두 세 가지가 있다. 첫 번째 방법은 `x`에 성공횟수를 나타내는 하나의 숫자를 입력하는 것이다. 이 때에는 반드시 `n`에 실행횟수를 지정해야 한다. 두 번째 방법은 함수 `table()`로 작성된 도수분포표를 입력하는 것이고, 세 번째 방법은 1 x 2의 행렬을 입력하는 것이다. 이때 도수분포표와 행렬은 반드시 (성공횟수, 실패횟수)의 순서로 작성되어야 하며, 이 경우 `n`의 값은 무시된다.

표본크기가 충분히 크지 않아서 모비율의 추정량인 (X/n)이 정규 분포를 따르지 않는 경우에 모비율의 검정 및 신뢰구간 추정은 이항 분포에 근거를 둔 함수 `binom.test()`를 이용해야 한다. 기본적인 사용법은 다음과 같이 함수 `prop.test()`와 동일하다.

```
binom.test(x, n, p = 0.5, alternative = "two.sided",
          conf.level = 0.95)
```

x는 성공횟수를 나타내는 하나의 숫자이거나 (성공횟수, 실패횟수)를 나타내는 벡터가 된다. n은 실행횟수가 되는데 x가 길이가 2인 벡터인 경우에는 무시가 된다.

• **예제 1**

미국에서는 2000년 전수 조사를 실시하여 빈곤층의 비율이 11.3%임을 확인했다고 한다. 2002년 빈곤층이 더 증가했다는 가설을 검정하기 위하여 표본 조사를 실시하였고, 총 50,000개의 표본에서 5,850개의 표본이 빈곤층으로 확인되었다고 한다. 이 결과를 바탕으로 빈곤층의 비율이 2002년에 더 증가하였다고 할 수 있겠는가? 또한 2002년 빈곤층의 비율에 대한 95% 신뢰구간을 구하라.

표본 크기가 충분히 큰 경우에 해당되므로 함수 prop.test()로 검정 및 신뢰구간을 추정해 보자. 우리가 검정하고자 하는 가설은 다음과 같다.

$$H_0 : p = 0.113, \qquad H_1 : p \rangle 0.113$$

함수 prop.test()에 의한 검정 결과는 다음과 같다.

```
> prop.test(x = 5850, n = 50000, p = 0.113, alternative = "greater")

    1-sample proportions test with continuity correction

data:  5850 out of 50000, null probability 0.113
X-squared = 7.9417, df = 1, p-value = 0.002415
alternative hypothesis: true p is greater than 0.113
95 percent confidence interval:
 0.1146464 1.0000000
sample estimates:
    p
0.117
```

X-squared는 Pearson 카이제곱 통계량을 의미하는 것으로 7.9로 계산되었고, 검정통계량의 자유도는 1, p-값은 0.002로 계산되었다. 따라서 귀무가설은 기각되었고 빈곤층의 비율이 증가했다는 가설을 선택할 수 있게 되었다. 2002년 빈곤층의 비율에 대한 95% 신뢰구간은 다음과 같이 계산된다.

```
> prop.test(x = 5850, n = 50000)$conf.int
[1] 0.1142022 0.1198569
attr(,"conf.level")
[1] 0.95
```

95% 신뢰구간은 [0.114, 0.119]로 계산되었다.

• **예제 2**

패키지 UsingR에 있는 데이터 프레임 cfb에는 2001년 미국 소비자 재정상태에 대한 조사 결과가 들어있다. 이 중 가구당 소득을 나타내는 변수 INCOME의 값이 100,000을 초과하는 가구의 비율에 대한 95% 신뢰구간을 구해보자.

변수 INCOME의 값이 100,000을 초과하는 가구의 비율은 다음과 같이 구할 수 있으며, 그 결과를 이용하여 95% 신뢰구간도 구할 수 있다.

```
> data(cfb, package = "UsingR")

> income <- cfb$INCOME > 100000
> mean(income)
[1] 0.132

> prop.test(x = sum(income), n = length(income))$conf.int
[1] 0.1119570 0.1549263
attr(,"conf.level")
[1] 0.95
```

모비율의 점 추정은 0.132가 되고 95% 신뢰구간은 [0.112, 0.155]가 됨을 알 수 있다.

• **예제 3**

10번 실행에서 3번 성공을 한 실험결과를 근거로 하여 다음의 가설을 검정해 보자.

$$H_0 : p = 0.1, \qquad H_1 : p \neq 0.1$$

표본의 크기가 $n = 10$인 소규모 자료의 경우인데, 함수 prop.test()를 그냥 사용한 결과를 살펴보자.

```
> prop.test(x = 3, n = 10, p = 0.1)
Warning in prop.test(x = 3, n = 10, p = 0.1): Chi-squared
approximation may be incorrect

    1-sample proportions test with continuity correction

data:  3 out of 10, null probability 0.1
X-squared = 2.5, df = 1, p-value = 0.1138
alternative hypothesis: true p is not equal to 0.1
95 percent confidence interval:
 0.08094782 0.64632928
sample estimates:
  p
0.3
```

검정이 실행되어 p-값이 `0.1138`로 계산되었으나, 카이제곱 근사가 부정확할 수 있다는 경고 메시지가 나타났다. 이와 같은 경고가 나타나면 함수 `binom.test()`를 사용하여 다시 검정을 실시하는 것이 바람직한 분석 방법이다.

```
> binom.test(x = 3, n = 10, p = 0.1)

    Exact binomial test

data:  3 and 10
number of successes = 3, number of trials = 10, p-value =
0.07019
alternative hypothesis: true probability of success is not equal to 0.1
95 percent confidence interval:
 0.06673951 0.65245285
sample estimates:
probability of success
                   0.3
```

p-값이 `0.07`로 계산되어서, 카이제곱 분포에서 구한 p-값과 큰 차이가 나는 것을 알 수 있다.

14.4 두 모집단의 모비율 차이에 대한 검정 및 신뢰구간 추정

두 모집단의 모비율 차이에 대한 통계적 추론과 관련된 R 함수의 사용법을 살펴보자. 예를 들어 특정 선거에 출마한 후보자의 지지도를 일정 시간 간격을 두고 조사했을 때 과연 지지도에 유의적인 차이가 있었는지를 검정하고자 할 때 사용할 수 있는 함수가 되겠다. 이러한 경우 사용할 수 있는 함수는 `prop.test()`가 되는데, 사용법이 단일 모집단의 모비율에 대한 추론을 할 때와 약간의 차이가 있다. 두 모비율의 차이에 대한 추론을 실시하기 위한 함수 `prop.test()`의 기본적인 사용법은 다음과 같다.

```
prop.test(x, n, alternative = "two.sided", conf.level = 0.95)
```

`x`는 성공횟수에 관련된 것으로 길이가 2인 벡터이거나 2 x 2 행렬이 될 수 있다. 길이가 2인 벡터가 되는 경우에는 두 그룹의 성공횟수가 각각 입력되고, 이어서 `n`에 두 그룹의 실행횟수가 길이가 2인 벡터로 입력되어야 한다. 행렬이 입력되는 경우에는 1행에 첫 번째 그룹, 2행에 두 번째 그룹의 성공횟수와 실패횟수가 1열과 2열에 각각 입력되어야 한다. `alternative`는 대립가설이 두 모비율이 같지 않다가 되면 `"two.sided"`, 첫 번째 그룹의

모비율이 작다가 되면 "less", 크다가 되면 "greater"가 된다. 디폴트는 "two.sided"이다. conf.level은 두 모비율 차이에 대한 신뢰구간의 신뢰계수를 지정하는 것이다.

• **예제 1**

어떤 후보에 대한 A 도시의 지지율이 B 도시의 지지율 보다 낮을 것이라는 가설을 검정하기 위하여 두 도시의 지지율을 각각 조사하였다. A도시에서는 500명을 대상으로 조사하여 38%의 지지율을 얻었고, B도시에서는 600명을 대상으로 조사하여 43.5%의 지지율을 얻었다. 두 도시의 지지율에 유의적인 차이가 있다고 할 수 있겠는지 검정해보자. 검정하고자 하는 가설은 다음과 같다.

$$H_0 : p_1 = p_2, \qquad H_1 : p_1 \langle p_2$$

함수 prop.test()에 x를 벡터로 입력하고자 하는 경우에는 다음과 같이 실행시킬 수 있다.

```
> phat <- c(0.38, 0.435)
> n <- c(500, 600)

> (x <- phat*n)
[1] 190 261

> prop.test(x, n, alternative = "less")

    2-sample test for equality of proportions with continuity
    correction

data:  x out of n
X-squared = 3.1869, df = 1, p-value = 0.03711
alternative hypothesis: less
95 percent confidence interval:
 -1.000000000 -0.004349556
sample estimates:
prop 1 prop 2
 0.380  0.435
```

만일 함수 prop.test()에 x를 행렬의 형태로 입력하고자 한다면 다음과 같이 실행시킬 수 있다.

```
> prop.test(cbind(x, n - x), alternative = "less")$p.value
[1] 0.03711481
```

두 모비율 차이에 대한 95% 신뢰구간은 alternative의 디폴트인 "two.sided"를 사용함으로써 구할 수 있다.

```
> prop.test(cbind(x, n - x))$conf.int
[1] -0.115002509  0.005002509
attr(,"conf.level")
[1] 0.95
```

모비율 차이에 대한 95% 신뢰구간이 [-0.115, 0.005]로 계산되었다.

14.5 두 범주형 변수의 독립성 검정

두 개의 범주형 변수로 작성된 분할표분할표에서 우리가 가장 관심을 갖는 사항은 두 변수의 관계가 될 것이다. 즉, 한 변수의 분포가 다른 변수의 범주에 따라 큰 차이가 있는지 여부가 될 것이며, 이것은 두 변수의 독립성에 관련된 문제가 된다.

14.5.1 카이제곱 독립성 검정

Pearson의 카이제곱 독립성 검정은 함수 chisq.test()으로 실시할 수 있다. 기본적인 사용법은 다음과 같다.

```
chisq.test(x, y = NULL, simulate.p.value = FALSE)
```

x와 y는 두 범주형 변수를 나타내는 벡터가 되는데, 만일 x가 행렬의 형태로 정리된 분할표가 되면 y는 무시가 된다.

Pearson의 카이제곱 검정에서는 검정통계량의 근사 분포로 카이제곱 분포를 사용하는데 표본의 수가 너무 작은 경우에는 근사 분포의 사용에 문제가 있게 되며, 이런 경우에 R은 경고 문구를 내보내게 된다.

근사 분포의 사용에 문제가 생기는 경우 대안으로 simulate.p.value = TRUE를 사용하면 p-값의 계산을 근사 분포인 카이제곱 분포를 이용하지 않고 대신에 모의실험을 통해서 하게 된다. 모의실험은 행과 열의 합계를 고정시킨 상태에서 반복적으로 표본을 추출하여 계산한 검정 통계량의 값을 근거로 구축된 표본분포에서 p-값을 계산하는 방식으로 이루어진다.

Pearson 카이제곱 검정의 가설은 다음과 같다.

H_0 : 두 범주형 변수는 독립이다. H_1 : 두 범주형 변수는 독립이 아니다.

• **예제 1**

13장 연습문제에서 살펴본 부모와 어린 자녀의 자동차 안전벨트 착용 여부에 대한 자료를 다시 살펴보자.

	Child	
Parent	Yes	No
Yes	58	8
No	2	16

분석 목적은 부모의 안전벨트 착용 여부가 어린 자녀의 안전벨트 착용에 영향을 주었는지 여부를 확인하는 것이다. 변수 `Parent`와 `Child`의 독립성 검정을 실시하기 위해 필요한 행렬을 생성하자.

```
> tmp <- c("Yes", "No")
> belt <- matrix(c(58, 2, 8, 16), ncol = 2,
+                dimnames=list(parent = tmp, child = tmp))

> belt
      child
parent Yes No
   Yes  58  8
   No    2 16
```

함수 `chisq.test()`로 두 변수의 독립성 검정을 실시하자.

```
> chisq.test(belt)

    Pearson's Chi-squared test with Yates' continuity correction

data:  belt
X-squared = 37.165, df = 1, p-value = 1.085e-09
```

p-값이 매우 작아 귀무가설의 기각에는 문제가 없어 보인다. 두 변수는 독립이 아니고, 따라서 부모의 안전벨트 착용이 어린 자녀의 안전벨트 착용에 영향을 미쳤다고 볼 수 있다.

• **예제 2**

패키지 `vcd`에 있는 데이터 프레임 `Arthritis`의 두 변수 `Treatment`와 `Improved`의 독립성을 검정해보자. 먼저 두 변수의 분할표를 작성하자.

```
> library(vcd)
> tab_ex2 <- with(Arthritis, table(Treatment, Improved))

> tab_ex2
         Improved
Treatment None Some Marked
  Placebo   29    7      7
  Treated   13    7     21
```

함수 chisq.test()로 두 변수의 독립성 검정을 실시하자.

```
> chisq.test(tab_ex2)

    Pearson's Chi-squared test

data:  tab_ex2
X-squared = 13.055, df = 2, p-value = 0.001463
```

p-값이 0.001로 계산되었다. 따라서 두 변수 Treatment와 Improved는 서로 독립이 아니라고 하겠다.

카이제곱 검정에서 귀무가설이 기각되어 두 변수가 서로 독립이 아니라는 결론이 내려지면, 다음 질문은 두 변수가 서로 얼마나 연관되어 있는지가 될 것이다. 이 질문은 두 범주형 변수 사이의 연관성 측도(measure of association)에 관련된 것으로 패키지 vcd에 있는 함수 assocstats()를 사용하면 이와 관련된 몇 가지 통계량의 값을 계산할 수 있다. 예제 1에서 사용된 안전벨트 데이터에 대하여 연관성 측도와 관련된 통계량을 계산해보자.

```
> assocstats(belt)
                    X^2 df   P(> X^2)
Likelihood Ratio 39.199  1 3.8267e-10
Pearson          40.840  1 1.6518e-10

Phi-Coefficient   : 0.697
Contingency Coeff.: 0.572
Cramer's V        : 0.697
```

연관성 측도와 관련된 통계량은 아래 부분에 있는 Phi-Coefficient와 Contingency Coeff., 그리고 Cramer's V가 된다. 1에 가까운 값을 가질수록 두 변수 사이의 연관성이 더 강하다는 것을 나타내는 것으로, 자세한 소개는 생략하겠다.

14.5.2 Fisher의 정확검정

Fisher의 정확검정(Exact Test)은 함수 `fisher.test()`로 실시할 수 있으며, 기본적인 사용법은 다음과 같다.

```
fisher.test(x, y = NULL, simulate.p.value = FALSE,
            or = 1, alternative = "two.sided",
            conf.int = TRUE, conf.level = 0.95)
```

`x`는 분할표를 나타내는 행렬이거나 요인 속성을 지닌 객체이다. `y`는 요인 객체인데, `x`가 행렬이면 무시된다. `simulate.p.value`는 분할표가 2×2보다 큰 경우에 p-값을 모의실험을 통해 계산할 것인지 여부를 선택하는 것이다. 나머지 요소인 `or`, `alternative`, `conf.int`와 `conf.level`은 2×2 분할표의 경우에만 적용되는 것으로, 이 옵션들의 역할을 명확하게 하기 위해서 우선 오즈비(odds ratio)에 대해서 살펴보자.

먼저 오즈(odds)란 어떤 사건이 일어날 확률을 일어나지 않을 확률로 나눈 값을 의미한다. 즉, 사건 A의 오즈는 $P(A)/1-P(A)$로 정의된다. 이제 오즈비(odds ration, OR)의 의미를 알아보기 위하여 다음의 2×2 분할표를 살펴보자.

	Outcome	
Exposure	S	F
Yes	a	b
No	c	d

위 분할표에서 오즈비(OR)는 `Exposure`가 `Yes`인 경우 `Outcome`이 `S`가 될 오즈(a/b)와 `Exposure`가 `No`인 경우 `Outcome`이 `S`가 될 오즈(c/d)의 비율로 정의된다. 따라서 위 분할표에서 오즈비는 $OR=\dfrac{a/b}{c/d}$로 계산된다. 만일 $OR=1$이 되면 `Exposure`의 `Yes`와 `No` 각각에서 `Outcome`이 `S`가 될 오즈가 같다는 것을 의미하는 것이고, 이것은 곧 두 범주형 변수의 독립성을 표현하는 또 다른 방법이 된다. 또한 $OR > 1$이 되면 `Exposure`의 `Yes`가 `Outcome`이 `S`가 될 오즈를 증가시키는 것이 되고 $OR < 1$이 되면 그 반대가 되는 것이다. 따라서 오즈비는 두 변수 `Exposure`와 `Outcome`의 연관성 측도로 사용된다.

이제 함수 `fisher.test()`의 사용법에서 2×2 분할표의 오즈비와 관련된 옵션들을 살펴보자. `or`은 귀무가설에서 설정된 오즈비의 값으로 디폴트는 1이 된다. `alternative`는 대립가설을 선택하는 것으로 디폴트인 `"two.sided"`와 `"less"` 혹은 `"greater"` 중 하나를 선택하면 된다. `conf.int`는 오즈비에 대한 신뢰구간을 계산하여 출력할 것인지의 여부를 선택하는 것이고, `conf.level`은 신뢰계수를 지정한다.

• **예제 1**

R. A. Fisher와 연관된 한 일화로, 어떤 영국 부인이 Milk tea를 만들 때, 찻잔에 차를 먼저 붓고 우유를 나중에 부었는지 아니면 우유를 먼저 붓고 나중에 차를 부었는지 맛으로 구분할 수 있다는 주장을 하였다고 한다. 이 주장을 검정하기 위하여 두 가지 방법으로 각각 4잔씩 만들어진 8잔의 차를 맛보게 하고 다음의 결과를 얻었다.

	Guess	
Truth	Milk	Tea
Milk	3	1
Tea	1	3

실험결과는 8잔 중 6잔을 옳게 구분한 것으로 나타났다. 이제 그녀의 주장을 검정해보자. 가설은 다음과 같다.

$$H_0: \ OR = 1, \qquad H_1: \ OR > 1$$

귀무가설인 $OR = 1$은 맛으로는 구분이 안 된다는 의미가 되며, 대립가설로 $OR \neq 1$이 사용되지 않은 이유는 $OR < 1$이 찻잔에 부어진 순서를 거꾸로 구분한다는 것을 의미하는 것으로 이 실험에서는 고려대상이 아니기 때문이다.

함수 `fisher.test()`에 입력할 행렬을 생성하자.

```
> tmp <- c("Milk", "Tea")
> TeaTaste <- matrix(c(3, 1, 1, 3), ncol = 2,
+                dimnames=list(truth = tmp, guess = tmp))

> TeaTaste
     guess
truth  Milk Tea
  Milk    3   1
  Tea     1   3
```

함수 `fisher.test()`로 검정을 실시하자.

```
> fisher.test(TeaTaste, alternative="greater")

    Fisher's Exact Test for Count Data

data:  TeaTaste
p-value = 0.2429
alternative hypothesis: true odds ratio is greater than 1
```

```
95 percent confidence interval:
 0.3135693       Inf
sample estimates:
odds ratio
  6.408309
```

p-값이 0.2429로 계산되어 두 변수의 양의 연관성을 확립할 수는 없게 되었다.

2×2 분할표에서 Fisher의 정확 검정을 실행하는 방식은 다음과 같다. 우선 주어진 2×2 분할표의 각 행과 각 열의 합계를 고정시킨다. 그러면 2×2 분할표의 4칸 중에 1칸의 값만 결정되면 나머지 3칸의 값은 자동으로 결정된다. 이제 첫 번째 행, 첫 번째 열에 해당하는 칸을 고려해 보면 그 칸에 들어갈 수 있는 수는 0, 1, 2, 3, 4가 되는데, 각 숫자가 들어갈 확률은 초기하 분포로 구할 수 있다. 즉, 함수 `dhyper()`의 정의에서 `m=4`, `n=4`의 바구니에서 `k=4`의 공을 꺼내는 경우가 된다. 정확검정의 p-값은 `(m=4, n=4, k=4)`의 초기하 분포에서 OR의 값이 대립가설에서 설정된 방향으로 더 극단적인 값이 되도록 하는 `x` 값을 취하게 될 확률이 된다. 이 경우에는 `x=3`과 `x=4`가 해당되며 두 값을 취할 확률을 구하면 다음과 같이 함수 `fisher.test()`에서 구한 p-값과 동일하게 계산된다.

```
> dhyper(x = 3, m = 4, n = 4, k = 4) +
+   dhyper(x = 4, m = 4, n = 4, k = 4)
[1] 0.2428571
```

• **예제 2**

직업의 만족도와 수입의 연관성에 대한 다음 자료를 살펴보자.

	Satisfaction			
Income	Very_D	Little_D	Moderate_S	Very_S
〈 15k	1	3	10	6
15 ~ 25k	2	3	10	7
25 ~ 40k	1	6	14	12
〉 40k	0	1	9	11

수입이 직업 만족도에 영향을 미친다고 할 수 있는지 검정해보자. 주어진 분할표가 2×2를 초과하기 때문에 오즈비를 대상으로 하는 검정은 불가능하게 되었다. 대신 두 범주형 변수의 독립성 여부만을 검정할 수 있으므로, 카이제곱 검정도 함께 실시하여 결과를 비교해 보자.

함수 chisq.test()에 입력할 행렬을 생성하자.

```
> tmp_r <- c("< 15k", "15 ~ 25k", "25 ~ 40k", "> 40k")
> tmp_c <- c("Very_D", "Little_D", "Moderate_S", "Very_S")
> c1 <- c(1, 2, 1, 0)
> c2 <- c(3, 3, 6, 1)
> c3 <- c(10, 10, 14, 9)
> c4 <- c(6, 7, 12, 11)
> Job <- matrix(c(c1, c2, c3, c4), ncol = 4,
+              dimnames=list(income = tmp_r, satisfaction = tmp_c))

> Job
          satisfaction
income     Very_D Little_D Moderate_S Very_S
  < 15k         1        3         10      6
  15 ~ 25k      2        3         10      7
  25 ~ 40k      1        6         14     12
  > 40k         0        1          9     11
```

함수 chisq.test()로 검정을 실시하자.

```
> chisq.test(Job)
Warning in chisq.test(Job): Chi-squared approximation may be
incorrect

	Pearson's Chi-squared test

data:  Job
X-squared = 5.9655, df = 9, p-value = 0.7434
```

표본 크기가 충분히 큰 경우가 아니기 때문에 카이제곱 분포를 근사 분포로 사용하는 데 문제가 있다는 경고 문구가 출력되었다. 이러한 경우 simulate.p.value에 TRUE를 지정하는 것이 한 가지 대안이 될 수 있다.

```
> chisq.test(Job, simulate.p.value = TRUE)

	Pearson's Chi-squared test with simulated p-value (based on
	2000 replicates)

data:  Job
X-squared = 5.9655, df = NA, p-value = 0.7551
```

simulate.p.value를 사용하지 않은 경우와 p-값에는 큰 변화가 없다고 할 수 있다. 여기에서 한 가지 주의할 점은 simulate.p.value = TRUE에 의한 p-값 계산은 모의실험에 의한 것이기 때문에 실행할 때마다 약간의 값 차이가 발생할 수밖에 없다는 점이다. 이제 Fisher의 정확검정을 실시해보자.

```
> fisher.test(Job)

	Fisher's Exact Test for Count Data

data:  Job
p-value = 0.7827
alternative hypothesis: two.sided
```

p-값이 약간 더 커지기는 했지만 큰 차이는 없다고 할 수 있다. 검정 결과 두 범주형 변수가 서로 독립이라는 귀무가설을 기각할 수 없게 되었다. 즉, 수입이 직업 만족도에 영향을 준다고 할 수 없다는 것이다.

분할표가 2×2를 크게 초과하는 경우에는 함수 fisher.test()에 의한 정확검정을 계산하려면 많은 시간과 메모리가 필요하게 된다. 이런 경우에 옵션 simulate.p.value에 TRUE를 지정해주면 훨씬 빠르게 p-값을 계산할 수 있다. 작업 만족도 데이터는 비록 아주 큰 규모의 분할표는 아니지만 이것을 대상으로 처리시간을 비교해보자. R에서 작업시간을 표시해주는 함수로 system.time()이라는 함수가 있다. 이 함수를 이용하여 simulate.p.value를 사용한 경우와 사용하지 않은 경우에 fisher.test(Job)의 처리시간을 비교해보자.

```
> fisher.test(Job) |> system.time()
   user  system elapsed 
   0.06    0.00    0.08 

> fisher.test(Job, simulate.p.value = TRUE) |> system.time()
   user  system elapsed 
      0       0       0 
```

첫 번째 작업의 처리시간이 조금 더 걸린다는 것을 알 수 있다.

물론 두 경우 모두 p-값은 거의 동일하게 계산되었다.

14.6 정규성 검정

우리가 갖고 있는 자료가 정규분포 모집단에서 추출된 표본인지 알아보는 작업은 여러 분야에서 종종 이루어지는 중요한 작업이라고 할 수 있다. 이 절에서는 검정과 그래프를 이용하여 자료의 정규성을 확인하는 과정을 살펴보고자 한다.

14.6.1 검정에 의한 정규성 확인

정규성 검정을 실시해주는 함수에는 `shapiro.test()`가 있다. 이 함수는 Shapiro-Wilk 정규성 검정을 실시하는 함수로서 검정되는 가설은 다음과 같다.

H_0 : 주어진 자료는 정규분포를 따른다. H_1 : 정규분포를 따르지 않는다.

예제로 패키지 `MASS`에 있는 데이터 프레임 `Cars93`에 있는 변수 `Price`의 정규성을 검정해보자.

```
> data(Cars93, package = "MASS")
> shapiro.test(Cars93$Price)

	Shapiro-Wilk normality test

data:  Cars93$Price
W = 0.88051, p-value = 4.235e-07
```

p-값이 매우 작게 계산되어서, `Price`의 분포가 정규분포라고 할 수 없다는 결론을 내리고 있다. Shapiro-Wilk 검정 외에 다른 검정방법을 사용하여 정규성 검정을 실시하고자 한다면 패키지 `nortest`를 설치해야 한다. Anderson-Darling 검정을 포함한 5가지 검정 방법에 대한 함수가 설치되어 있으며, `help(package = "nortest")`를 실행하면 자세한 내용을 확인할 수 있다.

데이터의 정규성을 단지 통계적인 검정만으로 확인하는 것은 좋은 방법이 아니다. 분포의 형태를 시각적으로 확인하는 과정이 함께 이루어질 때 보다 정확하고 종합적인 결론을 내릴 수 있다.

14.6.2 그래프에 의한 정규성 확인

함수 shapiro.test()의 수행결과로 Cars93에 있는 변수 Price의 분포가 정규분포가 아니라는 결론을 내렸다. 그러나 만일 정규분포가 아니라면 어떤 형태의 분포에 가까운지에 대한 정보는 얻을 수 없었다. 단순히 숫자만을 보여주는 검정의 한계라고 할 수 있을 것이다. 이 절에서는 시각적으로 정규성의 만족여부를 확인할 수 있는 그래프를 살펴보고자 한다.

가장 먼저 생각할 수 있는 그래프는 히스토그램과 확률밀도함수 그래프일 것이다. 두 그래프를 적절히 겹쳐서 그리면 데이터의 분포에 대한 많은 정보를 얻을 수 있다. 다음으로 생각할 수 있는 그래프는 정규 분위수-분위수 그림(normal quantile-quantile plot)이다. 이 그래프는 정규분포의 이론적 분위수와 주어진 데이터의 경험적 분위수를 각각 X축과 Y축 변수로 하여 작성된 산점도이다. 만일 주어진 데이터가 완벽하게 정규분포를 따른다면, 즉 경험적 분위수들 사이의 간격 패턴이 이론적 분위수들 사이의 간격 패턴과 동일하다면 대각선 위에 모든 점들이 찍히게 될 것이다.

패키지 ggplot2에서는 함수 geom_qq()로 정규 분위수-분위수 그림을 작성할 수 있으며, 비교 대상이 되는 대각선의 추가는 geom_qq_line()으로 할 수 있는데, 이 두 함수의 특징은 비교 대상이 되는 이론적 분포를 지정할 수 있다는 점이다. distribution에 원하는 분포의 분위수 함수를 지정하고, 필요한 모수를 추가해야 하는 경우에는 dparams에 리스트 형태로 지정하면 된다. 디폴트는 정규분포이다.

데이터 프레임 Cars93의 변수 Price의 정규 분위수-분위수 그림을 그려보자.

```
> Cars93 |>
+   ggplot(aes(sample = Price)) +
+   geom_qq() +
+   geom_qq_line() +
+   labs(x = "Theoretical quantiles", y = "Sample quantiles")
```

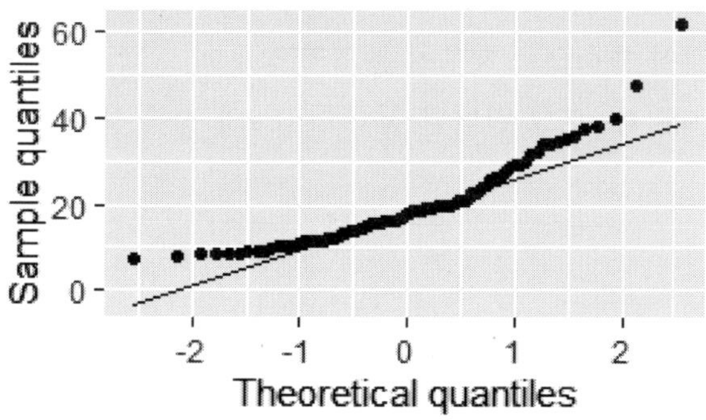

그림 14.3 변수 Price의 정규 분위수-분위수 그림

그림 14.3을 살펴보면, 가운데 있는 점들은 대각선에 근접하게 위치하고 있지만 양쪽 꼬리 부분의 점들은 대각선에서 멀리 벗어나 있음을 알 수 있다. 특히 왼쪽 부분에서는 점들의 기울기가 완만하다가 오른쪽 부분에서는 매우 급격한 기울기를 보이고 있는 것이 우측으로 치우친 분포, 즉 우측 꼬리가 긴 분포의 전형적인 모습이라 할 수 있다.

변수 Price를 우측으로 치우친 분포인 카이제곱 분포와 비교해 보자. 카이제곱 분포는 자유도에 의하여 분포가 결정되는데, 자유도가 3인 카이제곱 분포와의 분위수-분위수 그림을 작성해 보자.

```
> Cars93 |>
+   ggplot(aes(sample = Price)) +
+   geom_qq(distribution = qchisq, dparams = list(df = 3)) +
+   geom_qq_line(distribution = qchisq, dparams = list(df = 3)) +
+   labs(x = "Theoretical quantiles", y = "Sample quantiles")
```

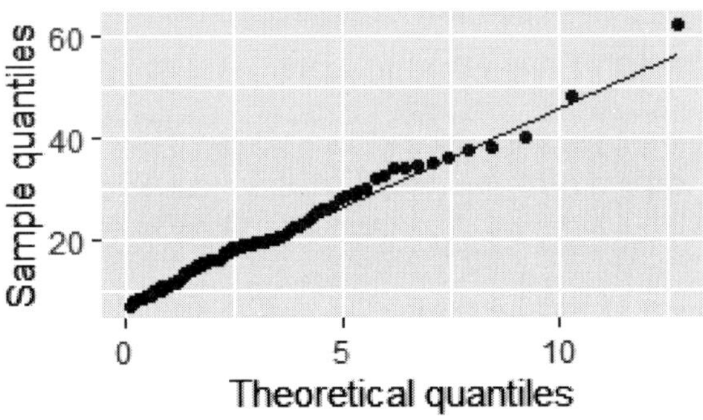

그림 14.4 변수 Price의 카이제곱 분위수-분위수 그림

함수 geom_qq()와 geom_qq_line()에 카이제곱 분포의 분위수 함수인 qchisq를 distribution에 지정하였고, 카이제곱 분포의 자유도는 dparams에 리스트로 지정하였다. 대부분의 점들이 직선 위에 있는 것으로 보아 카이제곱 분포를 한다고 할 수 있다.

카이제곱 분포와 같이 우측으로 치우친 분포의 경우에 로그 변환을 실시하면 치우침 정도가 많이 사라지게 되는데, 로그 변환된 변수 Price의 정규 분위수-분위수그림을 작성해 보자.

```
> Cars93 |>
+   mutate(lnPrice = log(Price)) |>
+   ggplot(aes(sample = lnPrice)) +
+   geom_qq() +
+   geom_qq_line() +
+   labs(x = "Theoretical quantiles", y = "Sample quantiles")
```

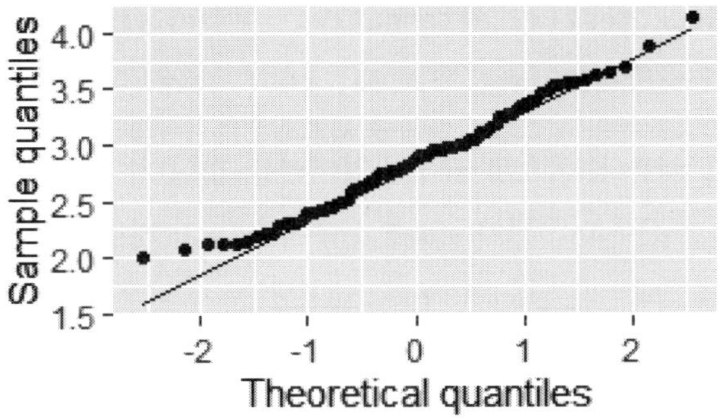

그림 14.5 로그 변환된 변수 Price의 정규 분위수-분위수 그림

그림 14.5의 정규 분위수-분위수 그림은 매우 만족스러운 상태를 보여주고 있는데, Shapiro-Wilk 검정을 실시하여 로그변환된 변수 `Price`의 정규성을 확인해보자.

```
> log(Cars93$Price) |>
+   shapiro.test()

	Shapiro-Wilk normality test

data:  log(Cars93$Price)
W = 0.9841, p-value = 0.32
```

p-값이 `0.32`로 정규분포를 한다는 귀무가설을 기각할 수 없게 되었음을 알 수 있다.

14.7 단일 모집단의 분포 중심에 대한 비모수 검정

14.1절에서 살펴본 t-검정의 가정사항 중 모집단의 분포가 정규 분포라는 가정이 있다. 대규모 데이터의 경우에는 중심극한정리가 적용되기 때문에 정규성은 그렇게 중요한 가정이 아니지만 소규모 데이터의 경우에는 상당히 중요한 가정사항이 된다. 그러나 실제 데이터 중에는 정규성을 만족시키지 못하는 소규모 데이터가 많이 있다. 이렇듯 정규 분포의 가정을 만족시키지 못하여 t-검정 사용에 문제가 있는 경우, 그 대안으로 비모수 검정을 생각하게 된다.

정규성을 만족시키지는 못 하지만 모집단의 분포가 중앙값을 기준으로 좌우대칭인 모집단의 경우, t-검정에 대응되는 비모수 검정이 바로 Wilcoxon signed rank 검정이다. Wilcoxon signed rank 검정을 실시할 수 있는 함수는 `wilcox.test()`이며, 기본적인 사용법은 다음과 같다.

```
wilcox.test(x, alternative = "two.sided", mu = 0,
        conf.int = FALSE, conf.level = 0.95)
```

귀무가설은 분포가 mu를 중심으로 좌우대칭이라는 것이다. 혹은 분포의 중앙값이 mu라는 것으로, mu의 디폴트 값은 0이 된다. conf.int에 TRUE가 지정되면 pseudo-median에 대한 95% 신뢰구간이 계산되는데, pseudo-median은 분포가 좌우대칭일 경우 median과 동일하게 되는 것으로 자세한 설명은 함수 wilcox.test()의 도움말을 참조하기 바란다.

예제 데이터로 패키지 UsingR에 있는 데이터 프레임 cfb를 이용해 보자. 이 데이터 프레임은 2001년 미국 소비자 재정 상태에 대한 조사 결과로 변수 INCOME은 가구당 소득을 나타내고 있다. 변수 INCOME은 분포는 13.3.7절에서 살펴본 대로 우측으로 심하게 치우친 분포이다. 다음의 가설을 검정해보자.

$$H_0: \ median = 40000, \qquad H_1: \ median \neq 40000$$

변수 INCOME에 로그 변환이 적용되면 분포가 좌우대칭이 되는 것은 13.3.7절에서 살펴보았는데, 변수 INCOME의 자료에 0이 포함되어 있어서 로그 변환에 문제가 발생하는 점도 살펴보았고, 해결책으로 INCOME에 1을 더하는 방법을 적용했다.

여기에서는 변수 INCOME의 값이 0인 관찰값을 제거하고 로그 변환한 자료를 대상으로 Wilcoxon signed rank 검정을 적용시켜보자.

```
> data(cfb, package = "UsingR")

> cfb |>
+   filter(INCOME > 0) |>
+   mutate(log_INCOME = log(INCOME)) |>
+   pull(log_INCOME) |>
+   wilcox.test(mu = log(40000), conf.int = TRUE)

	Wilcoxon signed rank test with continuity correction

data:  pull(mutate(filter(cfb, INCOME > 0), log_INCOME = log(INCOME)),
log_INCOME)
V = 233639, p-value = 0.1075
alternative hypothesis: true location is not equal to 10.59663
95 percent confidence interval:
 10.49020 10.60834
sample estimates:
(pseudo)median
      10.54874
```

검정한 결과는 p-값이 `0.1075`로 5%의 유의수준에서는 귀무가설을 기각할 수 없게 되었다. 사실 변수 `INCOME`은 대규모 데이터이기 때문에 정규성의 문제로 굳이 비모수 검정을 사용하지 않아도 되는 경우가 된다. 이번에는 동일한 자료를 대상으로 t-검정을 실시하고 그 결과를 비모수 검정과 비교해 보자.

```
> cfb |>
+   filter(INCOME > 0) |>
+   mutate(log_INCOME = log(INCOME)) |>
+   pull(log_INCOME) |>
+   t.test(mu = log(40000))

	One Sample t-test

data:  pull(mutate(filter(cfb, INCOME > 0), log_INCOME = log(INCOME)),
log_INCOME)
t = -1.82, df = 995, p-value = 0.06905
alternative hypothesis: true mean is not equal to 10.59663
95 percent confidence interval:
 10.47935 10.60105
sample estimates:
mean of x
  10.5402
```

p-값이 `0.069`로 계산되어서 비모수 검정의 p-값보다 더 작게 되었다. 또한 모평균에 대한 95% 신뢰구간은 `[10.48, 10.60]`으로 계산되어 함수 `wilcox.test()`로 계산된 분포 중심에 대한 95% 신뢰구간인 `[10.49, 10.61]`과 거의 동일한 결과가 되었다.

14.8 두 모집단의 분포 중심 차이에 대한 비모수 검정

독립된 두 표본의 t-검정이나 짝을 이룬 t-검정으로 두 모집단의 모평균의 차이에 대한 추론을 하고자 하는 경우에는 두 모집단의 분포가 모두 정규 분포이거나, 중심극한정리가 적용될 수 있도록 표본의 크기가 커야 한다. 그러나 실제 상황에서는 이러한 조건을 만족하지 못하는 경우가 많이 있고, 이때 대안으로 제시되는 방법으로 독립 표본에 대해서는 Wilcoxon rank sum 검정(Mann-Whitney U 검정과 동일한 검정), 짝을 이룬 표본에 대해서는 Wilcoxon singed rank 검정이 있다.

두 검정 모두 함수 `wilcox.test()`로 실시할 수 있는데, 먼저 Wilcoxon rank sum 검정의 경우에 대한 기본적인 사용법을 살펴보자.

```
wilcox.test(x, y, alternative = "two.sided", mu = 0,
         conf.int = FALSE, conf.level = 0.95)
```

혹은

```
wilcox.test(formula, data, ...)
```

독립된 두 표본 데이터는 벡터 x, y의 형태로 입력하거나 혹은 y ~ f의 형태로 입력해야 한다. 단, y는 숫자형 벡터이고 f는 두 그룹으로 지정하는 범주형 변수이다. 귀무가설은 두 모집단의 분포가 mu만큼의 위치이동을 제외하고는 동일하다는 것으로, mu의 디폴트 값인 0을 그대로 사용하면 두 분포의 중심이 같다는 것이 된다.

- **예제 1**

$Unif(0,1)$의 분포와 $Unif(0.5, 1.5)$의 분포에서 각각 10개의 난수를 발생시켜서 얻은 독립된 두 표본 데이터로 두 모집단의 중심이 같다는 가설을 t-검정과 Wilcoxon rank sum 검정을 사용하여 검정해 보자.

```
> n <- 10
> set.seed(123)
> x1 <- runif(n, min = 0, max = 1)
> x2 <- runif(n, min = 0.5, max = 1.5)
> wilcox.test(x1, x2)

	Wilcoxon rank sum exact test

data:  x1 and x2
W = 16, p-value = 0.008931
alternative hypothesis: true location shift is not equal to 0
> t.test(x1, x2)

	Welch Two Sample t-test

data:  x1 and x2
t = -3.103, df = 17.574, p-value = 0.006271
alternative hypothesis: true difference in means is not equal to 0
95 percent confidence interval:
 -0.7470191 -0.1432245
sample estimates:
mean of x mean of y
0.5782475 1.0233693
```

두 검정 모두 귀무가설을 기각하였고, Wilcoxon rank sum 검정의 p-값이 더 크게 계산되었음을 알 수 있다.

• **예제 2**

데이터 프레임 `mtcars`에 있는 변수 `mpg`는 자동차의 연비가 되고 변수 `am`은 변속기의 종류로 `0`은 자동변속기, `1`은 수동변속기가 된다. 수동변속기 자동차가 자동변속기의 자동차보다 연비가 더 좋다는 가설을 Wilcoxon rank sum 검정으로 검정해보자.

```
> wilcox.test(mpg ~ am, data = mtcars, alternative = "less")

    Wilcoxon rank sum test with continuity correction

data:  mpg by am
W = 42, p-value = 0.0009357
alternative hypothesis: true location shift is less than 0
```

함수 `wilcox.test()`는 자료의 개수가 많지 않고 자료 중 같은 값이 없는 경우에는 exact p-값이 계산되지만, 그 외의 경우에는 정규 근사를 이용하여 p-값을 계산한다. 예제 자료에는 같은 값이 있기 때문에 정규 근사를 이용하여 p-값이 `0.0009`로 계산되었다. 따라서 두 분포의 중심이 같다는 귀무가설을 기각하고 자동변속기에 대한 변수 `mpg`의 분포 중심이 더 왼쪽에 있다는 대립가설을 선택하게 된다.

독립된 두 표본의 t-검정 결과로 계산된 p-값과 비교해 보면, Wilcoxon rank sum 검정의 p-값이 더 크게 계산되었음을 알 수 있다.

```
> t.test(mpg ~ am, data = mtcars, alternative = "less")$p.value
[1] 0.0006868192
```

짝을 이룬 두 표본의 경우에 적용되는 Wilcoxon signed rank 검정을 실시하기 위한 함수 `wilcox.test()`의 기본적인 사용법은 다음과 같다.

```
wilcox.test(x, y, alternative = "two.sided", mu = 0,
            paired = FALSE, conf.int = FALSE, conf.level = 0.95)
```

`paired`에 `TRUE`가 입력되면 귀무가설은 변수 `x - y`의 분포가 `mu`를 중심으로 좌우대칭이라는 것이 된다. 따라서 디폴트인 `mu = 0`이 그대로 사용되면 `x - y`의 분포 중심이 0이라는 것이 된다.

• **예제 3**

패키지 MASS의 데이터 프레임 shoes의 변수 A와 B의 차이를 Wilcoxon signed rank 검정을 사용하여 검정해 보자.

```
> data(shoes, package = "MASS")

> wilcox.test(shoes$A, shoes$B, paired = TRUE)

	Wilcoxon signed rank test with continuity correction

data:  shoes$A and shoes$B
V = 3, p-value = 0.01431
alternative hypothesis: true location shift is not equal to 0
```

검정결과 p-값이 0.01로 계산되어 두 변수 차이의 분포 중심이 0이라는 가설을 기각할 수 있다. 또한 짝을 이룬 t-검정의 p값보다 더 크다는 것도 확인할 수 있다.

```
> t.test(shoes$A, shoes$B, paired = TRUE)$p.value
[1] 0.008538781
```

14.9 연습문제

01 2011년도 우리나라의 헌혈인구 비율은 5.3%라고 한다. H 대학에 재학 중인 학생들 중 임의로 250명의 학생을 선택하여 조사했더니 10명의 학생이 2011년에 헌혈한 것으로 나타났다. 이것으로 H 대학에 재학 중인 학생들의 헌혈 비율이 우리나라 전체의 헌혈 비율과 동일하다고 할 수 있는가? H 대학 학생의 헌혈 비율에 대한 95% 신뢰구간도 구하라.

02 다음에 주어진 데이터를 근거로 가설 $H_0 : \mu = 120,\ H_1 : \mu \neq 120$을 검정하고자 한다.

128 118 120 122 119 113 124 122 120 123

1) 위에 주어진 데이터의 정규성을 그래프 및 검정을 통해서 확인하라.
2) 가설검정을 실시하라.
3) 모평균 μ에 대한 95% 신뢰구간을 구하라.

03 다음에 주어진 데이터를 근거로 가설 $H_0 : \mu = 55, H_1 : \mu > 55$을 검정하고자 한다.

58 52 64 63 59 62 62 55

1) 위에 주어진 데이터의 정규성을 그래프 및 검정을 통해서 확인하라.
2) 가설검정을 실시하라.
3) 모평균 μ에 대한 95% 신뢰구간을 구하라.

04 T-검정에서 정규분포의 가정이 얼마나 중요한지를 모의실험을 통해서 알아보고자 한다. 모의실험 절차는 다음과 같다.

1) 정규분포가 아닌 모집단에서 $n = 10$의 데이터를 추출한다.
2) 추출된 데이터를 근거로 T-검정을 실시하여 p-값을 계산한다.
3) 위 두 과정을 N번 반복하여 얻어진 N개의 p-값 중 $\alpha = 0.05$보다 작게 계산된 횟수를 구하고, 그것을 α와 비교한다.

모의실험에서 사용할 분포 및 귀무가설은 다음과 같다.

- 꼬리가 긴 분포: t-분포($df = 3$), $H_0 : \mu = 0$
- 꼬리가 짧은 분포: 균등 분포($\min = 0, \max = 1$), $H_0 : \mu = 1/2$
- 치우친 분포: 지수 분포($\lambda = 1$), $H_0 : \mu = 1$
- 정규 분포($\mu = 0, \sigma = 1$), $H_0 : \mu = 0$

05 패키지 UsingR에 있는 데이터 프레임 `grades`에는 122명의 학생들이 선수과목과 후수과목으로 연결된 어떤 강좌에서 받은 학점이 변수 `prev`와 `grade`에 각각 입력되어 있다. 선수과목에서 받은 학점과 후수과목에서 받은 학점의 독립성 여부를 검정하고자 한다.

1) 변수 `prev`와 `grade`를 대상으로 카이제곱 검정을 실시하여 독립성 여부를 판단해보자.
2) 1)에서 실시한 카이제곱 검정결과에는 경고 메시지가 나타나게 되는데, 그 이유는 무엇이라고 보는가?
3) 13장 연습문제 6번의 2)에서 제안한 방식으로 변수 `prev.rec`와 `grade.rec`를 생성하고 두 변수를 대상으로 카이제곱 검정을 실시하여 1)번의 결과와 비교해보자.

06 패키지 UsingR에 있는 데이터 프레임 `stud.recs`에는 160명 학생들의 SAT 모의점수가 들어있다. 변수 `sat.v`는 verbal에 대한 점수이고, 변수 `sat.m`는 math에 대한 점수이다. 두 변수를 이용하여 SAT 점수의 verbal 평균점수와 math 평균점수가 동일하다는 가설을 검정하고, 두 평균값의 차이에 대한 95% 신뢰구간을 구하라.

07 패키지 UsingR에 있는 데이터 프레임 twins에는 양부모와 친부모에게 각각 한 명씩 분리되어 양육된 쌍둥이들의 IQ가 변수 Foster와 Biological에 들어있다. 또한 변수 Social에는 친부모의 사회적 지위가 "high", "low", "middle"의 세 수준으로 구분되어 입력되어 있다.

1) 변수 Foster와 Biological을 대상으로 양부모와 친부모에게 각각 양육된 쌍둥이들의 평균 IQ가 같은지 여부를 검정하라.
2) 변수 Social의 세 수준에 따른 변수 Foster와 Biological의 평균과 표준편차를 각각 계산하라.
3) 변수 Social의 세 수준별로 1)에서 실시했던 검정을 각각 다시 실시하라. 각 수준별 검정의 실시는 패키지 purrr의 함수 map()을 사용하라.

08 패키지 UsingR에 있는 데이터 프레임 samhda에는 600명의 미국 10대들을 대상으로 흡연이나 음주 등에 대한 현상을 파악하기 위하여 조사한 데이터가 9개 변수에 들어있다. 이 중 변수 gender는 성별을 나타내는 변수로, 남성은 1, 여성은 2, 결측값은 7로 기록되어 있으며, 변수 amt.smoke는 지난 30일 동안 흡연한 날수를 나타내는 변수로, 1은 30일, 2는 20~29일, 3은 10~19일, 4는 6~9일, 5는 3~5일, 6은 1~2일, 7은 0일, 결측값은 98과 99로 기록되어 있다.

1) 변수 gender와 amt.smoke를 대상으로 다음과 같은 분할표를 작성하라.

```
      amt.smoke
gender   1   2   3   4   5    6    7    98   99
     1  16   3   5   6   7   24   64   154   10
     2  16   4   8   4   7   19   40   204    8
     7   0   0   0   0   0    0    1     0    0
```

2) 두 변수의 결측값을 제외하고 다음과 같은 분할표를 작성하라.

```
      amt.smoke
gender  1  2  3  4  5  6  7
     1 16  3  5  6  7 24 64
     2 16  4  8  4  7 19 40
```

3) 2)에서 작성된 분할표를 대상으로 성별과 흡연한 날수의 독립성 여부를 카이제곱 검정으로 확인하라.
4) 3)에서 실시한 카이제곱 검정결과에는 경고 메시지가 나타나게 되는데, 이것을 해결하는 방법으로 p-값을 모의실험을 통해서 계산하는 방법이 있다. 이 방법으로 검정을 실시하고 결과를 3)에서 계산된 p-값과 비교해보자.

찾아보기

기호

? 18
: 8, 46
%>% 29
|> 29
< 31
<= 31
> 31
>= 31
!= 31
%in% 32
& 32
| 32, 250
! 32
[247
[[247
{{ 247
$ 246

R 함수

across() 160, 312
aes() 81, 88
after_stat() 109
all() 219
all_of() 51
any() 219
any_of() 51
apply() 333
arrange() 40, 62
as_tibble() 27
bind_cols() 200
bind_rows() 200
c() 210
c_across() 71
case_when() 219
chisq.test() 496
contains() 49
coord_cartesian() 129
coord_polar() 120
cor() 8
count() 60
curl_download() 153
cut() 269
cut_interval() 269
cut_number() 269
cut_width() 269
data.frame() 25, 331
desc() 40
distinct() 29, 43
dnorm() 353
drop_na() 180
ends_with() 51
everything() 49, 54
expand_grid() 365
facet_grid() 88, 91
facet_wrap() 89
factor() 258
fan.plot() 387
fct() 260
fct_infreq() 261
fct_lump_n() 267
fct_lump_prop() 267
fct_recode() 267
fct_reorder() 263
file.choose() 148
filter() 33, 67
first() 63
full_join() 197, 199
geom_bar() 98, 108
geom_boxplot() 98, 407

geom_col() 265, 363
geom_density() 98, 112
geom_histogram() 98, 111
geom_hline() 373
geom_jitter() 117, 411
geom_point() 80, 447
geom_qq() 505
geom_qq_line() 505
geom_smooth() 97, 443
geom_text() 98, 101
geom_violin() 412
geom_vline() 371
ggplot() 79, 91
group_by() 59
gsub(), sub() 232
head() 28
html_element() 157
html_table() 157
if() 302
if_all() 312, 318
if_any() 312, 318
if_else() 219, 302
inner_join() 196
is.character() 48, 211
is.na() 35, 217
is.numeric() 48, 211
join_by() 195
lapply() 333
last() 63
last_col() 49
left_join() 196
library() 18
list() 276
list_c() 281
list_cbind() 322
list_rbind() 322
map() 320, 327
map_dbl() 321
map_vec() 321
map2() 328
mean() 8, 312
min_rank() 65
modify() 329
modify_at() 332
modify_if() 332
mutate() 55
n() 57
n_distinct() 57
na_if() 217
nchar() 226, 233
parse_number() 160
paste() 226
paste0() 12, 234
pie3D() 396
pivot_longer() 175
pivot_wider() 175
pluck() 278
pnorm() 354
prop.test() 491
pull() 52
qnorm() 291, 357
read_csv() 148
read_excel() 153
read_fwf() 150
read_html() 157
read_sas() 155
read_table() 142
reframe() 58
relocate() 54
rename() 53
rename_with() 319
rep() 8
replace_na() 186
require() 18
return() 294
right_join() 197
rnorm() 291
rownames_to_column() 33
rowwise() 70
sapply() 334
scale_fill_paletteer_c() 453
select() 45
separate() 188
separate_wider_delim() 188

separate_wider_position() 188
seq() 9
set.seed() 291
shapiro.test() 504
slice() 37
slice_head() 37
slice_max() 37
slice_min() 37
slice_sample() 37
slice_tail() 37
split() 230
starts_with() 51
stat_count() 108
stat_function() 353
stat_summary() 411
str() 25, 277
str_c() 234
str_count() 239
str_detect() 239
str_dup() 235
str_extract() 243
str_extract_all() 243
str_length() 233
str_remove() 239
str_remove_all() 239
str_replace() 239
str_replace_all() 239
str_split() 236
str_sub() 235
str_subset() 243
strsplit() 230
substr() 228
summarise() 57
summary() 8
switch() 304
t.test() 482
table() 389
tail() 28
tapply() 336
tibble() 27
tolower() 231
toupper() 231
ungroup() 61
unlist() 230, 281
unnest() 283
vapply() 336
var.test() 488
vioplot() 412
where() 48
wilcox.test() 507

ㄱ

결측값 217
그룹 데이터 프레임 59
　그룹 변수 추가 및 변경 61
　생성 59
　해체 61
그룹별 그래프(facet) 88
기하 객체 96

ㄴ

논리 연산자 31

ㄷ

단일 모집단 모비율에 대한 추론 491
단일 모집단 모평균에 대한 추론 482
단일 모집단 분포 중심에 대한 비모수 검정 507
데이터 객체 276
데이터 마스킹(data masking) 297
데이터 프레임 24
　기준 변수에 의한 수평적 통합 194
　단순 수직 통합 200
　단순 수평 통합 200
　리스트 열 282
　벡터 형태로 열 추출 247
　열 번호(이름)에 의한 열 선택 45
　열 요약 통계 계산 57
　열 위치 변경 54
　열 이름 변경 53
　열 추가 55
　위치에 의한 행 선택 37
　전통적 24
　조건에 의한 열 선택 48
　조건에 의한 행 선택 33

중복된 행 제거 43
통합 194
티블(tibble) 26
행 비교에 의한 선택적 통합 199
행 정렬 40
데이터 피벗 175
두 모집단 모비율 차이에 대한 추론 494
두 모집단 모평균 차이에 대한 추론 485
두 모집단 분포 차이에 대한 비모수 검정 509
두 범주형 변수의 독립성 검정 496
Fisher 정확검정 499
카이제곱 검정 496

ㄹ

루프 연산 338
for 루프 338
while 루프 341
리스트 276
생성 274
하부 요소 선택 377

ㅁ

매핑(mapping) 81
글로벌 98
로컬 98
정의 81
메타 문자 244
모의 실험 371
모집단 개체 수 추정 370

ㅂ

반복 실행 312, 320, 333
범주형 자료 380, 388
도수 분포표 389
분할표 390
범주형 자료를 위한 그래프 396
막대그래프 397
모자이크 그래프 402
쌓아 올린 이변량 막대그래프 118
옆으로 붙여 놓은 이변량 막대그래프 119
파이그래프 383
벡터 210
논리형 218
문자 데이터 다루기 226
문자형 210
비교 218
생성 210
숫자형 218
연산 213
일부분 선택 222
비교 연산자 31

ㅅ

산점도행렬 437
시각적 요소(aesthetics) 81
신뢰구간 482

ㅇ

연속형 변수를 위한 그래프 427
도수 분포 다각형 419
바이올린 그래프 412
상자그림 407
줄기-잎 그림 405
확률밀도함수 그래프 416
히스토그램 415
외부 텍스트 파일 142
데이터 프레임의 저장 152
불러오기 142
요인 258
생성 258
수준 병합 267
수준 순서 변경 261
웹 HTML 테이블 157
불러오기 157
유효 범위 295
익명 함수 314

ㅈ

자료 탐색 380
작업공간 13
정규 표현식 244
정규성 확인 504
검정에 의한 방법 504

그래프에 의한 방법 505
조건 연산 219

ㅌ

타이디(tidy) 데이터 174
텍스트 파일 142
통계적 추론 482

ㅍ

파이프 연산자 29
패키지 16
curl 153
dplyr 20, 28
forcats 20, 260
ggplot2 20, 79
haven 155
paletteer 452
patchwork 365
plotrix 396
purrr 20, 320
readr 20, 142
readxl 153
rvest 157
stringr 20
tibble 20, 33
tidyr 174
tidyverse 19
vioplot 412
설치 17
종류 16
평균막대그래프, 오차막대 439

ㅎ

한글 인코딩 162
함수 142, 226
데이터 프레임 함수 297
벡터 함수 290
행 단위 작업 70
확률 분포 352
균등 분포 359
이항 분포 362
정규 분포 353
지수 분포 358
초기하 분포 369
포아송 분포 367
환경 295
글로벌 환경 296
함수 환경 296

저자 소개

박동련

연세대학교 응용통계학과(경제학 학사)
연세대학교 대학원(경제학 석사)
University of Michigan(Ph.D. in Statistics)
현) 한신대학교 빅데이터융합학과 교수

R과 통계분석 제4판

-Tidyverse 활용-

저　　자　박동련
발 행 인　김지영
발 행 처　자유아카데미
주　　소　경기도 파주시 회동길 37-42
　　　　　파주출판도시
전　　화　031-955-1321
팩　　스　031-955-1322
홈페이지　www.freeaca.com
전자우편　main@freeaca.com(대표)
　　　　　editor@freeaca.com(편집)
　　　　　crm@freeaca.com(영업)
등　　록　제406-2003-017호, 1980. 7. 12
제4판1쇄　2025년 12월 15일 발행

저자와의
협의하에
인지생략

ISBN 979-11-5808-784-5 93310